T0074347

Web-basierte Anwendungen Virtueller Techniken

Werner Schreiber • Konrad Zürl
Peter Zimmermann
Hrsg.

Web-basierte Anwendungen Virtueller Techniken

Das ARVIDA-Projekt – Dienste-basierte
Software-Architektur und
Anwendungsszenarien für die Industrie

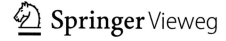
Springer Vieweg

Herausgeber
Werner Schreiber
Volkswagen AG
Wolfsburg
Deutschland

Peter Zimmermann
Gifhorn
Deutschland

Konrad Zürl
ART GmbH
Weilheim in OB
Deutschland

„Das diesem Buch zugrundeliegende Vorhaben wurde mit Mitteln des Bundesministeriums für Bildung und Forschung unter dem Förderkennzeichen 01 IM13001 gefördert. Die Verantwortung für den Inhalt des Buches liegt bei den Herausgebern."

Abbildungen bei denen die Bildrechte bei den Autoren liegen, sind im Buch nicht extra gekennzeichnet.

ISBN 978-3-662-52955-3   ISBN 978-3-662-52956-0   (eBook)
DOI 10.1007/978-3-662-52956-0

Die Deutsche Nationalbibliothek verzeichnet diese Publikation in der Deutschen National-bibliografie; detaillierte bibliografische Daten sind im Internet über http://dnb.d-nb.de abrufbar.

Springer Vieweg
© Springer-Verlag GmbH Deutschland 2017

Gedruckt auf säurefreiem und chlorfrei gebleichtem Papier

Springer Vieweg ist Teil von Springer Nature
Die eingetragene Gesellschaft ist Springer-Verlag GmbH Deutschland
Die Anschrift der Gesellschaft ist: Heidelberger Platz 3, 14197 Berlin, Germany

Vorwort

Die Bedeutung der Virtuellen Techniken im Bereich der Industrie und bei allgemeinen Anwendungen stieg in den vergangenen zwei Jahrzehnten kontinuierlich an. Einen großen Einfluss übt die intensive Zusammenarbeit von Unternehmen aus der Industrie als primäre Anwender und Nutzer der Technologie sowie mittelständischen Unternehmen und Forschungseinrichtungen als Technologielieferanten und Technologietreiber aus. Diese enge Verzahnung mit dem damit verbundenen vertrauensvollen Austausch bei der Forschungsarbeit bildete die Grundlage für die erfolgreiche Entwicklung bis heute sowie für den Erfolg auch dieses Forschungsprojektes.

Im Laufe des Projektes ARVIDA konnten anhand von vielen Industrie-Szenarien sowohl die technischen als auch die wirtschaftlichen Potenziale des Einsatzes der Virtuellen Techniken in Verbindung mit dem neuen Web-basierten Ansatz für die ARVIDA-Referenzarchitektur in unterschiedlichen Phasen des Produkt-Lebenszyklus aufgezeigt und unter industriellen Aspekten nachgewiesen werden. Besonders hervorzuheben ist an dieser Stelle, dass deutsche Unternehmen und Forschungseinrichtungen hierbei eine weltweit anerkannte und führende Rolle im Bereich der Virtuellen Techniken eingenommen haben und diese auch erfolgreich behaupten. Diese Führungsrolle gilt es zu sichern und noch auszubauen.

Ein Schwerpunkt des Projektes ARVIDA ist eine erstmalig vorgestellte Referenzarchitektur, die den Gedanken einer Web-basierten, interoperablen und echtzeitfähigen Systemwelt konsequent erfüllt, um die Nachteile von bisher vorherrschenden monolithischen Anwendungen zu verlassen. Dies bedeutet, dass in Zukunft Hard- und Software unterschiedlicher Hersteller mit unterschiedlichen Technologien über Dienste und Vokabulare verbunden werden können.

ARVIDA baut dabei auf erfolgreiche Projekte der Vergangenheit (z. B. ARVIKA, ARTESAS, AVILUS) auf, erweitert aber mit der Referenzarchitektur die bisher vorwiegend technologisch orientierte Sichtweise auf die Virtuellen Techniken um die Potenziale für eine zukünftige mehr unabhängige Systemwelt.

Während der Projektlaufzeit stieg die Bedeutung der Gedanken des Internet 4.0 (oder auch Internet der Dinge/ Internet of the Things/ Industrie 4.0), an deren Verwirklichung derzeit weltweit geforscht und gearbeitet wird. Eine Verbindung der

ARVIDA-Referenzarchitektur ARA und dem Referenzarchitektur-Modell RAMI 4.0, wie sie von deutschen Institutionen und der Bundesregierung verfolgt wird, liegt auf der Hand.

Unser besonderer Dank gilt Herrn Ministerialrat Dr. Erasmus Landvogt, BMBF und Herrn Ingo Ruhmann, BMBF, die das vorliegende Projekt anregten, förderten und auch in schwierigen Zeiten vertrauensvoll begleiteten. Ebenso danken wir Herrn Roland Mader sehr, der das Projekt mit großem Engagement von Seiten des Projektträgers DLR unterstützte. Damit standen in allen Projektphasen kompetente Ratgeber zur Verfügung.

Eine zweimonatige Projektverlängerung half, die durch den Ausfall eines wichtigen Technologie-Partners resultierenden Umschichtungen von Aufgaben erfolgreich bewältigen zu können.

Die Mitarbeiter der einzelnen Projektpartner leisteten Hervorragendes und ermöglichten mit viel Begeisterung und Einsatz die Projektergebnisse. Auch ihnen gilt der Dank.

Für die Koordination und Zusammenführung der einzelnen Projektaktivitäten im Rahmen der Aufgaben der Konsortialleitung konnten wir Herrn Peter Zimmermann und Herrn Dr.-Ing. Konrad Zürl gewinnen. Für ihren Einsatz möchte ich ihnen ebenfalls meinen herzlichen Dank aussprechen.

Wolfsburg, im Oktober 2016   Prof. Dr.-Ing. Werner Schreiber
Volkswagen AG,
Konzern-Forschung, Forschung Virtuelle Techniken
Leiter des ARVIDA-Verbundprojektes

Inhaltsverzeichnis

4   ARVIDA-Technologien 193

Pablo Alvarado, Ulrich Bockholt, Ulrich Canzler, Steffen Herbort, Nicolas Heuser, Peter Keitler, Roland Krzikalla, Manuel Olbrich, André Prager, Frank Schröder, Jörg Schwerdt, Jochen Willneff und Konrad Zürl

5   Motion Capturing 219

Ulrich Bockholt, Thomas Bochtler, Volker Enderlein, Manuel Olbrich, Michael Otto, Michael Prieur, Richard Sauerbier, Roland Stechow, Andreas Wehe und Hans-Joachim Wirsching

6   Soll/Ist-Vergleich 263

Oliver Adams, Ulrich Bockholt, Axel Hildebrand, Leiv Jonescheit, Roland Krzikalla, Manuel Olbrich, Frieder Pankratz, Sebastian Pfützner, Matthias Roth, Fabian Scheer, Björn Schwerdtfeger, Ingo Staack und Oliver Wasenmüller

7   Werkerassistenz. 309

Ulrich Bockholt, Sarah Brauns, Oliver Fluck, Andreas Harth, Peter Keitler, Dirk Koriath, Stefan Lengowski, Manuel Olbrich, Ingo Staack, Ulrich Rautenberg und Volker Widor

Das Verbundprojekt ARVIDA

Thomas Bär, Ulrich Bockholt, Hilko Hoffmann, Eduard Jundt, Matthias Roth, Werner Schreiber, Ingo Staack, Peter Zimmermann und Konrad Zürl

T. Bär (✉)
Daimler AG, Ulm
e-mail: thomas.baer@daimler.com

U. Bockholt
Fraunhofer Gesellschaft/ IGD, Darmstadt
e-mail: Ulrich.Bockholt@igd.fraunhofer.de

H. Hoffmann
DFKI GmbH, Saarbrücken
e-mail: hilko.hoffmann@dfki.de

E. Jundt · W. Schreiber
Volkswagen AG, Wolfsburg
e-mail: eduard.jundt@volkswagen.de; werner.schreiber@volkswagen.de

M. Roth
Siemens AG, Hamburg
e-mail: matthias.roth@siemens.com

I. Staack
ThyssenKrupp Marine Systems GmbH, Kiel
e-mail: ingo.staack@thyssenkrupp.com

P. Zimmermann
Virtual Technologies Consulting, Gifhorn
e-mail: virtualtechnologies@t-online.de

K. Zürl
Advanced Realtime Tracking GmbH, Weilheim i.OB
e-mail: k.zuerl@ar-tracking.de

© Springer-Verlag GmbH Deutschland 2017
W. Schreiber et al. (Hrsg.), *Web-basierte Anwendungen Virtueller Techniken*,
DOI 10.1007/978-3-662-52956-0_1

Zusammenfassung

Ziel des BMBF-geförderten Verbundprojektes ARVIDA war die anwendungs- und nutzerorientierte Forschung, Entwicklung und Evaluation von zukunftsorientierten Technologien im Kontext der Virtuellen Techniken in Verbindung mit neuen und modernen Ansätzen des Semantic Web, mit dessen Hilfe Virtuelle Techniken über Dienste verbunden werden können, um zukünftig ein großes Maß an Interoperabilität unter Berücksichtigung von Echtzeitanforderungen sicherzustellen.

Abstract

The goal of the German government funded joint project ARVIDA was the application and user user oriented research, development and evaluation of future oriented technologies in the context of Virtual Technologies in conjunction with new and state-of-the-art methodologies of the Semantic Web, to achieve interoperability between hardware- and software systems of different kind under realtime considerations.

1.1 Hintergrund und Motivation

Ziel des BMBF-geförderten Verbundprojektes ARVIDA war die anwendungs- und nutzerorientierte Forschung, Entwicklung und Evaluation von zukunftsorientierten Technologien im Kontext der Virtuellen Techniken (VT). Um zukünftigen Anforderungen an VT zu genügen, sollen und müssen die bislang eher monolithisch aufgebauten, geschlossenen, oft sehr anwendungsspezifischen VT-Systeme wesentlich modularer, interoperabler und insgesamt deutlich leichter mit anderen Softwaresystemen verbindbar werden.

Außerhalb der VT ist zu beobachten, dass das Web in hoher Entwicklungsgeschwindigkeit zu einer universellen und zugleich hoch verteilten und sehr modularen Ausführungsumgebung für durchaus sehr komplexe und funktionale Anwendungen aus vielen Fachdomänen wird. Es ist im Web-Kontext Stand der Technik, externe Dienste und Ressourcen über standardisierte und weltweit akzeptierte Schnittstellen und ohne den dahinterstehenden Programmcode kennen zu müssen, in neue Anwendungen einzubauen und zu nutzen. Ein wesentlicher Erfolgsfaktor ist dabei die mehr oder weniger lose Koppelung von Diensten und Ressourcen über standardisierte, maschinenlesbare Schnittstellen- und Dienstbeschreibungen.

Projektziel war, diesem erfolgreichen Vorbild zu folgen und moderne, etablierte Web-Technologien für VT-Systeme einzusetzen und an die besonderen VT-Rahmenbedingungen, wie z. B. die durchgängig geforderte Echtzeitfähigkeit, anzupassen. Ergebnis ist eine offen zugängliche, auf standardisierten Web-Technologien beruhende, ARVIDA-Referenzarchitektur (ARA), die Schnittstellen und Verhalten für typische Komponenten eines VT-Systems definiert und somit eine konkrete Dienstentwicklung für VT-Anwendungen ermöglicht. Ziele waren der Machbarkeitsnachweis, die Konzeptentwicklung von Entwicklungswerkzeugen, fehlenden Komponenten und prototypischer VT-Dienste sowie die Schaffung einer Diskussionsgrundlage, wie auch sehr komplexe VT-Anwendungen sinnvoll modularisiert und offener gestaltet werden können. Die Testszenarien für den funktionellen Nachweis wurden dabei wie in vorangegangenen Projekten von Vertretern deutscher Branchen und Schlüsselindustrien entworfen, entwickelt und evaluiert.

Während in vorangegangenen Projekten (ARVIKA [1], ARTESAS [3], AVILUS [4]) die Entwicklung von grundlegenden VT aus dem Bereich Virtual Reality und Augmented Reality, insbesondere bei AVILUS in Verbindung mit einem phasenübergreifenden Produktmanagement im Vordergrund standen, lag in dem vorliegenden Projekt ARVIDA, ein starker Fokus auf der Interoperabilität, Kombinierbarkeit und Erweiterbarkeit von VT-Anwendungen (Abb. 1.1). Daneben wurden auch erhebliche Forschungsarbeiten im Bereich der Umwelterkennung (Laserscanning, Punktwolken, markerloses Tracking) geleistet. Die entwickelten Grundlagen wurden von den Industriepartnern zur Entwicklung hoch funktionaler VT-Anwendungen genutzt, die mehrere unterschiedliche Teilsysteme integrieren und somit erheblich weitergehende Anwendungen als bisher ermöglichen.

Unter Leitung der beteiligten Industrie und mit Anregung durch das BMBF-Referat 514 (Schlüsseltechnologien für Wachstum, IT-Systeme) wurde mit einem leistungsfähigen Konsortium aus KMU, Großindustrie und Forschungseinrichtungen (Hochschulen, Fraunhofer-Gesellschaft und DFKI) eine Initiative gegründet, die mit einer wirtschaftsgetriebenen Forschung die Voraussetzungen schuf, eine Produktisierung der Ergebnisse auch längerfristig zu ermöglichen. Ziel war es zugleich, das solide Kompetenzportfolio der beteiligten Unternehmen im Umfeld der VT und des Informationsmanagements in Verbindung mit neuesten Semantic Web-Technologien speziell im Hinblick auf den internationalen Wettbewerb auszubauen und zu stärken.

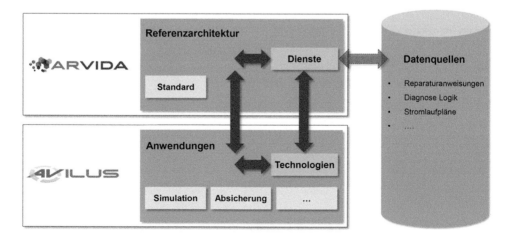

Abb. 1.1 Projektentwicklung von AVILUS zu ARVIDA

1.2   Ausgangssituation und inhaltliche Schwerpunkte

Der wirtschaftliche Erfolg des Standorts Deutschland hängt in entscheidendem Maße von der stetig steigenden Produktivität seiner Industrie ab. Ein wichtiger Baustein, um dieses Ziel zu erreichen und abzusichern, ist der Einsatz von Methoden der Digitalisierung bzw. Virtualisierung und Simulation von Produkten und Produktionsmitteln zur Unterstützung der Produktionsprozesse. Dies manifestiert sich in den neuesten Entwicklungen auf dem Gebiet des Internet der Dinge und Industrie 4.0 sehr deutlich. Daher ist es auch von entscheidender Bedeutung, diese innovativen Werkzeuge und Methoden kontinuierlich weiter zu entwickeln. Den ersten Schritt eines solchen Wegs stellt die Forschung dar. Sie muss neben dem Schaffen von Wissen und Kompetenz auch den späteren nutzergerechten Transfer zum verkaufsfähigen Produkt bzw. für die die Produkte fertigenden Produktionsmittel als Ziel haben. Nur eine solche Vorgehensweise ermöglicht die Realisierung weiterer großer Potenziale.

Erhebliche Produktivitätspotenziale liegen in der Nutzung der produkt- und produktionsbegleitenden digitalen Information während des Lebenszyklus von der virtuellen bis zur realen Entstehung oder Nutzung. Synonym für den Produktlebenszyklus sind der digitale Produktentstehungsprozess bzw. die digitale Fabrik für den Produktionsmittellebenszyklus. Diese Schritte wurden in den vergangenen Jahren vollzogen und mit Erfolg in die täglichen Arbeitsabläufe der Industrie eingebracht. Dazu diente neben anderen Forschungsprojekten unter anderem auch das Verbundprojekt AVILUS. Auch die Lieferanten von PDM-Systemen leisteten hierzu erhebliche Beiträge.

In den letzten Jahren wurden im konstruktiven Verbund von Industrieinvestitionen und Fördermitteln des BMBF Voraussetzungen für eine weltweit führende Position der deutschen Industrie in der Entstehung und der Lebenszyklus begleitenden Verarbeitung digitaler Information geschaffen. Diese Grundlagen bilden die Basis für ein signifikantes Patentportfolio, für erfolgreiche Spin-Off-Unternehmen und für neue Arbeitsplätze sowie Produkte, die in definierten Segmenten erfolgreich Eingang gefunden haben. Zu den erfolgreichen Projekten in diesem Kontext zählt das MTI-Leitprojekt ARVIKA [1], in dem die Grundlagen für zukunftsträchtige Technologien im Kontext AR/VR für industrielle Anwendungen gelegt wurden. AR-/VR-Lösungen aus universitären Forschungslaboren mit eher optimierten Rahmenbedingungen wurden erstmals für industrielle Anwendungen mit rauen Umgebungsbedingungen demonstrierbar gemacht. Dies erfuhr international in Industrie und Wissenschaft besondere Anerkennung. Zur weiteren Intensivierung der im Projekt entstandenen Kontakte und zur nachhaltigen Sicherung dieser weltweit führenden Rolle bildete sich nach dem Abschluss des Projektes ARVIKA ein Konsortium namhafter Industrieunternehmen, der *Industriekreis Augmented Reality* (IK AR).

Als Beitrag zur *Hightech-Strategie der Bundesregierung* unterstützte der Industriekreis AR mit seinem 2007 beim BMBF eingereichten Positionspapier „Virtuelle Technologien und reale Produkte" die zielorientierte und anwendungsgetriebene Weiterentwicklung virtueller Technologien. Mit der festgestellten Investitionsplanung allein bei den hier beteiligten Unternehmen in Höhe von rund 170 Mio. € im Zeitraum von fünf Jahren zur

Forschung und Entwicklung von Themen im Kontext des Positionspapiers fand diese Initiative konkret Eingang in die Definition eines von anfänglich vier Technologieverbünden im Rahmen von IKT2020 (Forschungsprogramm „Informations- und Kommunikationstechnologien", www.hightech-strategie.de/de).

Durch Ermittlung konkreter Szenarien, abgestimmt unter den beteiligten Industriepartnern, wurden für die Festlegungen zum Projektkonzept für AVILUS zunächst Anwendungsfelder zusammengefasst. Mit der Beschreibung der entsprechenden anwendungsspezifischen Anforderungen erfolgten dann die Ableitung benötigter Technologien und daraus die Gruppierung zu einzelnen Technologiefeldern. Ausgehend von diesen Anwendungs- und Technologiefeldern wiederum wurden die einzubeziehenden Forschungspartner und weitere potenzielle Technologiezulieferer identifiziert.

Architektur-Organisation Die Verknüpfung der unterschiedlichen VT-Technologien untereinander sowie mit anderen in den Unternehmen verwendeten Systemen erfordert eine neue spezielle Softwarearchitektur oder eine Referenzarchitektur. Die Entwicklung einer solchen Referenzarchitektur und der darauf aufbauenden Nutzungsszenarien ist durch die Anforderungen an aktuelle und zukünftige VT-Anwendungen eine komplexe Aufgabe. Zur Durchführung und Überwachung dieser Aufgabe in dem Projekt mit einer großen Anzahl von Projektpartnern erforderte auch eine Weiterentwicklung der Organisationsstruktur, die allen Partnern eine unkomplizierte und umfassende Beteiligung an der Architekturentwicklung ermöglichte und sie gleichzeitig zur Mitarbeit verpflichtete. Die Gesamtorganisation oblag der Konsortialleitung. Im Rahmen der Projektsteuerung arbeitete eine zentrale Architekturgruppe. Diese entwarf die grundlegenden Schnittstellenbeschreibungen, Entwicklungswerkzeuge und andere notwendige Komponenten einer erfolgreichen Architektur, die im nächsten Schritt iterativ von themenspezifischen Arbeitsgruppen weiterbearbeitet und um zusätzliche Anforderungen ergänzt wurden. Im Laufe des Projektes wurden zusätzlich Arbeitsgruppen zu Themen wie Rendering, Tracking, Workflow, grundlegende Entwicklungskonzepte, virtuelle Menschmodelle, Streaming usw. initiiert.

Regelmäßige, im 3-Monatsrhythmus stattfindende Architekturtreffen boten ein weiteres Forum für alle Partner, ihre Anforderungen und gefundenen Konzeptansätze sowie ihre Erfahrungen beim Einsatz der Architekturkomponenten auszutauschen. Zu diesen Treffen waren ebenfalls nach bewährten Vorbildern einzelne Hackatons organisiert worden, um z. B. Schnittstellenbeschreibungen mit möglichst vielen Projektpartnern zu finalisieren. Ein weiteres Element dieser Treffen waren Vorträge aus der Architektengruppe zu spezifischen Architekturkonzepten, Entwicklungswerkzeugen und Evaluationsergebnissen, die somit zur Wissensvermittlung maßgeblich beitrugen.

Als Entwicklungs- und Kommunikationswerkzeuge kamen dabei die üblichen Git-Repositories für die Ablage und Verwaltung konkreter Softwareteile sowie ein MediaWiki [2] und ein Vokabularserver zum Einsatz. Das MediaWiki diente den Projektpartnern als äußerst flexible Austauschplattform für Diskussionsrunden, Dokumentationen und Beispiele sowie zur Organisation und Vorbereitung der jeweiligen

Architekturtreffen. Die entwickelten Schnittstellenbeschreibungen (Vokabulare) wurden auf einem öffentlich zugänglichen Vokabularserver abgelegt und über das HTTP-Protokoll genutzt.

1.3   Virtual und Augmented Reality in industriellen Anwendungen

Technologien der Virtual und Augmented Realtiy (VR/AR) konnten sich in zahlreichen industriellen Anwendungsfeldern etablieren und unterschiedlichste Anwendungsgebiete finden. Diese Entwicklung wird vor allen Dingen durch aktuelle Entwicklungen von Smartphone- und Tabletsystemen voran getrieben, die komplexe 3D-Anwendungen in mobilen Anwendungsszenarien unterstützen und die es ermöglichen, unsere reale Umgebung durch multimodale Sensorik zu erkennen, um das reale Umfeld mit der 3D-Datenwelt zu korrelieren. Ein weiterer Treiber sind Industrien, die hochkomplexe Produkte und damit entsprechend umfangreiche Produktmodelle und deren Daten als Unterstützung visualisieren möchten.

Somit werden VT-Anwendungen heute in sehr verschiedenen Einsatzszenarien vom High-End-PC-Cluster bis zum Smartphone auf unterschiedlichsten Plattformen und mit sehr unterschiedlichen Ein- und Ausgabemöglichkeiten genutzt. Dadurch entstehen sehr hohe Anforderungen an Plattformunabhängigkeit, Interoperabilität, Verfügbarkeit und Skalierbarkeit. Web-Technologien und damit einhergehende, dienstorientierte Systemarchitekturen werden in anderen Anwendungsdomänen erfolgreich für interoperable, hoch verteilte und plattformunabhängige Anwendungen eingesetzt.

Die Entwicklung von VR/AR-Technologien auf Basis von dienstorientierten, Web-basierten Systemarchitekturen ist jetzt möglich, weil hinreichend ausgereifte Bibliotheken wie WebGL/WebCL für 3D-Graphik im Web zur Verfügung stehen und eine performante und plugin-freie 3D-Darstellung z. B. auch im Web-Browser ermöglichen. Insbesondere für industrielle Anwendungen bieten Web-Technologien die folgenden Vorteile:

- **Verfügbarkeit**
  Wenn VR/AR Anwendungen als Webanwendungen auf dem Endgerät (Smartphone, Tablet, PC) im Webbrowser ausgeführt werden, müssen im günstigsten Fall überhaupt keine weiteren Softwarekomponenten installiert werden, die häufig Inkompatibilitäten mit sich bringen.
- **Plattformunabhängigkeit**
  Im Allgemeinen können Web-Technologien durch ihre weitgehende Standardisierung plattformunabhängig und mit jedem modernen Browser genutzt werden. Somit können kostenintensive, plattformspezifische Parallelentwicklung (für iOS, Android, Windows usw.) sehr häufig vermieden werden.
- **Interoperabilität**
  Web-Technologien bilden aufgrund ihrer weitgehenden Standardisierung sowie des inhärenten Client-Server-Modells eine gute Basis für interoperable Systemarchitekturen,

die durchaus auch sehr heterogene Systemwelten zur Laufzeit zusammenbringen
können. Einzige Randbedingung ist die Verfügbarkeit eines eingebetteten Web-Ser-
vers, die die standardisierte Kommunikation einer Komponente mit einer anderen bzw.
der übergeordneten Anwendung übernimmt.

- **Skalierbarkeit und Verteilbarkeit**
  Durch die Nutzung von Web- und Cloud-Technologien können rechenaufwendige
  Prozesse gut skalierbar auf Client-Server-Infrastrukturen verteilt werden. Dabei kann
  die verteilte Anwendung nicht nur auf die Leistungsfähigkeit des Endgerätes skaliert
  werden, Skalierungen können ebenso auf die Web-Konnektivität und die Menge gleich-
  zeitiger Nutzer und das benötigte Datenvolumen angepasst werden.

Ein Beispiel für die industrielle Relevanz interoperabler Anwendungen ist die Anbindung
einer VT-Anwendung an ein PLM-System (Produktlebenszyklusmanagement-System),
welches über den Lebenszyklus hinweg alle relevanten Produktdaten wie zum Beispiel
CAD-Daten, CAE-(Simulations-) Daten, Montageanleitungen, Anforderungen oder
Produktionsplanungen zentral verwaltet und versioniert. Weit über reine Softwarelösun-
gen hinaus geht es bei dem Begriff PLM aber auch darum, Methoden und Prozesse in
Unternehmen zu berücksichtigen, um die Produktentwicklung und den Produktlebenszyklus zu unterstützen. Damit soll auch softwareseitig durch eine zentrale Datenhaltung
im PLM-System sichergestellt werden, dass immer die aktuelle oder zuletzt freigegebene
Datenversion für Planungs- und Entwicklungsprozesse herangezogen wird. Gerade für
VR/AR-Anwendungen, die etwa im Anwendungsbereich „Soll-/Ist-Abgleich" eingesetzt
werden, muss die korrekte Versionierung gewährleistet sein. Mithilfe von Web-Technologien können nun vergleichsweise einfach VR/AR-Anwendungen realisiert werden, die
den jeweils aktuellsten oder zuletzt freigegebenen Datenstand bei Start der Anwendung
aus dem PLM-System erhalten – und während der Datenübertragung in geometrische Primitive codieren, die im Web-Browser visualisiert werden können. Ein weiterer wichtiger
Vorteil ist die Austauschbarkeit eines PLM-Systems durch ein anderes bzw. die wiederum
vergleichsweise einfache und flexible Einbindung gleich zweier PLM-Systeme in einer
kombinierten VT-Anwendung.

Neben vielen gemeinsamen Anforderungen im industriellen Bereich gibt es aber auch
eine große Zahl branchenspezifischer Ausprägungen, die im Rahmen der ARVIDA-An-
wendungsszenarien evaluiert wurden, Dazu wurden in ARVIDA Anwendungsgruppen
identifiziert, innerhalb derer besonders viele Synergietechnologien ausgetauscht werden
können: Während die Kern-Technologien maßgeblich von einem Anwendungspartner
vorangetrieben werden, wird der Einsatz von Synergietechnologien in den Anwendungsszenarien forciert. Deshalb wurden in ARVIDA generische Anwendungsszenarien definiert, zu denen gemeinsame Lasten- und Pflichtenhefte geführt wurden, sodass
Synergien gefördert und Doppelentwicklungen verhindert werden konnten. Zu diesen
gemeinsamen Pflichtenheften wurden auch generische Evaluierungsszenarien aufgebaut. Insbesondere wurden verschiedene, zum Teil generische Entwicklungsszenarien
betrachtet.

1.3.1 VR/AR-Anwendungen aus Sicht der Produktionsplanung in der Automobilindustrie

Die Produktionsplanung in der Automobilindustrie stellt das Bindeglied zwischen der Produktentwicklung und der Produktion in den Fertigungsstätten dar. Die Kernaufgabe der Produktionsplanung ist es sicherzustellen, dass ein neu entwickeltes Fahrzeug mit möglichst geringem Mittel- und Personaleinsatz effizient und fehlerfrei produziert werden kann. Die einzelnen Produktionsprozesse werden in einem iterativen Prozess optimiert, wobei insbesondere in der digitalen Entwicklungsphase verschiedene VR/AR-Anwendungen genutzt werden.

- **Baubarkeitsanalyse**
  Im Rahmen der Baubarkeitsanalyse muss sichergestellt werden, dass die zu verbauenden Teile oder Baugruppen in einer durch die Produktionsplanung festgelegten Reihenfolge kollisionsfrei montiert werden können. Oft werden diese von einem Zeitplan ausgehend auch in eine zeitliche Reihenfolge gesetzt.
  In der digitalen Entwicklungsphase stehen hier ausschließlich digitale Modelle zur Verfügung, im weiteren Entwicklungsverlauf stehen zum Teil Prototypen zur Verfügung, die aber auf der Basis eines älteren Entwicklungsstandes realisiert wurden und auch nicht alle mögliche Varianten abbilden.
- **Prozess- und Ergonomieanalyse**
  Die Nutzung von Virtuellen Technologien zur Analyse des Prozesses und von Ergonomie ist wegen der hohen Stückzahlen ein typisches Thema für die Fahrzeugmontage. Die Gesamtbetrachtung des Montageprozesses wird genutzt, um den Gesamtablauf zu analysieren und um effiziente Prozesse sicher zu stellen. Die Ergonomieanalysen werden durchgeführt, um eine minimale Arbeitsbelastung des Werkers in der Montage zu garantierten. Sie werden aber auch eingesetzt, um die wiederkehrenden Arbeitsschritte im Wartungs- und Instandhaltungsprozess ergonomisch abzusichern.

Ausgangsdaten für diese Analysen sind die Konstruktionsdaten des Fahrzeuges, die im PDM-System festgehalten werden. Zur Analyse von Baubarkeit, Prozess und Ergonomie sollen Montageprozesse durch VR/AR Technologien simuliert werden (siehe Abb. 1.2).
Diese Simulationen zeichnen sich durch eine hohe Komplexität aus, sodass sie von keinem einzelnen Technologieanbieter komplett umgesetzt werden können; unter anderem müssen die folgenden Hardware- und Softwaretechnologien integriert werden:

- **Erfassung der Bewegungen des Menschen in unterschiedlichen Qualitäten**
  Hier muss zwischen Prozess- und Ergonomieanalyse sowie Baubarkeitsanalyse differenziert werden. Die Prozess- und Ergonomieanalyse erfordert eine anatomische korrekte, sehr genaue Erfassung der Bewegungsabläufe auch in eingeschränkten Räumen, die auf ein biomechanisches Simulationsmodell des Menschen übertragen werden kann. Für die Baubarkeitsanalyse sind die Genauigkeitsanforderungen geringer, hier

Abb. 1.2 Simulation von Einbauprozeduren zur Baubarkeitsanalyse mit Hilfe von Virtuellen Technologien

muss nur registriert werden, welche Zugangsrichtung für einen Montageprozess gewählt wird und wie sich der Werker zum Fahrzeugteil ausrichtet.

Zum Zeitpunkt der Analyse liegen allerdings häufig schon reale Bauteile und Prototypen vor, die verwendet werden können. Daher muss die Erfassung des Werkers auch dann umgesetzt werden können, wenn große Teile des Arbeitsbereiches durch reale Fahrzeugteile verdeckt bzw. verbaut sind.

- **Erfassung der Bauteile**
  Diese Analysen sind ein exemplarisches Anwendungsszenario für AR, weil Bauteile zum Teil real vorhanden sind, andere Bauteile liegen nur digital vor. Neben den Bewegungen des Werkers müssen deshalb auch Bauteile erfasst werden. Dabei kann nicht jedes Bauteil mit Markern versehen werden, vielmehr sind Computer-Vision-basierte Trackingverfahren erforderlich, die eine Brücke zwischen den digitalen Bauteilen und zu trackenden realen Bauteilen schlagen können. Die Referenzdaten für das Bauteiltracking müssen direkt aus den digitalen Modelldaten abgeleitet werden. Wegen möglicher Verbauung oder Einschränkung des Arbeitsraumes durch reale Prototypen und den Werker selbst müssen aber auch hier Kamera-Arrays eingesetzt werden, die das Bauteil aus verschiedenen Raumrichtungen erfassen können und Verdeckungen kompensieren können.

- **Datenintegration**
  Prozess- und Ergonomiebetrachtung und Baubarkeitsanalysen basieren auf Konstruktionsdaten, die einer hohen Vertraulichkeitsstufe unterliegen. Die bedeutet, die Daten für das Rendering dürfen die PLM/PDM-Serversysteme nicht verlassen. Alle Renderings müssen serverseitig durchgeführt und als Videostrom auf einen Client übertragen werden.

Die hier dargestellten Bereiche stellen nur Teilaspekte der relevanten Technologien dar, aber auch damit wird klar, dass diese hoch komplexen Aufgaben durch einen einzelnen Technologieanbieter nicht gelöst werden können. Durch die ARVIDA-Referenzarchitektur konnte eine Lösung geschaffen werden, um verschiedene, durchaus unabhängige Komponenten flexibel zu integrieren und einfacher austauschbar zu machen. Damit wird über die ARVIDA-Referenzarchitektur eine wesentliche Grundlage für die nachhaltige Nutzung von Virtuellen Technologien geschaffen.

1.3.2   Virtuelle Technologien im Schiffbau

Im Schiffbau werden im Gegensatz zur Automobilindustrie die Produkte nicht in großen Serien sondern in kleinen Losgrößen oder gar als Unikate gefertigt. Außerdem liegt ein hoher Termindruck vor. Das führt dazu, dass Konstruktions- und Fertigungsprozesse parallel durchgeführt werden müssen (Concurrent Engineering). Diese Arbeitsweise bedingt zum einen viele Änderungen auf Werksebene – auch durch die Gegebenheiten vor Ort, beispielsweise hohe Fertigungstoleranzen – zum anderen wird ein permanenter Abgleich zwischen real gefertigten Bauteilen und digitalen Modellen benötigt, weil mögliche Diskrepanzen in einer Umkonstruktion oder Neuanfertigung von Bauteilen resultieren können und damit hohe Folgekosten und Verzugszeiten verursachen. In diesem Zusammenhang ist deshalb der fortwährende Abgleich des Fertigungsumfeldes relevant. Für diesen Abgleich spielen neben manuellen Methoden auch die Umfelderfassung durch 3D-Scanningtechnologien eine entscheidende Rolle, wobei in manchen Fällen stationäre Scanningsysteme eingesetzt werden können. In anderen Fällen werden wegen der engen Bauräume und Hinterschneidungen mobile Scansysteme eingesetzt. Da Planungs- und Fertigungsprozesse eng verzahnt sind, müssen die VT hier den gesamten Prozess von der Konstruktion, über die Ressourcenplanung bis hin zur Validierung der Fertigungsgenauigkeit unterstützen. Im Rahmen des ARVIDA-Prozesses wurde deshalb die gesamte Planungskette analysiert. Diese manifestiert sich in den folgenden Schritten:

- **3D-Bauplanung**
  Heterogene Datenquellen müssen für die Benutzung der VT integriert und zusammengefasst werden. In diesem Zusammenhang wurde auch eine REST-basierte Echtzeitschnittstelle zum Konstruktions-/PLM-System entwickelt. Exemplarisch wurde dafür die Teamcenter-Umgebung des Projektpartners Siemens eingesetzt. Über die REST-Schnittstellen des PLM-Systems wurde ein Lifelink etabliert, der sowohl 3D-Modelle als auch PMI-Daten in Echtzeit in die VT überträgt. Über reine 3D-Daten hinaus integrieren die VT aber auch nicht geometriebasierte Planungsdaten wie z. B. zeitliche Vorgaben (Lieferzeiten, Meilensteine etc.) oder buchhalterische Rahmenbedingungen (z. B. SAP-Werkzeuge), sodass die Virtuellen Technologien zu Etablierung einer 3D-Lebenslaufakte integriert werden, die einen Überblick über den gesamten Planungsprozess verschafft.

- **3D-Bauanleitung**
  Die 3D-Bauanleitung überführt die reinen Konstruktionsdaten in prozedurale Bau-
  reihenfolgen, die zum einen von den Ingenieuren zur Spezifikation der Bauprozesse
  genutzt werden können, die zum anderen aber auch in Assistenzsystemen für den
  Werker eingesetzt werden können. Hierfür spielen sowohl VR-Technologien (die
  Bauschritte können im 3D-Editor visualisiert werden) als auch AR-Technologien (die
  Bauschritte werden ins Kamerabild überlagert, mit dem die Baugruppe aufgezeichnet
  wird) eine Rolle.
- **Intelligentes Schema**
  Wesentliche Voraussetzung für die erfolgreiche Etablierung von VT ist, dass die poten-
  tiellen Nutzer mit den vertrauten Prozessen und Werkzeugen abgeholt werden und
  dass die etablierten Interaktionsparadigmen auf die VT übertragen werden. Ein solches
  Werkzeug ist das Fließschema, das die Verknüpfung der Phasen (z. B. Inbetriebnahme,
  Abnahme beim Hersteller, Abnahme auf See) im Lebenslaufzyklus beschreibt. Dieses
  etablierte Fließschema wird durch die Virtuellen Technologien aufgegriffen und mit der
  3D-Lebenslaufakte verknüpft.
- **Zeichnungslose Fertigung**
  Fertigungsinformationen werden nicht in den 3D-Modellen festgehalten aber in PMI
  (Product and Manufacturing Information). Diese PMIs werden klassischerweise aus-
  gedruckt und dem Werker als Skizze zur Verfügung gestellt. Dieser Medienbruch ist
  deshalb fehleranfällig. Deswegen sollen auch hier die PMI direkt aus dem PLM/PDM-
  System eingelesen und via AR auf die zu fertigenden Bauteile projiziert werden. Dazu
  werden Vektorgraphiken direkt via Laserprojektion den zu fertigenden Bauteilen überlagert (Abb. 1.3).

Die Komplexität und Heterogenität der Daten, die zur Konstruktion, Planung und Fertigung im Schiffbau eingesetzt werden, ist sehr hoch. Durch einen immensen Aufwand
für die Datenintegration steigen die Kosten für die Anwendung der VT sehr stark, sodass
sie letztendlich nicht mehr wirtschaftlich sind. Deswegen wurden mit der ARVIDA-
Referenzarchitektur Konzepte für die Datenintegration entwickelt, die es ermöglichen,

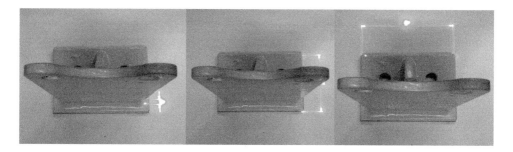

Abb. 1.3 Augmented Reality Projektion der PMI-Daten

Technologiekomponenten ohne diesen erheblichen Aufwand auszutauschen. Deshalb sind die erzielten Ergebnisse für die Anwendung von VT im Schiffbau besonders relevant.

1.3.3 Virtuelle Techniken für die Werkerassistenz in der Automobilindustrie

Einsatzmöglichkeiten von VT für die Unterstützung von Werkern sind dort gegeben, wo durchzuführende Arbeiten variantenreich oder komplex sind, viele Informationen zusammen fließen oder Arbeiten dokumentiert werden müssen, weil sie beispielsweise sicherheitsrelevant sind. Wie oben bereits dargestellt, sind diese Kriterien insbesondere bei kleinen Losgrößen gegeben, in der Automobilindustrie etwa im Versuchs- und Prototypenbau. In dieser Phase des Produktentstehungsprozesses existieren noch keine Serienwerkzeuge und manuelle Arbeitsschritte überwiegen. Die genannten Kriterien sind aber auch bei Kleinserienfertigungen oder der Fertigung der äußerst variantenreichen Nutzfahrzeuge erfüllt. Und selbst in der Großserienfertigung von Personenkraftwagen steigt der Bedarf an innovativen Werkerassistenzlösungen aufgrund des Kundenwunsches nach immer größerer Individualisierung der Fahrzeuge stark an. Ansätze der Industrie 4.0 machen die Individualisierungswünsche der Kunden system- und produktionstechnisch wirtschaftlich realisierbar. Für den Werker wesentlich effektiver beherrschbar werden Variantenreichtum und Komplexität durch Unterstützung durch VT.

Im Projekt ARVIDA wurden zwei automobile Szenarien ausgewählt, um VT für die Werkerassistenz einerseits technologisch weiter zu entwickeln. Andererseits sollten diese Anwendungen über die Dienste-Abstraktion von Informationen und Funktionalitäten auf die nächste Stufe gehoben und der Ansatz einer Referenzarchitektur unter anwendungsnahen Gesichtspunkten evaluiert werden. Die ausgewählten automobilen Szenarien sind:

- **Mobile projektions-basierte Assistenzsysteme**
  In diesem Anwendungsszenario werden mobile Projektionssysteme genutzt, um Informationen und Handlungsanweisungen für den Werker direkt auf das Bauteil im Arbeitsbereich zu projizieren. Informationen können beispielsweise die Position oder Bezeichnung von Bolzenpositionen und Schweißverbindungen auf Blechteilen sein. Als Handlungsanweisung kann beispielsweise die Reihenfolge von Schraubverbindungen an einem Motor angezeigt werden. Auch komplexere Geometrien können dargestellt werden, etwa die Lage und die Form von Bauteilen und Strukturen, die durch die Oberfläche des Bauteils eigentlich verborgen sind, wie beispielsweise die Rippenstruktur von Tiefziehwerkzeugen oder die innenliegenden Bauteile einer Fahrzeugtür. Dadurch entsteht eine Art virtueller Röntgenblick.
  Der Werker kann das Projektionssystem verschieben und auf neue Bauteile und Arbeitsbereiche ausrichten. Dabei wird die Darstellung der projizierten Informationen lagerichtig angepasst. Möglich machen dies Kameras, die in das Projektionssystem

integriert sind und das jeweilige Bauteil tracken. Im Szenario wurden die folgenden Dienste entwickelt und über die ARVIDA Referenzarchitektur nutzbar gemacht:

- Tracking-Dienste: Hierüber wird die Position und Orientierung des Bauteils relativ zum Projektionssystem bestimmt und verfügbar gemacht. Für eine hohe Genauigkeit werden Markierungen getrackt, die auf dem Bauteil angebracht werden. Es wurden dabei Verfahren entwickelt, die eine flexible Anbringung der Markierungen erlauben. Bei geringeren Genauigkeitsansprüchen kann das Bauteil auch direkt getrackt oder sogar gescannt werden.
- Daten-Dienste: Hierüber werden die darzustellenden Informationen und Handlungsanweisungen zusammengestellt und verfügbar gemacht.
- Rendering-Dienste: Hierüber erfolgt die verzerrungsfreie Darstellung der virtuellen Inhalte auf dem Bauteil.
- Interaktions-Dienst: Hierüber erfolgt die Interaktion mit dem System wie beispielsweise die Auswahl der darzustellenden Informationen.

• **Instandhaltung und Training**

In diesem Anwendungsszenario werden Datenbrillen genutzt, um Informationen und Handlungsanweisungen in das Sichtfeld des Werkers einzublenden. Das Szenario fokussiert dabei auf das Training von Werkern in sogenannten Profiräumen. Hier werden komplexe Montagearbeitsplätze für das Training nachgestellt und vom Werker unter Anleitung eines Trainers trainiert. Der Trainer nutzt ein Tablet zur Erzeugung der Trainingsinhalte, indem er Arbeitsschritte fotografiert und um Informationen und Handlungsanweisungen anreichert. Im Training wird das Tablet mit einer Datenbrille gekoppelt, die vom Werker getragen wird. Sowohl der Trainer als auch der Werker können durch die Arbeitsschritte navigieren, wobei der Trainer immer sieht, welche Informationen dem Werker in der Datenbrille gerade angezeigt werden. Vorteil der Datenbrille ist, dass der Werker die Informationen immer im Sichtfeld hat und den Arbeitsbereich nicht verlassen muss, um Informationen zum nächsten Arbeitsschritt zu erhalten.

Für das Trainings-Szenario wurden die folgenden Dienste entwickelt und über die ARVIDA Referenzarchitektur nutzbar gemacht:

- Tracking-Dienste: Hierüber wird die Position und Orientierung der Datenbrille relativ zum Fahrzeug bestimmt und verfügbar gemacht.
- OST-Kalibrierungs-Dienste: Hierüber werden die Abbildungseigenschaften der zum Einsatz kommenden Datenbrille sowie die Position der Augen des Werkers relativ zu den Displays der Datenbrille bestimmt und verfügbar gemacht.
- Daten-Dienste: Hierüber werden die darzustellenden Informationen und Handlungsanweisungen zusammengestellt und verfügbar gemacht.
- Workflow-Dienste: Hierüber wird die Abfolge der Arbeitsschritte definiert und verfügbar gemacht.
- Rendering-Dienste: Hierüber erfolgt die Darstellung der virtuellen Inhalte in der Datenbrille.

1.3.4 Virtuelle Techniken in der Produktentwicklung der Automobilindustrie

Virtuelle Techniken haben ihren Einzug in die Produktentwicklung der Automobilindustrie Mitte der 1990er Jahren gehalten. Erste Anwendungen waren die Visualisierung von Fahrzeugexterieur und Fahrzeuginterieur in den Abteilungen Design und Strak, in denen die Anmutung des Fahrzeugs und die vor Kunde sichtbaren hochqualitativen Flächen entstehen. Die Visualisierung erfolgt auf sogenannten Powerwalls, die eine hochauflösende 1:1-Darstellung der Fahrzeuge ermöglichen, oder mit Virtual-Reality-Brillen, in denen sich insbesondere Fahrzeuginnenräume gut visualisieren lassen.

Während in CAD- und Konstruktionssysteme meist nur ein Bauteil oder nur der angrenzende Bauraum im Fokus stehen und abbildbar sind, bietet Virtual Reality die Möglichkeit, Bauteile im Kontext zu visualisieren und ganze Fahrzeuge darzustellen. Mit Virtual Reality können Fahrzeuge so erlebt werden, wie sie sich später dem Kunden präsentieren. Hierzu ist eine möglichst realistische Darstellung erforderlich, die mit aktueller Shader-Technologie sowie mit Ray Tracing auf High-Performance-Clustern erzeugt wird. Dabei kommen vermessene Materialien und Lichtquellen zum Einsatz, und es wird die Ausbreitung von Licht in der virtuellen Szene so exakt simuliert, dass hochqualitative, von der Realität kaum noch unterscheidbare Ansichten der virtuellen Fahrzeugmodelle erzeugt werden.

Visualisierungen von Fahrzeugmodellen sind als Meilensteine fest in die Produktentwicklungsprozesse der Automobilindustrie integriert. Sie dienen der Entscheidungsfindung und werden verwendet, um die Qualität von Konstruktionsständen abzusichern. Nach der Devise „erst schauen, dann bauen" sind sie den wenigen im Entwicklungsprozess noch verbliebenen physischen Prototypen vorgeschaltet oder ersetzen diese bereits vollständig. Hierzu ist es erforderlich, dass neben der reinen Visualisierung weitere Eigenschaften des Fahrzeuges abgeprüft werden können. Beispiele sind:

- **Funktionale Absicherung**
  Bei der funktionalen Absicherung werden Erreichbarkeit, Bedienung und Funktion von Bauteilen etwa im Fahrzeuginnenraum evaluiert. Wie gestaltet sich beispielsweise die Erreichbarkeit von Innenspiegel und Handschuhfachklappe vom Fahrerplatz aus? Wie lassen sich der Lichtdrehschalter und die Regler der Klimaanlage bedienen? Passen Gegenstände wie Kaffeebecher, Flaschen, Handys und Brillen in die dafür vorgesehenen Ablagefächer? Für die Darstellung werden CAVEs (Mehrseiten-Projektionsanlagen) oder Virtual Reality-Brillen verwendet. Der Kopf, die Hände und die Finger des Benutzers sind getrackt. Bauteile können so in der Virtual Reality-Simulation natürlich gegriffen werden. Im Hintergrund laufende Physiksimulationen und funktionale Modelle sorgen für ein realitätsgetreues Verhalten der virtuellen Gegenstände und Bauteile.
- **Fahrsimulation**
  Bei der Fahrsimulation wird das Fahrzeug in der Bewegung evaluiert. Dabei werden Assistenzsysteme erprobt und das Fahrverhalten evaluiert und abgestimmt. Für die

Simulation werden beispielsweise Sitzkisten verwendet, die auf Bewegungsplattformen montiert sind. Aktuatoren geben Lenkmomente und Pedalkräfte wieder. Die Darstellung erfolgt auf Projektionsleinwänden, die die Sitzkiste umgeben, oder mittels Virtual Reality Brillen. Im Hintergrund laufen Simulationen der Assistenzsysteme sowie des Fahrverhaltens des jeweiligen Fahrzeuges. Auch Hardware-in-the-Loop-Systeme kommen hier zum Einsatz.

- **Strömungs- und Crashvisualisierungen**
  Bei der Strömungsvisualisierung werden Ergebnisse der Strömungsberechnungen im Fahrzeugkontext dargestellt und in multidisziplinären Expertengruppen diskutiert. Sie ersetzen zunehmend Versuche im Windkanal. Auch die Ergebnisse der Crashberechnung werden inzwischen nicht nur in Falschfarben dargestellt, sondern in fotorealistischer Qualität visualisiert. Dabei können interaktiv beliebige Sichtwinkel eingenommen werden. Im Gegensatz zu realen Crashversuchen sind hierbei auch öffnende Schnitte und Sichten in das Fahrzeug während des Crashs möglich. Die Darstellung erfolgt auf Powerwalls oder mit Virtual Reality-Brillen. Einige Ansätze nutzen auch Augmented Reality, um einen Abgleich der Simulationsergebnisse mit realen Versuchen zu ermöglichen und die Ergebnisse an physischen Fahrzeugen darzustellen.
- **Virtuelle Gesamtfahrzeugabnahme**
  Bei der virtuellen Gesamtfahrzeugabnahme werden kundenrelevante Punkte aus dem Eigenschaftskatalog des Fahrzeuges evaluiert. Wie gestaltet sich beispielsweise die Alltagstauglichkeit des Fahrzeuges? Lassen sich Kisten und Gepäckstücke gut im Kofferraum verstauen? Sind einfache Wartungs- und Reparaturarbeiten gut durchführbar? Wie gestalten sich Kopf- und Beinfreiheit? Wie sind das Raumgefühl und die Sichten auf die Umgebung des Fahrzeugs? Da die Gesamtfahrzeugabnahme im Prinzip die Qualitätsabsicherung der Entwicklung darstellt, kommen hier alle der oben genannten Darstellungs- und Simulationsansätze zum Einsatz.

Eine Gemeinsamkeit aller hier vorgestellten Anwendungen ist, dass eine Vielzahl von Datenquellen, Komponenten, Modulen und Funktionalitäten miteinander verknüpft werden müssen. In der Vergangenheit wurden diese Verknüpfungen hart codiert, in anderen Systemen vorhandene Funktionalitäten wurden in VT-Anwendungen nachimplementiert und proprietäre Schnittstellen wurden integriert. Mit der ARVIDA-Referenzarchitektur wird nun erstmals die Möglichkeit geschaffen, Datenquellen, Komponenten, Module und Funktionalitäten über eine standardisierte REST-Schnittstelle als Dienste anzubinden. Dies führt zu einer höheren Flexibilität und zu einem geringeren Implementierungs- und Wartungsaufwand.

Im Projekt ARVIDA wurde das Dienstekonzept für das Anwendungsszenario der Interaktiven Projektionssitzkiste erstmalig prototypisch realisiert und evaluiert. Das Szenario ist im Design und in der Konzeptentwicklung angesiedelt. Die Interaktive Projektionssitzkiste soll den Designer beim Schritt von 2D-Skizzen und Zeichnungen hin zu 3D-Geometrien und Modellen unterstützen, indem sie virtuelle Inhalte auf einem abstrahierten, physischen Grundmodell visualisiert. Der Konzeptentwickler soll die Möglichkeit erhalten,

Bauteile neu anzuordnen und Erreichbarkeiten sowie Funktionalitäten wie etwa die Bedienung eines Radionavigationssystems zu evaluieren. In der vollen Ausbaustufe soll dies in einer Fahrsimulation möglich sein, die um die Interaktive Projektionssitzkiste herum dargestellt wird. Zur Realisierung des Anwendungsszenarios ist eine Vielzahl von Diensten erforderlich, die über die ARVIDA Referenzarchitektur verfügbar gemacht werden. Dazu gehören beispielsweise:

- Kalibrier- und Registrier-Dienste: Hierüber werden die Abbildungseigenschaften der zum Einsatz kommenden Projektoren sowie deren Position im Raum ermittelt.
- Rendering-, Warping- und Blending-Dienste: Hierüber erfolgt die verzerrungsfreie und homogene Darstellung der virtuellen Inhalte auf der abstrakten Projektionsoberfläche.
- Tracking- und Gesten-Dienste: Hierüber werden die Kopf-, Hand- und Fingerpositionen des Betrachters ermittelt und Gesten erkannt, die für eine perspektivisch korrekte Darstellung sowie die Interaktion mit den virtuellen Inhalten notwendig sind.
- Fahrzeugzustands- und Komponenten-Dienste: Hierüber werden Fahrzeugzustände wie beispielsweise Geschwindigkeit, Beschleunigung, Position und Orientierung, aber auch Stellung von Schaltern, Hebel, Lenkrad und Pedalerie etc. erkannt und übermittelt.

Literatur

[1] Friedrich W (Hrsg) (2004) ARVIKA – Augmented Reality für Entwicklung, Produktion und Service. Publicis, Erlangen
[2] MediaWiki (2015) https://www.mediawiki.org/wiki/MediaWiki. Zugegriffen: 07. Aug. 2016
[3] Reuse B, Vollmar R (Hrsg) (2007) Informatikforschung in Deutschland. Springer, Heidelberg
[4] Schreiber W, Zimmermann P (Hrsg) (2011) Virtuelle Techniken im industriellen Umfeld – Das AVILUS-Projekt – Technologien und Anwendungen. Springer, Heidelberg

Virtuelle Techniken und Semantic-Web

2

Stand der Wissenschaft und Technik

André Antakli, Pablo Alvarado Moya, Beat Brüderlin, Ulrich Canzler,
Holger Dammertz, Volker Enderlein, Jürgen Grüninger, Andreas Harth,
Hilko Hoffmann, Eduard Jundt, Peter Keitler, Felix Leif Keppmann,
Roland Krzikalla, Sebastian Lampe, Alexander Löffler, Julian Meder,
Michael Otto, Frieder Pankratz, Sebastian Pfützner, Matthias Roth,
Richard Sauerbier, Werner Schreiber, Roland Stechow, Johannes Tümler,
Christian Vogelgesang, Oliver Wasenmüller, Andreas Weinmann, Jochen
Willneff, Hans-Joachim Wirsching, Ingo Zinnikus und Konrad Zürl

A. Antakli (✉) · J. Grüninger · H. Hoffmann · A. Löffler · C. Vogelgesang · I. Zinnikus
DFKI GmbH, Saarbrücken
e-mail: andre.antakli@dfki.de; juergen.grueninger@dfki.de; hilko.hoffmann@dfki.de; alexander.loeffler@dfki.de; christian.vogelgesang@dfki.de; ingo.zinnikus@dfki.de

P. Alvarado Moya · U. Canzler
CanControls GmbH, Aachen
e-mail: alvarado@cancontrols.com; canzler@cancontrols.com

B. Brüderlin · J. Meder · S. Pfützner
3DInteractive GmbH, Ilmenau
e-mail: bdb@3dinteractive.de; jmeder@3dinteractive.de; spfuetzner@3dinteractive.de

H. Dammertz · A. Weinmann
3DEXCITE GmbH, München
e-mail: Holger.Dammertz@3ds.com; andreas.weinmann@3ds.com

V. Enderlein
Institut für Mechatronik e.V., Chemnitz
e-mail: volker.enderlein@ifm-chemnitz.de

A. Harth · F. Leif Keppmann
Karlsruher Institut für Technologie, Karlsruhe
e-mail: harth@kit.edu; felix.leif.keppmann@kit.edu

© Springer-Verlag GmbH Deutschland 2017
W. Schreiber et al. (Hrsg.), *Web-basierte Anwendungen Virtueller Techniken*,
DOI 10.1007/978-3-662-52956-0_2

Zusammenfassung

Virtuelle Techniken (VT) haben schon seit vielen Jahren in der Industrie in vielfältiger Weise Eingang gefunden. Ebenso gibt es durchaus umfangreiche, interoperable Anwendungen in anderen Fachdomänen, die auf etablierten, standardisierten Web-Technologien beruhen. Daher liegt es nahe, die unbestreitbaren Vorteile von semantischen Web-Technologien für den Aufbau interoperabler VT-Anwendungen zu nutzen. In diesem Kapitel werden daher grundlegende Elemente und der aktuelle Entwicklungsstand virtueller Techniken sowie auch die Grundkonzepte semantischer Web-Technologien

E. Jundt · S. Lampe · W. Schreiber · J. Tümler
Volkswagen AG, Wolfsburg
e-mail: eduard.jundt@volkswagen.de; sebastian.lampe@volkswagen.de;
werner.schreiber@volkswagen.de; johannes.tuemler@volkswagen.de

P. Keitler
EXTEND3D GmbH, München
e-mail: peter.keitler@extend3d.de

R. Krzikalla
Sick AG, Hamburg
e-mail: roland.krzikalla@sick.de

M. Otto · R. Sauerbier
Daimler AG, Ulm
e-mail: michael.m.otto@daimler.com; richard.sauerbier@daimler.com

F. Pankratz
TU München, München
e-mail: pankratz@in.tum.de

M. Roth
Siemens AG, Hamburg
e-mail: matthias.roth@siemens.com

R. Stechow
Daimler AG, Stuttgart
e-mail: roland.stechow@daimler.com

O. Wasenmüller
DFKI GmbH, Kaiserslautern
e-mail: oliver.wasenmueller@dfki.de

J. Willneff · K. Zürl
Advanced Realtime Tracking GmbH, Weilheim i.OB
e-mail: jochen.willneff@ar-tracking.de; k.zuerl@ar-tracking.de

H.J. Wirsching
Human Solutions GmbH, Kaiserslautern
e-mail: hans-joachim.wirsching@human-solutions.com

beschrieben. Im Überblick wird deutlich, dass zahlreiche Einzelkomponenten für komplexere VT-Anwendungen zusammenarbeiten müssen und dass neben der Interoperabilität die erreichte Gesamtperformanz einer Anwendung eine essentielle Anforderung für die ARVIDA-Referenzarchitektur ist. Die gewünschte Kapselung der hier beschriebenen Einzelelemente in Web-Dienste ist bisher noch im Forschungsstadium. Eine detaillierte Beschreibung, wie semantische Web-Technologien aus dem ARVIDA-Projekt heraus für VT-Anwendungen angewendet werden, ist in den Folgekapiteln zu finden.

Abstract

As Virtual Technologies are relatively widespread during many years in industry, semantic web and more specific web based interoperability and architectures are largely in the research state. To give an overview about state-of-the-art this chapter will supply readers with basics of selected areas of these technologies. More specific information about technologies used in the project ARVIDA will be worked out in the following chapters.

2.1   Display-Technologien

In diesem Abschnitt werden Displays betrachtet, die computer-generierte elektronische Signale in optische Signale umwandeln. Die optischen Signale sind zeitlich veränderlich und dienen der Informationsanzeige. Informationen können dabei im einfachsten Fall alphanumerische Zeichen und Zeichenfolgen sowie Symbole sein, die den Benutzer auf bestimmte Zustände hinweisen. Informationen können im komplexen Fall aber auch ganze virtuelle Umgebungen sein, in die der Benutzer förmlich eintauchen kann. Allen hier dargestellten Displays ist gemein, dass sie Informationen und Bilder aus kleinen schaltbaren Bildelementen, den sogenannten Pixeln, zusammensetzen. Sind die Pixel klein genug, so entsteht für den Betrachter ein zusammenhängendes, homogenes Bild.

Displays lassen sich nach ihrer Bauart in die folgenden drei Klassen einteilen:

*   Bildschirme
*   Projektionen
*   Kopfgetragene Anzeigesysteme

Bildschirme: In diese Klasse fallen alle Displays, bei denen das Bild in einem dünnen, meist ebenen Screen entsteht. Vertreter der Klasse sind beispielsweise Flachbild-Fernseher oder PC-Monitore, aber auch Tablets und Smartphones sowie neuerdings Smart Watches. Die am weitesten verbreiteten Technologien zur Bilderzeugung sind hier LCD (Liquid Crystal Display, dt. Flüssigkristallanzeige), LED-Displays (Light-Emitting Diode, dt. Leuchtdiode) und OLED-Displays (Organic Light Emitting Diode, dt. Organische

Leuchtdiode). Letztere erlauben inzwischen auch die Herstellung biegsamer Display-folien. Für die Realisierung großflächiger Anzeigen können Bildschirme zu sogenann-ten Displaywalls zusammengefügt werden. Hierauf wird in Abschn. 2.1.3 detaillierter eingegangen.

Projektionen: In diese Klasse fallen alle Displays, bei denen das Bild durch Projekto-ren erzeugt wird. Vertreter der Klasse sind beispielsweise Frontprojektionen, wie sie im Kino oder in Besprechungszimmern vorkommen, oder Rückprojektionen, die als Power-wall oder CAVE (Automatic Virtual Environment) in den Entwicklungsabteilungen von Industrieunternehmen eingesetzt werden. Vertreter der Klasse sind aber auch Aufpro-jektionen auf Regelgeometrien, beispielsweise in Form von Rund- oder Dome-Projek-tionen in Planetarien oder Museen, oder Aufprojektionen auf beliebig geformte Oberflä-chen, sogenanntes Spatial Augmented Reality oder Projection-based Augmented Reality. Als Lichtquellen werden verbreitet spezielle Lampen (z. B. Gasentladungslampen oder Xenon-Hochdrucklampen), zunehmend aber auch LED und Laser verwendet. Die am wei-testen verbreitete Technologie zur Bilderzeugung sind LCD und LCoS (Liquid Crystal on Silicon) sowie DLP (Digital Light Processing) mit einem DMD (Digital Micromirror Device, dt. etwa Digitale Mikrospiegel-Einheit) als Kernkomponente. Auf Projektionen wird detaillierter in Abschn. 2.1.3 eingegangen.

Kopfgetragene Anzeigesysteme: In diese Klasse fallen alle Displays, die nahe am Auge getragen werden. Vertreter der Klasse sind beispielsweise Virtual-Reality-Brillen, die die reale Umgebung vollständig verdecken, oder Durchsicht-Brillen, über die computergenerierte Informationen in die reale Umgebung eingeblendet werden können. Die am weitesten ver-breiteten Technologien zur Bilderzeugung sind wie bei den Bildschirmen LCD und OLED-Displays, manchmal auch Projektoren. Für die optische Komposition von realer Umgebung und computergenerierten Bildern kommen meist halbdurchlässige Spiegel, Prismen oder holographische optische Elemente zum Einsatz. Details werden in Abschn. 2.1.2 beschrieben.

Displays sprechen den visuellen Kanal und damit den Hauptsinneskanal des Menschen an. Auf für die visuelle Wahrnehmung wesentliche Aspekte wird in Abschn. 2.1.1 eingegan-gen. Besonderes Augenmerk wird dabei auf das 3D-Stereo-Sehen und die Erzeugung von Darstellungen gelegt, die als räumlich wahrgenommen werden. Ein grundlegender Ansatz ist dabei, dem linken und rechten Auge leicht unterschiedliche, perspektivisch passende Bilder zu präsentieren. Bei klassischen Displays strahlt ein Pixel seine Farbe und Helligkeit im Wesentlichen gleichmäßig in den Raum vor dem Display ab. Um bei solchen Displays den beiden Augen dennoch unterschiedliche Bilder zuzuführen, muss eine Bildtrennung meist über eine Brille erfolgen, die das korrekte Bild für das jeweilige Auge herausfiltert.

Neuere Display-Technologien verfolgen den Ansatz, Pixel so ansteuerbar zu machen, dass sie in unterschiedliche Raumwinkel unterschiedlich Farben und Helligkeiten aus-senden. Im einfachsten Fall werden dazu optische Linsen auf die Displays angebracht, die mehrere physische Pixel zu einem solchen logischen Pixel zusammenfassen. In anderen Fällen wird hinter jedem Pixel eine modulierbare, gerichtete Hintergrundbeleuch-tung angeordnet, oder es werden zwei oder mehrere transparente LCDs hintereinander gestaffelt angeordnet. Mit derartigen neuen Technologien lassen sich Displays realisieren, die vor dem Display ein vollständiges Lichtfeld erzeugen und damit räumliche Darstellungen ohne den Einsatz von Filterbrillen ermöglichen. Herausforderungen sind derzeit aber noch die für die Darstellung benötigten hohen Pixeldichten und die mit den hohen Auflösungen verbundenen hohen Render- und Datenübertragungsleistungen.

Die nachfolgenden Kapitel dieses Buches beschreiben Installationen von klassischen Displays und typische industrielle Anwendungsszenarien. Es ist dabei zu beachten, dass vor allem größere Installationen i. d. R. mehr oder weniger individuell angepasst sind, es also die Standardinstallation nicht gibt. Die Auswahl und Ausgestaltung der Display-Technologie ist abhängig von den abzudeckenden Anwendungsfeldern und den sich daraus ergebenden Anforderungen. Einige Beispiele:

Design-Reviews: Hier müssen Displays möglichst farbtreu und im besten Fall kalibrierbar sein. Außerdem wird häufig eine sehr hohe Pixelauflösung gefordert, um auch feine Details, z. B. Spaltmaße oder strukturierte Materialoberflächen im Innenraum eines Fahrzeugs, darstellen zu können. Zum Einsatz kommen dann 4K-Projektoren und -Rückprojektionen mit Projektionsflächen in einer Größe, die es erlaubt, zu beurteilende Bauteile möglichst vollständig im Maßstab 1:1 abzubilden.

Produktsimulationen: Aufprojektionen auf abstrakte Produktmodelle, u. U. kopfgetragene Anzeigesysteme und Powerwalls sowie für anspruchsvolle Cockpit-Simulationen auch 5- oder 6-Seiten-CAVEs.

Fahrsimulation: Meistens 4- oder 5-Seiten-CAVEs, manchmal Triptychons (3 Projektionsflächen in großem Öffnungswinkel angeordnet). Die Bodenprojektion ist wichtig für die korrekte und vollständige Darstellung aller Bedienelemente z. B. auf der Mittelkonsole.

Montagesimulationen: Häufig kommen Powerwalls, oder aber Virtual-Reality-Brillen zum Einsatz. Virtual-Reality-Brillen bieten eine sehr hohe Immersion und inzwischen auch sinnvolle Pixelauflösungen, eine gute Abdeckung des Blickfeldes und eine optimierte Tracking-Integration. Sie stellen aber hohe Anforderungen an die Rendering-Geschwindigkeit und sind nach wie vor kabelgebunden. Trotz aller Optimierungen sind Virtual-Reality-Brillen Prinzip bedingt immer noch anfällig für Übelkeitseffekte bei den Nutzern und sind reine Einzelnutzersysteme.

Werkerunterstützung: Meist mobile Anzeigegeräte wie Tablets, in der Erprobung aber auch Smart Watches. Ferner hält hier mit fortschreitendem Reifegrad insbesondere die Verwendung von Durchsicht-Datenbrillen Einzug, die Wartungs- und Reparaturinformationen anzeigen und im Gegensatz zu Tablets eine „handsfree"-Nutzung ermöglichen.

Der Anschluss und die Ansteuerung heutiger Displays und Projektionssysteme beruht grundlegend auf einer starren 1-zu-1-Verbindung zwischen dem Gerät, das Pixel generiert, und dem Anzeigegerät, das diese Pixel darstellt. Die Verbindung wird mit Videokabeln hergestellt, die in aller Regel nur die 1-zu-1-Verbindung ermöglichen und auch nur eine begrenzte Länge haben dürfen, um das Videosignal nicht abzuschwächen. Sollen flexiblere Konfigurationen umgesetzt werden, ist teure Videohardware notwendig, die die Verteilung auf mehrere Displays übernimmt.

Noch weitergehende Flexibilität bieten zugleich erheblich kostengünstigere Ansätze, welche sowohl den Framebuffer der Grafikkarte als auch das Display virtualisieren und die entsprechenden Pixelströme über normale IP-Netzwerkverbindungen versenden. Sowohl die Pixelquelle als auch das Darstellungsgerät müssen hierzu über eine IP-Netzverbindung verfügen. Moderne Fernseher, Projektoren und professionelle Displays verfügen zunehmend über eine solche Schnittstelle und eignen sich für die in Abschn. 2.1.4 näher beschriebenen Verteilkonzepte.

Für Grundlagen und Anwendungen der Display-Technologie, die über die Ausführungen in diesem und den nachfolgenden Abschnitten hinausgehen, sei auf [25] verwiesen.

2.1.1 Visuelle Wahrnehmung

2.1.1.1 Das menschliche Auge

Für die visuelle Wahrnehmung ist das Auge das dazugehörige Sinnesorgan. Seine Eigenschaften bestimmen die menschliche Wahrnehmung und damit auch die Wahrnehmung von computergenerierten Inhalten im Rahmen von AR oder VR. Der Augapfel ist das Rezeptororgan, das Lichtreize von außen aufnimmt und an das Gehirn weiterleitet. In seiner Form gleicht er einer annähernd sphärischen Kugel und hat einen Durchmesser von ca. 24 mm [14]. Die äußere Hülle des Auges besteht aus der Lederhaut, die den Augapfel fast vollständig umschließt und zum Schutz des Auges dient (Abb. 2.1). Zusammen mit der Hornhaut gehören sie zur äußeren Augenhaut. Die Hornhaut ist an der Lichtbrechung beteiligt. Die Hauptaufgaben der mittleren Augenhaut, die unter anderem aus der Iris (Regenbogenhaut) und dem Ziliarkörper (Strahlenkörper) besteht, sind die

Abb. 2.1 Das menschliche Auge

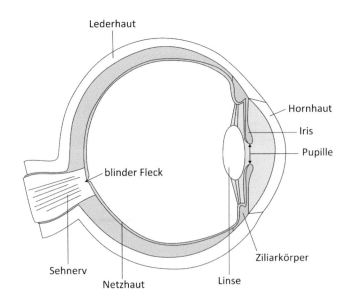

Akkommodation[1] und die Adaption.[2] Die Pupille ist die von der Iris umgebene Sehöff-
nung des Auges und dient der Regulierung des Lichtstroms zur Netzhaut. Die Größe der
Pupille ist von der einfallenden Lichtmenge abhängig und variiert in ihrem Durchmesser
zwischen 2 und 8 mm. Hinter der Iris angeordnet befindet sich die Augenlinse, ein kristall-
klarer elastischer Körper. Als Sammellinse bündelt sie das durch die Pupille einfallende
Licht an der Hinterseite des Auges so, dass auf der Netzhaut ein scharfes Bild entstehen
kann. Die Retina (Netzhaut) ist ein feines Geflecht aus Nervengewebe, das außen von
lichtempfindlichen Sinneszellen (Photorezeptoren) und innen von transparenten Nerven-
strängen bedeckt ist. Sie dient sowohl der Umsetzung des optischen Bildes in Erregungs-
muster, als auch der Verarbeitung und Weiterleitung der erzeugten Impulse. Als blinder
Fleck wird die Stelle im Gesichtsfeld bezeichnet, an dem sich die Nervenfasern der Lederhaut bündeln, den Augapfel verlassen und in den Sehnerv münden, der die Signale der
Retina zum Gehirn transportiert.

2.1.1.2 Augenbewegung

Die Bewegungen beider Augäpfel lassen sich auf gleichförmige und auf gegenläufige
Rotationen um drei Achsen reduzieren. Eine solche Augenbewegung kann bewusst oder
unbewusst durchgeführt werden. Meist dient die sogenannte aktive Augenbewegung
dazu, um zwischen verschiedenen Fixationspunkten zu wechseln, also optische Reize
zu fokussieren oder zu verfolgen. Diese Bewegungen können sehr komplex sein und
sich aus einer Reihe verschiedener Augenbewegungen zusammensetzen. Folgende Arten
von Augenbewegungen können unterschieden werden: Unter Duktionen versteht man
die Drehbewegungen des Einzelauges um die drei Koordinatenachsen x (Vertikalduk-
tion), y (Zykloduktion) und z (Horizontalduktion). Versionen beschreiben gleichzeitige
und gleichgerichtete Bewegungen beider Augen. Eine Form einer solchen Version ist die
Sakkade, bei der es sich um schnelle und sprunghafte Bewegungen des Auges zur Fixa-
tion eines neuen Punktes handelt. Als Vergenz werden die Drehungen beider Augen um
die gleichen Koordinatenachsen bei gegensinniger Drehrichtung bezeichnet. Die Konvergenz ist eine Bewegungsform der Vergenz, bei der zur Betrachtung von Objekten geringer Entfernung die Gesichtslinien[3] beider Augen zur Überschneidung gebracht werden.
Die Ausrichtung beider Augen aus einer konvergenten Stellung auf ein Objekt größerer
Entfernung wird als Divergenz bezeichnet. Ziel der Vergenzbewegungen ist es, die Augen
so auszurichten, dass der fixierte Punkt auf korrespondierenden Netzhautstellen beider
Augen abgebildet wird [2].

2.1.1.3 Mechanischer und optischer Augendrehpunkt

Rotationen des Auges, während einer Blickbewegung, erfolgen um den mechanischen
Augendrehpunkt, der nach der Definition des Standardauges (nach [4]) 13,5 mm hinter der

---

[1] Dynamische Anpassung der Brechkraft des Auges.
[2] Anpassung der Empfindlichkeit des Auges an die Lichtintensität oder –zusammensetzung.
[3] Linie (Gerade) zwischen Fovea und fixiertem Punkt.

Hornhaut im inneren des Auges liegt. Er ist der Punkt im Auge, der seine Lage innerhalb der Augenhöhle während einer Blickbewegung am wenigsten verändert (max. 0,1 mm [2]). Ein weiter wichtiger Punkt im Inneren des Auges ist der optische Augendrehpunkt. Er stellt den Kreuzpunkt der rückwärtig in das Auge verlängerten Gesichtslinien dar und liegt bei Blickbewegungen auf einer annähernd sphärischen Kugel mit einem Radius von 0,8 mm um den mechanischen Augendrehpunkt herum [20]. Da Menschen Augen mit individuellen Längen besitzen, variiert die Lage des mechanischen und somit auch des optischen Drehpunktes im Durchschnitt um 2,5 mm.

2.1.1.4 Akkommodation
Um fixierte Objekte, die in einer beliebigen Entfernung liegen, scharf auf der Netzhautebene abzubilden, kann die Linse des Auges durch An- bzw. Entspannen des sie umgebenen Ziliarmuskel in ihrer Krümmung verändert werden. Dies entspricht einer dynamischen Anpassung ihrer Brechkraft. Dieser Vorgang wird Akkommodation des Auges genannt.

2.1.1.5 Binokularsehen
Das gemeinsame Sehen von rechtem und linkem Auge und die damit verbundenen sensorischen und motorischen Aspekte werden als Binokularsehen bezeichnet. Es werden drei Formen von sensorischen Binokularfunktionen unterschieden [7]. Das Simultansehen beschreibt das gleichzeitige Wahrnehmen der Seheindrücke beider Augen und gilt als erste Form des Binokularsehens. Die nächste Form, das beidäugige Simultansehen mit Fusion, ist die Fähigkeit, das Einzelbild des jeweiligen Auges im Gehirn zu einem Bild zu verschmelzen, das heißt sie zu fusionieren. Dies schafft die Voraussetzung für das stereoskopische Sehen, das beidäugige Simultansehen mit Stereopsis, das die höchste Form des Binokularsehens darstellt. Die motorischen Aspekte des Binokularsehens beschreiben unter anderem die zuvor erläuterten Blickbewegungen beider Augen und die durch einen Fusionsreiz ausgelöste Änderung ihrer Stellung zueinander.

2.1.1.6 Raumwahrnehmung
Die visuelle Raumwahrnehmung ist eine wichtige Fähigkeit des menschlichen visuellen Systems, die sowohl auf Seiten der Psychologie als auch auf Seiten der Computergrafik bis heute viel Aufmerksamkeit in der Literatur erfährt (z. B. [3, 21]). Sie ist das Resultat komplexer visueller Wahrnehmungsprozesse, an deren Anfang die retinale Projektion des umgebenden physischen Raumes steht [13]. Unter anderem ermöglicht sie es, räumliche Beziehungen und Distanzen zwischen der Umgebung und der in ihr befindlichen Objekte genau zu erfassen und abzuschätzen. Die Strategie, die das visuelle System des Menschen nutzt, um die Tiefe aus den retinalen Abbildungen zu extrahieren, ist derzeit noch nicht vollständig erforscht. Die Theorie der mehrfachen Tiefenkriterien (auch Tiefenhinweise oder Hinweisreize) hat sich zwar als ein möglicher Prozess der visuellen Wahrnehmung von räumlicher Tiefe etabliert (z. B. [10, 12, 21]), eine einheitliche Theorie zur Einbeziehung von Tiefenkriterien in den Wahrnehmungsprozess wurde jedoch noch nicht festgeschrieben [17].

2.1.1.7 Theorie der mehrfachen Tiefenkriterien

Das visuelle System rekonstruiert räumliche Tiefe mithilfe einer Reihe von Tiefenkriterien, die es uns ermöglichen, ein plastisches Abbild unserer Umwelt wahrzunehmen, wenngleich das auf der Retina beider Augen geformte Bild eine zweidimensionale Projektion des dreidimensionalen Raumes ist. Diese verschiedenen Kriterien können in die Gruppen der monokularen, okulomotorischen (auch physiologischen) und binokularen (auch stereoskopischen) Tiefenkriterien gegliedert werden [12]. Monokulare Tiefenkriterien beschreiben bild- und bewegungsbasierte Tiefeninformationen, die aus einem zweidimensionalen Abbild des physischen Raumes gewonnen werden. Tiefeninformationen die aus dem Spannungszustand der inneren und äußeren Muskulatur beider Augen abgeleitet werden, gehören zur Gruppe der okulomotorischen Tiefenkriterien. Die ausschließlich mithilfe des beidäugigen Sehens gewonnenen Tiefeninformationen werden binokulare Tiefenkriterien genannt. Tabelle 2.1 zeigt die verschiedenen Tiefenkriterien und deren Zuordnung in die zuvor dargestellten Gruppen (vgl. z. B. [12, 21]).

2.1.1.8 Monokulare Tiefenkriterien

Die Gruppe der monokularen Tiefenkriterien setzt sich aus optischen Hinweisen auf räumliche Tiefeninformationen zusammen, die einer zweidimensionalen Darstellung entnommen, also monokular wahrgenommen, werden können. Sie wird in die Untergruppen der bild- und bewegungsbasierten (auch statischen und dynamischen [21]) monokularen Tiefenkriterien unterteilt.

Bildbasierte Tiefenkriterien kommen in der Realität ausschließlich in Kombinationen vor und liefern in einem zweidimensionalen Bild Informationen über räumliche Tiefe.

Tab. 2.1 Gliederung der Tiefenkriterien

Gruppe	Tiefenkriterium
Monokular	Verdeckung
	Relative Höhe
	Relative Größe
	Linearperspektive
	Vertraute Größe
	Atmosphärische Perspektive
	Texturgradient
	Schatten und Schattierung
	Fortschreitendes Zu- und Aufdecken
	Bewegungsparallaxe
Okulomotorisch	Akkommodation
	Vergenz
Binokular	Stereopsis

Neben fotografischen Abbildungen sind sie z. B. auch in Gemälden zu finden sind, in denen sie von Künstlern zur Erzeugung von Perspektive und Plastizität eingesetzt werden.

Das nach [5] stärkste monokulare Tiefenkriterium ist die Verdeckung. Sie bewirkt, dass ein Objekt, das durch ein davor positioniertes Objekt so verdeckt wird und dadurch nur noch teilweise zu sehen ist, als weiter entfernt wahrgenommen wird. Verdeckung ist eine eindeutige Information über die Entfernungsreihenfolge beider Objekte, durch die, unabhängig von der Objektentfernung, beliebig kleine Tiefendifferenzen wahrgenommen werden können. Über die Größe des Abstands zweier Objekte sagt ihre gegenseitige Verdeckung jedoch nichts aus. Die Verdeckung liefert also ausschließlich ordinale[4] Tiefeninformationen [16].

Die Linearperspektive (auch perspektivische Konvergenz) beschreibt den wahrgenommenen Effekt, dass zwei in Richtung des Horizonts verlaufende parallele Linien mit zunehmender Distanz scheinbar konvergieren, das heißt sich annähern. Während dieses Kriterium in [21] und [12] separat aufgeführt wird, versteht [5] die Linearperspektive als eine Kombination verschiedener monokularer Tiefenkriterien.

Der Schattierung eines Objekts wird neben den anderen Tiefenkriterien nur eine sekundäre Rolle bei der Wahrnehmung räumlicher Tiefeninformationen zugeschrieben. Sie trägt vielmehr zur Wahrnehmung der Form und Struktur von Objekten bei [12]. Hingegen liefern der Schattenwurf eines Objekts und die daraus folgende Verschattung anderer Objekte Informationen über deren relative räumliche Beziehung. Eine Einschätzung der exakten Distanzen kann auf diese Weise jedoch nicht vorgenommen werden [4].

Durch die Änderung der Betrachterperspektive können scheinbare Objektbewegungen in einer statischen Szene wahrgenommen werden. Die aus der relativen Bewegungsrichtung oder -geschwindigkeit der Objekte gewonnenen Hinweise auf räumliche Beziehungen zählen zu den bewegungsbasierten Tiefenkriterien.

Das Tiefenkriterium der Bewegungsparallaxe beschreibt den Effekt als ungleich wahrgenommene Bewegungsgeschwindigkeiten von Objekten zueinander. Bewegt sich ein Betrachter parallel zu Objekten, scheinen sich die nahegelegenen Objekte deutlich schneller zu bewegen als entfernte Objekte. Die abweichenden Geschwindigkeiten lassen Rückschlüsse auf die jeweilige Objektentfernung zu. Dieser Effekt ist beispielsweise bei dem Blick aus dem Seitenfenster eines fahrenden Autos oder Zuges zu beobachten [13].

Der optische Effekt des fortschreitenden Zu- oder Aufdeckens entsteht z. B. durch eine seitliche Bewegung des Betrachters entlang zweier in Blickrichtung voneinander entfernter Objekte. Dabei wird das weiter entfernte Objekt von dem in der Nähe befindlichen Objekt, je nach Bewegungsrichtung des Betrachters, fortschreitend zu- bzw. aufgedeckt.

2.1.1.9 Okulomotorische Tiefenkriterien

Die aus dem Spannungszustand der inneren und äußeren Muskulatur beider Augen abgeleiteten Tiefeninformationen werden in der Gruppe der okulomotorischen Tiefenkriterien zusammengefasst. Dabei gibt die Vergenz Aufschluss über die Stellung beider Augäpfel zueinander. Der Zustand der inneren Augenmuskulatur, speziell des Ziliarmuskels, stellt

---

[4] Die räumliche Reihenfolge der Objekte betreffend.

dem visuellen System Informationen über die Akkommodation des Auges zur Verfügung. Diesen sensorischen Rückmeldungen werden basierend auf Erfahrungswerten [9] interpretiert und lassen Rückschlüsse auf die Entfernung des fixierten und fokussierten Objekts zu. Die Kombination von Vergenz und Akkommodation gibt bei einem Wechsel von einer Nah- auf eine Ferneinstellung der Augen, und umgekehrt, Aufschluss über die grobe räumliche Beziehung zweier Objekte. Dabei hängen Augenstellung und Linsenform systematisch mit der Entfernung des fokussierten Objekts zusammen [13].

2.1.1.10 Binokulare Tiefenkriterien

Stereopsis (auch Stereosehen) ist die höchste Form des binokularen Sehens und ist eines der stärksten Tiefenkriterien [5, 22]. Während monokulare Tiefenkriterien nur grobe und relative Tiefeninformationen einer räumlichen Szene bereitstellen, können diese Informationen mithilfe des stereoskopischen Sehens absolut wahrgenommen werden [18]. Dabei rekonstruiert das menschliche visuelle System Tiefeninformationen aus der Größe lateraler[5] Unterschiede (binokulare Disparität, auch Querdisparation) der Netzhautbilder des linken und rechten Auges (e.g. [13, 21]). Da beide Augen horizontal in einem Abstand von durchschnittlich 65 mm angeordnet sind, nimmt jedes Auge eine Szene aus einem leicht anderen Blickwinkel wahr. Lichtstrahlen, die von einem Punkt im dreidimensionalen Raum ausgehen, werden somit nicht ausschließlich auf anatomisch korrespondierenden oder disparaten Netzhautstellen [11] abgebildet. Generell sind binokulare Disparitäten von vielen Faktoren, wie der dreidimensionalen Struktur der Szene, des Blickwinkels, der Betrachtungsentfernung und der Ausrichtung beider Augen abhängig [6].

2.1.1.11 Der Augenabstand

Im Allgemeinen beschreibt der Augenabstand, wie der Name schon sagt, den Abstand zwischen den beiden Augen einer Person. Dieser Abstand kann von Person zu Person stark variieren. Bei der Mehrheit der ausgewachsenen Frauen und Männer liegt dieser Abstand im Bereich von 50–75 mm. In einer von [8] durchgeführten Studie, konnten bei Frauen im Mittel Augenabstände von 62,31 mm und bei Männern 64,67 mm gemessen werden.

Synonym zum Augenabstand werden in der Literatur auch die Begriffe Pupillardistanz, Interpupillardistanz und Interokulardistanz verwendet. Die Pupillardistanz (PD) ist eine aus der Optometrie[6] stammende Größe, welche den Abstand zwischen den Mittelpunkten der Pupillen beider Augen angibt (z. B. [24]). Bei der Angabe der PD wird zwischen einer Nah- und Ferneinstellung des Auges unterschieden. Da die Naheinstellung unter anderem aus einer konvergenten Augenstellung entsteht, ergibt sich für den Nahbereich ein im Mittel um 3 mm reduzierter Augenabstand. In der Literatur zu stereoskopischen Anzeigegeräten wird meist der Begriff der Interpupillardistanz zur Beschreibung des Augenabstands verwendet (z. B. [11]). Sowohl die PD als auch die Interpupillardistanz (IPD) beschreiben jedoch denselben Parameter – den Abstand zwischen den Mittelpunkten der

---

[5] Lateral (lat. latus „Seite"): zur Seite hin gelegen.
[6] Lehre der Messung und Bewertung von Sehfunktionen.

Pupillen beider Augen. Bezieht sich der Augenabstand auf die Distanz zwischen den Drehpunkten beider Augen, wird auch der Begriff der Interokulardistanz (von engl. interocular distance, IOD) (e.g. [15]) verwendet. Da die Rotation beider Augen bei Blickbewegungen um den Augendrehpunkt erfolgt, hat die Nah- oder Ferneinstellung der Augen keinen merklichen Einfluss (0,1 mm) auf die Interokulardistanz.

2.1.2 Head-Mounted-Displays, Datenbrillen

2.1.2.1 Definition

Datenbrillen (Head-Mounted-Displays) sind kopfgetragene Anzeigesysteme, die im Blickfeld des Nutzers vor einem oder beiden Augen angeordnet sind, um computergenerierte Daten anzuzeigen. Sie lassen sich in zwei Hauptgruppen einteilen: Videobrillen (engl. „video see-through") und Durchsichtsysteme (engl. „optical see-through").

Videobrillen ermöglichen dem Nutzer ausschließlich einen Blick auf die Anzeigeeinheit, durch die er Videobilder der Realität, die mit computergenerierten Daten ergänzt wurden, wahrnimmt. Die Überlagerung der beiden Bilder geschieht im System und wird als Ganzes auf dem Display angezeigt. Ein direkter Blick auf die Realität ist dem Nutzer nicht möglich.

Durchsichtsysteme ermöglichen gleichzeitig die Wahrnehmung der Realität und der Virtualität. Das ist dadurch möglich, dass über einen optischen „Combiner" (z. B. halbtransparenter Spiegel) ein computergeneriertes Bild in die Sichtachse eingekoppelt wird. Somit treffen sowohl das Bild der Umgebung als auch das vom Computer erstellte Bild gleichzeitig auf das Auge. Der Nutzer nimmt zwei unterschiedliche Bilder wahr, die er in seinem Wahrnehmungsapparat kombiniert (Abb. 2.2).

Visualisierungsarten Alt [1] unterscheidet die kontextunabhängige Visualisierung und die kontextabhängige Visualisierung. Bei der kontextunabhängigen Visualisierung besteht kein Zusammenhang zwischen der wahrgenommenen Realität und den angezeigten Daten. Das ist zum Beispiel beim Abspielen eines Films in der Datenbrille der Fall. Aufgrund des fehlenden Zusammenhangs muss hier nicht zwangsläufig von Augmented Reality gesprochen werden. Bei der kontextabhängigen, nicht kongruenten Überlagerung ist der Anzeigeort der Daten im Sichtfeld der Datenbrille fest, sodass die Anzeigeelemente in der Datenbrille immer an derselben Position im Sichtfeld des Nutzers erscheinen. Bei der kongruenten Überlagerung verändert sich die Anzeigeposition der Daten in der Datenbrille in Abhängigkeit von der Position und Ausrichtung der Datenbrille im Raum in Bezug auf das Referenzobjekt. Dies ermöglicht Augmented-Reality-Anwendungen, die situationsgerechte Anzeigeelemente im Sichtfeld des Betrachters visualisieren. Diese Visualisierungsart wird auch als kontaktanalog bezeichnet (Abb. 2.3).

Datenbrille Allgemein Datenbrillen lassen sich in zwei Hauptbauformen einteilen. Monokulare Systeme bieten die Möglichkeit, über ein einzelnes Auge sowohl die Realität als auch die Virtualität wahrzunehmen. Über das andere Auge wird ausschließlich die Realität

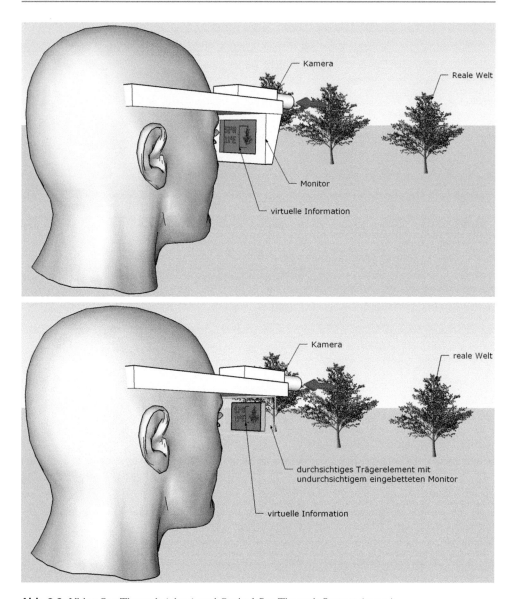

Abb. 2.2 Video See Through (oben) und Optical See Through System (unten)

wahrgenommen. Es gibt sowohl an Brillenfassungen montierte Displays als auch solche, die an speziellen Kopfträgern befestigt werden.

Bei binokularen Systemen steht für jedes Auge ein separates Display zur Verfügung. Mit den Augen nimmt der Nutzer daher unterschiedliche Bilder wahr. Das gilt für die Bilder der Realität und für jene der Virtualität. Solche Systeme ermöglichen die Darstellung von Stereobildern. Monokulare Systeme sind leichter, bieten dem Nutzer aber

Abb. 2.3 Links: kontextabhängige, nicht kongruente Visualisierung (howstuffworks.com); Rechts: kontextabhängige, kongruente Visualisierung

Abb. 2.4 Prinzipskizze Aufbau eines monokularen (links) und binolukaren Displays (rechts) nach [1]

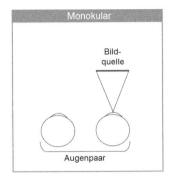
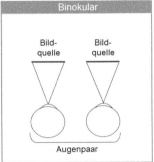

unterschiedliche Seheindrücke auf seinen beiden Augen (erstes Auge: nur die Realität; zweites Auge: Realität und Virtualität). Dieses „unsymmetrische Sehen" stellt eine unnatürliche Wahrnehmung dar, die für den Nutzer eine zusätzliche Anstrengung darstellen kann. Monokulare Systeme können keine Stereodarstellungen erzeugen, da nur für ein Auge das Bild der Virtualität bereitgestellt wird (Abb. 2.4).

2.1.2.2 Aufbau von Durchsicht-Datenbrillen

Bei einem Display oder einer Durchsicht-Datenbrille nimmt der Anwender die Umwelt wie gewohnt und ohne Bearbeitung durch einen Computer wahr. Die Hauptanwendung einer Durchsicht-Datenbrille besteht darin, die visuelle Wahrnehmung des Anwenders zu ergänzen oder zu erweitern. Hierfür soll ihm durch die Datenbrille ein computer-generiertes Bild in seinem Sichtfeld präsentiert werden. Das sogenannte „virtuelle Bild" muss durch die Datenbrille mit dem Bild der natürlichen Wahrnehmung zeitlich und örtlich verbunden werden.

Eine Möglichkeit, das virtuelle Bild zu präsentieren besteht darin, ein „transparentes Display" im Sichtfeld des Anwenders zu positionieren (Abb. 2.5 links). Dabei sind jedoch die optischen Eigenschaften des menschlichen Auges zu berücksichtigen, insbesondere die Naheinstellgrenze. Bei der Anwendergruppe der bis 20-jährigen liegt diese bei ca.

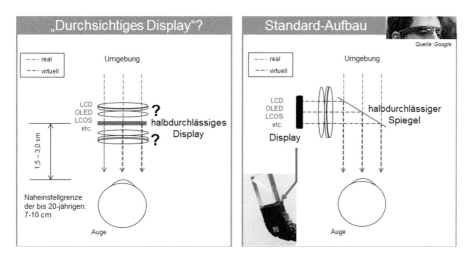

Abb. 2.5 Ungeeigneter Aufbau einer Datenbrille (links) und heute üblicher Standard-Aufbau einer Durchsicht-Datenbrille (rechts)

7–10 cm [2] und steigt mit zunehmendem Alter auf bis zu 1 m. Dadurch werden Objekte, die sich in geringerer Entfernung vor dem Auge befinden, vom Nutzer nicht scharf wahrgenommen. Da eine solche optische Anordnung nicht umgesetzt werden kann, muss das virtuelle Bild durch entsprechende optische Einrichtungen (Linsen) vor und hinter dem durchsichtigen Display in der entsprechenden Entfernung dargestellt werden, ohne die geometrische Baulänge, die dem Abstand zum Objekt in der Realität entsprechen würde, zu benötigen. Weiterhin darf das Bild der Realität nicht durch das Linsensystem verändert werden. Um das virtuelle Bild in einer für den Anwender fokussierbaren Entfernung darzustellen, muss der Strahlengang durch entsprechende optische Einrichtungen (Linsen, gekrümmte Spiegel, usw.) gefaltet werden. Weiterhin dürfen die optischen Einrichtungen das Bild der Realität nicht verändern. Solche transparenten Displays sind derzeit noch im frühen Forschungsstadium und für den Serieneinsatz nicht verfügbar.

Die Mehrzahl der aktuell verfügbaren Datenbrillen besitzt eine optische Combiner-Einheit, durch die die Realität und das computergenerierte Bild der Displayeinheit wahrgenommen wird (Abb. 2.4). Beide Bilder werden durch diese Combiner-Einheit zusammengeführt und zum Auge des Nutzers geleitet. Die Combiner-Einheit darf das Bild der Realität nicht verändern. Als Displayeinheiten werden heute üblicherweise Mikrodisplays auf Basis von LCD, OLED oder LCOS verwendet. In einer vergleichbaren Anordnung kommen auch Laserscanner zum Einsatz als Bildquelle (bspw. Microvision Nomad). Diese Bildquellen werden außerhalb des normalen Sichtfeldes am Kopf befestigt. Anders als in der schematischen Abb. 2.4 dargestellt, muss dieser Spiegel nicht zwangsläufig planar ausgelegt sein. Durch eine angemessene Wölbung des Spiegels oder eingebrachte holographisch-optische Elemente kann dieser auch die Lichtstrahlen bündeln und leiten. Gleichzeit sind Bildfehler wie sphärische und chromatische Aberration, Koma, Astigmatismus oder Verzeichnung zu kompensieren.

2.1.2.3 Abbildung in der Datenbrille

Die Datenbrillen sind stereotauglich, sofern sie binokular ausgelegt sind. Dabei wird heute der Tiefenreiz „Akkommodation" nicht angesprochen, da die Displays eine einzelne, meist feste Fokusebene haben, auf der die Bilder dargestellt werden (Abb. 2.2). Je nach Anwendungsfall ist daher beim Design der Datenbrille eine geeignete Fokusebene, idealerweise in Arbeitsentfernung, festzulegen oder verstellbar zu gestalten. Heutige Durchsicht-Datenbrillen erzeugen das Bild der virtuellen computergenerierten Daten meist im Bereich von 1,5 m bis 3 m Entfernung zum Auge. Liegt ein reales Objekt außerhalb dieser Fokusebene, ist eine kongruente Überlagerung nicht möglich, da die Bilder der Realität und der Virtualität nicht gleichzeitig im Auge scharf abgebildet werden können. Der Nutzer kann nur dann beide Bilder gleichzeitig wahrnehmen, wenn sie in der gleichen fokalen Entfernung abgebildet werden. Ansonsten muss der Nutzer bei der Betrachtung der beiden Bilder akkommodieren/umfokussieren, was eine Belastung für das visuelle System des Menschen darstellen und somit zu Ermüdung führen kann [23]. Zukünftig sind insbesondere durch den Einsatz von Lichtfeld-Mikrodisplays auch Datenbrillen zu erwarten [4], die das Fokussieren auf unterschiedliche Entfernungen im dargestellten Bild ermöglichen (Abb. 2.6).

Eine weitere Eigenschaft der mittels Durchsicht-Datenbrille angezeigten Bilder ist, dass das Bild der Virtualität immer vor dem Bild der Realität liegt. Das bedeutet, dass ohne geeignete Konzepte zur Kompensation dieser Eigenschaft für den Anwender Probleme bei der Wahrnehmung in Form von beispielsweise Verdeckungen entstehen können.

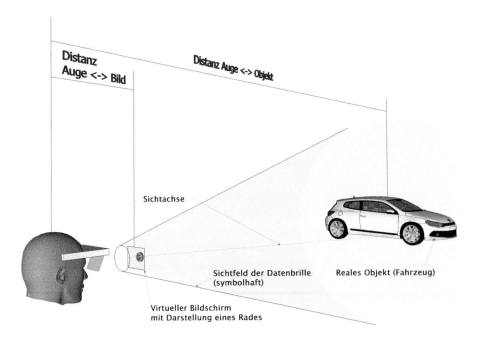

Abb. 2.6 Bildabstände nach [20]

2.1.2.4 Anwendungen von und Anforderungen an Datenbrillen

Die Anwendungen von Datenbrillen in der Industrie können in zwei Hauptkategorien unterteilt werden. Es gibt Anwendungen, bei denen Datenbrillen nur für einen beschränkten Zeitraum getragen und eingesetzt werden (kurzzeitiger Einsatz). Zu solchen temporären Einsätzen gehören beispielsweise Anwendungen in der Produktentwicklung oder in der Produktionsplanung. Die typische Einsatzdauer beträgt zwischen 30 Minuten und 3 Stunden. Die andere Gruppe beinhaltet Anwendungen, bei denen die Datenbrille während einer ganzen Schicht (8 h) oder zumindest während einer halben Schicht (4 h) vom Nutzer getragen wird (Dauereinsatz). Es wird unterschieden in Anwendungen, bei denen während der Haupttätigkeit Informationen mit der Datenbrille angezeigt werden und Anwendungen, bei denen Informationsaufnahme und Nebentätigkeiten parallelisiert werden [1]. Anwendungsfelder in der Industrie liegen bei Durchsichtdatenbrillen im Bereich der Unterstützung manueller Arbeitsprozesse (Fertigung, Service, Logistik, etc.) sowie beim Training der Arbeitsprozesse in diesen Bereichen.

Bisher scheint es so zu sein, dass Datenbrillen typischerweise gemäß Anforderungen der Datenbrillenhersteller entworfen und konstruiert worden sind, ohne die Anforderungen der industriellen Praxis zu berücksichtigen. Das führt dann zu Problemen beim industriellen Einsatz oder verhindert ihn gar. Daher werden hier Anforderungen aus Industriesicht aufgeführt.

Die Anforderungen an Datenbrillen sind je nach Anwendungsfall unterschiedlich. Tabelle 2.2 zeigt erste Anhaltspunkte für einige der benötigten Eigenschaften von Datenbrillen aus Sicht eines Augmented Reality-Szenarios im Bereich der industriellen Fertigung auf (Erweiterung auf Basis von [23]). Die angegebenen Werte stellen Erfahrungswissen dar. Je nach Anwendungsfall können die Kriterien unterschiedlich streng ausgelegt werden.

Die Situation im industriellen Umfeld hinsichtlich verwendeter Datensysteme, Zugriffssteuerung, Verfügbarkeit von Verbindungen (Frequenzen) ist bei der Auslegung der Datenbrillen und ihrer internen Steuerung besonders zu berücksichtigen. Das gilt im speziellen auch für mögliche Steuerungen oder Beeinflussungen durch vorhandene Anlagen und Einrichtungen.

2.1.3 Projektionssysteme und Displaywalls

Die Darstellungsqualität einer AR/VR-Installation ist entscheidend für die Art der Anwendungen, die darauf laufen sowie nicht zuletzt auch für die Akzeptanz bei den Nutzern. Empfinden die Nutzer das immersive Erleben ihrer Objekte und 3D-Modelle sowie das umgebende Raumambiente als angenehm und zielführend, werden auch länger andauernde Reviews und Entscheidungsrunden leicht akzeptiert. Umgekehrt führen schlecht eingestellte, ungenügend aufgelöste und in lauten, unangenehmen Umgebungen eingebaute AR/VR-Installationen zu schlechter Akzeptanz und Nutzungshäufigkeit. Die nachfolgenden Kriterien sind hochgradig von den geplanten Anwendungsgebieten abhängig.

Tab. 2.2 Anforderungen an Datenbrillen

Kriterium	Minimale Eigenschaft	Ideale Eigenschaft
Gewicht	Kopfträger: <150 g	Nasenrückengestützt: <20 g
Sichtfeld horizontal	>15°	>30°
Rüstzeit	<2 Minuten	<30 Sekunden
Bedienung	Große Hardware-Buttons	Sprache, Gesten
Schutzklasse	IP 50	IP65, MIL-STD 810G
Einsatzdauer	Mindestens 4 h Hot-swap Fähigkeit	10 h
Ladezeit	<2 h	<30 min
Restkapazität nach 1000 Ladezyklen	80 %	
Latenz (bei lagerichtigen AR- Einblendungen)	<80 ms (end-to-end)	<20 ms
Temperaturbereich Außentemperatur	0°C bis +40°C	−20°C bis +60°C
Korrekturgläser	Einsetzmöglichkeit für individuelle Korrekturgläser	
Einstellbarkeit	Zentrierpunkt, Pupillendistanz, Bügellänge, Displayneigung	
Materialeigenschaften	Beständigkeit gegenüber Fetten/Ölen/Lösemitteln (u. a. Hautcremes)	
Konnektivität	Drahtlos nach unternehmensintern nutzbaren Standards	
Betriebssystem	Ohne Einbindung in das eigene Firmennetz zu betreiben	Volle Integration ins eigene Firmennetz

Die adäquate Gestaltung einer Installation ist dabei keine leichte Aufgabe, denn zunächst nicht bedachte Anwendungsfelder können im Laufe der Zeit hinzukommen und Anforderungen können sich ändern. Installationen sollten daher so aufgebaut sein, dass sie gegebenenfalls kosteneffizient modernisiert und angepasst werden können.

2.1.3.1 Qualitätskriterien von Displays und Projektionen

Projektionssysteme sind bei den heutigen VR-Installationen der Stand der Technik. Durch die meist großen Projektionsflächen, das Prinzip der Zentralprojektion mit einem Linsensystem sowie die bei passiven Stereoverfahren notwendigen zwei Projektoren pro Scheibe oder Segment entstehen Projektionsfehler, die ein spontanes, komfortables und langzeittaugliches

Seherlebnis u. U. stark beeinträchtigen können. Nicht zu unterschätzen ist der Einfluss der Projektionsqualität auf die wahrgenommene Immersion sowie auf unerwünschte Nebeneffekte wie Müdigkeit, Sehstörungen bis hin zu Schwindel- und Übelkeitsgefühlen. Daher ist auf ein hochwertiges und gut eingestelltes Projektionssystem, welches bezogen auf Anordnung und Größe gut auf die Anwendungsszenarien passt, höchster Wert zu legen.

Displays und Projektionssysteme unterscheiden sich im abgedeckten **Blickwinkel** (Field of View, FOV) und im so genannten Interaktionsvolumen. Je größer der abgedeckte FOV, umso mehr ist ein Nutzer von virtueller Welt umgeben und umso größer ist der immersive Eindruck. Besonders wichtig für die Immersion ist die, leider aus Kostengründen oft eingesparte, Bodenprojektion. Der natürliche Blickwinkel ist ca. 20 Grad nach unten geneigt und auch die Interaktion vor der Projektionsfläche erfordert den Blick nach unten auf den Boden. Eine gute Abdeckung des FOV bieten mehrsegmentige Powerwalls sowie CAVE-Installationen.

Die **Auflösung in Pixeln** sowie die daraus resultierende Pixelgröße bei typischen Betrachtungsabständen ist der bekannteste Qualitätsfaktor einer Installation. Die Pixelgröße auf der Projektionsfläche oder dem Display darf dabei nicht größer sein als das kleinste darzustellende Detail eines virtuellen Objektes. Feine Details wie z. B. Spaltmaße erfordern daher regelmäßig Installationen mit der so genannten und sehr teuren 4K-Auflösung, wohingegen z. B. Produktionssimulationen etc. mit der heute im mittleren Preissegment üblichen WQXGA (2560 × 1600 Pixel) gut auskommen können.

Kontrast-, Helligkeitswerte und Langzeitstabilität: Bei den Lichtquellen für Projektoren wird unterschieden zwischen Laser-, LED-, Xenon- und den bisher üblichen UHP-Lampen (Ultra High Pressure). Die UHP-Lampen werden inzwischen eher im niedrigeren Preissegment angeboten und haben eine auf ca. 2000 bis 3000 Stunden begrenzte Lebensdauer. Sie produzieren vergleichsweise viel Abwärme. Xenon-Leuchtmittel zeichnen sich durch eine sehr hohe Lichtstärke aus. Allerdings liegt der Stromverbrauch sehr hoch und die Lebensdauer der Lampe ist meist auf ca. 1000 Stunden begrenzt. Die LED-Technik hat sich stark weiterentwickelt und bietet sehr viele Vorteile für VR-Installationen. LED sind sehr kontraststark, bleiben über ihre Lebensdauer weitgehend farb- und leuchtstabil, produzieren im Vergleich weniger Abwärme, benötigen dementsprechend deutlich weniger Strom und haben mit ca. 20.000 Stunden eine lange Lebensdauer. Die bisher manchmal noch mangelnde Helligkeit verbessert sich aktuell mit den schnellen Entwicklungszyklen. Laserlichtquellen bieten eine hohe Helligkeit und Farbstabilität, sehr gute Kontrastwerte und eine hohe Lebensdauer von ca. 20.000 Stunden.

Ein weiteres Qualitätsmerkmal von Projektionssystemen ist die **Lichtverteilung** im Scheiben- bzw. Leinwandmaterial. Preiswerte Materialien neigen zum so genannten Hotspot, d. h. das grell leuchtende Objektiv eines Projektors bleibt auch vor der Scheibe als mehr oder weniger sichtbarer, heller Lichtfleck sichtbar. Je besser das Material die einfallenden Lichtstrahlen verteilt, desto weniger sichtbar ist der Hotspot und die Projektionsfläche ist gleichmäßig ausgeleuchtet.

Typische **Bildfehler** von Projektionssystemen sind geometrische Verzerrungen sowie Randabdunkelungen, die beide durch die verwendeten Objektive bzw. deren Linsen verursacht werden. Beide Effekte treten verstärkt bei preiswerten Projektoren auf. Projektoren speziell für VR-Installationen versuchen die Effekte durch eine entsprechend hohe Linsengüte zu minimieren. Bei Projektionssystemen mit mehreren Scheiben sind beide Bildfehler problematisch, weil sie störende geometrische Verzerrungen sowie deutlich sichtbare dunkle Ränder und Streifen in den Übergangsbereichen von einem Segment zum anderen erzeugen.

Ein weiterer Bildfehler, der sich durch eine sorgfältige Justierung der Projektoren zueinander vermeiden lässt, ist die möglichst gute Übereinstimmung der geometrischen Bildeigenschaften zwischen rechtem und linkem Auge.

Vor allem bei Head-Mounted-Displays sollte unbedingt der **reale Augenabstand** eines Nutzers vermessen und im Gerät entsprechend eingestellt werden, um ein möglichst komfortables stereoskopisches Sehen zu erreichen.

2.1.3.2 Stereoverfahren

Für eine vollständige Immersion ist eine stereoskopische Darstellung nahezu unabdingbar. Zur Trennung der Bildinformation für das rechte und linke Auge werden einerseits aktive Verfahren eingesetzt, die mithilfe einer aktiven LCD-Brille und synchronisiert mit der Bilddarstellung durch die Grafikkarte jeweils ein Auge abdunkeln und wieder öffnen. Die Wechselfrequenz liegt bei den meisten Systemen bei 30 Hz.

Der Vorteil von „Aktivstereo" ist die freie Wahl der Projektionsmaterialien. Im Prinzip kann ein Aktivstereobild auf einer weißen Wand dargestellt werden. Ein weiterer Vorteil ist die Farbneutralität, d. h. die Farben werden insgesamt zwar dunkler, aber nicht verfälscht dargestellt. Die Helligkeit ist der größte Nachteil. Durch das Abdunkeln eines Auges gehen mehr als 60 % der ursprünglichen Lichtleistung verloren.

Ein zu Aktivstereo alternatives Verfahren ist das passive Stereoprinzip, „Passivstereo". Hier werden polarisierende oder nur für spezielle Wellenlängen durchlässige Filter eingesetzt, die die Trennung der Bildinformationen für rechtes und linkes Auge ermöglichen. Vor der Projektorlinse und in der passiven Brille sitzen entsprechend korrespondierende Filterfolien. Gebräuchlich sind linear bzw. zirkular polarisierende Folien oder so genannte Infitec-Folien. Das Verfahren mit polarisierenden Filtern erfordert jedoch Projektionsmaterialien, die die Polarisation nicht stören. Die Qualität der Kanaltrennung ist nicht ganz so gut wie bei Aktivstereo, d. h. eine leichte Tendenz zu sichtbaren Doppelbildern ist erkennbar.

Infitec-Filter verschieben dagegen Prinzip bedingt etwas die Farben, d. h. an sich gleichfarbige Flächen werden auf einem Auge leicht Magenta und auf dem anderen Auge leicht grünlich eingefärbt. Infitec-Filter eigenen sich daher weniger für Anwendungen, die auf eine korrekte Farbdarstellung angewiesen sind.

Autostereoskopische Displays sind in industriellen Anwendungen nicht weit verbreitet. Sie weisen wiederum Prinzip bedingt ein sehr begrenztes Sichtfeld auf, in dem die stereoskopische Darstellung verzerrungsfrei und korrekt ist. Ihr größter Vorteil ist der Verzicht auf jegliche Brillen.

Eine Sonderform der stereoskopischen Darstellung sind die Datenbrillen (Head Mounted Displays, siehe Abschn. 2.1.2), da hier kleine Bildschirme sowie zugehörige Linsensysteme direkt vor jedem Auge angebracht sind. Die Kanaltrennung zwischen rechtem und linkem Auge ist perfekt und störende Farbverschiebungen bzw. Helligkeitsreduktionen kommen nicht vor. Zudem ist die Immersion sehr gut ausgeprägt und intensiv.

2.1.3.3 Projektionssysteme

Wie bereits beschrieben sind Projektionssysteme heute noch Stand der Technik bei **Virtual-Reality-Installationen**. Sie bieten für die meisten Anwendungsfälle eine gute Projektionsgröße und in abgedunkelten Räumen eine hinreichende Helligkeits-, Kontrast- und Farbqualität. Für helle Räume eignen sie sich dagegen meist nicht oder nur mit besonders hellen und teuren Projektoren. Bezogen auf die Auflösung in Pixel bieten die derzeit noch hochpreisigen 4K-Projektoren eine sehr gute Bildqualität, die jedoch für viele Anwendungsszenarien gar nicht benötigt wird.

Aus Effizienzgründen werden sehr häufig so genannte stereoskopische Powerwalls installiert, die das beste Preis-Leistungsverhältnis sowie auch eine sehr gute Eignung für die Arbeit in Teams aufweisen. Powerwalls bieten eine flache, typischerweise ca. 2,5 bis 3 Meter hohe und bis zu 9 Meter breite Projektionsfläche. Die Projektionsart kann eine Rück- oder Aufprojektion sein. Ebenso sind inzwischen auch sehr kompakte, integrierte Lösungen erhältlich, die durch Spezialprojektoren einen ultrakurzen Abstand von Projektor und Projektionsfläche ermöglichen und sich so für beengte Raumverhältnisse oder auch Messeauftritte eignen. Der größte Nachteil einer Powerwall ist die fehlende Bodenprojektion sowie der damit verbundene eingeschränkte Bewegungs- und Interaktionsraum für die Nutzer vor der Projektionsfläche. Wird einer Powerwall eine Bodenprojektionsfläche hinzugefügt, spricht man von einem L-System.

CAVE-Installationen bieten neben der Bodenprojektion 3 oder 4 weitere, würfelförmig angeordnete Projektionsflächen. Man spricht dann von 4- oder 5-Seiten-CAVEs. Rundumsichten, wie z. B. bei der Cockpitsimulation, erfordern in vielen Fällen die fünfte Seite, die Deckenprojektion.

Die wichtige Bodenprojektion kann zwei Ausprägungen haben. Als Aufprojektion ist sie nur realisierbar in L-Systemen sowie in 4-Seiten-CAVEs. Der Projektor für den Boden hängt über den Nutzern und projiziert sein Bild über einen zusätzlichen Spiegel vor die Nutzer auf den Boden. Der dabei unvermeidliche Schattenwurf liegt somit hinter den Nutzern außerhalb des Blickfeldes. In einer 5-Seiten-CAVE sind sowohl Boden als auch die Decke als Rückprojektion ausgelegt. Durch die baulichen Erfordernisse mit entsprechendem Ausschnitt im Raumboden und in der erforderlichen Raumhöhe ist die 5-Seiten-CAVE eine der teuersten Installationsarten. Eine weitere Ausprägung ist eine 7-Seiten-CAVE. Hierzu wird die meist rechte Projektionsfläche sowie die Bodenprojektion einer 4-Seiten-CAVE um weitere Segmente zu einem zwei- oder dreisegmentigen L-System verlängert, so dass man in einer Installation die Vorteile von CAVE und großer Powerwall bzw. L-Systemen vereinen und somit fast alle Anwendungsszenarien realisieren kann.

Große Powerwalls mit mehreren Segmenten sowie CAVEs in verschiedenen Ausprägungen bieten zwar eine sehr gute Immersion, sind aber die teuersten Installationsvarianten und werden nur dann eingesetzt, wenn die Anwendungen die speziellen Darstellungseigenschaften unbedingt erfordern. Aus Kostengründen und sehr oft auch aufgrund des begrenzten Platzangebotes für solche Installationen sind an der Stelle häufig Kompromisse nötig.

Im Bereich von **Augmented-Reality** gibt es auch spezielle AR-Projektionssysteme. Sie werden auch als AR-Werkerassistenzsysteme bezeichnet, denn sie ermöglichen die Projektion von Plandaten/Montagepositionen (digitale Schablone), sowie auch Mess-/Simulationsdaten unmittelbar auf das Werkstück und machen damit arbeitsintensive Tätigkeitsbereiche sowie Kommunikationsprozesse in Prototyping, Montage, Fertigung und Messtechnik einfacher, effektiver und kostengünstiger. Sie sind mobil und dynamisch ausgelegt und bieten damit die passende Antwort auf die Herausforderungen, die sich aus dem anhaltenden Trend hin zu wachsender Variantenvielfalt und immer kürzeren Produktlebenszyklen ergeben. Profiteure dieser Technologie sind primär Hersteller großer, hochwertiger, komplexer Güter, die typischerweise in kleinen Losgrößen oder als Unikate, in jedem Fall aber durch händische Tätigkeiten bearbeitet werden. Unter anderem sind diese im Bereich Automobil, Luft-/Raumfahrt, Schiffbau zu finden.

Ein mobiler 3D Laser- oder Video-Projektor mit integrierter Sensorik stellt über unterschiedliche Tracking-Verfahren fortwährend einen räumlichen Bezug zwischen Projektor und Bauteil her und ermöglicht somit einen bidirektionalen Brückenschlag zwischen digitalem Planungsstand (CAD) und Werkstück. Die unmittelbare Anzeige digitaler Inhalte direkt auf dem Werkstück kann komplexe Baupläne und teure Schablonen überflüssig machen. Komplexe Arbeitsabfolgen und Positionierungsaufgaben können damit wesentlich effizienter erledigt werden. Darüber hinaus erlaubt diese innovative Technologie auch eine automatische optische Prüfung durchgeführter Arbeitsschritte zur Erhöhung der Prozesssicherheit. Die Fehlerrate kann signifikant reduziert werden.

Im Projektverlauf wurden Laser- und Videoprojektionssysteme vom Typ Werklicht® der Firma EXTEND3D verwendet [98]. Abbildung 2.7 zeigt das Werklicht® Pro Laserprojektionssystem mit Stereo-Sensorik, Abb. 2.8 zeigt eine exemplarische Projektion. Die Laserprojektion ermöglicht durch die hohe Auflösung (Galvanometer, elektromechanische Einheiten, die abhängig von der anliegenden Spannung eine dazu proportionale Drehbewegung erzeugen, ermöglichen bis zu 220 Auslenk-Schritte der durch sie angetriebenen Spiegel in horizontaler/vertikaler Richtung) eine prinzipiell hohe Präzision in der Darstellung. Der punktförmige Laserstrahl wird durch schnelles Auslenken beider Spiegel im Raum bewegt, wodurch der Eindruck eines Linienzugs beziehungsweise einer Laserkontur entsteht.

Jeder Spiegel kann um maximal +/−20° ausgelenkt werden, woraus ein symmetrischer Sichtkegel von 80° in horizontaler und vertikaler Richtung resultiert. Die höchste Präzision von 0,1 Millimeter pro Meter Arbeitsabstand wird jedoch nur innerhalb eines Sichtkegels von 60° erreicht. Der Laserstrahl ist zwar leicht divergent, ermöglicht aber durch aktive Fokussierung dennoch einen vergleichsweise großen Schärfentiefebereich. Der Sichtkegel von 60°/80° wird somit faktisch in typischen Anwendungen auf einen tiefen und damit sehr flexibel nutzbaren Pyramidenstumpf von 1,3 – 3 Meter bzw. von 2,5 – 5 Meter eingeschränkt. Solche Laserprojektionssysteme fallen in die Laserschutzklasse 2M und sind daher ohne besondere Schutzvorkehrungen zu betreiben. Sonderanwendungen mit deutlich größerem Arbeitsabstand von bis zu 20 Metern können aber ebenfalls realisiert werden.

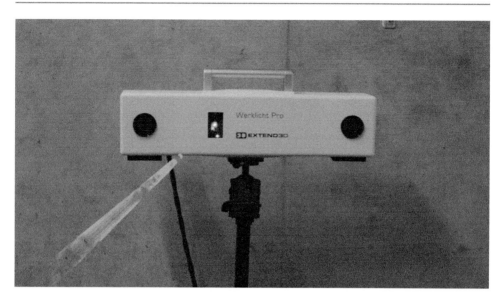

Abb. 2.7 Mobiler Werklicht® Pro Laserprojektor. Für dynamische Referenzierung zum Werkstück ist das Gerät mit einem Stereo-Kamerasystem ausgestattet

Abb. 2.8 Konturen, Bemaßungen, etc. können unmittelbar aus dem digitalen Planungsstand (CAD, Montageposition, etc.) lagerichtig auf beliebig geformte Bauteile übertragen werden

Eventuell ist dann ein System der Laserschutzklasse 3B notwendig, womit alle Personen im Arbeitsbereich eine spezielle Einweisung erhalten und Laserschutzbrillen tragen müssen.

Ein weiterer Vorteil der Laserprojektion neben der hohen Präzision ist der hohe Kontrast auf unterschiedlichen und insbesondere auch auf sogenannten nicht-kooperativen Materialien. Der Laser arbeitet typischerweise mit 532 Nanometer Wellenlänge, da das menschliche Auge in diesem Bereich über die meisten Rezeptoren verfügt. Die Projektion kann beispielsweise auf glänzend schwarz lackierten Blechen zur Anwendung kommen. Jedoch können immer nur linienhafte Inhalte wie Konturen aus dem CAD oder Positionen anhand von Fadenkreuzen oder Text überhaupt dargestellt werden. Die Linienbreite beträgt dabei typischerweise 0,5 Millimeter[7] bei senkrechtem Auftreffen.

Die Menge der gleichzeitig darstellbaren Inhalte ist Prinzip bedingt durch die maximal erreichbaren Beschleunigungswerte der Galvanometer beschränkt. Eine allgemeine Aussage ist schwierig, da das Limit stark von Form und Länge der Konturen abhängt, Ecken sauber auszufahren ist schwieriger als lange gerade Linien abzufahren. Beispielsweise können einzelne Konturzüge, oder circa 4 Fadenkreuze oder circa 12 Zeichen Text gleichzeitig projiziert werden.

Die bildhafte Videoprojektion (Abb. 2.9) ist in dieser Hinsicht unbeschränkt und funktioniert auch in Farbe, jedoch ist die erreichbare Präzision selbst unter Nutzung von Datenprojektoren mit 4K-Auflösung deutlich geringer als beim Laserprojektor (werden 4 Meter horizontal ausgeleuchtet, so ist ein Pixel ein Millimeter breit).

Durch die Vielzahl an verfügbaren Optiken und Helligkeiten sind Arbeitsbereiche prinzipiell flexibler gestaltbar als bei der Laserprojektion. Jedoch ist Prinzip bedingt der Schärfentiefebereich kleiner. Als Faustformel gilt, dass bei gutmütigen, d. h. matt-weißen oder matt-grauen Oberflächen, pro Quadratmeter das Fünffache der von der Oberfläche abgestrahlten (reflektierten) Helligkeit in Lux als Helligkeit in ANSI-Lumen für das Projektionssystem anzusetzen ist. Bei der künstlichen Raumbeleuchtung in Büros oder Werkshallen ist typischerweise von 300–500 Lux auszugehen. Unter der Annahme, dass die matte Projektionsoberfläche auch 300–500 Lux diffus reflektiert (etwa weil die Deckenbeleuchtung ungefähr senkrecht darauf fällt), so sind für eine Projektionsfläche von beispielsweise zwei Quadratmetern also bereits 3000–5000 ANSI-Lumen notwendig. Dieses Beispiel zeigt, dass die erfolgreiche Umsetzung der AR Videoprojektion sehr abhängig von den Beleuchtungsbedingungen ist. Durch einfaches Abdunkeln des Raumes kann ein Vielfaches an Fläche ausgeleuchtet werden, wohingegen bei direkter Sonneneinstrahlung am Fenster schnell mehr als 10.000 ANSI-Lumen pro Quadratmeter benötigt werden. Auch die Reflektionseigenschaften des Bauteilmaterials sind kritischer als bei der Laserprojektion. Eine Projektion auf glänzende Oberflächen heller oder mittlerer Farbtöne gelingt, bei dunkleren Oberflächen hingegen aber versagt die Videoprojektion.

Für beide Projektionstechnologien gilt, dass die eingesetzten optischen Sensoren konsistent mit dem Projektor auf das gewünschte Arbeitsvolumen angepasst werden müssen.

---

[7] FWHM (full with half maximum), also die Breite des Bereichs im Strahlprofil wo mindestens die Hälfte der maximalen Intensität vorliegt.

Abb. 2.9 Mobiler Werklicht Pro Videoprojektor. Für die dynamische Referenzierung zum Werkstück ist das Gerät mit einem Stereo-Kamerasystem ausgestattet. Digitale Inhalte aus Konstruktion, Design, Simulation und Messvorgängen werden lagerichtig unmittelbar auf beliebig geformte Bauteile übertragen. Auch die Darstellung eigentlich verdeckter Inhalte in Form eines Röntgenblicks ist möglich

Insbesondere resultiert für größere Arbeitsabstände auch ein größerer Kameraabstand bei Stereo-Systemen, um schleifende Schnitte zu vermeiden und eine präzise Triangulation zu ermöglichen. Der Kameraabstand typischer Systeme liegt zwischen 50 und 100 Zentimeter. Daraus resultiert direkt die Breite des Gesamtsystems. Mono-Systeme können schlanker ausgelegt werden. Die spezifischen Funktionalitäten von Mono- und Stereo-Systemen werden bezüglich ihrer Kalibrierung in Kap. 4 sowie bezüglich ihrer mannigfaltigen Anwendungsmöglichkeiten in Abschn. 5.2, 6.2, 7.2 und 8.2 weiter vertieft.

2.1.3.4 Displaysysteme

Displaysysteme, d. h. aus vielen Einzeldisplays zusammengesetzte Displaywände, bieten gegenüber Projektionssystemen eine Reihe von Vorteilen, die ihren Einsatz in industriellen Anwendungsszenarien immer interessanter machen.

Vor allem LED-Displays bieten selbst im Vergleich zu hochwertigsten Projektionssystemen eine erheblich bessere Bildqualität in Bezug auf Auflösung in Pixeln, Farb-, Helligkeits- und Kontrastniveau. Die Ausleuchtung und Farbstabilität ist sehr gleichmäßig und abgedunkelte Randbereiche sind Prinzip bedingt kein Problem. Displaywände lassen sich in nahezu beliebigen Konfigurationen – auch nicht rechteckige Formen sind möglich

– und in beliebigen Größen zusammensetzen. Der Platzbedarf ist durch den wegfallenden Raum für den Projektor und Scheibenabstand erheblich niedriger als bei einem Projektionssystem. Bei vergleichbarer Helligkeit, d. h. verglichen mit Projektoren mit Xenon-Lampen, fällt der Energiebedarf massiv niedriger aus. Ein Nachteil ist dagegen die bei preiswerteren Displays häufig anzutreffende, mangelnde Blickwinkelstabilität. Wird ein hoch angebrachtes Display von unten betrachtet, ist es häufig sehr viel dunkler als wenn es waagerecht bzw. von oben betrachtet wird.

Ein Nachteil von Displaywänden ist die Begrenzung auf die Form einer Powerwall. L-Systeme und Cave-Varianten sind mit Displays im industrietauglichen Maßstab – noch – nicht realisierbar. Der wichtigste Nachteil sind aber die nach wie vor notwendigen Ränder um jedes Einzeldisplay. Im monoskopischen Fall stören die Ränder kaum, im stereoskopischen Fall dagegen massiv.

Sonderformen von Displaywänden sind aus einzelnen, so genannten Rückprojektionswürfeln (Cubes) zusammengesetzt. Jeder Cube ist eine äußerst kompakte Rückprojektionseinheit mit fest integriertem LED-Projektor, die nur noch eine Randbreite von ca. einem Millimeter besitzt. Cubes sind in monoskopischen und stereoskopischen Varianten erhältlich und können zu beliebig großen Displaywänden zusammengesetzt werden. Sie weisen dabei eine sehr gute Blickwinkelneutralität auf, so dass sie sich auch für Ecksysteme eignen.

Allen Displaywänden gemeinsam ist die unflexible Videoverkabelung und Bildsteuerung. Im nachfolgenden Kapitel werden Ansätze vorgestellt, die diese Problematik lösen.

2.1.4 Verteilkonzepte

Die Verbindung von Pixelquellen mit Darstellungsgeräten über Videokabel (VGA, DVI, Displayport, HDMI und andere) bedingt eine sehr eingeschränkte Flexibilität. Keine der üblichen Videoverbindungen erlaubt es ohne weiteres, mehrere Quellen gleichzeitig auf einem Ausgabegerät anzuzeigen (m-zu-1-Verbindung), eine Quelle repliziert oder übergreifend auf mehreren Geräten darzustellen (1-zu-n-Verbindung) oder gar eine Kombination aus beidem (m-zu-n-Verbindung).

Flexiblere Ansätze virtualisieren sowohl Bildspeicher (Framebuffer) Abschn. 2.1.4.2 als auch das Endgerät (Abschn. 2.1.4.1). Grundgedanke jeglicher Virtualisierung ist die Emulation von Hardware durch eine zusätzliche Software-Schicht und typischerweise eine damit verbundene Verlagerung von Funktionalität weg von lokalen Systemen hin zu verteilten Systemen im Netzwerk. Technologien wie „Infrastructure as a Service (IaaS)", welche bspw. reale Hardware-Ressourcen in virtuellen Maschinen über das Netzwerk zugänglich macht, oder „Software as a Service (SaaS)", die die Funktionalität klassischer Desktop-Software in das Netzwerk verlagert, sind Konzepte der Virtualisierung. Display as a Service (DaaS) [19] greift diese Grundidee auf, um die klassischen Konzepte der graphischen Ausgabe zu virtualisieren: Sowohl Pixelquellen als auch Anzeigegeräte werden dabei zu virtuellen Ressourcen im Netzwerk, die Pixel anbieten, bzw. diese darstellen. Hierbei sind beide Parteien Dienste (Services) einer dienstorientierten

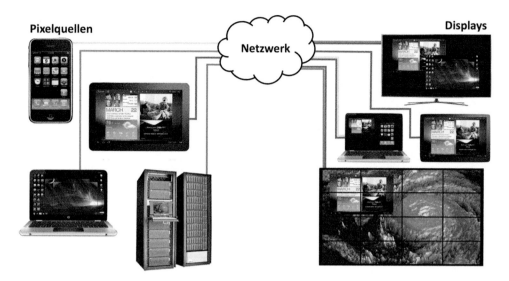

Abb. 2.10 Grundprinzip von Display as a Service (DaaS)

Software-Architektur (Service-Oriented Architecture, SOA) und können frei aufeinander abgebildet werden. DaaS ist eine reine Software-Lösung, die an keiner Stelle von spezialisierter Hardware abhängt, sondern auf Standard-Rechnern und -Betriebssystemen läuft und ausschließlich über eine IP-Netzwerkverbindung kommuniziert. Beliebige Pixelquellen können nun in nahezu beliebiger Anzahl mit beliebig vielen Endgeräten frei kombiniert werden. Fenster mit Videoinhalten können frei über physische Displaygrenzen hinwegbewegt, frei skaliert und voreinander oder hintereinander platziert werden, ohne ein Videokabel umstecken zu müssen. Ebenso lassen sich mit Videokabeln nicht anschließbare Geräte wie Smartphones oder Tablet-PCs mit DaaS als Pixelquelle und auch als Darstellungsgerät nutzen. Dabei wird die jeweils beste verfügbare native Auflösung bei der Darstellung genutzt, um eine optimale Bildqualität zu erreichen und nur die notwendigen Pixel fließen direkt von beteiligten Quellen zu Displays (vgl. Abb. 2.10).

2.1.4.1 Virtuelles Display (VD)

Seitens der Anzeigegeräte definiert DaaS die Service-Komponente eines *virtuellen Displays* (Virtual Display, VD). Ein VD stellt dabei die Schnittstelle von DaaS zu einem realen, physischen Display dar. VDs wissen über alle Eigenschaften ihres physischen Displays Bescheid, so z. B. über seine native Größe in Pixeln und Millimetern, und damit auch über seine Auflösung. Dazu kommt die Kenntnis über die absolute Transformation des Displays im Raum, d. h. dessen genaue Position und Rotation hinsichtlich eines systemweit bekannten Ursprungs.

Softwareseitig stellen VDs in DaaS ein sogenanntes *Kompositum* [26] dar. Dies bedeutet, dass mehrere VDs wiederum zu einem größeren, zusammengesetzten VD zusammengeschlossen werden können und dieses neue VD von DaaS auf identische Weise angesprochen werden kann wie jedes einzelne seiner Teil-VDs. Zum Beispiel besteht eine aus 3×3 LCDs zusammengesetzte Display-Wand, die übergreifend bespielt werden soll, mindestens aus zehn VDs: neun für die einzelnen physischen Displays und eines, das die Wand in ihrer Gesamtheit repräsentiert und verwaltet. Diese zehnte Software-Komponente kann wiederum an beliebiger Stelle im Netzwerk liegen, da sie ja kein Ausgabegerät direkt bespielt, sondern lediglich ihre Kinder in der VD-Hierarchie verwaltet. VDs mit Kindern nutzen hierbei deren Transformationsinformationen, um eingehende Kommunikation entsprechend angepasst an diese weiterzuleiten und so z. B. Bildschirmrahmen (Bezels) oder Lücken in zusammengesetzten Displays korrekt zu kompensieren, damit an keiner Stelle des übergreifenden Bildes ungewollte Verzerrungen auftreten.

Natürlich können auch zusammengesetzte VDs wiederum zu noch größeren VDs zusammengesetzt werden und so eine für die Bespielung und Verwaltung möglichst optimale, baumartige Display-Hierarchie geschaffen werden. So kann DaaS selbst hochkomplexe, zusammengesetzte Displays unterschiedlicher Größe, Position und Pixeldichte logisch strukturieren und als einziges virtuelles Display bespielen. Wichtiger Aspekt bei der Bildung von diesen VD-Hierarchien ist, dass nur die verwaltende Kommunikation in DaaS den VD-Baum von der Wurzel her traversiert, alle Bilddaten aber direkt (*peer-to-peer*) von der Pixelquelle zu den Blättern dieses Baumes fließen und somit kein Flaschenhals im Fluss größerer Videoströme entsteht.

2.1.4.2 Virtueller Framebuffer (VFB)

Auf der Quellenseite von DaaS werden ebenfalls Softwarekomponenten als Services definiert. Dort schreibt jede Anwendung ihre Pixel in einen sogenannten *virtuellen Bildspeicher* (Virtual Framebuffer, VFB) – das DaaS-Analogon zum lokalen Bildspeicher auf der Grafikkarte, in den Pixel üblicherweise zur Direktdarstellung auf einem direkt angeschlossenen Bildschirm geschrieben werden. Der so produzierte Inhalt eines VFB wird in Echtzeit und transparent für die pixelproduzierende Anwendung in einen Pixelstrom codiert und erneut über einen Dienst im Netzwerk zur Verfügung gestellt. Um eine quellenseitige Anwendung direkt mit DaaS zu verbinden, verwendet sie die entsprechenden Schnittstellen der Software-Bibliothek von DaaS, um einen VFB beliebiger Größe und Parameter (z. B. Farbtiefe) zu erzeugen. Der Restaufwand besteht darin, dem VFB den Beginn und das Ende der Pixelproduktion mitzuteilen, Pixel in einen vom VFB bereitgestellten Speicherbereich zu schreiben und ihm jeweils das Ende der Bereitstellung jedes Frames zu signalisieren. Alle weiteren Schritte auf dem Weg zum Display passieren hinter den Kulissen und können zwar, müssen aber nicht Teil der Anwendung sein. Auch komplett unmodifizierte Anwendungen kann man gemeinsam mit DaaS verwenden, und zwar indem eine separate, existierende Screengrabbing-Anwendung neben der Zielanwendung gestartet wird, welche deren Pixelwerte aus dem realen Bildspeicher eines anzeigenden Computers liest und in einen entsprechenden VFB schreibt.

Sowohl VFBs als auch VDs eines DaaS-Systems sind in ihren Dimensionen fest definiert – bei VDs als Kollektion der Blätter einer VD-Hierarchie, die sich jeweils auf ein physisches Display abbilden lassen. Während die Dimensionen eines VFB frei wählbar und nur durch die pixelproduzierende Anwendung und ihre angepeilte Bildrate auf einem

System limitiert sind (so dürfte es bspw. innerhalb der Leistungsgrenzen eines Mobilgeräts unmöglich sein, dort einen 4K-Videostrom in Echtzeit zu produzieren und zu versenden), entsprechen die Dimensionen eines VD im Normalfall den nativen, bespielbaren Pixeln des repräsentierten Ausgabegeräts. Die genannten Mehrdeutigkeiten bei verschiedenen virtuellen Bildgrößen, die das Ausgabegerät anbietet, werden so innerhalb von DaaS auf eine einzige pro Display reduziert. Innerhalb der Software-Infrastruktur ist dennoch die Abbildung beliebiger Eingabegrößen auf eine beliebige Ausgabegröße am Display möglich, wie im Folgenden beschrieben wird.

2.1.4.3 VFB-VD-Mapping

Die Abbildung (Mapping) eines VFB auf ein VD (siehe z. B. Abb. 2.11), die beide generell im Netzwerk verfügbar sind, erfolgt dann durch einen Dienstnehmer. Dieser teilt dem System mit, dass er einen VFB an einer bestimmten Position und Größe auf einem VD darstellen will. Die Besonderheit dabei ist nun, dass Pixel nur noch eine untergeordnete Rolle spielen, die Positions- und Größenangaben erfolgen nämlich in physikalischen Einheiten (Millimeter) und werden für jedes an der Darstellung beteiligte Display korrekt in Pixel und die demzufolge an der Quelle anzufordernden Videoströme umgerechnet.

Abb. 2.11 Eine heterogen zusammengesetzte Display-Wall (VD) aus drei LCDs und vier Standard-Desktop-Monitoren. Dargestellt sind fünf verschiedene Quellen (VFBs) aus dem Netzwerk, die auf einer Touch-Konsole interaktiv platziert und skaliert werden können
(Foto: Artengis GmbH)

Ein einfaches Beispiel zur Verdeutlichung des Gesamtprozesses: Im Netzwerk existiert ein VFB mit Full-HD-Dimensionen (1920 × 1080 Pixel). Es existiert ein VD in Form einer Displaywand, die aus vier (2 × 2) Full-HD-LCDs zusammengesetzt ist. Ein Dienstnehmer möchte nun den VFB vollflächig auf der Displaywand anzeigen. Er benutzt daher die Dienstnehmer-Schnittstelle von DaaS – entweder in einer eigenen oder einer existierenden Anwendung – um eine Abbildung des VFB in voller Größe auf dem Ziel-VD zu platzieren. Wenn man annimmt, dass die LCDs in unserem Beispiel jeweils eine Größe von ca. 2 × 1 m haben, die gesamte Display-Wall also ca. 4 × 2 m groß ist, wird auch das VFB-Mapping in einer Größe von ca. 4 × 2 m definiert und in den Ursprungskoordinaten des entsprechenden VDs platziert. Sobald dies erfolgt ist, übermittelt das die Gesamt-Wall repräsentierende VD den anzufordernden Anteil des VFB für jedes seiner vier VD-Kinder und teilt ihnen diesen mit. Jedes Blatt im VD-Baum fordert nun in einem letzten Schritt das entsprechend benötigte Pixel-Rechteck als Teil des gesamten VFB direkt dort an und bekommt einen maßgeschneiderten Videostrom geliefert. Im genannten Beispiel bekommt also jedes Display direkt knapp ein Viertel des Full-HD-Videostroms des Quell-VFB angeliefert – knapp, weil die Pixel auf Position der mittigen Kanten der Display-Wall ja von keinem VD angefordert und damit implizit herausgerechnet werden. Die vier VDs skalieren und platzieren ihre Videoströme dann entsprechend vor der Darstellung auf dem physischen Anzeigegerät, das sie repräsentieren.

DaaS bietet beim Mapping von VFBs auf VDs auch Mechanismen an, die eine pixelgenaue Positionierung ermöglichen, z. B. um jeden Eingabepixel des VFBs auf einen Ausgabepixel auf nur einem der vier LCDs der Wand auszugeben. Auch eine Replikation auf mehrere VDs ist möglich, z. B. auf jeden der vier LCDs oder ein zusätzliches mobiles Gerät. Auch dynamische oder überlappende VFBs sowie heterogen zusammengesetzte VDs sind auf diese Weise bespielbar, wie Abb. 2.11 bei der interaktiven Bespielung einer aus LCDs, Monitoren und Tablets zusammengesetzten Display-Wall und mehreren Quellen zeigt. Abbildung 2.12 zeigt ferner ein aus sechs Tablets bestehendes VD, das über die darauf laufende App dynamisch rekonfiguriert werden kann und ein übergreifend dargestelltes Video stets korrekt auf dem frei zusammensetzbaren VD anzeigt.

2.2   Tracking und Interaktion

Tracking ist ein zentrales Bindeglied zwischen realen und virtuellen Welten. Es liefert zeitlich aufgelöste Messungen der 6D-Pose (Position und Rotation) von relevanten Objekten und hieraus abgeleitet Bewegungsinformationen wie die Geschwindigkeit oder Beschleunigung. In Abgrenzung zu dieser dynamischen Ortsbestimmung fokussiert der Begriff der Lokalisierung mehr auf eine statische Verortung. Umfelderkennung impliziert ein kognitives Verständnis dieser Daten.

In der Vergangenheit wurden verschiedene physikalische Prinzipien und Verfahren zum Tracking erforscht und genutzt (siehe [160] für akustische und [161] für magnetische

Abb. 2.12 Ein aus mehreren Tablets zusammengesetztes Display (VD), das durch Neuzusammen-setzen und übergreifende „Pinch"-Gesten dynamisch rekonfiguriert werden kann. Das abgespielte Video (VFB) wird stets korrekt und synchron dargestellt, und kann auf jedem beteiligten Display per Touch-Input übergreifend transformiert werden

Trackingverfahren); heute werden für virtuelle Techniken praktisch nur noch optische und inertiale Verfahren verwendet. Diese beiden Techniken haben z. T. komplementäre Eigenschaften:

Optische Verfahren messen absolut und sind praktisch ohne Drift (zeitlich akkumulie-render Fehler), sind allerdings immer auf Sichtverbindung (Line of Sight, LoS) zwischen Kamera(s) und Objekt(en) angewiesen, oft auch auf hinreichende Beleuchtung. Optische Trackingverfahren können auch ohne Instrumentierung der Objekte („Vermarkerung") auskommen – die weitere Erforschung markerlosen Trackings war auch Gegenstand des ARVIDA-Projekts. Bei optischen Verfahren unterscheidet man zwischen inside-out- und outside-in-Tracking. Beim inside-out ist die Trackingkamera am getrackten Objekt (z. B. ein Smartphone oder Tablet) angebracht und beobachtet die Umgebung. Beim outside-in-Verfahren beobachten (meist mehrere) Kameras ein dediziertes Messvolumen, in dem sich auch mehrere getrackte Objekte befinden können. Bei markerlosen optischen Tracking-verfahren muss im Allgemeinen vorab eine *Teaching-Phase* erfolgen, in dem das System die zu trackenden Objekte oder die Umgebung „erlernt". Neben üblichen Kameras werden auch tiefenmessende Verfahren mit structured Light oder Time-Of-Flight genutzt, oft ent-wickelt von der Spieleindustrie. Es gibt noch weitere optische Trackingsysteme am Markt, z. B. mit rotierenden Lichtlinien, Lasertracker usw.

Inertiale Trackingverfahren basieren auf Accelerometern und Gyroskopen in MEMS-Technologie. Sie messen relativ und die Messwerte driften; die Objekte müssen instru-mentiert werden (samt Datenverbindung). Der Vorteil dieser Technologie: es ist keine Sichtverbindung nötig, und die Messrate kann wesentlich höher (und das Time Delay niedriger) sein als bei optischem Tracking.

Hybride Trackingsysteme nutzen mehrere Modalitäten; bei VT trifft man auf Kombinationen von inertialen und optischen Systemen (Drift, LoS-Problem und Delay werden verbessert), sowie auf inside-out mit outside-in-Systemen (hohe Winkel- und Ortsgenauigkeit). Die Daten der verschiedenen Modalitäten werden miteinander verrechnet (*Sensor-Fusion*), häufig wird dies heute mit einem Kalman-Filter realisiert. Weiterhin werden Verfahren erforscht, wie räumlich getrennte Messvolumina mit z. T. unterschiedlichen Trackingmodalitäten miteinander kombiniert ([72, 73]) oder Trackingsysteme gegeneinander ausgetauscht werden ([72]); hier spielt die ARVIDA-Referenzarchitektur eine wichtige Rolle.

2.2.1 Markerloses Tracking

Es wurde bereits erwähnt, dass mittlerweile hauptsächlich optische Trackingverfahren verwendet werden. Vor allem im Bereich von Augmented Reality haben optische Verfahren die Überlagerungsgenauigkeit und Einsatzmöglichkeiten stark verbessert. Bei optischen Verfahren müssen im Grunde in dem Kamerabild wiedererkennbare Strukturen erkannt werden, die mit einer bekannten 3D-Geometrie abgeglichen werden, um daraus die 6D-Pose des Objekts oder der Kamera zu errechnen. Im Vergleich zu anderen Trackingverfahren sind optische Trackingverfahren sehr rechenintensiv, da die Daten des gesamten Bildes verarbeitet werden müssen. Eine frühe Arbeit zu optischem Tracking von State et al. [166] verwendet noch ein magnetisches Trackingsystem in Kombination mit einer Kamera, um die damaligen Limitierungen der Computer zu umgehen, um bekannte Markierungen (sogenannte „Features", instrumentierte Objekte) in den Bildern zu finden und über diese die 6D-Pose der Objekte zu errechnen. Mit steigender Rechenleistung und besseren Algorithmen konnte später wie bei Kato et al. [167] auf zusätzliche Trackingsysteme verzichtet werden und alles allein auf der Grundlage des Kamerabildes errechnet werden. Im Prinzip besteht die Instrumentierung aus einem flachen Quadrat, dessen Dimensionen bekannt sind, die Ecken dienen als Features. Darüber ist es möglich, die 3D-Punkte der Ecken des Quadrats zu errechnen, die als Grundlage für die Bestimmung der 6D-Pose dienen. Durch ein Muster innerhalb des Quadrats sind verschiedene Quadrate voneinander zu unterscheiden. Eine Instrumentierung war allerdings immer noch notwendig. Eine der ersten Arbeiten, bei der auf eine Instrumentierung verzichtet werden konnte und die in Echtzeit auf einem Computer berechnet wurde, stammt von Davison et al. [168]. Als Features werden in der Umgebung natürlich vorkommende Ecken verwendet („Natural-Features"). Durch einen „Feature-Descriptor", der die Eigenschaften der gefundenen Ecke beschreibt, sind einzelne „Natural-Features" identifizierbar. Durch eine anfängliche Teaching-Phase wird eine 3D-Karte dieser Features erstellt, die wiederum als Grundlage für die Bestimmung der 6D-Pose dient. Durch die nun vorhandenen Informationen kann die 3D-Karte dynamisch erweitert werden, indem die Kamera einerseits in neue Bereiche bewegt wird aber andererseits noch genügend Punkte der bereits bestehenden 3D-Karte erkannt werden. Klein et al. [169] bauten auf diesen Arbeiten auf und entwickelten den bekannten PTAM-Algorithmus. Das Prinzip ist das gleiche wie bei Davison,

allerdings kann PTAM alle bereits gesammelten Informationen nutzen, um die Qualität
der 3D-Karte zu vervollkommnen und dadurch die Qualität des Trackings zu verbessern.
Alle diese Arbeiten haben gemein, dass immer einzelne Punkt-Features in den Kamerabildern erkannt werden und zur Berechnung der 6D-Pose verwendet werden können. In
der Arbeit von Newcombe et al. [170] wird jedes einzelne Pixel des Bilds verwendet, um
die Oberfläche der sich im aktuellen Bild befindenden Umgebung zu berechnen und mit
einem Modell der Umgebung zu vergleichen, um die 6D-Pose zu bestimmen. Hier dient
jetzt nicht mehr ein einzelner Punkt als Feature, sondern die gesamte Oberfläche.

2.2.1.1 Markerloses Tracking rigider Objekte

In diesem Abschnitt wird auf die prinzipielle Vorgehensweise zum markerlosen Tracking rigider Objekte eingegangen und auf einige grundlegende wissenschaftliche Arbeiten
hingewiesen. Aufgrund der Fülle der in diesem Bereich durchgeführten Forschungsarbeiten kann an dieser Stelle nur ein grober Überblick über markerlose Trackingmethoden
gegeben werden.

Das Tracken markerloser Objekte (Objekte, die nicht zusätzlich instrumentiert wurden)
funktioniert im Grunde wie die am Anfang des Kapitels beschriebenen Verfahren. Der
Unterschied hierbei besteht darin, dass nicht die Umgebung, sondern die Objekte am
Beginn der Teaching-Phase eingelernt werden; je nach eingesetztem Verfahren sieht die
eingelernte Karte dabei unterschiedlich aus. Eine Möglichkeit besteht im Einlernen von
3D-Punkten auf der Oberfläche des Objekts wie bei [168] und [169] als Natural-Point-
Features. Während innerhalb einer Sequenz einer einzelnen Kamera Objekte im Bild bei
ausreichender temporaler Auflösung meist leicht verfolgt werden können, ist die eindeutige gegenseitige Zuordnung aus mehreren Kameraansichten schwieriger oder bei sehr
stark unterschiedlichen Perspektiven gar unmöglich [57]. Für einen Überblick zum Thema
monokulares Tracking von starren Körpern sei auf [38] verwiesen. Ein Verfahren für die
Zuordnung von Features von Kameras mit großer Basis (große Kameraabstände, bei eventuell konvergenten Aufnahmerichtungen) ist in [39] beschrieben. Ein weiterer Nachteil der
Natural-Point-Features besteht darin, dass sich deren Aussehen (Feature-Descriptor) in
Kamerabild oft durch die Beleuchtung verändert und diese anschließend nicht mehr zuzuordnen sind. Eine Lösung hierfür ist das kantenbasierte Tracking. Kantenbasiertes Tracking orientiert sich an den im Bild vorkommenden Gradienten und versucht damit, die Pose
von Objekten zu ermitteln. Die Karte, die hierfür im Hintergrund verwendet wird, besteht
dabei aus den dreidimensionalen Kanten des Objekts. Hierbei wird versucht, über die
Gradienten im Bild die Kanten des Objekts zu extrahieren und den Kanten aus der Karte
zuzuordnen. Einen guten Überblick über beide Trackingmethoden findet sich in [61]. Eine
weitere Möglichkeit für die Erkennung der 6D-Pose eines Objekts besteht in der Erkennung seiner gesamten Oberfläche und der Zuordnung dieser zu einem bekannten Oberflächenmodell. Die Oberflächenerkennung kann hierbei z. B. durch eine Tiefenkamera
erfolgen oder über ein Projektor-Kamera-Setup wie in der Arbeit von Resch et al. [171].

Die hierzu im Rahmen des ARVIDA-Projekts erfolgten Arbeiten sind in Abschn. 4.1
Umfelderkennung und Tracking beschrieben.

2.2.1.2 Markerloses Menschtracking, Motion Capture und Handtracking

In diesem Abschnitt wird auf markerlose Mensch- und Handtrackingmethoden eingegangen, der Fokus ist hierbei auf die wissenschaftlichen Grundlagen gerichtet. Weitere Details zum Thema Handtracking und Gestenerkennung finden sich im Abschn. 2.2.2. Ein genereller Überblick über Full Motion Capture findet sich im Abschn. 2.2.4, hierbei werden unterschiedliche Funktionsprinzipien sowie einige experimentelle als auch operable Systeme vorgestellt.

Das markerlose Menschtracking ist ein ebenso aktives Forschungsgebiet wie das markerlose Tracking von Objekten. Die Bewegungserfassung durch das Menschtracking wird üblicherweise als Motion Capture bezeichnet. Für markerloses Motion Capturing wurden herkömmlicherweise mehrere Farbkameras eingesetzt, die aus den zweidimensionalen Bildern die Bewegungen rekonstruieren [172, 173]. Die Einführung kostengünstiger Tiefenkameras mit der Microsoft Kinect v1 in 2010 ermöglichte die Anwendung neuer Verfahren zum Körper- und Handtracking. Die Algorithmen für effizientes Menschtracking mit einzelnen Tiefenbildern beschreiben Shotton [174] und Zhang [175].

Diese vielversprechende Kombination aus handelsüblicher Hardware und effizientem Menschtracking zum markerlosen Motion Capturing wird bereits in vielen industriellen und Forschungsanwendungen [176, 177] eingesetzt. In Abschn. 4.2 wird ein effizientes Verfahren vorgestellt, mit dessen Hilfe die Limitationen des beschränkten Bewegungsbereichs und Orientierungsabhängigkeit überwunden werden können.

Das markerlose Handtracking soll die natürliche Interaktion zwischen Mensch und virtueller Umgebung ermöglichen. Ziel ist es, sowohl die genaue Position und Orientierung der Hand als auch die genauen Positionen der Fingerspitzen zu bestimmen. Rautaray und Agrawal [66] fassen die Arbeiten im Bereich der bildbasierten Gestenerkennung bis 2012 zusammen. Damals konzentrierte sich die Forschung darauf, die Hände direkt in Farb- bzw. Grauwertbildern zu finden. Supančič et al. [69] evaluieren die auf Tiefenkameras basierten Ansätze zum Handtracking der letzten Jahre. Die vorgestellten Techniken können Hände effizient und genau verfolgen, solange diese sich gut von ihrer Umgebung absetzen. Berühren die Hände weitere Objekte in der Szene oder sind sie teilweise von weiteren Händen oder Gegenständen überdeckt, stoßen die aktuellen Methoden an ihre Grenzen [64].

Das nichtintrusive markerlose Handtracking beginnt mit der Handdetektion, welche Hände im Bild findet und ihre Position grob schätzt. Hierzu setzten die Arbeiten von Xu und Cheng [71], und Shotton et al. [68] mit dem Einsatz von „*Hough Forests*" (HF) und „*Random Decision Forests*" (RDF) die Grundlagen für die heutzutage meist verwendeten Techniken.

2.2.2 Gestenerkennung

2.2.2.1 Gestenerkennung in virtuellen Umgebungen

Der Einzug von Rechnersystemen in allen Bereichen des täglichen Lebens, verbunden mit dem Fortschritt der Methoden im Bereich der Mustererkennung hat in den letzten Jahrzehnten die Interaktion zwischen Menschen und Maschinen stark verändert. Verbale und nonverbale Schnittstellen gestalten sich gegenwärtig derart, dass Menschen sich immer weniger an die Besonderheiten der Rechner anpassen müssen; die Erwartung, dass Rechnersysteme die menschliche Kommunikation unmittelbar verstehen, steigt stetig. Demzufolge werden Mensch-Maschine Schnittstellen angestrebt, die direkt intuitiv verwendbar sind und gegen keine kognitiven Lernprozesse verstoßen.

Auch wenn Spracherkennung über die Jahre robuster und zuverlässiger wird, sind Schnittstellen zur Erfassung nonverbaler Komponenten der menschlichen Kommunikation in virtuellen Umgebungen unverzichtbar, denn nur so kann die gesamte Intention des Menschen erfasst und interpretiert werden. Gesten stellen dabei eine der prägnantesten Formen der nonverbalen Komponenten dar [84].

Pavlović et al. [87] ordnen Gesten für die Mensch-Maschine Interaktion nach der in Abb. 2.13 dargestellte Taxonomie ein. Die Gesten sind dabei als absichtlich durchgeführte Körperbewegungen definiert, die einen gezielten Informationsgehalt tragen [86]. Sie können direkte Aktionen auf Objekte in reellen oder virtuellen Umgebungen ausüben oder eine Nachricht mittels expliziter symbolischer Darstellung bzw. deiktischer oder mimetischer Aktionen übermitteln.

Gesten bieten aufgrund der Vielfalt an Bewegungsfreiheitsgraden der Hand ein breites Spektrum für mögliche Posen und Manipulationsmechanismen. Wie hoch der Informationsgehalt der Bewegungsmuster von Händen und Armen verbunden mit der Handpose ist, lässt sich bei Betrachtung der Vokabularien diverser Gebärdensprachen [80] erahnen. Die Verfolgung und Analyse von Händen und Fingern ist deshalb eines der zentralen Forschungsthemen auf dem Gebiet der Gestenerkennung.

Im Kontext der virtuellen und erweiterten Realität wird die Gestenerkennung zwangsläufig fester Bestandteil technischer Systeme, denn nur so kann die natürliche Interaktion zwischen Menschen mit der realen Welt als Interaktionsmetapher nachgebildet werden. Da intrusive Verfahren die Natürlichkeit des Kommunikationsprozesses beeinträchtigen, werden heutzutage Möglichkeiten gesucht, welche die Erkennung von Gesten mittels bildbasierter Systeme durchführen. Diese Systeme müssen mit der Variabilität der Ausführungen von Gesten in Zeit und Raum und mit den Gegebenheiten der Bildaufnahmen

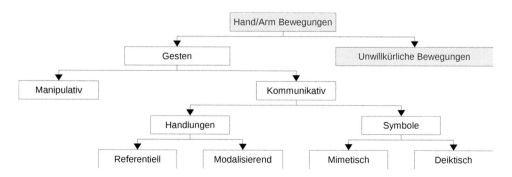

Abb. 2.13 Taxonomie nach Pavlović et al. [87] für Gesten in der Mensch-Maschine Interaktion

zurechtkommen. Rautaray und Agrawal [66] fassen die Arbeiten bis 2012 zusammen. Die Mehrzahl der dort vorgestellten Techniken suchen Gesten auf Basis von Farb- bzw. Intensitätsbildern.

Die Einführung von kostengünstigen Technologien zur direkten Erfassung von Tiefendaten Ende 2010 änderte die Ausrichtung von Forschungsarbeiten im Bereich der bildbasierten Verfolgung von Körper und Händen.

Die rechenintensiven Algorithmen zur Lokalisierung und Segmentierung des Körpers bzw. der Hände in Farbbildern konnten mit 3D-Informationen schneller und genauer realisiert werden. Die Verfügbarkeit der Tiefe für jedes Pixel ermöglichte erstmals sogar den kompletten Verzicht von Farbbildern, die nicht nur stark beleuchtungsempfindlich sind, sondern Information beinhalten, die für die Gestenerkennung eher störende Auswirkungen haben (beispielsweise Bekleidung oder die Hautfarbe des Benutzers).

Supančič et al. [69] untersuchten und verglichen die auf Tiefenkameras basierenden Verfahren der letzten Jahren. Die vorgestellten Techniken können bereits Hände zufriedenstellend verfolgen, solange sich diese gut von der Umgebung absetzen. Berühren die Hände in der Szene weitere Objekte oder überdecken sich untereinander, stoßen die aktuellen Methoden an ihre Grenzen [64].

2.2.2.2 Aufgaben in der Gestenerkennung

Es wird im Folgenden angenommen, dass die in virtuellen Umgebungen relevanten Gesten hauptsächlich diejenigen sind, die mit den Händen ausgeführt werden. Für die Gestenerkennung müssen dann konzeptionell folgende Aufgaben gelöst werden:

- Detektion und Verfolgung der Hände
- Segmentierung der Hände
- Schätzung der Pose
- Zeitliche Segmentierung der Gesten
- Erkennung der dynamischen Gesten

Detektion der Hände Die Aufgabe der Detektion (oder auch Lokalisierung) der Hände ist es, alle Regionen eines Bildes zu finden, die eine Hand abbilden. Ziel der Verfolgung der Hände ist es, die Korrespondenz zwischen detektierten Händen innerhalb von Bildsequenzen zu finden.

Stehen zuverlässige Farbinformationen zur Verfügung, können Verfahren zur Bestimmung der Hautfarbwahrscheinlichkeit eingesetzt werden, um Handregionen zu identifizieren. Werden Gesten in kurzer Distanz zu einer Tiefenkamera ausgeführt, stimmt das nächste Objekt zur Kamera mit der Hand überein. Solch spezielle Konfigurationsannahmen sind in den meisten Veröffentlichungen zur Thematik Handposenerkennung üblich. Diese Annahmen können jedoch im allgemeineren Fall nicht getroffen werden. Die Detektion der Hände wird dann zu einem komplexeren Problem.

Die weit verbreiteten Verfahren von Viola und Jones zur Detektion von Gesichtern [94], Menschen [95] oder Fahrzeugen [93] finden im Fall der Händedetektion eher keine

Anwendung, da Annahmen über invariante Bildstrukturen unter der Variabilität der Handposen ihre Gültigkeit verlieren.

Die Arbeiten von Xu und Cheng [71], sowie Shotton et al. [68] setzten mit dem Einsatz von „Hough Forests" (HF) und „Random Decision Forests" (RDF) die Grundlagen für aktuelle Techniken zur Handdetektion. Diese Verfahren sind in ihren Leistungen jedoch limitiert, denn sofern sich die Hände in der Nähe weiterer Objekte befinden, können sie nicht zuverlässig detektiert werden. Deswegen kombiniert man die HF bzw. RBF-basierten Ansätze mit weiteren Methoden, wie z. B. einer Hintergrundsegmentierung, eines ganzkörperlichen Skelett-Trackings oder der Positionsverfolgung der Hände [67].

Segmentierung der Hände Die Segmentierung der Hände soll Pixel in den detektierten Handregionen relevanten Klassen zuweisen; Ziel ist es also, Bildregionen für Hintergrund, Arm und Hände auseinander zu halten. Die Grenzen zwischen den Regionen unterschiedlicher Klassen sollen dabei verdeutlicht werden. Die Bilddaten werden somit für die nächsten Erkennungsschritte vorbereitet.

Für den Fall, dass sich die Hände frei im Raum bewegen, bieten die Tiefendaten ausreichende Informationen, um die Segmentierungsaufgabe zu vereinfachen; hierfür sind klassische Segmentierungsansätze einsetzbar [82]. Im Fall partieller visueller Überdeckungen mit weiteren Händen oder Objekten bzw. beim physikalischen Kontakt mit Oberflächen stellt die Segmentierung der Hände ein komplexes (und noch ungelöstes) Problem dar [69].

Schätzung der Pose Die konkrete Aufgabe dieses Schrittes hängt von der Definition des Begriffes „Pose" ab. Zum einen kann „Pose" eine allgemeine Bezeichnung der Gesamtstellung der Hand sein, wie beispielsweise „geschlossene Hand", „Daumen links" oder „Zahl drei" (siehe Abb. 2.14 links). Diese Definition unterstützt die kommunikative Natur einer statischen bzw. dynamischen Geste und wird als Klassifikationsprozess implementiert. Anwendungsbedingt bieten sich hier klassische Ansätze der Mustererkennung (z. B. Support Vector Machines/SVM oder RDF), die mit Deskriptoren für Kontur [81] oder Tiefenstruktur [82] arbeiten.

Zum anderen kann „Pose" die exakte Position jedes Handgelenkes im Raum bezeichnen (Abb. 2.14 rechts). Dies ist von Interesse, wenn manipulative Gesten im Interaktionskonzept integriert sind. Im letzteren Fall wird die Posenerkennung als Regressionsprozess implementiert, der die Parameter eines biomechanischen Handmodels aus den Bilddaten schätzt. Ein Großteil aktueller Arbeiten beschäftigt sich mit diesem letzteren Fall.

Die Schätzung der Positionen aller Handgelenke kann mit diskriminierenden oder generativen Ansätzen durchgeführt werden. Die diskriminierenden (oder Klassifikations-) Methoden versuchen, jedes Pixel eines Bildes zu einem Hand- bzw. Fingergelenk zuzuordnen und in einem späteren Clustering-Schritt die Position jedes Gelenks zu schätzen (z. B. [63]). Ein generativer Ansatz generiert mit einem parametrisierbaren Modell ein Konstrukt, das sich mit den erfassten Daten direkt oder indirekt vergleichen lässt. Ein Optimierungsverfahren findet dann den Parametersatz, der zur besten Übereinstimmung zwischen den echten Daten und dem generierten Konstrukt führt (z. B. [67]). Heutzutage

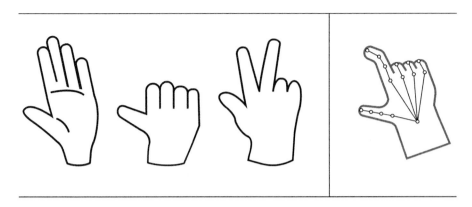

Abb. 2.14 Definition einer Pose. Links, Posen als Vokabeln wie Pause („geschlossene Hand"), Zurück („Daumen links") oder „Zahl drei". Rechts: Pose als Position aller Handgelenke

ist es üblich, synthetische Bilddaten aus geometrischen Handmodellen zu generieren, um eine diskriminierende Methode zu trainieren, was als hybrider Ansatz betrachtet werden kann [69].

Die Schätzung der Pose kann auch nach „*bottom-up*" oder „*top-down*" Strategien erfolgen. Im ersteren wird mit der Informationsgewinnung für jedes Pixel (mittels Regression bzw. Klassifikation) begonnen. Anschließend werden die partiellen Ergebnisse schrittweise kombiniert, bis die Positionen aller Gelenke bekannt sind (z. B. [71]). Mit „*top-down*" Methoden dirigiert ein trainiertes oder vorgegebenes Modell die Abfragen von Informationen im Bild derart, dass nur relativ wenige Bildzugriffe zur Schätzung der Gelenkpositionen notwendig sind (z. B. [65, 70]).

Zeitliche Segmentierung Die zeitliche Segmentierung einer dynamischen Geste soll in einer Bildsequenz herausfinden, wann eine Geste beginnt und wann sie endet. Diese Aufgabe ist stark kontextabhängig, denn eine Geste kann teilweise oder komplett Teil einer anderen Geste sein. Ferner können gültige Gesten in Transitionen oder unwillkürlichen Bewegungen wiederzufinden sein. Nimmt man beispielsweise eine Sequenz von Wischgesten von rechts nach links, ist die Rückbewegung von links nach rechts oft nicht mit einer Wischgeste nach rechts auseinander zu halten. All dies macht aus der zeitlichen Segmentierung eine komplexe Aufgabe, die bis heute, insbesondere in der Gebärdensprachenerkennung, ungelöst ist. Zur Lösung der Problematik ist der Einsatz kontextabhängiger Verfahren notwendig.

Erkennung dynamischer Gesten Der Bewegungsablauf der Hände und die Transitionen der Handposen variieren in jeder Ausführung einer Geste. Der Verlauf einer Geste hängt nicht nur individualspezifisch vom ausführenden Menschen ab, sondern auch von seiner augenblicklichen Stimmung [80]. Dies bedeutet, dass ein ausgewähltes Verfahren zur Erkennung von Gesten in der Lage sein muss, die zeitliche und räumliche Variabilität der Gesten zu erfassen. „*Hidden Markov Models*" (HMM) [88] sind zur Lösung dieser

Aufgabe seit Jahrzehnten die dominante Technik. Weitere Techniken wie „*Dynamic Baye-sian Networks*" (DBN) [91] oder „*Sequential Patterns*" (SP) [89] finden ebenfalls ver-stärkt Anwendung.

2.2.3   Neue Interaktionsgeräte

Elementare Bestandteile der virtuellen Realität und der Immersion sind die Navigation und die Interaktion mit der Anwendung selbst sowie mit Objekten in virtuellen Umgebun-gen. Aufgrund der im Gegensatz zu klassischen Desktop-Anwendungen vielen Freiheits-grade, die in der virtuellen Realität vorhanden sind, wurden und werden viele verschie-dene Interaktionsmethoden und -Geräte neu entwickelt oder bestehende verbessert. Für ein intensiveres Erleben soll in zukünftigen VR-Anwendungen die Immersion nicht mehr nur auf das Visuelle beschränkt sein, sondern zunehmend auch das körperliche Erleben in den Gesamteindruck mit einbeziehen. Hierzu werden von einer weltweit sehr aktiven Ent-wicklerszene immer neue Interaktionsgeräte und Verfahren entwickelt, die sich über USB oder Bluetooth anschließen lassen und die gut in bestehende, einschlägige Spieleumge-bungen integriert sind. Die meisten neuen VR-spezifischen Interaktionsgeräte richten sich an Anwendungsszenarien mit Head-Mounted-Displays (HMDs). Deren aktuell größter Nachteil ist, dass die Nutzer ihre Hände und den ganzen Körper nicht sehen können. Inter-aktionsgeräte müssen sicher und fest in der Hand liegen bzw. mit Bändern etc. angebracht sein und müssen sich nach kurzer Eingewöhnung blind bedienen lassen. Die Interaktion sollte hierzu einfach und präzise sein, damit z. B. virtuelle Schaltflächen und Objekte sicher und effizient selektiert bzw. manipuliert werden können. Aufwendige Rüst- und Kalibriervorgänge sollten, wo immer möglich, vermieden werden. Die für HMDs gefor-derten hohen Bildwiederholraten stellen auch hohe Anforderungen an die Geschwindig-keit der Interaktionsgeräte, denn diese müssen ebenso schnell Interaktionssignale an eine VR-Anwendung bzw. ein Spiel aussenden können.

Interessante aktuelle (Stand 2016) Entwicklungen versuchen, den Nutzern mit so genannten Tretmühlen, Exoskeletten und neuen Datenhandschuhen intuitive Interaktion und ein taktiles oder haptisches Feedback über die virtuelle Umgebung zu vermitteln. Diese Geräte beziehen weitere Sinneswahrnehmungen in das immersive Erleben ein.

Die Hersteller von beliebten HMDs bringen neue Interaktionsgeräte, so genannte Cont-roller, auf den Markt, die ergonomischer und effizienter für die Interaktion in immersiven Umgebungen geeignet sind. Die in den meisten Fällen vorhandenen Minijoysticks, Knöpfe oder Touchfunktionen ermöglichen auch die Bedienung komplexerer Anwendungen. Die visuelle und die gefühlte Immersion werden somit immer besser aufeinander angepasst.

Tabelle 2.3 zeigt exemplarisch Geräte aus den oben genannten Interaktionsklassen. Die Liste ist keineswegs vollständig, denn die Anzahl verfügbarer Interaktionsgeräte wird in rasanter Geschwindigkeit zunehmen.

Die Interaktionsgeräte bedienen sich dabei den verschiedensten Formen der Interaktionserkennung.

Tab. 2.3 Eine Auswahl von aktuellen Interaktionsgeräten

Gerät	Typ	Herstellerreferenz
Oculus Touch	3D Controller	https://www.oculus.com/en-us/touch/
Razer Hydra	3D Controller	http://www.razerzone.com/de-de/gaming-controllers/razer-hydra-portal-2-bundle
Sixense STEM	3D Controller und Körpertracking	http://sixense.com/
Microsoft Kinect	Gestenerkennung	http://www.xbox.com/
Myo	Gestenerkennung	https://www.myo.com/
Virtuix Omni	Tretmühle	http://www.virtuix.com/
AxonVR	Tretmühle und Exoskelett	http://axonvr.com
GloveoneVR Gloveone	Datenhandschuh	https://www.gloveonevr.com/
CyberGlove III	Datenhandschuh	http://www.cyberglovesystems.com
CyberGlove Grasp	Datenhandschuh mit Exoskelett	http://www.cyberglovesystems.com
Dexta Robotics Dexmo	Datenhandschuh mit Exoskelett	http://www.dextarobotics.com/
Birdly	Exoskelett für Flugbewegungen	http://www.somniacs.co/
Icaros 2.0	Exoskelett für Flugbewegungen	http://www.icaros.net/
Gest	Fingertracking	https://gest.co/technology
ART Fingertracking	Fingertracking	http://www.ar-tracking.com/products/interaction/fingertracking/
Haption Virtuose	Gerät für haptisches Feedback	http://www.haption.com/site/index.php/en/
Haptic Workstation	Gerät für haptisches Feedback	http://www.cyberglovesystems.com/haptic-workstation/
MPI Cablerobot	Bewegungsplattform	http://www.cablerobotsimulator.org

Eine Auswahl von aktuellen Interaktionsgeräten.

Eher klassisch anmutende Varianten wie Stifte, (Gyro-)Computermäuse und Joysticks verarbeiten analog-mechanischen Input direkt zu digitalen Signalen. Die Aktualisierungsfrequenz kann dabei im Falle USB-basierter Geräte bis zu 1000 Hz erreichen. Je nach Ausstattung der Geräte werden von einfachen Tastendrücken bis hin zu komplexeren 3D Positionen übertragen. Gestenerkennende Systeme wie z. B. das MYO Armband übertragen die Daten der drei Trägheitssensoren mit 50 Hz, die der Elektromyografie-Sensoren

(EMG) mit 200 Hz. Der GEST Datenhandschuh erreicht immerhin noch eine Aktualisierungsrate von 25 Hz für seine 15 Sensoren zur Gesten- und Bewegungserkennung.

Die Auflistung von Interaktionsgeräten mit sehr verschiedenen Interaktionsformen lässt
erahnen, dass insbesondere bei der gleichzeitigen Verwendung mehrerer Geräte viele Einzelheiten, unterschiedliche Signalgeschwindigkeiten und Systemeigenschaften beachtet
werden müssen. Um das Zusammenspiel und die Verwendung der Geräte in Anwendungen zu vereinfachen, wurden bereits in den 90'er-Jahren erste Interaktionsframeworks entwickelt [90], welche die Gerätefähigkeiten abstrahierten und auf ein gemeinsames Modell
zusammenführten. Taylor et al. (2001) veröffentlichten das Virtual-Reality Peripheral
Network (VRPN) System, das speziell auf VR-Systeme mit mehreren, auch verteilt verfügbaren Interaktionsgeräten zugeschnitten ist. Es verwendet atomare Elemente (canoni-
cal device types) wie „Tracker", „Dial" und „Button", um beliebige Geräte beschreiben
zu können. Diese einzelnen Elemente können wiederum auch über physikalische Geräte-
grenzen hinaus über ein Netzwerk mit anderen zu einem Interface verbunden und damit
auch „virtuelle" Geräte erzeugt werden.

Green und Lo (2004) stellten die Grappl Programmbibliothek [83] vor, die ähnliche
Abstraktionsmechanismen wie VRPN aufgreift und diese gleichzeitig mit einer prototypischen Erstellung von grafischen Benutzerschnittstellen, die automatisch an die verwendeten Interaktionsgeräte angepasst werden, verbindet. Auch das MorphableUI [85] von
Krekhov et al. (2016) verwendet einen detaillierten Katalog an Gerätefähigkeiten („Capa-
bilities"), um Interaktionsgeräte zu beschreiben. Dabei erlaubt das Framework auch die
automatische Kombination und Trennung von Interaktionssignalen, um die Anforderungen einer Anwendung bedienen zu können.

Alle genannten Frameworks sind allerdings in sich geschlossen, verwenden spezielle
Beschreibungen, die nicht untereinander austauschbar sind und lassen sich nur schwer
erweitern.

Mit in ARVIDA entwickelten Technologien lassen sich die zuvor genannten Probleme
adressieren. Neben der ARVIDA-konformen Abstraktion von Interaktionsgeräten kann
eine hohe Datenübertragungsrate von einem Interaktionsgerät in eine VT-Anwendung
durch ein effizientes Streaming von Interaktionsdaten mit dem in ARVIDA entwickelten
RestSDK abgedeckt werden. Auch die Beschreibung von Interaktionsgeräten wurde im
ARVIDA-Kontext untersucht. Dazu wurde ein auf RDF basierendes Vokabular entwickelt,
in dem die einzelnen physikalischen Elemente eines Gerätes wie Schieberegler oder Taster
und deren Output beschrieben und mit anderen ARVIDA Vokabularen verknüpft werden.
Dies erlaubt unter anderem eine automatische Übersetzung von Interaktionssignalen in
ein gewünschtes Format, alternative Maßeinheiten oder Koordinatensysteme. Die durch
RDF maschinenverständlichen Schnittstellen können ebenfalls dazu verwendet werden,
um beliebige, ARVIDA-konforme Anwendungen mit den Interaktionsgeräten zu verknüpfen oder weitere, automatische Services in den Datenverarbeitungsprozess einzubringen
und somit das System zu erweitern. In Kombination mit anderen Vokabularen erlaubt dies
auch die Umformung in gerätefremde Maßeinheiten oder Koordinatensysteme.

2.2.4   Full Body Motion Capture

Full Body Motion Capture dient dazu, über kontaktlose Messverfahren, Bewegungen von einer oder mehrerer Personen (oder auch von Tieren) zu erfassen. Ziel der Verfahren ist es, die Bewegungen räumlich und möglichst geometrisch genau zu rekonstruieren. Während im Abschn. 2.2.1.2 auf theoretische Grundlagen von markerlosen Verfahren hingewiesen wird, soll in diesem Abschnitt auf die technische Realisierung von Full Body Motion Capture im Allgemeinen (nicht notwendigerweise markerlosen Systemen) eingegangen werden. Es werden die Funktionsprinzipien erläutert sowie auch experimentelle, operable und kommerzielle Systeme vorgestellt.

Neben der reinen Erfassung von spatio-temporalen Daten ist auch die zugrundeliegende Modellierung des menschlichen Bewegungsapparates (Menschmodell) ein wichtiger Bestandteil einer konkreten Realisierung eines Full Body Motion Capture-Verfahrens. Ein Menschmodell definiert dabei mathematische Randbedingungen zur Beschreibung der menschlichen Anatomie, wodurch die Schätzung der Gelenkstellungen auf Grund der Dimensionsreduktion erheblich erleichtert wird und zur robusten Bestimmung physiologisch plausibler Posen führt. Die Anwendungsbereiche sind unter anderem Biomechanik, Animation, Avatare, Ergonomie, Gaming, Robotik, Sport und Medizin.

2.2.4.1   Funktionsprinzipien

Die derzeit realisierten Full Body Motion Capture-Verfahren unterscheiden sich vor allem anhand der zum Einsatz kommenden Methode der Datenaufnahme. Es existieren heutzutage bildbasierte Verfahren, bei denen mittels einer oder mehrerer Kameras die Bewegungsabläufe von Personen aufgenommen werden. Ferner gibt es Systeme, welche anhand von Tiefensensoren entsprechende Informationen generieren. Als weitere Möglichkeit werden Inertialsensoren für Full Body Motion Capture eingesetzt. Es gibt auch Systeme, die verschiedene Verfahren kombinieren.

Datenaufnahme Kamerabasierte Systeme verwenden synchronisierte Bildsequenzen, um ausgehend von mehreren Kameraansichten, über Triangulationsmethoden und Bildmerkmale die benötigten räumlichen Daten in Echtzeit zu generieren. Wird ein solches System für Full Body Motion Capture eingesetzt, muss mit einer ausreichenden Anzahl von Kameras (teilweise auch mehrere Dutzend Kameras) für eine zuverlässige 3D-Bestimmung der zu beobachtenden Personen gesorgt werden. Hierbei gibt es Systeme, welche mit einzelnen passiven retro-reflektiven Markern (Vicon [58], OptiTrack [44], MotionAnalysis [43], Qualisys [49]) oder aus mehreren Markern bestehenden Targets arbeiten (ART [29]). Kommen passive Marker zum Einsatz, wird das Beobachtungsvolumen mit Infrarotblitzen beleuchtet. Andere Systeme nutzen aktive LEDs (PhaseSpace [48]) als Marker und benötigen daher keine weitere Beleuchtung. Es gibt auch Methoden, die gänzlich ohne zusätzliche Marker auskommen (The Captury [55], organic motion [45], meta motion [40]). Während bei markerbasierten Verfahren die eigentliche Bildverarbeitung relativ einfach ausfällt (Blob detection), erfordern die markerlosen bildbasierten Verfahren Algorithmen des maschinelles Sehens und Bildverstehens, um Motion Capture -Daten anhand der Kameraansichten zu generieren.

Durch Tiefenkameras, die für jeden einzelnen Bildpunkt Distanzen messen, ist die Erfassung von 3D-Daten mittels eines einzelnen Sensors auch für etwaige Echtzeit-anwendungen möglich geworden. Die Messung der Distanzen kann über Triangula-tion (Microsoft Kinect 1 [42]) oder Laufzeitmessung erfolgen (z. B. [30, 31], Micro-soft Kinect 2 [41]). Die Vorteile von Tiefenkameras sind die hohen Bildraten von bis zu 160 Hz [31], der einfache und kompakte Aufbau sowie die direkt abzuleitenden 3D-Daten. Mittels Infrarot-LEDs wird die zu beobachtete Szene aktiv beleuchtet. Die Nachteile sind der starke Einfluss der Reflexionseigenschaften der beobachteten Mate-rialien, welche die geometrische Genauigkeit drastisch verschlechtern können, sowie die momentan noch eher geringe Auflösung dieser Sensoren. Während im industriellen Bereich erst kürzlich Sensoren mit VGA-Auflösung zur Verfügung stehen [30], gibt es im Consumer-Markt seit mehreren Jahren Systeme, bei denen Tiefenkameras für Full Body Motion Capture und Gestenerkennung eingesetzt werden. Das hierbei bekannteste System ist die Microsoft Kinect [41], welche in ihrer derzeitigen Version (Kinect 2) das Tracking von bis zu sechs Personen gleichzeitig ermöglicht. Die Kinect verfügt über eine Farbkamera sowie einen Tiefensensor. Ein ähnliches System mit RGB- und Tiefen-kamera bietet Asus mit der Xtion Pro live [28] an. Diese Produkte sind wohl hauptsäch-lich als Interaktionsgeräte von Spielekonsolen entwickelt worden, allerdings steht für beide ein SDK zur Verfügung, welches ermöglicht, die Rohdaten auszulesen und für teilweise recht innovative Projekte zu nutzen [37, 50, 51, 62]. Auch im Rahmen von ARVIDA wurde mit mehreren Kinects ein System für markerloses Full Body Motion Capture entwickelt [34, 46, 47].

Mit Inertialsensoren (IMUs, inertial measurement units) ist es über die Kombination von Accelerometern und Gyroskopen möglich, Bewegungen abzuleiten und diese erfolgreich als Eingabedaten für Full Body Motion Capture zu nutzen. Hierbei ist zu beachten, dass im Gegensatz zu kamerabasierten Systemen (optisch oder time of flight) weder ununter-brochene Sichtlinien noch Beleuchtung erforderlich sind, um Messungen zu liefern. Iner-tialsensoren liefern hohe Datenraten (teilweise über 100 Hz), allerdings unterliegen die Messwerte teilweise starken systematischen Abweichungen (Drift) und ermöglichen nur relative Messungen (Trivisio Colibri [56], Xsens MVN [60], Synertial IGS-Cobra [54], SHADOW motion capture [53]).

Die Kombination von optischen und inertialen Sensoren (Hybrid Full Body Motion Capture) ermöglicht eine kontinuierliche Bewegungserfassung auch im Falle von ver-deckten Sichtlinien oder beim Verlassen des optischen Messvolumens. Ist eine optische Messung nicht möglich, werden die aktuellen Posen durch die Inertialsensoren ermittelt. Dabei werden die inertial gemessenen Bewegungen mit der zuletzt optisch gemessenen Pose fusioniert (ART [29]). In Abb. 2.15 ist ein Full Body Motion Capture System mit einem rein optischen (links) als auch einem hybriden Targetsatz (rechts) zu sehen.

Abb. 2.15 Full Body Motion Capture mit optischem (Person links) und hybriden Targetsatz (Person rechts)

Menschmodelle Um ein Trackingsystem, das 3D- und 6D-Posen von Objekten generiert, für Full Body Motion Capture zu nutzen, ist es erforderlich, die gewonnenen Messdaten unter Verwendung eines geeigneten Menschmodells aufzubereiten. Ein Menschmodell hat zum einen die Funktion, die reinen Messungen durch a-priori-Wissen (geometrische Restriktionen wie Freiheitsgrade von Gelenken, plausible Gliedmaßlängen) zu fusionieren und auch bei teilweise unvollständiger Datenlage sinnvolle Ergebnisse zur aktuellen Körperhaltung zu liefern, als auch für weiterführende Analysen Parameter wie Körpergröße, Geschlecht und BMI modellierbar zu machen.

Heutzutage gibt es mehrere Umsetzungen von Menschmodellen (Human Solutions Ramsis [35], Siemens Jack [52], alaska Dynamicus [27], ARTHuman [29]). Details zu Menschmodellen finden sich im Abschn. 2.5 Menschmodelle, deren Verwendung innerhalb des ARVIDA-Projektes ist im Kap. 5 Generisches Anwendungsszenario Motion Capturing beschrieben.

Fingertracking Ein Teilbereich des Full Body Motion Capture ist die Erfassung der Position der Hand und die Haltung der Finger. Hierbei gibt es unterschiedlichste Modellierungsstufen, welche Informationen von einem einfachen generellen Handstatus (z. B. offen, geschlossen) bis hin zur Stellung jedes einzelnen Fingergliedes aller Finger beinhalten können. Hier gibt es optische Trackingsysteme, welche zum Beispiel aktive Targets mit LEDs (ART [29]) verwenden als auch Systeme, die IMU-basiert (IGS-Cobra Glove [54]) arbeiten. Die IMU-Sensoren werden hierbei in einem speziellen Handschuh untergebracht.

Beim optischen Fingertracking von ART werden ausgehend von einem aktiven Handrückentarget über Verkabelung LED-besetzte Fingerschalen (3 oder 5 Finger) angesteuert und auf die Fingerkuppen aufgesteckt.

Als Alternative zu optischem Tracking und IMUs können auch mit Dehnungsmessstreifen ausgestattete Datenhandschuhe Fingertrackingdaten generieren [33, 59].

Mittels Tiefensensoren können auch Fingertrackingdaten erfasst werden, durch Rauschen und eine eingeschränkte laterale Auflösung sind diese allerdings nur bedingt geeignet (siehe Abschnitt „Datenaufnahme"). Wie diese zur Erkennung von Gesten genutzt werden, ist im Abschn. 2.2.2 Gestenerkennung beschrieben. Die Firma CanControls [32] hat hierzu im Rahmen des ARVIDA-Teilprojektes „Interaktive Projektionssitzkiste" Arbeiten durchgeführt (vgl. Kapitel Abschn. 4.2 und Kapitel Abschn. 8.2.5).

ARVIDA Vokabular Skeleton Im Rahmen von ARVIDA wurde für den dienstbasierten Transfer von Full Body Motion Capture-Daten ein Skelett-Vokabular für die Referenzarchitektur erstellt, durch welches die anfallenden Messergebnisse systemübergreifend kommuniziert werden können. Eine Beschreibung dieses Vokabulars findet sich im Abschnitt Kap. 3 ARVIDA-Referenzarchitektur.

Bewertungskriterien

- Aus den unterschiedlichen Verfahren resultieren auch Unterschiede in der Handhabung. Falls man sich auf nur einen Sensor beschränkt, sind bei der Verwendung der Kinect 2 weder eine vorbereitende Kalibrierphase noch eine entsprechende Ausstattung der zu trackenden Personen notwendig. Hier ist dann allerdings auch das Beobachtungsvolumen beschränkt und eventuelle Abschattungen durch die einzelne Sensorstation sind nicht aufzulösen. Es gibt Ansätze, mehrere Kinects gemeinsam zu verwenden (Ipisoft [36]). Um die Daten der einzelnen Kinects gemeinsam nutzen zu können, sind Prozeduren zur Systemkalibrierung sowie einer Sensorfusion erforderlich. Details zum im Rahmen von ARVIDA bei der Daimler AG entwickelten Multi-Kinect-System sind in [34, 46] und [47] genauer beschrieben.
- Bei markerbasierten Systemen kommen entweder spezielle Anzüge (target suit) zum Einsatz oder es werden retroreflektive Einzelmarker und Targets mittels Klettverschlüssen am Probanden angebracht, um die verschiedenen Gliedmaßen verfolgen zu können. Markerbasierte Systeme liefern eine hohe geometrische Genauigkeit, allerdings ist durch die zu tragenden Anzüge und Targets die Bewegungsfreiheit teilweise eingeschränkt und oft lässt der zumindest längerfristige Tragekomfort zu wünschen übrig.

Bei inertialen Full Body Motion Capture-Systemen werden die einzelnen IMUs in den vorgesehenen Aufnahmetaschen eines entsprechenden Anzuges verstaut oder analog zu den Markertargets direkt am Körper angebracht. Es gibt IMUs, die ihre Daten direkt per Funk übermitteln, bei anderen Systemen ist eine Verkabelung der Sensoren mit einer Empfangseinheit erforderlich, was wiederum Bewegungsfreiheit und Tragekomfort reduziert.

Markerlose Verfahren haben den Vorteil, dass die zu trackenden Personen ohne spezielle Ausstattung erfasst werden können, die Prozesse der Systemeinrichtung können allerdings sehr umfangreich ausfallen oder limitierende Voraussetzungen an das Beobachtungsvolumen stellen (monochromer bzw. im Vorfeld bekannter Hintergrund). Da diese Verfahren bildbasiert im sichtbaren Spektrum arbeiten, ist auch immer eine ausreichende Beleuchtung des Beobachtungsvolumens erforderlich.

Während bei bildbasierten Verfahren naturgemäß nur im Sichtbereich der Kameras Daten erfasst werden können, ist bei inertialen Systemen die Reichweite des Funkmoduls entscheidend, in welchem Bereich Messungen durchgeführt werden können. Inertiale Systeme sind weder von Sichtverbindungen noch von passiver oder aktiver Beleuchtung abhängig und können daher kontinuierlich Daten erfassen. Falls die geometrischen Informationen zur Bewegung nicht in Echtzeit zur Verfügung stehen müssen, ist es möglich, die IMU-Daten lokal abzuspeichern und Messungen in einer beliebig großen Umgebung durchzuführen. Ein prinzipieller Nachteil von IMUs ist, dass sie nur relative Messungen liefern. Allerdings kann durch die Hinzunahme von weiteren Sensoren wie Accelerometern, Magnetometern und Gyroskopen die Richtung des Schwerevektors als auch die Richtung zum magnetischen Nordpol bestimmt werden, was die Anzahl an unbestimmten Freiheitsgraden zumindest reduziert. Hierfür ist dann aber wiederum erforderlich, dass keine magnetischen oder metallenen Objekte die Messung negativ beeinflussen.

Vor der eigentlichen Messung der Bewegung einer individuellen Person gibt es oft noch einige vorbereitende Prozesse. So müssen bei einigen Systemen mittels manueller Messung (Maßband, Messschieber) einige Körpermaße erfasst und als Initialdaten für das verwendete Menschmodell eingegeben werden. So werden z. B. beim System Xsens MVN die Körpergröße, Fußlänge, Armspanne, Knöchel-, Knie- und Hüfthöhe, Hüft- und Schulterweite und die Schuhsohlenhöhe als Werte für das Menschmodell erwartet [60]. Die Kalibrierung des Menschmodells kann aber auch ausschließlich mit der Verwendung des Trackingsystems selbst ermittelt werden (z. B. [29]). Dazu werden eine oder mehrere ausgewählte Initialposen (T-Pose, N-Pose) aufgenommen und durch eine anschließende Kalibrierbewegung das Menschmodell (Längen der Gliedmaße) angepasst.

Die höchsten geometrischen Genauigkeiten und die zuverlässigsten Messungen werden durch hybrides Full Body Motion-Capture erreicht, bei dem markerbasiert mit mehreren Kameras optisch getrackt wird und im Falle von Verdeckungen die Inertialsensoren die Lücken der optischen Messung überbrücken.

2.2.5 Fusion von Daten

Je nach Anwendungsfall eines VT-Systems besteht eventuell die Notwendigkeit, mehrere Sensoren zu verwenden, um die Anforderungen an das Trackingsystem zu erfüllen. Generell können die Anforderungen grob unterteilt werden in Genauigkeit, Zuverlässigkeit, Geschwindigkeit und messbares Volumen. Um diese Anforderungen zu erfüllen, kann es sehr unterschiedliche Herangehensweisen geben. Hierbei ist zu unterscheiden, welche Art von Sensoren eingesetzt wird und wie deren Daten verarbeitet werden.

Unabhängig davon, ob es sich um ein outside-in- oder inside-out-Trackingsystem handelt, kann die Anzahl gleichartiger Sensoren erhöht werden, um die Genauigkeit und Zuverlässigkeit eines Trackingsystems zu verbessern (z. B. [163]) oder dessen Geschwindigkeit ([162]) zu steigern. Bei einem outside-in-Trackingsystem kann durch Erhöhung der Anzahl an Sensoren das Messvolumen vergrößert werden.

Werden Sensoren mit unterschiedlichen Modalitäten verwendet, können Nachteile bestimmter Sensoren und Verfahren ausgeglichen werden um die Zuverlässigkeit zu erhöhen, wie z. B. bei der am Ende des vorherigen Kapitels angesprochenen Fusion von optischen Trackingverfahren mit Inertialsensoren. Eine weiteres Beispiel für einen hybriden Ansatz aus inside-out- und outside-in-Tracking ist in [165] beschrieben.

Dabei ist wiederum zu unterscheiden, ob die rohen Sensordaten für die Fusion verwendet werden oder ob die Fusion erst auf höherer Ebene, in der bereits konkrete Posen errechnet wurden, stattfindet. Ein gutes Beispiel für rohe Sensordaten ist in [162] zu finden. Die Dissertation von Wagner [164] gibt einen guten Überblick über die Fusion auf höherer Ebene.

Im Prinzip können alle denkbaren Sensoren und Trackingverfahren auf unterschiedlichste Weise kombiniert werden, um die gestellten Anforderungen zu erfüllen. Allerdings müssen immer zwei Bedingungen erfüllt werden, um die Fusion von Daten zu ermöglichen. Die erste Bedingung besteht darin, dass die räumliche Beziehung zwischen den Sensoren bekannt sein muss. Diese wird in der Regel durch eine sogenannte Registrierung bestimmt, die zumeist in einem gesonderten Schritt beim Aufbau des Trackingsystems durchgeführt wird. Auf diese Problematik wird in Abschn. 3.8.1.4 genauer eingegangen. Die zweite Bedingung besteht darin, dass der zeitliche Bezug zwischen den Sensordaten bekannt sein muss. Dies kann entweder durch die Hardware gelöst werden, indem es ein Synchronisierungssignal gibt, welches die Sensoren verwenden, um die Messungen nur zu bestimmten Zeitpunkten durchzuführen. Falls es keine Hardware-Synchronisierung gibt, muss der zeitliche Versatz bestimmt werden. Auf diese Thematik wird im Abschn. 3.6 genauer eingegangen. Erst wenn diese beiden Bedingungen erfüllt sind, ist es möglich, die Daten verschiedener Sensoren zu fusionieren.

2.3   Erzeugung und Verwaltung von 3D-Modellen

Zur Herstellung industrieller Produkte ist die vorherige Erstellung von 3D-Modellen Standard – 2D-basierte Produktentwicklungen sind nur noch in geringem Maße vorzufinden. 3D-Modelle können entweder automatisch oder manuell erstellt werden. Es ist außerdem zu unterscheiden, ob 3D-Modelle von Grund auf neu erstellt werden oder ob sie unter Erfassung der Realität erstellt werden.

Erzeugung von 3D-Modellen: CAD-Software Die für die Industrie relevante manuelle Neuerstellung erfolgt meist mit entsprechender Software, die als CAD-Software

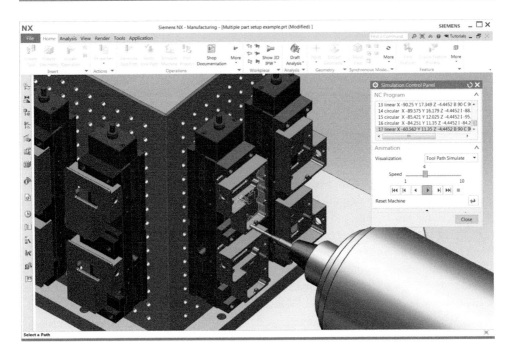

Abb. 2.16 CAD-Software Siemens NX, CAM (Computer Aided Manufacturing)-Simulation der Fräsung mehrerer Teile http://community.plm.automation.siemens.com/legacyfs/online/wordpress/images/2013/10/NX-CAM-Multiple-part-programming7.png

bezeichnet wird (Computer Aided Design, rechnerunterstütztes Konstruieren). CAD-Software bietet oft auch über die reine Modellation hinausgehende Funktionen, die die Nutzung der 3D-Modelle beispielsweise für Fertigungsschritte erlaubt (Abb. 2.16) – denn erst durch die umfassende Nutzung der Modelle in den der Konstruktion folgenden Prozessen entsteht der Mehrwert in der Industrie.

Abgesehen von der manuellen Neuerstellung von 3D-Modellen können diese unter Erfassung der Realität (3D Erfassung- und Rekonstruktion) mit einer Reihe von Sensoren erstellt werden. Dazu zählen nicht nur optische, sondern auch akustische, Radar- oder Thermalsensoren und seismische Sensoren. Im Ingenieurkontext spielen im Wesentlichen die optischen Verfahren eine Rolle – seien sie „aktiv" (beispielsweise Laserscanning) oder „passiv" (beispielsweise Fotogrammmetrie oder Tiefenkameras). Daher sind hier optische Verfahren vorgestellt.

Erzeugung von 3D-Modellen: Fotogrammmetrie Bei der Fotogrammmetrie wird die Geometrie aus mehreren Fotos eines Objektes rekonstruiert (Abb. 2.17). Die Methode ist heutzutage teilweise unter Verwendung marktüblicher Consumer-Kameras möglich – auch ohne die Aufnahmeposition zu kennen. Aus einer möglichst hohen Anzahl von Einzelbildern ergibt sich eine hinreichende Genauigkeit, um vielen industriellen Anwendungen, beispielsweise im Anlagenbau oder der Fabrikplanung, zu genügen.

Abb. 2.17 Fotogrammmetrie einer Vorortsiedlung, Drohnenaufnahme https://www.youtube.com/watch?v=dGMHCFmZ5HU, https://i.ytimg.com/vi/dGMHCFmZ5HU/maxresdefault.jpg

Erzeugung von 3D-Modellen: Laserscans Bei Laserscans wird das zu erfassende Objekt aktiv mit einem Laser angestrahlt. Spiegelnde Flächen können problematisch in ihrer Erfassung sein. Die erzielbaren Genauigkeiten sind durch das monochromatische, eng gebündelte Licht relativ hoch. Die großen Datenmengen müssen oft in spezialisierten Tools vorverarbeitet werden, dazu zählen auch Facettierung, d. h. der automatische oder teilautomatische Zusammenschluss mehrerer Punkte zu Flächengeometrien. Alternativ konnten im Rahmen von ARVIDA auch umfangreiche Punktewolken direkt in die CAD-Software integriert werden – beispielsweise für Soll/Ist-Vergleiche (Abb. 2.18).

Verwaltung von 3D-Modellen Zur Verwaltung von 3D-Modellen werden diese in der Regel in sogenannten PDM- oder PLM-Systemen unter Beigabe ergänzender Informationen eingebunden.

Ergänzende Informationen können zum Beispiel Metainformationen wie z. B. Autoren- oder Fertigungsinformationen sein oder Produktdatenblätter, ebenfalls aber auch die Verlinkung zu Anforderungsdokumenten oder die Position in der Produktstruktur (BOM, Bill of Materials). PDM-Systeme unterstützen bereits Prozesse wie Freigabe- und Änderungsmanagement, aber auch Stücklisten, bieten Unterstützung beim Projektmanagement und viele andere Funktionen, die im Rahmen der Produktplanung und Entwicklung notwendig sind. PLM-Systeme greifen darüber hinaus und bieten die vollständige Unterstützung des Produktlebenszyklus von Anforderungsmanagement bis zum Recycling (Abb. 2.19).

Es muss entsprechend bei der Entwicklung von virtuellen Technologien zur Erfassung von 3D-Geometrien die Schnittstelle zu PDM- und PLM-Systemen beachtet werden.

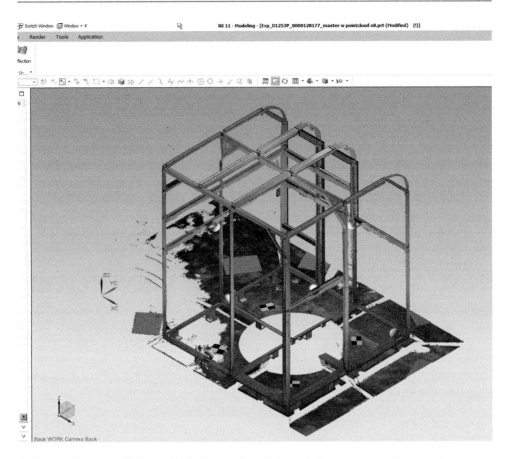

Abb. 2.18 Siemens NX 11 mit CAD-Geometrie und dazugeladener Punktewolke der gebauten Stahlstruktur

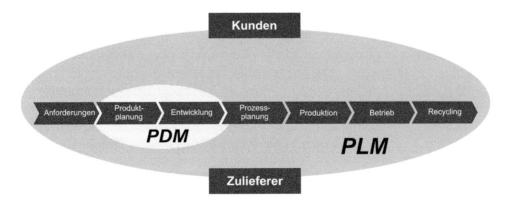

Abb. 2.19 Integrationstiefe von PDM gegenüber PLM im Produktlebenszyklus (Eigner M, Stelzer R (2009) Product lifecycle management. Springer, Berlin)

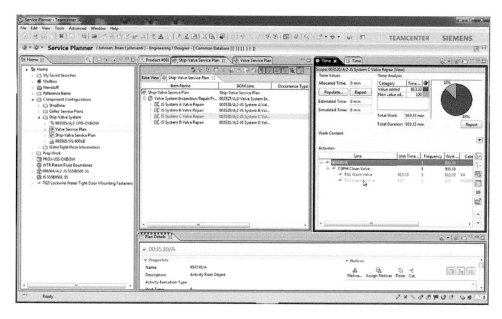

Abb. 2.20 PLM-Software Siemens Teamcenter, Service Planung

Durch die Integration der virtuellen Technologien in die Systemumgebungen der Industrie war es in ARVIDA möglich, weitere Anschlussprozesse, beispielsweise Serviceaufgaben, effektiv und prozessangepasst zu betrachten und in den Industriedemonstratoren zu bedienen. Anwendungsfälle können anschließend beispielsweise die MRO-Prozesse sein wie die Service-Planung (Abb. 2.20), in der Wartungsaufgaben koordiniert und mit Produktmodellinformationen unterstützt werden.

2.3.1 3D-Erfassung

Zur dreidimensionalen Erfassung von beliebigen Geometrien gibt es im Wesentlichen zwei weit verbreitete Technologien: Tiefenkameras und Laserscanner. Im Folgenden werden die Technologien vorgestellt und im Hinblick auf die unterschiedlichen Anwendungen in Projekt ARVIDA beurteilt.

2.3.1.1 3D-Erfassung mit Tiefenkameras

Tiefenkameras erfassen für jeden Pixel eines Tiefenbildes den Abstand des Kamerazentrums zum jeweils gesehenen Punkt in der Szene. Zur Erfassung gibt es prinzipiell zwei weit verbreitete Technologien: Musterprojektion (Pattern Projection) und Time-of-Flight (ToF). Für die Musterprojektion wird ein bekanntes Infrarot-Muster in die Szene projiziert, das für den Menschen nicht sichtbar ist. Alle Punkte innerhalb des Musters können in der Szene eindeutig wiedererkannt werden. Aus der Verzerrung des Musters

Abb. 2.21 Links: Microsoft Kinect v2. Mitte: Koloriertes Tiefenbild. Rechts: Standard-Abweichung pro Pixel

über die Szene lässt sich so die Tiefe bestimmen. ToF-Kameras bestimmen die Tiefe, indem sie Licht in Form einer modellierten Welle aussenden. Das Licht wird von der Szene reflektiert und von der Kamera wieder erfasst. Aus der Zeit, die das Licht für den Weg von der Kamera zur Szene und wieder zurück benötigt, lässt sich die Tiefe bestimmen. Beide Technologien werden sowohl in Endkunden- als auch in Industrie-Produkten eingesetzt. Die Musterprojektion findet sich beispielsweise in Geräten wie Microsoft Kinect v1, Asus Xtion PRO, Occipital Structure, usw. wieder, während ToF in Microsoft Kinect v2, PMD pico flexx, Google Tango, Sick 3vistor-T, IFM o3d, usw. eingesetzt wird.

Ein wesentlicher Vorteil von Tiefenkameras ist, dass sie in der Lage sind, bei relativ hohen Bildwiederholungsraten (in der Regel 30 Hz) dichte Tiefenbilder zu bestimmen; d. h. für (fast) alle Pixel liegt ein Tiefenwert vor. Somit lassen sich auch mit Tiefenkameras in dynamischen Umgebungen Tiefenbilder bestimmen. Dabei ist es möglich, sowohl die Kamera als auch Objekte in der Szene zu bewegen. Im Consumer Bereich werden Tiefenkameras oft um eine Farbkamera im gleichen Gerät ergänzt (z. B. Kinect) und bilden eine sogenannte RGB-D-Kamera. Dies hat den Vorteil, dass sowohl die Tiefe als auch die Farbe der Szene bestimmt werden kann.

Neben den genannten Vorteilen bringen Tiefenkameras allerdings auch Nachteile mit sich. Dies betrifft vor allem die Genauigkeit der Tiefenbilder. Sie enthalten sowohl systematische als auch zufällige Fehler. Beispielhaft wird im Folgenden auf die Microsoft Kinect v2 eingegangen, da sie momentan die am weitesten verbreitete ToF-Tiefenkamera ist. Abbildung 2.21 zeigt die Standard-Abweichung pro Pixel für eine gängige Szene. Dabei wird deutlich, dass die Pixel im Kamerazentrum wesentlich weniger Rauschen aufweisen als Pixel an den Bildrändern. Außerdem liegt ein hohes Rauschen in der Nähe von Tiefendiskontinuitäten vor. Dabei handelt es sich um sogenannte „Fliegende Pixel" (flying pixel). Um die positionsabhängigen Fehler genauer aufzuzeigen, wurde eine Tiefenkamera auf einem stabilen Stativ senkrecht vor eine gerade Wand gestellt und in 1,4 m Abstand die Fehler analysiert. Abbildung 2.22 zeigt sowohl für eine Musterprojektions-Kamera (Kinect v1) als auch für eine ToF Kamera (Kinect v2) die Abweichung der gemessenen Tiefe von der wahren Tiefe. Dabei zeigt sich, dass es bei ToF-Kamera sowohl in den

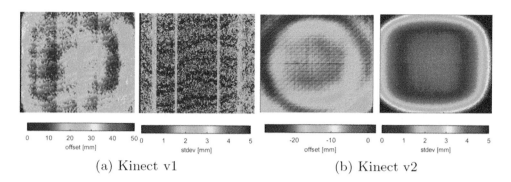

Abb. 2.22 Vergleichende Evaluierung einer Musterprojektions-Kamera (Kinect v1) und einer ToF-Kamera (Kinect v2) in Bezug auf ihre Genauigkeit [97]

Bildrändern zu absoluten Ungenauigkeiten kommt als auch in den Bildern eine gleichmäßige Abweichung enthalten ist [97]. Abbildung 2.22 zeigt weiterhin die Standard-Abweichung pro Pixel. Auch hier liegt bei ToF Kameras in den Bildrändern ein hohes Rauschen von bis zu mehreren Zentimetern vor.

Alle genannten Messfehler von Tiefenkameras müssen in Applikationen, die auf den Bildern aufbauend Berechnungen tätigen, berücksichtigt werden, da anderenfalls Fehler weiter propagiert werden [96]. Daher empfiehlt es sich, vor dem Verwenden einer neuen Tiefenkamera deren Fehler zu evaluieren und gegebenenfalls nachfolgende Algorithmen anzupassen. In Abschn. 6.1.3 wird beispielsweise eine 3D-Rekonstruktion basierend auf Tiefenbildern vorgestellt, die Messfehler explizit berücksichtigt und versucht zu kompensieren.

2.3.1.2 3D-Erfassung mit Laserscannern

Laserscanner-basierte Messsysteme arbeiten üblicherweise nach dem Prinzip der Lichtlaufzeitmessung. Dazu wird im Laserscanner ein Laserpuls emittiert, der an der Oberfläche eines Objektes reflektiert und anschließend im Laserscanner wieder detektiert wird. Die Entfernung zum Objekt ergibt sich aus der gemessenen Laufzeit des Laserpulses. Wird der Laser im Laserscanner über einen drehenden Spiegel abgelenkt, können somit wie in Abb. 2.23 dargestellt winkelabhängige Entfernungswerte ermittelt werden [74].

Eine dreidimensionale Umgebungserfassung mit 2D-Laserscannern kann über zwei unterschiedliche Arten realisiert werden. Mit der ersten Variante wird der Laserscanner ortsfest um seine Horizontalachse gedreht (vgl. Abb. 2.24). Mit der Kenntnis des aktuellen Rotationswinkels können die Scanner-lokalen 2D-Messdaten in ein lokales 3D-Koordinatensystem überführt werden. Mehrere lokale 3D-Messungen können anschließend über die jeweiligen Positionen des rotierenden 2D-Laserscanners im globalen Koordinatensystem in ein gemeinsames Koordinatensystem überführt werden. Diese Variante ermöglicht bei entsprechender Rotationsgeschwindigkeit des Scanners und der Anzahl verschiedener Messpositionen auch in großen Messvolumen eine sehr hohe Punktdichte

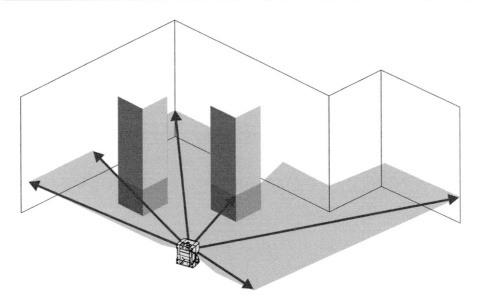

Abb. 2.23 Messprinzip eines 2D-Laserscanners [74]

Abb. 2.24 3D-Umge-
bungserfassungssystem
mit einem rotierenden
SICK-LMS511-Laserscanner

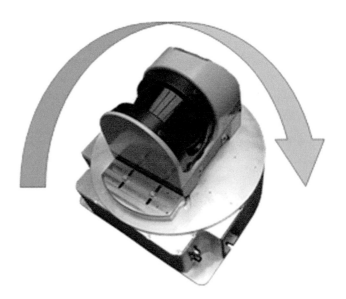

in den resultierenden Messdaten. Diese Messmethode wird typischerweise bei der dreidimensionalen Vermessung von Räumen bis hin zu ganzen Lagerhallen eingesetzt (siehe
Kapitel Abschn. 6.1.1).

Bei der zweiten Variante wird der Scanner im Raum bewegt. Zusammen mit der
Eigenbewegung des Sensors können die Scandaten des Laserscanners aus dem Scanner-
lokalen Koordinatensystem in ein übergeordnetes Raumkoordinatensystem überführt

Abb. 2.25 3D-Umgebungserfassungssysteme durch bewegte Laserscanner (links: Indoor; rechts: Outdoor)

werden. Die Eigenbewegung des Scanners wird über ein angeschlossenes Lokalisierungssystem bestimmt. Im Outdoor-Bereich werden dazu üblicherweise GPS-gestützte inertiale Messsysteme eingesetzt, die eine globale Position bzw. Bewegung innerhalb des Weltkoordinatensystems bereitstellen. In Indoor-Bereich werden typischerweise lokale Lokalisierungssysteme eingesetzt (z. B. SICK NAV350 [75]). Mit dieser Variante der 3D-Umgebungserfassung lassen sich je nach Bewegungsgeschwindigkeit des kombinierten Erfassungssystems sehr schnell große Messvolumina, wie z. B. im Indoor-Bereich komplette Lager- oder Produktionshallen oder im Outdoor-Bereich ganze Straßenzüge vermessen (Abb. 2.25).

2.3.2   Geometrie-Rekonstruktion

Ein aus Tiefenkameras oder Laserscannern erzeugtes 3D-Modell umfasst nur eine punktuelle Repräsentation der erfassten Oberflächen. Des Weiteren sind diese Daten typischerweise fehlerbehaftet, enthalten teilweise Lücken in der Abtastung, Ausreißerpunkte oder sind lokal bzw. allgemein verrauscht. Außerdem setzen viele Algorithmen zur weiteren Verarbeitung ein polygonbasiertes Mesh voraus – es wird also eine digitale Repräsentation der physischen Formen benötigt.

Überblick der Verfahren In den letzten zwei Jahrzehnten wurden aus den oben genannten Gründen viele unterschiedliche Algorithmen zur Geometrie-Rekonstruktion entwickelt. Die meisten Verfahren setzen auf einen allgemeinen Ablauf: Im ersten Schritt werden die Punktemengen vorverarbeitet. Hierbei werden Ausreißer eliminiert, das Rauschen wird gemindert sowie manchmal die Datenmenge mittels verschiedener Sampling-Verfahren reduziert oder regularisiert. Im zweiten Schritt wird eine Topologie erstellt, z. B. mittels Erkennung von Zusammenhangskomponenten. Für diese wird dann die eigentliche Rekonstruktion durchgeführt und eine Mesh-Struktur erzeugt. In der Nachverarbeitung können dann noch verschiedene Schritte zur weiteren Rauschminderung, der Verbesserung der Mesh-Qualität oder der Berechnung von Detailstufen durchgeführt werden.

Der Kern der verschiedenen Rekonstruktionsalgorithmen bildet die Mesh-Generierung. Eine mögliche Klassifizierung dieser Verfahren unterscheidet hauptsächlich drei Rekonstruktionsmethoden:

- Beim *Region Growing* wird das Modell ausgehend von einem Startpunkt iterativ vergrößert [76].
- Die *Computational*-Methoden basieren auf verschiedenen Mechanismen wie Delauney-Triangulation oder Voronoi-Diagrammen [77].
- Bei den *Algebraic*-Verfahren wird das Modell erzeugt, indem eine algebraische Funktion an die gegebenen Input-Daten angepasst wird [78].

Region Growing im Detail Beispielhaft wird ein *Region Growing*-Verfahren beschrieben, welches auch in [76] und [79] verwendet wird. Dieses hat den Vorteil, auch bei ungeordneten Punktedaten und variabler Punktdichte gute Ergebnisse zu erzielen unter Erhaltung des im Scan gegebenen Detailgrades. Hierbei ist es möglich, den Suchradius an die lokale Punktdichte anzupassen, ohne dabei Ausreißer in die Rekonstruktion mitaufzunehmen. Als weiterer Vorteil ist eine mögliche hohe Verarbeitungsgeschwindigkeit bei hoher Datenfülle im Vergleich zu vielen anderen Methoden zu nennen.

Das Region Growing-Verfahren durchläuft iterativ immer wieder die gleichen drei Schritte: Zuerst wird ein Punkt als Wachstumszentrum ausgewählt – zu Beginn meist rein zufällig. Zu diesem Zentrum werden nun alle Nachbarpunkte gesucht, welche bestimmte Kriterien erfüllen. Diese Nachbarpunkte werden zuletzt sortiert und es werden mit Hilfe des Zentrums Dreiecke gebildet. Nachfolgend werden diese drei Schritte anhand der Abb. 2.26 erläutert.

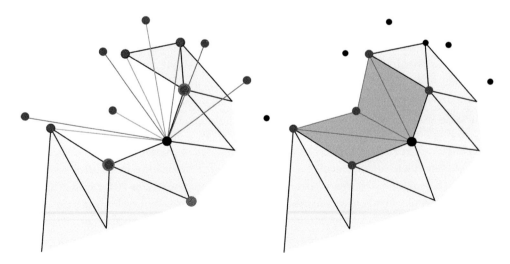

Abb. 2.26 Region Growing: Ausschluss der Nachbarpunkte (links) und Triangulierung (rechts) um ein ausgewähltes Wachstumszentrum

Der als Wachstumszentrum ausgewählte Punkt (schwarz) liegt immer auf dem Rand des bereits erzeugten Meshes und hat dadurch zwei ausgezeichnete Nachbarn auf diesem Rand (rot umrandet) sowie einen weiteren in Richtung Mesh-Inneren (rot). Die Nachbarsuche begrenzt sich nun auf einen auszurechnenden Abstand, der z. B. durch die lokale Punktdichte bestimmt werden kann. Die Menge der Nachbarn wird nun weiter reduziert, was auf die Qualität des erzeugten Meshes einen großen Einfluss hat. Hierbei können z. B. Punkte entfernt werden, deren Normale zu sehr von der des Zentrums abweicht. Die Punktnormalen fallen dabei entweder schon bei der Erfassung an oder können im Vorverarbeitungsschritt berechnet werden.

Anschließend werden alle verbliebenen Nachbarn in die Ebene des Zentrums projiziert. Alle Triangulierungs-Kandidaten, die im positiven Bereich zwischen den ausgezeichneten Rand-Nachbarn des Zentrums liegen (rote Verbindungen) oder für die das Zentrum selbst im negativen Bereich liegt (pink), werden weiterhin aus der Kandidatenmenge gelöscht. Der positive Bereich ist der Halbraum, der in das Mesh-Innere zeigt und von den Rand-Nachbarn begrenzt wird. Der zweite Halbraum nach außen ist dann der negative Bereich. Für alle verbleibenden Punkte wird überprüft, ob eine im Mesh existierende Kante auf dem Rand die Verbindung zum Zentrum schneidet (orange) und der entsprechende Punkt wird entfernt. Wenn der Winkel zwischen einem Punkt und dem nächsten kleiner ist als eine Untergrenze, kann einer dieser beiden Punkte entfernt werden (braun). Ist dieser Winkel größer als eine Obergrenze, sollte kein Dreieck erzeugt werden und das Zentrum bleibt ein abgeschlossener Randpunkt. Die Menge der übrigen Kandidatenpunkte wird nun nach den Winkeln zum Zentrum sortiert, wobei jeweils ein Dreieck zwischen zwei aufeinanderfolgenden Punkten und dem Zentrum gebildet wird. Das Verfahren wiederholt sich nun solange, bis alle Punkte abgeschlossen sind und damit zum Mesh der jeweiligen Zusammenhangskomponente gehören oder diese aufgrund der oben genannten Bedingungen entfernt wurden.

Im Nachbearbeitungsschritt können nun Detailstufen berechnet werden, um die Datenmenge zu reduzieren und die Darstellungsqualität in der Entfernung zu verbessern. Des Weiteren kann aus eventuellen Farbdaten der Scan-Punkte eine Textur erzeugt werden, welche auf die vereinfachte Geometrie projiziert wird. Beide Verarbeitungsschritte werden in Abschn. 6.1.3.2 genauer erläutert.

2.4   Bilderzeugung/Rendering

Die Computergrafik beschäftigt sich seit jeher mit der möglichst realitätsnahen visuellen Darstellung dreidimensionaler Objekte auf elektronischen Ausgabegeräten (Bildschirme, Projektoren, Papierdrucker). Die hier beschriebene Bildsynthese simuliert die Lichtausbreitung mittels physikalischer Beleuchtungsmodelle, Lichtquellen und Oberflächenreflexion mittels radiometrischer bzw. photometrischer Größen, d. h. unter Berücksichtigung der Farb- und Helligkeitsempfindung des menschlichen Auges. Für eine exakte Abbildung der Physik der Beleuchtung unter Beachtung mehrfach indirekter Reflexionen (Global Illumination) kann etwa das *Photon-Tracing*-Verfahren [99] verwendet werden. Dieses entzieht sich jedoch einer Echtzeitbehandlung, zumindest mit aktueller Standard-PC-Hardware. Andererseits leisten schon aktuelle PCs mit Grafikkarten (Graphics Processing Units, kurz GPUs) diese Bildsynthese in Echtzeit, meist jedoch beschränkt auf direkte (lokale) Beleuchtung und bis zu einer mittleren Szenengröße. Darüber hinaus sind mit modernen GPUs in gewissen Grenzen auch indirekte Beleuchtungsphänomene, wie Reflexion, Brechung oder Schatten durch sehr gute Näherungsverfahren (sogenannte Grafikeffekte) täuschend realistisch in Echtzeit darstellbar. Diese hauptsächlich durch die Computerspiele-Industrie vorangetriebene Entwicklung genügt meist auch hohen Ansprüchen.

Die Geometrie einer darzustellenden Szene wird meistens durch Polygone bzw. Dreiecke repräsentiert. Komplexe Szenen (z. B. ein komplettes Flugzeug- oder Fabrikmodell) bestehen aus hunderten Millionen bis Milliarden Polygonen. Für anspruchsvolle Darstellungen können mehrere tausend Lichtquellen eine Lichtverteilung repräsentieren. Außer Polygonen können auch direkt bildhafte Informationen als Texturen den Oberflächen zugeordnet sein. Hier sind Bilder im Gigapixel-Bereich keine Seltenheit. Einen anderen Bereich komplexer zu visualisierender Szenen bilden Laserscan-Daten mit Milliarden gemessener Punktkoordinaten. Die Modelldaten belegen meist viele Gigabytes bis Terabytes. Diese passen nicht als Ganzes in den Hauptspeicher eines Rechners oder den Speicher einer Grafikkarte. Auch sind diese Datenmengen gesamthaft schon bei einfacher lokaler Beleuchtung nicht mehr in Echtzeit (z. B. 60 Bilder pro Sekunde) mit Grafikkarten darstellbar. Die Echtzeitvisualisierung beliebig großer Modelle wurde als eine der größten Herausforderungen im Bereich des computer-unterstützten Konstruierens (CAD) identifiziert [100].

2.4.1 Große Datenmengen

Die Entwicklung von Echtzeit-Visualisierungsverfahren für große Datenmengen begann um die Jahrtausendwende herum und dauert bis heute an. Zu Anfang der Entwicklung standen prinzipiell zwei Verfahren zur Verfügung, welche zueinander in Konkurrenz standen:

1. Rasterkonvertierung – durch Umwandlung von Polygonen in Bildpunkte (Pixel), wie sie durch Spezialhardware unterstützt werden (Grafikkarten für PCs, davor auch schon als Grafik-Workstations z. B. von SGI).
2. Sampling-basierte Verfahren (*Raytracing*), welche von den Bildpunkten ausgehend Strahlen über die Polygone zurück zu den Lichtquellen verfolgen und dort die direkte Beleuchtung berechnen (bzw. die indirekte Beleuchtung durch Weiterverfolgen von reflektierten, gebrochenen und gestreuten Strahlen).

Das Raytracing-Verfahren war zu Anfang auf einfachen PCs noch nicht echtzeitfähig, sondern erst durch Verwendung vieler Parallelprozessoren [101]. Mit dem Rasterisierungsansatz der damals verfügbaren Grafikkarten/GPUs ließen sich aber auch schon animierte Szenen mit einigen hunderttausend Polygonen auf jedem handelsüblichen PC in Echtzeit darstellen. Allerdings werden die Polygone auf der Grafikkarte hintereinander in einer sogenannten Grafik-Pipeline in Bildpunkte umgewandelt (Rasterkonvertierung). Deshalb wird das Verfahren mit zunehmender Szenengröße (etwa proportional zur Anzahl der Polygone) immer langsamer. Dies setzte trotz hocheffizienter Implementierungen eine harte Grenze für die Szenengrößen, die noch in Echtzeit mit einer Grafikkarte dargestellt werden konnten. Für Raytracing wurden hingegen seit jeher effiziente räumliche Datenstrukturen (Suchbäume) verwendet, welche die räumliche Suche der durch den Strahl getroffenen Polygone stark beschleunigen. Damit steigt der Aufwand der Strahlverfolgung für sehr große Szenen nicht linear, sondern nur noch etwa logarithmisch mit der Datenmenge an. Vor der Entwicklung effizienter Rasterisierungsverfahren war ab einer Szenengröße von etwa einer Million Polygone Raytracing zuerst dem Rasterkonvertierungsverfahren der Grafikkarten überlegen. Auch lässt sich Raytracing einfach parallelisieren und mit etwa 10 oder mehr Prozessoren war auch damals schon eine Echtzeitdarstellung möglich. Zudem lassen sich indirekte Beleuchtung, Schatten, Reflexionen etc. konzeptuell einfach erweitern. Aufgrund dieser Vorteile wurde prophezeit, dass sich Raytracing insbesondere für die immer größeren Szenen und immer schnelleren parallelen Prozessoren gegenüber dem Rasterkonvertierungsansatz der GPUs alsbald durchsetzen würde [101].

Beobachtung des Entwicklungstrends der Grafikhardware Entgegen der Prophezeiungen zur damaligen Zeit, dass Raytracing bald die Technik der Grafikkarten ablösen wird, hat sich der Ansatz der GPU-Rasterkonvertierung mittels Grafikkarten auch unter Berücksichtigung der Entwicklung der Grafikhardware bewährt. Auch bei den gestiegenen Anforderungen immer größerer Datenmengen und höheren Qualitätsansprüchen hat sich dieser Ansatz bis auf wenige Ausnahmeanwendungen gegenüber dem Raytracing-Verfahren durchgesetzt. In der nachfolgenden Tabelle sind einige handelsübliche Consumer-Grafikkarten der letzten 15 Jahre mitsamt ihren technischen Eckdaten aufgelistet.

Dieser Auflistung kann man entnehmen, dass die Rechenleistung allein durch den Einsatz von Parallelisierung und mehr Transistoren sowie effizienteren Architekturen sich innerhalb von 15 Jahren weit mehr als verhundertfacht hat. Demgegenüber hat sich die verwendete Bildschirmauflösung im Beobachtungszeitraum von weniger als einer Million Pixel auf über 8 Millionen Pixel etwa verzehnfacht. Das Mehr an Grafikleistung kann heutzutage für eine gesteigerte Bildqualität – höhere Bildwiederholrate, feiner aufgelöste Oberflächen und Texturen, anspruchsvollere Material-Shader oder besseres Post-Processing – verwendet werden.

Der Weg zu effizienten Rasterisierungsverfahren In den letzten 15 Jahren gab es, ausgelöst durch die exponentiell angestiegene Rechenleistung der Grafik-Hardware (siehe Tab. 2.4), mehrfache Versuche, die dennoch begrenzten Möglichkeiten der GPUs durch optimierte Algorithmen so zu erweitern, dass eine interaktive Darstellung von 3D-Modellen mit praktisch unbegrenztem Umfang realisiert werden konnte. Trotz der zuvor genannten augenscheinlichen Vorteile des Raytracing-Verfahrens wurde schon frühzeitig von verschiedenen Entwicklern der Ansatz einer Rasterkonvertierung weiter verfolgt.

Tab. 2.4 Grafikhardware von 2001 bis 2016

Nvidia GeForce	NV20 – 2001	NV40 – 2004	GF100 – 2010	GP104 – 2016
Transistoren	57 Mio.	222 Mio.	3200 Mio.	7200 Mio.
Polygondurchsatz	100 Mio./s	1200 Mio./s	~4000 Mio./s	~10.000 Mio./s
max. Füllrate	1,6 GTexel/s	6,4 GTexel/s	42 GTexel/s	257 GTexel/s
Speicherausbau	64 MB	512 MB	1536 MB	8192 MB
typ. Bildschirmaufl.	800 × 600	1280 × 1024	1920 × 1080	3840 × 2160

Exponentielles Wachstum aller Kenngrößen.

Im Jahr 2001 wurde mit „*Randomized z-Buffer*" [102] ein probabilistischer Ansatz vorgestellt. Anhand zufällig ausgewählter SamplePoints werden hier zunächst grobe Szenenanteile behandelt. Mit diesem Ansatz lassen sich interaktive Frameraten auch für extrem große Szenen erhalten. Hierfür ist eine Vorverarbeitung erforderlich, die resultierenden Datenstrukturen lassen sich aber dynamisch an Szenenveränderungen anpassen. Dieser Ansatz ist vor allem geeignet, wenn die meisten Objekte gleichzeitig sichtbar (also z. B. nicht verdeckt) sind. Der Algorithmus erreicht eine Rendergeschwindigkeit, die – im Gegensatz zum linearen Charakter des z-Buffer-Algorithmus – nur noch schwach von der Größe der Szene abhängt.

Der 2005 vorgestellte Ansatz „*Far Voxels*" [103] benutzt Point-Rendering für die Darstellung sehr komplexer Szenen. Hierbei werden einzelne Cluster aus Polygonen gebildet, um diese Cache-kohärent optimieren zu können, was moderner Grafikhardware entgegenkommt. Für jeden inneren Knoten der erzeugten Hierarchie werden repräsentative Volumenelemente (Voxel) berechnet, welche eine Vereinfachung der umschließenden Geometrie darstellen. Hierbei wird statisches Visibility-Culling angewendet, um ständig verdeckte Voxel zu entfernen. Der größte Vorteil dieses Systems liegt in der Fähigkeit, beliebige sehr detaillierte und heterogene Szenen mit einer guten Performanz darzustellen. Aufgrund der statischen Bestimmung der Sichtbarkeit und der dadurch benötigen Vorverarbeitungszeit eignet sich die Methode schlecht für dynamisch veränderliche Szenen.

Im Jahr 2008 wurde auf der Eurographics eine verbesserte Version des „*Coherent Hierarchical Culling*" [104] vorgestellt [105]. Die Verbesserung des Algorithmus liegt in erster Linie in der Optimierung auf die mittlerweile recht weit verbreitete Grafikhardware. Neben hardwareunterstützten Occlusion-Queries sowie der Vermeidung unnötig vieler state changes und den damit verbundenen pipeline stalls werden sporadisch zufällige Queries abgesetzt, um permanent eventuelle Sichtbarkeitsänderungen abschätzen zu können. Um die Rendergeschwindigkeit großer Szenen weiter zu beschleunigen, werden zeitliche und räumliche Kohärenz ausgenutzt, mehrere Queries zusammengefasst und enger anliegende Bounding-Volumes verwendet.

Das seit 2005 im Einsatz befindliche und sehr erfolgreiche Verfahren „Visibility-Guided Rendering" (VGR) [106] der Firma 3DInteractive verfolgt ähnliche Ansätze wie aus

Abb. 2.27 Gegenüberstellung der Effizienz von Rasterisierung, Raytracing und Visibility-Guided Rendering

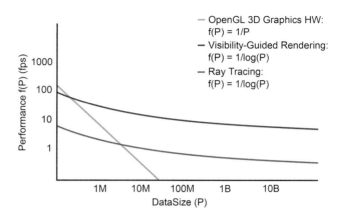

[105] und wurde auch für viele Visualisierungsaufgaben innerhalb des ARVIDA-Projektes eingesetzt. Mit speziellen Culling-Methoden [107] (insbesondere das hardwareunterstützte Occlusion Culling [108]) kann im Zusammenspiel mit räumlichen Indexstrukturen [109] (ähnlich wie beim Raytracing) auch das Rendern mit Grafikkarten beschleunigt werden. Das Verfahren identifiziert zur Laufzeit verdeckte oder anderweitig nicht sichtbare Objekte, um diese von der Rasterkonvertierung auszuschließen. Durch diese Indexstrukturen steigt der Berechnungsaufwand ebenfalls weit weniger als linear mit der Datenmenge an (Abb. 2.27).

Im Kontrast zum Raytracing kann auch noch die zeitliche Kohärenz der Sichtbarkeit der Daten zwischen den Bildern ausgenutzt werden, wodurch der Berechnungsaufwand ab einer gewissen Modellgröße nahezu unabhängig von der Szenengröße wird. Gerade bei extrem großen Szenen mit mehreren hundert Millionen Dreiecken sind meist über 99 % der Daten von der Darstellung ausgeschlossen. Die restlichen Daten (weniger als 1 %) konnten schon damals mit handelsüblichen Grafikkarten mühelos in Echtzeit dargestellt werden. Das Problem der limitierten Speichergröße lässt sich durch ein Out-of-Core-Verfahren behandeln [110], indem immer nur die aktuell potentiell sichtbaren Daten von einer externen Datenbank in den Hauptspeicher oder Grafikspeicher geladen werden. Dieses Nachladen geschieht asynchron im Hintergrund, ohne die flüssige Darstellung zu unterbrechen. Eine Weiterentwicklung des VGR-Ansatzes in Hinblick auf asynchrone Szenenerweiterung und der Verarbeitung riesiger Punktedaten wird in Abschn. 6.1.3.2 beschrieben (Abb. 2.28).

Neue Herausforderungen Große Punktewolken, wie sie z. B. aus Laserscannern entstehen, gewinnen in der Computergrafik immer mehr an Bedeutung. Diese können mehrere Milliarden Punkte umfassen und werden unter anderem in großen Messvolumen zur Unterstützung eines Soll/Ist-Vergleichs eingesetzt. In Abschn. 6.1.3.2 wird ein Ansatz beschrieben, dieser Masse an Daten entgegenzutreten. Bei der Verarbeitung entstehen hierbei auch große Mengen an Bilddaten, welche als Texturen über die rekonstruierte Geometrie gelegt werden. Andere Beispiele für große Bilddaten sind Luftbild- oder Satellitenaufnahmen.

Abb. 2.28 angedeutete Einsatzmöglichkeit des VGR-Renderers zur Darstellung hochkomplexer 3D-Modelle auf einer Stereo-Powerwall

Auch im Bereich Design und Produktabsicherung werden viele hochaufgelöste Texturen für einen fotorealistischen Bildeindruck verwendet. Ein vielversprechender Ansatz sind hier die Virtual Textures als Weiterentwicklung von Clipmaps [111] und dem Verfahren „Unified texture management for arbitrary meshes" [112]. In Abschn. 8.1.3.2 wird eine Erweiterung der Virtual Textures beschrieben, bei der die Effizienz und Einfachheit der Handhabung verbessern wurde.

Hardware für Virtual-Reality-Anwendungen und -Spiele wird mittlerweile auch für den Consumer-Markt erschwinglich. Dadurch sinken die Preise weiter und auch im professionellen Umfeld setzen sich VR-Technologien immer weiter durch. Die dabei benötigte extrem hohe stereoskopische Bildauflösung und die geforderte hohe und gleichmäßige Wiederholrate verhindern, dass vorhandene Visualisierungssysteme zufriedenstellende Ergebnisse erzielen. Als Ausweg bieten sich Verfahren an, bei denen die Bilderzeugung von der Darstellung entkoppeln wird, wie z. B. beim „Asynchronous Timewarp" [113] Unter Hinzunahme des vom Renderer erzeugten Tiefenbildes arbeitet das Verfahren „Depth Image Based Rendering" (DIBR). Dieser Begriff wurde erstmalig von C. Fehn in [114] geprägt, der die Technik zur Erzeugung von Pseudo-Stereoskopiebildpaaren verwendete. Das Verfahren kann beliebige weitere Ansichtsbilder erzeugen. In Abschn. 8.1.3.2 wird eine Implementierung auf Grundlage von VGR vorgestellt, um eine stabile 60 Hz-Darstellung zu erreichen.

2.4.2 Materialien

In der angewandten Computer-Grafik ist es häufig das Ziel, Bilder zu erstellen, die nah an der Realität sind. Die Genauigkeit solcher Bilder hängt, neben der verwendeten Rendering-Methode, sehr stark von der Genauigkeit der Eingabe-Daten ab. Einer der wichtigsten Aspekte bei der Beschreibung einer virtuellen Szene ist das Material-Modell, welches beschreibt, wie Licht mit der Oberfläche und oft auch mit dem Volumen eines Objekts interagiert. Abbildung 2.29 zeigt einen vereinfachten Fall von Licht und Materie-Interaktion. Ein Photon mit Wellenlänge λi trifft ein Objekt zum Zeitpunkt ti am Punkt xi aus Richtung $(\theta i, \varphi i)$. Zum Zeitpunkt tr verlässt es das Objekt an Position xr in Richtung $(\theta r, \varphi r)$. Je nach Objektbeschaffenheit kann die Ausgangs-Wellenlänge λr aufgrund von Fluoreszenz anders sein. Dieses Modell basiert auf einer einfachen Variante der Wellenoptik und berücksichtigt z. B. Effekte wie Polarisation, Interferenz und Beugung nicht. Trotz all dieser vereinfachenden Annahmen ist das Modell 12-dimensional und für praktische Anwendung im Bereich des Renderings in vielen Fällen bereits zu komplex. Aus diesem Grund werden weitere vereinfachende Annahmen gemacht, die dann in handhabbaren und schnell zu berechnenden Modellen resultieren, die im Folgenden näher beschrieben werden.

Neben der Zeit-Abhängigkeit ignoriert man normalerweise auch Fluoreszenz und die simulierte Wellenlänge wird diskretisiert (je nach Anwendungsfall auf RGB oder eine fixe Menge an spektralen Werten im Rendering). Die resultierende 8-dimensional-Funktion wird BSSRDF (Bidrectional Scattering-Surface Reflection Distribution Function) genannt. In realen Rendering-Systemen wird auch diese Funktion meist weiter approximiert. Abbildung 2.30 gibt einen Überblick über die gängigen Approximationen. Die nächsten Abschnitte stellen die einzelnen Modelle im Detail vor und zeigen kurz auf, welche Limitierungen in der Praxis existieren und wie diese in einem modernen Rendering-System verwendet werden.

2.4.2.1 Material-Modelle
Ein Material in der Computergrafik kann man definieren als die Eigenschaften, die in der Summe zu klein sind, um sie geometrisch zu modellieren. Hierbei kann man schnell zu unterschiedlichen Ansichten kommen, was ein Material wirklich repräsentiert, da umgangssprachlich das Material eines Objektes die Substanz ist, aus der das Objekt

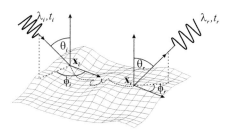

Abb. 2.29 Licht-Material Interaktion

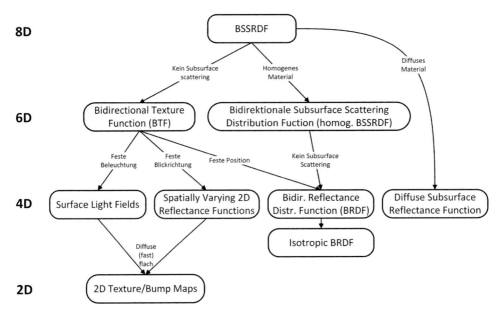

Abb. 2.30 Materialtypen

besteht. Dass diese Substanz oft selbst wieder aus verschiedenen Materialien besteht, macht deutlich, dass man hier auf verschiedenen Skalierungen operieren muss. Ein Beispiel ist Kleidung, die selbst eine bestimmte Form hat und aus Stoff besteht. Stoff selbst aber wiederum ist aus Garn und komplexen Webmustern hergestellt, die signifikant das Aussehen beeinflussen.

Eine weitere Möglichkeit den Begriff Material zu definieren ist es, das Material als Substanz mit charakteristischen Eigenschaften zu sehen. Für die Computergrafik bedeutet das, dass man Oberflächen als Volumenelemente betrachtet, die lokal ein homogenes Aussehen haben.

Beim Predictive-Rendering ist das Ziel, möglichst realitätstreue Bilder zu generieren. Für eine sehr präzise Simulation müsste man die Interaktion von Lichtwellen (oder Photonen) und Materie als Atome oder Moleküle beschreiben. Hierbei wäre aber sowohl der Modellierungsaufwand als auch der Simulationsaufwand zu hoch, um vollständige Bilder zu berechnen. Deshalb beschränkt sich die Simulation in der Computergrafik zum großen Teil auf die geometrische Optik. Die geometrische Optik gilt, wenn die beschriebenen Strukturen deutlich größer als die simulierte Wellenlänge sind. Aus diesem Grund macht es auch Sinn, in der Computergrafik nur Strukturen explizit als Geometrie zu modellieren, die groß genug sind. Die tatsächliche Interaktion von Licht mit Nano-Strukturen wird über ein stark vereinfachtes Modell wie z. B. die BSSRDF-Funktion beschrieben (siehe Abb. 2.30).

2.4.2.2 Micro-Scale Material Modelle

Wie in Abb. 2.30 gezeigt, werden normalerweise zwei Micro-Scale Material-Modelle von der generellen BSSRDF abgeleitet. Zum einen die homogene BSSRDF, welche

Streuungen unter der Oberfläche berücksichtigt aber annimmt, dass es keine Variation über das Volumen gibt. Die BRDF wiederum nimmt an, dass Streuung unter der Oberfläche ignoriert werden kann. Diese weitere Vereinfachung macht BRDF Modelle zu einem der meist genutzten Repräsentationen in der Computergrafik.

Physikalisch basierte BRDF Modelle BRDFs sind vierdimensionale Reflektions-Funktionen, die das Verhältnis von ausgehendem Licht in eine spezifische Richtung $v = (\theta_r, \varphi_r)$ zur eingehenden Irradianz aus einer definierten Richtung $l = (\theta_i, \varphi_i)$ beschreibt. Beide Richtungen werden in Bezug auf ein lokales Koordinatensystem beschrieben. Normalerweise werden sie in der oberen Hemisphäre definiert und die Einheit ist 1/sr. Um den Gesetzen der geometrischen Optik zu genügen, muss eine BRDF sowohl reziprok als auch energieerhaltend sein. Eine weitere sehr nützliche Vereinfachung der BRDF bekommt man, wenn man isotrope BRDFs betrachtet. Hier hängt der Wert der Funktion alleine von den Winkeln θ_i, θ_o und der Differenz $\varphi_i - \varphi_o$ ab. BRDFs, die das Kriterium nicht erfüllen, nennt man anisotrop.

Für eine gute BRDF Darstellung müssen die unterliegende Mikrostruktur und die Gesetze der Physik für Licht-Materie Interaktion gelten. Normalerweise sind das die Gesetze der geometrischen Optik, die Fresnel Gleichungen und Brechungskurven. In der Praxis sind BRDFs für perfekt diffuse oder perfekt spiegelnde Materialien einfach zu beschreiben. Realistische Materialien jedoch zeigen ein sehr komplexes Verhalten, zahlreiche verschiedene BRDF Modelle wurden hierfür entwickelt. Eines der ersten Modelle wurde 1967 von Torrance und Sparrow [115] entwickelt. Hier werden die Mikro-Strukturen als kleine V-förmige Rillen angenommen, die über die Steigung beschrieben werden und als perfekte Spiegel reflektieren. Das gesamte reflektierte Licht hängt nun von der Verteilung dieser Rillen ab, die über eine Normalverteilungsfunktion beschrieben werden. Aufgrund von Verschattung der einzelnen Rillen wird nicht das ganze Licht reflektiert, das über einen sogenannten geometrischen Term im Torrance-Sparrow Modell beschrieben wird. Das resultierende Modell lässt sich sehr gut für eine Vielzahl von Materialien verwenden. Ein großer Nachteil ist, dass das automatische Fitten der Parametrisierung an reale Messdaten schwierig ist. Ein weiteres Problem ist, dass die resultierenden Gleichungen des Modells relativ komplex und damit teuer in der Berechnung sind.

In der Praxis wurden zahlreiche vereinfachte Modelle entwickelt wie z. B. die Approximation des Fresnel-Terms, des geometrischen Terms und der Normal-Verteilung von Schlick [116], welches ein guter Kompromiss zwischen Genauigkeit und Geschwindigkeit darstellt. Eine weitere Approximation die es ermöglicht, den geometrischen Term direkt zu ändern, wurde von Ashikhmin [117] entwickelt.

Empirische BRDF Modelle Die Ableitung von BRDF Modellen aus physikalischen Prinzipien hat den großen Vorteil darin, eine gute Approximation einer realen Struktur zu sein. Der größte Nachteil dieser Methode ist, dass die Parameter meist schwer zu bestimmen sind und die Auswertung der Funktion oft sehr zeitaufwendig ist. Aus diesem Grund verwendet man in der Computergrafik sehr oft empirische BRDF Modelle. Diese

Modelle werden nicht von grundlegenden physikalischen Strukturen abgeleitet, sondern versuchen, direkt sichtbare Eigenschaften zu modellieren. Dies resultiert auch in einer sehr intuitiven Parametrisierung der Funktionen. Eines der ersten und auch immer noch eines der am meist genutzten empirischen Modelle wurde 1975 von Phong [118] entwickelt. Es teilt das reflektierte Licht in zwei Anteile auf. Zum einen eine diffuse und zum anderen eine spiegelnde Reflexion. Dieses Modell ist sehr schnell zu berechnen, aber in seiner ursprünglichen Formulierung ist es nicht energieerhaltend. Blinn stellte in [119] eine Modifikation des Modells von Phong vor, in dem er es in Beziehung zum Mikrofacetten-BRDF-Modell brachte. Das liefert genauere Ergebnisse, aber aufgrund von fehlendem Fresnel- und Geometrieterm ist es für realistische Rendering-Anwendungen nicht genau genug. Ein Modell, das in der Praxis weit verbreitet ist, wurde von Ashikhmin und Shirley [120] entwickelt. Hier werden alle relevanten Terme wie Fresnel und geometrischer Term berücksichtigt. Ein weiterer großer Vorteil dieses Modells ist, dass die Formulierung auch ein effizientes Verwenden in Monte-Carlo Rendering Algorithmen erlaubt.

Daten-Basierte BRDF Modelle Empirische BRDF Modelle versuchen mit möglichst wenigen Parametern komplexe reflexions-Eigenschaften zu beschreiben. Für die Anwendung in der photorealistischen Computer Grafik gehen diese Modelle jedoch oft nicht weit genug und sind nicht genau genug, um exakte Vorhersagen über das finale Aussehen eines Objektes zu machen. Da die Entwicklung von physikalischen Modellen, wie oben beschrieben, sehr aufwendig und komplex ist, ist ein weiterer Ansatz, die BRDF zu tabellieren anstatt sie per analytischer Funktion zu beschreiben [121]. Ein großes Problem bei der Verwendung tabellierter Daten ist, dass die resultierende Funktion nur noch an vorher bestimmten Richtungen definiert ist. Alle dazwischen liegenden Richtungen müssen interpoliert werden. Ein weiteres signifikantes Problem ist der notwendige Speicher für eine dicht abgetastete 4D Funktion. Aus diesem Grund wurden zahlreiche Methoden entwickelt, diese Daten in eine effizientere Form zu bringen wie z. B. Spherical Harmonics [122, 123], Wavelets [124] oder Spherical Wavelets [125].

2.4.2.3 Meso-Scale Material Modelle

Im Gegensatz zu Micro-Scale Material Modellen werden in Meso-Scale Material Modellen Strukturen erfasst, die sichtbar für den Betrachter sind. Diese Modelle können somit Veränderungen über die Oberfläche beschreiben. Schon früh in der Entwicklung der Computergrafik wurden Meso-Scale Material Modelle dargestellt als Kombination von Micro-Scale Modellen mit Bildfunktionen, die Veränderung der Parameter über die Oberfläche beschreiben. Neben der Reflexionsfarbe können alle weiteren Parameter des verwendeten Micro-Scale Modells modifiziert werden. Die Veränderung der Glanzeigenschaft lässt sich ebenso anpassen wie das Verhalten des Fresnel Terms. Um weitere Eigenschaften wie z. B. Oberflächenstruktur im Material darzustellen ohne die zugrundeliegende Geometrie zu modifizieren, werden sogenannte Bump- und Normal-Maps verwendet. Hier wird die Bildinformation dazu benutzt, vor der Berechnung des eigentlichen BRDF Modells die lokale Geometrie, die über die Oberflächennormale beschrieben ist, zu verändern.

Damit lassen sich z. B. Strukturen wie Orangenschalen aber auch kleine Risse und andere Defekte sehr gut beschreiben.

Die Verwendung von Mikro-Scale-Material-Modellen, in Kombination mit Bilddaten zur Modifikation der Parameter über die Oberfläche, ist die am weitesten verbreitete Technik in der Computergrafik. Für manche Anwendungsfälle reicht aber die so erreichbare Genauigkeit nicht aus. Hierfür wurden sogenannte Bidirectional Texture Functions (BTF) entwickelt. Hier wird analog zu den datenbasierten BRDF-Modellen die vollständige Funktion als Tabelle repräsentiert. Da hier die unkomprimierte Datenmenge selbst eines einfachen Materials aufgrund der Oberflächenvariation typischerweise sehr viel Speicher benötigt, können BTFs effizient nur mit einer guten Kompression verwendet werden [126].

2.5   Menschmodelle

2.5.1   Anwendungen in der Automobilindustrie

In der Automobilindustrie sind ergonomische Untersuchungen sowohl bei der Produktentwicklung als auch bei der Produktionsplanung und -vorbereitung relevant. Hierzu werden verschiedene Systeme und Menschmodelle verwendet.

Bei der Entwicklung eines Fahrzeuges wird zuerst das Maßkonzept erstellt. Zu diesem Zeitpunkt müssen auch schon gewisse Rahmendaten für die Insassen festgelegt werden. Dazu gehören alle ergonomisch relevanten Schlüsselmaße wie die Lagen von Pedalen, Lenkrad, Sitz etc. Die dafür notwendigen Untersuchungen finden ausschließlich am Computer mithilfe eines CAD-Systems statt.

In den CAD-Systemen sind verschieden Applikationen integriert. Sie dienen zur Flächenerzeugung, für Zeichnungsableitungen, um Kinematikabläufe darzustellen oder Berechnungsmöglichkeiten im Rahmen der Finite-Elemente-Methode bereitzustellen. Daneben gehört meistens auch ein systemeigenes Menschmodell zum Lieferumfang, um Ergonomieuntersuchungen durchzuführen. Beispiele für solche integrierten Lösungen sind die Menschmodelle Human Builder in Catia (Dassault) oder Jack in Siemens NX.

Diese Anwendungen genügen den besonderen Anforderungen für den Automobilbereich aber nicht. Deshalb wurde im Rahmen einer FAT-Forschungsgruppe unter Beteiligung von Hochschulen und der Automobilindustrie das Menschmodell RAMSIS entwickelt. Im Laufe dieser Entwicklung ist das Menschmodell immer weiter für die Fahrzeugindustrie optimiert worden. Anfangs stand dabei die Pkw-Entwicklung im Fokus. Mittlerweile wird das Modell auch für weitere Fahrzeugbereiche wie Baumaschinen oder Nutzfahrzeuge mit ihren besonderen Anforderungen genutzt und auch hierfür weiterentwickelt. Die jüngste Entwicklung zielt darauf ab, auch Bewegungsabläufe simulieren zu können.

In der Produktion spielen Bewegungen und Erreichbarkeiten bereits während der Produktionsplanung zur Gestaltung der Arbeitsplätze eine große Rolle. Das Fabriklayout mit allen Maschinen, Robotern, Montageplätzen, Werkzeugen, Regalen etc. werden heute digital am Computer dargestellt. In diesem Umfeld muss auch der Mensch berücksichtigt werden und vor allem seine Bewegungsmöglichkeiten. Erreichbarkeiten, Laufwege und Arbeitsabläufe werden im virtuellen Arbeitsplatz simuliert und Varianten untersucht.

In der Produktionsvorbereitung geht es um die Abläufe bei der Montage. Hier werden im Vorfeld Aussagen erwartet, wie gut bestimmte Montagebauräume zugängig sind oder der Umgang mit Werkzeugen gehandhabt werden kann. In diesem Kontext werden die Untersuchungen meist im direkten Kreise von Experten live durchgeführt und diskutiert. Beispiele hierzu sind Einbau- und Zugänglichkeitsuntersuchungen beim Neuanlauf einer Serienproduktion. Bei den Mixed-Reality-Untersuchungen werden die Bewegungen eines Probanden erfasst und direkt auf ein Menschmodell übertragen. Mit Hilfe eines einfachen Mock-Up wird der Bewegungsraum auf die konturrelevanten Grenzen beschränkt. Die Geometrie des Untersuchungsobjektes wird über ein Visualisierungssystem hinzugeladen.

2.5.2   Ergonomische Menschmodelle

Digitale ergonomische Analysen im Rahmen der Fahrzeugauslegung werden heutzutage in der Fahrzeugindustrie mit ergonomischen digitalen Menschmodellen durchgeführt. Hierzu bietet der Markt eine Reihe kommerzieller Software-Produkte (RAMSIS, Jack, Human Builder) für Entwicklungsingenieure mit ergonomischen Grundkenntnissen [129].

Mit diesen Menschmodellen werden eine Reihe von ergonomischen Fragestellungen bezüglich Anthropometrie, Haltung, Sicht, Komfort, Erreichbarkeit, Raumgefühl und Bedienbarkeit im digitalen Modell des Fahrzeugs beantwortet. Dazu werden Testpersonen mit bestimmten Körperabmessungen digital modelliert und ihre Interaktion mit dem Fahrzeug untersucht. Dabei werden die digitalen Testpersonen für vorgegebene Aufgaben (z. B. Steuern des Fahrzeugs) benutzergeführt oder automatisch in die entsprechenden Haltungen in der Fahrzeugumgebung bewegt. Zu diesen Haltungen werden ergonomische Kriterien wie z. B. Sichtbarkeit, Erreichbarkeit, Bedienbarkeit ausgewertet und damit schließlich Rückschlüsse auf die Ergonomie des Fahrzeuginnenraumdesigns gezogen [129].

Die generelle Vorgehensweise in der Anwendung ist bei allen kommerziellen Menschmodellprodukten ähnlich, lediglich die Detaillierung in der Simulation einzelner Anwendungsschritte unterscheidet sich in den verschiedenen Modellen. Im Folgenden wird exemplarisch die Anwendung des Menschmodells RAMSIS beschrieben [131], die aus den drei wesentlichen Schritten Anthropometrie-Definition, Haltungsberechnung und Analyse besteht.

Zuerst wird in Abhängigkeit des angestrebten Kundenmarktes eines zu entwickelnden Fahrzeugs ein repräsentatives Testpersonenkollektiv von individuellen Menschmodellen digital abgebildet. Im Rahmen der aktuellen Globalisierung spielt hier vor allem die Länderregion eine Rolle, in der das spätere Fahrzeug vermarktet werden soll. In zweiter Linie sind der angestrebte Zeitraum der Vermarktung (z. B. 2025) und die Altersstruktur der Zielkunden (z. B. junge Erwachsene) relevant. Neben dem Zielmarkt werden noch kritische Körpermaße (z. B. Körperhöhe, Stammlänge, Taillenumfang) vorgegeben, die aus den geplanten ergonomischen Analysen abgeleitet werden (z. B. Fahren eines Fahrzeugs).

Für die angestrebte Repräsentativität des Kollektivs (z. B. 90 % Abdeckung der Population) werden entsprechende Grenz-Manikins des angestrebten Populationssegments definiert (z. B. Frau mit dem 5. Perzentil und Mann mit dem 95. Perzentil Körperhöhe). Mit Hilfe von weltweiten Anthropometrie-Datenbanken (z. B. Deutschland, China) [132] werden aus diesen Vorgaben die zugehörigen internationalen Testpersonenkollektive in Form von individuellen 3D-Menschmodellen für den angestrebten Zeitraum und Altersstruktur automatisch erzeugt.

Diese repräsentativen Menschmodelle werden im zweiten Schritt automatisch für kritische Aufgaben in das Fahrzeugdesign positioniert. Hierzu werden Aufgaben vorgegeben, die die zu analysierende Interaktion mit der Fahrzeugumgebung charakterisieren (z. B. Füße auf Pedale, Hände ans Lenkrad, Becken in Sitz, Kopf unter dem Dach, Neigung der Sichtlinie). Ein Optimierungsverfahren berechnet die jeweiligen Haltungen der Menschmodelle derart, dass die vorgegebenen benutzerdefinierten Aufgaben erfüllt werden und die Haltung realistisch ist. Die Realitätstreue wird durch die Verwendung von Haltungsmodellen erreicht, die aus realen Haltungsexperimenten gewonnen wurden, in denen das Verhalten von Probanden in der Fahrzeugumgebung vermessen und modelliert worden ist [130]. Im Einzelnen berechnen die Modelle für eine vorgegebene Aufgabe die statistisch wahrscheinlichste Haltung des Menschmodells in der Fahrzeugumgebung. Diese Vorgehensweise ist in einer Reihe von Untersuchungen validiert worden [127, 128].

In diesem Positionierungsschritt können durch Variation der Aufgaben und der Testpersonen verschiedene Mensch-Fahrzeug-Interaktionen simuliert werden (Abb. 2.31).

Diese Mensch-Fahrzeug-Interaktionen werden in einem finalen Schritt hinsichtlich verschiedener ergonomischer Kriterien analysiert, um Rückschlüsse auf die ergonomische Qualität des Fahrzeugdesigns ziehen bzw. Optimierungsschritte einleiten zu können [133]. In den Standardanwendungen werden der Raumbedarf und die Erreichbarkeit von Bedienelementen im Fahrzeug analysiert. Darüber hinaus gibt es weitere Evaluierungsfunktionen u. a. für Komfort, Bedienkräfte, Informationsaufnahme und Bewegungen.

Abb. 2.31 Simulation unterschiedlicher Aufgaben im Fahrzeug

2.5.3   Biomechanische Menschmodelle

Zentraler Gegenstand der Biomechanik ist die Beschreibung, Untersuchung und Beurteilung des Bewegungsapparats biologischer Systeme und der mit ihm erzeugten Bewegungen. Dazu werden Methoden, Verfahren und Gesetzmäßigkeiten aus unterschiedlichen Disziplinen wie beispielsweise der Mechanik, der Biologie und der Anatomie miteinander kombiniert.

Im Vordergrund steht dabei die Erzeugung eines wirklichkeitsnahen biomechanischen Modells, welches das dynamische Bewegungsverhalten des Menschen korrekt abbildet. Messungen der inneren Muskelkräfte sind ethisch nicht vertretbar bzw. nur sehr schwer möglich. Deshalb stellen biomechanische Menschmodelle eine gute Hilfsmöglichkeit dar, eine Abschätzung hinsichtlich der auftretenden Muskel- und Gelenkbelastungen zu erhalten.

Die Einsatzgebiete für biomechanische Menschmodelle sind vielfältig. Angefangen von der Bewegungsanalyse über Sport, Rehabilitation, Orthopädie, Leistungsdiagnostik, Ganganalyse, selbst in der Ergonomie finden solche Modelle bereits verstärkt Anwendung. Wichtige Vertreter biomechanischer Menschmodelle sind AnyBody, OpenSim, Santos, LifeMOD und Dynamicus.

Im Allgemeinen erfolgt die Modellierung als Mehrkörpersystem mit einer Menge von starren Körpern, die miteinander durch ideale Gelenke und Ersatzmodelle für Muskeln verbunden sind, und auf die externe Kräfte wirken. Die Bewegung dieser Modelle folgt den Newton'schen Gesetzen der klassischen Mechanik. Simulationsprogramme der Mehrkörperdynamik liefern daher sofort die korrekten Beschleunigungen und Kräfte sowie auch integrale Größen wie Gesamtschwerpunkt und Gesamtdrehimpuls. Auch bei der Interaktion mit einer veränderlichen Umgebung können die Kontaktkräfte und die Rückwirkungen auf das Modell sofort berechnet werden.

Nicht immer ist jedoch für die Knochen die Modellierungsannahme als starre Körper erfüllt. Insbesondere bei der Berücksichtigung extremer Biege- und Torsionsbelastungen kann und darf die Elastizität der Knochen nicht vernachlässigt werden. Neuere biomechanische Modelle beziehen deshalb auch Strukturen und Objekte ein, die mit der Finite-Element-Methode berechnet werden. Insbesondere bei Belastungen in Lenden- und Halswirbelsäule, der Hüfte und dem Knie.

Vielfach werden in Bezug auf die Kinematik unterschiedlich komplexe Modelle eingesetzt, um die verschiedenen Untersuchungsgegenstände korrekt zu erfassen. Beispielsweise werden die Extremitäten (Hände und Füße) oft nicht mit ihrer vollständigen Kinematik abgebildet. In Abhängigkeit von der Aufgabenstellung hat die Modellierungstiefe dieser Extremitäten auf die geforderten Berechnungsergebnisse nur einen vernachlässigbaren Einfluss, im Gegensatz zu den exakten Werten für die Masseverteilung (Masse, Schwerpunkt, Trägheitsmomente) aller anderen Körper.

Häufig angewandte Messmethoden zur Erfassung einer Datengrundlage für die biomechanischen Modelle sind die Messung der Anthropometrie, die Bewegungserfassung, die Elektromyografie (zur Ermittlung der Muskelaktivität) und die Messung der äußeren Kräfte.

Zur Ermittlung anthropometrischer Größen werden neben der Erhebung relevanter äußerer Abmessungen und der Auswertung von Röntgenaufnahmen auch häufig Regressionsformeln [134] verwendet, die auf der Basis empirischer Daten aus Reihenmessungen entwickelt wurden.

Die Erfassung der Bewegung des Probanden kann auf vielfältige Art und Weise erfolgen: mittels auf der Haut an exponierten anatomischen Punkten befestigter Marker, per Videobildanalyse, segmentweise per Goniometer, usw.

Unter Verwendung der Daten der markerbasierten Bewegungserfassung kann die Lage der Gelenkzentren bei bekannter Zuordnung der Marker zu den Körpersegmenten sehr gut ermittelt und damit sofort auf anthropometrische Daten eines Probanden geschlossen werden.

Die Übertragung einer derart erfassten Bewegung auf das mit den vorab bestimmten anthropometrischen Parametern konfigurierte Menschmodell erfolgt mit der Methode der Inversen Kinematik (IK). Für jeden Zeitpunkt wird mit Hilfe eines Optimierungsverfahrens eine Haltung des biomechanischen Menschmodells berechnet, die bestmöglich der erfassten Haltung entspricht.

Mit der Methode der Inversen Dynamik (ID) lassen sich die Gelenkmomente und Kräfte berechnen, die im biomechanischen Modell aufgrund der Bewegung, der bekannten Anthropometrie und der externen Belastungen wirken. Nur dann, wenn all diese Daten eines Modells konsistent erfasst wurden, kann auf die interne Belastungssituation zurückgeschlossen werden. In komplexen Situationen ist dies jedoch nicht immer möglich.

Die Dynamik-Simulation (vielfach auch als Vorwärtsdynamik bezeichnet) berechnet eine Bewegung, die von einer Anfangshaltung ausgehend lediglich durch das Aktivieren der Muskeln und das damit verbundene Einprägen von Kräften bestimmt wird. Die Muskelmodelle bauen häufig auf dem Hill'schen Modell auf und liefern in Abhängigkeit der Länge, der Kontraktionsgeschwindigkeit und der Aktivierung eine Kraft. Prominente Vertreter sind beispielsweise die Modelle von Millard [135] und Thelen [136] in OpenSim. Die Identifikation der Aktivierungszeitpunkte einzelner Muskeln für einen komplexen Bewegungsablauf wird typischerweise über Methoden der inversen Dynamik vorgenommen.

2.5.4 Intelligente Menschmodelle

2.5.4.1 Motivation

Virtuelle oder digitale Menschmodelle werden bereits z. B. in der Produktplanung verwendet, um ergonomische Fragestellungen mittels Simulationen zu bearbeiten und zu beantworten. Dabei werden in der Regel eingeschränkte Aspekte betrachtet, z. B. die Sitzposition eines Autofahrers und ihre Auswirkungen auf den Fahrkomfort. Sollen digitale Menschmodelle in Szenarien eingesetzt werden, die komplexeres menschliches Verhalten erfordern, müssen Modellierungs- und Steuerungsansätze verwendet werden, die eine gewisse Adaption und Intelligenz ermöglichen und aufweisen. In diesem Zusammenhang haben sich Agententechnologie und intelligente Menschmodelle etabliert. Obwohl es über den Begriff „Agent" und seine definierenden Eigenschaften keinen letztgültigen Konsens gibt und der Begriff in der Literatur zum Teil unterschiedlich verwendet wird, lassen sich einige zentrale Eigenschaften identifizieren, die anerkannt sind. So ist laut [137] ein Agent eine Softwareeinheit, die ihre Umwelt über Sensoren wahrnimmt und situationsspezifisch und aus eigenem Antrieb Aktionen über Aktuatoren in der Agentenumwelt ausführen kann, die zur Erreichung ihrer Ziele führen. Des Weiteren agiert er autonom und besitzt soziale Fähigkeiten. Das heißt, der Agent agiert in seiner Umwelt, ohne direkt von dem Nutzer des Systems gesteuert zu werden und ist in der Lage, mit anderen Agenten durch Kooperation beziehungsweise Kollaboration ein gemeinsam verfolgtes Ziel effizient zu erreichen. Außerdem handelt ein Agent reaktiv und proaktiv, er nimmt somit seine Umwelt selektiv wahr und kann auf Änderungen im Voraus geplante Aktionen zielgerichtet durchführen. Weitere Agenten-Attribute sind Glauben, Absichten oder Bedürfnisse. Zudem werden einem Agenten weitere menschliche Attribute zugesprochen, wenn diese beispielsweise durch ein visuelles Menschmodell in einer virtuellen dreidimensionalen Welt repräsentiert werden, in der sie agieren [138].

2.5.4.2   Agententechnologie zur Simulation

Die Agentenmetapher bietet aus pragmatischer Sicht einen Modellierungs- und Implementierungsansatz für verteilte Softwaresysteme. Indem Akteure und Objekte der realen Welt als Agenten modelliert und repräsentiert werden, kann deren Verhalten gekapselt und für einen Anwendungsbereich in relevanter Weise abstrahiert werden. Das Verhalten des Gesamtsystems emergiert dann aus dem Verhalten der Einzelagenten und ihrer Interaktion. Sind die zu repräsentierenden Akteure Menschen, bietet sich insbesondere die Belief-Desire-Intention (BDI) Agentenarchitektur an. In [138] beispielsweise, wird eine browserbasierte Lernumgebung vorgestellt, in der BDI-agentengesteuerte Einkäufer in einem 3D-Supermarkt simuliert werden. Die autonomen Charaktere dienen dabei der Evaluation der Ladenfläche und Produktplatzierung. In AnyLogic[8] werden Charaktere in Shop-Floor Szenarien, wie z. B. Werker, von Agenten getrieben, deren Verhalten vom Systemnutzer als Finite-State Machine (FSM) modelliert wird. Die simulierten Werker dienen dabei der Simulation und Evaluation von Produktionsabläufen im dreidimensionalen Raum. Auch im Bereich des Krisenmanagements kommen intelligente, agentengesteuerte Menschmodelle zum Einsatz. In [139] beispielsweise, dient ein Multiagenten-System dazu, Menschenmengen im Krisenfall für Trainingszwecke in einer dreidimensionalen Stadt zu simulieren. In [140] wird ein Framework zur agentengetriebenen Simulation von Fußgängern vorgestellt. Die simulierten Fußgänger können dabei soziale Verbindungen untereinander haben, wodurch sich in einer Simulation automatisch Gruppen bilden. Ein weiteres Beispiel, in dem dreidimensionale Menschmodelle soziales Verhalten an den Tag legen, wird in [141] demonstriert. Begegnet ein BDI-gesteuertes Menschmodell einem anderen, wird anhand sozialer Parameter geschlussfolgert, ob und wie mit dem Gegenüber interagiert werden soll. Damit ein Agent autonom in seiner Umwelt agiert, muss dessen Verhalten zuvor modelliert werden.

---

[8] http://www.anylogic.com.

Nachfolgend werden Beispiele etablierter Agentenarchitekturen und deren Methoden zur Verhaltensmodellierung und -ausführung aufgeführt.

2.5.4.3 Modellierung von Agentenverhalten

BDI-Agent Die BDI-Agentenarchitektur vereint Eigenschaften von deliberativen und reaktiven Agentensystemen. Dazu zählen das Vorhandensein einer Wissensbasis (engl.: knowledge base), wie sie rein deliberative Systeme verwenden, und die Verwendung von vorgefertigten Plänen anhand von Vorbedingungen, wie sie reaktive Systeme einsetzen. Somit ist es den Agenten möglich, auf dynamische Änderungen der Umwelt sofort zu reagieren und dennoch ein längerfristiges Ziel zu verfolgen. Die Aufgaben, die ein BDI-Agent erfüllen muss, sind kontextabhängig, beziehen sich also auf den aktuellen Zustand der Umwelt, den der Agent über seine Sensorik wahrnimmt und als Wissen bzw. Beliefs speichert. Beliefs werden von dem BDI-Agent zur Entscheidungsfindung verwendet, um kontextbezogene zielgerichtete Aktionen in seiner Umwelt auszuführen. Ziele bzw. Desires eines BDI-Agenten beschreiben hingegen dessen Motivation, die entweder von dem Nutzer des Agenten oder von dem Agenten selbst definiert werden. Intentions, also zielorientierte Vorgehensweisen des Agenten, sind meist vordefinierte Abfolgen von Aktionen, die die Agentenumwelt manipulieren oder den internen Zustand des Agenten verändern. Welche Agentenpläne ausgeführt werden, bestimmt ein interner Interpreter bzw. Reasoner, der das Agentenwissen heranzieht, um die Pläne auszuwählen, die im aktuellen Kontext des Agenten ausführbar sind und das aktuelle Ziel erfüllen.

Finite-State Machine FSMs sind eine weitverbreitete Methode, Verhalten von virtuellen Akteuren zu modellieren. Laut [142] ist die FSM der in der Spieleindustrie am häufigsten eingesetzte Algorithmus um Charaktere, sogenannte Non Player Characters (NPC), zu steuern. Dabei wird durch eine FSM das Agentenverhalten in abgeschlossene Zustände (engl.: states), die bestimmte Verhaltensmuster repräsentieren, aufgeteilt. Diese Verhaltensmuster können dabei Aktionen in der Agentenumwelt, aber auch Änderungen des internen Agentenzustandes repräsentieren. Zu jeder Zeit befindet sich eine FSM in nur einem Zustand. Die einzelnen Zustände einer FSM sind durch Übergänge (engl.: transitions) miteinander verbunden, die Bedingungen repräsentieren. Ob die FSM in einen neuen Zustand gelangt und somit die damit verbundene Bedingung erfüllt ist, hängt von äußeren Einflüssen ab, die der Agent z. B. bei der Erfüllung einer Aktion wahrgenommen hat.

Behavior Tree Eine etablierte und aus Bedürfnissen der Spieleindustrie (Modularität, Benutzerfreundlichkeit) entstandene Weiterentwicklung der FSM, ist der in [143] erstmals erwähnte Behavior Tree (BT) [144]. Ein BT ist eine Baumstruktur, die in ihrer ursprünglichen Fassung sequenziell mit Hilfe der Tiefensuche durchlaufen wird. Durch diese sequenzielle Ausführung eines BTs reagiert ein Agent somit „reaktiv" auf den aktuellen Weltzustand. Die Baumstruktur ist aus Selektoren aufgebaut, unter denen ein bestimmtes Verhalten beschrieben ist, dass wiederum aus Selektoren, Aktionen oder Konditionen besteht. Selektoren sind Knoten, die bestimmen, wann und in welcher Reihenfolge ihre Kindknoten ausgeführt werden. Aktionen und Konditionen sind hingegen Blattknoten. Durch Konditionen bzw. Bedingungen wird auf das Agentenwissen zugegriffen, um den Weltzustand des Agenten zu ermitteln und zu entscheiden, ob darauffolgende Knoten wie Aktionen ausgeführt werden.

Planender Agent Bei planenden bzw. zielorientierten Agenten wird deren Verhalten implizit modelliert. Anstatt für bestimmte Situationen eine feste Abfolge von Aktionen zu definieren, werden Ziele, mögliche Aktionen und der Weltzustand losgelöst voneinander modelliert. Somit wird nicht das Verhalten des Agenten bzw. das What-To-Do, sondern die Domäne selbst, in der der Agent agiert, also das How-To-Do, beschrieben. Aktionen werden dabei durch Vorbedingungen (engl.: preconditions) und Nachbedingungen bzw. Effekte (engl.: postconditions, effects) beschrieben. Das heißt, dass eine Aktion nur dann ausgeführt werden kann, wenn ein bestimmter Weltzustand vorhanden ist und dass aus der Aktion der durch die Nachbedingung beschriebene Weltzustand resultiert. Durch diese Beschreibung kann ein Planungssystem einen Zustandsraum aufbauen, in der eine Aktionsfolge gesucht werden kann, durch die der Agent vom Ist- in den Zielzustand wechselt. Typischerweise wird dabei die kürzeste bzw. die „billigste" Abfolge vom Planungssystem ausgewählt.

2.5.4.4 Fazit

Das Agentenparadigma ist ein etabliertes Software-Paradigma, um adaptives und autonomes Verhalten zu simulieren. Vor allem für die Simulation von Menschmodellen im dreidimensionalen Raum haben sich Agentensysteme bewährt. So werden virtuelle Agenten zur Evaluation oder in Trainingsszenarien eingesetzt, bei denen autonome und kollaborative Charaktere benötigt werden. Da lediglich die Sensorik und Aktuatorik des Agenten in der Simulationsumgebung verankert sein muss, kann die Verhaltensschlussfolgerung und das Wissen des Agenten als eigenständiger Service umgesetzt werden. Ist eine einheitliche und generische Schnittstelle zwischen dem Agentensystem und der Domäne vorhanden, können hierdurch Aktionen als eigenständige Dienste der Domäne interpretiert werden, die von dem Agentensystem angesteuert werden. Aktionen können dabei einen beliebigen Abstraktionsgrad besitzen. Der Einsatz von Agentensystemen zur Dienstkomposition wurde in diesem Zusammenhang schon mehrfach, wie beispielsweise in [145], erfolgreich demonstriert. Durch das Angebot von grafischen Programmiersprachen zur Verhaltensmodellierung ist es zudem möglich, dieses Paradigma Personengruppen mit geringen Programmierkenntnissen zur Simulationsmodellierung oder Orchestrierung anzubieten.

2.6   Web- und Semantic Web-Technologien

Der folgende Abschnitt beschreibt die im ARVIDA-Projekt verwendeten Basistechnologien für das Design und die Umsetzung einer Referenzarchitektur. Die für eine Realisierung einer verteilten Anwendung benötigten technischen Konzepte umfassen

- einen Ansatz zur Benennung von Datenelementen und Komponenten;
- ein Netzwerkprotokoll für den Zugriff auf Ressourcen und die Manipulation derer Zustände;
- ein gemeinsames Datenmodell, eine übereinstimmende Datenmodellierung sowie eine Sprache für Anfragen.

Im Rahmen des ARVIDA-Projekts werden dafür Technologien aus dem Web und dem Semantic Web verwendet. Auf diese Technologien wird aufgebaut bzw. diese werden adaptiert und erweitert, um den speziellen Anforderungen von VT-Anwendungen gerecht zu werden.

Im Folgenden wird mit der Beschreibung von grundlegenden Web-Technologien begonnen. In diesem Bereich dominiert der zunächst erläuterte Architekturstil Representational State Transfer (REST), in dem das Konzept einer Ressource, d. h. ein identifizierbares „Ding" im weitesten Sinne, von zentraler Bedeutung ist. Zur Benennung von Ressourcen werden die darauf folgend beschriebenen Uniform Resource Identifiers (URIs) verwendet. Das Hypertext Transfer Protocol (HTTP), beschrieben nach dem Konzept der URIs, dient zum Transfer von Repräsentationen des Ressourcenzustands. In REST können Zustände von Ressourcen sowohl ausgelesen als auch gesetzt werden. Des Weiteren können neue Ressourcen angelegt bzw. bestehende Ressourcen gelöscht werden. So werden in HTTP die sogenannten CRUD-Operationen (Create, Read, Update, Delete) umgesetzt.

Darauf folgend wird auf grundlegende Semantic Web-Technologien eingegangen. Es wird mit dem in ARVIDA verwendeten Paradigma für Identifikation, Zugriff und Auszeichnung von Daten begonnen, welches auf den vier Linked Data-Prinzipien beruht. Danach wird das Resource Description Framework (RDF) behandelt, dem ein graphstrukturiertes Datenmodell zugrunde liegt. Mit RDF lassen sich Ressourcen, welche mittels URIs benannt sind, beschreiben. RDF lässt sich elegant mit REST kombinieren, sodass URIs nicht nur als Namen sondern auch als Bezeichner für Dateien dienen, welche über HTTP angesprochen werden können. In Kombination mit dem HTTP-Protokoll kann so der Zustand einer Ressource über das Netzwerk auslesen werden, wobei der Zustand der Ressource in RDF beschrieben ist. Diese Kombination führt zu den Linked Data-Prinzipien. Um logische Schlussfolgerungen zu erlauben und so die Integration von Daten aus verschiedenen Quellen zu erleichtern, werden Vokabulare verwendet. Diese werden in RDF Schema (RDFS) bzw. der Web Ontology Language (OWL) spezifiziert und werden nach dem Resource Description Framework (RDF) vorgestellt. Um auch Zustände von Ressourcen manipulieren zu können, kombiniert die Spezifikation danach behandelten Linked Data Platform (LDP) den Zugriff auf RDF aus Linked Data mit den Möglichkeiten zum Einsatz der CRUD-Operationen aus REST. Schließlich wird die Abfragesprache SPARQL vorgestellt, mit Hilfe derer Daten in RDF angefragt werden können. SPARQL ist ein rekursives Akronym für „SPARQL Protocol and Query Language".

Als durchgängiges Beispiel wird die Umsetzung einer REST-Schnittstelle für eine Komponente, die den Zugriff auf Microsoft Kinect-Geräte mit verschiedenen Sensoren bzw. Aktuatoren bietet, verwendet. Obwohl die hier beschriebene Schnittstelle auf

Standardtechnologien aus den Bereichen Web und Semantic Web aufbaut, wurde die Schnittstelle im Rahmen des ARVIDA-Projekts entwickelt. Die Verwendung der beschriebenen Technologien im Bereich der VT stellt eine technologische Neuerung dar. Dabei ist die Schnittstelle zu einer Kinect gut geeignet, um die Verwendung von Web- und Semantic Web-Technologien zu illustrieren, da Teile der Daten, z. B. das Kamerabild oder ein getracktes Skelett, nicht statisch, sondern dynamisch sind.

Diese grundlegenden Konzepte und Elemente werden nachfolgend beschrieben. Sie bilden in ihrer Summe die Grundlage für die ARVIDA-Referenzarchitektur.

2.6.1 Web-Technologien

Eine Herausforderung in Projekten mit vielen Partnern, zu denen das ARVIDA-Projekt gehört, ist es, alle Partner auf kompatible und interoperable Schnittstellen einzustimmen. Web-Technologien wurden aus folgenden Gründen als Grundlage für diese Schnittstellen gewählt: Web-Technologien haben eine geringe Komplexität und werden in vielen Bereichen verwendet. Deshalb gibt es ausgereifte und gut dokumentierte Werkzeuge und Programmierbibliotheken. Außerdem besteht eine große Erfahrungsbasis und viele Mitarbeiter haben bereits Kenntnisse in diesen Technologien. Diese Eigenschaften machen den dem Web zugrundeliegenden Architekturstil daher zu einem aussichtsreichen Kandidaten für komplexe Software- und Informationssysteme in heterogenen Umgebungen.

Obwohl REST als Formalisierung der Architektur des Webs abstrakt definiert ist, werden REST-Architekturen meist auf Basis von URIs und HTTP umgesetzt. Dabei dienen URIs als Namen für Ressourcen, für die hauptsächlich das Protokollschema von HTTP verwendet wird. Neben der Festlegung eines Identifikationsschemas (URIs) und des Netzwerkprotokolls (HTTP), auf die im Folgenden genauer eingegangen wird, müssen die Dienste auch auf Daten zugreifen bzw. Daten bereitstellen. Für das dafür benötigte einheitliche Datenmodell wird im ARVIDA-Projekt RDF eingesetzt, dass in Rahmen der Semantic Web-Technologien genauer betrachtet wird.

2.6.1.1 Representational State Transfer (REST)

Standardisierte Web-Technologien bilden die technologische Grundlage des World Wide Webs (WWW). Diese Technologien lassen sich in unterschiedlichen Varianten verwenden. Um Web-Technologien so einzusetzen, dass deren Eigenschaften gut nutzbar sind und deren Vorteile zur Geltung kommen, gibt Representational State Transfer (REST) [156] als Architekturstil Empfehlungen zur Umsetzung von Anwendungen. Mit REST werden außerdem Begrifflichkeiten klargestellt, um eindeutig die Basiskonzepte, welche in verteilten Anwendungen relevant sind, zu benennen und so Entscheidungen, welche die Architektur betreffen, präzise zu charakterisieren.

Im Bereich von internen Firmennetzwerken werden ebenfalls Ansätze von REST verwendet. REST ist auch Grundlage für sogenannte „Microservices": kleinteilige und als Dienste formulierte Komponenten, die zu neuen Anwendungen zusammengeschaltet werden können.[9] Mittels Microservices werden der Zugriff auf bzw. die Manipulation von Daten und Funktionalität innerhalb des Firmennetzwerkes über Web-Schnittstellen ermöglicht. Dadurch werden komplexe Softwaresysteme in Einzelteile zerlegt, die einfacher wartbar sind, eigenständig eingesetzt und betrieben werden können. Angebunden werden Microservices oft mittels manuell erstelltem Quelltext in imperativen Programmiersprachen.

Da auch die virtuellen Techniken eine Sammlung höchst unterschiedlicher Softwaresysteme sind, wurde der REST-Architekturstil auch als Basis für die ARVIDA-Referenzarchitektur verwendet. Die umfangreiche und durchgängige Nutzung dieser Technologien im Bereich VT stellt eine technologische Neuerung dar.

Ein Hauptziel von REST ist Skalierbarkeit, sowohl auf technologischer also auch auf sozialer Ebene. Dies wird erreicht durch einfache und reduzierte bzw. minimale Spezifikationen. Die Art und Weise der Spezifikation der Schnittstellen sowie die Anbindung und Verwendung von Komponenten erlaubt die unabhängige Verwendung von Komponenten ohne zentrale Vermittlungsinstanz, was ebenfalls der Skalierbarkeit zugute kommt.

REST mit seiner ressourcenzentrierten Sicht ermöglicht die flexible, adaptive und robuste Erstellung von Anwendungen durch eine Komposition von Komponenten, deren Daten bzw. Funktionen als Ressourcen abstrahiert sind. Die einzelnen Komponenten sind über das Netzwerk zugreifbar und unabhängig von den Anwendungen verwendbar, die diese Komponenten einbinden. Diese Art der losen Kopplung [159] ist besonders wichtig in einer sich ständig ändernden, eher chaotischen Umgebung mit vielen unabhängigen Teilnehmern, wie z. B. dem Web.

REST-basierte Systeme folgen bestimmten Einschränkungen, insbesondere, dass

- die Sicht auf die Datenelemente und Komponenten einer Anwendung in der Form von Ressourcen („Dinge" im weitesten Sinne) bestehe;
- der Datenaustausch zwischen Komponenten durch die Manipulation von Zuständen der Ressourcen über den Austausch von Repräsentationen erfolge; und
- die Zustandsmaschine einer Anwendung exponiert werde in der Form von selbstbeschreibenden Ressourcen, die mit weiteren Ressourcen verlinkt sind (Hypermedia).

Diese technischen Beschränkungen reduzieren die Freiheitsgrade bei der Umsetzung der Schnittstellen zu Komponenten. Die Reduktion erleichtert aber auch die Verwendung von Komponenten, da Anwendungen, die auf REST-konforme Komponenten zugreifen, uniforme Schnittstellen voraussetzen können. Des Weiteren können Komponenten, welche auf uniformen Schnittstellen basieren, leichter ausgetauscht werden, da REST-konforme Komponenten unabhängig von der Anwendung ansprechbar sind. Diese Auflagen führen zu einer einfacheren Gesamtarchitektur sowie einer besseren Sichtbarkeit der Abhängigkeiten zwischen Komponenten im Vergleich zu einer prinzipienlosen Verwendung der Web-Technologien.

---

[9] http://martinfowler.com/articles/microservices.html.

Allerdings erfordern diese Einschränkungen ein klares Design; z. B. muss festgelegt werden, welche Komponenten als Client bzw. User Agent, d. h. aktiver Kommunikationspartner, und welche als Server, d. h. passiver Kommunikationspartner, umgesetzt werden sollen. Außerdem können diese Einschränkungen zu reduzierter Effizienz führen, da z. B. jeder noch so kleine Datenzugriff erfordert, dass eine Netzwerkverbindung aufgebaut wird. Ein weiterer Effizienzverlust kann dadurch entstehen, dass Komponenten generelle Schnittstellen zur Verfügung stellen, während einige Anwendungen nur Teile der Daten benötigen, für das spezifisch angepasste Schnittstellen effizienter wären. Der Aufwand zur korrekten Modellierung der Schnittstellen zu Komponenten nach dem REST Paradigma zahlt sich außerdem nur aus, wenn diese Komponenten auch wiederverwendet werden sollen. Nichtsdestotrotz wird der REST-Architekturstil erfolgreich eingesetzt und ist für komplexe und heterogene Systeme derzeit alternativlos.

Hypermedia, d. h. das Einbetten und Folgen von Hyperlinks, ist ein wichtiges Konzept des REST-Architekturstils und bedeutet, dass User Agents über Hyperlinks von einer Ressource zu weiteren (verwandten) Ressourcen gelangen können. Die Beschreibungen der Ressourcen referenzieren diese weiteren Ressourcen, die aus Sicht der jeweils beschriebenen Ressource im Anwendungskontext bzw. Nutzerkontext relevant sein könnten. Durch diese Verlinkung werden die dezentrale Publikation und der Zugriff auf Daten sowie Funktionalität ermöglicht, d. h. die Links in den Ressourcenbeschreibungen erlauben es Anwendungen, dynamisch zur Laufzeit weitere Ressourcen zur nachfolgenden Interaktion zu entdecken. Der Client bzw. die Anwendung kann dabei schrittweise aus einer Liste von möglichen Ressourcenzugriffen wählen, die dann weitere Optionen zur Auswahl liefert. Dadurch können Anwendungen flexibel zur Laufzeit durch dezentral vernetzte Ressourcen navigieren. Mit der Adresse nur einer Ressource zum Einstieg können somit komplexe Interaktionen zwischen User Agent und verschiedensten Servern erreicht werden. Anwendungen können so flexibel mögliche weitere Schritte, d. h. Datenzugriffe und Dienstaufrufe, einbinden. Hyperlinks werden vereinzelt verwendet, um statt der Adresse der Ressource eine Link-Relation anzusprechen. Durch diese Indirektion können Adressen von Ressourcen geändert werden, ohne dass die Anwendung, die auf diese Ressourcen zugreift, ebenfalls geändert werden muss, da die Anwendung einer spezifizierten Link-Relation folgt und die Adresse der Ressource erst zur Ausführungslaufzeit anfragt.

Das für menschliche Nutzer und auf HTML-Webseiten basierende Web ist ein Beispiel für das vorhergehend erläuterte Folgen von Links. Welchem Link gefolgt werden soll, entscheidet der Nutzer basierend auf der aktuell dargestellten Webseite. Falls Daten an den Server übertragen werden sollen, kann dies in HTML-Formularen erfolgen. Obwohl dementsprechende flexible automatisierte Anwendungen prinzipiell möglich sind, gibt es aktuell noch keine universellen Anwendungen („Hypermedia-Clients"), die in heterogenen Umgebungen mit vielen Dienstanbietern die Links in maschinenlesbarer Form auslesen und nutzen. Allerdings ist der Web-Browser ein Beispiel einer solch universellen Anwendung, die es Anwendern erlaubt, innerhalb einer Anwendung Inhalte von verschiedensten Servern zu beziehen und Links zu folgen.

Der REST-Architekturstil abstrahiert die architektonischen Elemente in verteilten Hypermedia-Systemen. Dabei werden die Einzelheiten der Umsetzung von Komponenten und des Kommunikationsprotokolls ignoriert. Das Ziel ist vielmehr die Festlegung der verschiedenen Rollen der Komponenten (Client/User Agent vs. Server), deren zulässiges Zusammenspiel sowie die Interpretation wichtiger Datenelemente. Im Gegensatz zu verteilten objektbasierten Systemen, in denen die Daten innerhalb einer Komponente gekapselt und verborgen werden, und die beliebige Operationen bereitstellen, spielen Art und Zustand der Datenelemente in REST sowie die Beschränkung auf CRUD-Operationen eine wesentliche Rolle [158].

Um den REST-Architekturstil umzusetzen, werden konkrete Spezifikationen und Kommunikationsprotokolle benötigt. Im Folgenden werden deshalb Uniform Resource Identifiers (URIs) zur Benennung von Ressourcen, und das Hypertext Transfer Protocol (HTTP) als Kommunikationsprotokoll beschrieben.

2.6.1.2 Ressourcen und Uniform Resource Identifiers (URIs)

Eine zentrale Stellung in vernetzen REST-Architekturen nimmt das Konzept einer „Ressource" ein. Jede Art von Information und jedes Ding, welches sinnvoll benannt und referenziert werden kann, kann eine Ressource sein. Eine Ressource ist hierbei eine Entität, z. B. ein Bauteil oder Szenenelement, ein Dienst oder ein Teil eines Dienstes. Mögliche Beispiele für Ressourcen in diesem Sinne sind Dokumente, Bilder, eine Sammlung von anderen Ressourcen oder nicht-virtuelle Objekte wie Personen. Vereinfacht versteht man unter einer Ressource ein Ding, welches identifizierbar und referenzierbar ist.

Im Web werden Uniform Resource Identifiers (URIs) [146], als Identifikatoren für Ressourcen verwendet, um eine bestimmte Ressource innerhalb einer Komponenteninteraktion zu identifizieren. Innerhalb ARVIDA werden hauptsächlich URIs aus dem HTTP-Schema verwendet. Diese beginnen mit „http://" und beinhalten einen Hostnamen, der wiederum einen Domainnamen beinhaltet. Da Domainnamen, z. B. „example.org", zentral vergeben werden, kann sichergestellt werden, dass Hostnamen global eindeutig sind. Die Stelle (auf Ebene der Domainnamen), welche einer Ressource eine URI zuweist, ist dafür verantwortlich, dass die URI eindeutig vergeben wird.

Für das Beispiel der Kinect-Schnittstelle können verschiedene Ressourcen identifiziert werden. Zum einen müssen die Komponente selbst und die angeschlossenen Geräte identifiziert werden. Außerdem gibt es getrackte Nutzer: die Menschen, die vor der Kinect stehen und mit dem in der Kinect-Software verfügbaren Tracking-Algorithmus aus dem optischen Kamerabild bzw. dem Tiefenbild berechnet werden. Tabelle 2.5 beinhaltet parametrisierte URI-Muster (nach RFC 6570) sowie eine Beschreibung der Ressource. Eine vollständige URI ist abhängig vom Hostnamen, auf dem die Kinect-Komponente läuft.

Die Index-Ressource mit der URI „/" stellt den Einstiegspunkt zur Komponente dar. Eine Komponente kann Zugriff auf mehrere angeschlossene Kinect-Geräte bieten. Das erste Kinect-Gerät besitzt die URI „/device/0#id". Das zweite Kinect-Gerät entsprechend URI „/device/1#id". Die getrackten Nutzer können ebenfalls als Ressourcen angesehen

Tab. 2.5 Parametrisierte URI-Muster

URI-Muster	Beschreibung
/#id	Index-Ressource der Kinect-Komponente
/device/{device-id}#id	Ein bestimmtes Kinect-Gerät (nummeriert)
/device/{device-id}/camera.png	Das aktuelle Kamera-Bild eines bestimmten Kinect-Gerätes im PNG-Format
/device/{device-id}/camera.jpg	Das aktuelle Kamera-Bild eines bestimmten Kinect-Gerätes im JPG-Format
/device/{device-id}/user/{user-id}#id	Ein bestimmter getrackter Nutzer (nummeriert)

Ressourcen und deren URI-Muster für das Beispiel der Kinect-Komponente.

werden und haben eine URI, z. B. „/device/0/user/0#id" für den ersten getrackten Nutzer auf der ersten Kinect. Dabei kann es auch mehrere getrackte Nutzer geben.

Im Beispiel werden die URIs hierarchisch aufgebaut (dieser Aufbau der URIs kommt dem Menschen entgegen). Allerdings soll keine Bedeutung im Aufbau der URIs kodiert werden. Stattdessen sollen Relationen, d. h. Ressourcen, welche ebenfalls durch URIs identifiziert werden, verwendet werden. Dabei sollte eine Relation von „/" auf „/device/0" und „/device/1" bestehen, damit Clients die URIs der „n" angeschlossenen Geräte erfahren können. Diese Methode ist flexibler als das feste Einprogrammieren der URIs in den Client. Falls sich das darunterliegende URI-Design der Kinect-Komponente ändert, können Clients, welche die URIs der Geräte erst zur Laufzeit anfragen, auch auf geänderte URIs reagieren, bzw. auf unterschiedlich viele Geräte, solange die URI zur Index-Ressource stabil bleibt.

Zusammenfassend lässt sich sagen, dass in REST-Architekturen Ressourcen mittels Ressourcen-Identifikatoren benannt werden. Im Web werden URIs zur Benennung von Ressourcen genutzt. Wenn möglich werden URIs aus dem HTTP-Schema verwendet, damit auf Repräsentationen der Zustände der Ressourcen über das Hypertext Transfer Protocol (HTTP) zugegriffen werden kann. Dieses Kommunikationsprotokoll wird im Folgenden beschrieben.

2.6.1.3 Hypertext Transfer Protocol (HTTP)

Als Kommunikationsprotokoll zum Austausch der Repräsentationen von Zuständen der Ressourcen wird das Hypertext Transfer Protocol (HTTP) [147] genutzt. HTTP verwendet das Transmission Control Protocol (TCP) aus der paketorientiert arbeitenden Internet Protocol (IP) Familie. Im Gegensatz zum User Datagram Protocol (UDP), bei dem die Übertragung nicht garantiert ist, bietet TCP Garantien über den Empfang von Paketen.

In HTTP wird der Datenaustausch in Paaren von Anfrage/Antwort (Request/Response) aufgeteilt. Diese Aufteilung führt direkt zu zwei Kategorien von Komponenten: solche, die eingehende Anfragen verarbeiten (Server), und solche, die Anfragen abschicken (User Agents bzw. Clients). Auf eine Anfrage (Request) antwortet ein Server einem User

Agent mit einer Antwort (Response). Durch festgelegte Methoden zur Manipulation des Zustands von Ressourcen wird ein einheitliches Verfahren zum Auslesen und Ändern des Zustands von Ressourcen, sowie zum Anlegen und Löschen von Ressourcen ermöglicht.

In HTTP können Zustände von Ressourcen sowohl mithilfe der Operation GET ausgelesen als auch mithilfe der Operation PUT gesetzt werden. Mittels der Operationen PUT oder POST können neue Ressourcen angelegt sowie bestehende Ressourcen mittels der Operation DELETE gelöscht werden. So werden in HTTP die sogenannten CRUD-Operationen (Create/Read/Update/Delete) umgesetzt. Mittels der Operation POST können außerdem beliebige Berechnungen auf entfernten Computern angestoßen werden.

Zustände von Ressourcen können in verschiedenen Formaten ausgeliefert werden, sogenannte Repräsentationen. In welchem Format der User Agent, z. B. der Browser, und Server die Zustände übertragen, d. h. Inhalte bzw. Dateien, wird bei der Anfrage (Request) ausgehandelt. Der entsprechende Vorgang wird „Content Negotiation" genannt. Damit sich User Agent und Server über das Format des zu übertragenden Inhalts einigen können, gibt es standardisierte Bezeichner für Inhaltsformate, sogenannte „Media Types", wie z. B. „image/png" für Bilder im PNG-Format oder „image/jpg" für Bilder im JPEG-Format

Diese Einschränkung ermöglicht den standardisierten Umgang mit Ressourcen im Zusammenhang mit RDF (siehe Semantic Web-Technologien Abschn. 2.6.2). Bei der Ausführung von Aktionen auf einer Ressource verwenden REST-Komponenten die Repräsentation einer Ressource. Diese erlaubt die Übertragung des gegenwärtigen oder des beabsichtigten Zustands der zugehörigen Ressource.

Komponenten sind durch ihre Rolle in der Gesamtanwendung bestimmt und verwenden Konnektoren, um in Interaktion mit anderen Komponenten zu treten, d. h. Konnektoren verwalten die Netzwerkkommunikation einer Komponente. REST identifiziert verschiedene Arten von Konnektoren, welche den Zugriff auf und die Transformation von Repräsentationen kapseln. Die primären Konnektoren sind Client und Server, auf denen im Folgenden der Fokus liegt. Der wesentliche Unterschied zwischen beiden ist, dass ein Client die Kommunikation durch eine Anfrage (Request) initiiert, während ein Server auf mögliche Requests mit einer Antwort (Response) antwortet. Eine REST-Komponente kann sowohl Client- als auch Server-Konnektoren besitzen. Nur wenn die Komponente einen Server-Konnektor nutzt, werden die Ressourcen einer Komponente über URIs nach außen zugänglich gemacht. Client-Konnektoren erlauben keine eingehenden Anfragen (Requests) und somit sind die Ressourcen in Clients nicht von außen ansprechbar.

Am Beispiel einer einfachen Anwendung, welche die Daten visualisiert, die eine Kinect-Komponente bereitstellt, wird der Unterschied zwischen Client und Server illustriert. Dabei werden, wie in Abb. 2.32 dargestellt, zwei Komponenten angenommen:

- die Quelle (A) des Kinect-Sensorbilds, also die Komponente, in der das Sensorbild erzeugt wird, und
- die Senke (B) des Kinect-Sensorbilds, also die Komponente, die das Sensorbild weiternutzt und anzeigt.

Abb. 2.32 Datenfluss von Quelle (**A**) zu Senke (**B**) realisiert durch Client/ Server-Kommunikation

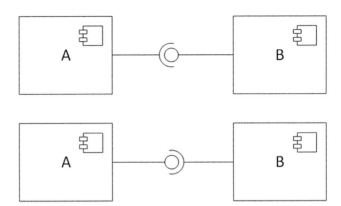

Zur Realisierung der Anwendung bestehen zwei Möglichkeiten:

1. Die Quelle (A) schickt periodisch Daten (oberer Fall), d. h. die Repräsentation des Zustands der Ressource, an die Senke (B), die ein Server ist und deren Ressourcen via URIs ansprechbar und manipulierbar sind.
2. Die Senke (B) holt sich periodisch Daten (unterer Fall), d. h. die Repräsentation des Zustands der Ressource, von der Quelle (A), die ein Server ist und deren Ressourcen via URIs ansprechbar und manipulierbar sind.

Mit der HTTP GET-Anfrage (Request):

```
GET/device/0/camera HTTP/1.1
Accept: image/png
```

fordert der Client den Zustand der über die URI „/device/0/camera" identifizierten Ressource beim Server an, z. B. von „http://quelle".

Der Server antwortet mit dem aktuellen Kamerabild im PNG-Format:

```
200 OK HTTP/1.1
Content-Type: image/png
[Binäre Nutzdaten]
```

Mit der HTTP PUT-Anfrage (Request):

```
PUT /image HTTP/1.1
Content-Type: image/png
[Binäre Nutzdaten]
```

überschreibt der Client den Zustand der über die URI „/image" identifizierten Ressource auf dem Server, z. B. auf „http://senke". Der Server antwortet mit einem „Status Code", der den Erfolg (oder Misserfolg) der Anfrage (Request) an den Client kommuniziert:

```
200 OK HTTP/1.1
```

Da sich das Kamerabild ständig ändert, ändern sich die Antworten bei jeder HTTP GET-Anfrage auf die Ressource, die das aktuelle Kamerabild repräsentiert, bzw. muss der Client periodisch per PUT den jeweils aktuellen Zustand setzen.

Zu beachten ist, dass die Daten in beiden Varianten über das Netzwerk übertragen werden müssen, d. h. das zu übertragende Datenvolumen ist gleich. Messungen im Rahmen des ARVI-DA-Projekts haben ergeben, dass in VT-Anwendungen die Serialisierung aus bzw. Deserialisierung nach Laufzeitobjekten in einer Programmiersprache den Großteil der Zeit bei der Übertragung zwischen einer Quelle und Senke in Anspruch nimmt. Die tatsächliche Übertragung der Daten über die Leitung betrifft nur einen kleinen Anteil der Kommunikationszeit.

2.6.2   Semantic Web-Technologien

Im vorhergehenden Kapitel wurde beschrieben, welchen grundlegenden Prinzipien die Einschränkungen durch REST folgen und wie die Kommunikation zwischen verschiedenen Komponenten durch den Austausch von Ressourcen-Repräsentationen aufgebaut wird. Der Aufbau dieser Repräsentation wird im Folgenden behandelt.

Grundsätzlich ist jede Art von Daten, zusammengefasst unter Binärdaten, in der Kommunikation zwischen Komponenten übertragbar, z. B. das Kamerabild einer Kinect-Komponente. Allerdings wird für das Folgen von Hyperlinks ein Datenformat bzw. eine Repräsentation benötigt, in der Hyperlinks eingebunden bzw. beschrieben werden können. Hierfür eignen sich die Semantic Web-Technologien, mit denen auf Basis der Prädikatenlogik erster Stufe Daten ausgezeichnet sowie logische Schlussfolgerungen gezogen werden können, welche die Integration der Daten erleichtern.

Eine sinnvolle Kombination der Semantic Web-Technologien und REST-Konzepte zu maschinenlesbaren Beschreibungen und Veröffentlichungen von Daten sowie Informationen im Web ist in den Linked Data-Prinzipien zusammengefasst. Im Folgenden wird zunächst auf diese grundlegenden Prinzipien eingegangen und danach die dabei verwendeten Technologien bzw. Spezifikationen genauer vorgestellt.

2.6.2.1   Linked Data (LD)

Linked Data bezeichnet Daten, die per URI identifiziert sind, darüber direkt per HTTP abgerufen werden können und ebenfalls per URI auf andere Daten verweisen. Das Konzept geht im Wesentlichen auf Tim Berners-Lee zurück. Berners-Lee prägte vier Regeln für Linked Data [157]:

* Verwende URIs zur Bezeichnung von Dingen.
* Verwende HTTP-URIs, so dass sich die Bezeichnungen nachschlagen lassen.
* Stelle zweckdienliche Informationen bereit, wenn jemand eine URI nachschlägt (mittels der Standards RDF, RDFS und SPARQL).

• Zu diesen Informationen gehören insbesondere Links auf andere URIs, über die weitere
  Dinge entdeckt werden können.

In Kombination mit dem http-Protokoll können Clients auf den Zustand einer Ressource
über das Netzwerk zugreifen. Dabei wird der Zustand der Ressource in RDF beschrieben.
Linked Data ist dabei traditionell auf HTTP GET-Operationen ausgelegt, d. h. den Zustand
der Ressource auszulesen. Mit read-write Linked Data werden auch die Operationen HTTP
PUT (den Zustand der Ressource überschreiben), HTTP POST (neue Ressource anlegen)
sowie HTTP DELETE (eine Ressource löschen) ermöglicht. Die Kombination auf den
REST-Einschränkungen und den Linked Data-Prinzipien, z. B. das Verhalten in Bezug
auf die HTTP-Operationen PUT, POST und DELETE, wurde in der Linked Data Platform
(LDP) genauer spezifiziert, welche im weiteren Verlauf detaillierter beschrieben wird.
  In Linked Data werden Ressourcen unterschieden in Ressourcen, die als Namen dienen,
z. B. als Name eines bestimmten Kinect-Sensors, und solchen, die auch mittels HTTP
auf einem Server ansprechbar sind, z. B. das Dokument mit einer Beschreibung eines
bestimmten Kinect-Sensors. Diese über HTTP zugänglichen Ressourcen werden auch als
„Information Resources" bezeichnet.
  Linked Data unterstützt zwei Konventionen, um von Namen zu den HTTP-zugänglichen
Information Resources zu kommen. Eine Konvention sind sogenannte „Hash-URIs", also
solche, die das Raute-Zeichen („#" im Englischen für „Hash"-Zeichen) enthalten. Dabei
bezeichnet die URI mit dem Raute-Zeichen die Ressource, wobei diese URI ohne Rau-
te-Zeichen und folgender Zeichenkette die zugehörige Information Resource bezeichnet.
Zum Beispiel hat ein bestimmter Kinect-Sensor die URI „http://localhost/device/0#id".
Die zugehörige Information Resource hat die URI „http://localhost/device/0", also die
URI ohne Raute-Zeichen und dem Raute-Zeichen folgende Zeichenkette.
  Eine zweite Möglichkeit sind sogenannte Slash-URIs, also solche, die einen Schräg-
strich enthalten („slash" im Englisch für Schrägstrich). Hier ist eine reine syntaktische
Umformung der URI wie bei Hash-URIs nicht vorgesehen. Stattdessen wird von der
Ressource mittels einer HTTP-Antwort (HTTP Status Code 303 „See Other") auf die
dazugehörige Information Resource umgeleitet. Ein Beispiel ist DBpedia, eine populäre
Linked Data-Quelle, die Informationen aus Wikipedia-Artikeln als Linked Data (in RDF)
bereitstellt. Die Firma Microsoft wird z. B. mit der URI „http://dbpedia.org/resource/Mic-
rosoft" bezeichnet. Führt ein Linked Data-User-Agent eine HTTP GET-Anfrage auf diese
URI durch, leitet der Server den User-Agent auf „http://dbpedia.org/data/Microsoft" um.
Die Struktur der URIs sowie die Weiterleitungen können von jedem Server frei konfiguriert werden und unterscheiden sich auch von Server zu Server. Im Verlauf des Kapitels
wird die Methode der Hash-URI zum Herstellen der Verbindung zwischen Ressource und
Information Resource verwendet.
  Das einheitliche in Linked Data verwendete graphbasierte Datenmodell für die semantische Annotation von Daten ist das Resource Description Framework [150], das im Fol
genden erläutert wird. Darüber hinaus wird für Daten, die über die semantischen Eigenschaften von RDF hinausgehende komplexere semantische Sachverhalte enthalten, die

ausdrucksstärkeren Auszeichnungssprachen RDF Schema (RDFS) oder Web Ontology Language (OWL) verwendet, welche im Anschluss beschrieben werden. Schlussendlich wird auf die für Abfragen über semantisch annotierte Daten im RDF-Datenmodell verwendete Abfragesprache SPARQL Protocol and Query Language (SPARQL) genauer eingegangen.

2.6.2.2 Resource Description Framework (RDF)

Zur Beschreibung von Ressourcen wird das Resource Description Framework (RDF) [148, 150] verwendet. URIs dienen in RDF nur als Namen bzw. Bezeichner, die erst in Kombination mit den Linked Data-Prinzipien auch als Bezeichner für (maschinenlesbare) Dokumente aufgefasst werden können. Dadurch ist es möglich, weitere Beschreibungen zu einer URI mittels HTTP abzurufen.

RDF ermöglicht die Beschreibung von Ressourcen („Dingen") in sogenannten RDF-Tripeln. Diese sind aus folgenden Elementen aufgebaut:

- URIs: Als global eindeutige Bezeichner für Ressourcen werden URIs verwendet.
- Leere Knoten: Ebenfalls als Bezeichner für Ressourcen werden leere Knoten, sogenannte „Blank Nodes", verwendet, die aber im Gegensatz zu (HTTP-)URIs keine globale Identität besitzen, die durch die hierarchische Zuteilung von Domain-Namen global eindeutig vergeben werden können.
- Literale: Für die Darstellung von Datenelemente, wie z. B. Zeichenketten und Zahlen, werden Literale verwendet. Ein Literal hat eine lexikalische Form, d. h. eine Zeichenkette, sowie einen Datentyp, der über eine URI referenziert wird. String-Literale können optional mit einem Kürzel ausgezeichnet werden, welches die Sprache repräsentiert, in der die Zeichenkette des Literals aufzufassen ist, z. B. Deutsch oder Englisch.

Ein RDF-Tripel besteht aus Subjekt-Prädikat-Objekt-Konstrukten, wobei an der Position des Subjekts URIs oder leere Knoten stehen können, an der Position der Prädikate URIs und an der Position der Objekte URIs, leere Knoten oder Literale. Eine Menge von RDF-Tripeln wird RDF-Graph genannt. RDF-Tripel können als gerichteter Graph graphisch dargestellt werden, wobei Subjekte sowie Objekte die Knoten des Graphs repräsentieren und Prädikate die Kanten zwischen Subjekten und Objekten darstellen. Außerdem gibt es verschiedene Serialisierungen des abstrakt definierten RDF-Graphs. Eine weit verbreitete Syntax ist die Terse RDF Triple Language (Turtle) [152], mit der RDF-Tripel vergleichsweise kompakt beschrieben werden können. Im Folgenden wird diese Turtle-Syntax verwendet, da diese darüber hinaus im Vergleich zu anderen Serialisierungen, wie z. B. RDF/XML oder JSON-LD, die Tripel-Struktur relativ direkt und für den Menschen relativ gut lesbar abbildet.

Device-Repräsentation (z. B. abrufbar unter „http://localhost/device/0")

```
@prefix xsd: <http://www.w3.org/2001/XMLSchema#>.
@prefix nirest: <http://vocab.arvida.de/2016/10/nirest/vocab#>.
```

```
<http://localhost/device/0#id>
    a nirest:Device;
    nirest:name "Kinect";
    nirest:vendor "Microsoft";
    nirest:usbProductID "0x005a";
    nirest:usbVendorID "0x045e";
    nirest:tiltAngle "15"^^xsd:int;
    nirest:trackedUsers <http://localhost/device/0/users/>.
```

Der RDF-Graph im vorhergehenden Beispiel stellt eine Beschreibung der Ressource mit der URI „http://localhost/device/0#id" in Turtle-Syntax dar. Turtle erlaubt es URIs mittels „prefix:name"-Paaren abzukürzen. Dabei werden zu Beginn Präfixe durch das „@prefix"-Schlüsselwort definiert, welche später in URIs verwendet werden können. Die abgekürzte URI „nirest:trackedUsers" wird vom Parser in die volle URI „http://vocab.arvida. de/2016/10/nirest/vocab#trackedUsers" expandiert. Die Zeichenketten „Microsoft" oder „0x005a" sind dabei standardmäßig RDF-Literale des Datentyps „xsd:string". Das Objekt des Triples mit dem Prädikat „nirest:tiltAngle" wird davon abweichend durch „xsd:int" als Ganzzahl-Datenyp ausgezeichnet und besitzt den Wert „15".

Nutzer-Repräsentation (z. B. abrufbar unter „http://localhost/device/0/user/0")

```
@prefix xsd: <http://www.w3.org/2001/XMLSchema#>.
@prefix nirest: <http://vocab.arvida.de/2016/010/nirest/vocab#>.
<#id>
    a nirest:User;
    nirest:centerOfMass [
        a nirest:Coordinate;
        nirest:x "26.433617"^^xsd:float;
        nirest:y "88.55968"^^xsd:float;
        nirest:z "2202.87"^^xsd:float
    ];
    nirest:skeleton [
        a nirest:Skeleton;
        nirest:joint [
            a nirest:Head;
            nirest:coordinate [
                a nirest:Coordinate;
                nirest:x "-15.884758"^^xsd:float;
                nirest:y "815.59595"^^xsd:float;
                nirest:z "2220.468"^^xsd:float
            ];
            nirest:orientationConfidence "0.0"^^xsd:float;
            nirest:positionConfidence "0.0"^^xsd:float
        ];
        nirest:joint [
```

```
                a nirest:RightHand;
                nirest:coordinate [
                        a nirest:Coordinate;
                        nirest:x "843.39246"^^xsd:float;
                        nirest:y "539.42395"^^xsd:float;
                        nirest:z "2072.0703"^^xsd:float
                ];
                nirest:orientationConfidence "1.0"^^xsd:float;
                nirest:positionConfidence "1.0"^^xsd:float
        ];
        …
    ].
```

Der RDF-Graph im vorhergehenden Beispiel ist umfangreicher und enthält leere Knoten, die über eckige Klammern („[]") ausgezeichnet werden. Der dort gezeigte Teil eines größeren RDF-Graphen beschreibt einen getrackten Nutzer und die Positionen von Punkten, die das von der Kinect aufgenommene und durch Algorithmen berechnete Skelett des Nutzers repräsentieren, z. B. die Gelenkpunkte des Kopfes oder der rechte Hand.

Da die Repräsentation der URI „http://localhost/device/0" eine Referenz zu der URI „http://localhost/device/0/user" enthält, kann ein Linked Data-User-Agent eine HTTP GET-Operation auf die URI „http://localhost/device/0" ausführen und durch die Nutzung der Hyperlinks von der URI des Geräts über die Liste der getrackten Nutzer und zu den getrackten Nutzern selbst folgen. Das Folgen von Links zur Laufzeit ermöglicht es, Client und Server zu einem gewissen Grad unabhängig voneinander zu gestalten. So kann z. B. auf dem Server die URI-Struktur von getrackten Nutzern verändert werden, ohne dass der Client, der diesen Links zur Laufzeit folgt, geändert werden muss.

2.6.2.3 RDF Schema (RDFS)/Web Ontology Language (OWL)

RDF-Graphen dienen in Linked Data zum Austausch der Repräsentationen von Zuständen der Ressourcen. Damit Client und Server die RDF-Graphen korrekt interpretieren können, muss in beiden die Bedeutung von URIs übereinstimmen. Dazu werden Vokabulare verwendet, die jeweils eine Menge von URIs mit definierter Bedeutung zusammenfassen. So bedeutet z. B. „nirest:Device" die Klasse aller Kinect-Devices. Das NIREST-Vokabular beinhaltet weitere URIs, z. B. die Klasse aller Nutzer oder ein Prädikat, welches ein Gerät mit dessen getrackten Nutzern verbindet.

Die Definition der Bedeutung von URIs erfolgt erstmal dadurch, dass Client und Server die URIs konsistent verwenden und ihnen die gleiche Bedeutung zumessen. Das ist die Grundlage für erfolgreiche Kommunikation. Die Bedeutung von URIs kann neben der impliziten konsistenten Verwendung auch textuell beschrieben werden. Außerdem können bestimmte Konstrukte verwendet werden, mit denen mathematisch präzise bestimmte Eigenschaften von URIs festgelegt werden können. Diese präzise Definition erfolge ebenfalls in RDF-Graphen.

RDF selbst definiert nur eine abstrakte Syntax und eine einfache Semantik zur Beschreibung von graphstrukturierten Daten. Das strukturelle und semantische Wissen für bestimmte Anwendungsbereiche wird im semantischen Web in Form von Vokabularen verwaltet. Zur konkreten Modellierung der Daten existiert eine Reihe von Ontologiesprachen, insbesondere das RDF Schema (RDFS) [153] und die Web Ontology Language (OWL) [154]. Während RDFS die Möglichkeiten zur Beschreibung von Klassenhierarchien zur Verfügung stellt, erweitert OWL diese Möglichkeiten um die Beschreibung komplexerer Beziehungen. Daten in RDF können aufgrund der Graphstruktur relativ einfach kombiniert werden. Daten, welche mit RDFS und OWL ausgezeichnet sind, können mittels logischer Ableitungen integriert und mittels Anfragesprachen konsultiert werden [155].

2.6.2.4 Linked Data Platform (LDP)

Die Kombination der REST-Einschränkungen und der Linked Data-Paradigmen kann als Architekturstil bezeichnet werden, welcher sich zahlreiche etablierte Spezifikationen zu eigen macht, der aber keine übergreifende Normierung darstellt. Eine solche Normierung wurde durch World Wide Web Consortium (W3C) vorangetrieben und innerhalb der Projektlaufzeit als Spezifikation, der W3C Recommendation Linked Data Platform (LDP) [151], veröffentlicht. Die LDP ist als grundlegende Spezifikation angelegt und definiert Basiskonzepte wie Ressource oder Ressourcen-Container, die Interaktion mit diesen sowie deren Verhalten bei Interaktion.

Die LDP zielt darauf ab, das volle Spektrum der ressourcenorientierten Sichtweise zu behandeln und sowohl REST-Interaktion mit Linked Data-Ressourcen als auch mit in diesen verlinkten anderweitigen Ressourcen abzudecken. Das Konzept Linked Data Platform Resource (LDPR) definiert alle allgemeinen Eigenschaften dieser Ressourcen. Dazu gehört insbesondere die Verwendung von HTTP als Übertragungs- und Interaktionsprotokoll, die zwingende Unterstützung der HTTP GET-Methode, das optionale grundlegende Verhalten bei Verwendung der HTTP Methoden PUT, POST, DELETE, PATCH, HEAD, OPTIONS, sowie detaillierte aber wesentliche Feinheiten in Bezug auf HTTP im generellen. Zur Differenzierung verschiedener Arten von Ressourcen spezifiziert das Konzept LDP RDF Source (LDP-RS) Ressourcen, welche sowohl REST als auch Linked Data folgen, und das Konzept LDP Non-RDF Source (LDP-NR) alle anderen Arten. LDP-RS verwenden das RDF-Datenmodell und stellen bzw. akzeptieren RDF in einem der unterstützten Serialisierungsformate für RDF.

> **LPD Container-Repräsentation für Nutzer (z. B. abrufbar unter „http://localhost/device/0/user/")**

```
@prefix rdf: <http://www.w3.org/1999/02/22-rdf-syntax-ns#>
@prefix ldp: <https://www.w3.org/ns/ldp#>
   <>
      a ldp:BasicContainer,
      ldp:Container;
      ldp:contains
            <http://localhost/device/0/user/1>,
            <http://localhost/device/0/user/2>.
```

Die bisher eingeführten LDP-RS und LDP-NR definieren atomare Ressourcen. Im Gegensatz dazu wird mit dem LDP Container (LDPC), einer Spezialisierung der LDP-RS, ein Ressourcentyp zur Verwaltung einer Menge atomarer Ressourcen eingeführt, welche ebenfalls wieder LDPC darstellen können. Dadurch wird eine, optional mehrschichtige, hierarchische Verwaltung von Ressourcen spezifiziert. Das vorhergehende Beispiel zeigt wie der LDP Basic Container im Nutzer-Tracking-Beispiel für die Auflistung aller getrackten Nutzer eines Sensors eingesetzt wird. Das Verhalten der User-Containerressource beschränkt sich in diesem Fall auf rein lesenden Zugriff. Das Anlegen, Ändern oder Löschen von Unterressourcen für getrackte Nutzer ist dem System selbst vorbehalten.

Die LDP als freie Spezifikation kann grundsätzlich von jedem Interessierten implementiert und unterstützt werden. Unter dem Dach der Apache Foundation[10] wird im Rahmen des Apache Marmotta[11] eine Referenzimplementation eines read/write Linked Data-Servers mit vollständiger Unterstützung der LDP entwickelt.

2.6.2.5 SPARQL Protocol and Query Language (SPARQL)

Die Abfrage- und Manipulationssprache SPARQL Protocol and RDF Query Language (SPARQL) [149] definiert eine Syntax und die Semantik für Abfragen über RDF-Datensätze. Die Sprache wurde erstmals im Jahr 2008 durch das W3C als Recommendation in Version 1.0 standardisiert, für die im Jahr 2013 mit SPARQL 1.1 eine aktualisierte Fassung veröffentlicht wurde. Die Sprache stellt neben der Deklaration von Abfragen weitere Fähigkeiten zur Verfügung, z. B. Graph-Pattern mit Konjunktion und Disjunktion für das Matching von Teilgraphen, Aggregation, Unterabfragen, Negation, Ausdrücke für die Erstellung von Werten oder verschiedene Tests für Werte.

Die SPARQL-Sprache definiert für Abfragen über RDF-Daten verschieden Typen von Abfragen:

- SELECT: Eine SELECT-Abfrage über einen RDF-Datensatz ermöglicht die Extraktion von Daten in Tabellenform. Das Ergebnis wird aus verschiedenen Werten eines gefundenen Teilgraphen zusammengesetzt, die vorher deklarativ an Variablen gebunden wurden. Jeder gefundene Teilgraph führt zu einer oder mehreren Zeilen in der Ergebnistabelle, je nach Formulierung der Anfrage und der RDF-Datenbasis.
- CONSTRUCT: Im Gegensatz zur SELECT-Abfrage ist das Ergebnis einer CONSTRUCT-Abfrage ein valider RDF-Graph. Mit dieser Abfrage lässt sich ein neuer RDF-Graph auf Basis des RDF-Datensatzes generieren. Zum einen wird dafür die Struktur des neuen RDF-Graphen, in der Regel mit Variablen versehen, definiert. Beispielsweise mit Hilfe von Graph Patterns werden zu findende Teilgraphen innerhalb des RDF-Datensatzes definiert sowie das Binden von Werten aus diesen Teilgraphen an Variablen deklariert.

---

[10] http://www.apache.org/.

[11] http://marmotta.apache.org/.

- ASK: Die ASK-Abfrage dient der Beantwortung einfacher Wahrheitsfragen, die mit ja oder nein beantwortet werden können.
- DESCRIBE: Ähnlich wie die CONSTRUCT-Abfrage gibt eine DESCRIBE-Abfrage valides RDF als Ergebnis zurück, welches einen Teilgraphen des RDF-Datensatzes enthält. Im Gegensatz dazu wird es aber der Implementation der die Anfrage verarbeitenden Software überlassen, wie genau dieser Teilgraph aussieht.

SPARQL CONSTRUCT-Abfrage über eine Nutzer-Repräsentation

```
PREFIX rdf: <http://www.w3.org/1999/02/22-rdf-syntax-ns#>
PREFIX nirest: <http://vocab.arvida.de/2016/10/nirest/vocab#>
PREFIX ex: <http://example.org/ex#>
CONSTRUCT {
      ?point ex:headx ?x.
      ?point ex:heady ?y.
      ?point ex:headz ?z.
}
FROM <http://localhost/device/0/user/0>
WHERE {
      ?point a nirest:Head.
      ?point nirest:coordinate ?coordinate.
            ?coordinate nirest:x ?x; nirest:y ?y; nirest:z ?z.
}
```

Im vorhergehenden Beispiel wird eine SPARQL CONSTRUCT-Abfrage gezeigt, die mit Bezug auf den RDF-Datensatz des getrackten Nutzers („http://localhost/device/0/user/0") aus den vorherigen Beispielen erstellt wurde. Innerhalb der geschweiften Klammern nach „CONSTRUCT" wird der neu zu generierende RDF-Graph definiert. Dieser besteht hier aus dem Subjekt „?point", den Prädikaten „ex:headx", „ex:heady", und „ex:headz" sowie den Objekten „?x", „?y" und „?x". Sowohl das Subjekt als auch die Objekte sind dabei Variablen, deren Wert bei der Evaluierung der Anfrage festgelegt werden muss. Die Prädikate sind fest definiert und verwenden ein neues Vokabular („http://example.org/ex#"), welches im originalen Beispiel nicht vorhanden ist. Innerhalb der geschweiften Klammern nach „WHERE" wird mit Hilfe eines Graph Patterns deklariert auf welche Teilgraphen des RDF-Datensatzes die Abfrage zutrifft und welche Teile dieses Teilgraphen als Werte an Variablen gebunden werden sollen. Konkret wird nach einem Teilgraphen gesucht, der den Kopf-Gelenkpunkt beschreibt als „a nirest:Head", und dessen URI an die Variable „?point" gebunden wird. Dazu muss die Koordinate des Gelenkpunktes „nirest:coordinate" im Teilgraph vorhanden sein, deren Einzelwerte an die Variablen „?x", „?y" und „?x" gebunden werden. Das Ergebnis der Abfrage über die RDF-Daten des Nutzers, d. h. der neu generierte Graph, ist im nachfolgenden Beispiel zu sehen.

Ergebnis der SPARQL CONSTRUCT-Abfrage über eine Nutzer-Repräsentation

```
@prefix xsd: <http://www.w3.org/2001/XMLSchema#>.
@prefix ex: <http://example.org/ex#>.
_:genid1
        ex:headx "-15.884758"^^xsd:float;
        ex:heady "815.59595"^^xsd:float;
        ex:headz "2220.468"^^xsd:float.
```

2.6.2.6 Data Shapes

Die ARVIDA-Referenzarchitektur verwendet RDF und darauf aufbauend OWL für die Beschreibung der Daten und Dienste. Die Semantic Web-Technologien und damit OWL unterliegen dabei der sogenannten „Open World Assumption" (OWA) für das zugrunde-liegende Logiksystem. Die OWA postuliert, dass der Wahrheitsgehalt einer Aussage (in Abwesenheit der Daten um diese Aussage zu evaluieren) unbekannt ist anstelle von falsch. Jedes System, das unter der OWA arbeitet, darf in einem solchen Fall keinen Fehler gene-rieren. Die Daten könnten prinzipiell in einer anderen Quelle vorhanden sein. Im Vergleich hierzu verwenden nahezu alle anderen Systeme, die bisher im Umfeld von VT Anwendun-gen verwendet werden, die „Closed World Assumption" (CWA). In diesem Fall entsteht beim Fehlen von Daten ein Fehler.

Die OWA ist praktisch wenn es darum geht, Systeme aufzubauen, die aus vielen ver-schiedenen Diensten bestehen. Die Anforderungen an das System können auf hoher Ebene definiert werden. Jeder Dienst gibt die Informationen über das System preis, die ihm bekannt sind. In Kombination der Dienste entsteht dann ein vollständiges Bild des Systems.

Wenn es allerdings darum geht, Datenpakete zwischen den Services auszutauschen, woraufhin gewisse Aktionen durchgeführt werden sollen, die außerhalb eines OWA Systems liegen (z. B. Tracking oder Rendering), muss sichergestellt werden, dass alle benötigten Daten vorhanden sind.

Es gibt verschiedene Ansätze in der Semantic Web-Community, um diese Datensätze zu beschreiben wie z. B. die Resource-Shapes aus Open Services for Lifecycle Collabora-tion (OSLC), die Semantic Web-Rule-Language oder die RDF-Data-Shapes. OWL selbst bietet auch die Möglichkeit, Beschränkungen zu definieren, allerdings haben diese eine andere semantische Bedeutung.

Als einfaches Beispiel wird eine Person definiert mit der Beschränkung, dass sie auf nur eine andere Person als Mutter referenzieren kann. Die Person „Peter" enthält nun zwei Verweise als Mutter auf die Personen „Katharina" und „Inge". Durch die OWL Beschrän-kung ergibt eine Auswertung der Beschränkung, dass die Person „Katharina" und die Person „Inge" dieselbe Person sein müssen. Die RDF-Data-Shape-Beschränkung würde einen Fehler ergeben, da nur ein Verweis vorhanden sein darf.

RDF-Data-Shapes sind zurzeit noch keine offizielle W3C-Recommendation, aller-dings eine aktive W3C-Workinggroup mit guten Aussichten, eine W3C-Recommendation zu werden. Bei RDF-Data-Shapes werden die Definitionen in Klassen beschrieben, die wiederum in RDF-Tiples abgelegt werden. Ähnlich zu OWL können Klassenhierarchien erstellt und damit die Semantik der Vererbung verwendet werden. Dies bietet die Möglichkeit, die Beschränkungen auf mehreren Ebenen zu definieren. Angefangen mit einfachen Beschränkungen, wie z. B. dass ein Vector3 eine X, Y und Z Komponente enthalten muss, bis hin zu den in ARVIDA definierten Standards wie z. B., dass alle Längeneinheiten in Metern übertragen werden sollten. Jeder Service kann nun autonom entscheiden, welche Beschränkungen für sein System gelten, z. B. um Eingabe- oder Ausgabe-Daten, um die Kompatibilität beim Datenaustausch zwischen Services sicherzustellen. Durch Hinzufügen weiterer Triples können nun die mit OWL-Klassen beschriebenen Daten mit den RDF-Data-Shapes verbunden werden.

Die Evaluation der Beschränkungen wird im Umfeld von RDF durch eine dementsprechende allgemeine Implementation der RDF-Data-Shape-Regeln durchgeführt. Diese ist allgemein und kann auf alle RDF Daten angewendet werden. Für Echtzeitsysteme wie im Bereich der Tracking Systeme ist eine schnelle Verarbeitung der Daten wichtig. Daher ist eine allgemeine Implementation an dieser Stelle unpraktisch. Durch die eindeutigen RDF-Data-Shape-Definitionen kann relativ einfach entweder per Hand oder durch einen Generator Quellcode erzeugt werden, der die Regeln für einen bestimmten Datentyp implementiert.

Literatur

[1]   Alt T (2002) Augmented Reality in der Produktion. Herbert Utz Verlag GmbH, München
[2]   Berke A (2000) Augenmuskel und Augenbewegungen, in Optometrie 1/2000
[3]   Bruder G, Pusch A, Steinicke F (2012) Analysing effects of geometric rendering parameters on size and distance estimation in on-axis stereographics. In: ACM symposium on applied perception, ACM, New York
[4]   Cutting JE (1997) How the eye measures reality and virtual reality. In: Behavior research methods, instruments, & computers 29
[5]   Cutting JE, Vishton PM (1995) Perceiving layout and knowing distances: the integration, relative potency, and contextual use of different information about depth. In: Handbook of perception and cognition, Bd. 5. Epstein & s.Rogers
[6]   DeAngelis GC (2000) Seeing in three dimensions: the neurophysiology of stereopsis. In: Trends in cognitive sciences 4(3).
[7]   DIN 86 (1986) Norm DIN 5340 Oktober 1986. Begriffe der physiologischen Optik.
[8]   Dodgson NA (2004) Variation and extrema of human interpupillary distance. In: Proceedings stereoscopic displays and virtual reality systems, Bd. 5291
[9]   Drascic D, Milgram P (1996) Perceptual issues in augmented reality. In: SPIE Volume 2653: Stereoscopic displays and virtual reality systems III
[10]   Gilinsky AS (1951) Perceived size and distance in visual space. Psychol Rev 58: 460–482
[11]   Goersch R (1996) Der Einfluss der Interpupillardistanz auf die Tiefensehschärfe. In: Klinische Monatsblätter für Augenheilkunde
[12]   Goldstein EB (2002) Wahrnehmungspsychologie, Bd 2. Spektrum Akademischer Verlag, München
[13]   Goldstein EB (2008) The Blackwell handbook of sensation and perception. Wiley, Hoboken
[14]   Gullstrand A (1909) Handbuch der Physiologischen Optik

[15] Hodges LF, Davis ET (1993) Geometric considerations for stereoscopic virtual environments. In: Presence 2

[16] Hofmann J (2002) Raumwahrnehmung in virtuellen Umgebungen. Deutscher Universitäts-Verlag, Wiesbaden

[17] Lambooij MTM, Ijsselsteijn WA, Heynderickx I (2007) Visual discomfort in stereoscopic displays: a review. In: SPIE stereoscopic displays and virtual reality systems XIV Bd. 6490

[18] Landy MS, Maloney LT, Young MJ (1991) Psychophysical estimation of the human depth combination rule. In: SPIE Sensor fusion II: 3D perception and recognition, Bd 1383. P.S. Shenker

[19] Löffler A, Pica L, Hoffmann H, Slusallek P (2012) Networked displays for VR applications: Display as a Service (DaaS), in virtual environments 2012: proceedings of joint virtual reality conference of ICAT, EuroVR, and EGVE (JVRC)

[20] Oswald M, Busche M (2009) Visioffice and eyecode: Perfektes Sehen ist kein Geheimnis mehr. In DOZ Optometrie & Fashion 10–2009

[21] Palmer SE (1999) Vision science: photons to phenomenology. Cambridge, MA

[22] Ponce C, Born R (2008) Stereopsis. Curr Biol 18(008): 845–850

[23] Tümler J (2010) Mobile Augmented Reality im industriellen Langzeiteinsatz: Untersuchungen zu nutzerbezogenen und technischen Aspekten. Suedwestdeutscher Verlag fuer Hochschulschriften.

[24] Wesemann W (2009) Moderne Videozentriersysteme und Pupillometer im Vergleich, Teil 2. In: DOZ – Optometrie & Fashion 7–2009

[25] Hainich RR, Bimber O (2011) Displays: Fundamentals and applications. Taylor and Francis Group, LLC, Milton Park

[26] Gamma E, Helm R, Johnson R, Vlissides J (1996) Entwurfsmuster (5. Aufl.). Addison-Wesley, Boston.

[27] alaska Dynamicus. www.tu-chemnitz.de/ifm/produkte-html/alaskaDYNAMICUS.html. Zugegriffen: 17. Juni 2016

[28] Asus Xtion PRO LIVE. www.xtionprolive.com. Zugegriffen: 17. Juni 2016

[29] ART. www.ar-tracking.com/products/motion-capture/optical-target-set. Zugegriffen: 17. Juni 2016

[30] Basler. www.baslerweb.com/de/produkte/kameras/3d-kameras/time-of-flight-kamera. Zugegriffen: 17. Juni 2016

[31] BlueTechnix. www.bluetechnix.com. Zugegriffen: 17. Juni 2016

[32] CanControls. www.cancontrols.com. Zugegriffen: 13. Juli 2016

[33] CyberGlove Systems. www.cyberglovesystems.com. Zugegriffen: 14. Juli 2016

[34] Geiselhart F, Otto M, Rukzio E (2015) On the use of multi-depth-camera based motion tracking systems in production planning environments. Proc. of CIRP CMS 2015 (48th CIRP Conference on Manufacturing Systems)

[35] Human Solutions Ramsis. www.human-solutions.com/mobility/front_content.php. Zugegriffen: 17. Juni 2016

[36] iPi Soft. www.ipisoft.com. Zugegriffen: 17. Juni 2016

[37] KSCAN3D. www.kscan3d.com. Zugegriffen: 23. Juni 2016

[38] Lepetit V, Fua P (2005) Monocular model-based 3D tracking of rigid objects: a survey. Found Trends Comp Graphics Vision 1(1):1–89

[39] Lu X, Manduchi R (2004) Wide baseline feature matching using the cross–epipolar ordering constraint, computer vision and pattern recognition. Proceedings of the 2004 IEEE Computer society conference, Bd 1

[40] META Motion. www.metamotion.com. Zugegriffen: 17. Juni 2016

[41] Microsoft Kinect for Xbox One. www.xbox.com/de-DE/xbox-one/accessories/kinect-for-xbox-one. Zugegriffen: 13. Juli 2016

[42] Microsoft Kinect for Xbox 360. www.xbox.com/en-US/xbox-360/accessories/kinect. Zuge-
      griffen: 13. Juli 2016
[43] MotionAnalysis. www.motionanalysis.com Zugegriffen: 17. Juni 2016
[44] OptiTrack. www.optitrack.com. Zugegriffen: 17. Juni 2016
[45] organic motion. www.organicmotion.com. Zugegriffen: 17. Juni 2016
[46] Otto M, Agethen P, Geiselhart F, Rukzio E (2015) Towards ubiquitous tracking: presenting
      a scalable, markerless tracking approach using multiple depth cameras. In: Proc. of EuroVR
      2015 (European association for virtual reality and augmented reality)
[47] Otto M, Prieur M, Agethen P, Rukzio E (2016) Dual reality for production verification work-
      shops: a comprehensive set of virtual methods, In: Proc. of 6th CIRP Conference on Assembly
      Technologies and Systems (CATS)
[48] PhaseSpace. www.phasespace.com Zugegriffen: 17. Juni 2016
[49] Qualisys. www.qualisys.com. Zugegriffen: 17. Juni 2016
[50] RecFusion. www.recfusion.net Zugegriffen: 23. Juni 2016
[51] ReconstructMe. www.reconstructme.net. Zugegriffen: 23. Juni 2016
[52] Siemens Jack. www.plm.automation.siemens.com/en_us/products/tecnomatix/manufactu-
      ring-simulation/human-ergonomics/jack.shtml. Zugegriffen: 17. Juni 2016
[53] SHADOW. www.motionshadow.com. Zugegriffen: 17. Juni 2016
[54] Synertial. www.synertial.com. Zugegriffen: 17. Juni 2016
[55] The Captury. www.thecaptury.com. Zugegriffen: 17. Juni 2016
[56] Trivisio. www.trivisio.com. Zugegriffen: 17. Juni 2016
[57] Vacchetti L, Lepetit V, Fua P (2004) Stable real-time 3D tracking using online and offline infor-
      mation. IEEE transactions on pattern analysis and machine intelligence. 26(10):1385–1391
[58] Vicon. www.vicon.com. Zugegriffen: 17. Juni 2016
[59] Virtual Motion Labs. www.virtualmotionlabs.com. Zugegriffen: 14. Juli 2016
[60] Roetenberg D, Luinge H, Slycke P (2013) Xsens MVN: full 6DOF human motion tracking
      using miniature inertial sensors, xsens technologies, white paper. www.xsens.com/wp-con-
      tent/uploads/2013/12/MVN_white_paper1.pdf. Zugegriffen: 21. Juni 2016
[61] Rosten E (2006) High performance rigid body tracking, PhD Thesis, University of Cambridge
[62] Xaxxon. www.xaxxon.com/news/view/oculus-and-the-asus-xtion-3d-sensor Zugegriffen: 23.
      Juni 2016
[63] Keskin C, Kıraç F, Kara YE, Akarun L (2011) Real time hand pose estimation using depth
      sensors. In: IEEE International conference on computer vision, Barcelona, Spain, 6–13. Nov.,
      S 1228–1234
[64] Kyriazis N, Oikonomidis I, Panteleris P, Michel D, Qammaz A, Makris A, Tzevanidis K,
      Douvantzis P, Roditakis K, Argyros A (2015) A generative approach to tracking hands and
      their interaction with objects. In: A. Gruca et al (Hrsg) Man-machine interaction 4, 4th Inter-
      national conference on man-machine interactions, S 19–28
[65] Li P, Ling H, Li X, Liao C (2015) 3D Hand pose estimation using randomized decision forest
      with segmentation index points. In: IEEE International Conference on Computer Vision
      (ICCV 2015), Santiago, Chile, 13–16. Dez., S 819–827
[66] Rautaray SS, Agrawal A (2012) Vision based hand gesture recognition for human computer
      interaction: a survey. Artif Intell Rev 43(1):1–54
[67] Sharp T, Keskin C, Robertson D, Taylor J, Shotton J, Kim D, Rhemann C, Leichter I, Vinnikov
      A, Wei Y, Freedman D, Kohli P, Krupka E, Fitzgibbon A, Izadi S (2015) Accurate, robust and
      flexible real-time hand tracking. In: CHI'15 proceedings of the 33rd annual ACM conference
      on human factors in computing systems, 1. Apr., S 3633–3642
[68] Shotton J, Girshick R, Fitzgibbon A, Sharp T, Cook M, Finocchio M, Moore R, Kohli P,
      Criminisi A, Kipman A, Blake A (2013) Efficient human pose estimation from single depth
      images. IEEE Trans Pattern Anal 35(12):2821–2840

[69] Supančič JS, Rogez G, Yang Y, Shotton J, Ramanan D (2015) Depth-based hand pose estimation: data, methods, and challenges. In: IEEE International Conference on Computer Vision (ICCV 2015), Santiago, Chile, 13–16. Dez., S 1868–1876

[70] Tang D, Chang HJ, Tejani A, Kim TK (2013) Latent regression forest: structured estimation of 3D articulated hand posture. In: IEEE Conference on Computer Vision and Pattern Recognition (CVPR 2014), Columbus, Ohio, 24–27. Juni 2014, S 3786–3793

[71] Xu C, Cheng L (2013) Efficient hand pose estimation from a single depth image. In: IEEE International Conference on Computer Vision (ICCV 2013), Sydney, 1–8. Dez., S 3456–3462

[72] Pustka D, Klinker, G (2008) Dynamic gyroscope fusion in ubiquitous tracking environments. In: Proceedings of the 7th International Symposium on Mixed and Augmented Reality (ISMAR)

[73] Waechter C, Huber M, Keitler P, Schlegel M, Pustka D, Klinker G (2010) A multisensor platform for wide-area tracking. 9th IEEE and ACM International Symposium on Mixed and Augmented Reality (ISMAR 2010)

[74] SICK AG, LMS 5xx Benutzerhandbuch. https://www.sick.com/media/dox/4/14/514/Operating_instructions_Laser_Measurement_Sensors_of_the_LMS5xx_Product_Family_en_IM0037514.PDF. Zugegriffen: 01. Sept. 2016

[75] SICK AG, NAV350 Benutzerhandbuch. https://www.sick.com/media/dox/3/43/143/Operating_instructions_NAV350_Laser_Positioning_Sensor_en_IM0040143.PDF Zugegriffen: 01. Sept. 2016

[76] Gopi M, Krishnan S (2001) A fast and efficient projection-based approach for surface reconstruction

[77] Amenta N, Choi S (1998) A new voronoi-based surface reconstruction algorithm

[78] Dinh HQ, Turk H, Slabaugh G (2002) Reconstructing surfaces by volumetric regularization using radial basis functions

[79] Marton ZC, Rusu RB, Beetz M (2009) On fast surface reconstruction methods for large and noisy point

[80] Akyol S (2003) Nicht-intrusive Erkennung isolierter Gesten und Gebärden. Dissertation, RWTH-Aachen

[81] Chatbri H, Kameyama K, Kwan P (2015) A comparative study using contours and skeletons as shape representations for minary image matching. Pattern Recogn Lett 76(1):59–66

[82] Gonzalez R, Woods R (2008) Digital image processing, 3. Aufl.. Pearson Prentice Hall, Upper Saddle River

[83] Green M, Lo J (2004) The Grappl 3D interaction technique library. In Proceedings of the ACM symposium on virtual reality software and technology (VRST'04)

[84] Hofemann N (2006) Videobasierte Handlungserkennung für die natürliche Mensch-Maschine-Interaktion. Dissertation, Universität Bielefeld

[85] Krekhov A, Grüninger J, Baum K, McCann D, Krüger J (2016) MorphableUI: a hypergraph-based approach to distributed multimodal interaction for rapid prototyping and changing environments. In: WSCG 2016 – 24th WSCG conference on computer graphics, visualization and computer vision 2016

[86] Mitra S, Acharya T (2007) Gesture recognition: a survey. IEEE T Syst Man Cy C 37(3):311–324

[87] Pavlović V, Sharma R, Huang TS (1997) Visual interpretation of hand gestures for human-computer interaction: a review. IEEE T Pattern Anal 19(7):677–695

[88] Rabiner L, Hill M (1986) An introduction to hidden Markov models. IEEE ASSP Magazine 3(1):4–16

[89] Ong EJ, Cooper H, Pugeault N, Bowden R (2012) Sign language recognition using sequential pattern trees. In: IEEE Conference on Computer Vision and Pattern Recognition (CVPR 2012), Providence, Rhode Island, 16–21. Juni, S 2200–2207

[90]   Singh G, Serra L, Png W, Wong A, Ng H (1995) BrickNet: sharing object behaviors on the net. In: Proc. IEEE Virtual Reality Annual International Symposium (VRAIS'95)

[91]   Suk HI, Sin BK, Lee SW (2010) Hand gesture recognition based on dynamic Bayesian network framework. Pattern Recogn 43(9):3059–3072

[92]   Tang D, chang HJ, Tejani A, Kim TK (2013) Latent regression forest: structured estimation of 3D articulated hand posture. In: IEEE conference on Computer Vision and Pattern Recognition (CVPR 2014), Columbus, Ohio, 24–27. Juni 2014, S 3786–3793

[93]   Viola P, Jones MJ (2001) Rapid object detection using a boosted cascade of simple features. In: IEEE conference on Computer Vision and Pattern Recognition (CVPR 2001), Kauai, Hawaii, 8–14. Dez., Bd 1, S 511–518

[94]   Viola P, Jones MJ (2004) Robust real-time face detection. Int J Comput Vision 57(2):137–154

[95]   Viola P, Jones MJ, Snow D (2003) Detecting pedestrians using patterns of motion and appearance. In: IEEE International Conference on Computer Vision (ICCV 2003), Niece, 13. Okt.

[96]   Wasenmüller O, Meyer M, Stricker D (2016) Augmented reality 3D discrepancy check. In: IEEE International Symposium on Mixed and Augmented Reality (ISMAR), Merida, Mexico, 2016

[97]   Wasenmüller O, Stricker D (2016) Comparison of kinect v1 and v2 depth images in terms of accuracy and precision. In: Asian Conference on Computer Vision Workshop (ACCV Workshop), Taipeh, Taiwan

[98]   EXTEND3D Werklicht®. http://www.extend3d.de/produkte.php Zugegriffen: 08. Sept. 2016

[99]   Jensen HW (1996) Global illumination using photon maps. Rendering techniques '96 (proceedings of the seventh euro-graphics workshop on rendering). Springer, S 21–30

[100]   Kasik DJ, Buxton W, Ferguson DR (2005) The 10 CAD Challenges. IEEE Comput Graph 24(2):81–92

[101]   Wald I, Dietrich A, Slusallek P (2005) An interactive out-of-core rendering framework for visualizing massively complex odels. Proc. Int'l Conf. Computer Graphics and Interactive Techniques, ACM Press, article no. 17

[102]   Wand M et al (2001) The randomized z-buffer algorithm:Interactive rendering of highly complex scenes. Proc. 28th Ann. Conf. Computer Graphics and Interactive Techniques (SIGGRAPH 01), ACM Press, S 361–370

[103]   Gobbetti E Marton F (2005) Far voxels: a multiresolution framework for interactive rendering of huge complex 3D models on commodity graphics platforms. ACM SIGGRAPH 2005 Papers, New York

[104]   Bittner J et al (2004) Coherent hierarchical culling: hardware occlusion queries made useful. Proc. Eurographics Conf., European Assoc. for Computer Graphics, S 615–624

[105]   Mattausch O, Bittner J, Wimmer M (2008) CHC++: coherent hierarchical culling revisited, in computer graphics forum (proceedings eurographics 2008). Crete

[106]   Heyer M and Brüderlin B (2004) Visibility-guided rendering for visualizing very large virtual reality scenes, Proc. 1st GI Workshop Virtual and Augmented Reality (VR/AR 04), Shaker Verlag.

[107]   Assarsson U, Möller T (2000) Optimized view frustum culling algorithms for bounding boxes. J Graphics Tools 5(1):9–22

[108]   Heyer M, Brüderlin B (2004) Hardware-supported occlusion culling for visualizing extremely large models [in German]. In: Proc. 3, Paderborner Workshop, Paderborn Augmented & Virtual Reality in der Produktentstehung, Hanser Verlag, S 39–49

[109]   Samet H (1990) The design and analysis of spatial data structures, Addison-Wesley

[110]   Corrêa WT, Klosowski JT, Silva CT (2003) Visibility-based prefetching for interactive out-of-core rendering. In: Proc. 6th IEEE Symp. Parallel and Large-Data Visualization and Graphics (PVG 03), IEEE CS Press, S 2

[111] Tanner CC, Migdal CJ, Jones MT (1998) The clipmap: a virtual mipmap in proceedings of the 25th annual conference on computer graphics and interactive techniques. New York

[112] Lefebvre S, Darbon J, Neyret F (2004) Unified texture management for arbitrary meshes

[113] Antonov M (2015) Asynchronous timewarp examined". Oculus developers. https://developer3.oculus.com/blog/asynchronous-timewarp-examined. Zugegriffen: 04. März 2017

[114] Fehn C (2003) A 3D-TV Approach Using Depth-Image-Based Rendering (DIBR). Proceedings of visualization, imaging and image processing

[115] Torrance KE, Sparrow EM (1967) Theory for off-specular reflection from rough surfaces. J Opt Soc Am 57(9):1105–1114

[116] Schlick C (1994) An inexpensive BRDF model for physically-based rendering. Comput Graph Forum 13(3):233–246

[117] Ashikmin M, Premože S, Shirley P (2000) A microfacet-based BRDF generator. In: Proceedings of the 27th annual conference on computer graphics and interactive techniques, S 65–74

[118] Phong BT (1975) Illumination for computer generated pictures. Commun ACM 18(6):311–317

[119] Blinn JF (1977) Models of light reflection for computer synthesized pictures. Comput Graphics 11(2):192–198

[120] Ashikhmin M, Shirley P (2000) An Anisotropic Phong BRDF Model. Journal of Graphics Tools 5(2):25–32

[121] Lensch HP, Gösele M, Chuang Y, Hawkins T, Marschner S, Matusik W, Müller G (2005) Realistic materials in computer graphics in SIGGRAPH 2005 Tutorials

[122] Cabral B, Max N, Springmeyer R (1987) Bidirectional reflection functions from surface bump maps. Comput Graphics 21(4):273–281

[123] Westin SH, Arvo JR, Torrance KE (1992) Predicting reflectance functions from complex surfaces. Comput Graphics 26(2):255–264

[124] Lalonde P, Fournier A (1997) A wavelet representation of reflectance functions. IEEE T Vis Comput Gr 3(4):329–336

[125] Schröder P, Sweldens W (1995) Spherical wavelets: efficiently representing functions on the sphere. In: Proc. of SIGGRAPH, S 161–172

[126] Müller G, Meseth J, Sattler M, Sarlette R, Klein R (2005) Acquisition, synthesis and rendering of bidirectional texture functions. Comput Graph Forum 24(1):83–109

[127] Kolling J (1997) Validierung und Weiterentwicklung eines CAD-Menschmodells für die Fahrzeuggestaltung, Dissertation, Technische Universität München

[128] Loczi J, Dietz M (1999) Posture and position validation of the 3-D CAD Manikin RAMSIS for use in automotive design at general motors. SAE Technical Paper 1999-01–1899

[129] Seidl A, Bubb H (2006) Standards in anthropometry, handbook on standards and guidelines in ergonomics and human factors. Lawrence Erlbaum Associates, S 169–196

[130] Seidl A (1994) Das Menschmodell RAMSIS: Analysis, Synthese und Simulation dreidimensionaler Körperhaltungen des Menschen, Dissertation, Technische Universität München

[131] Seidl A (1997) RAMSIS – a new CAD-Tool for ergonomic analysis of vehicles developed for the German automotive industry, SAE technical paper 970088

[132] Seidl A, Trieb R, Wirsching HJ (2008) SizeGERMANY – Die neue deutsche Reihenmessung – Konzeption, Durchführung und erste Ergebnisse, 54. Kongress der Gesellschaft für Arbeitswissenschaft (GfA), Kongressband, S 391–394

[133] Van der Meulen P, Seidl A (2007) Ramsis – the leading cad tool for ergonomic analysis of vehicles, digital human modeling. Lect Notes Comput Sc 4561:1008–1017

[134] Saziorski WM et al (1984) Biomechanik des menschlichen Bewegungsapparates. Berlin, Sportverlag.

[135]	Millard M, Uchida T, Seth A, Delp SL (2013) Flexing computational muscle: modelling and simulation of musculotendon dynamics. ASME J Biomech Eng 135(2):021005

[136]	Thelen DG (2003) Adjustment of muscle mechanics model parameters to simulate dynamic contractions in older adults. ASME J Biomech Eng 125(1):70–77

[137]	Wooldridge M (1997) Agent-based software engineering. IEEE Proceedings on Software Engineering 144(1):26–37

[138]	Wooldridge M, Jennings NR (1995) Intelligent agents; theory and practice. Knowl Eng Rev 10(2):115–152

[139]	Hideyuki N, Satoshi K, Toru I (2005) Virtual cities for real-world crisis management. In: Digital cities, LNCS 3081, Springer, S 204–216

[140]	Fasheng Q (2010) A framework for group modeling in agent-based pedestrian crowd simulations, computer science dissertations. Georgia State University

[141]	Lee J, Li T, De Vos M, Padget J (2013) Using social institutions to guide virtual agent behaviour. University of Bath

[142]	Dawe M, Garolinski S, Dicken L, Humphreys T, Mark D (2014) Behavior selection algorithms: an overview. In: Game AI Pro: Collected wisdom of game ai professionals. CRC Press, S 47–60

[143]	Isla D (2005) Handling complexity in the halo 2 AI. http://www.naimadgames.com/publications/gdc05/gdc05.doc. Zugegriffen: 01. Sept. 2016

[144]	Champandard AJ, Dunstan P (2014) The behavior tree starter kit. In: Game al pro: collected wisdom of Game Ai Professionals, CRC Press, S 47–60

[145]	Hahn C, Fischer K (2007) Service composition in holonic multiagent systems: model-driven choreography and orchestration. In: Proceedings of the third International conference on industrial applications of holonic and multi-agent systems, LNCS 4659, Springer, S 47–58

[146]	Berners-Lee T, Fielding R, Masinter L (2005) Uniform Resource Identifier (URI): generic syntax. IETF, Request for comments. https://tools.ietf.org/html/rfc3986. Zugegriffen: Okt. 2016

[147]	Fielding R, Gettys J, Mogul J, Frystyk H, Masinter L, Leach P, Berners-Lee T (1999) Hypertext transfer protocol – HTTP/1.1. IETF. Request for Comments. https://tools.ietf.org/html/rfc2616. Zugegriffen: Okt. 2016

[148]	Cyganiak R, Wood D, Lanthaler M (2014) RDF 1.1 concepts and abstract syntax. W3C, Recommendation. http://www.w3.org/TR/2014/REC-rdf11-concepts-20140225/ Aktuellste Version verfügbar unter http://www.w3.org/TR/rdf11-concepts/ Zugegriffen: Okt. 2016

[149]	Aranda CB, Corby O, Das S, Feigenbaum L, Gearon P, Glimm B, Harris S, Hawke S, Herman I, Humfrey N, Michaelis N, Ogbuji C, Perry M, Passant A, Polleres A, Prud'hommeaux E, Seaborne A, Williams GT (2013) SPARQL 1.1 overview. W3C, recommendation. http://www.w3.org/TR/2013/REC-sparql11-overview-20130321/ Aktuellste Version verfügbar unter http://www.w3.org/TR/sparql11-overview/ Zugegriffen: Okt. 2016

[150]	Berners-Lee T, Connolly D (2011) Notation3 (N3): A readable RDF syntax. W3C, Team submission. http://www.w3.org/TeamSubmission/2011/SUBM-n3-20110328/ Aktuellste Version verfügbar unter https://www.w3.org/TeamSubmission/n3/ Zugegriffen: Okt. 2016

[151]	Speicher S, Arwe J, Malhotra A (2015) Linked data platform 1.0. W3C, Recommendation. http://www.w3.org/TR/2015/REC-ldp-20150226/ Aktuellste Version verfügbar unter http://www.w3.org/TR/ldp/ Zugegriffen: Okt. 2016

[152]	Beckett D, Berners-Lee T, Prud'hommeaux E, Carothers G (2015) Terse RDF triple language. W3C, Recommendation. http://www.w3.org/TR/2014/REC-turtle-20140225/ Aktuellste Version verfügbar unter https://www.w3.org/TR/turtle/ Zugegriffen: Okt. 2016

[153] Brickley D, Guha RV (2014) RDF Schema 1.1. W3C, Recommendation. http://www.w3.org/TR/2014/REC-rdf-schema-20140225/ Aktuellste Version verfügbar unter http://www.w3.org/TR/rdf-schema/ Zugegriffen: Okt. 2016

[154] Hitzler P, Krötzsch M, Parsia B, Patel-Schneider PF, Rudolph S (2012) OWL 2 Web ontology language primer (2. Aufl.). W3C, Recommendation. http://www.w3.org/TR/2012/REC-owl2-primer-20121211/ Aktuellste Version verfügbar unter https://www.w3.org/TR/owl2-primer/ Zugegriffen: Okt. 2016

[155] Hitzler P, Krotzsch M, Rudolph S, Sure Y (2008) Semantic web: Grundlagen. Berlin: Spring-Verlag

[156] Fielding RT (2000) Architectural styles and the design of network-based software architectures. Ph.D. Dissertation, University of California, Irvine

[157] Bizer C, Heath T, Berners-Lee T (2009) Linked data – the story so far. Semantic Web and Information Systems, 5:1–22

[158] Pautasso C, Zimmermann O, Leymann F (2008) Restful web services vs. "Big" web services: making the right architectural decision. Proceedings of the international conference on world wide web, S 805–814

[159] Pautasso C, Wilde E (2009) Why is the web loosely coupled?: a multi-faceted metric for service design. Proceedings of the international conference on world wide web, S 911–920

[160] Wang, Qixin, Chen Wei-Peng, Zheng Rong, Lee Kihwal, Sha Lui (2003) Acoustic target tracking using tiny wireless sensor devices. Information processing in sensor networks: Second international workshop, S 642–657

[161] Raab FH, Blood EB, Steiner TO, Jones HR (1979) Magnetic position and orientation tracking system. IEEE T Aero Elec Sys AES-15(5):709–718

[162] Bapat A, Dunn E, Frahm JM (2016) Kilo-hertz 6-doF visual tracking using an egocentric cluster of rolling shutter cameras. International symposium on mixed and augmented reality

[163] Pustka D, Pankratz F, Huber M, Hülß JP, Willneff J, Klinker G (2012) Optical outside-In tracking using unmodified mobile phones. International symposium on mixed and augmented reality

[164] Wagner M (2005) Tracking with multiple sensors. Dissertation, TU München

[165] Pustka D, Klinker G (2008) Dynamic gyroscope fusion in ubiquitous tracking environments. International symposium on mixed and augmented reality

[166] State A, Hirota G, Chen DT, Garrett WF, Livingston MA (1996) Superior augmented reality registration by integrating landmark tracking and magnetic tracking. Proceedings of the 23rd annual conference on computer graphics and interactive techniques

[167] Kato H, Billinghurst M (1999) Marker tracking and hmd calibration for a video-based augmented reality conferencing system. 2nd IEEE and ACM International workshop on augmented reality

[168] Davison A, Reid I, Molton N, Stasse O (2007) MonoSLAM: Real-time single camera SLAM. IEEE T Pattern Anal 29(6):1052–1067

[169] Klein G, Murray D (2007) Parallel tracking and mapping for small AR workspaces. International symposium on mixed and augmented reality

[170] Newcombe R, Lovegrove S, Davison A (2011) DTAM: dense tracking and mapping in real-time. International conference on computer vision

[171] Resch C, Keitler P, Klinker G (2016) Sticky projections – a model-based approach to interactive shader lamps tracking. IEEE T Vis Comput Gr 22(3):1291–1301

[172] Hasler N, Rosenhahn B, Thormahlen T, Wand M, Gall J, Seidel HP (2009) Markerless motion capture with unsynchronized moving cameras. Proc CVPR IEEE, S 224–231

[173] Sundaresan A (2007) Towards markerless motion capture: model estimation, initialization and tracking. ProQuest

[174] Shotton J et al (2013) Efficient human pose estimation from single depth images. IEEE T Pattern Anal 35(12):2821–2840

[175] Zhang Z (2012) Microsoft kinect sensor and its effect. IEEE multimedia

[176] Kahn, S et al (2013) Towards precise real-time 3D difference detection for industrial applications. Computers in industry

[177] Pfitzner C et al (2014) 3d multi-sensor data fusion for object localization in industrial applications. 41st International symposium on robotics; Proceedings of. VDE

ARVIDA-Referenzarchitektur

3

Ressourcen-orientierte Architekturen für die
Anwendungsentwicklung Virtueller Techniken

Johannes Behr, Roland Blach, Ulrich Bockholt, Andreas Harth, Hilko
Hoffmann, Manuel Huber, Tobias Käfer, Felix Leif Keppmann, Frieder
Pankratz, Dmitri Rubinstein, René Schubotz, Christian Vogelgesang,
Gerrit Voss, Philipp Westner und Konrad Zürl

J. Behr (✉) · U. Bockholt · G. Voss
Fraunhofer Gesellschaft/IGD, Darmstadt
e-mail: Johannes.Behr@igd.fraunhofer.de; Ulrich.Bockholt@igd.fraunhofer.de;
gerrit.voss@igd.fraunhofer.de

R. Blach · P. Westner
Fraunhofer Gesellschaft/IAO, Stuttgart
e-mail: roland.blach@iao.fraunhofer.de; philipp.westner@iao.fraunhofer.de

A. Harth · T. Käfer · F. Leif Keppmann
Karlsruher Institut für Technologie, Karlsruhe
e-mail: harth@kit.edu; tobias.kaefer@kit.edu; felix.leif.keppmann@kit.edu

H. Hoffmann · D. Rubinstein · R. Schubotz · C. Vogelgesang
DFKI GmbH, Saarbrücken
e-mail: hilko.hoffmann@dfki.de; dmitri.rubinstein@dfki.de; Rene.Schubotz@dfki.de;
christian.vogelgesang@dfki.de

M. Huber · F. Pankratz
TU München, München
e-mail: huber@in.tum.de; pankratz@in.tum.de

K. Zürl
Advanced Realtime Tracking GmbH, Weilheim i.OB
e-mail: k.zuerl@ar-tracking.de

© Springer-Verlag GmbH Deutschland 2017
W. Schreiber et al. (Hrsg.), *Web-basierte Anwendungen Virtueller Techniken*,
DOI 10.1007/978-3-662-52956-0_3

Zusammenfassung

Die ARVIDA-Referenzarchitektur ist ein zentrales Element und Ergebnis des ARVI-DA-Projektes. Sie ermöglicht es, mit etablierten Technologien und Konzepten aus dem Web-Umfeld heterogene VT-Systemlandschaften in integrierten, sehr weitgehend plattformunabhängigen VT-Anwendungen effizient zu nutzen. Die Referenzarchitektur nutzt und adaptiert das Prinzip der RESTful-Web-Services sowie die darauf aufbauenden Linked-Data Konzepte, um interoperable, leicht erweiterbare und modulare VT-Anwendungen zu bauen. Die nachfolgenden Abschnitte beschreiben die Grundprinzipien und spezifischen Erweiterungen im Detail.

Abstract

The ARVIDA reference architecture is a central result of the ARVDIA project. With the help of well-established web technologies and concepts the reference architecture enables heterogeneous VT systems to become platform independent applications. The reference architecture uses and adopts the principle of RESTful web services and the associated Linked-Data concepts to build interoperable, extensible and modular VT applications. This chapter describes the basic principles and the specific extensions in detail.

3.1   Anforderungen

Unter dem Begriff der Virtuellen Techniken (VT) werden interaktive Simulations- und Visualisierungssysteme entlang des gesamten Realität-Virtualität-Kontinuum [60] der Mixed Reality verstanden. Der Einsatz der Virtuellen Techniken ist beispielsweise in den Anwendungsfeldern Entwurf und Entwicklung [64], Training und Schulung [6] sowie Werkerunterstützung [45] bei Industrieunternehmen schon seit einiger Zeit ein fester Bestandteil der Prozess- und IT-Systemlandschaft.

Dabei erfordern industrielle VT-Anwendungssysteme, insbesondere jene unter Nutzung von Virtueller Realität (VR) und Erweiterter Realität (AR), ein reibungsloses Zusammenspiel verschiedener technologischer Komponenten. Hier seien virtuelle Menschmodelle, Motion-Capturing-Systeme, ingenieurwissenschaftliche Simulations- und Analysemodule oder haptische Ausgabegeräte exemplarisch genannt. Die funktionalen Anforderungen an solche VT-Anwendungssysteme steigen dabei stetig an, bis hin zu dem – für Industrie 4.0 zentralen [66] – Anspruch, die Prozess- und Entscheidungsschritte ausschließlich anhand virtueller Produktmodelle vornehmen zu können.

Die historische Entwicklung und die industriellen Anforderungen haben zu funktionsreichen, aber proprietären VT-Anwendungssystemen geführt. Insbesondere VR-Systeme sind in vielen Fällen eng verzahnte Lösungen aus einem Grundsystem sowie spezialisierten Funktionskomponenten. Dabei setzen moderne VR-Systeme zwar häufig ein Modulkonzept um, jedoch sind diese Funktionsmodule meist nur innerhalb ihrer Produktfamilie interoperabel.

Die Forderung nach einer durchgängigen, flexiblen und kostengünstigen VT-Unterstützung von industriellen Entwurfs-, Entwicklungs- und Produktionsprozessen in Industrie 4.0 [61] ist gleichsam eine Forderung nach verbesserter *Erweiterbarkeit, Wiederverwendbarkeit* und *Komponierbarkeit* von industriellen VT-Anwendungssystemen – und das über die Grenzen von proprietären Produktfamilien oder gar Organisationen hinweg. Die Motivation für die Entwicklung einer systemübergreifenden Referenzarchitektur für virtuelle Techniken ist daher die Erkenntnis, dass moderne VT-Systeme erheblich offener, flexibler und interoperabler werden müssen, um die absehbaren Planungs-, Entwicklungs-, Assistenz- und Steuerungsaufgaben sowie die zugehörigen virtuellen Absicherungen und Entscheidungsprozesse leisten zu können. Die verschiedenen Komponenten und Teilsysteme müssen hierzu Daten und Funktionalitäten problemlos und verlustfrei untereinander austauschen können. Ebenso sollte es möglich sein, Funktionsmodule gegen andere auszutauschen, wenn das Anwendungsszenario es erfordert oder flexibler macht.

Heute industriell eingesetzte VT-Anwendungen kombinieren bereits Rendering-, Tracking- und Interaktionskomponenten. Aufgrund inkompatibler Schnittstellen ist es jedoch nur eingeschränkt möglich, z. B. ohne weitere Anpassungen ein Tracking System gegen ein anderes auszutauschen. Die in der industriellen Praxis sehr wünschenswerte, flexible Zusammenstellung von VT-Anwendungen aus existierenden, beliebigen Einzelmodulen ist nicht oder nur sehr eingeschränkt möglich, denn die heute üblichen, mehr oder weniger geschlossenen Architekturen der hauptsächlich verwendeten Systemwelten erschweren bzw. verhindern diesen Austausch. Dies macht einen durchgehenden, effizienten Einsatz von virtuellen Techniken nahezu unmöglich, weil Datenformate und Schnittstellen inkompatibel sind, u. U. Funktionen fehlen und Fremdfunktionen nicht sinnvoll integriert werden können. Die Konsequenz sind heterogene IT-Strukturen mit vielen inkompatiblen Datenformaten und untereinander nicht oder nur begrenzt kompatiblen Systemen und entsprechend ineffizienten Datentransfer-, Planungs- und Entscheidungsprozessen. Für halbwegs funktionierende, integrierte Lösungen werden häufig aufwendige Datenumformatierungen und Importmechanismen sowie benötigte Funktionalitäten in Visualisierungssystemen nachgebaut. Derart überladene, in sich geschlossene VT-Anwendungen, lassen sich kaum an neue Aufgaben anpassen und wiederverwenden. Wird von einer großen Systemwelt auf eine andere umgestellt, entstehen durch diese Mechanismen regelmäßig hohe Kosten, um die benötigten Funktionen in die neue Systemwelt einzubinden.

Im Bereich der Web-Anwendungen, des Cloud-Computings und der semantischen Web-Technologien haben sich aus sehr ähnlichen Motivationen heraus bereits Standards, semantische Schnittstellenbeschreibungen und interoperable Systemarchitekturen etabliert, die es Entwicklern erlauben, leichter neue Web-Anwendungen unter Einbeziehung von im Netz verfügbaren Diensten und Ressourcen zu implementieren. Der standardisierte Semantic Web-Stack [1] beschreibt aufeinander aufbauende Elemente, die benötigt werden, um maschinenlesbar Daten zwischen verschiedenen Anwendungsteilen und Diensten auszutauschen. Einheitliche Schnittstellen machen es vergleichsweise einfach, Anwendungen bedarfsgerecht zusammenzustellen, Module und Dienste zu ersetzen, Daten auszutauschen und neue Funktionalitäten hinzuzufügen. Die Erfahrungen mit modernen

Web-Anwendungen zeigen, dass dienst- bzw. ressourcenorientierte Konzepte erfolgreich einsetzbar sind. Allerdings stellen moderne VT-Anwendungen sehr hohe Anforderungen an Echtzeitfähigkeit und Performanz, Systemkonsistenz, Datenmengen und Interaktivität. Um VT-Anwendungen entwickeln zu können, die wesentlich interoperabler und transparenter aufgebaut sind als heutige Systeme, muss die ARVIDA-Referenzarchitektur folgenden Anforderungen genügen:

Nutzen von Standards: Nutzen von Web-Technologien mit den entsprechenden standardisierten Konzepten, Prinzipien, Schnittstellen und Übertragungsprotokollen sowie Kompatibilität zu möglichst allen Fremdsystemen, die eine Web-Schnittstelle aufweisen.

Plattformunabhängigkeit: Die Elemente der ARVIDA-Referenzarchitektur sowie darauf beruhende Module oder ganze Anwendungsteile sind so umgesetzt, dass sie unabhängiger von spezifischen Programmiersprachen, vergleichsweise leicht erweiterbar und auf verschiedensten Endgeräten verfügbar sind.

Dienst- bzw. Ressourcenorientierung: Es werden die dienst- bzw. ressourcenorientierten Konzepte aus dem Web verwendet und an die Anforderungen der virtuellen Techniken angepasst. Die ARVIDA-Referenzarchitektur hält sich durchgängig an die Standards des Webs und erweitert diese um die Spezifika von VT-Systemen, wie z. B. Streaming-Mechanismen, Übertragung von teilweise umfangreichen Binärdaten, etc.

Selbsterklärungsfähigkeiten eines Dienstes bzw. einer Ressource: Die Konzepte des semantischen Web statten Dienste im Web mit maschinenlesbaren, semantischen Beschreibungen für die angebotene Funktionalität, die verfügbaren Schnittstellen sowie für die Eigenschaften der bereitgestellten Daten aus. Dies ermöglicht die automatisierte Erschließung und Nutzung von zunächst unbekannten Diensten. ARVIDA-konforme Dienste weisen ein definiertes Verhalten auf, welches eine umfassende Selbsterklärung ermöglicht.

Orchestrierung: ARVIDA-konforme Dienste sollen sich für eine automatische oder semiautomatische Orchestrierung gemäß der Definition eines dienstorientierten Systems eignen.

Modularisierung: Virtuelle Umgebungen und VT-Anwendungen sollen besser als gegenwärtige Lösungen an die jeweiligen Anforderungen in einem Prozessschritt anzupassen sein und einen vergleichsweise einfachen Austausch von funktionalen Komponenten ermöglichen. Ein flexibles Kombinieren der Funktionen und Ergebnisse höchst unterschiedlicher Teilsysteme, wie z. B. von Simulationswerkzeugen, in einer gemeinsamen Visualisierung soll möglich sein.

Verteilung und Skalierbarkeit: Durch die zunehmende Verteilung von Entwicklungsaufgaben auf mehrere Standorte liegen Daten, Informationen und Software-Systeme häufiger als bisher dezentral vor. Die Verfügbarkeit von 3D-Modellen und zugeordneten Informationen und VT-Anwendungen soll im gesamten Entwicklungsprozess und auf unterschiedlichen Endgeräten, vom Tablet-PC bis hin zu VR-Zentren und über Standortgrenzen hinweg gegeben sein. Der möglichst einfachen, transparenten Zusammenführung von Funktionen und Daten aus unterschiedlichsten Datenquellen kommt daher eine hohe Bedeutung zu. Die inhärente Client-Server-Architektur der Web-Technologien ermöglicht eine gute Skalierbarkeit durch verteilte Systemkomponenten und Dienste.

Migrationspfade: Um existierende VT-Systeme weiter nutzen zu können, wurden in ARVIDA Mechanismen entwickelt, die es bestehenden VT-Systemen ermöglichen, neue Dienste bzw. Ressourcen flexibel anzubinden und ihre eigene Funktionalität sowie Daten wiederum als Ressource im Netzwerk bereitzustellen. Neue VT-Funktionalitäten sollen dagegen grundsätzlich als integrierbare Web-Dienste zur Verfügung gestellt werden.

3.2   Konzepte der ARVIDA-Referenzarchitektur

Im Rahmen der Erforschung und Erarbeitung einer Referenzarchitektur für virtuelle Techniken und Anwendungen werden, wie beschrieben, Web-Technologien und entsprechende Architekturstile für moderne ressourcenorientierte VT-Anwendungen nutzbar gemacht. In ARVIDA wurde untersucht, wie sich die speziellen Anforderungen von VT-Anwendungen, wie Echtzeitfähigkeit, große Datenmengen, komplexe virtuelle Welten, Interaktivität und Kollaborationsfähigkeit, mit Konzepten und Technologien aus dem Web-Umfeld umsetzen lassen. Die ARVIDA-Referenzarchitektur berücksichtigt dabei bestehende Erfahrungen mit modernen Web-Anwendungen und existierenden Standards, und übernimmt bzw. adaptiert diese, wo immer es sinnvoll ist. Im Gegensatz zu einem Referenzmodell, welches lediglich Modell- und Entwurfsmuster spezifiziert, ist eine Referenzarchitektur ein Vorbild für eine Klasse von Architekturen, d. h. im Fall von ARVIDA für VT-Systeme. Die ARVIDA-Referenzarchitektur kann als ein Muster für Web-basierte Architekturen interoperabler VT-Systeme betrachtet werden. In ARVIDA wurde in thematischen Arbeitsgruppen eine breite Basis von Anforderungen erfasst, damit im Sinne einer Referenz alle wesentlichen Elemente einer, für VT-Systeme geeigneten, Architektur abgedeckt sind. Die ARVIDA-Referenzarchitektur folgt dabei u. a. den Empfehlungen der Gesellschaft für Informatik zur Definition eines Web-Services [26] und macht Web-Technologien und entsprechende Architekturstile für moderne, dienstorientierte VT-Anwendungen nutzbar. Sie lässt sich in die vertikalen Schichten Infrastruktur, Plattform und Anwendung einer typischen Cloud-Architektur einteilen: auf der untersten Infrastrukturebene gibt es Geräte, Sensoren, Kameras, etc. Plattformen sind die VT-Laufzeitumgebungen und Anwendungen sind in diesem Kontext entsprechende VT-Anwendungen.

Wesentliche Elemente der ARVIDA-Referenzarchitektur sind zur Veröffentlichung vorgesehen. Da die Referenzarchitektur auf existierenden, vom World Wide Web Consortium (W3C) standardisierten, externen Konzepten, Vokabularen, Software-Bibliotheken etc. aufsetzt, gelten bei der Nutzung und Weitergabe von darauf beruhenden Weiterentwicklungen und Anwendungen die in den W3C-Lizensierungsdokumenten hinterlegten Regeln [57, 73, 74].

Mit der ARVIDA-Referenzarchitektur werden Hard- und Software-Komponenten von VT-Systemen gekapselt und als klar abgegrenzte, eigenständige Komponenten (Dienste) zur Verfügung gestellt. Diese Komponenten und ihre Daten werden mittels einheitlicher Schnittstellen über das Netzwerk ansprechbar. Damit wird programmatischer Zugriff auf lokal oder entfernt laufende Komponenten ermöglicht. Die standardisierte Schnittstelle zu Abfrage und Zugriff auf Dienste sowie das standardisierte Datenformat vereinfacht dabei den Zugriff auf Daten und Funktionalitäten der VT-Komponenten. Die ARVIDA-Referenzarchitektur ist zunächst unabhängig von einer Referenzimplementierung entwickelt und ist daher stabiler und auf einer abstrakteren Ebene angesiedelt, als konkrete Implementierungen.

Zur Anwendungsentwicklung mit den im Netzwerk verfügbaren Diensten werden Methoden und Werkzeuge zur Verfügung gestellt, die es ermöglichen, die einzelnen Dienste zu komplexeren, hinreichend performanten VT-Anwendungen zusammenzufügen. Somit können einzelne Dienste, z. B. ein Tracking-Dienst, vergleichsweise einfach in unterschiedlichsten VT-Anwendungen verwendet und bedarfsweise und sogar zur Laufzeit einer VT-Anwendung gegen andere Tracking-Dienste ausgetauscht werden.

Um verschiedenste Dienste pragmatisch in konkreten VT-Anwendungen einsetzen zu können, wurde das Zusammenspiel mehrerer Dienste in der ersten Ausbaustufe in prozeduralen Programmiersprachen spezifiziert, z. B. in Java, JavaScript oder Python. In einer weiteren Ausbaustufe wurde das Zusammenspiel deklarativ spezifiziert. Um die Integration und Komposition von Daten und Diensten aus mehreren Quellen möglichst flexibel und robust gestalten zu können, wurden in ARVIDA Kompositionssprachen erforscht, die es erlauben, das Zusammenspiel zwischen einzelnen Diensten mittels deklarativer Ansätze prägnant zu definieren. Dadurch wird es möglich, in kurzer Zeit komplexe Anwendungen zu erstellen, welche Daten und Funktionalität aus mehreren Quellen und Systemen zusammenführen.

Die ARVIDA-Referenzarchitektur orientiert sich sehr weitgehend an etablierten und nachfolgend sowie im Abschn. 2.6 beschriebenen Web- und Semantic-Web-Technologien [7, 8, 11, 51]. Basierend auf den dort beschriebenen Technologien und Konzepten wurden die Elemente der ARVIDA-Referenzarchitektur entwickelt.

ARVIDA-Dienste: ARVIDA-Dienste sind reine Server-Komponenten, welche HTTP-Requests entgegennehmen, mittels der die Clients den Zustand von (ARVIDA-) Ressourcen des Dienstes anfragen bzw. ändern können. Ein Dienst stellt dabei eine Menge, durch URIs benannte (ARVIDA-) Ressourcen bereit.

ARVIDA-Domänenvokabulare: Die gemeinsame Nutzung von definierten Vokabularen [27] ist einer der Grundbausteine zur Datenintegration in verteilten Web-Anwendungen. In ARVIDA wurden eine Reihe spezifischer Vokabulare für die Domäne der Virtuellen Techniken entwickelt Abschn. 3.4. Als grundlegende Vokabulare dienen das Vocabulary of Metrology (VOM) und das Math-Vokabular. VOM setzt den für ARVIDA relevanten Teil des „International Vocabulary of Metrology" [34] um und definiert alle notwendigen physikalischen Größen, Maßeinheiten und grundlegenden Begriffe zu deren Messung. Die mathematischen Grundkonzepte umfassen neben Skalaren, Vektoren, Tensoren und Matrizen beispielsweise auch Koordinatensysteme.

ARVIDA-Ressource: Eine ARVIDA-Ressource ist eine REST-Ressource, welche ihre Zustandsdaten in RDF repräsentiert und einer Anzahl von Lebenszyklusmustern und Konventionen genügt. Jede ARVIDA-Ressource ist zunächst eine Linked-Data-Platform-Ressource und entspricht somit grundlegend den Spezifikationen der W3C

Linked-Data-Platform. Zustände von ARVIDA-Ressourcen werden – wo immer möglich – unter Verwendung der ARVIDA-Domänen-Vokabularien beschrieben. Eine ARVIDA-Ressource wird durch einen ARVIDA-Dienst bereitgestellt, welcher unter Nutzung einer geringen Anzahl von Interaktionsprimitiven eine uniforme Schnittstelle zur Abfrage und zur Manipulation von Zuständen von ARVIDA-Ressourcen bereitstellt.

ARVIDA-Präprozessor: Zur Vereinfachung der Implementierung von ARVIDA-konformen VT-Komponenten steht mit dem ARVIDA-Präprozessor (Abschn. 3.7.2) ein Verfahren zur minimal-intrusiven Annotation von Quelltexten in C/C++ sowie, aufbauend auf den Annotationen, ein Quelltext-Generator für die Deserialisierung und Serialisierung von Objekten von und zu RDF zur Verfügung. Einfache und lesbare Annotationen erlauben die semantische Auszeichnung von Quelltexten unter Nutzung der ARVIDA-spezifischen Domänenvokabulare. Mit Hilfe des Clang-Compiler für C++ werden die Annotationen durch den ARVIDA-Präprozessor extrahiert und in geeignete Deserialisierungs- und Serialisierungsroutinen transformiert. Die erzeugten Routinen können nun einem eingebetteten HTTP-Server zur Verarbeitung eintreffender Requests zur Verfügung gestellt und die Daten einer VT-Funktionskomponente als RDF ausgetauscht werden.

ARVIDA-RESTSDK: Das in der ARVIDA-Referenzarchitektur verwendete Request/Response-Interaktionsparadigma und das semantisch mächtige Datenmodell basieren auf bewährten und spezifizierten Web-Standards, die eine breite Unterstützung vorhandener Entwicklungswerkzeuge sowie eine einfache Integration in bestehende Netzwerke gewährleisten. Für die Entwicklung von Komponenten besteht im Bereich der Programmiersprache „Java" bereits eine gute Unterstützung, z. B. NxParser/Jena im Bereich RDF oder Jersey im Bereich REST. In anderen Programmiersprachen ist diese Unterstützung – wie im Falle von C/C++ – weniger gut ausgeprägt.

Zur Erleichterung der Entwicklung unter C/C++, welche eine der vorherrschenden Programmiersprachen im Bereich der Virtuellen Techniken darstellt, wurde im Rahmen des ARVIDA-Projektes das RESTSDK (Abschn. 3.7.3) entwickelt. Das RESTSDK bietet integrierte Unterstützung für die Bereitstellung von ARVIDA-Dienstschnittstellen mittels Request-Handler, optional in Kombination mit dem ARVIDA-Präprozessor. Außerdem bietet das RESTSDK Unterstützung für den Zugriff auf derartige Schnittstellen.

ARVIDA-FastRDF: In verteilten VT-Anwendungen bestehen für die übertragenen Daten hohe Anforderungen an die Übertragungslatenz, um die Gesamtlatenz einer VT-Anwendung in der Nähe der Echtzeitfähigkeit zu halten. Durch eine einfache Übertragung der semantisch beschriebenen VT-Daten in Form einer gängigen RDF-Serialisierung (z. B. Turtle, RDF/XML oder JSON-LD) werden in der Verarbeitungskette neue Latenzen hinzugefügt. Häufig werden daher zur Performanzsteigerung sogenannte „Interface Definition Languages (IDLs)" verwendet. In diesen Sprachen werden einfache Datenstrukturen beschrieben und mithilfe eines Compilers Quellcodes für verschiedenste Programmiersprachen generiert. Die Übertragungsformate dieser IDLs sind sehr effizient, allerdings auch proprietär und bieten über den Namen und Datentyp hinausgehend nicht den in ARVIDA gewünschten semantischen Kontext und eine semantische Beschreibung an. Mit FastRDF (Abschn. 3.5.2) wurde ein neuer Ansatz zur effizienten Repräsentation und Übertragung von semantischen VT-Daten entwickelt. Dabei verbindet FastRDF die Vorteile von semantischen Datenbeschreibungen mittels RDF mit den Performanzvorteilen von Interface Definition Languages und nutzt zusätzlich die Optimierungsvorschläge der Semantic-Web-Community zur schnelleren Verarbeitung und Übertragung von RDF-Tripeln. Darüber hinaus erfüllt FastRDF auch die Kriterien der Datenmodellbeschreibungen der „W3C RSP Serialization Group" und der „W3C Web of Things Interest Group".

Interaktionsmodell für ARVIDA-Dienste: Die ARVIDA-Dienstschnittstellen bauen auf standardisierten Web-Technologien auf. Allerdings sollen die Dienste, im Gegensatz zum Web, in hoch-dynamischen Umgebungen der Virtuellen Techniken eingesetzt werden. In VT-Anwendungen kann man die angebundenen Komponenten in drei Gruppen einteilen, basierend auf den Änderungsraten der Daten:

- Marginale Änderungsrate: Eine niedrige, fast statische, Änderungsrate, beispielsweise externe Daten aus Dateisystemen, Datenbanken oder dem Web.
- Regelmäßige Änderungsrate: Eine hohe Änderungsrate mit annähernd gleicher Frequenz, beispielsweise das Lesen von Kamerabildern, Skelettpunkten oder das Schreiben von Bildern in Visualisierungssysteme.
- Unregelmäßige Änderungsrate: Eine Änderungsrate ohne oder mit sehr schwankender Frequenz, beispielsweise Nutzereingaben.

In den ersten beiden Kategorien nutzen ARVIDA-Clients regelmäßige Zugriffe („pull" bzw. „polling"), um auf den Zustand der Ressourcen zuzugreifen. Dabei kennt die Datensenke (oft die VT-Anwendung) die URI der Quelle, d. h. der Dienst braucht keine URIs der Anwendung zu kennen. In den Demonstratoren wurden so Zugriffsraten von 30 Hz (33 ms pro Zyklus) erzielt.

Zur effizienten Behandlung von unregelmäßigen Änderungen kann ein Event-Modell („push" bzw. „streaming", Abschn. 3.6.2) genutzt werden. Im Gegensatz zum Polling-Prinzip muss ein Dienst (Datenquelle) die URI der Datensenke (meist die VT-Anwendung) kennen, d. h. der Komponente muss die URI der Senke mitgeteilt werden. Außerdem muss die Komponente, die Events bereitstellt, die Möglichkeit haben, HTTP-Requests abzusetzen.

Prinzipiell folgt die Schnittstelle zu allen Ressourcen und Diensten einem Polling-Modell. Dies ist auch in der Regel für die meisten Dienste ausreichend und erlaubt eine Implementation wie sie sonst auch im Webumfeld bekannt ist. Da es aber in manchen Anwendungsfällen unpraktisch ist, die Daten auf diese Art zu verteilen, werden dort Streamingansätze bevorzugt. Auf diese Problematik wird in Abschn. 3.7.3.2 näher eingegangen. Die dort beschriebenen Ansätze sind zwar nicht REST konform, dienen aber lediglich als alternative Übertragungswege für Nutzdaten in der programmatischen Anwendungserstellung.

Programmatische Anwendungserstellung: Basierend auf der ARVIDA-Dienstschnittstelle können VT-Anwendungen gestaltet werden, die aus verschiedenen ARVIDA-Diensten bestehen. Die ARVIDA-Dienste können sich auf unterschiedlichen physikalischen Rechnersystemen befinden und von unterschiedlichen Dienstanbietern stammen. Jeder Dienst kapselt dabei seine spezifische Funktionalität sowie Daten und stellt diese über eine ARVIDA-konforme Schnittstelle im Netzwerk zur Verfügung. Auf Basis der uniformen ARVIDA-Dienstschnittstellen können sehr unterschiedliche ARVIDA-Dienste pragmatisch zu VT-Anwendungen zusammengestellt werden. Diese Zusammenstellung kann unter Nutzung einer konventionellen Programmiersprache wie C/C++ oder Java programmatisch erfolgen. Dabei wird die Anwendungslogik mittels Kontrollstrukturen der Programmiersprache umgesetzt.

Regelbasierte Anwendungserstellung: Die uniformen Dienstschnittstellen, das Request/Response Kommunikationsparadigma und das semantisch mächtige Datenmodell erlauben eine deklarative Komposition (Abschn. 3.9) der Dienste zu komplexeren VT-Anwendungen. Dieser Ansatz abstrahiert von den konkret für die Entwicklung der Dienste verwendeten Programmiersprachen und Technologien. Die hierbei verwendeten Kompositionssprachen ermöglichen z. B. die deklarative Definition von Datentransformationen, Entscheidungen oder auszuführenden Interaktionen. Sie bilden durch ihr zugrundeliegendes, formales Modell die Basis für Autorenwerkzeuge, welche dem Fachanwender eine vereinfachte visuelle Oberfläche bieten kann.

In einer einfachen Form der Komposition von VT-Diensten wird der Weltzustand als Vereinigung der Zustände aller relevanten Ressourcen in RDF gehalten und periodisch mittels HTTP GET Requests aktualisiert. Die Anwendungslogik wird durch Wenn-Dann-Regeln umgesetzt. Diese Regeln setzen dabei den Zustand von Ressourcen (via PUT/POST/ DELETE Operationen) basierend auf dem aktuellen Weltzustand der Anwendung. Eine so deklarierte Komposition von Komponenten, auch Programm genannt, kann zum durch eine passende Ausführungsumgebung zentral koordiniert und zu einer laufenden Anwendung verschaltet werden, ohne den Zugriff auf Dienste bzw. deren Schnittstellen zur Entwicklungszeit zu benötigen.Während die zentrale Koordination mit einer aktiven Komponente für einige Szenarien ein valides Schema darstellt, können in anderen Szenarien die Anforderungen, z. B. an Redundanz, Latenz, oder Bandbreite, nicht mehr erfüllt werden. Darüber hinaus sind diese Anforderungen zur Entwicklungszeit der selbstständigen Komponenten nicht zwingend bekannt. In diesem Fall sind Ansätze erforderlich, die eine Komposition mit dezentraler Koordination der Komponenten ermöglichen.

Regelsprache und Ausführungsumgebung: Zur Unterstützung der deklarativen Komposition und Koordination wurde im Rahmen des ARVIDA-Projektes die Entwicklung der Linked-Data-Fu Regelsprache [68] (Abschn. 3.9.3) zur Komposition und Integration von Linked-Data-REST-Ressourcen vorangetrieben. Die auf der Syntax von Notation3 (N3) [9] basierende Regelsprache dient der deklarativen Definition von Programmen, welche die anwendungsspezifische, kontrollierende Logik zur Integration von verschiedenen, den gemeinsamen Paradigmen folgenden, Komponenten zu einer verteilten Anwendung enthalten. Die Regelsprache erlaubt die Ableitung von Wissen durch Unterstützung von Schlussfolgerungen über Daten in RDF sowie RDFS und Teilen von OWL, die Interaktion mit Linked-Data-REST-Ressourcen durch Unterstützung der HTTP-Methoden GET, PUT, POST, und DELETE, sowie mathematische Berechnungen, unterstützt durch eingebaute Funktionen. Darüber hinaus wird die Evaluation von Abfragen über vorhandenes Wissen unterstützt.

Die Ausführungsumgebung (Abschn. 3.9.4) für Programme der Regelsprache wurde im Rahmen des ARVIDA-Projektes weiterentwickelt. Diese übernimmt die Evaluation der Regeln und Abfragen, sowie die Ausführung der HTTP-basierten Interaktion mit

Linked-Data-REST-Ressourcen. Außerdem ist die Ausführungsumgebung um eine REST-Schnittstelle erweitert worden. Damit wird die Nutzung des Interpreters als eigenständige Komponente sowie der Einsatz des Interpreters als intelligente Zugriffsschicht in Komponenten ermöglicht [83]. Die Schnittstelle erlaubt die Erstellung und Modifikation von Interpreter-Instanzen, von Regelprogrammen, sowie von Linked-Data-REST-Ressourcen basierend auf Abfragen in SPARQL Protocol and RDF Query Language (SPARQL) [67] Syntax.

Beispielanwendungen: Im Rahmen der Entwicklung und Evaluation sowie zur Veranschaulichung der regelbasierten Komposition wurden verschiedene Testimplementierungen, ein Referenzarchitektur-Demonstrator sowie industrielle Prototypen entwickelt.

Die grundsätzliche Eignung der aus dem Web-Umfeld stammenden Paradigmen und Technologien zur Komposition von VT-Anwendungen wurden in zwei Testimplementierungen [37, 84] gezeigt. Durch die Einbindung zusätzlicher, parallel aus dem Web eingebundener, Daten wurde das Integrationspotential der ARVIDA-Referenzarchitektur demonstriert. In den Testimplementierungen werden die Skelett-Koordinaten der, vor einem handelsüblichen Tiefensensor befindlichen, Personen berechnet, über eine ARVIDA-Dienstschnittstelle in einem Netzwerk bereitgestellt, von der Ausführungsumgebung mit Hilfe eines Regelprogramms an eine Visualisierung weitergeleitet und dort mit zusätzlichen Informationen aus dem Web dargestellt.

Der Demonstrator der Referenzarchitektur fokussiert sich in seinem Szenario auf den Arbeitsprozess eines Werkers, der diesen Prozess in einer erweiterten Realität an virtuellen Maschinen durchführt. So können die Auswirkungen verschiedener Positionen dieser Maschinen auf den Prozess nachvollzogen werden. Die Komponenten stellen eine Reihe von Funktionalitäten zur Verfügung, unter anderem

- die überlagerte Realität,
- das Tracking zu überlagernder Objekte,
- die Überwachung der Schritte des Arbeitsprozesses,
- sowie eine Verwaltung für Arbeitsaufträge.

Die Kommunikation zwischen den Komponenten respektiert die REST-Prinzipien und für die ausgetauschten Daten werden die im Projekt entwickelten ARVIDA-Vokabularien verwendet. Die Überwachung des abgebildeten Arbeitsprozesses und die damit verbundene Koordination von ARVIDA-Dienstkomponenten sind in der Linked-Data-Fu Regelsprache deklariert und werden von der Ausführungsumgebung kontrolliert.

Im industriellen Umfeld sind, neben weiteren Anwendungsszenarien, unter anderem Prototypen für das Training von Produktionsmitarbeitern hinsichtlich der Abläufe bei Montageumfängen umgesetzt worden [6]. Die Mitarbeiter werden dabei in einem sogenannten „Profiraum" an Aufbauten geschult, die dem realen Produktionsumfeld nachempfunden sind. In diesen Prototypen werden den Mitarbeitern mithilfe von Datenbrillen unterschiedliche Lerninhalte in Form einer Erweiterten Realität präsentiert. Das Trainingssystem wurde ebenfalls unter Berücksichtigung der Referenzarchitektur und mit Hilfe der beschriebenen Technologien modelliert und implementiert.

Eine detaillierte Darstellung der Evaluationsergebnisse erfolgt in Abschn. 3.10.

3.3   Ressourcenbeschreibung und Interaktion

3.3.1   ARVIDA-Ressource

Eine ARVIDA-Ressource ist eine REST-Ressource [24, 25, 59], welche ihre Zustandsdaten in RDF repräsentiert und den nachfolgend beschriebenen Lebenszyklusmustern
und Konventionen genügt. Eine ARVIDA-Ressource wird durch einen ARVIDA-Server
bereitgestellt.

Jede ARVIDA-Ressource ist zunächst eine Linked-Data-Platform-Ressource und entspricht
somit grundlegend den Spezifikationen der W3C-Linked-Data-Platform [41]. Dies bedeutet
konkret, dass eine ARVIDA-Ressource den folgenden normativen Anforderungen genügt.

*   ARVIDA-Server müssen zumindest HTTP/1.1 konforme Server sein.
*   ARVIDA-Server müssen für eine ARVIDA-Ressource eine RDF-basierte Repräsenta-
    tion anbieten.
*   Die HTTP-URI einer ARVIDA-Ressource sollte das Subjekt der meisten RDF-Tripel
    in der zurückgegebenen Server-Antwort identifizieren.
*   ARVIDA-Server können sowohl semantisch beschriebene ARVIDA-Ressourcen als
    auch nicht semantische beschriebene Ressourcen bereitstellen.
*   ARVIDA-Ressourcen sollten, wo immer möglich, unter Verwendung der ARVIDA-
    Domänenvokabularien beschrieben sein.
*   ARVIDA-Ressourcen sollten, wo immer möglich, unter Verwendung bereits bestehen-
    der Vokabularien beschrieben sein.
*   ARVIDA-Ressourcen sollten zumindest einen explizit definierten semantischen Typ haben.
*   ARVIDA-Server können, neben denen in dieser Spezifikation geforderten Repräsenta-
    tionen, jede standardisierte Repräsentation außerhalb dieser Spezifikation nutzen.
*   ARVIDA-Ressourcen können durch beliebige Verfahren erzeugt, geändert oder gelöscht
    werden, sofern sich diese Verfahren nicht in Konflikt mit dieser Spezifikation befinden.
*   Zur Bestimmung von Änderungen an der angeforderten ARVIDA-Ressource müssen
    ARVIDA-Server das HTTP-Header-Feld „ETag" mit einer geeigneten Entitätmarke
    versehen.
*   ARVIDA-Server sollten eine möglichst einfache Erzeugung und Veränderung von
    ARVIDA-Ressourcen erlauben.
*   ARVIDA-Server sollten die Beschränkungen in der Repräsentation einer ARVIDA-
    Ressource möglichst gering halten.
*   ARVIDA-Server sollten die Beschränkungen bezüglich der Erstellung und Verände-
    rung einer ARVIDA-Ressource möglichst gering halten.
*   ARVIDA-Server müssen ihre ARVIDA-Konformität im HTTP-Header-Feld „Link"
    durch einen Verweis auf die HTTP-URI http://vocab.arvida.de/2014/02/core/Resource
    anzeigen.
*   ARVIDA-Server dürfen von einem ARVIDA-Client keinerlei semantische Schlussfol-
    gerungstechniken erwarten. Alle unabdingbaren semantischen Informationen bezüg-
    lich einer ARVIDA-Ressource müssen explizit in der Server-Antwort enthalten sein.

- ARVIDA-Server müssen für eine bereits existierende ARVIDA-Ressource die Anfrage-URI der Basis-URI zu Zwecken der relativen Referenzierung zuweisen. Resultiert eine Anfrage in der Erzeugung einer neuen ARVIDA-Ressource, muss ein ARVIDA-Server die URI der neu erzeugten ARVIDA-Ressource der Basis-URI zuweisen.

3.3.2 Die ARVIDA-Dienstschnittstelle

Diese Spezifikation stellt zusätzlich die folgenden Erwartungen an die uniforme ARVIDA-Dienstschnittstelle einer ARVIDA-Ressource.

3.3.2.1 HTTP GET

- Ein ARVIDA-Server muss für eine ARVIDA-Ressource stets die HTTP GET-Methode unterstützen.
- Ein ARVIDA-Server muss die HTTP GET-Methode einer ARVIDA-Ressource die in 3.3.2.5 definierten HTTP-Response-Headerfelder unterstützen.
- Ein ARVIDA-Server muss für jede ARVIDA-Ressource eine Repräsentation mit dem Medientyp „text/turtle" bereitstellen.
- Ein ARVIDA-Server kann bei der Nutzung der HTTP GET-Methode einer ARVIDA-Ressource die standardisierten Verfahren zur Inhaltsvereinbarung (Content Negotiation) umsetzen.
- Sollte ein ARVIDA-Client keine Inhaltspräferenz signalisieren, muss ein ARVIDA-Server eine Repräsentation mit dem Medientyp „text/turtle" zurückgeben.
- ARVIDA-Clients müssen erwarten, dass eine ARVIDA-Ressource mehrere semantische Typen besitzen kann.
- ARVIDA-Clients müssen erwarten, dass die semantischen Typen einer ARVIDA-Ressource zeitveränderlich sein können.

3.3.2.2 HTTP POST

- Ein ARVIDA-Server kann für eine ARVIDA-Ressource die HTTP-POST-Methode unterstützen.
- Die Erzeugung einer neuen ARVIDA-Ressource erfolgt unter Nutzung der HTTP-POST-Methode eines ARVIDA-Containers.

3.3.2.3 HTTP PUT

- Ein ARVIDA-Server kann für eine ARVIDA-Ressource die HTTP PUT-Methode unterstützen.
- Wird die HTTP-PUT-Methode einer ARVIDA-Ressource genutzt, so muss der ARVIDA-Server die Zustandsinformationen dieser Ressource vollständig durch die in der Anfrage-Entität enthaltenden Informationen ersetzen.

- ARVIDA-Server sollten einem ARVIDA-Client die Änderung von ARVIDA-Ressourcen ohne das Wissen über serverspezifische Einschränkungen erlauben.
- Ein ARVIDA-Server kann die Änderung bestimmter Zustandseigenschaften einer ARVIDA-Ressource beschränken und diesbezügliche Änderungsanfragen ignorieren.
- Wenn ein ARVIDA-Client eine gültige HTTP-PUT-Anfrage stellt, welche aufgrund von serverseitigen Beschränkungen unzulässig ist, muss ein ARVIDA-Server die Anfrage abbrechen und mit dem HTTP Statuscode 409 antworten.

3.3.2.4 HTTP DELETE

- Ein ARVIDA-Server kann für eine ARVIDA-Ressource die HTTP-DELETE-Methode unterstützen.
- Ein ARVIDA-Server muss die durch die Abfrage-URI identifizierte ARVIDA-Ressource entfernen.
- Nach einem erfolgreichen HTTP-DELETE muss ein ARVIDA-Server auf nachfolgende HTTP GET-Anfragen mit derselben Anfrage-URI mit dem HTTP-Statuscode 404 oder mit dem HTTP-Statuscode 410 antworten.
- ARVIDA-Clients sollten erwarten, dass ein ARVIDA-Server die URI einer gelöschten ARVIDA-Ressource anderweitig wiederverwenden kann.
- Als Nebeneffekt der Löschung einer ARVIDA-Ressource kann ein ARVIDA-Server den Zustand weiterer ARVIDA-Ressourcen verändern.

3.3.2.5 HTTP OPTIONS

- Ein ARVIDA-Server muss für eine ARVIDA-Ressource stets die HTTP-OPTIONS-Methode unterstützen.
- Ein ARVIDA-Server muss unter Nutzung des HTTP-Response-Headerfeldes „Allow" alle verfügbaren HTTP-Methoden der durch die Anfrage-URI identifizierten ARVIDA-Ressource aufzählen.

3.3.2.6 HTTP HEAD

- Ein ARVIDA-Server muss für eine ARVIDA-Ressource stets die HTTP-HEAD-Methode unterstützen.

3.3.3 Repräsentationen und Mediatypen einer ARVIDA-Ressource

Beim Ausführen von Aktionen auf einer ARVIDA-Ressource werden die Repräsentationen einer ARVIDA-Ressource verwendet. Diese Repräsentationen erlauben das Erfassen und die Übertragung des gegenwärtigen oder des beabsichtigten Zustands der zugehörigen ARVIDA-Ressource.

Eine Repräsentation setzt sich stets aus Daten und Metadaten zusammen. Darüber hinaus legen Kontrolldaten der beinhaltenden Nachricht weitere Aspekte einer Repräsentation fest. Nachrichten können stets sowohl die Metadaten bezüglich der Repräsentation einer ARVIDA-Ressource als auch Metadaten bezüglich der ARVIDA-Ressource selbst enthalten. Hierbei versteht man unter Ressourcen-Metadaten alle Informationen über eine Ressource, welche nicht von einer speziellen Repräsentation abhängig sind.

Metadaten sind in der ursprünglichen Definition von REST als Name-Wert-Paare definiert. Hierbei entspricht der Name einem Standard, welcher die Struktur und Bedeutung des Wertes festlegt. Das Datenformat einer Repräsentation ist allgemein als Medientyp oder MIME-Type oder Content-Type bekannt. Es sind zurzeit über 130 Medientypen definiert. Verwaltet werden die Medientypen von der Internet Assigned Numbers Authority (IANA). Entsprechend der Kontrolldaten einer Nachricht und der Art des Medientyps kann die Repräsentation einer Ressource als Nachrichtenbestandteil von einem Empfänger verarbeitet werden. Tabelle 3.1 führt die im Projekt empfohlenen Medientypen auf und umfasst dabei CAD-Dateien, 3D-Austausch und die Visualisierung Formate, Szenengraph-Formate, Punktwolke-Formate, Geospatial-Datenformate, Bildformate und tabellarische Datenformate.

Tab. 3.1 ARVIDA-Mime-Types

	Name	Typ	Standard	MIME-Type
ATKIS	Amtliches Topographisch-Kartographisches Informationssystem	Geodaten	–	–
BVH	Biovision Hierarchy (BVH)	Virtual Human Skeleton Austauschformat	–	Vorschlag: model/bvh
CATPART	CATia PART	CAD-Format	–	–
CSV	Comma-separated Values	–	RFC 4180	text/csv
CityGML	City Geography Markup Language	Geodaten	ISO TC211	–
Collada	collaborative design activity	Austausch- und Visualisierungsformat	ISO/PAS 17506	model/vnd.collada+xml
Cosmo Stream Binary	Cosmo Stream Binary	Visualisierungsformat	–	–
DGN	DesiGN	CAD-Format	–	–
E57	E57 File Format	Punktwolkedaten	ASTM E2807	model/e57

Tab. 3.1 (Fortsetzung)

	Name	Typ	Standard	MIME-Type
IGES	Initial Graphics Exchange Specification	Austausch- und Visualisierungsformat	ASME Y14.26M	model/iges
Inventor (SGI)	SGI Inventor	Visualisierungsformat	–	–
JT	Jupiter Tesselation	Austausch- und Visualisierungsformat	ISO 14306	Vorschlag: model/jt
KML	Keyhole Markup Language	Geodaten	–	application/vnd. google-earth. kml+xml
NX	NeXt Generation	CAD-Format	–	–
OBJ	OBJ	Visualisierungsformat	–	–
OSM	collaborative design activity	Geodaten	ISO/PAS 17506	–
PCD	PCD	Punktwolkedaten	–	–
PLMXML	Product Lifecycle Management eXtended Markup Language	Austausch- und Visualisierungsformat	–	Vorschlag: model/plmxml
PLY	PLY	Punktwolkendaten	–	–
VDP	Visual Decision Platform	Visualisierungsformat	–	–
VGR	Visibility-Guided Rendering	Visualisierungsformat	–	–
VRML	Virtual Reality Markup Language	Visualisierungsformat	ISO	model/vrml
X3D	aus XML 3D	Visualisierungsformat	ISO/IEC 19775/19776 /19777	model/x3d-vrml
X3DOM	„X-Freedom"	Scriptmodell	W3C	–
XML	eXtended Markup Language	Generisches Datenformat	via SGML (ISO 8879)	text/xml
XML3D	eXtended Markup Language 3D	Visualisierungsformat	–	–
XYZ	XYZ	Punktwolkendaten	–	–
	Name	Typ	Standard	MIME-Type

ARVIDA-Medientypen (Content Types).

3.3.4 Ausdetaillierung des Verhaltens von ARVIDA-Ressourcen

Um das Verhalten von ARVIDA-Ressourcen weiter zu detaillieren, gibt es verschiedene Unterklassen von ARVIDA-Ressourcen. Ressourceninstanzen dieser Unterklassen garantieren die Erfüllung eines aus pragmatischen Gründen erweiterten Interaktionsumfanges, der dann allerdings über die in REST geforderten Einschränkungen hinausgeht. Die nachfolgend aufgeführten Unterklassen einer ARVIDA-Ressource kommen exemplarisch aus dem Anwendungsbereich der „Heterogenen Tracking-Systeme", können aber prinzipiell auf alle Anwendungsbereiche angewendet werden.

- Input/Output Ressource
  - Input: Die Ressource muss PUT Befehle verarbeiten können, bei GET muss die Beschreibung der Ressource geliefert werden, Daten sind optional (z. B. Eingang einer Kalibrierung). Wie die Eingabedaten aussehen müssen, wird über DataShapes spezifiziert.
  - Output: Muss neben der Beschreibung auch die Daten bei einem GET Befehl zurückgeben, oder dass die Daten ungültig sind, wenn noch keine vorliegen. Beispiel: das noch fehlende Ergebnis einer Kalibrierung
  - Eine Ressource kann Input und Output gleichzeitig sein. Beispiel: eine SpatialRelationship, hinter der eine Kalibrierung liegt, wird abgerufen, um die Kalibrierung zu verwenden und Daten ändern sich durch das Ergebnis einer Kalibrierung
- Push/Pull Ressource
  - Push: Die Ressource generiert Events, die über Subscriptions abonniert werden können. Bei einem GET wird der aktuelle Zustand zurückgegeben, z. B. der eines Trackingdienstes
  - Pull: Bei einem GET wird der letzte gültige Wert zurückgegeben. Die Ressource muss beim GET einen Timestamp-Parameter unterstützen. Die zurückgegebenen Daten müssen den Timestamp aus dem Parameter verwenden. Ein Kandidat für diesen Header könnte Memento/RFC 7089 sein.

Die zusätzlich definierten Verhaltensweisen und geforderten Zustandsinformationen einer Input-Output-Ressource oder einer Push-Pull-Ressource erlauben im Kontext der „Heterogenen Tracking-Systeme" eine automatische Komposition von Tracking System-Komponenten. Bei der Implementierung können verschiedenen Strategien verwendet werden, dies hängt vom Serviceanbieter ab.

3.3.5 Ressourcenerkennung

Wenn VT-Anwendungen als eine Kombination von Diensten/Ressourcen implementiert werden sollen, um so eine bessere Modularität, Skalierbarkeit sowie Ausfallsicherheit zu ermöglichen, müssen die Dienste/Ressourcen im Netzwerk gefunden und ihre Funktionalität identifiziert werden (Service-Discovery). Die Ansätze variieren je nach der Umgebung, in welcher die Dienste ausgeführt werden. Wenn alle Dienste in einem Prozess auf einem Rechner laufen, ist die Lösung trivial. Multiple Rechner verbunden in einem Firmennetzwerk oder einem Cluster erfordern deutlich komplexere Ansätze, die nachfolgend vorgestellt werden.

3.3.5.1 Zero-Configuration-Networking

Zeroconf [75] oder Zero-Configuration-Networking ist ein Technologieansatz, ein TCP/IP-Computernetzwerk automatisch zu erstellen. Es benötigt keine manuellen Eingriffe und keine dedizierten Konfigurationsserver. Zeroconf besteht aus drei Verfahren:

1. Automatische Adressenvergabe
   - IPv4LL – IPv4 Link-Local Addresses [32]
   - Alternative zu DHCP Server
2. Namensauflösung
   - mDNS – Multicast Domain Name System [46]
   - DNS Anfragen über UDP-Multicasting (Adresse 224.0.0.251, Port 5353)
   - Alternative zum DNS-Server
3. Service-Discovery
   - DNS-SD – DNS Service-Discovery [18]
   - Konvention für die Verwendung von existierenden DNS-Record-Typen [19], die das Browsen und Veröffentlichen von Netzwerkdiensten mit DNS ermöglicht.

Mittels der automatischen Adressenvergabe bekommt jeder Rechner in einem Zeroconf-Netzwerk eine IP-Adresse und mit Hilfe von mDNS sind DNS-Abfragen zwischen den Rechnern möglich. Die darauf aufbauende DNS-SD Service Discovery erlaubt es, Dienste (z. B. Drucker) auf allen Rechnern im Zeroconf-Netzwerk zu Verfügung zu stellen.

Zeroconf-Service-Discovery: Zeroconf-Service-Discovery (DNS-SD) eignet sich gut, um Anwendungsdienste im Netzwerk zu publizieren. Jeder Dienst wird mit folgenden, teils optionalen, Eigenschaften registriert:

- Name, eindeutig im Netzwerk
- Index der Netzwerk Schnittstelle, optional
- Typ, z. B. „_http._tcp" für Webdienst
- Vordefinierte Typen, die durch IANA registriert werden [63]
- Subtypen zur Filterung sind möglich (z. B. „_http._tcp._arvida" ist Subtyp von „_http._tcp"). Es können mehrere Subtypen spezifiziert werden
- Domain, optional
- Hostname, optional
- Port, optional
- TXT-Records
- Schlüssel-Wert-Paare, jede maximal 255 Zeichen lang
- Zum Beispiel „path=/index.html" für Webdienst

Anhand von Namen und dem Typ des Dienstes kann seine Funktionalität identifiziert werden. Die TXT-Records können genutzt werden, um zusätzliche Informationen zu dem Dienst zu publizieren. Zum Beispiel kann ein Webserver verschiedene Dienste anbieten, die sich nur durch den URI-Pfad unterscheiden. Mit Hilfe von „path=URI Pfad" kann diese Information in TXT-Record beschrieben werden. Mit Zeroconf registrierte Dienste lassen sich mit Hilfe von Service-Browsing in einem Netzwerk finden. Diese Funktionalität wird von beiden Zeroconf Implementierungen angeboten: Apple Bonjour [2] und Avahi [3]. Dabei können Callbacks für die folgenden Ereignisse registriert werden:

- Registrierung eines neuen Dienstes im lokalen Netzwerk
- Entfernung eines Dienstes
- Änderung der Dienstparameter

Diese Ereignisse reichen aus, um eine Liste der aktiven Dienste immer aktuell zu halten.

3.3.5.2 Etcd
Da Zeroconf das UDP-Multicast-Protokoll verwendet, eignet es sich nicht für solche Netzwerk-Umgebungen, die UDP-Multicast nicht unterstützen. Insbesondere in Cluster-Umgebungen, wie z. B. Amazon-Web-Services, Google-Compute-Engine, Kubernetes, etc., kann Zeroconf nicht genutzt werden. Eine Lösung für solche Umgebungen würde eine zentralisierte über TCP oder HTTP erreichbare Registry-Datenbank, die die Liste aller Dienste bereithält, bieten. Insbesondere etcd [16] eignet sich gut für diese Aufgabe, da etcd entwickelt wurde, um zuverlässig Konfigurationsdaten in einem Cluster zu speichern. Dabei unterstützt sie Redundanz durch multiple etcd-Server, die untereinander die Daten synchron halten. Daten werden bei etcd als Schlüssel-Wert-Paare repräsentiert und können über den REST-Protokoll gelesen, geschrieben und auf Änderungen überwacht werden.

3.3.5.3 Zeroconf2etcd
Zum Testen von etcd wurde in ARVIDA eine Zwischenlösung realisiert, die auf Zeroconf-Ereignisse reagiert und alle Zeroconf-Dienste in einer etcd-Registry speichert. Umgekehrt werden alle nicht lokalen Dienste aus etcd als Zeroconf-Dienste lokal registriert. Damit lässt sich Interoperabilität zwischen Zeroconf-Anwendungen in einer Cluster-Umgebung gewährleisten.

3.3.5.4 Kubernetes
Kubernetes [39] ist ein Open-Source Container-Cluster-Manager, ursprünglich von Google entwickelt, der es erlaubt, Anwendungen in einem Cluster automatisiert zu verteilen und auszuführen. Dabei speichert Kubernetes seinen Zustand in der etcd-Registry. Eine naheliegende Möglichkeit wäre, Kubernetes-etcd-Server zur Service-Discovery zu nutzen. In diesem Fall müsste jede Anwendung um eine etcd-Unterstützung erweitert werden. Da allerdings Kubernetes für jede laufende Anwendung bereits abrufbare Informationen über Host-IP-Adresse, benutzte TCP Ports und Port Typen enthält, ist es praktischer, diese

Informationen nur zu erweitern. Kubernetes bietet Annotationen [40], um benutzerdefinierte Schlüssel-Wert-Paare mit der Anwendungskonfiguration zu verknüpfen.

3.3.5.5 Universal-Service-Discovery

Insgesamt kann man sehen, dass es viele verschiedene Methoden gibt, um Service Discovery zu realisieren. Abgesehen von Zeroconf ist kein hier beschriebener Ansatz standardisiert. Für jede Umgebung bietet sich eine alternative, passende Methode. Daher wurde ein universeller Service-Discovery-Server realisiert. Es bietet eine einfache REST-Schnittstelle und listet alle im Netzwerk gefundenen Dienste. Seine Besonderheit ist die Plug-In-Architektur, über die beliebige Service-Discovery-Provider integriert werden können. So kann man gleichzeitig Zeroconf und Kubernetes Dienste in einem Netzwerk betreiben.

3.4   ARVIDA-Vokabulare

Ähnlich zu natürlichen Sprachen ist im semantischen Web die Nutzung von gemeinsamen und häufig aufeinander aufbauenden Vokabularen einer der Grundbausteine zur Kommunikation und Interoperabilität [48, 53–55]. Vokabulare bzw. Ontologien bieten domänenspezifische Definitionen von Konzepten und deren möglichen Beziehungen sowie der Beziehung von Entitäten [27]. Die Komplexität dieser Vokabulare ist stark von der konkreten Domäne und den Anwendungen abhängig. Es existiert eine große Zahl von etablierten, frei nutzbaren Vokabularen, die teilweise auch in ARVIDA genutzt werden. Basierend darauf wurde eine Reihe spezifischer Vokabulare für die Domäne der Virtuellen Techniken entwickelt. ARVIDA-Vokabulare sind verfügbar unter http://vocab.arvida.de/.

Als grundlegende Vokabulare dienen das Vocabulary-of-Metrology (VOM) und das Math-Vokabular. VOM setzt den für ARVIDA relevanten Teil des „International Vocabulary of Metrology" [34] um und definiert alle notwendigen physikalischen Größen, Maßeinheiten und grundlegenden Begriffe zu deren Messung. Die mathematischen Grundkonzepte umfassen neben Skalaren, Vektoren, Tensoren und Matrizen beispielsweise auch Koordinatensysteme. Das Spatial-Vokabular nutzt diese beiden Vokabulare und definiert verschiedene räumliche Beziehungen zwischen Koordinatensystemen, die sowohl für die Verortung von virtuellen, als auch realen Objekten genutzt werden können.

Zu diesem Zweck wurde das Konzept eines Spatial-Relationship-Graphen [30, 36, 52] umgesetzt, welches eine einfache Darstellung solcher Probleme ermöglicht. Ein typisches Anwendungsbeispiel dafür ist das Tracking von Objekten und Personen. Für personenbezogene Tracking-Anwendungen existieren wiederum spezielle Vokabulare, welche ein feingranulares Skelett definieren. Für Visualisierungssysteme existieren mehrere Vokabulare, durch welche die einzelnen Bestandteile des gesamten Visualisierungssystems, des 3D-Renderers und der Anzeige des Bildes abgebildet werden. Für Szenengraphen [66] stellen wiederum die Spatial-Relationship-Graphen die Basis für eine Spezifikation räumlicher Beziehungen. Nicht-räumliche Aspekte eines Szenegraphen werden durch spezielle Vokabulare expliziert.

Vocabulary of Metrology (VOM) (http://vocab.arvida.de/2015/06/vom): Viele Daten in ARVIDA basieren auf den Ergebnissen von Messungen. Das „International Vocabulary of Metrology" [34] ist ein Wörterbuch, dass alle in der Metrologie („Wissenschaft vom Messen und ihre Anwendung") vorkommenden allgemeinen und grundlegenden Begriffe. Dies umfasst neben den physikalischen Größen und Einheiten auch die Messmethode selbst sowie die zur Messung genutzten Geräte und deren Eigenschaften. In ARVIDA wurde der für das Projekt relevante Teil über mehrere RDF-Vokabulare verteilt beschrieben. Das VOM-Vokabular enthält RDF-Definitionen im Bereich physikalischen Größen, Einheiten und Einheitensystemen und stellt eine Grundlage für die meisten anderen Vokabulare dar.

Uncertainty Vokabular (http://vocab.arvida.de/2015/06/uncertainty): Im „International Vocabulary of Metrology" [34] werden die notwendigen Begriffe definiert, um Unsicherheiten bei Messungen zu beschreiben. Dieses Vokabular liefert die dafür notwendigen RDF Definitionen.

Measurement Vokabular (http://vocab.arvida.de/2015/06/measurement): Die Beschreibung des Messvorgangs selbst, sowie der genutzten Messinstrumente ist für die Interpretation von Messwerten oft unverzichtbar. Auch hier wurde angelehnt an den existierenden Definitionen [34] ein RDF-Vokabular erstellt und kann, sofern notwendig, von ARVIDA Anwendungen genutzt werden.

Maths Vokabular (http://vocab.arvida.de/2015/06/maths): Dieses Vokabular beschreibt alle für ARVIDA-Schnittstellen relevanten mathematischen Grundbegriffe. Neben Skalaren, Vektoren und Matrizen umfasst dies auch die Definition von Koordinatensystemen und deren Eigenschaften wie beispielsweise Basis, Händigkeit oder physikalischen Achseneinheiten.

Service Vokabular (http://vocab.arvida.de/2015/06/service): ARVIDA-Services können sich selbst und ihre Konfiguration semantisch beschreiben. Das Service-Vokabular definiert dafür die grundlegenden Begriffe. Zudem beschreibt es auch ein Register, über das sich ein ARVIDA-Service in einem Netzwerk bekannt machen kann.

Spatial Vokabular (http://vocab.arvida.de/2015/06/spatial): Dieses Vokabular setzt das Konzept eines Spatial-Relationship-Graphen [30, 36] für Tracking-Systeme um. Darüber können räumliche Beziehungen zwischen Objekten (z. B. Sensoren, realen und virtuellen Objekten) beschrieben werden. Es dient als Grundlage für alle trackingbezogenen Daten. Zudem beschreibt es eine Spezialisierung eines ARVDIA-Services für Tracking-Systeme und das Konzept eines Spatial-Relationship-Patterns [52], die für die Orchestrierung von ARVIDA-Tracking-Services verwendet werden und die Austauschbarkeit von ARVIDA-Services untereinander garantieren. Hierfür baut es auf den VOM-, MATHS- und SERVICE-Vokabularen auf. Eine detaillierte Beschreibung findet sich in Abschn. 3.4.1.

Spatial-Defaults-Vokabular (http://vocab.arvida.de/2015/06/arvida/spatialdefaults. ttl): Die semantische Beschreibung von Spatial-Relationship-Graphen erlaubt sehr viele Freiheiten, die in Praxis nur selten genutzt werden. Um die Entwicklung innerhalb von ARVIDA zu vereinfachen, einigte man sich innerhalb des Konsortiums auf gewisse Konventionen, die in diesem Vokabular in Form von RDF-Data-Shapes beschrieben sind.

Theoretisch könnte eine Translation im SI-Einheitensystem in Metern, Zentimeter, usw. ausgedrückt werden. Über die Definitionen im VOM-Vokabular ist eine automatische Konvertierung zwischen den Einheiten möglich, erfordert allerdings diese Umrechnung. Dies wiederum erfordert, dass die ARVIDA-Services diese Umrechnung vornehmen können müssen, was den Implementierungsaufwand erhöht und die Echtzeitfähigkeit benachteiligt. Über eine Markierung der ARVIDA-Ressourcen durch die Elemente des Spatial-Defaults Vokabulars können die ARVIDA-Services ihre Fähigkeiten und Anforderungen auf die Repräsentation der Daten architekturkonform ausdrücken.

Dataflow Vokabular (http://vocab.arvida.de/2015/06/dataflow): Das Dataflow-Vokabular beschreibt einfache Konzepte, um den Zweck einer ARVIDA-Ressource für einen Datenfluss zu beschreiben. Dies dient vor allem für Datenflüsse im Bereich der Tracking Systeme. Es kann zum einen ausgedrückt werden, ob eine ARVIDA-Ressource als Eingabe oder Ausgabe/Ergebnis dient. Zum anderen kann darüber ausgedrückt werden, welche Synchronisierungskonzepte aus Abschn. 3.6.2 die ARVIDA-Ressource unterstützt.

Workflow Vokabular (http://vocab.arvida.de/2016/04/workflow): Das Workflow-Vokabular erlaubt die Beschreibung von Workflows, die als Lektionen in Trainingssitzungen vermittelt werden sollen. Das Training kann in verschiedenen Schwierigkeitsstufen stattfinden. Den Schritten in den Lektionen sind Lernmaterialien (z. B. Bilder oder Tracking-Geometrien für AR-Anwendungen) zugeordnet. Ferner erlaubt das Vokabular die Beschreibung von laufenden Trainingssitzungen und deren Beziehung zu den beteiligten Personen (Trainer, Teilnehmer).

Tracking Vokabular (http://vocab.arvida.de/2015/06/tracking): Das Spatial-Vokabular ist ausreichend, um die meisten trackingbezogenen Situationen auszudrücken. Dieses Vokabular vereint das Konzept der Spatial-Relationship aus dem Spatial-Vokabular mit den Konzepten aus den Uncertainty- und Measurement-Vokabularen, um mehr Wissen über die aktuellen Messungen ausdrücken zu können und dennoch kompatibel mit anderen Systemen bleiben zu können, die das Tracking-Vokabular nicht unterstützen.

OpenCV Vokabular (http://vocab.arvida.de/2015/06/opencv): Dieses Vokabular spezialisiert das Konzept einer Kamera aus dem SPATIAL-Vokabular um die in OpenCV verwendete Konvention für die intrinsischen Parameter sowie der Verzerrungsparameter.

UbiTrack Vokabular (http://vocab.arvida.de/2015/06/ubitrack): Im Gegensatz zu den anderen hier genannten Vokabularen, die allgemein ein Konzept beschreiben, ist dieses Vokabular eine Spezialisierung des SPATIAL-Vokabulars für die konkrete Implementierung des Ubitrack-ARVIDA-Services der TUM. Ein konkreter Tracking-Service hat ein bestimmtes Verfahren, um seine Aufgaben zu erledigen und erfordert unter Umständen ein bestimmtes physikalisches Objekt (Tracking-Target), das er verfolgt. Dadurch ergeben sich Parameter und Eigenschaften der Objekte, die über das allgemeine SPATIAL-Vokabular nicht ausgedrückt werden können, da diese für jeden Trackingservice unterschiedlich sind. In diesem Vokabular werden z. B. der Ubitrack-Markertracker mit seinen speziellen Parametern der Algorithmus-Implementierung und die von ihm verwendeten Marker beschrieben. Es gibt andere Markertracker, die die gleiche Aufgabe erfüllen, allerdings erfordern diese in der Regel eine andere Beschreibung der verwendeten Marker. Als weiteres Beispiel wird auch der Ubitrack-ARVIDA-Service beschrieben, der im Gegensatz zu anderen Trackingservices in der Lage ist, vom Benutzer konfigurierbare Datenflüsse zu instanziieren, da Ubitrack an sich ein Datenflussframework für Echtzeit-Tracking-Systeme ist. Dies unterscheidet ihn von anderen Trackingservices, die unter Umständen nur eine spezielle Aufgabe erledigen können.

Skeleton-Vokabular (http://vocab.arvida.de/2015/06/skeleton): Dieses Vokabular bietet generische Konzepte zur Beschreibung von Skeletten zur Animation von virtuellen Menschmodellen. Die grundlegenden Elemente sind dabei Knochen, Gelenke und ihre Hierarchie innerhalb des Skeletts.

Skeleton-H-Anim-Vokabular (http://vocab.arvida.de/2015/06/skeleton-H-Anim): Humanoid Animation (H-Anim) [29] ist eine Arbeitsgruppe, die sich mit der Spezifikation von Menschmodellen zur Animation beschäftigt. Es wurde ein anerkannter ISO-Standard (ISO/IEC 19774:2006) entwickelt, der neben einem Dateiformat auch eine generelle hierarchische Strukturbeschreibung für Skelette und eine genaue Definition von Knochen enthält. Dieses Vokabular integriert die H-Anim Definitionen in das generische Skelett-Vokabular und erweitert dieses entsprechend.

VisService Vokabular (http://vocab.arvida.de/2015/06/visService): Dieses Vokabular bietet alle Begrifflichkeiten an, um die Basis-Eigenschaften eines Visualisierungsdienstes definieren zu können. Das Kernelement bildet die View. Diese definiert eine Szene, die durch eine virtuelle Kamera visualisiert wird.

Scene-Vokabular (http://vocab.arvida.de/2016/03/scene): Eine Szene verortet einen Szenegraphen innerhalb des Koordinatensystems einer Visualisierung und bietet einen Einstiegspunkt in den entsprechenden Szenegraphen. Zusätzlich werden übliche Begrifflichkeiten definiert, die eine Beschreibung von umschaltbaren Varianten und „Triggern" für die Szene ermöglichen.

SceneGraph-Vokabular (http://vocab.arvida.de/2015/06/scenegraph): Dieses Vokabular erlaubt eine generische Abbildung von Szenegraphen. Eine detaillierte Beschreibung findet sich in Abschn. 3.4.2.

Bounding-Volume-Vokabular (http://vocab.arvida.de/2016/02/boundingvolume): Bounding-Volumes werden in der Computergrafik häufig eingesetzt, um die ungefähre räumliche Ausdehnung von Objekten zu beschreiben. Das Bounding-Volume-Vokabular definiert neben einer Basisklasse eine Axis-Aligned-Boundingbox und eine MinimumBoundingSphere.

Camera-Vokabular (http://vocab.arvida.de/2015/06/camera): Sowohl Tracking-Anwendungen als auch Visualisierungssysteme benötigen in ihrer Beschreibung häufig Kameras. In diesem Vokabular werden die grundlegenden Eigenschaften von realen und virtuellen Kameras, passende Kameramodelle (z. B. Pinhole-Kamera) und ihre räumlichen sowie funktionalen Relationen zu anderen ARVIDA-Ressourcen beschrieben.

Display-Service-Vokabular (http://vocab.arvida.de/2015/06/displayservice): Die Ausgabeeigenschaften von Visualisierungssystem in ARVIDA werden getrennt von ihrer restlichen Funktionalität betrachtet. Es ist möglich, die physikalischen und virtuellen Eigenschaften von Displays sowie Viewports zu beschreiben.

Device-Vokabular (http://vocab.arvida.de/2015/06/device): Dieses Vokabular beschreibt physikalische Objekte, die im Trackingbereich verwendet werden. Dies beinhaltet z. B. Sensoren wie Kameras oder Objekte, die verfolgt werden sollen. Es dient als Grundlage, um in anderen Vokabularen die Objekte weiter spezifizieren zu können und weiterhin ein gemeinsames Verständnis über die Art der Objekte haben zu können.

3.4.1 Spatial-Vokabular

In allen VT-Applikationen, welche die reale und virtuelle Welt miteinander vereinen, ist die Verwendung eines Tracking-Systems eine Grundvoraussetzung für die erfolgreiche Umsetzung. Neben dem eigentlichen Tracking-System sind in der Regel noch weitere Registrierungen notwendig, um eine korrekte Überlagerung zu erreichen. In der Regel werden hierfür die nötigen Tracking-Systeme in einer Anwendung über ihre jeweiligen SDKs eingebunden und die Trackingdaten mit den Registrierungen verrechnet, um die für die Anwendung nötigen Posen zu generieren. Hierdurch entstehen monolithische Systeme, die schwer zu warten sind und den Austausch der Komponenten entwicklungsintensiv machen. Über die ARVIDA-Referenzarchitektur ist es jetzt möglich, die nötigen Daten über verteile Systeme abzurufen und dabei eine semantische Beschreibung der Daten zu erhalten, auf Grundlage dessen die Daten korrekt miteinander fusioniert werden können. Für die semantische Beschreibung wurde das Konzept von Spatial-Relationships und Spatial-Relationship-Graphs [30, 36, 52] in die ARVIDA-Referenzarchitektur übernommen und im Spatial-Vokabular hinterlegt. Eine Spatial-Relationship definiert eine räumliche Beziehung zwischen zwei Koordinatensystemen. Ein Koordinatensystem kann dabei real oder virtuell sein, z. B. ein Sensor, eine Kamera, ein Tracking-Target, der virtuelle Ursprung eines ART-Tracking-Systems oder der virtuelle Ursprung des Renderingsystems. Die Spatial-Relationship spezifiziert nun die Transformation zwischen einem Ursprungs-Koordinatensystem und einem Ziel-Koordinatensystem. Je nach Anzahl der Dimensionen, die das Koordinatensystem beschreibt, kann diese Transformation eine Translation oder Rotation in 2D oder 3D sein oder eine Projektion aus einem 3D-Raum in einen 2D-Raum. Hierbei werden die Koordinatensysteme eindeutig über das Maths-Vokabular beschrieben (Dimensionalität, Händigkeit und Einheit seiner Achsen). Über die Erweiterungen der physikalischen Quantitäten aus dem VOM-Vokabular werden die Daten der Transformationen eindeutig als Translation, Rotation oder Projektion beschrieben. Zudem kann für eine Spatial-Relationship definiert werden, ob die hinter ihr liegenden Daten aus einem Live-Tracking-System stammen oder eine statische Registrierung darstellen. Mit diesen Grundelementen kann man nun einen Spatial-Relationship-Graphen erstellen, eine Kombination mehrerer Spatial-Relationships, die einen gerichteten Graphen beschreiben, der Mehrfach-Kanten zulässt. Anders als ein Scenegraph kann es bei Tracking-Systemen vorkommen, dass die Transformation zwischen zwei Koordinatensystemen von mehreren Tacking-Systemen gleichzeitig bestimmt werden kann. Auf die Verwendung wird in Abschn. 3.8.1 genauer eingegangen. Diese Redundanz kann für unterschiedliche Zwecke verwendet werden, wie z. B. das Erkennen von Fehlern eines Tracking-Systems oder dem Stabilisieren einer Pose durch Fusion der Daten. Über einen Spatial-Relationship-Graph kann nun die gesamte Trackingproblematik ausgedrückt werden. Unter Zuhilfenahme des Autorenwerkzeugs aus Abschn. 3.7.1 kann ein Datenfluss modelliert werden. Verwendet man zusätzlich eine Datenfluss-Framework wie Ubitrack Frameworks (Abschn. 3.8.1.5) oder Linked-Data-Fu (Abschn. 3.9) können die Daten direkt so aufbereitet werden, dass die Anwendung genau die Posen erhält, die für die Funktionalität notwendig sind. Somit ist es möglich, die Trackingproblematik aus der eigentlichen Anwendung zu trennen, wodurch die Wartbarkeit und Austauschbarkeit der Komponenten erleichtert wird.

3.4.2 Scenegraph-Vokabular

Innerhalb einer VT-Applikation dient der Szenengraph dazu, Eigenschaften und Beziehungen zwischen, für die Darstellung benötigter, Elemente abzubilden. Klassische Szenegraphen nutzen hierzu Knoten, die sie über genau eine Art von semantisch überladener Kante zu Bäumen oder gerichteten azyklischen Graphen verbinden. Anders als klassische Szenengraphen vollzieht der im Scenegraph-Vokabular definierte ARVIDA-Szenengraph eine exakte semantische Trennung der einzelnen Eigenschaften der Knoten, sowie der Bedeutung der verwendeten Kanten (z. B. Gruppierung von Transformationen, Selektion, Materialien, Sichtbarkeit) und erlaubt so die Nutzung von separaten Graphen (Kanten), um die Beziehungen innerhalb verschiedener Aspekte (z. B. Transformation, Material, Sichtbarkeit) auszudrücken. Um auch existierenden, klassischen Visualisierungssystemen die Möglichkeit zu geben, ihre Szenenbeschreibung unverändert über ein ARVIDA-Interface anbieten zu können, wird durch eine gezielte Fusionierung der unabhängig definierten Kanten erreicht, dass die exakte semantische Beschreibung einer in einem externen System genutzten Kante erreicht werden kann, ohne die Interoperabilität innerhalb der ARVIDA-Referenzarchitektur zu verlieren. Die Eigenschaften der einzelnen Szenenknoten im Szenegraphen wird durch eine Menge der mit ihnen verknüpfter Komponenten definiert.

Bei der Formulierung des Scenegraph-Vokabulars wurde stark auf bereits existierende Vokabulare zurückgegriffen, sowie auch auf im Rahmen des Projektes entstandene Vokabulare. So fanden zur Formulierung der Transformationsbeziehungen zwischen Knoten des Graphen die Spatial-Relationship des Spatial-Vokabulars und das Koordinatensystem des Maths-Vokabulars Anwendung. Somit erhält jeder Knoten eines ARVIDA-Szenengraphen ein ihm eindeutig zugeordnetes Koordinatensystem. Eine Transformationsbeziehung zwischen zwei Knoten kann damit mittels einer Spatial-Relationship, die die Koordinatensysteme der Knoten verbindet, ausgedrückt werden. Ebenso wurde zur Beschreibung des Volumens eines Knotens auf das Bounding-Volume-Vokabular zurückgegriffen. Eine Übersicht über die externen Vokabularabhängigkeiten gibt Abb. 3.1.

Innerhalb des Scenegraph-Vokabulars lag der Focus somit auf der Formulierung der einem Knoten zugeordneten Komponenten, wie zum Beispiel der Asset-Komponente zur Verwaltung externer, darzustellender digitaler Assets oder der Volumen-Komponente, die

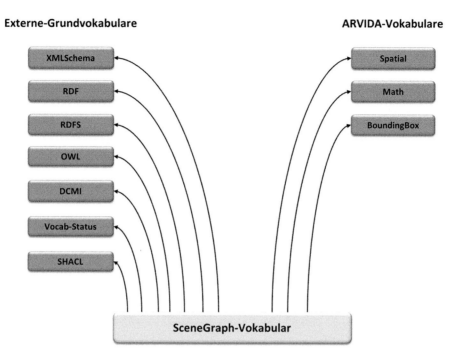

Abb. 3.1 Vokabularabhängigkeiten des Scenegraph-Vokabulars

einem Knoten eine Axis-Aligned-Bounding-Box zuordnet. Darüber hinaus wurde großer Wert darauf gelegt, die oft implizite Semantik klassischer Szenengraphen explizit zu formulieren. Hierzu zählen, wie oben erwähnt, die genaue Definition der Bedeutung einer Kante z. B., dass über eine Kante Transformationszusammenhänge ausgedrückt werden und die genaue Definition wie Werte innerhalb eines Kantengraphens überschrieben und propagiert werden können, z. B. wie sich die Transformation eines Knotens auf die Transformationen der sich im Transformationsgraphen befindenden Kindknoten auswirkt. Beide Aspekte eindeutig zu formulieren, wurde als eine Grundvoraussetzung angesehen, um innerhalb der ARVIDA-Referenzarchitektur die gewünschte Interoperabilität sicherzustellen zu können.

3.5 FastRDF: Binäre RDF-Literale zur hochperformanten Datenübertragung

In verteilten VT-Anwendungen bestehen für die übertragenen Daten hohe Anforderungen an die Übertragungslatenz, um eine glaubwürdige Umgebung simulieren zu können. Ein typisches Beispiel dafür ist die Übertragung von Tracking-Posen, die innerhalb von wenigen Millisekunden von einem Visualisierungssystem verarbeitet werden müssen. Durch die Übertragung der Daten in Form einer RDF-Serialisierung (z. B. Turtle) werden in der Verarbeitungskette neue Latenzen hinzugefügt. Die Semantic Web-Community

Tab. 3.2 Vergleich der Anwendungsklassen

	Semantic Web	RDF Streaming Community	ARVIDA	IDLs (Protobuf, Thrift, …)
Datenmenge	Hoch (bis zu Milliarden von RDF Triple)	Hoch	Gering	Anwendungsabhängig
Latenz	Hoch	Mittel	Gering <10 ms	Gering
Optimierungsziel	Durchsatz	Durchsatz	Latenz	Latenz
Dynamik der Struktur	Potentiell Hoch	Potentiell Hoch	Gering	Gering
Semantik	Ja	Ja	Ja	Nein
Native Daten	Nein	Nein	Ja	Ja
Häufigste Programmiersprache	Java	Java	C/C++	–

Vergleich der Anwendungsklassen.

bietet eine Reihe von Vorschlägen an, die allerdings für andere Anwendungsklassen entwickelt wurden [22, 50]. In ARVIDA wurde ein nachfolgend beschriebener, neuer Ansatz entwickelt, der auch zu den Kriterien der Datenmodellbeschreibungen der „W3C RSP Serialization Group" [72] und der „W3C Web of Things Interest Group" [71] erfüllt.

ARVIDA überträgt Konzepte der Semantic-Web-Community auf eine neue Anwendungsklasse, die sich durch bestimmte Randbedingungen auszeichnet. Während typische Benchmarks auf die Übertragung einer großen Anzahl von RDF-Triplen im Bereich der Größenordnung von einer Milliarde Triple von einem Triplestore in einen anderen Triplestore konzentrieren, werden in ARVIDA überwiegend kleine Datensätzen (z. B. Tracking-Pose mit 100–200 Triples) hochfrequent (>60 Hz) übertragen (Tab. 3.2). Da die Datensätze meist aus bereits existierenden C++ Datenstrukturen generiert werden, ist die Dynamik der Datenstrukturen zudem relativ gering (Abb. 3.2).

Abb. 3.2 Exemplarischer Datenfluss einer verteilten ARVIDA-Anwendung

3.5.1   Existierende Optimierungen der Semantic-Web-Community

Für die bisherigen Benchmark-Corpora [10, 17, 42] limitiert überwiegend die Bandbreite der Verbindung. Daher wird als Strategie eine Größenreduktion des Datensatzes gewählt. Eine Möglichkeit besteht darin, die Größe des Datensatzes selbst zu reduzieren. Häufig auftretende Strukturen können beispielsweise erkannt werden und durch kleinere, aber semantisch äquivalente Strukturen ersetzt werden [49].

Eine andere Möglichkeit ist die Reduktion der Datenmenge durch eine effizientere Repräsentation. Hierbei werden die RDF-Graphen in verschiedene Datenstrukturen für die eigentlichen Daten und deren Auftreten in den Tripeln aufgeteilt. In einem Dictionary gespeichert, können die Daten (URI und Strings) besonders bei mehrfacher Referenzierung sehr effizient verwaltet werden. Die Darstellung der RDF-Triple reduziert sich dadurch auf eine einfache Indextabelle, deren Einträge auf das Dictionary verweisen [18]. Darauf aufbauend gibt es Vorschläge sowohl zur Komprimierung des Dictionaries unter bestimmten Randbedingungen als auch für die die Index-Datenstruktur der RDF-Tripel [13, 23, 44].

3.5.2   FastRDF

Das Konzept „FastRDF" wurde in ARVIDA entwickelt und ermöglicht eine auf den gegebenen Kriterien optimierte Übertragung von RDF. Es verbindet die Vorteile von RDF und die bestehender IDLs und nutzt zusätzlich die Optimierungsverschläge der Semantic-Web-Community zur schnelleren Verarbeitung und Übertragung von RDF-Triplen.

Anders als in vielen Semantic-Web-Anwendungen befinden sich die eigentlichen Nutzdaten in ARVIDA-Anwendungen sehr selten unmittelbar in einem Triplestore. Die Daten werden vielmehr bei Bedarf aus nativen Datenstrukturen ausgelesen, in Strings konvertiert, temporär in einem RDF-Graph gespeichert und dann in das gewünschte RDF-Serialisierungsformat, z. B. Turtle, überführt. Performanceanalysen haben gezeigt, dass ein Großteil der dabei entstehenden Latenzen durch den Aufbau des Graphen sowie der Text-De-/Serialisierung der RDF-Literale, d. h. Knoten in einem RDF-Graph, die konkrete Werte repräsentieren, verursacht werden. Diese Latenzen können in den typischen ARVIDA-Anwendungsfällen mit einer Kombination von mehreren Konzepten wirksam reduziert werden.

Klassische RDF-Bibliotheken speichern alle im Graph existierenden Daten in Form von Strings. Die Grundlage von FastRDF ist dagegen die Speicherung von Literalwerten in ihrer nativen, binären Repräsentation. Diese erlauben, neben dem Verzicht auf eine aufwendige Textserialisierung, die verlustfreie Übertragung beliebiger Datentypen. Im Gegensatz zu Datenfeldern in IDLs nutzen diese nativen Literale eine RDF-Datentypbeschreibung und sind in einen semantischen Kontext eingebettet.

Um eine einfache Wiederverwendbarkeit von Graphen zu gewährleisten, besteht zudem die Möglichkeit, Datenbindings zu verwenden. Diese stellen eine dynamische Verbindung

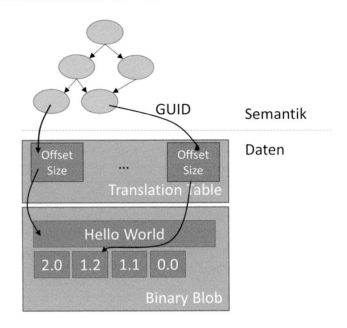

Abb. 3.3 Aufbau einer
FastRDF Serialisierung

zwischen nativen Datenstrukturen und dem semantischen RDF-Graph her. Zugriffe auf
die Literale werden automatisch auf die nativen Datenstrukturen umgeleitet.

Ein spezielle Serialisierung generiert aus einem Graphen mehrere Datensätze. Zunächst
werden die Strukturinformationen in einem beliebigen RDF-Serialisierungsformat
ausgegeben.

Literale werden gemäß den RDF-Entailment-Regeln durch eine semantische Beschreibung ersetzt, die allerdings statt des konkreten Wertes, einen eindeutigen Identifier, den
Datentyp und optionale Zusatzinformationen für das Literal enthält. Davon getrennt
werden die eigentlichen Werte der Literale in einen binären Speicherbereich kopiert und
Zugriffs-Tabelle erstellt, die für jedes auftretende Literal die relative Adresse innerhalb
des Speicherbereichs, sowie Byte-Größe des Wertes enthält (Abb. 3.3).

Bei der Deserialisierung kann wieder ein entsprechender Graph aufgebaut werden, bei
dem die konkreten Literal-Werte durch ein automatisches Datenbinding in den übertragenen Speicherbereich verfügbar sind. Da ein in FastRDF dargestellter Graph weiterhin
mit jedem beliebigen RDF-Serialisierungsformat genutzt werden kann, erhält man eine
Kompatibilität mit beliebigen, existierenden Systemen.

3.5.3   FastRDF-Streaming

Der Grund für die hohen Latenz-Anforderungen einiger Ressourcen in ARVIDA liegt in
ihrer hohen Dynamik. In der Regel wird mit hoher Frequenz der aktuelle Zustand der Ressource übertragen, wobei sich Änderungen meist auf wenige Literalwerte beschränken.

Die Serialisierungsstruktur von FastRDF ermöglicht es relativ einfach und auch performant, Updates der Literalwerte zu übertragen.

Dazu werden die aktuellen Werte in einen neuen Speicherbereich kopiert und mit einer passenden Zugrifftabelle an den Client versendet. Dieser aktualisiert nur die lokal gespeicherten binären Werte und ermöglicht im lokalen RDF-Graph transparenten Zugriff. Alternativ kann der Client bei passenden Datenbindings an den lokalen RDF-Graphen auch direkt seine entsprechenden nativen Daten aktualisieren. Durch die durch die Zugriffstabelle eingeführte Indirektion bei der Adressierung sind dabei sowohl vollständige, als auch partielle Updates der Literalwerte möglich. Da bei einem solchen Updateprozess keine aufwendige De-/Serialisierung involviert ist, reduziert sich der Aufwand in vielen Fällen auf einfache Kopiervorgänge von Speicherbereichen.

3.5.4 Strukturierte Binärdaten

Die wenigsten Daten in realen Anwendungen liegen in Form von alleinstehenden, atomaren Werten vor. IDLs bieten daher auch die Möglichkeit, Strukturen zu definieren, die aus atomaren Werten bestehen. In FastRDF können Literale relativ zu einer gemeinsamen Startadresse definiert werden und werden auch als zusammenhängender Block in dem generierten Speicherbereich verwaltet. Dies verbindet die Möglichkeiten der klassischen IDLs mit der vollständigen semantischen Beschreibung der Literale innerhalb des RDF-Graphs. Durch passende Datenbindings können sowohl auf Server also auch auf Clientseite mehrere Literale in einem einzigen Schritt verarbeitet werden (Abb. 3.4).

3.5.5 Performance

Neben dem Support von binären Literalen wurde zur weiteren Performancesteigerung ein RDF N-Triples-Serialisierer implementiert, der für kleine Datensätze optimiert ist und

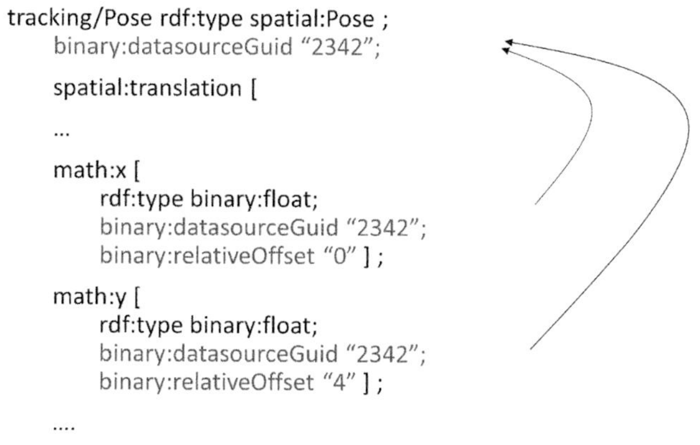

Abb. 3.4 Beispiel für strukturierte Binärdaten in FastRDF

```
tracking/Pose rdf:type spatial:Pose ;
    binary:datasourceGuid "2342";

    spatial:translation [

    ...

    math:x [
        rdf:type binary:float;
        binary:datasourceGuid "2342";
        binary:relativeOffset "0" ] ;
    math:y [
        rdf:type binary:float;
        binary:datasourceGuid "2342";
        binary:relativeOffset "4" ] ;

    ....
```

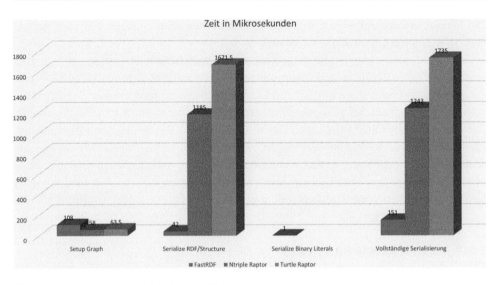

Abb. 3.5 Performancevergleich der Serialisierung von 10 Trackingposen

durch verschiedene Caching-Strategien redundante Serialisierungen verhindern kann. Dieser kann bei der Serialisierung der Strukturinformationen genutzt werden.

Für Messungen wurden 10 Trackingposen, 3D-Position, Quaternion für die Rotation sowie die semantische Beschreibung definiert. Der Zeitbedarf für die Serialisierung reduziert sich in diesem repräsentativen Anwendungsfall um mehrere Größenordnungen (Abb. 3.5).

Bei der Deserialisierung entsteht durch das Parsen des größeren RDF-Strukturgraphen und dem Aufbauen der Datenstrukturen ein gewisser Overhead. Der Zeitbedarf für die reine Aktualisierung von Literalwerten liegt jedoch wieder um Größenordnungen unterhalb einer Aktualisierung der Ressource über einen normalen RDF-Graphen. In Anwendungsfällen, in denen dieses Verhalten ein Problem darstellt, kann ein effizienteres Serialisierungsformat wie beispielsweise HDT [18] verwendet werden.

3.6   Synchronisierungskonzepte

Wie allgemein akzeptiert ist, ist hinreichende Genauigkeit maßgeblich für den erfolgreichen Einsatz von VT Lösungen. So ist eines der wesentlichen Kriterien für Augmented Reality nach Azuma [4] die korrekte Registrierung der erweiterten Realität im dreidimensionalen Raum. Aber auch für virtuelle Realität ist Trackinggenauigkeit wesentlich für den produktiven Einsatz. Dies betrifft zum Beispiel die Bereiche Trackinggenauigkeit, korrekte Registrierung, Fehlerpropagation und Fehleranalyse.

Eine weitere, wesentliche Dimension, welche nicht weniger für erfolgreiche VT Lösungen notwendig ist, jedoch bisher vergleichsweise weniger Beachtung erlangt hat, ist das zeitliche Verhalten des Systems. Vor allem dynamisches Verhalten, Sensorfusion und Interaktion in Echtzeit (wie ebenfalls nach Azuma notwendig für Augmented Reality) verlangen korrektes und vor allem konsistentes zeitliches Verhalten von VT Systemen. Hierfür stellt die Referenzarchitektur Methoden auf verschiedenen Ebenen zur Verfügung.

Im Besonderen bei der Fusion von Sensordaten mit räumlichem Bezug, aber auch bei Daten anderen Typs ist der sorgfältige Umgang mit der Synchronizität unerlässlich, um robuste und korrekte Anwendungen zu entwickeln. Grundsatz ist hier, dass alle Messdaten zum frühestmöglichen Zeitpunkt, nach dem Eintreten des gemessenen Ereignisses, im System mit einem entsprechenden Zeitstempel zu versehen sind. Da das Ziel insbesondere die Zusammenarbeit von unabhängigen und teils unbekannten Datenquellen ist, kann hier keine reine Hardware-Synchronisierung, wie sie beispielsweise bei geschlossenen, verteilten Sensorsystemen eingesetzt wird, verwendet werden.

3.6.1 Relativer zeitlicher Versatz

Um die Synchronizität zweier, unabhängig arbeitender Sensoren zu untersuchen und zu verbessern, ist zunächst eine sorgfältige Betrachtung des zeitlichen Verhältnisses der relevanten Zeitpunkte notwendig.

Abbildung 3.6 zeigt den Ablauf für den Fall von zwei Sensoren. Kommen mehr Sensoren zum Einsatz, so sind die analogen Betrachtungen jeweils paarweise gültig. Die Zeitpunkte beziehen sich hierbei auf eine idealisierte, globale Weltzeit, welche in dieser Form zunächst jedoch keinem der Rechensysteme zur Verfügung steht. Wird ein reales, physikalisches Ereignis, welches sich zum Zeitpunkt t0 ereilt, von den zwei Sensoren S1 und S2 unabhängig wahrgenommen, so wird es, basierend auf der internen Verarbeitungsgeschwindigkeit der Sensoren und deren Samplingrate, zu den Zeitpunkten tS1 beziehungsweise tS2 von den Sensoren registriert. Nach einer weiteren Zeitspanne wird das Ereignis von den Sensoren an das System gemeldet und kann dort mit den jeweiligen Zeitstempeln versehen werden. Dies geschieht zu den Zeitpunkten t'S1 und t'S2. Weiterhin zu beachten ist hier, dass diese Zeitspanne aufgrund von Netzwerk- oder Peripherie-Stacks die größte Quelle von zeitlicher Varianz (Jitter) der Messungen darstellt. Insgesamt beträgt die Zeit, die ein

Abb. 3.6 Zeitlicher Verlauf der Wahrnehmung von Sensoren

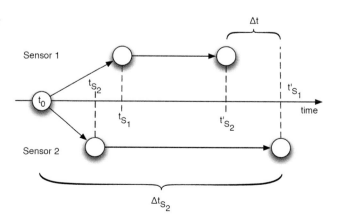

physikalisches Ereignis bis zum Eintritt in das System benötigt, $\Delta tS1$ beziehungsweise $\Delta tS2$. Der relative zeitliche Versatz des Eintreffens der Sensordaten von S1 und S2 wird mit Δt (relativer zeitlicher Versatz) bezeichnet. Zu beachten ist, dass für die korrekte Fusion der Sensordaten von S1 und S2 bereits die Kenntnis des relativen zeitlichen Versatzes ausreichend ist. Deshalb war es ein Ziel, Mechanismen zu schaffen, um den relativen zeitlichen Versatz von Sensoren zu schätzen und weiterhin die korrekte Verarbeitung von Daten unter der Kenntnis des relativen Versatzes zu garantieren.

3.6.2   Push/Pull Synchronisation

Sind die Sensordaten mit Zeitstempeln versehen, muss das verarbeitende System garantieren, dass alle Zeitstempel stets korrekt mit den Sensordaten mitgeführt werden. Entsprechend müssen auch neue, synthetische Daten korrekte Zeitstempel in Relation der Ursprungsdaten erhalten, sodass nur Daten unter Berücksichtigung der Zeitstempel fusioniert werden.

Die einfachste Art, die gewünschte Fusion zu gewährleisten ist, nur Daten mit gleichen Zeitstempeln als korrekte Fusion zuzulassen. Um dennoch Sensordaten von unabhängigen Sensoren zu fusionieren, deren Zeitstempel nicht konsistent ist, wurde ein Push-Pull-Synchronisierungsmechanismus für Datenflussnetzwerke eingeführt. Auf diese Weise können Anforderungen an Gleichzeitigkeit einfach ausgedrückt werden und entsprechende Daten automatisch vorbereitet werden. Hierzu spezifiziert jede Datenquelle und Senke bzw. jeder datenverarbeitende Algorithmus für jeden Dateneingang und Ausgang, ob dieser als „Push" oder als „Pull" operiert. Entsprechend sind nur Push-Ein- und Ausgänge beziehungsweise Pull-Ein- und Ausgänge miteinander zu kombinieren.

Bei einem Push-Ausgang werden Sensordaten mit ihren unveränderten Zeitstempeln weiter in das System an alle assoziierten Push-Eingänge propagiert. Entsprechend können Push-Eingänge asynchron Daten zu jeder Zeit mit beliebigen Zeitstempeln empfangen.

Bei einem Pull-Ausgang werden Sensordaten von der entsprechenden Komponente nur „auf Anfrage" einer anderen Komponente gesendet. Hierbei muss jeweils der „gewünschte" Zeitstempel bei der Anfrage mit spezifiziert werden. Ebenfalls entsprechend empfangen Pull-Eingänge nur Daten zu pro Anfrage spezifizierten Zeitstempeln und können vom verarbeitenden Algorithmus entsprechend gesteuert werden.

Reine Sensoren stellen bei diesem Mechanismus in der Regel nur Push-Ausgänge zur Verfügung und reine Datensenken besitzen in der Regel nur Pull-Eingänge. Verarbeitende Komponenten verwenden eine Mischung aus Push- und Pull-Eingängen.

Um Push-Ausgänge mit Pull-Eingängen zu verbinden, ist eine spezielle Zwischenkomponente zur Konvertierung notwendig. Hierbei müssen Sensordaten, welche zu beliebigen Zeitstempeln asynchron zur Verfügung gestellt werden, auf synthetische Daten zu frei wählbaren Zeitstempeln umgerechnet werden. Die einfachste Möglichkeit ist hierbei das Puffern von Daten beziehungsweise deren lineare Inter- oder Extrapolation. Jedoch stehen auch weitergehende Methoden wie z. B. Kalman-Filter zur Verfügung. Eine einfache

Methode zur Konvertierung von Pull-Ausgang zu Push-Eingängen ist ein regelmäßiger Sampler, der Daten in gleichmäßigen zeitlichen Abständen anfordert und in das Anwendungssystem propagiert.

3.6.3 Netzwerk-Rechner-Synchronisation

Die Push-Pull-Synchronisierung eignet sich nicht bei der Datenfusion von Daten über Rechnergrenzen hinweg, weil Zeitstempel nur in dem jeweiligen lokalen System, in welchem sie aufgenommen wurden, konsistent sind. Der Versuch, Daten mittels Zeitstempel über Rechnergrenzen hinweg zu fusionieren, scheitert daher in vielen Fällen an unterschiedlichen Systemzeiten. Und auch innerhalb des gleichen Rechnersystems können Ungenauigkeiten der Systemuhr (wie z. B. thermischer Drift) zu wesentlichen Nichtlinearitäten der Systemzeit führen (siehe Abb. 3.7)

Für die ARVIDA-Anwendungen werden deshalb die Uhren der verschiedenen zum Einsatz kommenden Rechner mittels des NTP (bzw. SNTP) -Protokolls zur Netzwerk-Zeitsynchronisierung zu einer lokalen Referenz synchronisiert. Als lokale Referenz wurde hierzu ein dedizierter Stratum-1 NTP Zeitserver mit Timing-GPS 10 kHz Zeitnormal (Navman Conexant Jupiter 12) aufgebaut. Der Server wird weiterhin mit 4 weltweiten offiziellen Referenzzeiten synchronisiert (PTB, METAS, BEV, NIST).

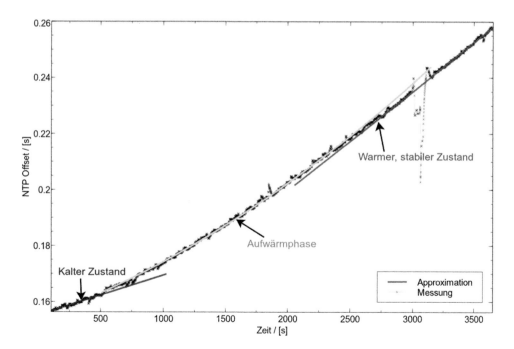

Abb. 3.7 Thermischer Drift der Systemuhr eines HTC Desire

Zeitstempel beschreiben den Eingang von Sensordaten in das jeweilige Rechnersystem, jedoch nicht den tatsächlichen Zeitpunkt des Eintretens des gemessenen Ereignisses. Für hochgenaue Sensorfusion, wie sie z. B. für Anwendungen im Bereich der erweiterten Realität notwendig ist, ist noch die Kompensation des relativen zeitlichen Versatzes der Sensoren notwendig. Hierzu wurde für ARVIDA ein Verfahren zur Schätzung des Versatzen aufgrund der gemessenen Daten integriert. Hierzu werden die Sensordaten zweier Sensoren direkt miteinander verglichen. Entsprechende Voraussetzung ist hierbei, dass die Sensordaten vergleichbar sind, d. h. dass entweder grobe räumliche Vorregistrierungen durchgeführt wurden oder die zeitliche Veränderung der Daten (Differenzenquotienten) verglichen werden kann. Sollen mehr als zwei Sensoren in Bezug gesetzt werden, so geschieht dies paarweise. Zunächst werden die einkommenden Daten vorverarbeitet, indem die in Segmente aufgeteilt werden. Sind die Stützstellen der beiden Messreihen nicht konsistent oder weisen die Sensoren unterschiedliche Samplingraten auf, werden die Daten zu gemeinsamen Stützstellen mit gleichen Abtastraten konvertiert (resampled). Auf diesen konsistenten Messreihen kann nun ein Ähnlichkeitsmaß angewandt werden, um die gemeinsame Übereinstimmung der Daten zu ermitteln. Im Detail werden im implementierten System die Daten zunächst auf 1D-Messwerte projiziert, um hier direkt die Pearson-Korrelation verwenden zu können. Wird nun eine Messreihe gegenüber der anderen zeitlich verschoben, kann der relative zeitliche Versatz als maximierendes Argument der Ähnlichkeit der Messreihen geschätzt werden. Seien X und Y die beiden Messreihen, $Y^{(\delta t)}$ die um δt verschobene Messreihe Y und ρ das Ähnlichkeitsmaß, so kann der relative zeitliche Versatz Δt ausgedrückt werden als:

$$\Delta t = argmax_{\delta t} \left\{ \rho_{X, Y^{(\delta t)}} \right\}$$

Der so geschätzte relative zeitliche Versatz kann zur Korrektur der Zeitstempel einer der beiden Sensoren verwendet werden. Die vorher beschriebenen Methoden können nun nahtlos mit diesen korrigierten Daten arbeiten. Der Effekt der Korrektur ist in Abb. 3.8 verdeutlicht.

Die Anwendung dieser Methode ist bisher auf Tracking-Sensordaten beschränkt, jedoch ist bei geeigneter Repräsentation der Messwerte eine Anwendung auf andere Sensoren

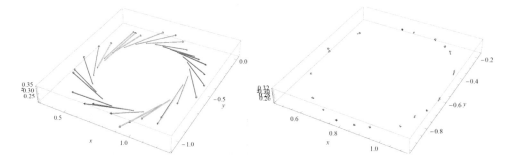

Abb. 3.8 Fehler ART/Faro Fusion (**a**) unkorrigiert (**b**) korrigiert

möglich. Wie in den vorangegangenen Abschnitten verdeutlicht wurde, ist eine konsequente Behandlung der zeitlichen Aspekte von Sensordaten unerlässlich für korrekte und robuste Anwendungen. Dies ist insbesondere relevant beim Umgang mit autonomen, heterogenen Datenquellen und Rechensystemen. Im ARVIDA-Projekt wurden verschiedene Möglichkeiten integriert und zur Verfügung gestellt, um diesen Anforderungen Rechnung zu tragen und um Daten auf korrekte Weise zusammenzuführen. Abhängig von den konkreten Anforderungen der jeweiligen Anwendungsfälle sind hierbei unterschiedliche Herangehensweisen notwendig, welche vom System abgebildet werden.

3.7   Entwicklungswerkzeuge

3.7.1   Autorenwerkzeuge

Um die in der ARVIDA entwickelten Komponenten möglichst einfach für die Anwendungsentwickler zugänglich zu machen, wurde eine Methode der Auswahl, Ansicht und Programmierung entwickelt. Zentraler Fokus der Umsetzung ist die Selektion und die Interaktion mit relevanten ARVIDA-Elementen z. B. OWL-Properties/OWL-Klassen aus den Vokabularen. Zusätzlich bietet das Autorenwerkzeugkonzept die Möglichkeit, durch Verifikationsmodule bereits im frühen Entwurfsstadium der ARVIDA-Anwendungsentwicklung Fehler zu vermeiden bzw. diese zu korrigieren. Gewählt wurde dafür das in der IT häufig verwendete Paradigma der visuellen Programmierung. Dabei werden im visualisierten Graph die Datenquellen und Senken als Knoten dargestellt und die Knoten verbindenden Kanten beschreiben den Datenfluss. Die in ARVIDA entwickelte Anwendung gliedert sich in fünf Module, die nachfolgend beschrieben werden.

3.7.1.1   Pattern Design

Im Modul „Pattern Design" wird über eine grafische Benutzerschittstelle aus den in den Vokabularen definierten OWL-Klassen ein „Pattern" erstellt. Die grundlegende Idee bei einem Pattern besteht darin, die Signatur und Funktionalität eines Algorithmus oder Geräts zu beschreiben. Dieses kann dann z. B. von verschiedensten Dienstanbietern implementiert werden, um die vom Anwender erwünschte Funktionalität zu liefern. Es ist nun möglich, verschiedene Dienste direkt gegeneinander auszutauschen, da das erwünschte Verhalten bereits über das Pattern festgelegt ist (Abb. 3.9).

Um die Signatur bzw. Schnittstelle zu beschreiben, muss ein Pattern die notwendigen Ein- und Ausgaberessourcen (OWL-Klassen) beschreiben. Je nach dem, was für eine Funktionalität das Pattern beschreibt, gibt es in den Vokabularen unterschiedliche Definitionen für ein Pattern. Ein Beispiel hierfür wäre das Spatial-Pattern aus dem Spatial-Vokabular, das verlangt, dass mindestens eine Spatial-Relationship definiert ist. Ein weiterführendes Beispiel wäre z. B. ein Registrieralgorithmus, der verlangt, dass zwei unterschiedliche Tracking-Systeme eine 3D-Position eines gemeinsam gesehenen Objekts als Eingaben verfolgen, um die 6D-Pose zwischen den zwei Tracking-Systemen als

Abb. 3.9 Pattern Design

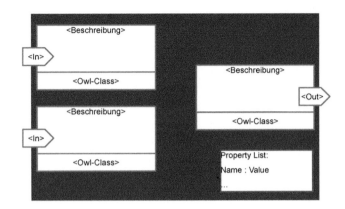

Ausgabe zu bestimmen. Dieses Beispiel wird später in diesem Kapitel weiter ausgebaut. Zusätzlich zu der Definition der Ein- und Ausgaberessourcen und Benennung des Patterns kann auch noch eine Liste von ein- und ausgangsunabhängigen Eigenschaften (Name/ Wert Liste) definiert werden, über die der Anwender bei der Realisierung oder auch zur Laufzeit das Verhalten dieses Patterns verändern kann. Diese dienen als Parameter, um das Verhalten der Implementierung zu steuern. Das Ergebnis wird als RDF-Graph im Backend abgespeichert und kann aber auch als Pattern-Datei (.pt.ttl) lokal abgespeichert werden. Die RDF-Repräsentation der Patterns kann auch in Vokabularen der Öffentlichkeit zur Verfügung gestellt werden.

3.7.1.2 Blueprint Design

Das Modul „Blueprint Design" bietet die Möglichkeit, aus den in Abschn. 3.7.1.1 beschriebenen Patterns und Ressourcen (OWL-Klassen aus den Vokabularen) Datengraphen zu erstellen. Diese Elemente können als Quelle, Senke/Quelle oder Senke mit Kanten verbunden werden, um eine Anwendung zu beschreiben (Abb. 3.10).

Das Resultat dieses Moduls wird ebenfalls im RDF-Store abgelegt und kann wie das Pattern lokal als Blueprint-Datei („.bp.ttl") abgespeichert werden. Wie ein Pattern kann auch ein Blueprint als Vokabular der Öffentlichkeit zugänglich gemacht werden (z. B. für den

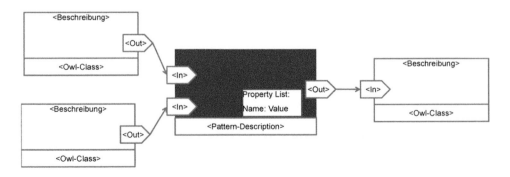

Abb. 3.10 Dataflow Design

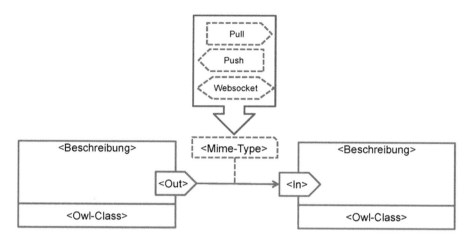

Abb. 3.11 Dataflow Connection

Aufbau einer Augmented-Reality-Anwendung), da noch keine konkreten Dienste an die Beschreibung gebunden sind. Ein Blueprint kann, muss aber nicht vollständig spezifiziert werden, da es bei der Realisierung noch um Ressourcen bzw. Patterns erweitert werden muss (z. B. Push, Pull). Dies kann aber wahlweise oder auch erst bei der Realisierung geschehen, wenn z. B. mehrere Übertragungsmöglichkeiten unterstützt werden sollen (Abb. 3.11).

3.7.1.3 Realisierung

Durch das Modul „Realisierung" werden die in den Blueprints definierten Elemente (Ressourcen und Patterns) mit den URIs der Dienste aus dem „Service Provider Catalog" ergänzt. Der „Service Provider Catalog" ist ein Service, welcher eine Liste von aktuell live verfügbaren Ressourcen zur Verfügung stellt. Diese können vom Realisierungsmodul über eine definierte Schnittstelle abgefragt und aktualisiert werden. Dem Anwender wird im Realisierungsmodul anhand von einfacher Kolorierung der Elemente bzw. Kanten des Graphen angezeigt, in welchem Zustand sich die Verknüpfung mit einer Ressource befindet. Da die Definition eines Patterns und seine Realisierung in einem Dienst sein Verhalten und Ressourcen vollständig beschreiben, ist es nun möglich, dem Benutzer automatisch vorgefilterte Auswahlmöglichkeiten für die Realisierung der Patterns zur Verfügung zu stellen.

So zeigt eine grüne Kante z. B. eine korrekte Verbindung der Quellen und Senken an, ein gelbes Element oder Kante gibt eine eventuell nicht verwendete Ressourcen/Pattern an, rot wird für Ressourcen/Pattern verwendet, die nicht mit einer URI belegt sind oder nicht mit einer Kante verbunden sind, aber benötigt werden. Das Ergebnis der Realisierung wird ebenso als RDF-Graph gespeichert und kann lokal als „Realized Blueprint"-Datei (.bpr.ttl) abgespeichert werden. Ein Beispiel für Pattern und Blueprints wird in Abb. 3.12 gezeigt. Anders als bei Pattern und Blueprint bringt eine Veröffentlichung als Vokabular keine Vorteile, da es sich hier um eine konkrete Zusammenstellung der beim Anwender verfügbaren Dienste handelt.

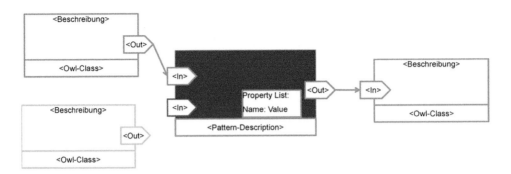

Abb. 3.12 Dataflow Verification

3.7.1.4 Validierung

Im Modul „Validierung" können Dienste oder realisierte Blueprints auf Gültigkeit überprüft werden. Jeder Dienst in ARVIDA, der Ressourcen zur Verfügung stellt, macht dies
auf Grundlage der ARVIDA-Vokabulare. Über die Vokabulare ist definiert, welche Informationen an den Ressourcen zur Verfügung gestellt werden müssen. Das gleiche gilt für
einen Dienst, der ein Pattern implementiert. Über die Pattern-Definition ist das Verhalten
und Aussehen der Ressourcen definiert. Die Validierung ist nun in der Lage, die Ressourcen auf ihre Korrektheit hin zu überprüfen um sicherzustellen, dass der Dienst die
Ressourcen des Patterns richtig implementiert. Eine Überprüfung der Funktionalität kann
an dieser Stelle nicht stattfinden, da die hinter dem Pattern/Dienst liegenden Algorithmen
beliebig komplex sein können, die deshalb nicht allgemein überprüft werden können.

3.7.1.5 Laufzeit/Kontrollansicht

In diesem Modul kann die Ausführung der realisierten Blueprints gesteuert werden. Die
über dieses Modul gestarteten Dienste können auch während der Ausführung überwacht
bzw. manipuliert werden.

3.7.1.6 Spatial-Relationship-Graph-Ansicht

Die bisher gezeigten Darstellungen für Pattern und Blueprint-Design sowie für die Realisierung beschäftigen sich hauptsachlich mit dem Datenfluss. Handelt es sich dabei um
räumliche Daten (Trackingdienste, Registrierungs/Kalibrierungsdienste, physikalische
und virtuelle 3D Modelle), die in Zusammenhang stehen, so ist es möglich, eine Spatial
Relationship Graph (SRG) Darstellung, wie zu sehen in Abb. 3.13, einzuschalten. Dadurch
ist es möglich, die räumlichen Abhängigkeiten der Patterns und Blueprints zu definieren.

3.7.1.7 Beispiel

Als Beispiel für die Anwendung des Autorenwerkzeugs wird angenommen, dass eine
AR-Anwendung mit einem Stereo-Kamera-Setup für eine stereoskopische 3D-Sicht existiert. Der SRG der Anwendung ist in Abb. 3.13a zu sehen. Die beiden Kameras verfolgen
jeweils einen Marker und es gibt eine 6D-Registrierung zwischen den beiden Kameras.

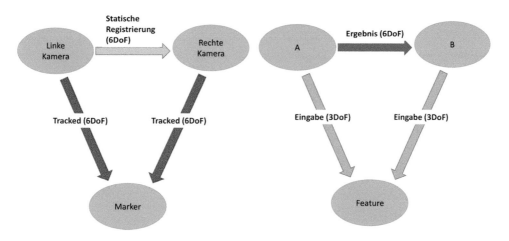

Abb. 3.13 SRG und Ressourcen (**a**)AR-Stereo-Kamera-Anwendung (**b**) Registrierdienst

Damit diese Anwendung funktioniert, muss die Registrierung zwischen den Kameras bestimmt werden. Dieser SRG wird als ARVIDA-Dienst veröffentlicht. Der zweite SRG in Abb. 3.13b zeigt einen ARVIDA-Registrierdienst. Als Eingabe benötigt dieser Dienst die 3D-Position eines Objekts aus Sicht der Koordinatensysteme A und B. Als Ergebnis stellt der Dienst, nach dem genügend Messungen durchgeführt wurden, die 6D-Registrierung zwischen A und B zur Verfügung.

Die jeweiligen Signaturen der beiden Dienste werden über den Pattern-Designer erstellt und als Pattern abgespeichert. Über den Blueprint-Designer können nun die beiden Patterns verbunden werden. Über die SRG-Ansicht ist am leichtesten zu erkennen, dass die Trackingdaten die von der AR-Anwendung zur Verfügung gestellt werden, ausreichend sind, um die nötigen Eingaben des Registrierdienstes zu befriedigen und das Ergebnis des Registrierdienstes die Registrierung zwischen den beiden Kameras befüllen kann.

3.7.1.8 Zukünftige Arbeiten
Ein Pattern, das durch den Pattern-Designer erstellt wird, repräsentiert einen einfachen Service. In Zukunft kann der Pattern-Designer erweitert werden, um Quellcode zu generieren, der die Implementierung erleichtert. Z. B. könnte eine Komponente für das Ubitrack-Framework erstellt werden oder ganze Service-Templates für Programmiersprachen wie Java oder C++. Zurzeit müssen die Blueprint-Designs und Realisierungen zu großen Teilen noch von Hand vervollständigt werden. Im Bereich der Tracking-Systeme enthält das Autorenwerkzeug bereits die Funktionalität, einfache Vervollständigungen durchzuführen. Diese Funktionalität kann erweitert werden, um mit jeglicher Art von Services umgehen zu können. Durch Erweiterungen der ARVIDA-Ressourcen und Services könnte in Zukunft der Benutzer in einer Kontrollansicht mehr Informationen über die internen Zustände der Services erhalten, um so beim Auftreten von Fehlern einfacher die fehlerhafte Stelle finden zu können.

3.7.2 ARVIDA-Präprozessor (ARVIDAPP)

Die Bereitstellung der Linked-Data-Schnittstellen (APIs) für in C++ geschriebene Software stellt den Softwareentwickler vor mehrere Herausforderungen. Die Software muss so erweitert werden, dass die internen Datenstrukturen auf die Linked-Data-Konstrukte bidirektional abgebildet werden. Das manuelle Erstellen von Linked-Data-APIs in C++ ist umständlich und fehleranfällig. Der ARVIDA-Präprozessor ist ein Ansatz, der diesen Prozess durch automatisierte Code-Erzeugung vereinfacht. Mit Hilfe von Annotationen im Quellcode und Templates wird C++ Code für die RDF-Serialisierung und Deserialisierung automatisch erzeugt.

Das Beispiel in Abbildung Abb. 3.14 verdeutlicht die Unterschiede zwischen dem C++ Code und der N-Triples Kodierung [56] von RDF.

Dabei müssen alle für die Linked-Data-RDF-Repräsentation notwendigen Informationen aus dem C++ Code extrahiert werden und umgekehrt. Üblicherweise schreibt ein Softwareentwickler manuell die Konvertierungsroutinen zwischen C++ und RDF. Da die Software sehr umfangreich sein kann, ist dieses Verfahren sehr zeitintensiv und fehleranfällig.

Um die Aufgabe des Softwareentwicklers zu vereinfachen, werden der C++ Quellcode mittels des Clang C/C++ Compilers [14] analysiert und die Konvertierungsroutinen zwischen C++ und RDF automatisch generiert. Da jedoch der C++ Code nicht alle für die Konversion notwendigen Informationen enthält, muss der Entwickler mit Hilfe der Code-Annotation die fehlenden Informationen bereitstellen.

```
class Translation
{
public:
  double getX() const;
  double getY() const;
  double getZ() const;
};

class Rotation
{
public:
  double getX() const;
  double getY() const;
  double getZ() const;
  double getW() const;
};

class Pose
{
public:

    Pose(const Translation &translation,
         const Rotation &rotation);

    const Translation & getTranslation();
    const Rotation & getRotation();

private:
    Translation translation_;
    Rotation rotation_;
};
```

```
@prefix rdf: <http://www.w3.org/1999/02/22-rdf-syntax-ns#>.
@prefix maths: <http://vocab.arvida.de/2014/03/maths/vocab#>.
@prefix spatial: <http://vocab.arvida.de/2014/03/spatial/vocab#>.
@prefix tracking: <http://vocab.arvida.de/2014/03/tracking/vocab#>.
@prefix vom: <http://vocab.arvida.de/2014/03/vom/vocab#>.
@prefix mea: <http://vocab.arvida.de/2014/03/mea/vocab#>.
@prefix xsd: <http://www.w3.org/2001/XMLSchema#>.

<http://test.arvida.de/UUID0>
    spatial:rotation <http://test.arvida.de/UUID0/rot> ;
    spatial:sourceCoordinateSystem [
        a maths:LeftHandedCartesianCoordinateSystem3D
    ] ;
    spatial:targetCoordinateSystem [
        a maths:RightHandedCartesianCoordinateSystem2D
    ] ;
    spatial:translation <http://test.arvida.de/UUID0/transl> ;
    a spatial:SpatialRelationship .

<http://test.arvida.de/UUID0/rot>
    vom:quantityValue [
        maths:w "1.0"^^xsd:double ;
        maths:x "1.0"^^xsd:double ;
        maths:y "1.0"^^xsd:double ;
        maths:z "1.0"^^xsd:double ;
        a maths:Quaternion ,
            maths:Vector4D
    ] ;
    a spatial:Rotation3D .

<http://test.arvida.de/UUID0/transl>
    vom:quantityValue [
        maths:x "1.0"^^xsd:double ;
        maths:y "2.0"^^xsd:double ;
        maths:z "3.0"^^xsd:double ;
        a maths:Vector3D
    ] ;
    a spatial:Translation3D .
```

Abb. 3.14 Konversion von C++ Datenstruktur nach RDF

3.7.2.1   ARVIDA-Präprozessor Verfahren

Das entwickelte Verfahren ist schematisch in Abb. 3.15 dargestellt. Der Quellcode der Anwendung wird von dem Entwickler manuell annotiert. Die anschließende Analyse des Quellcodes sowie Annotationen übernimmt der Clang-Compiler. Aus den so gesammelten Informationen wird der Code zur Konversion von C++ nach RDF und umgekehrt mit Hilfe von Templates erzeugt.

3.7.2.2   Annotationen

Annotationen dienen dazu, die im C++ Code fehlende Informationen für die RDF-Repräsentation bereitzustellen. Generell besteht RDF aus einer Menge an Tripeln (Subjekt, Prädikat, Objekt), die die Relation zwischen dem Subjekt und Objekt herstellen. Subjekt und Prädikat sind immer Ressourcen, sind also eindeutig bezeichnet. Das Objekt kann entweder eine Ressource oder ein Literal sein. Ein Literal ist ein Wert, der einen Datentyp haben kann (z. B. „12" vom Typ Integer oder „13" vom Typ String). Man kann C++ Objekte nach RDF konvertieren, indem man sie als RDF-Ressourcen darstellt, auf die weitere Ressourcen oder Literale verweisen. Zum Beispiel kann ein Vektor im 3D-Raum in C++ als eine Klasse mit Methoden getX, getY, und getZ sowie setX, setY und setZ definiert werden, die die entsprechenden Komponenten liefern bzw. setzen. Eine Darstellung

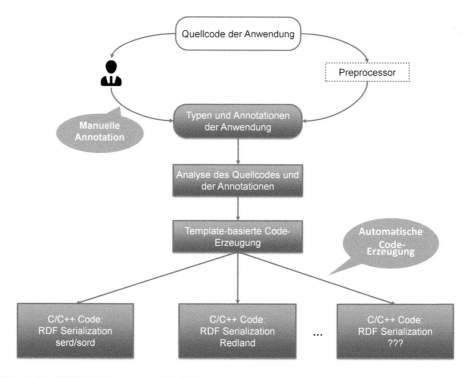

Abb. 3.15 ARVIDA-Präprozessor Verfahren

Abb. 3.16 Intrusive
RDF-Annotationen

```
class

RdfStmt($this, "rdf:type", "spatial:SpatialRelationship")

RdfStmt(_:1, "rdf:type",
"maths:LeftHandedCartesianCoordinateSystem3D")
RdfStmt($this, "spatial:sourceCoordinateSystem", _:1)

RdfStmt(_:2, "rdf:type",
"maths:RightHandedCartesianCoordinateSystem2D")
RdfStmt($this, "spatial:targetCoordinateSystem", _:2)

Pose
{
public:

    Pose(const Translation &translation, const Rotation
&rotation);

    RdfPath("/transl")
    RdfStmt($this, "spatial:translation", $that)
    const Translation & getTranslation() ;

    RdfPath("/rot")
    RdfStmt($this, "spatial:rotation", $that)
    const Rotation & getRotation();

private:
    Translation translation_;
    Rotation rotation_;
};
```

als Menge von RDF-Tripeln würde getX, getY, und getZ auf Prädikate und die Werte von X, Y, Z, die sie liefern, auf RDF-Literale abbilden. Entsprechend würde der 3D-Vektor als eine eindeutige RDF-Ressource dargestellt, die als Objekt für die Relationen dient. Diese Abbildungsregeln muss der Entwickler mit Hilfe von Annotationen definieren, wie zum Beispiel in Abb. 3.16 gezeigt.

Dabei erzeugt die Annotation **RdfStmt** ein RDF-Triple. Die Argumente können Verweise auf die *Blank-Nodes* enthalten („*_:Nummer*"), Literale sowie Verweise auf die aktuelle Klasse, Feld oder Methode. Bei Verweis auf das Feld oder die Methode *($that)* wird der Wert gelesen oder geschrieben. *($this)* verweist auf den RDF-Knoten, der die Klasse selbst repräsentiert.

Die Annotationen sind als Makros realisiert und werden nur von dem ARVIDA-Präprozessor ausgelesen. Von allen anderen Compilern werden diese Annotationen ignoriert.

3.7.2.3 Nicht-intrusive Annotationen

Die oben beschriebenen Annotationen erfordern die Modifikation des Quellcodes der Anwendung. Dies ist nicht immer möglich, insbesondere wenn die Software z. B. von Dritten stammt. In solchen Fällen kann der Quellcode der Software nicht angepasst werden und alle notwendigen Anpassungen, um eine Linked-Data-API zu realisieren, dürfen in diesem Fall nicht intrusiv sein. Der ARVIDA-Präprozessor erlaubt es deshalb, die Annotationen separat vom Quellcode der Anwendung zu definieren, wie in der Abb. 3.17 gezeigt wird. Dabei muss nur zusätzlich angegeben werden, auf welche C++ Klassen die Annotationen verweisen.

```
class Pose
{
public:

    Pose(const Translation &translation, const Rotation &rotation);

    const Translation & getTranslation() ;

    const Rotation & getRotation();

private:
    Translation translation_;
    Rotation rotation_;
};

rdf_annotate_object(Pose,
    rdf_class_stmt($this, "rdf:type", "spatial:SpatialRelationship"),

    rdf_class_stmt(_:1, "rdf:type", "maths:LeftHandedCartesianCoordinateSystem3D"),
    rdf_class_stmt($this, "spatial:sourceCoordinateSystem", _:1),

    rdf_class_stmt(_:2, "rdf:type", "maths:RightHandedCartesianCoordinateSystem2D"),
    rdf_class_stmt($this, "spatial:targetCoordinateSystem", _:2),

    rdf_member_path(getTranslation, "/transl"),
    rdf_member_stmt(getTranslation, $this, "spatial:translation", $that),
    rdf_member_stmt(getRotation, $this, "spatial:rotation", $that),
    rdf_member_path(getRotation, "/rot"))
```

Abb. 3.17 Nicht intrusive RDF-Annotationen

3.7.2.4   UID-Modus

Wenn C++ Objekte auf die RDF-Ressourcen abgebildet werden, müssen sie eindeutig sein. Eine Möglichkeit dazu ist die Angabe der URI-Pfade für die Methoden und Felder der Klasse. URI des Objekts ist dann die Konkatenation aller Pfade, die von der Wurzel der Struktur bis zum Objekt definiert wurden. Jedoch produziert dieses Verfahren unterschiedliche URIs, je nachdem, welches Objekt als Wurzel der Struktur dient, d. h. von welchem Objekt die Konversion startet. Zusätzlich sind diese Pfade bei der RDF-Verarbeitung durch Maschinen irrelevant, da die Information in RDF durch Relationen kodiert wird. Um die Annotation der Pfade zu vermeiden, bietet der ARVIDA-Präprozessor einen sogenannten UID-Modus (unique ID mode). Die URIs für die RDF-Serialisierung und das HTTP REST-Protokoll werden aus eindeutigen IDs (UIDs) automatisch erzeugt. Jedes C++ Objekt muss eine Methode bereitstellen, die die eindeutige ID des Objekts liefert.

3.7.2.5   RDF-Bibliotheken und Templates

Um RDF zu verarbeiten, in diesem Fall zu parsen und zu erzeugen, benötigt der ARVIDA-Präprozessor eine RDF-Bibliothek. Da für C++ mehrere existieren, wird der generierte Code durch Text-Templates beschrieben, die je nach der verwendeten RDF-Bibliothek ausgewählt werden können. Für die Code-Generierung wurden die weit verbreiteten RDF-Bibliotheken Redland [58] und Serd [62]/Sord [65] eingebaut. Um leicht weitere RDF-Bibliotheken unterstützen zu können, nutzt ARVIDAPP die Jinja2 [35] Template-Engine, um Code zu erzeugen. Dadurch kann der Benutzer eigene Templates selbst erstellen oder existierende auf eigene Bedürfnisse anpassen.

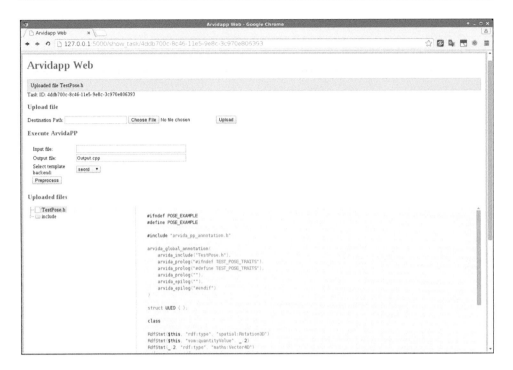

Abb. 3.18 ARVIDA-Präprozessor Web-Frontend

3.7.2.6 Web-Frontend

Um den ARVIDA-Präprozessor leichter in die bestehenden Workflows zu integrieren und Installationen zu vermeiden, wurde ein Web-Frontend Abb. 3.18 realisiert. ARVIDAPP-Web bietet alle Funktionen des ARVIDA-Präprozessors über eine einfache Web-Oberfläche, inklusive Upload von einzelnen Dateien, ZIP,.tar.gz und.tar.bz2 Archiven, Download von generiertem Code sowie integrierten Quellcode-Viewer mit Highlighting an. Zusätzlich bietet ARVIDAPP-Web alle ihre Funktionen auch über eine REST-Schnittstelle.

3.7.3 ARVIDA-RESTSDK

Um die ARVIDA-Referenzarchitektur zu implementieren, ist zumindest eine Art Webserver notwendig, um die im REST-Architekturstil entworfenen Ressourcen über HTTP anzubieten und eine RDF-Bibliothek, um die Daten verarbeiten zu können. Im Vergleich zu anderen Programmiersprachen wie z. B. Java oder C# gibt es für C/C++ nicht viele Werkzeuge im Bereich des Semantic-Web. Daher wurde bereits gegen Anfang des Projekts an der Entwicklung des ARVIDA-RESTSDK als Gemeinschaftsprojekt zwischen vielen wissenschaftlichen und industriellen Partnern gearbeitet. Der ARVIDA-Präprozessor aus Abschn. 3.7.2 war erst später im Projekt verfügbar. Das ARVIDA-RESTSDK entstand aus der Notwendigkeit, eine für die Programmiersprache C/C++, in der viele der in ARVIDA anzubindenden Neu- und Alt-Systeme geschrieben sind, ein Entwicklungswerkzeug zu haben. Der Fokus der Entwicklung des ARVIDA-RESTSDK lag in der Übertragung von Trackingdaten und einer einfachen Integration in bereits bestehende Systeme. Um diese Ziele zu erreichen, wurde darauf geachtet, eine leichtgewichtige, latenzoptimierte Bibliothek zu entwickeln, die völlig auf die neuen Sprachmittel aus C++ 2011 verzichtet, um die Bibliothek kompatibel mit den bestehenden Systemen zu halten. Das gesamte Datenhalten liegt in der Verantwortung des Anwenders, wodurch die Komplexität der Bibliothek verringert werden konnte. Die konkreten Implementierungen zu Webserver und RDF-Bibliothek sind über Interfaces von der Implementierung des ARVIDA-RESTSDK getrennt, wodurch ein einfacher Austausch möglich ist.

3.7.3.1 Schnittstelle für Anwender

Die zentrale Schnittstelle für den Benutzer ist der sogenannte „ResourceRouter". Über eine Instanz dieser Klasse kann der Anwender neue einzelne Ressourcen oder Listen von Ressourcen (Linked Data-Prinzip aus Abschn. 2.6.2.1) über die Angabe einer relativen URI anlegen. Anschließend kann der Anwender für die vier grundlegenden HTTP-Operationen GET, PUT, POST und Delete Callback-Funktionen registrieren, um die entsprechenden Operationen auf die Ressourcen zu erlauben. Um einen einfachen Umgang mit den Daten zu ermöglichen, gibt es einen auf Traits (statische Funktionsklassen, die während der Kompilierung für C++ Templates gebunden werden) basierenden Konvertierungsmechanismus. In den verschiedenen Systemen, die angebunden werden sollen, gibt es verschiedene Repräsentationen der Datentypen. Zum Beispiel im Bereich des Tracking hat fast jede Anwendung eigene Repräsentationen für Rotationen und Translationen. Der Anwender definiert die Konvertierung aus seinem nativen Datentyp nach RDF (für HTTP GET) und aus RDF zu seinem Datentyp (für HTTP PUT und POST).

In folgendem Beispiel wird die Konvertierung eines einfachen 6D-Pose Objekts in RDF demonstriert:

```
// Struktur, die über RDF serialisiert werden soll
struct Pose
{
    // Position als 3 Vektor
    double position[ 3 ];
    // Rotation als Quaternion
    double rotation[ 4 ];
};
// Konvertierung des 6D-Pose Objekts in RDF
static void toRDF(RDFTerm& term, const Pose& val)
{
    RDFTerm &rotation = term[SPATIAL["rotation"]];
    rotation[RDF["type"]] = SPATIAL["Rotation3D"];
    // Konvertierung der Rotation
```

```
        RDFTerm &rotQuantity = rotation[VOM["quantityValue"]];
        rotQuantity[RDF["type"]] = MATHS["Quaternion"];
        rotQuantity[MATHS['x']] = val.rotation[0];
        rotQuantity[MATHS['y']] = val.rotation[1];
        rotQuantity[MATHS['z']] = val.rotation[2];
        rotQuantity[MATHS['w']] = val.rotation[3];
        RDFTerm &translation = term[SPATIAL["translation"]];
        translation[RDF["type"]] = SPATIAL["Translation3D"];
        // Konvertierung der Position
        RDFTerm &transQuantity = translation[VOM["quantityValue"]];
        transQuantity[RDF["type"]] = MATHS["Vector3D"];
        transQuantity[MATHS['x']] = val.position[0];
        transQuantity[MATHS['y']] = val.position[1];
        transQuantity[MATHS['z']] = val.position[2];
        transQuantity[VOM["unit"]] = VOM["Meter"];
}
```

Anschließend muss der Anwender bei der Erstellung neuer Ressourcen nur noch seinen nativen Datentyp angeben und kann in allen Callback-Funktionen mit seinen eigenen Datentypen arbeiten. Damit ist die gesamte RDF Verarbeitung von der Anwendung abgekapselt und muss nur ein einziges Mal definiert werden. Das folgende Beispiel zeigt die Erstellung eines einfachen Service mit Hilfe des ARVIDA-RESTSDK für eine 6D-Pose aus dem vorherigen Beispiel.

```
// Repräsentation der nativen Anwendung
class SimpleDevice
{
public:
        SimpleDevice()
        {
                // initialize the current pose
                ...
        }
        // HTTP GET
        Pose getPoseDirect() const
        {return m_pose;}
        // HTTP PUT
        void setPoseDirect(const Pose& pose)
        {m_pose = pose;}
protected:
        Pose m_pose;
};
// Service Anwendung
int main(int, char**)
```

```
{
// Einbinden der nativen Anwendung
SimpleDevice device;
// Erstellen des Resource Routers
RDFResourceRouter router;
// Registrieren von RDF Prefixen
router.getSerializer()
        .addNamespace(MATHS)
        .addNamespace(RDF)
        .addNamespace(SPATIAL)
        .addNamespace(VOM);
// Anlegen einer Ressourcen und setzen der Callback-Funktionen
router.addResource< Pose >("/pose")
        .setGetFunction(boost::bind(&SimpleDevice::getPoseDirect,
        &device))
        .setPutFunction(boost::bind(&SimpleDevice::setPoseDirect,
        &device, _1))
        // Zusätzliche statische RDF Elemente
        .setStaticRdf(
                RDFTerm::parseTurtle(
                        "@prefix spatial: <http://vocab.arvida.
                        de/2014/03/spatial/vocab#>.\n"
                        "<> a spatial:SpatialRelationship;"
                        " spatial:sourceCoordinateSystem </
                        coordinateSystems/trackerWorld>;"
                        " spatial:targetCoordinateSystem </coordinate-
                        Systems/body1>.", "/pose"));
// Erstellen und starten des Webservers
unsigned port = 14876;
CivetwebWebServer server(&router, port);
std::cout << "Web server listening on port " << port << std::endl;
std::cin.get();
return 0;
}
```

3.7.3.2 Server-Push

In ARVIDA wird in vielen Anwendungen, wie beispielsweise in Tracking-Systemen, häufig eine kleine Anzahl von Ressourcen hochfrequent übertragen. Bei der Nutzung des klassischen HTTP Request/Response-Pattern wird von einem Client aktiv eine Anfrage an den Server gesendet, der in einer zugehörigen Antwort den aktuellen Zustand der Ressource liefert. Dieses Vorgehen wird als Polling bezeichnet und kann zu mehreren Problemen führen.

Da der Client keine Informationen über die Verfügbarkeit neuer Daten besitzt, muss er in regelmäßigen Abständen den Zustand der Ressource abfragen. Geschieht dies mit zu

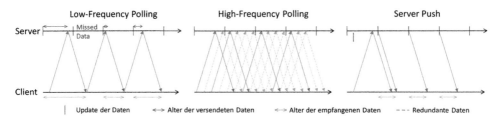

Abb. 3.19 Polling und Server-Push im Vergleich

niedriger Frequenz, erhält er teilweise relativ alte Daten oder verpasst sogar ganze Ressourcen-Updates. Um dies zu verhindern, kann die Anzahl der Abfragen erhöht werden, was allerdings zu einem sehr starken Overhead durch redundante Daten führt. Server-Push ist hingegen ein Interaktion-Pattern für Client/Server-Architekturen, bei dem der Server die aktive Rolle übernimmt und neue Daten direkt nach ihrer Verfügbarkeit übertragen kann. Dieses Pattern wird schon heute in vielen Anwendungsgebieten genutzt, wobei sich viele verschiedene Umsetzungen dieser Idee entwickelt haben, von denen auch einige im VT Kontext interessant sind. Abbildung 3.19 zeigt die beschriebenen Ansätze im Vergleich.

Klassischer Socket: Netzwerk-Sockets bilden die Endpunkte für jede Netzwerkkommunikation. Über die entsprechenden APIs der Betriebssysteme können diese für eigene, optimierte Protokolle genutzt werden. Da in ARVIDA die Nutzbarkeit von Webtechnologien untersucht wird, wurde auf eine direkte Socket-Nutzung verzichtet.

HTTP basiert: In Kontext des Comet-Frameworks [15] wurden mehrere Server-Push-Technologien entwickelt, die auf dem HTTP- Protokoll aufbauen und das Request/Reponse Pattern in einer ungewohnteren Art und Weise verwenden.

Long Polling: Beim Long Polling sendet der Client ein normales Request. Der Server verzögert die Antwort allerdings bis zum nächsten Auftreten neuer Daten und beendet danach den Kommunikationsprozess. Ein Client muss daher immer rechtzeitig ein neues Request an den Server senden. Bei hochfrequenten Updates ist dies sehr problematisch.

Webhook: Webhooks gehören zu den Publish/Subscribe-Protokollen. Clients registrieren sich auf bestimmte Ressourcen/Topics und ein Server kann so jederzeit Daten oder Events an diese versenden. Webhooks basieren nun darauf, dass eine Ziel-URI für Daten hinterlegt wird und der Server versendet diese Daten, indem er ein passendes HTTP-Request an diese URI versendet. Damit ein Client diese Daten empfangen kann, muss er allerdings selbst einen Webserver zum Empfang zur Verfügung stellen. Dieses Pattern wurde im Arvida RestSDK implementiert und wurde erfolgreich für viele Anwendungsfälle genutzt.

Websocket: Websockets sind ein auf TCP basierendes, bidirektionales Kommunikationsprotokoll für Webanwendungen. Der standardisierte Verbindungsaufbau wird über ein http-Request hergestellt, wobei die eigentliche Kommunikation danach über einen getrennten Kanal läuft. Die Übertragung ist frame-basiert, sodass einzelne Nachrichten identifizierbar bleiben. Darüber hinaus existiert keinerlei definiertes Protokoll für die

Datenübertragung. Das RestSDK bietet die Möglichkeit, über Websockets Ressourcen zu abonnieren. Bei Änderungen wird der komplette Ressourcenzustand als ein einzelnes Frame in Textform übertragen.

HTTP/2: HTTP/2 ist das erste größere Update des HTTP-Standards. Er basiert auf den Ideen, die von Google in ihrem prototypischen Protokoll Spdy erfolgreich getestet wurde. Die Hauptziele waren Kompatibilität mit HTTP 1.1, Verringerung des Datenvolumens durch Kompression der http-Header und verbesserte Nutzung von einzelnen TCP-Verbindungen durch Pipelining von mehreren gleichzeitigen Requests und geringere Latenzen durch Server-Push. Die Basis für das Protokoll bilden bidirektionale Streams, die mit einem Quality of Service-Mechanismus über eine einzelne Verbindung durch Multiplexing übertragen werden. Innerhalb der Streams existieren standardisierte Frames, die sich an den Bestandteilen bisheriger http-Nachrichten orientieren. Darüber hinaus existiert noch eine Reihe von Features zur Optimierung, wie Priorisierung von einzelnen Kanälen oder mögliche Hinweise des Servers an den Client. HTTP/2 wurde im Mai 2015 standardisiert [31]. Mangels verfügbarer C++ Bibliotheken im Projektzeitraum konnte es nur theoretisch im Projekt betrachtet werden.

QUIC: Um eine weitere Reduzierung der Latenz und Datenmenge zu erreichen, experimentiert Google mit einem neuen UDP-basierten Transport-Protokoll. Im Gegensatz zu TCP liefert UDP keine Garantien über die Auslieferung der Datenpakete. Durch die heutige sehr geringe Fehlerrate bei der Datenübertragung kann ein erweitertes UDP-Protokoll diese Garantien bei gleichzeitig geringeren Latenzen liefern. Darüber hinaus wurde in das Protokoll Multiplexing und ein schnellerer Verbindungsaufbau für verschlüsselte Verbindungen integriert. Das Protokoll wurde im Juli 2016 zur Standardisierung eingereicht [21]. Hierbei ist noch anzumerken, dass der Anwender kaum zusätzlichen Code schreiben muss, um eine bereits bestehende Ressource als Streaming-Ressource anzubieten. Er muss lediglich dem ARVIDA-RESTSDK über einen Funktionsaufruf mitteilen, wann für eine Ressource neue Daten zur Verfügung stehen.

3.8   ARVIDA-Dienste

3.8.1   Trackingdienst

Eine grundlegende Voraussetzung für VT-Anwendungen, in denen die reale und virtuelle Welt miteinander verbunden werden, ist die Verwendung eines Tracking-Systems. Es gibt eine Vielzahl an unterschiedlichsten Tracking-Systemen, die die verschiedensten Sensoren verwenden und eine Vielzahl an Algorithmen, die diese Sensordaten verarbeiten. Einen kurzen Einblick in dieses Thema wurde bereits in Abschn. 2.2 gegeben. Hierdurch ergibt sich eine sehr heterogene Landschaft an Tracking-Systemen. Durch die prinzipielle ARVIDA-Architektur sind die einzelnen Dienste lose gekoppelt und können sich auf verschiedene Rechner verteilen. Um die Trackingdaten zwischen den Diensten austauschen zu können, gab es bereits Versuche für Standards wie z. B. OpenTracker [76] oder VRPN

[77], die zwar Anwendung finden aber nicht sehr verbreitet sind. Ein Nachteil dieser Beispiele besteht darin, dass neben dem reinen Datenaustausch nicht viele Informationen über die beteiligten Systeme und die Daten selbst zur Verfügung gestellt werden können. Diese Punkte wurden in ARVIDA verbessert, um mehr Wissen über die Systeme ablegen zu können und eine maschinenlesbare Darstellung und Verarbeitung zu ermöglichen. Die Möglichkeiten, die Trackingdaten effizient zu übertragen, um die Anforderungen an die Tracking-Systeme zu erfüllen, wurden bereits in Abschn. 3.5 und 3.7.3.2 beschrieben. Die folgenden Kapitel beschreiben die Repräsentation aller zum Thema Tracking gehörenden Informationen und geben ein Beispiel für ihre Anwendung.

3.8.1.1 Trackingressource und Trackingdienst

Bei Trackingdaten geht es im Grunde immer um die Beschreibung von räumlichen Abhängigkeiten. Als grundlegendes Konzept hierfür wurden die sogenannten Spatial-Relationships aus [82] verwendet. Eine Spatial-Relationship repräsentiert eine Transformation zwischen einem Quell-Koordinatensystem und einem Ziel-Koordinatensystem. Die gesamte Definition hierfür befindet sich im Spatial Vokabular aus Abschn. 3.4.1 mit allen notwendigen Definitionen, um Rotationen, Translationen und Projektionen ausdrücken zu können. Daraus ergibt sich eine natürliche grafische Darstellung wie in Abb. 3.20 zu sehen, die auch in dem Autorenwerkzeug aus Abschn. 3.7.1 für die grafische Programmierung Anwendung findet. Eine Trackingressource ist in einfachster Form damit eine durch ARVIDA dargestellte Spatial-Relationship auf Grundlage der Definition einer ARVIDA-Ressource aus Abschn. 3.3.1.

Um nun mehr Wissen über das System hinterlegen zu können, werden weitere Vokabulare verwendet. Unter anderem kann das Tracking-Vokabular verwendet werden, um Ungenauigkeiten der Messdaten zu beschreiben oder das Device-Vokabular, um die Eigenschaften des Quell- und Ziel-Koordinatensystems zu beschreiben. Als Beispiel hierfür kann für den Fall, dass die Spatial-Relationship das Verfolgen eines Quadrat-Markers (siehe Abb. 3.21a) durch eine Kamera beschreibt, die entsprechenden Elemente aus dem Device-Vokabular an die Definitionen der Koordinatensysteme hinzugefügt werden. Weiterhin wird über das Dataflow-Vokabular das Verhalten der Trackingressource weiter spezifiziert. Damit ist festgelegt, ob es sich bei der Ressource um eine Ein- oder Ausgabe des Systems handelt und ob Events von ihr generiert werden können. Dadurch ist es möglich, automatisch Datenflüsse zu erstellen, um mehrere Dienste miteinander zu verbinden. Ein Beispiel hierfür wird in Abschn. 3.8.1.5 gegeben. Der Anwender kann weiterhin bereits bestehende Vokabulare erweitern oder neue Vokabulare erstellen, um mehr Informationen über das System zu hinterlegen. Hierauf wird in Abschn. 3.8.1.3 weiter eingegangen.

Das Service-Vokabular definiert einen allgemeinen ARVIDA-Dienst. Das Spatial-Vokabular erweitert diese Definition um einen Trackingdienst, der eine Liste aller durch ihn verwalteten Spatial-Relationships und Koordinatensysteme exponiert. Dies erfordert wenig Implementierungsaufwand und erlaubt eine automatische Verarbeitung durch andere Dienste.

3.8.1.2 Spatial-Relationship-Graph und Spatial-Relationship-Graph-Pattern

Ein Spatial-Relationship-Graph ist wie in Abschn. 3.4.1 schon beschrieben eine Zusammenstellung mehrerer Spatial-Relationships, die einen gerichteten Graphen beschreiben, der Mehrfachkanten enthalten kann. Durch einen Spatial-Relationship-Graph ist es möglich, die gesamte Trackingumgebung (Trackingdienste, verfolgte Objekte und virtuelle Koordinatensysteme wie z. B. den Ursprung eines Renderingsystems) zu beschreiben. Diese Beschreibung kann verwendet werden, um automatisch einen Datenfluss zu generieren, z. B. mit Hilfe des Ubitrack Frameworks (Abschn. 3.8.1.5).

Ein Spatial-Relationship-Graph-Pattern hingegen beschreibt mit Hilfe von Spatial-Relationships die Signatur eines Algorithmus oder Geräts. Die Patterns dienen der Austauschbarkeit einzelner Elemente der Trackingumgebung und kapseln ihre Funktionalität für eine einfache Wiederverwendung in anderen Szenarien. Um die Austauschbarkeit zu ermöglichen, gibt es allgemeine Patterns für die häufigsten Anwendungsfälle, die in einem eigenen Vokabular hinterlegt sind. Zwei Beispiele hierfür sind in Abb. 3.20 zu sehen. Abbildung 3.20a beschreibt einen allgemeinen Trackingdienst, der die 6D-Pose eines verfolgbaren Objekts zur Verfügung stellt. Abbildung 3.20b hingegen beschreibt einen Dienst oder Algorithmus, der von zwei Trackingdiensten die 3D-Position eines gemeinsam gesehenen Objekts als Eingaben entgegennimmt und die 6D-Pose zwischen den beiden Tracking-Systemen errechnet. Wie die Systeme genau funktionieren, ist hier noch nicht festgelegt, lediglich ihre Signatur ist bekannt. Ein Pattern wird mit Hilfe von Data Shapes aus Abschn. 2.6.2.6 beschrieben, um sicherstellen zu können, dass alle notwendigen Elemente vorhanden sind, wenn die Implementierungen ausgetauscht werden.

Eine formale Definition von Spatial-Relationships und Spatial-Relationship-Graphen sind in den Dissertationen von Huber [30] und Keitler [36] sowie bei [20] zu finden.

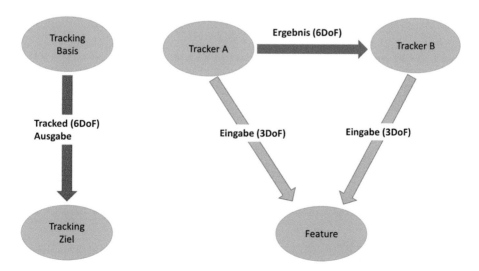

Abb. 3.20 (**a**) 6D-Pose (**b**) 3D-3D Posenbestimmung

3.8.1.3 Spezialisierungen

Bei der Spezialisierung von Vokabularen geht es darum, die allgemeinen Definitionen von Objekten aus dem Device-Vokabular oder von Patterns um die spezifischen Eigenschaften eines Dienstes zu erweitern. Dies funktioniert über einen Vererbungsmechanismus, der bereits in RDF vorhanden ist. Jeder Anwender kann entweder die bestehenden Definitionen verwenden oder sie erweitern, um sie seinem Dienst anzupassen. Die Erweiterungen können auch wieder in einem Vokabular hinterlegt werden, um sie anderen Dienstanbietern als Grundlage zur Verfügung zu stellen. Ein anderer Dienst, der diese Daten verarbeitet, kann zwei verschiedene Strategien verfolgen. Falls die allgemeine Definition für ein sinnvolles Dienstverhalten ausreicht, können die zusätzlichen Daten einfach ignoriert werden. Über die Vererbungshierarchie ist sichergestellt, dass die allgemeine Definition immer noch erkennbar ist. Im zweiten Fall werden die neuen Definitionen benötigt, um das neue Vokabular zu kennen und die Daten korrekt verarbeitet werden können.

Als Beispiel enthält das Device-Vokabular die Definition eines Trackables. Dies beschreibt ein Objekt, das von einem Tracking-System erkannt werden kann. Je nachdem, wie dieses Tracking-System arbeitet, sind nicht all diese Objekte gleich. Abbildung 3.21 enthält zwei Trackables, wobei (a) ein Objekt ist, das von einer Farbkamera über das Ubitrack- Framework verfolgt werden kann, wohingegen (b) ein Objekt für das ART-Tracking-System darstellt. Zum einen können durch diese Spezialisierung die verschiedenen Objekte automatisch durch eine Anwendung erkannt werden, was z. B. bei der Erstellung eines Spatial-Relationship-Graphen hilfreich sein kann. So macht es keinen Sinn, die Koordinatensysteme des Quadrat-Markers und des ART- Markerbaums zu vereinen, da diese unterschiedliche Objekte repräsentieren. Zum anderen können Eigenschaften der Objekte hinterlegt werden, die nur für diese gültig sind, beispielsweise die Kantenlänge des Quadrat-Markers oder die räumliche Konstellation der Kugeln des ART-Markerbaums.

Diese Erweiterungen des Device-Vokabulars können verwendet werden, um die allgemeine Definition der Tracker-Pattern zu erweitern, in denen wiederum weitere Eigenschaften hinterlegt werden können. Als Beispiel für eine Spezialisierung eines Patterns enthält die Definition des 3D-3D-Posenbestimmungs-Algorithmus (siehe Abb. 3.20b) aus

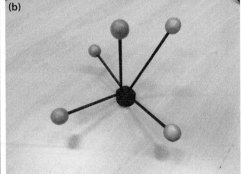

Abb. 3.21 (**a**) Ubitrack Quadrat-Marker (**b**) ART-Markerbaum

Ubitrack-Parametern für die Filterung der Eingabedaten mit Hilfe des Ransac-Algorith-mus. Andere Dienstanbieter, die dieses Pattern zur Verfügung stellen, haben die Parameter eventuell nicht. Zusätzlich wird noch hinterlegt, welcher Algorithmus konkret implemen-tiert wird, um dem Anwender mehr Informationen über das System zu geben.

3.8.1.4 Registrierungen und Kalibrierungen

Eine Registrierung beschreibt eine zur Laufzeit statische räumliche Beziehung zwischen zwei Koordinatensystemen, wohingegen eine Kalibrierung die intrinsischen Eigenschaften eines Systems oder Sensors beschreibt. Um den Prozess der Registrierungen und Kalibrie-rungen zu unterstützen, die für die Inbetriebnahme einer Trackingumgebung in der Regel notwendig sind, bietet das Spatial-Vokabular Definitionen für Spatial-Relationships, die diese Trackingressourcen als solche kennzeichnen. Ein Anbieter für Registrier- bzw. Kali-brierdienste kann seine Aufgaben dementsprechend auch als solche markieren. Wenn ein Anwender nun eine Registrierung oder Kalibrierung durchführen möchte, ist es über die bisher beschriebenen Definitionen möglich, automatisch einen Dienst zu finden, der diese Aufgabe erledigen kann.

3.8.1.5 Ubitrack und „Augmented Reality für Augmented Reality"

Ubitrack ist ein komponentenbasiertes Echtzeit-Tracking-Framework für heterogene Tracking-Systeme. Es wurde von Huber, Pustka, Keitler, Schlegel und Echtler als Teil der Projekte Trackframe [78] und Presenccia [79] im „Fachgebiet Augmented Reality" der TU München entwickelt. Es enthält Konzepte für die Synchronisierung der Daten aus unter-schiedlichsten Quellen, Verarbeitung dieser Daten und das Erstellen eines Datenflusses basierend auf den Spatial-Relationship-Graph-Konzepten aus dem Anfang des Kapitels. Für eine genauere Beschreibung wird auf die Referenzen Huber [30] und Keitler [36] sowie [81] verweisen.

Im Rahmen von ARVIDA wurde Ubitrack als ARVIDA-Dienst zur Verfügung gestellt. Durch die frei konfigurierbaren Datenflüsse lassen sich alle möglichen Trackingumgebun-gen erstellen, wodurch es im Grunde vorstellbar ist, alle Registrier- und Kalibrieraufgaben für heterogene Tracking-Systeme im ARVIDA-Projekt zu lösen und die Trackingdaten für die Endanwendung aufzubereiten. Ubitrack diente auch als Grundlage für „Augmented Reality für Augmented Reality".

„Augmented Reality für Augmented Reality" ist die Dissertation von Pankratz [80], die im Rahmen des Projektes ARVIDA erstellt wurde. Die Motivation für diese Arbeit entstand dadurch, dass die Qualität und die Fähigkeiten jeder Augmented Reality-Anwen-dung im Grunde durch die Fähigkeiten der eingesetzten Trackingumgebung beschränkt werden. Für die korrekte Behandlung der Verdeckungsproblematik muss das AR-System Wissen über die Umgebung haben. Die Interaktion mit virtuellen Objekten ist durch die eingesetzten Tracking-Systeme ebenfalls beschränkt. So kann der Benutzer mit Hilfe seiner Finger nur interagieren, wenn die Trackingumgebung diese auch tracken kann. Obwohl es große Fortschritte bei der Entwicklung von Trackingalgorithmen für Augmen-ted Reality gab, ist es immer noch unmöglich, alle Anforderungen durch einen einzigen

Sensor abzudecken. In den letzten Jahren gab es eine Vielzahl an neuen Ein- und Ausgabegeräten wie die Leap Motion, Microsoft Kinect, Intel RealSense, Oculus Rift, HTC
Vive, Microsoft Hololens und viele mehr, die nun kommerziell verfügbar sind. Dadurch
ist es für den Benutzer jetzt möglich, Motion Capture, Fingertracking und Gesten als Ein-
gabemodalitäten zu verwenden. Über Live-Tiefenbilder und 3D-Scans der Umgebung und
von Objekten ist es möglich, eine immersive AR/VR-Erfahrung mit der neuen Generation
von Head-Mounted-Displays zu erleben. Durch die Kombination dieser verschiedenen
Geräte in ein gemeinsames AR-Setup ist es machbar, eine immersive AR-Umgebung zu
erschaffen, in der komplexe Interaktionen durchführbar sind. In früheren Arbeiten zeigte
sich, dass zwar AR-Umgebungen darstellbar waren, diese aber lediglich monolithisch mit
einem fixen Setup zu erzeugen waren.

Mit der steigenden Komplexität der Setups steigt auch die Komplexität, die notwendig
ist, um sowohl die verschiedenen Sensoren zu verwenden, als auch die Anzahl der notwendigen Kalibrierungen und Registrierungen durchzuführen. Dies wiederum erschwert die
Erstellung und Wartung der Anwendung und erhöht die Anforderungen an den Benutzer.

Die grundlegende Idee von Augmented Reality für Augmented Reality (AR4AR)
liegt darin, das Wissen, das durch die Erstellung des Spatial-Relationship-Graphen
(der die Trackingumgebung beschreibt) zu nutzen, um zum einen alle nötigen Datenflüsse für die Registrierungen/Kalibrierungen automatisch zu erstellen und zum anderen
den Benutzer bei deren Durchführung zu unterstützen. Über den Spatial-Relationship-
Graphen der Trackingumgebung ist dem AR4AR System bekannt, welche Sensoren
und Objekte verwendet werden. Durch die Registrier-/Kalibrierdienste ist zusätzlich
bekannt, welche Algorithmen für die jeweilige Aufgabe verwendet werden. Dadurch
ist es nun möglich zu bestimmen, wo und wie der Benutzer Daten aufzuzeichnen hat,
um die jeweilige Aufgabe zufriedenstellend durchzuführen. In der Regel sind dies
3D-Punkte oder 6D-Posen, die relativ zu einem Sensor sind. Die beste Möglichkeit, dem
Benutzer nun diese virtuellen Punkte darzustellen, besteht durch Augmented Reality,
daher der Begriff *Augmented Reality für Augmented Reality*. Hierfür können generische
AR4AR-Komponenten in die Anwendung integriert werden, die automatisch über die
Informationen aus dem Spatial-Relationship-Graphen der Trackingumgebung die GUI
für den Benutzer generieren, alle Registrier- und Kalibrieraufgaben während der Laufzeit der Anwendung durchführbar sind und die AR4AR-Visualisierungen automatisch
generieren. Das hat den Vorteil, dass kein zusätzlicher Aufwand für den Entwickler entsteht und der Benutzer sofort Rückmeldung über die aktuelle Qualität der Registrierungen und Kalibrierungen erhält.

Ein Beispiel hierfür ist in Abb. 3.22 zu sehen. Abbildung 3.22a zeigt eine Oculus Rift mit
zwei Kameras, um die VR-Brille in ein Video-See-Through-Display umzuwandeln. Damit
registrierte AR-Visualisierungen korrekt dargestellt werden können, müssen die beiden
Kameras zueinander registriert sein. Abbildung 3.22b zeigt die Sicht durch das rechte
Auge der Oculus Rift. Der Benutzer hat die Kamera zur Kamera-Registrierung gestartet.
Auf dem Quadrat-Marker ist ein farbiges Koordinatensystem zu sehen. Das Koordinatensystem wird durch die Trackingdaten der rechten Kamera korrekt in der Mitte des Markers

Abb. 3.22 (**a**) Oculus Rift mit zwei Kameras (**b**) AR4AR Beispiel: Kamera zu Kamera Registrierung

positioniert. Rechts neben diesem Koordinatensystem ist noch ein weiteres transparentes Koordinatensystem zu sehen. Dies wird durch das Tracking der linken Kamera zusammen mit der Registrierung zwischen den Kameras im rechten Bild der Oculus Rift positioniert. Wie zu erkennen ist, überlagern sich dessen Positionen nicht. Dies ist auf einen Fehler in der Registrierung zurückzuführen. Der Benutzer hat nun die Aufgabe, den Marker in die Nähe der grünen Kugel zu bringen, um Messdaten für die Registrierung zu sammeln. Hat der Benutzer genügend Daten gesammelt, wird die Registrierung aktualisiert. Der Benutzer kann diesen Prozess solange fortsetzen, bis sich die beiden Koordinatensysteme perfekt überlagern.

3.8.2 Visualisierungsdienst

In VT-Anwendungen nehmen die Visualisierungsfunktionen eine zentrale Rolle in der für den Benutzer geeigneten Präsentation der Applikationsinhalte ein. Die flexible Wahl einer, für den jeweiligen Anwendungsfall bestmöglichen, Visualisierung kann als eines der wesentlichen Ziele einer VT-Systemarchitektur angesehen werden. Weiterhin sind historisch bedingt die Strukturen der Visualisierungskomponente oft ausschlaggebend für die Fähigkeiten einer VT-Anwendung und somit oft auch limitierend für die Funktionalität, Performanz und die Möglichkeiten einer Gesamtapplikation. Die Auflösung dieser direkten Abhängigkeiten durch die Trennung von Visualisierungs-, funktionaler- und Anwendungskomponenten ist daher ein großer Schritt in Richtung interoperabler und flexibler VT-Anwendungen.

3.8.2.1 Visualisierungsressource

Innerhalb einer auf der ARVIDA-Referenzarchitektur basierenden VT-Applikation ist ein Visualisierungsdienst mit seinen zugeordneten Ressourcen für die visuelle Darstellung der gewünschten Applikationsinhalte für den Nutzer verantwortlich. Neben den Schnittstellen für die reinen Visualierungsaufgaben, z. B. dem Laden von Ressourcen oder dem Parametrisieren des Visualisierungsalgorithmus, müssen die Ressourcen des Visualisierungsdienstes geeignete Schnittstellen zur Kontrolle der Inhalte bereitstellen, sodass die Anwendung die Möglichkeit hat, den Inhalt der Visualisierung dem Anwendungszustand entsprechend anzupassen. Dazu stellt der Visualisierungsdienst ein ARVIDA-konformes, auf Ressourcen basiertes REST Interface als Schnittstelle für die Anwendung zur Verfügung.

Auf oberster Ebene steht somit die VisualizationService-Ressource. Diese stellt der Anwendung bis zu n sogenannte Views (Abb. 3.23) bereit. Jeder View dient dazu, der Anwendung eine ausgezeichnete Sicht auf einen gemeinsamen Datenbestand zu ermöglichen. In einem View selbst sind das „Was", „Wie" und „Wo" zusammengefasst. Hierzu verweist jeder View jeweils auf eine Scene (dem „Was"), eine Render- Pipeline (dem „Wie"), und eine Camera (dem „Wo"). Die Camera dient der ARVIDA-konformen Beschreibung der im Rendering-Prozess zu verwendenden Projektion. Die Verortung der Camera in Bezug auf die Scene findet mittels einer Spatial-Relationship statt, die das Koordinatensystem der Camera mit dem der Scene in Bezug setzt (Abb. 3.23).

3.8.2.2 Szene

Neben dem oben erwähnten Koordinatensystem enthält die Scene eines Views die Szenenbeschreibung in Form eines Szenengraphen. Hierzu speichert die Scene einen Verweis auf den Root-Knoten des Graphen. Die Knoten des Szenengraphen definieren sich über ihr Koordinatensystem und werden durch zugeordnete externe Komponenten in ihren

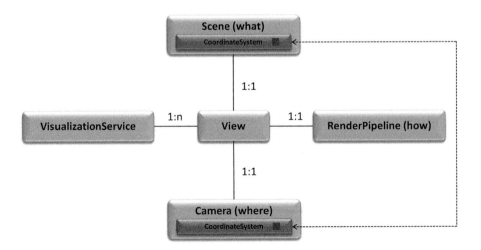

Abb. 3.23 Übersicht Visualisierungsdienst

weiteren Funktionen und Eigenschaften definiert. So gibt es zum Beispiel eine „Bounding Volume" Komponente, mittels derer einem Knoten ein „Axis Aligned Bounding Volume" zugeordnet werden kann. Andere Komponenten sind für die „ist darzustellen" oder Asset Verwaltung zuständig. Grundlegend enthält der innerhalb der ARVIDA-Referenzarchitektur definierte Szenengraph keine feste Kantenstruktur wie herkömmliche Szenengraphen. Über RDF-Triplets können Beziehungen zwischen Knoten definiert werden, die den Kanten im klassischen Sinne entsprechen. Mittels dieser Beziehungen zwischen Knoten können somit Eigenschaften von Knoten hierarchisch innerhalb des Graphen propagiert werden, um zum Beispiel effizient für gesamte Subgraphen die „ist darzustellen"-Eigenschaft zu kontrollieren. Basierend auf diesen generellen Möglichkeiten, Beziehungen zwischen Knoten zu beschreiben, stellt der innerhalb der ARVIDA-Referenzarchitektur definierte Szenengraph mittels des sogenannten „PartOfNode"-Knotens einen Knoten im herkömmlichen Sinne mit seinen hierarchischen Beziehungen zur Verfügung. Mehrere Scene Elemente verschiedener Views können sich denselben Szenengraphen teilen und somit können verschiedene Ansichten auf die gleichen Inhalte erzeugt werden.

Darüber hinaus kann eine Anwendung vorgefertigtes Verhalten mittels zweiter, innerhalb der *Scene* –Ressourcen des Visualisierungsdienstes gespeicherter Containerelemente ansprechen. Zum einen gibt es Variantencontainer, die es erlauben, auf einfache Art und Weise Operationen auf einer Gruppe von Elementen auszuführen. So kann zum Beispiel die „ist darzustellen" oder die Materialzuweisung für eine Gruppe von Objekten mittels eines einzelnen REST Kommandos einfach von der Anwendung umgeschaltet werden. Zum anderen steht ein Container von sogenannten „TriggerableElements" zur Verfügung. Dieser erlaubt es, vorgefertigtes, innerhalb der Szene definiertes dynamisches Verhalten zu aktivieren. Auf diese Weise ist es einer Anwendung zum Beispiel möglich, vordefinierte Animationen abzuspielen.

3.8.2.3 Render-Pipeline
Innerhalb der Visualisierungsressource ist die „Render-Pipeline „für das „Wie" verantwortlich. Neben der grundlegenden Wahl des verwendeten Rendering-Algorithmus (z. B. OpenGL Forward, OpenGL Deferred mit HDR, Ray Tracing) hat die Anwendung die Möglichkeit, einzelne Parameter des gewählten Verfahrens zu beeinflussen. Innerhalb der ARVIDA-Referenzarchitektur ist das Rendering-Verfahren als Folge von Pipelinestufen modelliert. Beginnend mit einer initialen Producerstufe folgen mehreren Processorstufen. Jede Processorstufe bearbeitet die Ergebnispuffer der vorherigen Stufe, bis am Ende der Pipeline die finalen, von der Anwendung benötigten Puffer zur Verfügung stehen. Um der Anwendung die Konfiguration der einzelnen Pipelinestufen zu erleichtern, werden diese als Liste innerhalb der dem View zugeordneten Render-Pipeline gespeichert. Dies erlaubt der Anwendung ein relativ einfaches Auffinden und Konfigurieren der gewünschten Pipelinestufe, ohne die gesamte Pipeline traversieren zu müssen. Neben den Pipelinestufen ist es die Aufgabe der Render-Pipeline, der Anwendung Zugriff auf die finalen Puffer zu geben. Ebenso wie bei den Pipelinestufen stellt die dem View zugeordnete Render-Pipeline hier eine Liste der benötigten Elemente, hier den Puffer, bereit.

3.8.2.4 Ergebnispuffertransfer

Eine zentrale, innerhalb der ARVIDA-Referenzarchitektur zu lösende Aufgabe bestand darin, ein Verfahren zu finden, wie die Ressourcen eines Visualisierungsdienstes und die darüber liegende VT-Anwendungskomponente *Puffer* flexibel austauschen können. Dies soll den VT-Anwendungskomponenten ermöglichen, dynamisch die für sie geeignetste Methode und das geeignete Format zu wählen. Der innerhalb der ARVIDA-Referenzarchitektur gewählte Ansatz erweitert die Pufferdefinition aus diesem Grund um ein oder mehrere *ReadBufferDataActions*, von der jeder *Puffer* jedoch mindestens eine zur Verfügung stellen muss.

Eine *ReadBufferDataAction* definiert die Möglichkeit, einen *Puffer* in einem bestimmten Format abzufragen. Unterstützt ein *Puffer* mehrere Formate, bietet er den Anwendungskomponenten mehrere, spezialisierte, *ReadBufferDataActions* an, zum Beispiel je eine, um einen Bildpuffer entweder JPEG oder PNG kodiert abzufragen.

Neben dem Format, in welchem der *Puffer* abgefragt werden kann, müssen sich Anwendungskomponente und Visualisierungsdienstressource über einen geeigneten Transportmechanismus (z. B. „http GET", „web-socket push") verständigen. Hierzu wurde die Definition der *ReadBufferDataAction* um sogenannte *ActionBindings* erweitert. Über diese kann eine Ressource der Anwendungskomponente die von ihr für den jeweiligen *Puffer* unterstützten Transportmechanismen mitteilen, da jedes *ActionBinding* einen möglichen Transportmechanismus beschreibt.

Würde eine Ressource für einen konkreten *Puffer*, im Falle des JPEG-Formats zum Beispiel die „http GET" und „web-socket push" Mechanismen unterstützen, müsste er die bereitgestellte Beschreibung der entsprechenden *ReadBufferDataAction* für das JPEG-Encoding um die zwei *ActionsBindings* erweitern, ein Binding für „http GET" und ein Binding für „web-socket push". Auf diese Weise kann eine Anwendungskomponente dynamisch zur Laufzeit entscheiden, welche für sie, in einer bestimmten Situation, das geeignete Format und der geeignete Transportmechanismus ist.

Innerhalb der ARVIDA-Referenzarchitektur wird angenommen, dass die Clientanwendungen die skizzierten Transportmechanismen kennen. Somit werden diese im Rahmen der entwickelten Vokabulare nicht beschrieben. Aus diesem Grund beinhalten die Vokabulare nur die von der Anwendung für eine erfolgreiche Anfrage benötigten Parameter.

3.9   Anwendungserstellung durch Dienstkomposition

Der Einsatz von Web-Technologien im Bereich Virtueller Techniken erfordert die Erforschung neuer Methoden, um die hohen Anforderungen Virtueller Techniken an Durchsatz und Latenz durch Web-Technologien zu befriedigen. Während das Web auf Wide-Area Networks aufgebaut ist, werden in ARVIDA Local-Area-Networks eingesetzt. Im Web sind Latenzen von mehreren Sekunden üblich; in ARVIDA müssen hohe Anforderungen mit Latenzen im Millisekundenbereich eingehalten werden.

Für die Komposition von Diensten in ARVIDA wurde eine Pull-Architektur statt einer Push-Architektur erforscht. Eine Architektur, in der das Pullen von Information dominiert, ist auch Datenquellen- und Dienste-geeignet, die hohe Update-Raten aufweisen. Ein Vorteil von Pull-Architekturen ist, dass die in anderen Architekturen notwendige Synchronisation von Datenströmen vermieden werden kann. In einer Pull-Architektur stellen statische Datenquellen nur einen Spezialfall von dynamischen Datenquellen dar, d. h. statische Quellen werden nur einmal angefragt, während dynamische Quellen in hohen Raten angefragt werden [85]. Solch eine einheitliche Schnittstelle vereinfacht die Architektur. Jedoch erfordert diese Pull-Architektur neue optimierte Methoden zur Ausführung von Dienstkompositionen.

Die Kompositionssprache in ARVIDA wird auf Basis von „Wenn-Dann"-Regeln entwickelt, die bestimmte Aktionen aus dem „Dann"-Teil der Regeln, z. B. Dienstaufrufe, ausführt, wenn bestimmte Bedingungen aus dem „Wenn"-Teil in der Wissensbasis einer Ausführung der Komposition eingehalten sind. Regelbasierte Kompositionen erlauben die flexible Reaktion auf verschiedene mögliche Zustände des Systems, die durch die Nutzung von verschiedenen sowie dynamisch austauschbaren Diensten entstehen können. Mit Hilfe der Regeln können auch typische Konstrukte der gängigen prozessbasierten Sprachen zur Dienstkomposition umgesetzt werden. Beispielsweise lässt sich eine Sequenz in einem Prozess als eine Menge von Regeln ausdrücken, die die nächste Aktion in der Sequenz starten sobald die Bedingung erfüllt ist, dass die vorhergehende Aktion beendet ist. Ebenso lässt sich eine Join-Bedingung modellieren, indem man die nächste Aktion erst startet, wenn alle zuvor benötigten Aktionen beendet sind. Im Folgenden werden populäre prozessbasierte Kompositionssprachen und deren Eigenschaften besprochen.

3.9.1 Verwandte Ansätze zur Dienstkomposition

Der OWL-S-Ansatz zur Beschreibung von Webdiensten enthält ein Prozessmodell zur Komposition [43]. Kompositionen werden mit Hilfe einer OWL-Ontologie ausgedrückt und erhalten ihre Semantik durch die im Standard beschriebene Bedeutung der Ontologiekonzepte. Es wurden Ansätze zur automatischen Verifikation von OWL-S-Prozessen entwickelt, z. B. [1]. Im Gegensatz zu OWL-S wird die in ARVIDA entwickelte Sprache eine formale Semantik basierend auf den zugrundeliegenden Regeln besitzen.

BPEL ist ein Standard zur Spezifikation von Prozessen, die mehrere, mithilfe von WSDL beschriebene, Webdienste miteinander kombinieren [47]. BPEL richtet sich mehr an die Praxis, wurde jedoch auch in wissenschaftlichen Arbeiten verwendet, welche dann oftmals eine formale Semantik basierend auf Petri-Netzen oder dem Pi-Kalkül für eine Teilmenge der Sprache definieren. Vergleichbar zu BPEL, aber mehr auf die Verwendung in theoretischen Arbeiten zugeschnitten, ist Yet Another Workflow Language (YAWL) [69]. Es gibt zahlreiche Arbeiten zu YAWL, z. B. zur Untersuchung von Deadlocks sowie Arbeiten, die eine Umwandlung von anderen Prozesssprachen zu YAWL definieren, wie z. B. von UML-Activity Diagrams [28].

Ein wichtiger Aspekt für ARVIDA-Anwendungen sind die Anforderungen an die Ausführungsumgebung bezüglich Durchsatz und Latenz. Prozessbasierte Umgebungen,

z. B. für BPEL, können die Anforderungen nicht erfüllen, da sie auf die Ausführung von Geschäftsprozessen ausgelegt sind und die Eigenschaft Performanz gegen Eigenschaften wie z. B. Transaktionssicherheit eintauschen.

3.9.2 Dienstkomposition in ARVIDA

Ein weiterer zentraler Arbeitspunkt ist die Abstraktion der Komponenten und daraus resultierend standardisierte Schnittstellen und Protokolle. Die Erarbeitung einer Beschreibungssprache und Kompositionstools für Dienste und Anwendungen auf Basis dieser Sprache ist ein weiterer Schritt. Hier besteht die Herausforderung vor allem in der Skalierbarkeit des Konzeptes hinsichtlich der Integration von existierenden Komponenten und Systemen, d. h. die Dienstarchitektur muss ein leichtgewichtiges Anbindungskonzept bereitstellen, welches keine fundamentalen Änderungen bei existierenden Systemen erfordert. Es ist ein Migrationspfad erarbeitet worden, der eine frühzeitige Nutzung von Teilaspekten der ARVIDA-Referenzarchitektur möglich macht. Während der Datenzugriff sowie die Berechnungen auf verschiedensten Systemen erfolgen, ist ein Großteil der Eingabegeräte (z. B. Kameras oder Tracking) und der Ausgabegeräte (z. B. Caves oder Monitore) lokal angebunden. Ein weiteres Forschungsziel war die prinzipielle Möglichkeit zur Dienstkomposition mittels grafischer Benutzeroberflächen. Daher wurde bei der Konzeption der Kompositionssprache Wert auf Einfachheit gelegt, um prinzipiell eine grafische Benutzeroberfläche möglich zu machen.

VT-Anwendungen, die auf einer Architektur, wie der in ARVIDA erforschten, aufsetzen, werden trotz aller Optimierungen Latenzen aufweisen. Dies gilt insbesondere für die Anbindung von Fremdsystemen bzw. Diensten an Anwendungen, bei denen diese Systeme eine eigene und typischerweise niedrigere Taktrate aufweisen als das eigentliche Visualisierungssystem. Daraus können sich Inkonsistenzen in der dargestellten Szene ergeben. Es sinnvoll, die gesamte Visualisierung mit einem fixen Takt berechnen zu lassen (ein sogenannter „render loop"), um die generelle Interaktivität und Immersion (z. B. bei stereoskopischen Systemen) zu gewährleisten. Dadurch wird eine konstante Bildwiederholrate erzielt, es können allerdings potentiell szenenrelevante Daten, die verspätet angekommen sind, nicht mehr mit in den Szenengraphen aufgenommen werden. Ein Ziel der ARVIDA-Referenzarchitektur ist die Erarbeitung von Verfahren, die eine konsistente Szene erreichen oder zumindest auf inkonsistente Zustände hinweisen können.

Im Rahmen des ARVIDA-Projektes wurde die Entwicklung von Linked Data-Fu [68, 86], einer Kompositionssprache sowie Ausführungsumgebung für die Integration von Linked Data REST-Ressourcen, vorangetrieben. Mit Hilfe der Kompositionssprache können Dienste, welche ihre Daten und Funktionalität über – den Linked Data-Paradigmen und REST-Einschränkung genügenden – Schnittstellen zur Verfügung stellen, durch deklarative, auf Regeln basierende Programme komponiert werden. Die Ausführungsumgebung ist in der Lage, diese deklarativen Regelprogramme zur Laufzeit ohne weitere Implementierung auszuführen, die Kommunikation zwischen den Diensten aufzubauen sowie benötigte Entscheidungen, Datentransformationen oder Berechnungen zur Integration der Dienste durchzuführen.

3.9.3 Kompositionssprache

Die Syntax der Kompositionssprache basiert auf der Syntax der Regelsprache Notation 3 (N3) [87]. Die Semantik der Regeln lässt sich in die im Folgenden erläuterten klassischen Ableitungsregeln, die spezifischen Interaktionsregeln sowie eingebaute Funktionen unterteilen. Deren Interpretation durch die Ausführungsumgebung wird im darauffolgenden Abschnitt beschrieben.

Ableitungsregeln stellen den klassischen Fall einer Regel in der Kompositionssprache dar. Sie bestehen aus einem Regelrumpf („Wenn"-Teil), dem ein Regelkopf folgt („Dann"-Teil). Im Rumpf einer Regel stehen die Bedingungen („Wenn"), unter denen der Kopf der Regel („Dann") bei einer Evaluation ausgeführt wird. Ein nicht-leerer Rumpf einer LD-Fu-Regel enthält ein sogenanntes Basic Graph Pattern, d. h. einen RDF-Teilgraphen, optional versehen mit Variablen als Platzhaltern, der in einem gegebenen RDF-Graphen, der Datenbasis, gefunden werden muss, um den Kopf der Regel auszuführen. Die Variablen werden durch entsprechende Werte ersetzt, sobald der deklarierte RDF-Teilgraph im gegebenen RDF-Graphen gefunden ist, und stehen im Kopf der Regel zur weiteren Verwendung zur Verfügung. Innerhalb des Kopfes einer Regel kann ein neuer RDF-Teilgraph deklariert werden, optional unter Verwendung der im Rumpf deklarierten und mit Werten versehenen Variablen, welcher der RDF-Datenbasis zur weiteren Evaluation hinzugefügt wird. Ableitungsregeln dienen der Transformation zwischen Vokabularen, dem Treffen von Entscheidungen sowie der Ableitung von neuem Wissen. Zusammengefasst dienen sie der Anreicherung der RDF-Datenbasis, um darauf aufbauend Interaktionen oder Abfragen durchzuführen.

Eine spezielle Form der Regeln sind sogenannte Interaktionsregeln. Interaktionsregeln dienen der Deklaration der Kommunikation mit Ressourcen, die den Linked Data-Prinzipien und den REST-Einschränkungen genügen. Eine Interaktion mit einer Ressource wird deklariert, indem im Kopf einer Regel ein entsprechender RDF-Teilgraph mit vorgegebenem Aufbau und unter Verwendung spezieller Vokabulare angegeben wird. Zu dieser Deklaration werden Vokabulare für HTTP im Allgemeinen als auch die HTTP-Methoden im Speziellen verwendet. Es werden die HTTP-Methoden GET, PUT, POST und DELETE unterstützt sowie die Definition der Nutzdaten einer Interaktion. Die eingehenden Nutzdaten, z. B. einer Anfrage mittels HTTP GET, werden der RDF-Datenbasis zur weiteren Evaluation hinzugefügt. Zusammengefasst kann mit Hilfe der Interaktionsregeln die Integration verschiedenster Datenquellen und Dienste, sowohl lesend als auch schreibend, deklariert und dadurch deklarativ verteilte Anwendungen aus verschiedenen Diensten komponiert werden.

Innerhalb der Regelrümpfe können eingebaute Funktionen verwendet werden, ohne dafür auf externe Dienste zugreifen zu müssen. Insbesondere die Unterstützung mathematischer Operationen ermöglicht es, Berechnungen innerhalb der Regelrümpfe auf Basis vorhandenen Wissens durchzuführen und die Ergebnisse der Berechnungen für Entscheidung oder zur Generierung neuen Wissens zu verwenden. Diese Funktionen sind in mehreren Vokabularen hinterlegt, unter anderem ein Vokabular für mathematische Operationen, und können nahtlos innerhalb der Regeln verwendet werden, um z. B. Berechnungen als RDF-Teilgraphen zu deklarieren und deren Ergebnisse Variablen zuzuordnen. Die Ausführungsumgebung erkennt diese entsprechend in RDF annotierten Funktionen, führt die Berechnungen aus und bindet deren Ergebnis an die dafür deklarierte Variable.

3.9.4 Ausführungsumgebung

Die Kompositionssprache definiert die Integration und Komposition von Datenquellen und Diensten unabhängig von einer konkreten Implementation eines Interpreters. Im Rahmen des ARVIDA-Projektes wurde die Entwicklung der Ausführungsumgebung als Referenzimplementierung eines Interpreters für Programme in der Kompositionssprache vorangetrieben. Die Ausführungsumgebung ermöglicht die einmalige oder durchgängig wiederholte Evaluation der Kompositionsprogramme, die dafür benötigte Verwaltung eines internen RDF-Graphen, die Ausführung der in der Kompositionssprache deklarierten Interaktionen und Berechnungen sowie die Evaluierung von SPARQL-Anfragen über den internen RDF-Graphen.

Die Ausführungsumgebung verwaltet während der Evaluation eines Programmes einen internen RDF-Graphen. Dieser besteht zum einen aus einem optionalen Input, d. h. dem Interpreter übergebenen RDF-Daten, aus RDF-Daten, die als Nutzdaten einer Antwort bei der Evaluation einer Interaktionsregel mit Ressourcen über das HTTP-Protokoll zurückgeben werden oder aus durch Ableitungsregeln neu generierten RDF-Daten.

Die Evaluation der Daten erfolgt durchgehend bis zu einem sogenannten Fixpunkt, der erreicht ist, wenn keine weitere Regel mehr ausführbar ist. Bis zur Erreichung dieses Fixpunktes wird mit jedem neu hinzugefügten RDF-Teilgraphen die erneute Evaluation aller Regeln ausgelöst. Während der gesamten Evaluation bis zum Fixpunkt werden SPARQL-Abfragen, welche zusätzlich zu dem Programm deklariert werden können, ausgewertet und deren Ergebnis zurückgegeben.

Neben der Integration durch Interaktion über das HTTP-Protokoll unterstützt die Ausführungsumgebung mehrere Wege zur Integration mit vorhandenen RDF-Daten. Zum einen kann der Client zur Steuerung der Ausführungsumgebung auf der Kommandozeile verwendet werden. Eingabedaten können als Dateien während des Aufrufs oder über Datei-URIs innerhalb von Programmen übergeben werden. Des Weiteren können diese in Linux-Umgebungen direkt per Pipe an die Ausführungsumgebung übergeben werden. Für die programmatische Integration können Java-Bibliotheken des Interpreters direkt in Anwendungen integriert werden.

Mit der Linked Data-Fu-Kompositionssprache und -Ausführungsumgebung steht ein universales Werkzeug zur deklarativen Integration und Komposition von Datenquellen und Diensten zur Verfügung. Die deklarative Regelsprache ermöglicht diese

Integration und Komposition durch die Ausführungsumgebung ohne weitere Implementation zur Laufzeit. Dabei bauen die Unabhängigkeit von konkreten Integrationsszenarien sowie die damit verbundenen generellen Einsatzmöglichkeiten, welche durch die ARVIDA-Referenzarchitektur propagiert werden, auf die konsequente Einhaltung der Linked Data-Prinzipien und REST-Einschränkungen aller beteiligten Datenquellen und Dienste.

3.10 Evaluation

3.10.1 Rahmenbedingungen

Zwei Kriterien definieren die technische Leistungsfähigkeit der ARVIDA-Referenzarchitektur: Performanz und Interoperabilität, also die rechtzeitige Auslieferung von Daten in standardisierter Form. Um die Architektur aber auch die Komponenten hinsichtlich dieser Anforderungen zu bewerten, wurde nach der in diesem Abschnitt vorgestellten Evaluationsmethodik verfahren. Die beschriebenen Verfahrensweisen orientieren sich an der ISO/IEC 25010:2011 [33] und an [12] (Definition von „funktionalen" und „nicht-funktionalen" Anforderungen für RIS-Systeme). Die für die ARVIDA-Referenzarchitektur relevanten Kriterien lassen sich in folgende Bereiche unterteilen und priorisieren:

Funktionale Anforderungen

- Auslieferung der Daten
- Verteilbarkeit auf mehrere vernetzte Rechner
- Möglichkeit des gleichzeitigen Zugriffs durch mehrere Clients

Nicht funktionale Anforderungen: Wie effizient, verständlich und wartbar ist das System

- Interoperabilität: Flexibilität beim Austausch von Komponenten: Konformität mit Formularen
- Performanz: Durchsatz, Antwortzeitverhalten, Skalierbarkeit
- Zugänglichkeit, Nutzbarkeit (hier nicht für Endnutzer sondern für Entwickler)
- Fehlerbehandlung
- Erweiterbarkeit
- Dienstgüte

Die Evaluation der spezifischen Funktionalität der Einzelkomponenten war nicht Bestandteil der Architekturevaluation, da das spezifische Wissen darüber in den Anwendungsdomänen liegt. Die hier vorgestellten Verfahren und Vorlagen zur Effizienzbewertung lassen sich dort aber gleichermaßen einsetzen.

3.10.2 Anforderungserfüllung durch „Fulfillment by Design"

Die ARVIDA-Referenzarchitektur basiert auf dem erprobten REST-Architekturstil und den assoziierten Standards. Durch deren universellen Einsatz im Web wurde der Nachweis erbracht, dass diese die Grundfunktionalitäten der verteilten, skalierbaren Datenverteilung gewährleisten. Diese umfassen:

Funktionalität

- Datenverteilung: Zentraler Punkt von REST-Architekturen, Implementierungen vorhanden
- Skalierbarkeit und Erweiterbarkeit: Zentraler Punkt von REST-Architekturen mit zahlreichen Implementierungen im Web
- Interoperabilität: Teilweise erfüllt durch Protokollkonformität zum HTTP-Standard

Zugänglichkeit und Interoperabilität

- Nutzung von ISO und W3C-Standards: a) http: CRUD Funktionalität über http, b) RDF: Vokabular Beschreibung, c) OWL: Semantik d) LDP: Datencontainer e) XSD: Standarddatentypen f) XML JSON, Turtle: Konkreter Vokabular Syntax
- Offene Referenzimplementierungen von Komponenten und Use-Cases im Web Kontext verfügbar

Durch die Nutzung dieser verbreiteten Standards sind alle funktionalen und einige Aspekte der nichtfunktionalen Anforderungen an die ARVIDA-Referenzarchitektur bereits erfüllt.

3.10.3 Anforderungserfüllung: Ermittlung durch konkrete Validierungsmethoden

Die zu validierenden Anforderungen in ARVIDA liegen nicht in der Fähigkeit des Datenvermittelns als solches, sondern hauptsächlich in der Interoperabilität und der zeitlichen Reaktion. Diese ordnet man ISO-standardkonform den nichtfunktionalen Anforderungen zu.

3.10.3.1 Interoperabilität
Interoperabilität lässt sich auf folgenden drei Ebenen betrachten:

1. **Technische** Interoperabilität: Die Datenübertragung erfolgt über eindeutige, standardisierte Kommunikationsprotokolle
2. **Syntaktische** Interoperabilität: Standardisierte Datenformate werden für den eindeutigen Informationsaustausch eingesetzt
3. **Semantische** Interoperabilität: Die Bedeutung der Daten wird über ein einheitliches Informationsmodell kommuniziert und die Bedeutung der Informationen ist eindeutig und allgemein verfügbar beschrieben

Die ersten beiden Anforderungsebenen lassen sich über die Nutzung standardisierter Protokolle und Datenformate erfüllen, wie bereits in Abschn. 3.10.2 beschrieben. Die dritte Ebene der semantischen Interoperabilität kann nun ARVIDA-spezifisch validiert werden, da alle Anforderungen durch die Nutzung der in ARVIDA erarbeiteten Vokabulare erfüllt sind. ARVIDA-RDF-Vokabulare lassen sich in einer einfachen Interpretation als eine formalisierte Schnittstellenspezifikation auffassen, die es ermöglicht, alle drei Ebenen der Interoperabilität und damit auch die dritte zu gewährleisten. Folgende Kriterien sind nun zu validieren:

- Konformität mit der ARVIDA-Dienstsemantik mit garantierter Semantik und Schnittstelle
- Vokabularkonformität der Dienste und ihrer Ressourcen
- Einhaltung von Defaults
- fehlertoleranter Umgang mit Anfragen nach nicht vorhandenen Ressourcen

Basis für die Validierung der Interoperabilität sind die Vokabulardefinitionen auf dem ARVIDA Vokabularserver http://vocab.arvida.de. Ein Dienst muss sich zunächst einer Dienstkategorie oder einem Ressourcentyp zuordnen. Danach kann überprüft werden, ob das Vokabular bei Anfrage die richtigen Strukturen und Datentypen zurückgibt. Wenn im Vokabular plausible Wertebereiche bzw. Grenzen hinterlegt sind, können auch diese geprüft werden. Diese Validierung kann automatisiert erfolgen. Dazu wurde eine Methode entwickelt, die eine Konsistenzprüfung der Dienstschnittstelle im ARVIDA-Sinne ermöglicht. Es erfolgt ein Typabgleich der angebotenen Vokabulare des Dienstes bzw. der Ressource, mit denen diese im Vokabularserver verzeichnet sind.

3.10.3.2 Performanz
Auf der übergeordneten Architekturebene sind vorwiegend quantifizierbare Bandbreiten und Zeitverhalten gefordert. Das lässt sich in folgende drei Unterkategorien zusammenfassen: a) Antwortzeitverhalten und Schwankungen b) Datendurchsatz und c) Skalierbarkeit hinsichtlich paralleler Zugriffe.

3.10.4 Validierung der Performanz

3.10.4.1 Zeitverhalten
Entsprechend der Zugänglichkeit der Messpunkte erfolgen Detailmessungen wie in Abb. 3.24 gezeigt.

Die anfragende Komponente wird als Client und die zu validierende Komponente als Dienst bezeichnet. Die Validierung eines Dienstes erfolgt durch eine 1:1 Kommunikation zwischen Client und Dienst. End-To-End Latenzen über mehrere Dienste hinweg können dann aus den Einzelmessungen abgeleitet werden. Im Fall eines Blackbox-Testes werden nur die Zeitpunkte der Client Anfrage und des Vorliegens des Client Ergebnisses gemessen. Hier lässt sich der architekturrelevante Anteil jedoch nur ungenügend bestimmen.

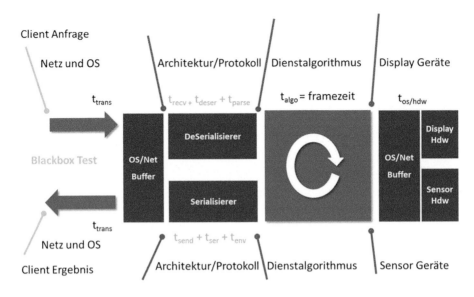

Abb. 3.24 Zeitverlauf

Die Zeiten t_{algo} und t_{os} betreffen den Dienst selber und die eingesetzte Hardware und sind unabhängig von der Architektur. Die Zeitpunkte zwischen Senden der Anfrage durch den Client und deren Eingang beim Dienst bestimmen die Netzlatenz. Diese ist nur dann architekturrelevant, wenn ein Vergleich zu einer lokalen Instanz oder mit anderen Netzübertragungsprotokollen erfolgen soll. Zeiten in den Abschnitten Architektur und Protokoll sind abhängig von der Architektur und von den Serialisierungsverfahren.

Bei Streaming- bzw. Push-Übertragung fallen die Anfrageteile (2–5) aus der Latenzbetrachtung weg, da diese nur für die Initialisierung der Übertragung benötigt wird. Für die Optimierung der Serialisierung kann es sinnvoll sein, die Komponentenbewertung in Serialisierung, Übertragung und HTTP-relevante Komponenten und entsprechende Zeiten aufzuteilen. Durch geschickte Implementierung bzw. Parallelisierung bestehen hier Optimierungsmöglichkeiten. Um diese sinnvoll zu berücksichtigen, können bestimmte Funktionsblöcke zusammengefasst werden (z. B. Serialisierung und RDF Transformation). Im Extremfall würde nur die Black-Box Sicht auf den Dienst als Maß für die Performanz genommen. Dies ist aber für eine Evaluation der Architektur nicht sinnvoll, da das Verhältnis zwischen deren und der Verarbeitungszeit des Dienstealgorithmus nicht bestimmt werden kann.

3.10.4.2 Messverfahren

Für ein allgemeines Messverfahren ist es sinnvoll, sich auf die Funktionsblöcke zu beziehen, die in Abschn. 3.10.4.1 gezeigt wurden. Die Metriken lassen sich weitestgehend über Zeitmessungen bestimmen und die Durchsatzgrößen davon ableiten (Tab. 3.3).

Tab. 3.3 Metriken zur Perfomanzmessung

Bezeichnung	Beschreibung	Qualität	Einheit
Antwortzeitverhalten	Reaktionszeit des Services auf Anfragen		
Latenz	Durchlaufdauer einer Anfrage, diese kann größer sein als 1/Framerate	Zeit	ms
Framerate	Garantierte Rate (Hz) bei kontinuierlich wiederholten (gleichartigen) Anfragen	Frequenz	Hz
Jitter	Die Schwankungen der Latenz	Zeitdifferenz	ms
Datenraten	Menge der zu verarbeitenden Daten pro Zeit		
Generische Daten	Bytes, die pro Zeiteinheit vom Dienst bzw. der Komponente verarbeitet werden können	Anzahl/Zeit	Bytes/s
Geometrie	Polygone (z. B. Dreiecke) pro Zeiteinheit?	Anzahl/Zeit	Triangle/s
Bilddaten	Pixel pro Zeiteinheit	Anzahl/Zeit	Pixel/s
Trackingdaten	Posen pro Zeiteinheit	Anzahl/Zeit	Pose/s
Interaktionsdaten	Events pro Zeiteinheit	Anzahl/Zeit	Events/s
Zugriffe	Anzahl Anfragen		
Anzahl Anfragen	Wieviel unabhängige gleichzeitige Anfragen kann der Dienst pro Zeiteinheit bearbeiten (bei definierter Datenmenge)	Anfragen/s	n/s

Die hier beschriebenen Metriken leiten sich direkt aus den quantifizierbaren Anforderungen ab. Die zentrale Idee ist hier, nur Zeit als Primärmetrik zu nutzen und den Anforderungserfüllungsgrad bzw. andere Metriken daraus abzuleiten. Die Performanz wird durch Zeitmessungen der folgenden Grundparameter erhoben:

- Latenz: Zeitdifferenz zwischen Eingang am Sensor und Ausgabe einer entsprechenden Systemreaktion im Displayausgabekanal
- Jitter: Schwankungen der Latenz

Da die Latenz und ihre Schwankungen für die von den Benutzern wahrgenommene Interaktivität die zentrale Größe darstellt, wurde nur diese gemessen und die Framerate daraus abgeleitet. Um sinnvolle Vergleiche ziehen zu können, muss das spezifische Testsystem hinreichend beschrieben sein. Ein Performanzvergleich lässt sich nur in identischer Testumgebung sinnvoll durchführen.

3.10.5 Ergebnisse der Performanzmessungen

3.10.5.1 Ausgesuchte Use-Cases

Es werden im Folgenden die relevanten Ergebnisse für das Streaming von sich wiederholenden Datenpaketen gezeigt. Diese sind in einer Architektur für interaktive VT-Systeme von zentraler Bedeutung. Hierzu wurden Trackingsetups, Geometriedatensätze kleiner Punktwolken und Videobilder als Use-Cases ausgewählt, die vor allem in der Sensordatenerfassung auftreten.

3.10.5.2 Messsystemaufbau

Das Hardwaresystem bestand aus einem Cluster aus drei Rechnerknoten mit jeweils a) CPU 2 x Intel Xeon E5-2637 @ 3 GHZ b) Chipsatz C600/X79 c) RAM 16 GB DDR3 1600 d) 2 x Nvidia GTX 680 e) 2 x 1 GB Intel I350 f) 1 x 10 GB Intel X540-T2. Die Softwareumgebung bestand aus a) Betriebssystem: Win 7 64 Bit b) Compiler Microsoft Visual c++: cl 18.00.31101 for x64. Basierend auf dem ARVIDA C++ REST-SDK wurden ein Test-Service und ein Test-Client entwickelt und mit den oben beschriebenen Messpunkten versehen. Das ARVIDA C++ REST-SDK nutzt folgende externe Komponenten, die maßgeblich die Performanz mitbestimmen: a) *Boost* Bibliothek b) das *RAPTOR*-RDF Framework c) die http-Serverimplementierung *civetweb* d) *curl* als HTTP-Client. Die angegebenen Datenmengen beziehen sich auf obengenannte Use-Case spezifische Daten, z. B. Trackingposen, Geometrieprimitive, Bildpixel, um die Ergebnisse anschaulicher für den praktischen Gebrauch zu machen. Alle Datenstrukturen wurden mit 32 Bit Floating Point Werten und 32 Bit RGBA Pixel im Falle von Bilddaten angelegt: a)Trackerpose: 6 DOF, 2 Posen, b) 1 Virtual Human: 6 Freiheitsgrade, 22 Posen c) 3D-Geometrie: 1000 und 10.000 Dreiecke, 3 Vertices pro Dreieck d) Punktwolke: 500, 1000, 5000 und10.000 Punkte e) HD-Kamerabild: $1920 \times 1080 \times 32$ Bit

Die Daten wurden über das HTTP 1.1 Protokoll mit Websocket-Ergänzungen übertragen. Folgende Ansätze wurden miteinander verglichen:

- Polling über HTTP GET durch den Test-Client initiiert
- Webhooks über HTTP PUT durch den Test-Server initiiert
- Websocket über HTTP Upgrade durch den Test-Server initiiert

Die Nutzdaten wurden in das Turtle ASCII-Format serialisiert und übertragen und als Vergleich direkt binär übertragen. Somit existieren 6 unterschiedliche Verfahrensvarianten mit 9 Paketgrößen. Die Messungen wurden in 50 Iterationen erhoben und gemittelt.

3.10.5.3 Ergebnisse

Die folgenden zwei Auswertungen zeigen die typischen Muster der Implementierung (Abb. 3.25 und 3.26).

Die Ergebnisse zeigen einen deutlichen Einfluss der Umwandlung der RDF Strukturen in das Turtle-Textformat und zurück bei Serialisierung und Deserialisierung. Dieser könnte

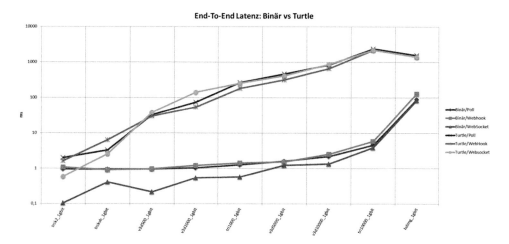

Abb. 3.25 End-to-End-Latenzen der Messungen

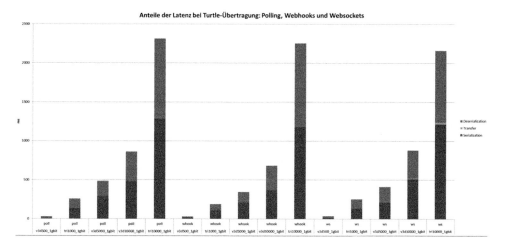

Abb. 3.26 Zeitverhalten zerlegt nach Funktionsblöcken

zwar durch optimale RDF-Datenstrukturen reduziert werden, dennoch zeigt sich deutlich, dass die Übertragung von Puffern mit vielen Daten des gleichen Typs mittels textbasierter Protokolle nicht effizient ist. Erwartungsgemäß erwiesen sich für das Streaming von sich wiederholenden Datenströmen die Websocket Implementierung und die Web-Hook-Übertragung gegenüber einem einfachen Polling-Ansatz als überlegen. Zusammenfassend kann man sagen, dass eine reine textbasierte Übertragung für sehr kleine optimierte Datenmengen nutzbar ist. Für größere Datenmengen sollten textbasierte Protokolle nur zur Schnittstellenaushandlung genutzt und die Daten als Binär-Puffer übertragen werden. Eine weitere Optimierungsmöglichkeit bietet eine Anpassung der Serialisierungsbibliothek an den Anwendungsfall.

3.10.5.4 Zusammenfassung

In der Durchführung zeigte sich, wie sensibel die Ergebnisse bezüglich der konkreten Implementierung sind, was auch in der Benchmarking Literatur [38] oder [5] diskutiert wird. Insofern ist es nicht ganz einfach, Architekturen hinsichtlich ihrer Performanz zu bewerten bzw. zu vergleichen. Konzeptionelle Überlegungen und theoretische Abschätzungen sind hier entscheidender als z. B. bei der Bewertung von Algorithmen. Durch das Aufkommen des HTTP/2 Standards mit im Standard selbst bereits verankerten Optimierungsmöglichkeiten könnte sich die ARVIDA-Architektur durch entsprechende Implementierungen von Server- und Clientkomponenten noch performanter verhalten. Zur Projektlaufzeit standen noch keine stabilen Implementierungen zur Verfügung, sodass das REST-SDK auf HTTP 1.1 Technologien aufbaut. Die Weiterentwicklung des REST-SDK auf http/2 und deren Evaluation sollte Bestandteil zukünftiger ARVIDA-aufbauender Arbeiten sein.

3.11   Zusammenfassung und Ausblick

3.11.1   Web-Technologien für Virtuelle Techniken

Durch Entwurf und Umsetzung domänenspezifischer Vokabulare, eines Verfahrens zur Abbildung von Laufzeitobjekten auf RDF-Graphen und einer integrierten Unterstützung für die Erstellung von REST-Schnittstellen sowie FastRDF gelingt die bisher unerreicht flexible Bereitstellung von VT-Funktionskomponenten in Form von semantisch beschriebenen ARVIDA-Diensten für Virtuelle Techniken. Diese VT-Dienste können mit Hilfe der regelbasierten Linked-Data-Fu-Regelsprache vergleichsweise einfach zu immer neuen VT-Anwendungen komponiert werden. Die Fokussierung auf wenige Interaktionsprimitive der uniformen ARVIDA-Dienstschnittstellen vereinfacht dabei die Komposition. Darüber hinaus erlaubt die ARVIDA-Kompositionssprache die gleichzeitige Verwendung von Techniken der Datenintegration.

Da sehr viele VT-Anwendungen echtzeitfähig sein müssen, lag ein Fokus auf der erreichbaren Gesamtperformanz. Es konnte gezeigt werden, dass trotz der unvermeidlichen Latenzen durch den Netzwerktransport und die damit verbundenen Serialisierungs- und Deserialisierungsvorgänge eine hinreichende Gesamtperformanz für die umgesetzten, industriellen Anwendungsbeispiele erreicht wird. Ebenso konnte gezeigt werden, dass die Zusammenstellung neuer VT-Anwendungen im Vergleich zur klassischen API-Programmierung schneller und effizienter durchgeführt werden kann. Einzelne Dienste können einfach durch andere ausgetauscht werden. Ein weiterer Aspekt wurde bestätigt. Es ist mit der Referenzarchitektur möglich, völlig unterschiedliche Fremdsysteme in einer VT-Anwendung zusammenzubringen. Einzige Voraussetzung ist eine Web-Schnittstelle, eine Anforderung, die moderne Systeme immer häufiger erfüllen. Die Kombination von Fremdsystemen gelingt auch dann, wenn diese Schnittstelle nicht ARVIDA-konform ist. Allerdings ist die Kombination dann mit mehr Handarbeit verbunden.

3.11.2 ARVIDA-Referenzarchitektur und Industrie 4.0

Die ARVIDA-Referenzarchitektur ist kein Referenzmodell mehr, sondern bietet als Referenzarchitektur konkrete Schnittstellen, Modellierungen, erste Entwicklungswerkzeuge, Validierungsmechanismen, Dokumentationen und prototypische Anwendungen, die im Industrie 4.0-Umfeld von hoher Relevanz sein könnten. Der Bereich Industrie 4.0 hat mit den Integrationsaufgaben für virtuelle Techniken wesentliche Gemeinsamkeiten und ähnliche Anforderungen. In beiden Bereichen sind u. U. sehr viele, oft auch weitgehend autonom laufende Teilsysteme in einer gesamthaften Anwendung zu verbinden. Die Teilsysteme sind häufig ebenso in ganz verschiedenen Programmiersprachen realisiert und folgen intern gängigen Standards bzw. Protokollen. Aus heutiger Sicht ist deren Verbindung mit den Standardansätzen von Application Programming Interfaces (APIs) in vielen Fällen technisch möglich, doch sie erfordern einen großen und oft unwirtschaftlichen Aufwand, um Fremdsysteme zu integrieren und Schnittstellen zu pflegen. Häufig ist man auch in diesem Bereich auf die großen Softwaresysteme angewiesen und durch technische Hürden mehr oder weniger gezwungen, innerhalb dieser Softwareökosysteme zu bleiben. Die im Web sehr weit verbreiteten Ansätze von flexiblen und leicht austauschbaren Diensten setzen sich im Industrie 4.0-Umfeld erst zögernd durch. Das Referenzarchitekturmodell RAMI4.0 [70] setzt jedoch auf dieselben Web-Technologien wie die ARVIDA-Referenzarchitektur und erweitert diese um eine Verwaltungsschale für alle relevanten Metainformationen zu einem bestimmten System oder Objekt. Im Gegensatz zu ARVIDA ist RAMI4.0 allerdings zunächst ein Referenzmodell. Es existieren aktuell zu diesem keine Implementierungen und Entwicklungswerkzeuge bzw. Mechanismen. Daher könnte RAMI4.0 von ARVIDA-Technologien profitieren und z. B. Entwicklungsmechanismen (Vokabularserver, MediaWiki, GitHub) und Werkzeuge (RestSDK, Validierungsdienste, Orchestrierung mit Linked-Data-Fu, etc.) übernehmen und weiterentwickeln. Die in ARVIDA verwendeten Web-Technologien zielen auf eine lose Koppelung von unterschiedlichen Ressourcen bzw. Diensten. Ressourcen werden einzeln oder auch regelmäßig abgefragt oder mit neuen Daten aktualisiert. Je nach Anwendung fallen aber viele, regelmäßig aktualisierte Daten an, die nach so genannten Streaming-Mechanismen verlangen, um über eine stehende Verbindung Daten in hoher Geschwindigkeit und möglichst ohne Protokoll-Overhead transportieren zu können. In ARVIDA wurden exemplarisch Ansätze definiert und implementiert, die so weit wie möglich den Web-Standards folgen und diese um Streaming-Verfahren ergänzen. Diese erweiterten Übertragungsmechanismen lassen sich auf Industrie 4.0 Fragestellungen anwenden bzw. anpassen. Ebenso ließe sich das Entwicklungswerkzeug „RestSDK" im Industrie 4.0 Kontext sehr gut einsetzen.

Die in ARVIDA entwickelten und implementierten Konzepte zur maschinenlesbaren Beschreibung von Ressourcen und ihren Fähigkeiten dienen der leichteren Verwendung von zunächst unbekannten, fremden Ressourcen. Die Ressourcen beschreiben sich und mögliche Interaktionen, Abfragen und Rückgabewerte selbst. Auch diese Mechanismen eignen sich potentiell für Industrie 4.0, denn auch hier kann durch im laufenden Betrieb neu eingefügte Produktionssysteme, neue Steuerungsanlagen, etc. sehr leicht der Bedarf nach solchen sich selbst beschreibenden Diensten und Ressourcen entstehen.

Die Erfahrungen in ARVIDA zeigen, dass die heutigen IT-Strukturen in Unternehmen aufgrund von IT-Sicherheitsüberlegungen immer noch sehr lokal ausgelegt sind. Firewalls und Netzwerksegmentierungen unterstützen hochgradig verteilte Anwendungen nicht. Diese Schwierigkeiten werden auch im Bereich Industrie 4.0 auftreten, denn auch hier ist ein wesentliches Ziel, sehr flexible und verteilte Systeme aufzubauen. Insofern können geplante Umsetzungen im Bereich Industrie 4.0 auf den Erfahrungen aus dem Projekt ARVIDA aufbauen und entsprechende Ansätze zur kontrollierten Öffnung und Absicherung von verteilten Systemen realisiert werden.

Literatur

[1] Ankolekar A, Paolucci M, Sycara K (2005) Towards a formal verification of OWL-S process models, proceedings of 4th International Semantic Web Conference ISWC 2005. Galway, Ireland.
[2] Apple Bonjour. https://www.apple.com/de/support/bonjour/. Zugegriffen: 07. Juli 2016
[3] Avahi, http://avahi.org/download/doxygen/ Zugegriffen: 07. Juli 2016
[4] Azuma RT (1997) A survey of augmented reality, presence: teleoperators and virtual environments
[5] Benchmarksgame (2016) http://benchmarksgame.alioth.debian.org/dont-jump-to-conclusions.html. Zugegriffen: 07. Juli 2016
[6] Brauns S, Koriath D, Käfer T, Harth A (2016) Individualisiertes Gruppentraining mit Datenbrillen für die Produktion. In Tagungsband zum Workshop „Arbeitsplatz der Zukunft" der 46. Jahrestagung der Gesellschaft für Informatik, akzeptiert zur Publikation
[7] Berners-Lee T, W3C. https://www.w3.org/2000/Talks/1206-xml2k-tbl/slide10-0.html. Zugegriffen: 07. Juli 2016
[8] Berners-Lee T (2009) Linked data – connect distributed data across the Web. http://linkeddata.org/presentations. Zugegriffen: 07. Juli 2016
[9] Berners-Lee T, Connolly D (2011) Notation3 (N3): a readable RDF syntax, https://www.w3.org/TeamSubmission/n3/ Zugegriffen: 07. Juli 2016
[10] Bizer C, Gauß T (2007) RDF book mashup, http://wifo5-03.informatik.uni-mannheim.de/bizer/bookmashup/ Zugegriffen: 07. Juli 2016
[11] Bizer C, Heath T, Berners-Lee T (2009) Linked data-the story so far. http://eprints.soton.ac.uk/271285/1/bizer-heath-berners-lee-ijswis-linked-data.pdf. Zugegriffen: 07. Juli 2016
[12] Boehm BW (1978) Characteristics of software quality. North-Holland Pub. Co.
[13] Brisaboa NR, Fernández JD, Martínez-Petro AM, Navarro G (2014) Compressed vertical partitioning for full-in-memory RDF management in technical report, knowledge and information systems. Springer, London, S 1–36
[14] Clang C/C++ Compiler. http://clang.llvm.org/. Zugegriffen: 07. Juli 2016
[15] Comet Daily. http://cometdaily.com/ /. Zugegriffen: 07. Juli 2016
[16] CoreOS Etcd. https://coreos.com/etcd/ /. Zugegriffen: 07. Juli 2016
[17] Dbpedia. http://de.dbpedia.org/. Zugegriffen: 07. Juli 2016
[18] DNS Service Discovery http://www.dns-sd.org. Zugegriffen: 07. Juli 2016
[19] DNS Resource Record, https://de.wikipedia.org/wiki/Resource_Record. Zugegriffen: 07. Juli 2016

[20] Echtler F, Huber M, Pustka D, Keitler P, Klinker G (2008) Splitting the scene graph – using spatial relationship graphs instead of scene graphs in augmented reality. in: Proceedings of the 3rd International Conference on Computer Graphics Theory and Applications (GRAPP).

[21] Ermert M (2016) IETF 96: Google bringt sein Quic-Protokoll auf den Weg zum Internet-Standard, http://www.heise.de/netze/meldung/IETF-96-Google-bringt-sein-Quic-Protokoll-auf-den-Weg-zum-Internet-Standard-3273702.html. Zugegriffen: 07. Juli 2016

[22] Fernández JD, Martínez-Petro AM, Gutierrez C (2010) Compact representation of large RDF data sets for publishing and exchange. ISCW: 14th Conference of the Spanish Association for Artificial Intelligence, CAEPIA 2011, La Laguna, 7–11 November 2011

[23] Fernández JD, Laves A, Corcho O (2014) Efficient RDF Interchange (ERI) format for RDF data streams. ISCW

[24] Fielding R (2000) Architectural styles and the design of network-based software architectures, dissertation. University of California, Irvine

[25] Fielding R, Taylor R (2002) Principled design of the modern web architecture. ACM Trans. Internet Technol. 2:115–150. doi:http://dx.doi.org/10.1145/514183.514185

[26] Gesellschaft für Informatik. https://www.gi.de/service/informatiklexikon/detailansicht/article/web-services.html. Zugegriffen: 07. Juli 2016

[27] Gruber TR (1995) Toward principles for the design of ontologies used for knowledge sharing? Int'l Journal of Human-Computer Studies 43(5):907–928

[28] Han Z, Zhang L, Ling J, Huang S (2012) Control-flow pattern based transformation from UML activity diagram to YAWL, in lecture notes in business information processing, 122, S 129–145

[29] H|Anim Humanoid Animation Working Group. http://h-anim.org/. Zugegriffen: 07. Juli 2016

[30] Huber M (2009) Parasitic tracking: Enabling ubiquitous tracking through existing Infrastructure. In: Proceedings of IEEE pervasive computing and communications, PhD Forum (PerCom'09).

[31] Hypertext Transfer Protocol Version 2 (HTTP/2) (2015), https://tools.ietf.org/html/rfc7540 Zugegriffen: 07. Juli 2016

[32] IPv4 Link-Local Addresses, http://www.ietf.org/rfc/rfc3927.txt. Zugegriffen: 07. Juli 2016

[33] ISO/IEC 25010:2011(2011) Systems and software engineering – Systems and software Quality Requirements and Evaluation (SQuaRE) –System and software quality models

[34] JCGM 200, editor. International vocabulary of metrology – basic and general concepts and associated terms (VIM). 3rd edition, 2012

[35] Jinja2 Template Library. http://jinja.pocoo.org. Zugegriffen: 07. Juli 2016

[36] Keitler P (2011) Management of tracking. Technische Universität München, Dissertation, München

[37] Keppmann FL, Käfer T, Stadtmüller S, Schubotz R, Harth A (2014) Integrating highly dynamic restful linked data apis in a virtual reality environment. in: Proceedings of the IEEE International Symposium on Mixed and Augmented Reality, ISMAR

[38] Koziolek H (2010) Performance evaluation of component-based software systems: a survey. Perform. Eval 67(8):634–658. doi:10.1016/j.peva.2009.07.007

[39] Kubernetes. http://kubernetes.io/ . Zugegriffen: 07. Juli 2016

[40] Kubernetes Annotations. http://kubernetes.io/docs/user-guide/annotations/. Zugegriffen: 12. Okt. 2016

[41] Linked Data Platform 1.0, Feb. 2015. http://www.w3.org/TR/ldp/. Zugegriffen: 07. Juli 2016

[42] LinkedGeoData. http://linkedgeodata.org/About.Zugegriffen: 07. Juli 2016

[43] Martin D, Paolucci M, McIlraith S, Burstein M, McDermott D, McGuinness D, Parsia B, Payne T, Sabou M, Solanki M, Srinivasan N, Sycara K (2004) Bringing semantics to web services: the OWL-S Approach, Proceedings of the First International Workshop on Semantic Web Services and Web Process Composition (SWSWPC), July 6–9, 2004, San Diego, California.

[44] Martínez-Petro AM, Fernández JD, Cánovas R (2012) Compression of RDF dictionaries. SAC

[45]   Milgram P, Takemura H, Utsumi A, Kishino F (1995) Augmented reality: a class of displays on the reality virtuality continuum.
[46]   Multicast Domain Name System. http://www.multicastdns.org. Zugegriffen: 12. Okt. 2016
[47]   OASIS (2007) Web services business process execution language version 2.0. https://www.oasis-open.org/committees/tc_home.php?wg_abbrev=wsbpel. Zugegriffen: 07.Juli 2016
[48]   OWL 2 Web Ontology Language Document Overview, 2. Aufl. (Nov. 2012). http://www.w3.org/TR/owl2-overview/. Zugegriffen: 07. Juli 2016
[49]   Pan JZ, Martínez-Petro AM, Ren Y, Wu H, Wang H, Zhu M (2014) Graph pattern based RDF data compression. JIST
[50]   Pan JZ, Martínez-Petro AM, Ren Y, Wu H, Zhu M (2014) SSP: Compressing RDF data by summarisation, serialisation und predictive encoding, K-Drive techical report. JIST
[51]   Pautasso C, Wilde E (2009) Why is the web loosely coupled?: a multi-faceted metric for service design. http://www2009.eprints.org/92/1/p911.pdf. Zugegriffen: 07.Juli 2016
[52]   Pustka D, Huber M, Bauer M, Klinker G (2006) Spatial relationship patterns: elements of reusable tracking and calibration systems. The Fifth IEEE and ACM International symposium on mixed and augmented reality, Santa Barbara, Oct. 22–25, S 88–97
[53]   RDF 1.1 Concepts and abstract syntax, Feb. 2014. http://www.w3.org/TR/rdf11-concepts/. Zugegriffen: 07.July 2016
[54]   RDF 1.1 Semantics, Feb. 2014. http://www.w3.org/TR/rdf-mt/. Zugegriffen: 07. Juli 2016
[55]   RDF Schema 1.1, Feb. 2014. http://www.w3.org/TR/rdf-schema/. Zugegriffen: 07.Juli 2016
[56]   RDF 1.1 N-Triples, a line-based syntax for an RDF graph. https://www.w3.org/TR/n-triples/. Zugegriffen: 07.Juli 2016
[57]   RDF Working group charter. https://www.w3.org/2010/09/rdf-wg-charter.html#patentpolicy. Zugegriffen: 07. Juli 2016)
[58]   Redland RDF Library. http://librdf.org/. Zugegriffen: 07.Juli 2016
[59]   Richardson L, Ruby S (2007) RESTful web services, O'Reilly
[60]   Roth A, Siepmann D (2016) Industrie 4.0 – Ausblick, Springer, Berlin, S 247–260
[61]   Schreiber W, Zimmermann P (Hrsg) (2011) Virtuelle Techniken im industriellen Umfeld: Das AVILUS Projekt-Technologien und Anwendungen. Springer, Berlin
[62]   Serd RDF Serialization Library. http://drobilla.net/software/serd/. Zugegriffen: 07. Juli 2016
[63]   Service Name and Transport Protocol Port Number Registry. http://www.iana.org/assignments/service-names-port-numbers/service-names-port-numbers.xml. Zugegriffen: 12. Okt. 2016
[64]   Siepmann D, Graef N (2016) Industrie 4.0 – Grundlagen und Gesamtzusammenhang. Springer, Berlin, S 17–82
[65]   Sord RDF Storage Library. http://drobilla.net/software/sord/ Zugegriffen: 07.Juli 2016
[66]   Sowizral H (2000) Scene graphs in the new millennium. IEEE Comput Graph 20(1):56–57
[67]   SPARQL 1.1 Query language (2013) http://www.w3.org/TR/sparql11-query/. Zugegriffen: 07. Juli 2016
[68]   Stadtmüller S, Speiser S, Harth A, Studer R (2013) Data-Fu: A language and an interpreter for interaction with read/write linked data. In Proceedings of the International World Wide Web Conference.
[69]   Van Der Aalst W, Ter Hofstede A (2005) YAWL: yet another workflow language, in Information systems Pergamon, S 245–275
[70]   VDI/VDE (2015) Statusreport Referenzarchitekturmodell Industrie 4.0 (RAMI4.0). https://www.vdi.de/fileadmin/user_upload/VDI-GMA_Statusreport_Referenzarchitekturmodell-Industrie40.pdf. Zugegriffen: 07. Juli 2016
[71]   W3C – Thing Description. https://www.w3.org/WoT/IG/wiki/Thing_Description Zugegriffen: 07. Juli 2016

[72] W3C – RSP Serialization Group. https://www.w3.org/community/rsp/wiki/RSP_Serialization_ Group Zugegriffen: 07. Juli 2016

[73] W3C Document License. https://www.w3.org/Consortium/Legal/2015/doc-license. Zugegriffen: 07. Juli 2016

[74] W3C Patent Policy. https://www.w3.org/Consortium/Patent-Policy-20040205/. Zugegriffen: 07. Juli 2016

[75] Zeroconf. https://de.wikipedia.org/wiki/Zeroconf. Zugegriffen: 12. Okt. 2016

[76] Reitmayr G, Schmalstieg D (2001) Opentracker: An open software architecture for reconfigurable tracking based on XML. Proceedings of IEEE virtual reality. Yokohama, S 285–286

[77] Taylor R, Hudson T, Seeger A, Weber H, Juliano J, Helser A (2001) VRPN: A device-independent, network-transparent VR peripheral system. Proceedings of the ACM symposium on Virtual reality software and technology, ACM Press,. – ISBN 1–58113–427–4, S 55–61

[78] Trackframe. http://trackframe.de. Zugegriffen: 10. Okt. 2016

[79] Presenccia. http://www.presenccia.org/. Zugegriffen: 10. Okt. 2016

[80] Pankratz F (2016) Augmented reality for augmented reality. Dissertation Technische Universität München

[81] Huber M, Pustka D, Keitler P, Echtler F, Klinker G (2007) A system architecture for ubiquitous tracking environments. Proceedings of the 6th International Symposium on Mixed and Augmented Reality (ISMAR)

[82] Newman J, Wagner M, Bauer M (2004) Ubiquitous tracking for augmented reality. Proceedings IEEE International Symposium on Mixed and Augmented Reality (ISMAR04). Arlington, VA, USA.

[83] Keppmann FL, Maleshkova M, Harth A (2016) Semantic technologies for realising decentralised applications for the web of things. Proceedings of the 21st International Conference on Engineering of Complex Computer Systems (ICECCS), Dubai

[84] Keppmann FL, Käfer T, Stadtmüller S, Schubotz R, Harth A (2014) High performance linked data processing for virtrual reality environments. In Proceedings of the posters & demos of the 13th International Semantic Web Conference, ISWC.

[85] Harth A, Knoblock C, Stadtmüller S, Studer R and Szekel P (2013) On-the-fly integration of static and dynamic linked data. Proceedings of the Fourth International Workshop on Consuming Linked Data (COLD 2013). Co-located with ISWC, Sydney

[86] Harth A, Käfer T (2016) Towards specification and Execution of linked systems. 28. GI-Workshop Grundlagen von Datenbanken, Nörten-Hardenberg

[87] Berners-Lee T, Connolly D (2011) Notation3 (N3): a readable RDF syntax. W3C, Team Submission, http://www.w3.org/TeamSubmission/2011/SUBM-n3-20110328/. Aktuellste Version verfügbar unter https://www.w3.org/TeamSubmission/n3/. Zugegriffen: Okt. 2016

ARVIDA-Technologien

4

Pablo Alvarado, Ulrich Bockholt, Ulrich Canzler, Steffen Herbort, Nicolas Heuser, Peter Keitler, Roland Krzikalla, Manuel Olbrich, André Prager, Frank Schröder, Jörg Schwerdt, Jochen Willneff und Konrad Zürl

Zusammenfassung

Dieses Kapitel beschreibt Technologien im Kontext von ARVIDA, die über die allgemeine Beschreibung von Technologien aus Kap. 2 hinausgehen. Eine der Hürden für den produktiven Einsatz von VT ist der Mangel an robusten, markerlosen Trackingsystemen. Hier wurden im Rahmen des Projektes essentielle Fortschritte gemacht. Auch bei der Gestenerkennung konnten im Rahmen der Interaktion in einer Sitzkiste wesentliche Verbesserungen erzielt werden. Die Vermessung von Geodaten ist eine

P. Alvarado (✉) · U. Canzler
CanControls GmbH, Aachen
e-mail: alvarado@cancontrols.com; canzler@cancontrols.com

U. Bockholt · M. Olbrich
Fraunhofer Gesellschaft/IGD, Darmstadt
e-mail: Ulrich.Bockholt@igd.fraunhofer.de; manuel.olbrich@igd.fraunhofer.de

S. Herbort · A. Prager · F. Schröder · J. Willneff · K. Zürl
Advanced Realtime Tracking GmbH, Weilheim i.OB
e-mail: steffen.herbort@ar-tracking.de; frank.schroeder@ar-tracking.de;
jochen.willneff@ar-tracking.de; k.zuerl@ar-tracking.de

N. Heuser · P. Keitler
EXTEND3D GmbH, München
e-mail: nicolas.heuser@extend3d.de; peter.keitler@extend3d.de

R. Krzikalla
Sick AG, Hamburg
e-mail: roland.krzikalla@sick.de

J. Schwerdt
Caigos GmbH, Kirkel
e-mail: jschwerdt@caigos.de

© Springer-Verlag GmbH Deutschland 2017
W. Schreiber et al. (Hrsg.), *Web-basierte Anwendungen Virtueller Techniken*,
DOI 10.1007/978-3-662-52956-0_4

Grundvoraussetzung für Anwendungen im Digitalen Fahrzeugerlebnis. Hier wurden ebenfalls deutliche Fortschritte erzielt. Schließlich ist zu erwähnen, dass die vorgestellten Technologien als Dienste der Referenzarchitektur bereitgestellt werden, um den Austausch von Technologien einfach zu gestalten.

Abstract

This chapter especially deals with technologies in the context of ARVIDA which are more specific than those described in Chap. 2. One of the obstacles for the productive application of VT is the lack of robust markerless tracking systems. In this project essential improvements in markerless tracking as well as in the field of gesture recognition have been achieved. The measurement of geospatial data is one of the basic requirements for the application of digital car experience. Considerable progress was obtained in this research, too. All of the above mentioned technologies were supplied as ARVIDA services to realize simple interchangeability of different combinations of hard- and software.

Eine der Hürden für den produktiven Einsatz von VT im industriellen Umfeld ist der Mangel an robusten, markerlosen Trackingsystemen. Wesentliche Herausforderungen sind unstete Umgebung sowie wechselnde Lichtverhältnisse, daneben trivialerweise LOS. Im Rahmen von ARVIDA wurden hier essentielle Verbesserungen erzielt. Weiterhin wurden einige Spezialtechnologien der Umfelderkennung bearbeitet: Die Identifizierung von Arbeitspunkten an einem Werkstück (Verpose) führte zu Problemlösungen, die sich nur teilweise mit denen des markerlosen Trackings überschneiden. Bei der Gestenerkennung, z. B. zur Interaktion in einer Sitzkiste, wurden wesentliche Fortschritte erzielt. Die Vermessung und die Nutzung von Geodaten und vor allem deren Zusammenführung aus heterogenen Quellen ist eine Grundvoraussetzung z. B. für das digitale Fahrzeugerlebnis. In ARVIDA wurden weiterhin umfangreiche Arbeiten zu Kalibrierprozeduren erforscht und entwickelt, um die Genauigkeit von speziellen VT-Projektionssystemen zu erhöhen. Bei markerlosem Tracking und bei der Gestenerkennung hat sich gezeigt, dass die heute verfügbare ToF-Kamera-Technologie noch unbefriedigend ist; höher auflösende ToF-Kameras böten die technologische Grundlage für wesentliche Verbesserungen.

Schließlich sei noch darauf hingewiesen, dass auch die hier beschriebenen Technologien als Dienste bereitgestellt werden. So wird z. B. der Austausch oder die Kombination von Trackingsystemen einfacher möglich.

4.1 Umfelderkennung und Tracking

Umfelderkennung und Tracking sind ein wesentliches Teilprojekt von ARVIDA. Die Forschungsarbeiten hatten die Entwicklung von neuen, leistungsfähigen und vor allem markerlosen Methoden zum Ziel. Umfelderkennung und Tracking dienen bei vielen

Anwendungen der Virtuellen Techniken dazu, Objekte zu erkennen, zu lokalisieren und zu klassifizieren.

4.1.1   Markerloses Tracking

Obwohl sich markerbasierte Trackingverfahren bereits über mehrere Jahre hinweg als State-of-the-Art-Technologie für die Objektverfolgung etabliert haben, wächst auf Grund intuitiverer Handhabbarkeit und innovativer Einsetzbarkeit der Wunsch nach markerlos agierenden Systemen. Im Folgenden werden die während der Laufzeit von ARVIDA entwickelten echtzeitfähigen markerlosen Trackingansätze vorgestellt. Dies sind ein featurebasiertes outside-in-Tracking (ART, Abschn. 4.1.1.1), ein kantenbasiertes inside-out-Tracking (IGD, Abschn. 4.1.1.2), sowie ein kantenbasiertes outside-in-Tracking (ART, Abschn. 4.1.1.2).

4.1.1.1   Featurebasiertes Tracking
Bei ART wurde intensiv an der Entwicklung eines echtzeitfähigen, markerlosen outside-in-Trackings basierend auf Bildfeatures gearbeitet. Von den bildbasiert-markerlosen Trackingansätzen weist das featurebasierte Tracking noch prinzipielle Ähnlichkeiten mit dem markerbasierten Tracking auf. Konkret liefern Bildfeatures – wie zuvor die Marker – Messungen, die in den Bildern punktgenau lokalisiert werden können (siehe Abb. 4.1). Im Gegensatz dazu ist beispielsweise die 2D-Position von Kanten, wie sie für das in Abschn. 4.1.1.2 beschriebene Tracking eingesetzt wird, nur orthogonal und nicht parallel zur Kantenrichtung bestimmbar.

Zur Bestimmung von 2D Merkmalen werden zunächst Featurepunkte lokalisiert („Feature-Detektion") und anschließend anhand ihrer Bildumgebung mit einer Signatur („Feature-Deskriptor") versehen. Die Deskriptoren dienen zur frameweisen bzw. kameraübergreifenden Zuordnung korrespondierender Features. Zur Detektion von Featurepunkten ist eine Vielzahl von Algorithmen vorhanden, z. B. AKAZE [1], Harris [9], SIFT [14], GFTT [18], FAST [16]. Die notwendige Berechnungsgeschwindigkeit für ein echtzeitfähiges Tracking liefert nach ausführlichen Tests von Genauigkeit und Geschwindigkeit

Abb. 4.1 Kamerabild beim markerbasierten Tracking (links) und beim featurebasierten, markerlosen Tracking (Mitte). Das Target wurde im mittleren Bild zur Veranschaulichung am Objekt belassen. Die Bildfeatures können über die jeweiligen Deskriptoren zuverlässig getrackt werden (rechts)

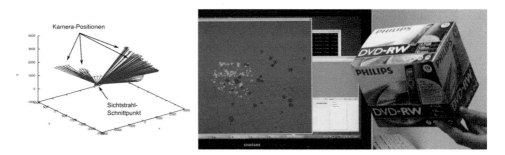

Abb. 4.2 Veranschaulichung der Mehr-Kamera-Korrespondenzen (links); Beispiel eines getrackten Objekts (rechts). Die verwendeten 3D Marker (grün) und die nicht verwendeten 3D Marker (blau) sind im Hintergrund deutlich zu erkennen

jedoch nur FAST. Bei den Deskriptoren (z. B. SIFT [14], BRISK [13], FREAK [15], AKAZE [1]) liefern insbesondere Binär-Deskriptoren (BRISK, FREAK, AKAZE) schnell die Signaturen und ermöglichen über die bitweise operierende Hamming-Distanz sehr schnelle Vergleiche.

Durch Ausnutzung der Deskriptoren können die Features dann kameraweise über zeitlich aufeinander folgende Frames zuverlässig getrackt werden; dies liefert die in Abb. 4.2 (rechts) dargestellten „Spuren". Durch Bildung von Mehr-Kamera-Korrespondenzen erfolgt dann (siehe Abb. 4.2, links) die Berechnung der 3D-Marker.

In Abb. 4.2 (rechts) ist das erfolgreich lokalisierte und fortwährend getrackte 6D-Objekt („CD-Box") erkennbar. Nach dem aktuellen Stand erreicht das Tracking mit einem System mit 4 Kameras eine Trackingfrequenz von 30 Hz (Intel i5-4570@2,9 GHz; 16 GB RAM).

4.1.1.2   Kantenbasiertes Tracking

Im Rahmen des ARVIDA-Projekts sind zwei Verfahren zum Thema kantenbasiertes Tracking entstanden. Vom Fraunhofer Institut für Graphische Datenverarbeitung (IGD) wurde ein inside-out, von ART ein outside-in-Trackingverfahren entwickelt.

Kantenbasiertes Inside-out-Tracking (FhG/IGD)   Das Verstehen und Interpretieren von Kamerabildern („Computer Vision") ist eine Kerntechnologie für Virtuelle Technologien, weil hochqualitative Kameras in aktuelle Rechner- und Smartphoneplattformen integriert sind und weil die steigende Leistungsfähigkeit aufwendige Bildverarbeitungsmethoden in Echtzeit ermöglicht. In Augmented Reality wird die reale, mit der Kamera erfasste Umgebung mit digitalen verknüpften Informationen überlagert. Dazu ist es erforderlich, die Pose (Position und Orientierung) der Kamera in Echtzeit zu registrieren und mit der virtuellen Kamera abzugleichen. Allerdings erfordern Augmented Reality-Anwendungen eine hohe Genauigkeit, die nach dem aktuellen Stand der Technik nur durch Computer-Vision-basierte Technologien erreicht werden kann. Markerlose Verfahren sind hier weit entwickelt, es werden meist Bildmerkmalsdeskriptoren eingesetzt, die Punktmerkmale erkennen. Dazu wird vor oder während der Laufzeit der Augmented Reality-Anwendung eine 3D-Featuremap der zu trackenden Umgebung erstellt. Diese Vorgehensweise ist für die Realisierung von industriellen Augmented Reality-Anwendungen auf Grund der folgenden Eigenschaften nicht geeignet:

- Zu trackende Maschinen, Autoteile etc. müssen in unterschiedlichen Umgebungen getrackt werden. Eine rekonstruierte 3D-Featuremap beinhaltet aber Punkte des zu trackenden Objektes sowie Punkte der Umgebung des Objektes. Deshalb kann das Objekt nicht stabil getrackt werden, wenn das Objekt in eine andere Umgebung bewegt wird.
- Bei der Verwendung von 3D-Featuremaps muss eine Registrierung des Objektes zur rekonstruierten 3D-Featuremap erstellt werden. Das erfolgt durch eine Nutzerinteraktion, indem der Anwender Punkte der rekonstruierten 3D-Featuremap selektiert und diese mit 3D-Punkten im Modell korreliert. Diese interaktive, nutzergetriebene Registrierung bringt hohe Ungenauigkeiten mit sich, die für Anwendungen im Bereich „SOLL-IST-Abgleich" nicht tolerabel sind.

Einen Großteil der Merkmalspunkte, die in der 3D-Featuremap rekonstruiert werden, sind Reflexionspunkte, d. h. Punkte, die aufgrund von Lichtreflexionen markant hervortreten. Diese Punkte können bei unsteter Beleuchtung nicht verwendet werden. Insbesondere sind diese Verfahren in merkmalsarmen Umgebungen (nicht texturierte oder anisotrope Oberflächen) oder bei unsteten Beleuchtungen nicht verwendbar. Im industriellen Kontext treten diese nicht texturierten/anisotropen Flächen allerdings häufig auf, so zum Beispiel bei lackierten Fahrzeugen, die durch spiegelnde nichttexturierte Flächen charakterisiert werden. Hier können die etablierten punktmerkmalsbasierten Verfahren nicht eingesetzt werden.

Die Objekte, die in industriellen Anwendungen getrackt werden sollen, liegen fast immer als CAD-Objekte vor. Deswegen wurden im Rahmen des ARVIDA-Projektes modellbasierte Trackingverfahren erforscht, die eine hohe Stabilität auch bei unsteten Lichtverhältnissen aufweisen und die sowohl für untexturierte als auch für anisotrope Objekte verwendbar sind. Diese Referenzmodelle, die für das Computer-Vision-basierte Tracking herangezogen werden, werden dabei direkt aus den CAD-Daten der Objekte abgeleitet. In diesem Zusammenhang wurden die folgenden Verfahren zur Realisierung des modellbasierten Trackings umgesetzt (siehe Abb. 4.3):

- Offscreen Rendering
  Im Offscreen Rendering werden Kantenmodelle aus der aktuell getrackten Kamerapose gerendert. Diese Modelle beinhalten die Kanten, die für das Tracking relevant sind. Sie werden mit den Kanten, die im Videobild erkannt werden, abgeglichen. Über Kantendeskriptoren wird dafür die Verschiebung der Kanten bestimmt und auf die neue Kamerapose rückprojiziert. Für das Off-Screen Rendering ist es wichtig, dass die Modelle in einer garantiert hohen Frequenz (60 Hz) und immer die vollständigen sichtbaren Anteile der Modelle gerendert werden (kein progressives Rendering). Deswegen wurden für das Offscreen Rendering die folgenden Transcodierungsaufgaben erfüllt:
  - Reduktion der Modelle auf die äußere Hülle, die in Kameraaufnahmen sichtbar ist.

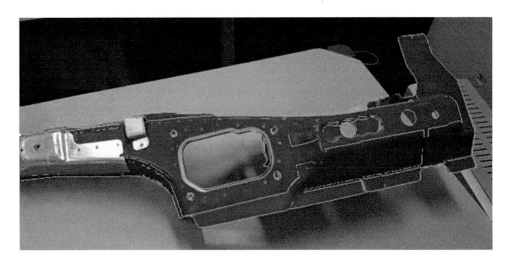

Abb. 4.3 Modellbasiertes Tracking eines Volkswagen Längsträgers auf Grundlage der CAD Daten

- Reduktion der Modelle auf Silhouettenkanten und Normalenkanten, die für das Tracking relevant sind.
- Initialisierung Tracking

Neben dem kontinuierlichen Tracking (Tracking von Frame zu Frame) müssen die Trackingverfahren initialisiert werden, um Modelle und Kamera in ein gemeinsames Koordinatensystem zu überführen. Zur Initialisierung werden Viewpoints festgelegt, die die Kameraposen in Relation zum Modell beschreiben, aus denen die Initialisierung durchgeführt werden soll. Diese Viewpoints werden verwendet, um aus dem Modell silhouettenbasierte Deskriptoren anzulernen.

Die entwickelten Technologien wurden unter anderem in den folgenden Szenarien eingesetzt:

- „Kostengünstige Trackingsysteme zur Absicherung Manueller Arbeitsvorgänge" (siehe Abschn. 5.2)
- Hier wurden die Verfahren zur Registrierung von Automobilbauteilen (z. B. Karosserierahmen, Türverkleidung, Akkuschrauber) verwendet. Mit Hilfe der kantenbasierten Verfahren wurden die Kameraposen der Tabletkamera getrackt. Die Verfahren sind für die hier vorgesehenen Szenarien sehr gut geeignet und auch bei instabiler Beleuchtung verwendbar.
- Mobile Projektionsbasierte Assistenzsysteme (siehe Abschn. 7.2)
- Hier wird die Pose des AR-Projektors über die entwickelten Verfahren registriert. Der Projektor ist mit einem Stereokamerasystem ausgestattet, sodass das Tracking aus zwei unterschiedlichen Posen ausgeführt und korreliert werden kann. Als Trainingsobjekt wurde hier ein Längsträger verwendet, der über die kantenbasierten Verfahren erfasst

wird (siehe Abb. 4.3). Auch für dieses Szenario ist das Trackingverfahren sehr gut geeignet und wurde detailliert evaluiert.

- Instandhaltung und Training (siehe Abschn. 7.3)
Die Kamera im Trainingsszenario ist im HMD des Nutzers verbaut und wird genutzt, um die Blickrichtung und Kopfposition des Trainees zu registrieren. Im Szenario wird eine Autotür getrackt, die durch AR-Inhalte überlagert wird. Die entwickelten Verfahren sind zum Tracking der Autotür sehr gut geeignet, allerdings wurden Teile des Trackingalgorithmus (insb. das Offscreen-Rendering) auf einen Server ausgelagert, um die Performanz auf der reduzierten Recheneinheit des HMDs zu optimieren.

Die Genauigkeit des Verfahrens hängt von den folgenden Parametern ab:

- Testobjekt: Welche Struktur (charakteristische Kanten), welche Größe hat das Testobjekt, das für die Trackingverfahren herangezogen wird.
- Auflösung der Kamera: mit hochauflösenden Kameras kann (zu Ungunsten der Performanz) eine höhere Genauigkeit des Trackings erzielt werden.
- Größe des Arbeitsraumes: Welche Entfernungen und welche Blickwinkel werden von der Kamera in Bezug zum Testobjekt eingenommen?

Eine detaillierte Evaluierung der Technologie unter Berücksichtigung dieser Parameter wurde durchgeführt und ist in Abschn. 7.2.5 beschrieben.

Kantenbasiertes Inside-out-Tracking (ART) Das kantenbasierte Tracking der Firma ART folgt einem echtzeitfähigen, modell-basierten Ansatz, welcher durch das Lernen von Kantenmerkmalen sowohl partielle Verdeckungen als auch sich ändernde Lichtverhältnisse toleriert. Das Verfahren erfordert ein vorher eintrainiertes Kantenmodell („Edgelet-Target"), welches entweder durch ein CAD-Modell und der hauseigenen Software „ARTVirtualCam" erstellt oder anhand einer Live-Sequenz mit Referenzdaten, die über das marker-basierte ART-Tracking [2] gewonnen werden, konstruiert werden kann.

Das kantenbasierte Tracking gliedert sich in zwei Abschnitte, „Fangen" und „Tracken": Beim Fangen wird die 6D-Pose des Objekts durch den LINEMOD-Algorithmus [10, 11] initial bestimmt. Dieser ist ein templatebasierter Ansatz zur Ermittlung der Pose eines Objektes. Zur Laufzeit werden alle nötigen Templates über alle Positionen im Bild hinsichtlich ihrer Übereinstimmung bewertet. System-Tests[1] bei ART in einem 4-Kamera-Setup konnten mit 500 Templates und einer GPU-Implementierung eine Detektion eines Objekts in 30–40 ms erreichen und somit eine ausreichend genaue und schnell berechnete Initialpose für das Edgelet-Verfahren bereitstellen.

---

[1] Intel Core i5-4430 3GHz, 16GB DDR-RAM, GeForce GTX 970 4GB GDDR-RAM.

Abb. 4.4 Kantenbasiertes Tracking, Approximation (links), Projektion (mitte), Detektion (rechts)

Anschließend erfolgt im Tracking-Abschnitt die zeitliche Verfolgung: Zunächst werden die 3D-Edgelets (kurze Kantenabschnitte im Raum) des Kantenmodells (Abschn. 4.1.1.3) in das Kamerabild projiziert. Ausgehend von den Mittelpunkten der projizierten Kantenabschnitte werden senkrecht zu jeder Projektionsgeraden mehrere parallele Suchstrahlen angelegt. Für jeden Strahl wird eine Suche nach Gradientenmaxima durchgeführt und mittels des k-means-classification-Algorithmus [12] werden die Bildpositionen der Maxima zu Geraden verbunden. Um die jeweils aktuelle 6D-Pose zu bestimmen, wird eine nichtlineare Optimierung durchgeführt, welche die Abstände zwischen den projizierten Geraden einer prädizierten Näherung und den detektierten Bildkanten minimiert (Abb. 4.4).

4.1.1.3 Teachingverfahren

Das Verfahren des kantenbasierten Trackings stützt sich auf eine geeignete Beschreibung des Objekts, das vorab generiert wird. Das Ziel dieses Teachings ist es, das 3D-Modell der Objektkanten möglichst genau zu rekonstruieren. Zur Verfügung stehen hierzu Referenzposen des Objekts und die zugehörige Bildsequenz. Das Verfahren gliedert sich in zwei Phasen: Die erste Phase umfasst die Detektion und das 2D-Tracking der 2D-Edgelets (kurze Kantenabschnitte), die zweite Phase beinhaltet die Rekonstruktion der 3D-Edgelets. Die Modellbeschreibung kann entweder anhand eines CAD-Modells oder mittels aufgezeichneter, synchronisierter Bildsequenzen abgeleitet werden. Bei dem CAD-Modell werden die Kameraansichten und die Pose des Objekts durch „ARTVirtualCam" synthetisch erzeugt. Werden hingegen Bildsequenzen verwendet, wird die Pose des Objekts anhand der Referenzdaten des zeitgleich aktiven markerbasierten Trackingsystems gewonnen.

Das 2D-Tracking durchläuft die folgenden Schritte: Mit Hilfe des Canny-Edge-Detektors werden die Kantenpixel des Objekts initial detektiert. Für jeden dieser Kantenpixel wird in einem 16×16-Block nach einer dominanten Kante gesucht [6]. Falls keine oder mehrere dominante Kanten gefunden werden, wird das Pixel verworfen. Falls hingegen nur eine Kante gefunden wurde, wird diese durch die nachfolgende Bildsequenz hindurch getrackt, indem der optische Fluss [8] jeweils zwischen zwei aufeinander folgenden Bildern berechnet wird. Er prädiziert die neue Lage der Kante im folgenden Bild, sodass

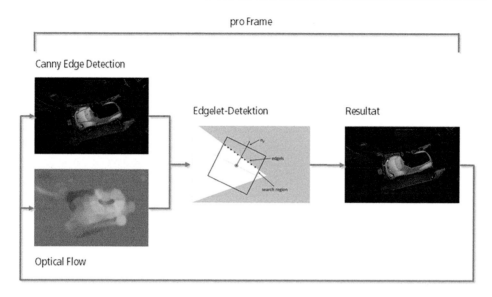

Abb. 4.5 Ablauf des 2D-Kantentrackings

die oben beschriebene Suche erneut durchgeführt werden kann. Der schematische Ablauf der 2D-Kantentrackings ist in Abb. 4.5 dargestellt.

4.1.1.4   Erfahrungen im industriellen Umfeld

In Kooperation mit einem Automobilhersteller fand mit ART eine Evaluation der Genauigkeit des kantenbasierten Trackings statt. Zur Referenz dienten zum einen ein vor Ort verfügbares industrielles Dual-Kamera-Messsystem (C-Track 780 von CREAFORM [5]) und zum anderen das markerbasierte ART-Tracking.

In einem ersten Schritt wurde das markerbasierte Tracking auf seine Genauigkeit hin untersucht. Trotz des sehr großen Trackingvolumens erreicht dieses im Vergleich zu den Referenzmessungen des C-Track 780 größtenteils Positionsgenauigkeiten von unter zwei Millimetern. Die Rotationsgenauigkeit des getrackten Targets liegt für fast alle Messwerte unterhalb von 0,05°, was eine sehr hohe Trackinggenauigkeit wiederspiegelt. Zur Evaluation des Kantentrackings wurde zunächst eine Targetkalibrierung mit Hilfe der ART zur Verfügung gestellten CAD-Daten erstellt. Dies erfolgte unter direkter Anwendung des in Abschn. 4.1.1.2 beschriebenen Verfahrens. Beim Tracking wird das Target über sämtliche Frames der Sequenz ohne nennenswerte Ausreißer verfolgt. Erwartungsgemäß steigt die Stabilität des Trackings mit der Anzahl der beteiligten Kameras an, da die zusätzlichen Messwerte das Messrauschen immer mehr kompensieren. Im Vergleich zu den Referenzmessungen (C-Track 780) und dem markerbasierten Tracking liefert das kantenbasierte Tracking in seiner bisherigen Implementierung bereits eine Ortsgenauigkeit von ca. 5 mm und eine Rotationsgenauigkeit von ca. 0,3°.

4.1.2 Verpose

Das Projekt Verpose (**Ver**ify **Pose**) hat das Ziel, Schraubpunkte anhand ihrer Umgebung visuell zu unterscheiden.

Im Rahmen von ARVIDA wurde daher bei ART das „Verpose" System weiterentwickelt, bei dem Schraubpunkte an Autokarosserien mit einer Zuverlässigkeit von mindestens 98 % erkannt werden müssen. Die zuvor im Rahmen des Verbundprojekts AVILUS [17] entwickelte Software erreicht, da sie nur unzureichend von den eingelernten Trainingskarosserien zu den Karosserien am Band generalisiert, bei der tatsächlichen Anwendung keine ausreichende Genauigkeit. Durch die Weiterentwicklung mit CNNs ist diese Fähigkeit bereits deutlich gesteigert worden und es ist sehr wahrscheinlich, dass mittelfristig die geforderte Zuverlässigkeit erreicht wird. ART verfolgt zurzeit unterschiedliche Konzepte, um dies zu gewährleisten. Die Struktur des Verfahrens ist schematisch in Abb. 4.6 dargestellt.

In der Trainingsphase werden zahlreiche Bilder der Schraubpunkte mit unterschiedlichen Schrauberhaltungen aufgenommen. Zur Laufzeit wird das aktuelle Kamerabild verfahrensspezifisch vorverarbeitet und mit der in der Trainingsphase angelegten Datenbank abgeglichen. Der Abgleich variiert je nach Konzept. Ausgegeben wird der Übereinstimmungswert zwischen aktuellem Bild und den in der Datenbank angelegten Schraubpunktklassen.

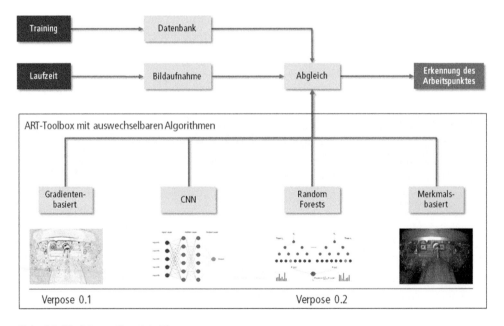

Abb. 4.6 Verfahrensübersicht Verpose

Convolutional Neural Network (CNN) Mit dem Convolutional Neural Network (CNN) verfolgt ART einen Machine Learning-Ansatz zur Erkennung eines Schraubpunktes in einem Bild bzw. der Angabe, dass kein bekannter Schraubpunkt im Bild erkannt wurde (Garbage-Klasse).

Das Training der CNNs erfolgt mit Aufnahmen der Schraubpunkte in verschiedenen Variationen (Pose, Karosseriefarbe, Kabel, etc.). Das Ziel ist die automatische Extraktion von generellen Merkmalen, die einen Schraubpunkt eindeutig identifizieren. ART verfolgt hierbei den Ansatz, verschiedene Netzdesigns (ca. 20) sowie unterschiedliche Klassifikations-Typen („1vs1", „1vsRest" und „All") zu trainieren und zu einem finalen Klassifikator zusammen zu setzen.

Die Evaluierung der Netze erfolgt auf von den Trainingsdaten unabhängigen Bilddaten vom Fließbandbetrieb, um eine praxisrelevante Aussage über die Konfidenz und Genauigkeit des Verfahrens zu erhalten. Bei einer Klassifizierung von vier Schraubpunkten plus Garbage-Klasse wird eine CCR[2] über 95 % erreicht. Für das Training und die Klassifizierung wurde das Framework CAFFE [4] unter BSD 2-Clause Lizenz [3] verwendet.

4.2   Gestenerkennung

In Abschn. 2.2 wurde auf den Stand der Technik in der Gestenerkennung eingegangen. Die dort beschriebenen Konzepte und Aufgaben der Gestenerkennung werden in diesem Abschnitt mit dem konkreten Anwendungsfall im Rahmen des Verbundvorhabens ARVIDA zusammengebracht.

4.2.1   Gestenerkennung im Rahmen des Verbundvorhabens ARVIDA

Das System zur Gestenerkennung, das CanControls im Rahmen des ARVIDA-Projekts entwickelt hat, ist modular aufgebaut. Verschiedene Module zur Detektion, Segmentierung und Erkennung der Hände und Gesten lassen sich dann im Gesamtsystem integrieren (vgl. Abb. 8.11). Dies ermöglicht eine bequeme Anpassung der Lösung an die speziellen Anforderungen jeder konkreten Anwendung. Die hier beschriebenen Forschungsergebnisse werden beim Teilprojekt der Interaktiven Projektionssitzkiste; Abschn. 8.2) eingesetzt. Die Module zur Handdetektion und Segmentierung werden mit einem synthetisch erzeugten Datensatz trainiert und evaluiert. Dieser besteht aus 220.000 Bildern eines Fahrzeuges (mit Fahrer) aus der Vogelperspektive (siehe Abb. 4.7). Über 30 verschiedene Menschmodelle wurden dabei zur Generierung der Daten eingesetzt. Ein Modul zum synthetischen Bildrendering simuliert verschiedene Kameraeigenschaften, wie

---

[2] Correct-Classification-Rate: Verhältnis der Summe korrekter Klassifikationen zur Summe aller Klassifikationen.

Abb. 4.7 Beispiele syntheti-
scher Bilddaten (siehe Text)

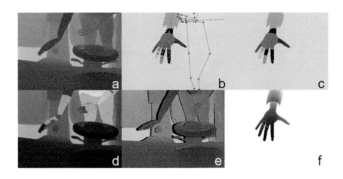

Tiefenrauschen, laterales Rauschen, Sensorschatten oder Brennweite (vgl. Abb. 4.7a, e) und kann die Szene maskieren (vgl. Abb. 4.7f). Als Referenzdaten können Labels für die später zu erkennenden Klassen beliebig konfiguriert werden (vgl. Abb. 4.7c, d), womit sich dann die Klassifikatoren für die Handdetektion bzw. für das Fingertracking spezialisieren lassen. Die generierten Daten beinhalten außerdem die Positionen jedes Gelenks des Menschmodels (vgl. Abb. 4.7b).

Die entwickelte Technologie zur Detektion der Hände basiert auf einem hybriden Ansatz, der eine adaptive Hintergrundsegmentierung und RDF-basierte Techniken kombiniert. Die angewendeten RDF werden sowohl mit echten als auch mit synthetischen Daten trainiert. Diese Strategie ermöglicht die Interaktion der Hände mit einem statischen Hintergrund, was in der Fachliteratur in der Regel nicht behandelt wird.

Tabelle 4.1 zeigt ein Beispiel des positiven Vorhersagewertes (PPV, *Positive Predictive Value*) für einen der verwendeten RDF. Der PPV wird aus der Konfusionsmatrix der gesamten Datenmenge errechnet, wobei ungültige Pixel und der Hintergrund ignoriert werden. Das Training nutzt eine kleine Anzahl von Pixeln (0,6 % der Pixel pro Bild) in 20 % des gesamten Bilddatensatzes. Die Konfusionsmatrix wird hier mit allen Pixeln der vier Klassen Handfläche, Arm, Daumen und Finger aus allen zur Verfügung stehenden Bildern erstellt. Diese Ergebnisse zeigen, dass Finger für die Detektion der Hände geeignet sind, denn sie werden selten mit einem Arm verwechselt.

Da das komplette Training eines RDF Tage bis Wochen benötigt, ermöglicht ein neu entwickelter Ansatz, künstliche Baume und Wälder zu synthetisieren, in dem Veränderungen an Merkmalen in den Knoten eines komplett trainierten RDF gezielt durchgeführt werden. Dies ermöglicht, Rotationen, Skalierungen oder Spiegelungen der Objekte in den Trainingsbildern zu simulieren. In Millisekunden lassen sich so neue RDF erstellen. Diese Strategie ermöglicht außerdem, Trainingssätze auf eine bestimmte Konfiguration der Daten zu spezialisieren, und dann später Bäume mit weiteren Konfigurationen zu einem Wald zu kombinieren.

Abbildung 4.8 zeigt partielle Ergebnisse der Detektion und Segmentierung der Hände in der interaktiven Projektionssitzkiste (vgl. Abschn. 8.2). Die Masken in Abb. 4.8d, e zeigen aktive Bereiche, die mittels Tiefen- bzw. Infrarotdaten (Abb. 4.8a, b) zur adaptiven Schätzung des Hintergrundes ermittelt werden. Die IR-Aktivmaske in Abb. 4.8e

Tab. 4.1 #S Positiver Vorhersagewert (PPV) der Pixelklassifikation

		Erkannt [%]			
		Handfl.	Arm	Daumen	Finger
Real	Handfläche	**80,60**	8,42	14,52	13,41
	Arm	8,08	**90,84**	4,81	2,84
	Daumen	3,05	0,40	**69,91**	3,63
	Finger	8,28	0,34	10,76	**80,12**

unterstützt ausschließlich die Segmentierung oberflächennaher Hände, wo aufgrund von Rauschen keine zuverlässigen Tiefeninformationen auf den Kontaktpunkten zwischen Händen und Oberflächen vorliegen. Die aktiven Pixel werden dann mit zwei getrennten RDF klassifiziert (Abb. 4.8c, f). Die Kombination der sich komplementierenden Klassifikationsergebnisse ergibt schließlich die Handdetektion. Detektierte Hände werden dann unter Berücksichtigung der Tiefen- und Infrarotdaten segmentiert.

Da es falsche Treffer in der Detektion geben kann, selektiert ein weiteres Validierungsmodul ausschließlich die Hände, die eine Reihe anatomischer Bedingungen erfüllen (Abb. 4.8a). Die segmentierten Hände werden über die Zeit verfolgt, um die Konsistenz in der zeitlichen Zuordnung der detektierten Hände zu gewährleisten. Anschließend wird die Pose und der Bewegungsablauf der Hände untersucht, um statische und dynamische Gesten zu erkennen.

Zur Erkennung der statischen Handposen als kommunikative Gesten werden Deskriptoren der Handkontur zusammen mit klassischen Klassifikatoren (z. B. *Radial Basis Functions*, RBF bzw. *Maximum-Likelihood Classifiers*, MLC) eingesetzt. Diese Strategie

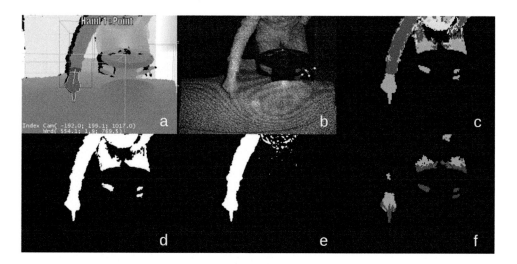

Abb. 4.8 Handdetektion und -segmentierung

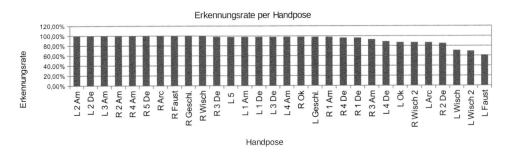

Abb. 4.9 Erkennungsrate einzelner Handposen mit RBF Klassifikatoren. L/R bezeichnet die linke bzw. rechte Hand. Die Zahlenposen werden mit amerikanischen bzw. deutschen Prägungen eintrainiert. Alle Posen sind mit der Handfläche nach unten aufgenommen worden, um die Unterscheidung L/R zu ermöglichen

ist schnell und zuverlässig, solange die zu erkennenden Posen in den erfassten zweidimensionalen Bildern leicht zu differenzieren sind. RDF unterstützen die Diskriminierung der Posen, die nur unter Berücksichtigung der Tiefe gewährleistet werden können. Abbildung 4.9 zeigt die erzielten Erkennungsraten für 30 unterschiedliche Handposen unter Benutzung von RBF Klassifikatoren. Das Training verwendet insgesamt 5853 reale Muster verschiedener Benutzer. Mit einem separaten Satz von 1600 Mustern werden die Tests ausgeführt. Insgesamt 93,6 % der Testmuster werden korrekt klassifiziert. Die Fehlerkennungen erklären sich durch sich ähnelnde Deskriptoren verschiedener Gestenklassen im Merkmalsraum, die auf Sensorrauschen und unterschiedliche Ausführungen zurückzuführen sind. Beispielsweise können die Klassifikatoren nicht zuverlässig zwischen linker und rechter Faust diskriminieren.

Die Erkennung der dynamischen kommunikativen Gesten wird mittels HMM oder für einfache Fälle mit finiten Zustandsautomaten durchgeführt. Die Erkennung der Transitionen zwischen Gesten ist im ersten Fall mit einem eigenen Garbage-Modell und im zweiten Fall mit einem zeitlichen Regelsatz behandelt.

Für die Erkennung manipulativer Gesten werden die Zeigefinger- und Daumenspitzen aller Hände im Bild verfolgt. Die Detektion der Berührung zwischen Fingern und der Hintergrundoberfläche ist grundlegend für diese Aufgabe. Hierzu kompensiert die entwickelte Technologie das Rauschen in den Tiefendaten mit Informationen aus den Infrarotdaten unter Anwendung adaptiver Filter, um die Fingerpositionen in der Zeit zu verfolgen und zu glätten. Die Erkennung der Fingerspitzen und die entsprechende Fingerzugehörigkeit werden mit einem RDF-Array durchgeführt. Dabei wird die vorher detektierte Orientierung der Hände genutzt, um synthetische, angepasste Wälder zu selektieren. Abbildung 4.10 zeigt ein Beispiel dieser Klassifikation.

Tabelle 4.2 zeigt die von den Hauptmodulen des Gestenerkennungssystems benötigte Rechenzeit für eine Bildsequenz mit 727 Bildern. Die Bildsequenz zeigt Oberflächeninteraktionen, welche auf der Armaturentafel der Projektionssitzkiste (vgl. Abschn. 8.2) aufgenommen wurden. Die Verarbeitung eines Frames benötigt durchschnittlich 32,40 ms. Als

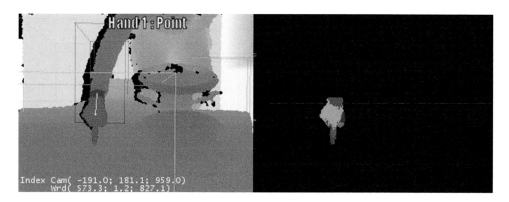

Abb. 4.10 Klassifikation der Finger in einer Hand für die Zuordnung der Fingerspitzen

Referenzsystem dient ein Computer mit einem Intel Prozessor i7-4770@3,40 GHz, 8 GB Speicher und MS Windows 7 (64bit). Die Detektion der Hände, inklusive der Pixelklassifikation mit Random Forests beansprucht mit 49 % den größten Anteil der Rechenzeit. Die Bildvorverarbeitung folgt mit 19 % der Gesamtzeit.

Die Ergebnisse der Erkennung und Verfolgung werden mit der ARVIDA-Referenzarchitektur zur Verfügung gestellt. Clients subscribieren sich an die Web-Ressourcen für Gesten, um Meldungen über das Auftreten einer Geste zu empfangen. Außerdem können

Tab. 4.2 #S Rechenzeitverteilung des Gestenerkennungssystems pro Bild

Modul	Zeit [ms]	[%]
Erfassung	0,47	1,46
Vorverarbeitung	6,20	19,14
Hintergrundmodell (Tiefe)	2,23	6,88
Hintergrundmodell (IR)	1,83	5,64
Random Forests	10,29	31,76
Hand- und Finderdetektion	5,60	17,28
Handvalidierer	0,04	0,13
Handtracker	0,06	0,17
Erkennung der Handpose	1,00	3,07
Gestenerkennung	0,02	0,06
ARVIDA Dienst	0,02	0,06
Visualisierung und Verwaltung	4,65	14,36
TOTAL	32,40	100,00

Durchschnittsmessungen der Rechenzeit aus 727 Bildern einer Bildsequenz.

Web-Ressourcen mit der aktuellen Position der Hand, Finger und Daumen jederzeit abgefragt werden.

4.2.2   Herausforderungen der Gestenerkennung

Auf dem Weg zu kommerziellen Produkten für die markerlose Gestenerkennung in virtuellen Umgebungen sind noch komplexe Hindernisse zu überwinden. Die in der Fachliteratur vorgeschlagenen Methoden benötigen zur Zeit noch hohe Rechenkapazitäten und erzwingen starke Einschränkungen in den erlaubten Konfigurationen der Szene. Auch wenn die neuesten Verfahren die Interaktion zwischen Händen und virtuellen Objekten ermöglichen, sind sie noch nicht in der Lage, die Interaktion mit wirklichen Objekten zu verfolgen. Die Forschung in dieser Richtung beginnt erst.

Darüber hinaus sind die zur Verfügung stehenden Technologien zur Erfassung von Tiefeninformationen noch nicht geeignet für die Detektion der Finger, wenn Interaktionen mit wirklichen Objekten vorliegen. Solange das Tiefenrauschen in der Größenordnung der Fingerbreite ist, muss auf weitere Informationsquellen zugegriffen werden. Da der Einsatz dieser Art von Kameras wächst, sind Verbesserungen in deren Eigenschaften (Auflösung, Signal-Rausch-Verhältnis, Preis-Leistung-Verhältnis) in den nächsten Jahren zu erwarten.

Die von CanControls im Rahmen des ARVIDA-Projekts entwickelte Technologie für Gestenerkennung kombiniert neue und klassische Methoden der Mustererkennung, um das markerlose Fingertracking zu ermöglichen. Die Nebenbedingungen der interaktiven Projektionssitzkiste stellten neuartige Herausforderungen, die innovative Lösungsansätze hervorbrachten: echtzeitfähige Ansätze zur Handdetektion, Handtracking und Erkennung von Gesten im freien Raum, sowie auf der Oberfläche statischer Objekte wurden entwickelt.

Mittelfristig soll sich die Forschung auch mit der kontextbezogenen Erkennung der Gesten beschäftigen, die zusammen mit der Spracherkennung eine intuitive Schnittstelle zwischen Mensch und Maschine ermöglichen wird.

4.3   Vermessung und Geodaten

Unterschiedliche Anforderungen aus verschiedenen Anwendungsgebieten an die Bereitstellung von Geodaten haben im Laufe der Zeit dazu geführt, dass isolierte geografische Datenbestände mit speziellen Eigenschaften und Zielrichtungen entstanden sind. Alle haben ihre Berechtigung und ihren spezifischen Mehrwert. Die meisten dieser Datenbestände folgen jedoch ihren eigenen Regeln: unterschiedliche Semantiken, unterschiedliche Austauschformate, spezifische Verarbeitungs-, Koordinaten- und Projektionssysteme. Die wenigsten dieser Bestände beinhalten 3D-Informationen.

In ARVIDA ist eine Referenzarchitektur entwickelt worden, die modernen zukunftsgerichteten Diensten und Anwendungen einen einfachen Zugriff auf verschiedene

Datenbestände ermöglicht (vgl. Kap. 3). Dieser Abschnitt zeigt die Umsetzung der ARVIDA-Referenzarchitektur für einen übergreifenden Zugriff auf bestehende Geodatenbestände. Da für Spezialanwendungen im VR-Bereich diese Datenbasis im Detail nicht immer ausreichend ist (vgl. Abschn. 8.1), wurde hierfür ein Laserscanner-basierter Vermessungsdienst entwickelt, der seine Daten gleich so ARVIDA-konform bereitstellt, sodass sich zukünftige Vermessungsdienste daran orientieren können.

Der Zugriff auf die verschiedenen Daten in den unterschiedlichen Formaten, sowie der Austausch der Daten für unterschiedliche Verarbeitungssysteme werden über ein gemeinsames übergreifendes Austauschformat mit einheitlichen Zugriffsfunktionen definiert. So wurden im Rahmen von verschiedenen Anwendungsszenarien Geodaten aus verschiedenen Bezugsquellen importiert, dabei auf ein einheitliches Koordinatenreferenzsystem gebracht und durch selbst ermittelte Daten ergänzt. Dies stellt eine Neuerung dar, die erst mit ARVIDA möglich wurde.

4.3.1 Datenquellen

Es gibt eine Reihe von öffentlich zugänglichen Datendiensten, die für VT-Anwendungen herangezogen werden können. Amtliche Vermessungsdaten können unter anderem aus ALKIS und ATKIS (2D, partielle Höheninformationen), sowie aus dem amtlich vermessenen digitalen Landschaftsmodell DLM50 bezogen werden. Darüber hinaus können von den Katasterämtern amtliche Rasterdaten und Luftbilder angefordert werden. Als kostengünstige Ergänzung bzw. Alternative zu amtlichen Daten existieren nicht-amtliche Quellen für Geodaten wie z. B. OpenStreetMap [19], GoogleMaps [20], BingMaps [21] oder vom deutschen Bundesamt für Kartographie und Geodäsie [22]. Neben klassischen 2D-Daten für die Straßennavigation stehen dort, zumeist in Ballungsgebieten, auch 3D-Daten von Gebäuden zur Verfügung. Neben diesen großen Anbietern existieren auch Unternehmen, die Geodaten für sehr spezielle Anwendungen, wie z. B. zur Durchfahrtshöhen- und breitenbestimmung von Schwerlasttransporten über öffentliche Straßen erheben [23].

4.3.2 Umgebungserfassung mit ARVIDA

Reicht die Datenbasis für spezielle VT-Anwendungen nicht aus, wie zum Beispiel dem ARVIDA-Anwendungsszenario „Das digitale Fahrzeugerlebnis" (siehe Abschn. 8.1), müssen neue, anwendungsspezifische Geodaten erhoben werden. Diese Umgebungsdaten werden üblicherweise mit Kameras, Radarsensoren oder Laserscannern aufgenommen. Die Georeferenzierung erfolgt entweder über ein reines globales Positionierungssystem (GPS) oder über ein GPS-gekoppeltes inertiales Navigationssystem (INS).

Im Rahmen von ARVIDA ist von der Firma SICK ein Laserscanner-basiertes mobiles Outdoor-Messsystem aufgebaut worden, mit dem Geodaten von Straßenzügen sowohl im Ulmer Stadtgebiet als auch in dessen Umland erhoben worden sind (vgl. Abschn. 8.1.1).

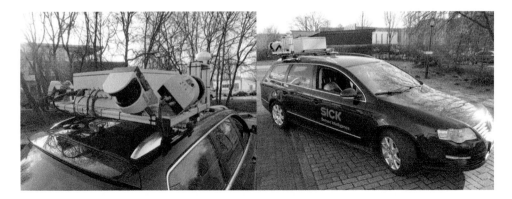

Abb. 4.11 Mobiles Outdoor-Umgebungserfassungssystem mit SICK-Laserscannern

Diese Daten stehen von Anfang an über einen ARVIDA-konformen Dienst zur Verfügung und können somit einfach in bestehende sowie neu entwickelte VT-Anwendungen mit ARVIDA-Schnittstelle eingebracht werden (Abb. 4.11).

4.3.3 Geodatenmanagement mit ARVIDA

Die Umsetzung der ARVIDA-Referenzarchitektur für das Management von Geodaten zeigt deutlich die Vorteile im Umgang mit mehreren verschiedenen Datenquellen. Dem Geodatenmanagement kommen in Bezug auf VT-Anwendungen vielfältige Aufgaben zu. Im Wesentlichen sind das der Import verschiedener Formate, die Integration der Datenbestände in ein geografisches Kontinuum, die Erhaltung der semantischen Bestandteile der einzelnen Quellen sowie Qualitätsverbesserung der ursprünglichen Daten durch Korrelation mit bestehenden und amtlichen Daten. Durch Georeferenzierung und Umrechnung von Projektionen und Koordinatensystemen erhalten alle Daten einen einheitlichen Raumbezug. Ein solches ARVIDA-konformes Geodatenmanagementsystem ist von der Firma CAIGOS zur Verfügung gestellt und weiter entwickelt worden. Dabei spielen insbesondere die Integration von 3D-Datenbeständen auf Basis von amtlichen Daten, sowie ebenso der Export der Daten nach räumlichen Selektionskriterien und Bedeutungsebenen eine wichtige Rolle. Der Export der Daten ist hierbei auf Basis von ARVIDA-Diensten und Restful-Services umgesetzt und bereitgestellt worden. Dabei werden die angefragten Daten auf die Wünsche des anfragenden Systems angepasst und eingeschränkt. Prinzipiell gibt es für Geodaten zwei wesentliche Einschränkungsmöglichkeiten. Einerseits die geometrische und andererseits die fachliche Einschränkung. Wenn ein datenliefernder Dienst diese unterstützt, ist es möglich, Anfragen wie „liefere alle Ampeln aus einem gegebenen Gebiet" an diesen zu stellen. Das im ARVIDA-Projekt entwickelte Geodatenmanagementsystem besitzt beide hier erwähnten Einschränkungsmöglichkeiten. Zusätzlich werden die Ergebnisdaten, falls der Datenbestand und das anfragende System unterschiedliche Referenzsysteme besitzen, auf das

Abb. 4.12 2D-Darstellung
amtlicher Daten im CaigosGIS

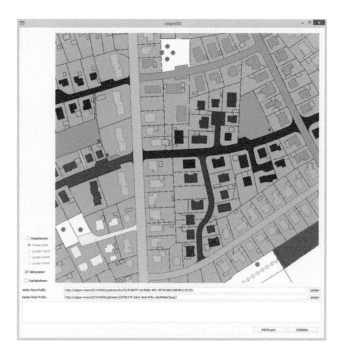

Zielreferenzsystem transformiert. Luftbilder, wie sie auch Google Maps liefert, werden auch als Rasterdaten bezeichnet. In diesem Feld hat es sich etabliert, dass die Bilder auf dem Server gekachelt und für fest vorgegebene Zoomstufen abgelegt werden. Einzelne Bilder können meist über die Zoomstufe und einen Rechts- und Hochwertindex abgefragt werden.

Zur Visualisierung der abgelegten Vektordaten (vgl. Abb. 4.12) können diese vom Dienst analog den Rasterdaten als gerenderte Kacheln abgeholt werden. Zoomstufe, Rechts- und Hochwertindex werden dabei analog definiert. Im Unterschied zu den Luftbildern sind hier die gelieferten Bilder nicht abgespeichert, sondern werden bei jeder Anfrage mit den aktuellen Daten gerendert.

Verschiedene von der Firma CAIGOS im ARVIDA-Projekt entwickelte Dienste zum Abfragen von Vektor-, Raster- und auch Fachdaten sind in Abschn. 8.1.3 aufgeführt. Die Rasterdaten und visualisierten Vektordaten werden über REST angefragt und im JPG-Format geliefert. Eine weitere REST-Schnittstelle der CAIGOS-Dienste erlaubt das Anfragen von Vektor- und zugehörigen Fachdaten. Diese werden als GeoJSON Objekte geliefert.

4.3.4 Operationen im Geodatenmanagement

Im Folgenden werden einige typische Operationen auf dem integrierten Geodaten-bestand dargestellt, die über den hier entwickelten ARVIDA-Dienst zugänglich sind. Weitere Beschreibungen, insbesondere zum Geodatenmanagement, sind in Abschn. 8.1.3 „Nutzung von Daten von Geometrie-Informationssystemen" beschrieben.

Abb. 4.13 Importierte Daten
Vektor- und Rasterdaten

4.3.4.1　Importe amtlicher Daten

Es wurden Importe gemäß dem amtlichen topographisch-kartographischen Informationssystem (ATKIS) und dem amtlichen Liegenschaftskatasterinformationssystem (ALKIS)
geschaffen, sodass beispielsweise Flurstücke, Häuserumringe, Straßenachsen etc. importiert und verwendet werden können (Abb. 4.13).

4.3.4.2　e57-Importer

Das e57-Format ist ein standardisiertes kompaktes Format zum Speichern von Punktdaten, Bildern und Metadaten [24]. Weiterhin können in dem Datenformat die Transformationsparameter aller abgespeicherten Daten hinterlegt werden, sodass eine
Umrechnung in verschiedene Referenzkoordinatensysteme gewährleistet ist. Das e57-
Format bietet durch seine XML-Beschreibungssprache sehr flexible Erweiterungsmög-
lichkeiten. Das Format wird zudem von einer Vielzahl von Sensorherstellern unterstützt, sodass ein einfacher Austausch der Daten herstellerübergreifend möglich ist.
Das Datenformat lässt sich sehr einfach in die ARVIDA-Referenzarchitektur integrieren, sodass der angestrebte übergeordnete Austausch von Daten aus verschiedenen
Quellen gewährleistet ist.

Die von der SICK AG im Rahmen des Anwendungsszenarios „Das digitale Fahrzeugerlebnis" (vgl. Abschn. 8.1) erhobenen Geodaten sind im hier beschriebenen e57-Daten-
format abgelegt worden. Die Daten enthalten die Fahrtrajektorien in WGS84-Koordina-
ten. Für jede Koordinate dieser Trajektorie können die Fahrzeug-lokalen Scandaten der
Laserscanner sowie die aufgenommenen Bilder der installierten Farbkamera abgerufen
werden. Diese Dateien können importiert und georeferenziert abgelegt werden. Gleichzeitig besteht durch die abgespeicherten Transformationsparameter die Möglichkeit,
die importierten Geodaten in entsprechenden dienstabhängigen Koordinatensystemen
bereitzustellen.

4.3.4.3 Ausgaben

Das 2D-Rendering und die Georeferenzierung werden durch CAIGOS-GIS erzeugt und sind Grundlage für das 3D-Rendering in den anschließenden Systemen. Die Bilder werden kachelweise gerendert und können mittels einer Indexangabe über REST-Anfragen abgeholt werden.

Über die REST-konforme Infrastruktur können die Daten an die aufbauenden Systeme weitergegeben werden. Dabei können Selektionskriterien wie räumliche und/oder fachliche Einschränkungen verwendet werden. Anschließende Systeme sind zum Beispiel ein Authoringsystem, in dem zu der Datenbasis weitere 3D-Szenen und -Objekte hinzugefügt werden.

4.4 Kalibrierung von Augmented-Reality Projektionssystemen

Die grundlegenden Eigenschaften von Augmented-Reality-Projektionssystemen wurden bereits in Abschn. 2.3.1 dargestellt. Eine wesentliche Herausforderung in ARVIDA war die Kalibrierung der intrinsischen Parameter von Projektor und Kamera(s), sowie der extrinsischen Parameter von Projektor und Kamera(s) zueinander. Es gibt verschiedene Verfahren, um diese Parameter vorab mittels zwei- und dreidimensional vermessener Artefakte (Kalibriertafel, 3D-Referenzkörper) oder in-situ anhand von Werkstücken bekannter Geometrie zu bestimmen. Sie sind Grundvoraussetzung für die Umsetzung der in Abschn. 5.2, 6.2, 7.2 und 8.2 beschriebenen Anwendungsszenarien.

4.4.1 Werkskalibrierung

Erfolgt die Kalibrierung eines Projektor-Kamera-Systems vorab, also „ab Werk", so muss das Gerät langfristig robust gegenüber Temperaturschwankungen und Erschütterungen ausgelegt sein, sodass sich die intrinsischen und extrinsischen Parameter nicht verändern. Dies ist für die Werklicht®-Systeme der Firma EXTEND3D der Fall [7] (Abb. 4.14).

Die Kalibrierung beruht darauf, dass optische, sich dauerhaft auf einer Kalibriertafel befindliche Merkmale in Einklang gebracht werden mit darauf projizierten, also flüchtigen, Merkmalen. Die Methode an sich existierte in großen Zügen bereits vor ARVIDA, jedoch konnte im Rahmen von ARVIDA die Genauigkeit durch eine Vielzahl von Maßnahmen erheblich verbessert werden. Diese erstrecken sich von der Bildverarbeitung, d. h. der Präzision in der Erkennung der einzelnen Merkmale über die zur Beschreibung der Abbildungseigenschaften verwendeten Kameramodelle bis hin zur Ausgleichsrechnung, d. h. zur iterativen Schätzung der korrekten Parameter. Im Ergebnis kann die Präzision der Kalibrierung nun im Hundertstel-Millimeter-Bereich erfasst werden.

Mittels dieses Verfahrens lassen sich Kalibrierungen höchster Güte erzielen, um die physikalischen Eigenschaften der eingesetzten Kameras, Optiken und Projektoren voll auszureizen. Zudem stellt es auch eine Basis dar, die in den im Folgenden beschriebenen Verfahren -teilweise in Abwandlung- Anwendung findet.

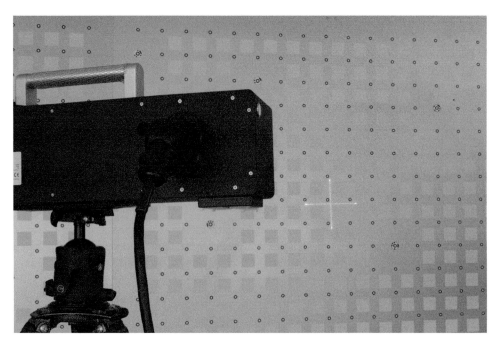

Abb. 4.14 Kalibriervorrichtung

4.4.2   In-situ-Kalibrierung

In-situ-Verfahren ermöglichen eine günstigere Auslegung der Hardware und eignen sich unter anderem für große statische Multi-Projektor-Installationen, z. B. in Show-Räumen, wie in Abschn. 8.2 beschrieben. Die dauerhafte Stabilität der extrinsischen Parameter könnte durch die großen Distanzen zwischen den einzelnen Projektoren hier nur mit sehr großem mechanischem Aufwand sichergestellt werden.

Auch für große dynamische Umgebungen, wie in Abschn. 6.2 beschrieben, wurde ein in-situ Verfahren umgesetzt. Hier lag die Herausforderung darin, eine gemeinsame Basis für die Referenzierung mehrerer unabhängig voneinander bewegbarer Projektoren zu etablieren, um eine gemeinsame große Projektion zu erzielen. Beide Verfahren sind jeweils speziell angepasst und werden deshalb im jeweiligen Anwendungskontext genauer beschrieben.

4.4.3   In-situ Konsistenzcheck

Bislang war eine Beurteilung der Kalibrierung eines Projektionssystems nur visuell durch einen Betrachter möglich, oder automatisiert in der Kalibriervorrichtung. In ARVIDA wurde ein automatisierter Konsistenzcheck entworfen, der eine automatisierte Überprüfung der aktuellen Kalibrierung des Systems außerhalb der Kalibriervorrichtung ermöglicht.

Abb. 4.15 Prüfplatte mit
Projektion

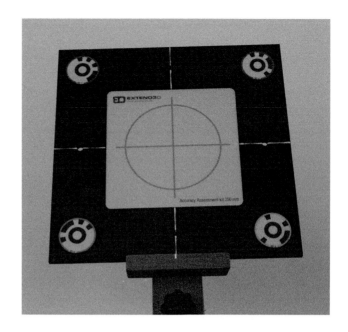

   Der Konsistenzcheck wird auf einer handlichen, aber sehr präzise gefrästen Prüfplatte mit 250 mm Kantenlänge, welche bis dato für eine rein visuelle Inspektion genutzt
wurde, durchgeführt (Abb. 4.15). Durch automatisierte scan-basierte Tests kann die Güte
der Projektion im Volumen überprüft werden. Es wird hierzu ein Kreuz projiziert, durch
kalibrierte Kameras erkannt und mit dem Erwartungswert verglichen. Unterschiedliche
mathematische Verfahren können genutzt werden. Setzt man voraus, dass das Stereo-Kamera-System korrekt arbeitet, so kann über Triangulation der Ist-Punkt bestimmt und mit
dem Soll verglichen werden. Vertraut man den extrinsischen Parametern der Kameras
nicht, so kann alternativ über ein reines 2D-Homographie-Verfahren der Versatz auf der
Tafel bestimmt und über die bekannte Geometrie der Tafel metrisch rektifiziert werden.
   Der Test kann einfach an unterschiedlichen Stellen im Volumen wiederholt werden,
um evtl. Systematiken (lokale Verzerrungen, etc.) zu erfassen. Zudem kann der Test auch
mit größeren, in-situ verfügbaren Längenmaßstäben (z. B. kalibrierte Längenstäbe, eine
Rasterplatte, oder auch ein einfacher Zollstock mit angelegtem QuickCheckBoard) kombiniert werden, um Aussagen über die globale Skalierung des Projektor-Kamera-Systems
treffen zu können.

4.4.4 In-situ Nachkalibrierung

Kalibriervorrichtungen für Projektionssysteme sind, bedingt durch Größe und Aufbau,
unbeweglich in einem temperierten Kalibrierraum untergebracht. Für eine Nachkalibrierung mussten Systeme bislang abgebaut und in den Kalibrierraum verbracht werden,

was je nach Einsatzort entsprechend aufwendig ist. Durch eine In-Situ Nachkalibrierung können Abweichungen des Projektionssystems von der ursprünglichen Kalibrierung erkannt und kompensiert werden. Solche Abweichungen können z. B. durch thermische Materialausdehnung oder mechanische Einwirkungen entstehen.

Hierfür wird eine bekannte Geometrie projiziert und von den Kameras erkannt. Durch die Abweichung vom Erwartungswert kann eine Kompensation berechnet werden, die im Betrieb verwendet wird, um die Projektionsgenauigkeit zu erhöhen. Das umgesetzte Verfahren arbeitet auf handlichen Platten (analog zu Abschn. 4.4.3) und kann flexibel zur Neuschätzung eines bestimmten Subsets an Parametern genutzt werden, je nachdem, welche Parameter mutmaßlich von der Werkskalibrierung abweichen. Abhängig von Art und Anzahl der zu optimierenden Parameter werden unterschiedlich viele Messungen auf der Platte, ggf. an unterschiedlichen Orten im Volumen, benötigt.

Literatur

[1]   Alcantarilla PF, Nuevo J and Bartoli A (2013) Fast explicit diffusion for accelerated features in nonlinear scale spaces in British Machine Vision Conference (BMVC). Bristol.
[2]   ART Markerbasiertes Tracking. www.ar-tracking.com/products. Zugegriffen: 24. Juni 2016
[3]   BSD 2-Clause License. opensource.org/licenses/bsd-license.php. Zugegriffen: 24. Juni 2016
[4]   CAFFE-Framework. caffe.berkeleyvision.org. Zugegriffen: 24. Juni 2016
[5]   CREAFORM. www.creaform3d.com/de/messtechnik/dynamisches-tracking-vxtrack. Zugegriffen: 13. Sept. 2016
[6]   Eade E, Drummond T (2009) Edge landmarks in monocular SLAM. Image Vision Comput 27(5):588–596
[7]   EXTEND3D Werklicht®. http://www.extend3d.de/produkte.php. Zugegriffen: 08. Sept. 2016
[8]   Farneback G (2003) Two-frame motion estimation based on polynomial expansion. Lect Notes Comput Sc (2749):363–370
[9]   Harris C and Stephens M (1988) A combined corner and edge detector. Proceedings of the 4th Alvey Vision Conference. S 147–151
[10] Hinterstoisser S, Cagniart C, Ilic S, Sturm P, Navab N, Fua P, Lepetit V (2011) Gradient response maps for real-time detection of texture-less objects. IEEE T Pattern Anal 34(5):876–888
[11] Hinterstoisser S, Holzer S, Cagniart C, Ilic S, Konolige K, Navab N, Lepetit V (2011) Multimodal templates for real-time detection of texture-less objects in heavily cluttered scenes. IEEE I Conf Comp Vis, 858–865
[12] Kanungo T, Mount DM, Netanyahu NS, Piatko C, Silverman R, Wu AY (2002) An efficient k-means clustering algorithm: Analysis and implementation, IEEE Trans Patt Anal Mach Intell 24(7):881–892
[13] Leutenegger S, Chli M, Siegwart RY (2011) BRISK: Binary robust invariant scalable keypoints, ICCV 2011, IEEE Computer Society. Washington, S 2548–2555
[14] Lowe DG (2004) Distinctive image features from scale-invariant keypoints. IJCV 60 2(November 2004):91–110
[15] Ortiz R (2012) FREAK: Fast retina keypoint. CVPR 2012. Washington, S 510–517
[16] Rosten E, Drummond T (2006) Machine learning for high-speed corner detection. Computer Vision-ECCV 2006. Lecture Notes in ComputerScience, vol. 3951. Springer, Berlin, S 430–443

[17] Schreiber W, Zimmermann P (2011) Virtuelle Techniken im industriellen Umfeld: Das AVI-
      LUS-Projekt – Technologien und Anwendungen. ISBN 978-3-642-20635-1. Springer, Berlin
[18] Shi J, Tomasi C (1994) Good features to track. 9th IEEE conference on computer vision and
      pattern recognition. Springer, Berlin
[19] OpenStreetMap. Homepage. www.openstreetmap.org. Zugegriffen: 05. Aug. 2016
[20] GoogleMaps. Homepage. www.google.de/maps. Zugegriffen: 05. Aug. 2016
[21] BingMaps. Homepage. www.bing.com/maps. Zugegriffen: 05. Aug. 2016
[22] Bundesamt für Kartographie und Geodäsie. Homepage. www.bkg.bund.de. Zugegriffen:
      05. Aug. 2016
[23] 3D Route Scan GmbH. Homepage. http://3d-routescan.de. Zugegriffen: 05. Aug. 2016
[24] e57 Spezifikation. Homepage. www.libe57.org. Zugegriffen: 05. Aug. 2016

Motion Capturing

5

Ulrich Bockholt, Thomas Bochtler, Volker Enderlein, Manuel Olbrich,
Michael Otto, Michael Prieur, Richard Sauerbier, Roland Stechow,
Andreas Wehe und Hans-Joachim Wirsching

Zusammenfassung

Motion Capture Technologien werden in vielen unterschiedlichen Bereichen eingesetzt, wie zum Beispiel der Filmindustrie, der Sportrehabilitation, der Spieleentwicklung oder im industriellen Umfeld. Die Technologie ermöglicht es, Bewegungen aufzuzeichnen

U. Bockholt (✉) · M. Olbrich
Fraunhofer Gesellschaft/IGD, Darmstadt
e-mail: Ulrich.Bockholt@igd.fraunhofer.de; manuel.olbrich@igd.fraunhofer.de

T. Bochtler
Daimler Protics GmbH, Ulm
e-mail: thomas.bochtler@daimler.com

V. Enderlein
Institut für Mechatronik e.V., Chemnitz
e-mail: volker.enderlein@ifm-chemnitz.de

M. Otto · R. Sauerbier
Daimler AG, Ulm
e-mail: michael.m.otto@daimler.com; richard.sauerbier@daimler.com

M. Prieur · R. Stechow
Daimler AG, Stuttgart
e-mail: michael.prieur@daimler.com; roland.stechow@daimler.com

A. Wehe
EXTEND3D GmbH, München
e-mail: andreas.wehe@extend3d.de

H.-J. Wirsching
Human Solutions GmbH, Kaiserslautern
e-mail: hans-joachim.wirsching@human-solutions.com

© Springer-Verlag GmbH Deutschland 2017
W. Schreiber et al. (Hrsg.), *Web-basierte Anwendungen Virtueller Techniken*,
DOI 10.1007/978-3-662-52956-0_5

und diese auf eine digitale Repräsentanz (Avatar) eines Menschen (Digital Human Model) zu applizieren. Über ein generisches Menschmodell bzw. mit Hilfe der im Projekt ARVIDA entwickelten Referenzarchitektur ist eine universelle Anwendung möglich und verschiedene Expertensysteme lassen sich derart nutzen, dass ein ganzheitlicher Prozess durchgeführt werden kann. Für Ergonomie-Untersuchungen im Nutzfahrzeug können allgemein gültige digitale Bewegungsbausteine entwickelt werden, die sich nachträglich an neue, ähnliche Szenarien anpassen lassen. In der Produktionsabsicherung wird bereits in den frühen Phasen ein höherer Reifegrad ermöglicht, indem Motion Capturing für die Echtzeitsimulation von manuellen Arbeitsvorgängen in virtuellen Umgebungen eingesetzt wird.

Abstract

Motion Capture technologies are used for a wide range of applications like film industry, sport rehabilitation, computer games or industrial environment. It allows the mapping of movements on digital representation (Avatar) of a digital human model. A generic human model and the reference architecture of the ARVIDA project support a universal use in different expert systems, so that a holistic process can be led. For the purpose of ergonomics studies in truck development, generic sequences can be developed to be used as basis for further scenarios. On the other hand, Motion Capture for online simulation of manual assembly processes is a way to improve the product maturity during early design phases through.

Motivation und Zielsetzung Das Thema Motion Capturing umfasst im Rahmen des Projekts ARVIDA zwei Anwendungsszenarien, deren Schwerpunkt die Erfassung von Werkerbewegungen für Ergonomieuntersuchungen in der Produktentwicklung und für die Montageabsicherung durch unterschiedliche Technologien und unter Nutzung der Referenzarchitektur ist. Im Kern geht es um die universelle Verwendung und damit verbunden um die beliebige Austauschbarkeit der verwendeten und benötigten Tools.

Ziel des Anwendungsszenarios „Ergonomie im Nutzfahrzeug" ist es, die heute verfügbaren Tools zur Bewegungsdarstellung von Menschmodellen zu einer integrierten generischen Lösung zusammenzuführen, um Ergonomieabsicherungen in einer virtuellen Umgebung bereits in der Konzeptfindungsphase durchführen zu können (Abschn. 5.1). Dank der ARVIDA-Referenzarchitektur lässt sich ein ganzheitlicher Prozess über verschiedene Expertensysteme mit verschiedenen Menschmodellen hinweg durchführen. Daraus ergibt sich dann ein allgemein gültiger digitaler Bewegungsbaustein, der sich nachträglich an neue Szenarien anpassen und sich beliebig mit anderen Bausteinen kombinieren lässt. Zudem kann ein biomechanisch gültiger Bewegungsablauf für jedes generische Menschmodell erzeugt werden.

Bei der Anwendung „Kostengünstige Trackingsysteme zur Absicherung manueller Arbeitsvorgänge" geht es um die interaktive Simulation von manuellen Arbeitsvorgängen in der PKW-Produktion durch den Einsatz von markerlosen Tracking- und Projektions-technologien (Abschn. 5.2).

Beide Anwendungen weisen unterschiedliche Kontexte und Ziele auf. In der ersten werden Motion Capturing Daten aufgenommen, um eine Datenbank zu befüllen, die später zur Bewegungsrekonstruktion genutzt wird, während in der anderen die Trackingdaten zur Visualisierung von Bewegungen in Echtzeit dienen. Dennoch greifen beide Anwendungen auf ähnliche Technologien zurück, die in einem generischen Anwendungsszenario gemeinsam evaluiert wurden.

Die Ziele der Aktivitäten im Rahmen des Themas Motion Capturing sind die Erforschung von Trackingsystemen zur Aufnahme von Bewegungen, die REST-konforme Übertragung der Trackinginformationen für die Weiterverarbeitung, die Standardisierung des Vokabulars zur Beschreibung des Menschmodells und die Untersuchung der Systeminteroperabilität.

Die Beschreibung des Menschmodells spielt eine zentrale Rolle in der Interoperabilität der Tracking- bzw. Datenverarbeitungs- und Visualisierungssysteme, wenn es um die Abbildung von menschlichen Bewegungen geht. Es wurde untersucht, in wieweit Trackingsysteme ausgetauscht werden können und sich in andere Toolketten integrieren lassen. Untersuchungen haben gezeigt, dass es nicht zielführend ist, ein allgemeingültiges oder standardisiertes Menschmodell zu schaffen, das von allen möglichen Erfassungssystemen gefüllt werden könnte und von allen Nachfolgsystemen behandelt werden würde. Diese Trackingsysteme erfassen den Mensch unterschiedlich (unterschiedliche Anzahl an Erfassungspunkten, unterschiedliche Positionen, fixe oder variable Segmentlänge etc.). Demzufolge hätte das erfasste Skelett in das digitales Modell strukturell und geometrisch gemappt werden müssen, was zu großen Daten- und Präzisionsverlusten geführt hätte. Das gleiche würde ein zweites Mal, beim Versuch, das Standardmenschmodell mit einem anderen Tool der Prozesskette zu bearbeiten, passieren. Um das Problem von unnötigem Retargeting zu umgehen, wurde auf eine standardisierte Beschreibung des Menschmodells gesetzt. Das heißt, dass die Zusammensetzung und die Geometrie des Modells weiterhin anwendungsabhängig bleiben, aber dass eine generische Struktur und ein Standardvokabular genutzt werden (Abschn. 2.5).

Verschiedene Untersuchungen im Bereich Interoperabilität wurden durchgeführt, in dem z. B. Daten aus dem markerlosen Tracking-System des PKW-Szenarios (Abschn. 5.2) für eine Untersuchung mit den Nachfolgesystemen des Nutzfahrzeugszenarios (Abschn. 5.1) zur Bewertung der Austauschbarkeit genutzt wurden. Dazu wurden Daten aus dem markerbasierten Trackingsystem als Bezug genutzt, um die Qualität des markerlosen Trackingsystems zu bewerten.

Ein hybrides Trackingsystem bestehend aus einem markerbasierten Bauteiltracking und einem markerlosen Menschtracking wurde ebenfalls aufgebaut und getestet. Das Ziel war, die Vorteile von beiden Technologien zu kombinieren: der Mensch wurde markerlos getrackt, was für mehr Komfort und Akzeptanz bei dem Anwender sorgt und gleichzeitig wurde die markerbasierte Technologie für das Objekttracking angewandt, die bis dato präziser und stabiler ist. Um dabei zu vermeiden, zwei Trackingsysteme einsetzen zu müssen, wurden Folgeuntersuchungen initiiert, bei denen der Tiefenbildsensor für das Tracking eines retroreflektiven Kugelmarkers verwendet wurde. Demzufolge war ein einziges Erfassungssystem in der Lage, sowohl markerbasiert als auch markerlos zu tracken.

Die folgenden Abschnitte (Abschn. 5.1 und 5.2) beschreiben detailliert die Technologien, Methoden und Workflows der beiden Anwendungen im Bereich Motion Capturing.

5.1   Ergonomie-Simulation im Nutzfahrzeug

5.1.1   Ergonomie in der Automobilindustrie

Bei der Entwicklung eines Fahrzeuges steht der Mensch im Mittelpunkt. Besonderes Augenmerk wird dabei auf die Auslegung des Fahrerplatzes gelegt, da die Fahraufgabe in jeder Situation sicher und bequem durchgeführt werden muss. Zunehmend rücken auch die Passagiere und weitere Disziplinen, die im Umgang mit dem Fahrzeug stehen, in den Fokus ergonomischer Untersuchungen. Die Anforderungen bei der Ergonomie in der Automobilindustrie bestehen darin, mögliche Lösungsansätze für alle damit auftretenden Fragestellungen abzuprüfen und abzusichern. Diese Aspekte müssen bereits bei der Konzeption neuer Fahrzeuge berücksichtigt werden.

Untersuchungen zur Ergonomie im Fahrzeug werden derzeit vorwiegend am Rechner simuliert und zu einem späteren Zeitpunkt gegebenenfalls an einem realen Mock-Up evaluiert. Zur rechnerischen Simulation wird im CAD-Umfeld eine Software verwendet, die aber nur Aussagen zu quasistatischen Haltungen erlaubt. Ein vorgegebenes Kollektiv aus virtuellen Probanden wird in einem Digital Mock-Up (DMU) auf dem Fahrersitz positioniert und es werden statische Haltungsberechnungen ausgeführt. So werden die optimalen Sitzpositionen für dieses Kollektiv bestimmt und ein verstellbarer Bereich für den Sitz in Länge und Höhe ermittelt. Davon ausgehend werden Erreichbarkeitsstudien für Bedienelemente wie Schalter oder Pedale durchgeführt. Gleichzeitig muss aber auch genügend Bewegungsfreiheit erhalten bleiben. Weiterführende Untersuchungen analysieren die direkte Sicht auf die Instrumente oder die Fahrbahn, die indirekte Sicht durch die Spiegel sowie den Gurtverlauf über den Körper.

Zunehmend spielen Bewegungsabläufe für die Konzeption eines Fahrzeuges eine entscheidende Rolle. Dieses trifft insbesondere auf Nutzfahrzeuge zu, weil hier eine Vielzahl auslegungsrelevanter Bewegungen berücksichtigt werden muss. Das Fahrerhaus stellt neben dem eigentlichen Fahrerarbeitsplatz (Fahraufgaben) auch den Wohn- und Schlafbereich („Leben im Fahrzeug") zur Verfügung. Für die Entwicklung eines Nutzfahrzeuges sind darüber hinaus auch Bewegungssituationen außerhalb des Fahrzeuges wichtig, aus denen ebenfalls Anforderungen für die ergonomische Auslegung resultieren. Zu den zu untersuchenden Bewegungen zählen die verschiedenen Ein- und Aufstiegsmöglichkeiten in das Fahrerhaus, vor die Windschutzscheibe, hinter das Fahrerhaus, der Einstieg auf die

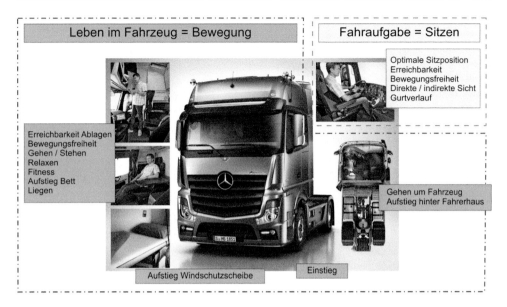

Abb. 5.1 Fahrzeug

Liege, das Gehen im Fahrerhaus, die Erreichbarkeiten der diversen Ablagen und Stau-
fächer im Stehen, etc. (Abb. 5.1). Eine einfache Untersuchung mit einem quasistatischen
Haltungsmodell ist deshalb bei weitem nicht mehr ausreichend für die ergonomische
Bewertung eines Fahrzeugkonzeptes.

Ein-, Ausstiegs- und Aufstiegsvorgänge sind konzeptentscheidend und wettbewerbs-
differenzierend. Je nach Einsatzzweck wird das Fahrerhaus in unterschiedlichen Aufsetz-
höhen montiert und die Einstiege variieren hinsichtlich Stufenanzahl und Anordnung.
Für diese Ein- und Ausstiegsvorgänge ergeben sich ganz verschiedene Einstiegsszena-
rien mit bestimmten Bewegungsfreiräumen. Die diversen Haltemöglichkeiten wie Griffe,
Lenkrad, Haltemulden oder der Sitz spielen dabei eine wesentliche Rolle. Diese äußerst
komplexen Bewegungsvorgänge müssen bei der Entwicklung eines Fahrzeuges bereits
in der frühen Entwicklungsphase untersucht und abgesichert werden. Sie können jedoch
heute nur relativ spät an einem physischen Mock-Up mit realen Probanden durchgeführt
werden.

5.1.2 Vom physischen zum digitalen Mock-Up

Heute können Bewegungsuntersuchungen wie der „Einstieg in ein Nutzfahrzeug" nur an
einem physischen Mock-Up anhand einer realen Einstiegsszene mit realen Probanden
durchgeführt werden. Die Untersuchung eines Einstiegsvorgangs ist damit sehr zeit- und
kostenaufwendig. Zuerst muss ein originalgetreues physisches Mock-Up mit allen dafür

relevanten Parametern angefertigt werden. Das Modell muss zudem einstellbar gestaltet sein. Bei einem mehrstufigen Einstieg müssen die Trittstufen von ihrer Länge und Tiefe genauso wie von ihrem Abstand als auch ihrer Lage zueinander im realen Modell unterschiedlich positioniert werden können. Gleiches gilt für alle anderen abhängigen Bauteile wie z. B. die Haltegriffe. Ändert sich im Verlauf des Reifeprozesses die Datenlage, müssen das Mock-Up angepasst und die Versuche eigentlich erneut durchgeführt werden.

Neben diesem geometrischen Fahrzeugmodell muss auch die variierende Anthropometrie des Menschen in der Untersuchung berücksichtigt werden. Dazu werden Probanden akquiriert, die einem gewünschten Kollektiv entsprechen. Dieses besteht aus verschiedenen sogenannten Grenz-Perzentilen und repräsentiert die typische Trucker-Population. Die Akquise genau dieser Probanden in einer für statistische Aussagen erforderlichen Anzahl bedeutet einen großen Aufwand. Ein weiteres Problem ist die anschließende Auswertung der Daten, weil die Angaben der einzelnen Probanden sehr individuell und subjektiv sind.

Hier setzt die Idee des „digitalen Mock-Up" an. Studien zur Bewegungsergonomie lassen sich in der digitalen Umgebung am Computer durchführen, wenn sich menschliche Bewegungen entsprechend realistisch simulieren lassen. So könnten bereits in der frühen Entwicklungsphase konzeptrelevante Aussage getroffen werden. Die erforderlichen geometrischen Umgebungsdaten liegen bereits heute in der frühen Konzeptfindungsphase in Form eines rudimentären digitalen Flächenmodells vor (Abb. 5.2). Die spezifischen menschlichen Bewegungen werden noch benötigt. Dazu ist ein Workflow und ein Simulationsprozess entwickelt worden, der nachfolgend (Abschn. 5.1.3) beschrieben wird.

Abb. 5.2 Konzeptfindung

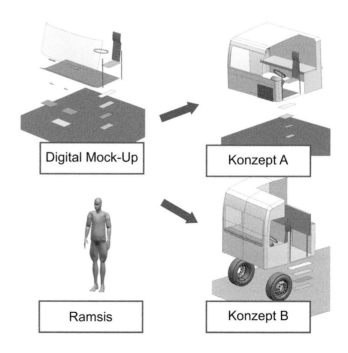

5.1.3 Workflow und Prozess

Der Workflow beginnt mit der Aufnahme eines bestimmten Bewegungsablaufs, den ein Proband an einem realen Mock-Up durchführt, hier im Projektbeispiel: „Einstieg in ein Nutzfahrzeug". Diese Bewegung wird als ein Bewegungsbaustein definiert. Für diese Aufnahme wird ein markerbasiertes MoCap-System von ART oder Vicon verwendet. Der Proband sowie relevante Bestandteile des Mock-Up werden mit Markern ausgerüstet und die Bewegungsaufgabe wird ausgeführt.

Die so ermittelten Daten werden in einem nächsten Schritt auf das Menschmodell Dynamicus übertragen. Das passende digitale Abbild des realen Mock-Up-Modells wird lagerichtig hinzugefügt. Mit diesen Umgebungsinformationen kann die Bewegung rekonstruiert und analysiert werden. Jedes interaktionsrelevante Element wird entlang der Zeitachse verfolgt und bei einem Ereignis, z. B. Fußkontakt auf Trittstufe, als sogenannter KeyFrame festgehalten. Er enthält neben den Informationen über den Zeitpunkt auch die Art der Interaktion mit der dazugehörenden Umgebungsgeometrie. Dieser Prozess wird Annotation genannt und lässt sich aufgrund typischer Erkennungsmuster automatisieren (Abschn. 5.1.5).

Zur abschließenden Verarbeitung wird der erstellte Datensatz an die Software „RAMSIS" übergeben. Hier werden die KeyFrames mit ihren zugehörigen Ereignissen verarbeitet. Die Bewegungen zwischen zwei übernommenen KeyFrames werden gemäß einem Haltungsalgorithmus hinzuberechnet, sodass ein flüssiger Bewegungsablauf entsteht. Sind auf diese Art alle KeyFrames verarbeitet, entsteht ein simuliertes Abbild des getrackten Bewegungsbausteins (Abschn. 5.1.6).

Mit der entwickelten ARVIDA-Referenzarchitektur lassen sich die verschiedenen Expertensysteme mit ihren verschiedenen Menschmodellen kombinieren und ein durchgängiger Prozess ist möglich (Abb. 5.3).

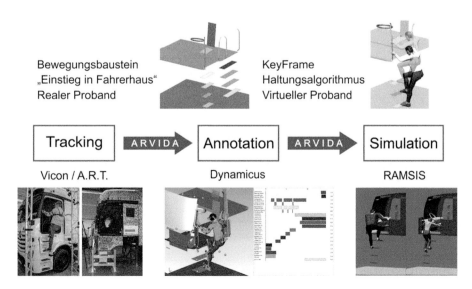

Abb. 5.3 Workflow

5.1.4   Generisches Menschmodell

Der umgesetzte Prozess zur Datenaufbereitung verwendet das Menschmodell Dynamicus und zur anschließenden Bewegungssimulation das Menschmodell RAMSIS (Abschn. 5.1.3). Daher müssen die Bewegungsdaten zwischen Dynamicus und RAMSIS übertragen werden. Wie im folgenden Abschnitt über die Digitalisierung der Bewegungen beschrieben (Abschn. 5.1.5), handelt es sich hierbei für jeden Zeitpunkt der Bewegung um Haltungsdaten (Gelenkwinkel und -positionen) sowie um Annotationsinformationen (Abb. 5.4).

Wegen der im Projekt angestrebten Interoperabilität wurde eine generische Menschmodellaustauschschnittstelle entwickelt, um im realisierten Prozess (Abschn. 5.1.3) beide Menschmodelle austauschen zu können. Während die Annotationsinformationen allgemein für alle Menschmodelle gelten, müssen die Haltungsdaten explizit zwischen den Modellen konvertiert werden. Diese Konvertierung basiert auf den Skelettdaten der Bewegung, die den Positionen von Skelettpunkten (Gelenken, Landmarks) über die Zeit entsprechen. Da Menschmodelle verschiedene Detaillierungsgrade in der Skelettmodellierung aufweisen, wurde hier eine geeignete Übertragungsfunktion entwickelt. Hierzu wurde im Vorfeld festgelegt, welche Skelettpunkte das übertragende Menschmodell liefern müsste.

Diese Skelettpunktdaten wurden dann auf das empfangene Menschmodell aufgeprägt. Hierzu wurden die übertragenen Skelettpunkte mit den vorhandenen Skelettpunkten des Menschmodells in Einklang gebracht. Mit dieser Abbildungsvorschrift wurde das Menschmodell zunächst einmalig auf die Skelettdimensionen skaliert und daraufhin für jeden Zeitpunkt in die entsprechende Haltung gebracht. Nach dem Abschluss der Übertragung führte das empfangene Menschmodell die gleiche Bewegung wie das übertragende Menschmodell aus. Die Übertragungsgüte hing dabei vom Detaillierungsgrad der Skelette beider Menschmodelle ab. Wenn das übertragende Skelett detaillierter als das empfangende Skelett war, gingen entsprechend Bewegungsinformationen verloren.

Der hier beschriebene generische Menschmodellaustausch war ein Teil der ARVIDA-Referenzarchitektur. In der Arbeitsgruppe „Virtual Human" wurde in Abstimmung mit

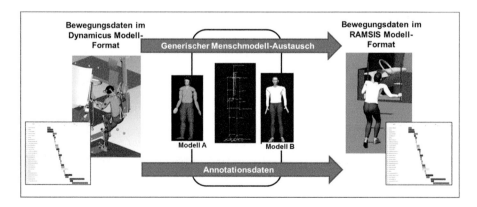

Abb. 5.4 Austausch der Bewegungsdaten zwischen Menschmodellen

Architekten, Technologen und Anwendern eine Reihe von Prozessen und Diensten im Kontext der Menschmodellierung über die gesamte Prozesskette vom Tracking bis zur Visualisierung/Bewertung definiert.

Der Menschmodellaustausch zwischen Dynamicus und RAMSIS ist als der zentrale „Vhuman Datendienst" zu verstehen. Dabei stellt Dynamicus den Prozessschritt „Bewegungsanalyse" und RAMSIS den Prozessschritt „Bewegungssynthese" zur Verfügung. Für die Übertragung der Daten wurde eine Reihe von Vokabularen für verschiedene Menschmodell-Dienste entlang der Prozesskette festgelegt. Speziell für die im „Vhuman Datendienst" benötigten Anthropometrie- und Skelettinformationen standen die Vokabulare nach dem H-Anim Standard (ISO/IEC 19774) und dem weit verbreiteten Animationsformat BVH (Biovision Hierarchy) zur Verfügung. Jedes Menschmodell kann nun die generische Schnittstelle zur Datenübertragung nutzen, wenn es dieses Format lesen und schreiben kann. Daneben muss das empfangende Menschmodell die Skelettinformationen des übertragenden Menschmodells in Form einer Übertragungsfunktion erhalten.

5.1.5 Tracking und Virtualisierung

Die Bewegungsaufnahmen erfolgten mit einem Probandenkollektiv an einem physischen Fahrzeug-Mock-Up. Das Mock-Up bestand aus einer Fahrerkabine, die auf einem Gestell fixiert war. Die unteren Trittstufen waren mit Profilelementen nachgebildet (Abb. 5.5, links)

Als Messsysteme kamen die optischen Motion-Capture-Systeme von Vicon Nexus und ART DTrack bei einer Aufnahmefrequenz von 100 Hz zum Einsatz. Diese basieren auf der hochgenauen Verfolgung von retroreflektierenden Markern mit Infrarotkameras. Jeder

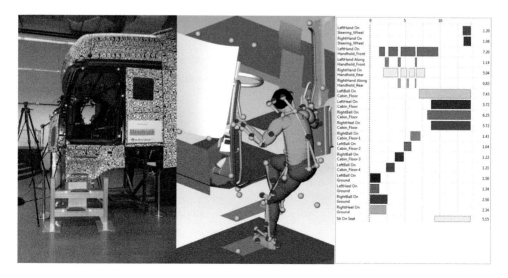

Abb. 5.5 Einstieg Dynamicus Gantt

einzelne Marker musste dabei von mindestens zwei Kameras erfasst werden, um seine 3D-Position im Messvolumen per Triangulation auf den Millimeter genau bestimmen zu können. Eine besondere Herausforderung für optische Bewegungserfassungssysteme stellte die dauerhafte Sichtbarkeit von Markern während der Aufnahme dar. Insbesondere im Bereich des Fußraums eines LKW-Fahrerarbeitsplatzes traten häufig Verdeckungssituationen auf. Sie konnten nur durch eine sehr gute Abdeckung des Messvolumens (hohe Anzahl an Kameras und exakte Positionierung, Wahl entsprechender Brennweiten) oder durch eine Nachbearbeitung der Daten im Postprozess (intelligentes Schließen der Marker-Bewegungsbahnen) entschärft werden.

Für die Reihenmessungen der Szenarien wurde hauptsächlich das Vicon Nexus System mit 18 Kameras verwendet. Das Vicon System beruhte auf der Echtzeiterfassung von Einzelmarkern und einer Nachbearbeitung der aufgenommenen Daten. Insgesamt wurden bei jedem Probanden 39 Marker an exponierten anatomischen Punkten entsprechend der Plug-in Gait Marker-Platziervorschrift [1] befestigt, um die Bewegung aller Körperteile zu erfassen. Weitere 16 Marker dienten zur genaueren Abbildung der Lage und der Orientierung von Gelenkachsen (Knie, Knöchel, Fußballen) und für eine vereinfachte Rekonstruktion der Markertrajektorien in Verdeckungssituationen (Becken, Kopf). Schließlich wurden noch einige Marker an ausgewählten Punkten des Mock-Ups, wie der Karosse und der unteren Stufen befestigt, um so später eine exakte Verortung der CAD-Geometrie im Messkoordinatensystem vornehmen zu können. Neben der eigentlichen Bewegungsaufgabe wurde für die Kalibrierung des digitalen Menschmodells ein Kalibrierstand bzw. eine Kalibrierbewegung aufgenommen. Die ermittelten Bewegungsbahnen der Marker wurden geglättet und für die weitere Verarbeitung an das Bewegungsmodellierungsprogramm übergeben.

Virtualisierung Nach den Messaufnahmen waren lediglich die 3D-Markertrajektorien und die Segmentzugehörigkeiten der Marker bekannt. Der weiterführende Prozess erforderte aber eine Übertragung der aufgenommenen Bewegungen auf ein digitales Menschmodell. Dazu wurde das biomechanische Menschmodell Dynamicus [2] mit den darauf basierenden Diensten der Referenzarchitektur (Kalibrierdienst, Bewegungsrekonstruktionsdienst, Annotationsdienst) verwendet. Diese Dienste wurden vom Institut für Mechatronik erstellt. Die Ein- und Ausgangsdaten der Dienste wurden auf entsprechende Vokabulare der Referenzarchitektur abgebildet und gestatten so einen vereinfachten, definierten Datenaustausch.

Das Menschmodell wurde zunächst mit dem Kalibrierdienst für den spezifischen Probanden kalibriert: Aus den 3D-Informationen der Marker im Kalibrierstand wurden die individuellen Körpermaße anhand der Plug-in Gait Berechnungsvorschrift und die Lage der Marker bezüglich des Segmentkoordinatensystems ermittelt. In einem weiteren Schritt erfolgte die Rekonstruktion der Bewegung mit der Methode der inversen Kinematik [3] durch den Bewegungsrekonstruktionsdienst. Für jeden Zeitpunkt wurde unter Verwendung eines L-BFGS-Verfahrens [4] eine Haltung des Menschmodells berechnet, die bestmöglich der durch die Marker des Motion-Capture-Systems erfassten Haltung entsprach.

Im Resultat lag die konsistente Bewegung des digitalen Menschmodells in Form von Bewegungsbahnen des Beckens und den Gelenkwinkeln zwischen den Segmenten vor (Abb. 5.5 Mitte).

Die Bewegungsrekonstruktion musste ebenfalls für alle interaktionsrelevanten, mit Markern versehenen Umgebungselementen ausgeführt werden, die sich im Messvolumen befanden (das Fahrerhaus und die unteren Trittstufen).

Unter Verwendung der CAD-Geometrieinformationen des Messaufbaus wurde ein funktionales Modell der Umgebung aufgebaut. Das funktionale Modell enthielt alle inter-aktionsrelevanten Bestandteile der Umgebung – die sogenannten 3D-Funktionsgeometrien, wie beispielsweise den Boden der Fahrerkabine, die Trittstufen, die Handläufe, das Lenkrad und den Sitz. Zwischen diesem Umgebungsmodell und dem digitalen Menschmodell wurden dann Interaktionsmöglichkeiten definiert und konfiguriert.

Anschließend erfolgte auf der Grundlage der konsistenten Bewegung des Menschmodells in Verbindung mit dem funktionalen Modell der Umgebung und einer Menge von vorab definierten Interaktionsbedingungen eine Annotation der Bewegung mit dem Annotationsdienst. Die Interaktionsbedingungen wurden zu jedem Zeitpunkt ausgewertet. Sanken beispielsweise sowohl der Abstand als auch die Annäherungsgeschwindigkeit zwischen Handmittelpunkt und Handlauf für einen konfigurierbaren Zeitraum unter festgelegte Grenzwerte, wurde ein Kontakt zwischen diesen Elementen detektiert und der Annotation ein entsprechendes Event hinzugefügt. Im Ergebnis entstand eine Annotation, welche die Interaktionsphasen des Menschmodells mit dem funktionalen Modell der Umgebung beschrieb und für alle Zeitpunkte entsprechende Zustandsinformationen enthielt, wie z. B. „Linke Hand an Handlauf Links", „Linker Fuß auf Stufe 1" (Abb. 5.5, rechts). Diese Annotation in Verbindung mit den originalen Bewegungsdaten diente im weiteren Verlauf als Grundlage für die Simulation von veränderten Bewegungsabläufen und abweichenden anthropometrischen Daten mit dem Menschmodell RAMSIS.

5.1.6 Bewegungssimulation

Übersicht Die digitalisierten und modellierten Bewegungen (Abschn. 5.1.5) werden mit Hilfe des generischen Menschmodellaustausches (Abschn. 5.1.4) auf das Menschmodell RAMSIS übertragen und in eine Bewegungsdatenbank abgelegt. Dieser Digitalisierungsprozess ist ein wesentlicher Bestandteil der System-Architektur und der im ARVIDA Projekt entwickelten Bewegungssimulation. Während dieser Prozess zuerst für verschiedene Aufgaben/Interaktionen am Fahrzeug (z. B. Einstieg ins Fahrzeug, Öffnen der Ablage über Windschutzscheibe) ausgeführt werden muss, kann der anschließende Simulationsprozess von einem Ergonomen/Konstrukteur auf beliebige aber ähnliche 3D Umgebungen von Fahrzeugen übertragen und ausgeführt werden (Abb. 5.6).

Im Einzelnen muss der Anwender der Bewegungssimulation die Eingabeparameter (individuelles) Menschmodell, Fahrzeuggeometrie und Bewegungsablauf (z. B. Einstieg

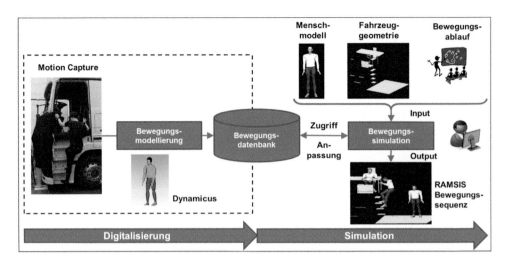

Abb. 5.6 System Architektur des Bewegungssimulation

ins Fahrzeug, Öffnen der Ablage über Windschutzscheibe) vorgeben. Mit diesen Parametern wird dann mit Hilfe der Bewegungsdatenbank eine RAMSIS Bewegungssequenz berechnet, die dem vorgegebenen Bewegungsablauf entspricht und die Interaktion zwischen dem vorgegebenen individuellen Menschmodell und der Fahrzeuggeometrie wiedergibt.

Prozess Der Prozess der Bewegungssimulation besteht im Detail aus den folgenden Schritten:

1. Der Anwender wählt den Bewegungsablauf (z. B. Einstieg in das Fahrzeug) und die zugehörigen Strategien (z. B. Paarlauf, Kreuzlauf für Hände am Handlauf) aus. Diese Strategien werden im Vorfeld bestimmt und den einzelnen Bewegungen zugeordnet.

2. Zum ausgewählten Bewegungsablauf definiert der Anwender an der Fahrzeuggeometrie die Bauteile, mit denen der Insasse während der Bewegung interagiert (z. B. Stufen, Kabinenboden, Handläufe).

3. Der Anwender spezifiziert den Insassen nach Geschlecht, Körperdimensionen (z. B. Körpergröße, Korpulenz) und Alter. Daraus wird automatisch ein entsprechendes 3D RAMSIS Menschmodell in der digitalen Umgebung bereitgestellt (zum Beispiel kleine Frau, großer Mann).

4. Das System extrahiert eine Bewegung aus der Bewegungsdatenbank. Hierbei wird eine Bewegung ausgewählt, die den Eingaben des Anwenders (Modell des Fahrzeugs und des Insassen) am besten entspricht (Referenzbewegung). Hierbei werden skalare Werte der Eingabe (z. B. Körpergröße, Gewicht, Alter, Stufenhöhe, Stufenabstand) mit denen der aufgenommenen Bewegungen in der Datenbank verglichen und die Bewegung mit den ähnlichsten Werten extrahiert (Best-Fit-Ansatz).

5. Die extrahierte Referenzbewegung wird an das vorgegebene Fahrzeugmodell und das Menschmodell angepasst. Dabei wird an jeder Interaktionsstelle des Insassens mit dem Fahrzeug (Annotationen aus Abschn. 5.1.5) (z. B. Fuß auf Stufen, Hand auf Handläufe) eine Stützhaltung des Menschmodells berechnet. Hier müssen die Interaktionen geometrisch exakt erfüllt sein und die Stützhaltung mit der entsprechenden Haltung aus der Referenzbewegung möglichst übereinstimmen. Zwischen den so ermittelten einzelnen Stützhaltungen wird ein Bewegungsablauf aufgefüllt, sodass eine Bewegung wiedergegeben wird.

Variationsmöglichkeiten Neben den unterschiedlichen Strategien können in der Bewegungssimulation die Größen des Menschmodells und die Abmessungen am Fahrzeugmodell variiert und somit ihr Einfluss auf die Bewegung im Fahrzeug simuliert werden.

Für das Menschmodell können Geschlecht, Alter und die Körpermaße vorgegeben werden. Hier ist die Angabe absoluter Maße (z. B. Körperhöhe 180 cm) wie auch perzentilierter Werte (z. B. 95 Perzentil Körperhöhe für Deutschland) möglich. Damit können bestimmte charakteristische Testpersonen (Kollektiv) im Fahrzeug simuliert werden (Abb. 5.7).

Für die Geometrie des Fahrzeugmodells können zum einen die Positionierungen von Bauteilen (z. B. Stufenhöhe, Handlaufposition) und zum anderen ihre Dimensionierung geändert werden (z. B. Stufenbreite und –tiefe). Damit können für verschiedene Fahrzeugkonzepte die Bewegungen der Testpersonen simuliert werden.

Abb. 5.7 Variation der Anthropometrie beim Einstieg (links großer Mann, rechts kleine Frau)

5.1.7   Automatismen und Verhaltensmuster

Die Qualität einer Simulationssoftware wird entscheidend von ihrer Prognosefähigkeit beeinflusst. Das gilt auch für die Ergonomiesimulation im Nutzfahrzeug. Der Anspruch des Anwenders liegt darin, für ein selbst gewähltes digitales Menschmodell, eine vorgegebene Fahrzeuggeometrie sowie eine gestellte Bewegungsaufgabe eine möglichst realistische Bewegung zu simulieren und zu prognostizieren. Es nutzt dem Anwender wenig, wenn die Software zwar technisch in der Lage ist, eine beliebige Bewegung zu simulieren, diese in der Realität so jedoch nicht auftritt. Hier kollidieren die Interessen technischer Machbarkeit und biomechanischer Gültigkeit.

Ein wesentlicher Grundbaustein zur Sicherstellung dieser geforderten Güte ist das Messen realer Bewegungen im Vorfeld. Diese werden als Basis der simulierten Bewegung herangezogen. Durch Interpolation und Extrapolation werden diese Bewegungen an die veränderte Anthropometrie sowie Fahrzeugabmessungen angepasst. Dieser sogenannte Best-fit-Ansatz der Simulations-Software (Abschn. 5.1.6) benötigt jedoch noch weitere entscheidende Aspekte zur Auswahl der geeigneten Basisbewegung: Informationen über die durchgeführten Bewegungsstrategien sowie ihre Häufigkeitsverteilung in Abhängigkeit von Anthropometrie und Fahrzeuggeometrie. Bewegungen im und am Fahrzeug sind immer auch Interaktion von Mensch und Gegenstand.

Vereinfachendes Beispiel: Das Gehen über eine Distanz von etwa 50 cm. Ein kleiner Proband beginnt mit dem linken Fuß und zieht den rechten nach. Das ist seine Individualstrategie. Diese wird sich nach einer kurzen Erlernungsphase a) nicht mehr grundsätzlich und b) maßlich kaum mehr ändern. Sie kann sehr wohl zwischen verschiedenen Individuen variieren je nach Komplexität des Bewegungsablaufs und gegebenem Bewegungskorridor. Der nächste kleine Proband beginnt etwa regelmäßig mit dem rechten Fuß. Die Häufigkeitsverteilung der einzelnen Individualstrategien über das gesamte Kollektiv ergibt die gültige **Hauptstrategie** (die meisten beginnen mit dem linken Fuß) sowie mögliche **Nebenstrategien** (rechter Fuß beginnt).

Verändern sich jedoch die Anthropometrie oder die Parameter der Bewegungsaufgabe über ein gewisses Maß hinaus, wird die Bewegung angepasst. Es findet ein Musterwechsel statt. In diesem Fall werden z. B. große Probanden meist mit dem rechten Fuß beginnen und benötigen nur einen Schritt. Die Hauptstrategie (Startfuß) verändert sich ebenso wie die **Substrategie** (Anzahl der Schritte), also das gewählte Untermuster. Einflussgrößen des Menschen (Körpergröße, Beinlänge, Beweglichkeit, Gewicht, Alter, Geschlecht usw.) sowie die Parameter der Bewegungsaufgabe (= Fahrzeuggeometrie) haben also entscheidenden Einfluss auf mögliche Strategien und ihre Häufigkeitsverteilungen.

Eine geeignete Simulations-Anwendung muss diese Verteilungen der Strategien sowie jeweilige Haupt- und Submuster in Abhängigkeit der beeinflussenden Parameter kennen und berücksichtigen. Idealerweise können neben der Hauptstrategie auch gültige Nebenstrategien manuell angezogen und simuliert werden. Beides ist in der aktuellen Software möglich.

Die Informationen über die Strategien und ihre Häufigkeitsverteilungen müssen bereits im Vorfeld vor den eigentlichen Bewegungs-Messungen erfolgen. Eine wissenschaftlich korrekte und statistisch abgesicherte Bearbeitung sprengt jedoch den Umfang des Projekts. Deshalb erfolgt ein pragmatischer, 6-stufiger Ansatz:

- Stufe 1: Expertenkolloquium zur Erarbeitung der Zielstrategien (Thesen)
- Stufe 2: Berücksichtigung eines spezifischen Ziel-Probandenkollektivs (gezielte Variation von Geschlecht, Körpergröße, Korpulenz, Alter, körperlichen Besonderheiten, …)
- Stufe 3: Validierung der Thesen durch reale Vorstudie mit Lkw-Fahrern (Videoanalyse)
- Stufe 4: Statistische Erarbeitung von Haupt- und Nebenstrategien sowie Submustern
- Stufe 5: MoCap-Messung kollektiv gültiger Hauptstrategien (wiederholtes Einladen der Probanden mit zutreffenden Zielstrategien: Individual- = Kollektivstrategie)
- Stufe 6 (nur bei einfachen Bewegungsabläufen): MoCap-Messung antrainierter, statistisch relevanter Bewegungsmuster (Nachstellen von mehreren Kollektivstrategien durch einzelne Individuen)

Im Szenario wurden dazu der Einstieg und der Ausstieg in das Fahrerhaus eines Lastkraftwagens untersucht. Es existierte die weit verbreitete These, die Bewegung sei durch die enge Fahrerhausgestaltung derart zwangsgeführt, dass beim Einstieg kein anderes Bewegungsmuster als die Hauptstrategie „linker Fuß beginnt" möglich sei. Spätestens mit Eintritt in die Fahrgastkabine kollidiere der „falsche" Fuß mit dem Sitzkasten. Damit also der Bewegungsfluss unterbrechungsfrei ablaufen könne, müsse die Einstiegsbewegung zwangsläufig und ausschließlich mit dem linken Fuß beginnen. Die Untersuchungen im Szenario zeigten jedoch ein anderes Bild: In Abhängigkeit von Körpergröße und Korpulenz war dieses Verhaltensmuster als Nebenstrategie zwar selten aber statistisch relevant. Ebenso neu war die Erkenntnis, dass der Bewegungsfluss bewusst teils unterbrochen wurde: Es fand auf der obersten Stufe vor Eintritt in die Kabine ein Zwischenstopp statt, bei dem beide Füße auf einer Stufe kurz verweilten. Erst dann erfolgte der Eintritt in die Kabine. Vermehrt verfolgten große und eher schlanke Personen diese Strategie (Abb. 5.8).

Als Beispiel möglicher Substrategien dient die Nutzung des Handlaufs. Die Hauptstrategie ist der Paarlauf, bei dem die Handläufe rechts und links zeitgleich und auf gleicher Höhe gegriffen werden. Fast jeder zweite mittelgroße und mittelkorpulente Proband nutzt dagegen den Kreuzlauf, bei dem die Hände wechselseitig in unterschiedlicher Höhe greifen. Der Kreuzlauf kann wiederum von kleinen Personen nicht durchgeführt werden, da die Spannweite der Handgriffe für eine wechselseitige Nutzung zu groß ist: Hier erfolgt zwangsweise der Paarlauf oder ein Ausweichen auf einen Sonderfall wie etwa ein Festhalten an Sitzkissen oder Lenkrad (Abb. 5.9).

Eine Auswertung individueller Verhaltensmuster zur Ermittlung von kollektiven Haupt- und Nebenstrategien sowie möglicher Substrategien ist bei jeder neuen Bewegungsaufnahme bereits im Vorfeld nötig. Eine Software zur Bewegungssimulation muss diese kennen und berücksichtigen, um dann durch Inter- und Extrapolation verwandter Bewegungen aus der Datenbank an die veränderten Parameter von Anthropometrie und Fahrzeuggeometrie angepasste Prognosen liefern zu können – und das biomechanisch gültig.

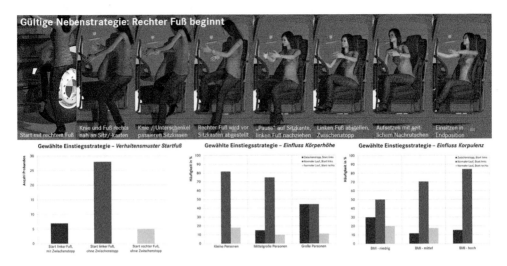

Abb. 5.8 Start Fuss rechts

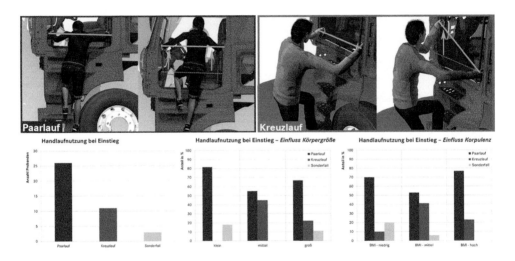

Abb. 5.9 Handlaufnutzung

5.1.8 Kombination von Bewegungsbausteinen

Der implementierte Ansatz der Bewegungssimulation (Abschn. 5.1.6) fokussiert auf Bewegungen mit gleichen Bewegungsmustern. Daher sollte zum Beispiel aus dem archivierten Bewegungsbaustein „Einstieg in ein LKW Fahrerhaus mit 5 Stufen" keine Einstiegsbewegung mit 3 Stufen simuliert werden können. Generell wären hier erneute Messungen für alle veränderten Situationen notwendig, die später in der virtuellen Umgebung dann simuliert werden müssten. Eine Alternative für die aufwendigen Messungen wäre die Segmentierung von Bewegungen entweder in kleine Bewegungsfragmente oder die Messung von isolierten jeweiligen Bewegungsbausteinen. Anschließend könnten diese einzelnen Fragmente oder Bausteine wieder zu einer neuen Gesamtbewegung zusammengesetzt werden. Beide Ideen werden mit dem aktuell implementierten Ansatz auf eine prinzipielle Machbarkeit überprüft.

Segmentierung In der ersten Studie soll mit der gemessenen „Einstiegsbewegung auf 5 Stufen" eine Einstiegsbewegung auf 4 bzw. 6 Stufen simuliert werden, d. h. eine Stufe wird entfernt bzw. hinzugenommen. Hierzu wurde die gemessene Einstiegsbewegung in mehrere Segmente unterteilt: StartBisAnTreppe – AnTreppeBisStufe1 – Stufe1BisStufe2 – Stufe2BisStufe3 – Stufe3BisStufe4 – Stufe4BisKabinenboden – KabinenbodenBisHinsetzen – HinsetzenBisEnde.

Diese Einzelbewegungen wurden nun in der obigen Reihenfolge mit dem Ansatz der Bewegungssimulation (Abschn. 5.1.6) nachgestellt und dann wieder zur Gesamtbewegung zusammengesetzt. Hierzu wurde jede Teil-Bewegung so simuliert, dass ihre Starthaltung der Endhaltung der vorhergehenden Einzelbewegung entsprach. Um nun das Bewegungsmuster zu ändern, d. h. die Bewegung für eine Stufe weniger bzw. eine Stufe mehr zu berechnen, wurde für den Fall „entfernte Stufe" der Baustein „Stufe2BisStufe3" gelöscht und für den Fall „zusätzliche Stufe" der Baustein „Stufe3BisStufe4" für die entsprechende Stufe auch zusätzlich eingefügt. Weiterhin mussten die Simulationen „StartBisAnTreppe" und „AnTreppeBisStufe1" zwischen linker und rechter Körperseite gespiegelt werden. Nach dem Zusammensetzen der Bausteine (analog zur Gesamtbewegung oben) konnte das jeweilige neue Bewegungsmuster simuliert werden (Abb. 5.10).

Abb. 5.10 Einstiegssimulation mit zusätzlicher (links) und entfernter (rechts) Stufe

Gemessene Bewegungsbausteine In der zweiten Studie werden kleine abgeschlossene Bewegungsbausteine gemessen, einzeln simuliert (Abschn. 5.1.6) und schließlich zu einer Gesamtbewegung zusammengesetzt.

Hierzu waren zuerst die isolierten Bewegungsbausteine „Gehen frontal", „Gehen nach links/rechts", „Einstieg in Kabine", „Einsetzen auf Fahrersitz" und „Lenken links/rechts" gemessen und als Einzelbewegungen in die Bewegungsdatenbank (Abschn. 5.1.6) integriert worden.

Dann wurden analog zur oben beschriebenen Segmentierung die benötigten Einzelbewegungen hintereinander simuliert. Dabei wurde wieder die Starthaltung einer Bewegung aus der Endhaltung der vorherigen Bewegung berechnet. So wurden am Ende alle Einzelbewegungen zu einer flüssigen Gesamtbewegung zusammengesetzt (Abb. 5.11).

Beide Studien zeigen die prinzipielle Machbarkeit der jeweiligen Ansätze mit den vorhandenen Methoden. Jedoch ist hierzu ein signifikanter manueller Aufwand für die Datenaufbereitung und Simulation erforderlich. Daher ist in der Zukunft ein höherer Automatisierungsgrad für einen produktiven Einsatz der Simulation notwendig. Außerdem sind momentan die Übergänge zwischen zwei Bausteinen noch nicht hinreichend flüssig, sodass hier noch entsprechende Methoden zur Glättung der Übergänge entwickelt werden müssen.

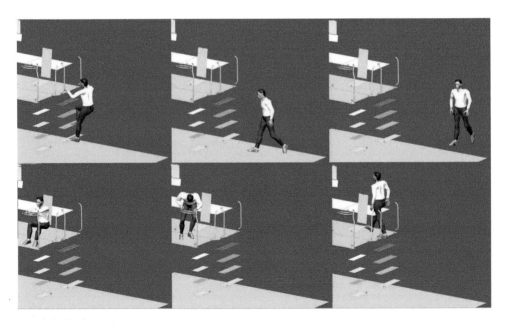

Abb. 5.11 Einstiegsbewegung aus den Bausteinen (von rechts oben nach links unten): Gehen frontal, Gehen rechts, Einstieg in Kabine, Gehen links, Einsetzen in Fahrersitz, Lenken links

5.1.9   Benutzerführung

Die Softwarekomponenten der Bewegungssimulation (Abschn. 5.1.6) sind in einen ARVIDA-Projektdemonstrator implementiert und mit einer graphischen Benutzerober-fläche (GUI) versehen. Der Demonstrator basiert auf der RAMSIS-Simulationsumge-bung und stellt ein CAD-System zur Visualisierung und Modifizierung von 3D Szenen zur Verfügung, dass über eine IGES- und JT-Schnittstelle CAD-Daten mit Drittsystemen austauschen kann. Neben der Vorgabe der Fahrzeuggeometrie bietet das GUI Funktionen zum Laden/Speichern, Erzeugen und Darstellen von individuellen RAMSIS Menschmo-dellen. Dabei können vor allem Körpermaße und das Geschlecht des Modells spezifiziert werden.

Der wesentliche Arbeitsschritt für die Eingabespezifikation der Bewegungssimulation ist die semantische Zuordnung von Bauteilen des Fahrzeugs zur Simulation. Hierzu stellt das GUI eine Konfigurationsmaske bereit, in der der Bewegungsablauf (Aktion) und die Strategie ausgewählt und die einzelnen Bauteile interaktiv in der 3D-Umgebung zuge-ordnet werden. In der Auswahl können alle Bewegungsabläufe ausgewählt werden, die in der Datenbank zur Verfügung stehen. In Abhängigkeit der Komplexität des Bewegungs-ablaufs werden dynamisch die Auswahlfelder der zugehörigen Strategien und die Ein-gabefelder für die entsprechenden Bauteile angezeigt. Die Strategien können entweder manuell vorgegeben oder durch die Aktivierung der entsprechenden Option „automatisch" bestimmt werden. Dabei wird die wahrscheinlichste Strategie für die vorgegebene Situa-tion bestimmt. Zur Information werden am unteren Ende der Maske die Wahrscheinlich-keit für die berechnete Bewegung und der Anteil aller Bewegungen in der Datenbank mit den vorgegebenen Strategien angezeigt.

Die Bauteile können entweder durch die Eingabe des Geometrienamens oder durch Selektion von Objekten im Arbeitsfenster spezifiziert werden. In einer zweiten Maske können Kriterien für die Bewegungsauswahl explizit deaktiviert oder wieder aktiviert werden. Zum Beispiel kann hiermit für ein männliches Menschmodell die entsprechende Bewegung einer Frau simuliert werden. Außerdem kann für die Bewegungssimulation die oben beschriebene Anfangs- und Endhaltung der Bewegung explizit vorgegeben werden. Hierzu wird die aktuelle Haltung des Menschmodells der gerade dargestellten Szene verwendet. Weiterhin kann in dieser Maske eine Auswahl an möglichen Kol-lisionsobjekten getroffen werden, welche dann auch in der Simulation berücksichtigt wird.

Eine Konfiguration kann durch die Buttons Speichern/Laden in eine Datei gesichert und zu einem späteren Zeitpunkt wieder geladen werden. Mit dem Button „Start" wird die Berechnung einer Bewegung in die Wege geleitet und die Bewegungssequenz in der Maske des Bewegungsrekorders abgelegt. In dieser Maske wird die Bewegung kontrol-liert, insbesondere kann sie in der 3D-Szene abgespielt, analysiert, gespeichert und wieder geladen werden.

5.1.10 Fazit und Ausblick

Mithilfe der ARVIDA-Referenzarchitektur ließ sich im Teilprojekt „Ergonomiesimulation im Nutzfahrzeug" ein ganzheitlicher Prozess erfolgreich über verschiedene Expertensysteme hinweg mit verschiedenen Menschmodellen darstellen, der sonst nicht möglich gewesen wäre (Abschn. 5.1.3). Es wurden das Menschmodell „Dynamicus" vom Institut für Mechatronik mit seinen Softwarekomponenten und die Software „RAMSIS" mit ihrem gleichnamigen Menschmodell von der Firma Human Solutions verwendet (Abschn. 5.1.4). Zur Bewegungsaufnahme wurde das Trackingsystem Vicon Nexus genutzt. Alternativ hierzu wurden die Systeme ART-DTrack sowie Microsoft Kinect aus dem Schwesterprojekt „Kostengünstige Trackingsysteme" (Abschn. 5.2) getestet. Damit war prinzipiell die Interoperabilität im Bereich von Tracking-Systemen mit Hilfe der ARVIDA-Referenzarchitektur möglich.

Für die Datenübergabe zwischen den Expertensystemen „Tracking" und „Dynamicus" wurden drei auf der Referenzarchitektur aufbauende Dienste implementiert, die eine Kalibration des Menschmodells, eine Bewegungsrekonstruktion und eine Annotation der Bewegung durchführten. Die Ein- und Ausgangsdaten der Einzeldienste wurden auf entsprechende Vokabulare der Referenzarchitektur abgebildet und gestatten so einen definierten Datenaustausch zwischen den unterschiedlichen, nicht gekoppelten Softwaresystemen (Abschn. 5.1.5).

Ein weiterer zentraler Kommunikationspunkt war der generische Menschmodellaustausch im Rahmen der ARVIDA-Referenzarchitektur. Durch den „Vhuman-Datendienst" wurden automatisiert Bewegungsdaten mit Hilfe eines speziellen Vokabulars vom Menschmodell „Dynamicus" auf das Expertensystem „RAMSIS" übertragen (Abschn. 5.1.6).

Die Messaufnahmen fanden unter idealisierten Bedingungen statt: Für das Einstiegsszenario fehlte die Fahrertür, um alle Marker des Probanden ungehindert zu erfassen. Für eine realitätsnahe Simulation musste die fehlende Türe nachträglich hinzugefügt werden. Dadurch musste die simulierte Haltung des virtuellen Probanden aber weiterhin zu einem biomechanisch gültigen Bewegungsablauf führen. Die Simulation stieß hier an ihre Grenzen. Weiterhin konnten Kollisionen nur ansatzweise betrachtet werden. Eine getrackte Szene wird immer kollisionsfrei aufgenommen, weil der Proband bei der Aufnahme den vorhandenen Hindernissen ausweicht.

Im Bereich der Musterwechsel (Abschn. 5.1.7) ist noch ein erheblicher Bedarf an Entwicklungsarbeit notwendig. Die möglichen Strategien sollten automatisch vom System erkannt werden und sich auch in biomechanisch gültige Bewegungen umsetzen lassen. Dazu muss ein entsprechender Algorithmus entwickelt werden. Durch die verwendete KeyFrame-Methode, die auf eine Berechnung von ermittelten Gelenkwinkeln während der Annotation beruht, ist die notwendige Bewegungsdarstellung nur unbefriedigend möglich.

Andererseits können bereits vielfältige Manipulationen des Bewegungsbausteins „Gehen" biomechanisch stimmig dargestellt werden. Die einfache Geh-Sequenz mit vollständiger Schrittfolge Links-Rechts-Links wurde auf einem Laufband aufgenommen und digitalisiert. Ihre Einstellgrößen sind die Gehrichtung und der Start- sowie der Endpunkt.

Durch geschickte Kombination dieser wenigen Parameter lässt sich diese Szene mehrfach verändern: Geradeaus gehen, Kurven gehen, drehen, auf der Stelle gehen, rückwärtsgehen, diagonal gehen und quer gehen. Quer gehen wird dabei dadurch berücksichtigt, indem hierfür ein spezieller Datensatz mit Grätschschritt angefertigt und bei Bedarf herangezogen wird.

Nachdem der Workflow optimiert und weitgehend automatisiert war, konnten im Projektverlauf weit mehr Szenen generiert werden als ursprünglich vorgesehen waren. Im Rahmen der Probandenaufnahmen wurden über 100 Szenen aufgenommen, die teils nur aus einzelnen Fragmenten bestanden. Hiervon konnten im Rahmen des Projektes aber nur ein kleiner Anteil in digitale Bausteine überführt werden. Das Ziel war die Kombination von einzelnen logisch aufeinander aufbauenden Teilszenen zu einem kompletten Bewegungsablauf. So konnte schließlich aus ausgewählten Bausteinen ein komplettes fiktives Gesamtbewegungsszenario erfolgreich zusammengestellt werden. Diese Technik wurde auf Bausteinebene am Beispiel der Einstiegsszene entwickelt (Abschn. 5.1.8). Für die Übergänge von kompletten Bausteinen müssen aber noch Bedingungen entwickelt werden, die in Zukunft verfeinert und vor allem für die einfache Anwendung weiter automatisiert werden müssen. Am Ende dieser Entwicklungskette könnte ein vollkommen synthetisch erstellter Bewegungsablauf stehen. Hier würde nur noch eine Start- und eine Zielposition vorgegeben werden, beispielsweise Start: Stehen seitlich neben dem Fahrzeug – Ziel: Sitzen im Fahrersitz.

Hierzu besteht aber weiterführender Entwicklungsbedarf. Als ein möglicher Ansatz könnten die bereits vorhandenen Fähigkeiten von RAMSIS kognitiv genutzt werden. Über die integrierte Sichtfunktionalität könnte seine Interaktion mit der Umgebung aufgenommen und verarbeitet werden. Ein Tracking der Blickrichtung und ein Fingertracking wären von Vorteil. So könnten weitere Informationen wie ein haptischer Input in Kombination mit einem kraftbasierten Haltungsmodell für einen intelligenten mehrdimensionalen Berechnungsalgorithmus zu realistischen digitalen Bewegungen ausgebaut werden. Hierfür ist allerdings erforderlich, dass bereits bei der Bewegungsaufnahme mehr als die heute üblichen Marker getrackt werden. Vorstellbar wäre hier auch, weitere biomechanische Größen synchron zu erfassen, beispielsweise die Muskelkontraktionen oder die Reaktionskräfte an den einzelnen interaktionsrelevanten Bauteilen wie den Handläufen.

Als Medium für die Darstellung der Simulationsergebnisse diente ein früher Stand der RAMSIS-Stand-Alone-Software. Diese Software wurde prototypisch um das entwickelte Simulationstool erweitert und vorhandene Applikationen wurden angepasst. So konnten die simulierten Bewegungen des virtuellen Probanden mit minimalem Aufwand untersucht werden. Vielfältige Manipulationen konnten exemplarisch getestet und verschiedene Bausteine versuchsweise kombiniert werden.

Für eine spätere Anwendung wurde ein bedienerfreundliches graphisches User Interface (GUI) konzeptionell erstellt (Abschn. 5.1.9). Es umfasst mehrdimensionale Menü-Ebenen, um alle notwendigen Arbeitsschritte auf einfache Weise ausführen zu können. Hierfür wäre eine Weiterentwicklung und Integration in das RAMSIS-Package vorzusehen. Diese wiederum wäre ein Bestandteil der jeweiligen unternehmensinternen Konstruktionssoftware. Diese finale Umsetzung konnte im Projekt aber nicht geleistet werden.

Das Ziel eines realen Mock-Up besteht letztlich in der Bewertung des durchzuführenden Bewegungsablaufs hinsichtlich verschiedener Kriterien. Diese Kriterien lassen sich auf ein Minimum an aufzubringender Anstrengung und damit auf ein Maximum an Komfort reduzieren. Folglich gehört die Bewertung einer simulierten Bewegung zu einer zentralen Forderung. Erst eine Bewertung der digitalen Bewegung füllt die letzte Lücke in der Prozesskette aus, um das reale Mock-Up auch wirklich ersetzen zu können. Ohne eine Bewertung der Bewegung in der DMU-Welt hat die Simulation nur die Qualität einer einfachen Animation. Im Rahmen von ARVIDA konnte dieser Aspekt aber leider nicht verfolgt werden. Ein erster vielversprechender Lösungsansatz könnte sich aus der Systematik des Ergonomic Assembly Work Sheet (EAWS) ergeben. Analog hierzu könnte ein neu zu erstellendes Bewertungsschema aufgebaut werden. Die einzelnen Kriterien müssten aber noch erforscht werden, genauso wie die Belastungskennwerte. Für den Anwendungsfall „Ergonomiesimulation im Nutzfahrzeug" existieren aber diesbezüglich noch keine Daten oder Erfahrungen.

5.2 Kostengünstige Trackingsysteme zur Absicherung Manueller Arbeitsvorgänge

5.2.1 Montageabsicherung ohne Prototypenfahrzeuge

Individualisierungswünsche und technologische Trends als Treiber der digitalen Montageabsicherungsmethoden Der Wunsch von Kunden nach mehr Individualisierungsmöglichkeiten hat dazu geführt, dass Automobilhersteller und insbesondere Premiumhersteller eine Vielfalt an Modellen, Varianten und Ausstattungen anbieten, und dass sich die Produktion von Fahrzeugen der Losgröße eins annähert. Dazu werden die Produktlebenszyklen kürzer, die Marktänderungen schneller und Prognosen bezüglich Produktionsprogrammen immer schwieriger. Wegen der immensen Kombinatorik an Varianten müssen die Produktionssysteme flexibler sein, sodass mehrere Fahrzeuge bzw. Fahrzeugvarianten in variierenden Ausprägungen auf einer gleichen Linie montiert werden können.

Die Herausforderungen in der Produktion können nur durch eine gezielte und frühzeitige Absicherung dieser Abläufe gemeistert werden. Traditionell basieren Montageabsicherungsmethoden ausschließlich auf realen Prototypenfahrzeugen. Die Montageprozesse werden abgesichert, indem sie durch Spezialisten aus der Planung, Zeitwirtschaft, Ergonomie, Logistik und Produktion vor Produktionsstart erprobt werden, um ihre Machbarkeit zu prüfen und Fehler bzw. Optimierungspotentiale zu identifizieren.

Aufgrund der erwähnten zunehmenden Produktvielfalt und aus wirtschaftlichen Gründen ist es aber nicht mehr möglich, Prototypen im gleichen Umfang zu bauen, sodass auf digitale Modelle zurückgegriffen werden muss, um die Montageprozesse simulieren zu können. Die Produktionsplanung erlebt also einen Wandel in Richtung Digitalisierung und 3D-Simulation der in der Entwicklung jetzt etabliert ist. Seth et al. geben hierzu einen Überblick über virtuelle Montageplanungsmethoden [5].

Digitale Methoden zur Darstellung und Simulation der manuellen Arbeitsprozesse sind schon im Einsatz. Sie werden auch zusammen mit Interaktionsmethoden wie Mensch-tracking angewandt. Obwohl die heutige Umsetzung dieser Methoden ihren Nutzen beweist, sind diese immer noch in einem Stadium, in dem sie nicht flächendeckend eingesetzt werden.

Das erste Hindernis für den breiten Einsatz von digitalen Absicherungsmethoden für die manuelle Montage ist die Komplexität der Systeme, sowohl in der Einrichtung als auch in der Anwendung. Unter anderem müssen Trackingsysteme für die Erfassung von menschlichen Bewegungen fest installiert bzw. kalibriert werden und Schnittstellen zur firmeninternen Softwarelandschaft entwickelt werden. Seitens der Anwendung muss zuerst die Absicherungsszene vorbereitet werden. Sie besteht aus den Daten des zu absichernden Fahrzeugs, den Betriebsmitteldaten, der Umgebung (Montagelinie) und der Prozesse. All diese Elemente müssen zusammengeführt werden, um die Simulation des Prozesses zu gewährleisten. Anschließend wird der Proband, der die Montage durchspielt, mit Markern ausgestattet und eingemessen. Während der Simulationsdurchführung muss neben dem Probanden eine zweite Person eingesetzt werden, um die Simulationssoftware zu bedienen. Weitere Beteiligte sind die Experten, deren Anwesenheit ohnehin unerlässlich ist, da sie die Simulation auch bewerten müssen. Im Gegensatz zu Fällen, wo ein realer Prototyp zur Verfügung steht, werden die Prozesse nicht mehr von den Experten durchgeführt, die die Montageprozesse inhaltlich geplant haben, sondern von Spezialisten für digitale Methoden. Die Montageexperten sind lediglich Zuschauer der digitalen Simulation, die erschwert zu bewerten ist. Dies führt teilweise zu Akzeptanzproblemen und auch zu Misstrauen in die Gültigkeit der Simulationsergebnisse.

Neben der Komplexität der Absicherungssysteme spielen auch die Kosten eine signifikante Rolle für die Verbreitung dieser Technologien. Häufig stehen der Zielgruppe, die aus mehreren hundert Produktionsplanern besteht, nur einige wenige Tracking-Einheiten zur Verfügung. Um eine flächendeckende Nutzung sicherstellen zu können, sollten die Trackingsysteme so preisgünstig sein, dass jede Planungsabteilung darüber verfügen kann. Dazu müssten die Systeme auch mobil sein, sodass sie an unterschiedliche Orte transportiert und ohne dedizierte Fläche genutzt werden können.

Neue Technologien und Trends In vielen Bereichen war oder ist die Situation so, dass Innovationen erst in Industriekonzernen entstehen, die den Bedarf sowie die Finanzkraft und die Kompetenz haben, um sie zu entwickeln. Mit zunehmendem Reifegrad dieser Technologien, und damit auch sinkenden Kosten, werden sie auf den Consumer-Markt transferiert. Im Bereich der virtuellen Technologien kann derzeit ein umgekehrtes Phänomen beobachtet werden, wo neue Produkte von Anfang an für jedermann entwickelt werden, sofort den notwendigen Reifegrad besitzen und zu passendem Preis angeboten werden. Dies ist der Fall z. B. im Bereich von markerlosen Trackingsystemen und VR-Visualisierungskomponenten. Meistens befinden sich die Anwendungsfälle im Spiel- und Medienbereich bzw. in mobilen Anwendungen.

Zwangsläufig sind diese Lösungen für ganz bestimmte Anwendungen gedacht und trotz ausgereifter Funktionsfähigkeit für den Nutzen in der Industrie nicht ohne weiteres geeignet. Die Ursachen dafür liegen in den Unterschieden zwischen den Integrationsumgebungen sowie auch in den technischen Eigenschaften der Einzelprodukte. Zum Beispiel werden viele Systeme für den Einsatz im Haushalt angeboten und können in einem industriellen Umfeld nicht eingesetzt werden, da sie nicht skalierbar sind oder die Sicherheits- und Qualitätsansprüche nicht erfüllen.

Zielsetzung und Übersicht der Anwendung Das Hauptziel der Anwendung „Kostengünstige Trackingsysteme zur Absicherung manueller Arbeitsvorgänge" ist die Entwicklung eines mobilen Systemaufbaus zur interaktiven Montageabsicherung mit fließendem Übergang zwischen virtueller und realer Welt.

Die Mobilität des Systems wird benötigt, um es vervielfachen zu können und weil kein weiterer Raumbedarf dafür vorgesehen werden soll. So wird das System dort platziert, wo es gerade benötigt wird: Besprechungsraum, Prototypen- bzw. Schulungslinie oder für andere Zwecke als Absicherung direkt am Montageband. Dies impliziert auch, dass das System skalierbar sein soll, denn der verfügbare Platz und die Anforderungen können ebenfalls variieren. Ferner soll das System nicht nur in den Hauptwerken sondern auch in den Auslandswerken eingesetzt werden.

Die zweite Eigenschaft „interaktiv" kommt aus dem Bedürfnis ein System zu schaffen, das von den Planungsexperten so genutzt werden kann, dass sie den Eindruck haben, interagieren zu können, wie sie es in der Realität machen würden. Die Interaktivität ist in diesem Fall nicht von einer intuitiven und leichten Bedienung zu trennen.

Der Planungsprozess durchläuft mehrere Phasen, während derer der Digitalisierungsgrad ab- und der Realitätsgrad zunimmt. Am Anfang stehen in der Regel nur digitale Modelle zur Verfügung, sodass eine rein virtuelle Absicherung notwendig ist. In den folgenden Phasen stehen reale Umfänge wie Übernahmeteile oder Attrappen nach und nach zur Verfügung, die möglichst für die Absicherung eingesetzt werden sollen. Dafür sind MR- und AR-Lösungen notwendig, die mit unterschiedlichen Konfigurationen und variablem Reifengrad der Eingangsdaten umgehen können.

Der Aufbau zur Anwendung „Kostengünstige Trackingsysteme zur Absicherung manueller Arbeitsvorgänge" besteht aus Tracking- und Visualisierungskomponenten. Das Tracking dient zur Erfassung von Bewegungen von Mensch (dem Werker) und Objekten (den zu montierenden Bauteilen und Werkzeugen). Die Visualisierung besteht, je nach Digitalisierungsgrad, aus Projektionskomponenten und 3D-Brillen.

Abbildung 5.12 zeigt alle Komponenten in einem Einzelaufbau. Eine Karosserie in der Mitte der Szene wurde exemplarisch dargestellt. Diese ist ein optionaler Bestandteil der Simulation, der aber, falls vorhanden, den Simulanten bei ihrer räumlichen Orientierung unterstützen soll. Dadurch, dass in diesem Fall ein Teil der Montageumfänge fehlt, wird die Szene mittels 3D-Aufprojektion angereichert. So wird die Geometrie der Montageteile auf die reale Karosserie dargestellt und ermöglicht dabei eine räumlich richtige Durchführung

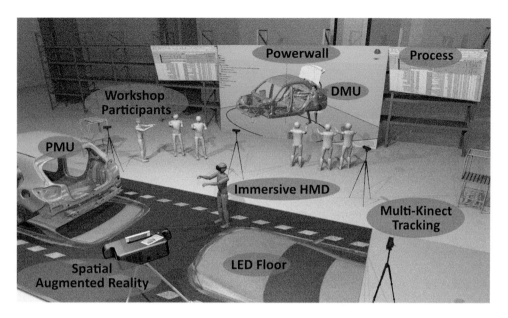

Abb. 5.12 Simulationsaufbau zur virtuellen Absicherung manueller Montagevorgänge

der Montageprozesse. Das Tracking der realen Umfänge für eine lagerichtige Verortung wird durch bildbasiertes Tracking realisiert (siehe Abschn. 5.2.3).

Situationen kommen auch vor, wo zwar die Montageteile real zur Verfügung stehen, aber nicht die Umgebung. Anstatt die Montagesimulation in einer rein virtuellen Umgebung durchzuführen, ist es sinnvoll, die realen Teile zu nutzen, denn Ihre Störkonturen und Gewicht beeinflussen die Bewegungen des Simulanten und lassen sie natürlicher wirken. Es gilt also, die Positionen der realen beweglichen Umfänge zu tracken und diese in die virtuelle Welt zurückzuführen. Der Simulant wird ebenfalls getrackt, um ein virtuelles Menschmodell als Repräsentant des Werkers animieren zu können. Zur Sicherstellung der Akzeptanz bei den Anwendern wird das Menschtracking markerlos realisiert (Abschn. 5.2.2). Die Visualisierung der Szene durch den Simulanten erfolgt in dem Fall, wo eine 3D-Aufprojektion nicht genutzt wird, über Head-Mounted-Displays. Letztlich, um die Gesamtszene vollständig visualisieren zu können, werden alle Elemente, ob real verfügbar oder nicht, beweglich oder statisch, in einer Szene virtuell zusammengeführt und dargestellt (Abschn. 5.2.5).

5.2.2   Markerloses Tracking von menschlichen Bewegungen

In der automobilen Endmontage werden heutzutage noch über 90 % der Tätigkeiten manuell durchgeführt. Manuelle Prozesse sind robust, fehlertolerant und nutzen die Flexibilität und Intelligenz der Mitarbeiter optimal aus. Im Planungsprozess dieser Aufgaben werden

Tab. 5.1 Verwendung von Motion Capture Untersuchungen

Untersuchungsart	Absicherungsfokus	Absicherungsdokumentation
Erreichbarkeitsuntersuchungen	Statische Szene	Zielpose, statisch, Bild
Ergonomieuntersuchungen	Dynamischer Bewegungsablauf	Zielpose, statisch, Bild
Baubarkeitsuntersuchungen	Interaktive Absicherung	Zielpose, statisch, Bild, Kollisionsprotokoll
Sichtbarkeitsuntersuchungen	Interaktive Absicherung	Zielpose, statisch, Bild
Prozesssimulation	Dynamischer Prozessablauf	Checkliste Prozess

Anwendungsfälle von Motion Capture Untersuchungen in der Produktionsabsicherung.

noch, bevor die ersten physischen Produkt-Prototypen gebaut werden, anhand der digitalen Produkt-, Prozess- und Ressourcen-Modellen die Tätigkeiten und die erreichte Planungsqualität abgesichert. Typische Absicherungsumfänge in der virtuellen Szene zeigt Tab. 5.1.

Digitalen Prozesskette und Anforderungen an das MoCap System Um die oben beschriebenen Absicherungsuntersuchungen an digitalen Prototypen durchführen zu können, muss die gesamte Motion Capture Prozesskette optimiert werden. Für das Absichern manueller Montageprozesse benötigt man somit nicht nur ein performantes und echtzeitfähiges Bewegungserfassungssystem, sondern auch eine durchgängige, digitale Prozesskette (Abb. 5.13).

Ein repräsentativer Proband führt die menschliche Tätigkeit aus, die durch die zu validierende textuelle Arbeitsvorgangsbeschreibung vorab bereits beschrieben ist. Das Motion Capture System erfasst diese menschliche Bewegung und sendet diese entweder nativ als Roh-Trackingdaten oder konvertiert diese bereits in ein vorkalibriertes Menschmodell mit festen Knochenlängen und zusätzlichen Filter-Algorithmen. Letzteres ist ein sogenannter Retargeting-Prozess. Diese Daten müssen auf ein digitales Menschmodell angewendet werden. Häufig sind diese digitalen Menschmodelle bereits nativ in den proprietären Absicherungsumgebungen vorhanden oder diese werden durch zusätzliche Plug-Ins ergänzt. Diese unterscheiden sich grundsätzlich im Hinblick auf deren Kinematiken (Vorwärts-Kinematik, Rückwärtskinematik, etc.), Skelettstrukturen, Abstraktionsgrad und Physik-Engine. Nachdem in der Absicherungsumgebung die virtuelle Szene vorbereitet wurde, kann nun das digitale Menschmodell in der digitalen Szene ausgerichtet und manipuliert

Abb. 5.13 Gesamtheitliche Motion Capture Prozesskette von der menschlichen Bewegung bis zur Absicherung in der digitalen Szene

Abb. 5.14 Markerloses Menschtracking mit mehreren Microsoft Kinect Kameras für Ergonomie-untersuchungen an einer physischen Attrappe

werden. Der jeweilige Tracking-Proband kann anschließend den zu untersuchenden Arbeitsvorgang in der virtuellen Szene interaktiv durchführen (siehe Abb. 5.14).

Um die oben genannten Absicherungsziele (siehe Tab. 5.1) zu erreichen, wird für die Aufzeichnung und Weiterverarbeitung der menschlichen Bewegungen folgende Eigenschaften von dem Motion Capture System gefordert:

- Echtzeitfähigkeit >30 Hertz
- niedrige Latenzen
- Kalibrierung und Größenerfassung des Menschen
- niedriger Jitter, v.a. Kopfposition für interaktive Sichtbarkeitsuntersuchungen
- Optional: zusätzliche Orientierungsinformation der jeweiligen Knoten hilfreich.

Umsetzung markerloses Motion Capture System Im Rahmen des ARVIDA-Forschungs-projektes wurde ein neuartiges, markerloses MoCap System entwickelt und vorgestellt, welches die Trackingdaten und Skelette aus mehreren Tiefenbild-Kameras fusioniert. Hierfür dient als Grundlage die Hardware Microsoft Kinect v2 [6]. Dessen softwareseitige Skelett-erkennung wurde von Jamie Shotton [7] erstmals beschrieben. Eine detaillierte technische Beschreibung und Umsetzung dieses neuartigen markerlosen Multi-Kinect Systems wird von Otto et al. im Rahmen des ARVIDA-Projektes vorgestellt [8]. Des Weiteren präsentiert Rietz-ler et al. [9] und Geiselhart et al. [10] ebenfalls ein in Kooperation entwickeltes Multi-Kinect Fusions Framework, das im Rahmen eines Open-Source Projekts bereits frei zugänglich ist.

Markerlose MoCap Systeme bieten einige Vorteile gegenüber markerbasierten Ansätzen:

- Probanden müssen nicht aufwendig einen Tracking Anzug anziehen
- Die Erkennung der Skelette erfolgt kalibrierfrei

- Die Hardware ist ein „Commercial off-the-shelf" Produkt und im Consumer-Preis-Bereich verfügbar. Somit kann ein verteiltes Setup mit sechs Sensoren für insgesamt <5000 € vervielfältigt werden. Diese niedrigen Investitionskosten erlauben es, ein solches System an vielen Standorten weltweit in mehr Workshop Bereichen zum Einsatz kommen zu lassen.

Abbildung 5.14 zeigt ein typisches Multi-Kinect Setup mit verteilten Tiefenbildkameras aus unterschiedlichen Blickwinkeln. Durch die Bewertung und Fusion der qualitativ unterschiedlichen Tracking Ergebnisse kann der Mensch robust in allen Arbeitsrichtungen erkannt werden und man erreicht ein plausibles Trackingergebnis. Zusätzlich lässt sich durch die Verwendung mehrerer Sensoren der Arbeits- und Trackingbereich des Probanden beliebig erweitern.

Das vorgestellte MoCap-System bietet Echtzeitfähigkeit, niedrige Latenzen und eine automatische Größenanpassung des Menschen. Jedoch gibt es durch das markerlose Tracking Verfahren auch einige Nachteile im Vergleich zu markerbasierten, optischen Trackingsystemen:

- Niedrigere Positionspräzision (auch innerhalb des Skeletts)
- Reduzierte Trackingqualität bei zusätzlichen optischen Abschattungen (z. B. Attrappen)
- Die Orientierung der Gelenkpunkte wird nur geschätzt anhand der restlichen Körperpose
- Die Orientierung des Kopfes wird nicht berechnet
- Die Menschorientierung wird bei der Verwendung einer Einzelkamera immer als „zum Sensor gerichtet" erkannt.

Diese gefundenen Limitationen wurden in einer systematischen Untersuchung für den Einsatzzweck „Ergonomie-Bewertungen" analysiert.

Evaluation markerloses Tracking im Kontext der gesamten Prozesskette: Als Grundlage für die Beurteilung des markerlosen Motion Capture Systems wurden zwei Untersuchungen durchgeführt: Einerseits die Untersuchung, ob die im standardisierten „Ergonomic Assessment Worksheet" (EAWS) beschriebenen Gesamtkörperposen plausibel eingenommen werden können und andererseits praktische Aspekte der Validierungen unter Verwendung der gesamten digitalen Prozesskette mit dem markerlosen Motion Capture System.

Um physische Belastungen der Arbeitsplätze standardisiert beurteilen zu können, kommt in der europäischen Industrie häufig das allgemein anerkannte Ergonomiebewertungsverfahren EAWS [11] des IAD Darmstadt zum Einsatz. Die darin vorgeschlagenen Gesamtkörperposen wurden mithilfe des markerlosen Motion Capture-Systems aufgenommen und deren Machbarkeit bewertet. Abbildung 5.15 zeigt einen Teil der am häufigsten verwendeten Gesamtkörperposen nach EAWS. Detailuntersuchungen, wie zum Beispiel Handposen oder Handfingerkräfte sind nicht Bestandteil der Untersuchung aufgrund des limitierten Auflösungsvermögens der Microsoft-Kinect.

Gesamtkörperpose Stehen	Bild	Unterkörper	Oberkörper	Gesamt	Bemerkung
Stehen Neigung 0-20°		✓	✓	✓	
Stehen 20°-60° Neigung		✓	✓	✓	
Stehen Neigung >60°		⚠	✓	⚠	Starke optische Verschattung des Unterkörpers
Überkopf-Arbeit		✓	✓	✓	
Gesamtkörperpose Sitzen	**Bild**	**Unterkörper**	**Oberkörper**	**Gesamt**	**Bemerkung**
Sitzen Neigung 0-20°		✓	✓	✓	
Sitzen starke Neigung		✓	✓	✓	
Sitzen Überkopf Arbeit		✓	✓	✓	
Gesamtkörperpose Knien/Hocken	**Bild**	**Unterkörper**	**Oberkörper**	**Gesamt**	**Bemerkung**
Knien/Hocken Neigung 0-20°		!	✓	✓	Hocken funktioniert Knien jedoch nicht. Die Knie werden als ausgestreckter Unterschenkel dargestellt, jedoch in der korrekten Höhe bis zu den Knien
Knien/Hocken starke Neigung		!	✓	✓	
Knien/Hocken Überkopf Arbeit		!	✓	✓	
Gesamtkörperpose Liegen	**Bild**	**Unterkörper**	**Oberkörper**	**Gesamt**	**Bemerkung**
Liegen Komplett liegend		✗	✗	✗	Daten nicht zu verwenden durch großen Jitter
Liegen mit >20°Oberkörperneigung		✓	✓	✓	Robuste Skelettdaten im Gegensatz zu komplett flachem Liegen

Abb. 5.15 Evaluation der Bewertbarkeit der Gesamtkörperposen unter Verwendung des markerlosen Motion Capture Systems

Abbildung 5.15 zeigt, dass die fusionierte Skeletterkennung für viele Ergonomie-Untersuchungen eingesetzt werden kann. Für den gesamten Bewegungsbereich der Arme konnten keine Einschränkungen festgestellt werden. Limitationen treten bei den Untersuchungen auf, sobald stehend eine Körperneigung über 60° abgebildet werden soll. Durch die starke Neigung des Oberkörpers treten optische Abschattungen des Unterkörpers auf, die das Trackingergebnis des DHM's negativ beeinflussen. Sitzend können alle EAWS-relevanten Gesamtkörperposen eingenommen werden. Für die Gesamtkörperhaltungen des Kniens oder Hockens werden Oberkörper-Posen robust erkannt, während der Unterkörper an visuelle trackingtechnische Grenzen stößt. Hockende Körperhaltungen werden robust erkannt, während im Knie die Unterschenkel stets als ausgestreckte Beine detektiert werden. Hierbei ist jedoch positiv, dass die Knie auf der richtigen Höhe getrackt werden, d. h. die Unterschenkel als eine Durchdringung der Bodenebene dargestellt werden und damit die Gesamtkörperpose relativ zur virtuellen Szene richtig dargestellt wird. Liegende Montageuntersuchungen können nur durchgeführt werden, sobald der Oberkörper eine Oberkörperneigung >20° aufweist. Komplett flaches Liegen kann nicht über das markerlosen Trackingsystem abgebildet werden.

Neben diesen Limitationen der Gesamtkörperposen sollte zusätzlich beachtet werden, dass optische Abschattungen im Trackingbereich das MoCap-Resultat der Sensoren beeinträchtigen. Trotz der entwickelten Fusionsheuristiken benötigt jeweils mindestens ein Sensor eine gute Sicht (Abstand >1 m, geringe Rotation) auf den Probanden. Für die Untersuchungen werden jedoch häufig physische Attrappen (PMU) in dem Trackingbereich eingesetzt, damit der Proband sich einerseits in der virtuellen Szene orientieren kann und andererseits die Möglichkeit hat, mit dem PMU zu interagieren (z. B. aufstützen, lehnen, hocken, etc.). Unterschiedliche PMU's wurden mit dem Multi-Kinect System eingesetzt und systematisch untersucht. Das Ergebnis zeigt, dass optisch dünne Attrappen aus Aluminium-Profilen mit ca. 2 cm Durchmesser geeignet sind, das Trackingergebnis wenig zu beeinflussen und gleichzeitig dem Probanden die benötigte haptische Unterstützung zu geben.

Zusammenfassung Technologische Fortschritte von Consumer Elektronik Geräten ermöglichen es heutzutage, kostengünstige Tiefenbild Kameras zu produzieren, die eine verlässliche Skeletterkennung für industrielle MoCap Anwendungen ermöglichen. Eine Registrierung der Sensoren zueinander und eine Fusion der Skelettdaten einzelner Sensoren ermöglicht es, den Arbeitsbereich beliebig zu erweitern und gleichzeitig aus mehreren Winkeln gute Trackingergebnisse zu erzielen.

Die Anwendbarkeit dieser Technologie für Ergonomieuntersuchungen und Erreichbarkeitsuntersuchungen wurde anhand realer Anwendungsfälle bei der Daimler AG gezeigt und evaluiert. Hierbei ist es wichtig, die oben beschriebenen Limitationen des Systems klar aufzuzeigen. Mit dem System lassen sich sehr viele Anwendungsfälle abdecken, jedoch nicht alle. Für hochpräzise Untersuchungen, Untersuchungen in starken optischen Verschattungen oder extreme Gesamtkörperposen muss auf geeignete Tracking-Alternativen zurückgegriffen werden.

5.2.3 Tracking von Bauteilen im Multi-Kamera Tracking mit hybriden Kameras

Die Absicherung manueller Arbeitsvorgänge mit der Hilfe von Virtuellen Technologien bildet besondere Herausforderungen für die Trackingtechnologien, weil hier sowohl die Bewegungen und Interaktionen des Werkers als auch die zu verbauenden Bauteile getrackt werden müssen. Zur Registrierung der Bewegungen des Werkers wurde hier eine Lösung entwickelt (siehe Abschn. 5.2.2 Markerloses Tracking von menschlichen Bewegungen). In dieser Lösung wird ein Array von Rangekameras eingesetzt, die skelettierte Bewegungsdaten aus verschiedenen Raumrichtungen erfassen und zueinander registrieren. Das Tracking der Bauteile wurde mit der gleichen Hardware (Kameraarray aus 4 Rangekameras) umgesetzt, dabei integrieren die Rangekameras sowohl den Tiefensensor als auch eine Videofarbkamera.

Um den Anforderungen aus diesem Szenario zu genügen, mussten die Kamerarrays zueinander synchronisiert und kalibriert werden, Trackingverfahren mussten entwickelt werden, über die auch lackierte, kontrastarme Bauteile registriert werden können, die so entwickelten Verfahren mussten über die ARVIDA-Referenzarchitektur in der Anwendung integriert werden.

Kalibrierung und Synchronisation der Kameraarrays Für das Tracking der Bauteile wurde eine Farbkamera eingesetzt. Dazu wurden die folgenden Aufgaben gelöst:

- Kalibrierung der Kameraarrays
  Die Kalibrierung der Videokameras, die in die Kinect-Systeme verbaut sind, beinhaltet sowohl die intrinsische als auch die extrinsische Kalibrierung. Zur Kalibrierung wird ein Schachbrettmuster durch den Überschneidungsraum von mindestens zwei Videokameras bewegt. Durch die Analyse der Projektion des Schachbrettmusters auf die Kamerabilder werden die fokale Länge, der Hauptpunkt der Kamera und die Parameter der Linsenverzerrung bestimmt. Gleichzeitig müssen die 4 Videokameras der Kinect-Systeme zueinander kalibriert werden. Dazu müssen ausreichende 2D-3D-Korrespondenzen aufgebaut werden. Jede 2D-3D-Korrespomndenz enthält die 3D-Postition eines Punktes in Weltkoordinaten und dessen 2D-Projektion in das Kamerabild. Um eine exakte Bestimmung der Kameraposen aufzubauen, muss das Kalibriermuster durch den gesamten Überlappungsbereich der Kameras bewegt werden.
- Synchronisation der Kameras
  Die Synchronisation der Kameras kann entweder über einen Softwaretrigger oder über eine Hardwareverbindung gelöst werden:
  - Synchronisation über Softwaretrigger
    Hier werden alle Kameras im Software-Triggermodus betrieben, was bedeutet, dass alle Kameras durch die Software mit einem Befehl der Anwendung ausgelöst werden. Dazu müssen alle Kameras den Befehl der Anwendung zeitgleich erhalten, in der Realität

treten allerdings immer (geringe) Latenzen zwischen Befehl und der Bildauslösung der einzelnen Kamera (Start der Belichtung) auf. Diese Triggerverzögerung ist in der Regel nicht definierbar und systemabhängig, d. h. die Belichtung der einzelnen Kameras ist zeitversetzt. Im Anwendungsszenario „Baubarkeitsanalyse" spielt die Zeitverzögerung (Latenz) eine große Rolle, deswegen wird neben der Softwaresynchronisation auch die Möglichkeit der Synchronisation über Hardware untersucht.

– Synchronisation per Hardware-Trigger
– In diesem Triggermodus werden alle Kameras über Hardwarekomponenten synchronisiert, was bedeutet, dass die Bildaufnahme alle Kameras durch einen Hardware-Trigger erfolgt. Wenn alle Kameras gleichzeitig von einem externen Hardware-Trigger dasselbe Signal erhalten, dann startet bei allen Kameras die Belichtung zum selben Zeitpunkt. Die vorhandene Triggerlatenz ist damit definiert und liegt zwischen 20 und 200 µs. Sie ist vom jeweiligen Kameramodell abhängig und es wird hier ein externer Taktgeber gebraucht.

Markerloses Tracking von Bauteilen im Kameraarray Das zu trackende Bauteil wird durch den Werker an zwei Greifpunkten gefasst. Deshalb muss das Tracking auch dann stabil funktionieren, wenn das Objekt teilweise durch die Hände des Werkers verdeckt ist. Dabei sollen auch lackierte und strukturarme Bauteile getrackt werden. In diesem Ansatz werden Hypothesen des zu trackenden Bauteils gerendert und mit den Kamerabildern, die das Bauteil aufzeichnen, in der folgenden Weise abgeglichen:

• Rendern einen Kantenbildes und Abgleichen der generierten Kanten im Kamerabild. Hierbei wird in einem Renderschritt ein sichtpunktabhängiges Kantenbild generiert, aus diesem Kantenbild wird durch Abwandern der Kanten ein Kantenmodell generiert und dieses Kantenmodell wird dann mit klassischen Kantentrackingverfahren im Kamerabild registriert [12]. Dieses Verfahren eignet sich vor allem für Modelle, die aus vielen planaren Flächen mit ausgeprägten und eindeutigen Kanten besteht.

• Rendern eines Bildes aus Normalenvektoren und Abgleich dieses Bildes mit Intensitätswerten aus dem Kamerabild
Bei diesem Ansatz wird in einem Renderschritt ein sichtpunktabhängiges Normalenbild erstellt, bei dem für jeden Pixel anstelle der RGB-Farbwerte die Normalen zurückgegeben werden. Aus den Normalen wird ein zu erwartender Intensitätswert geschätzt und dieser wird mit dem Intensitätswert im Kamerabild in Verbindung gesetzt. Es werden also mit Hilfe der 3D-Modelle Hypothesen der 3D-Objekte generiert. Diese gerenderten Hypothesen sind zwar hochgradig abhängig von der Beleuchtung, einen großen Einfluss auf das Rendering haben allerdings die Normalen des Objektes, durch die die Reflexionsrichtungen definiert sind. Die Position der Kamera wird dann bestimmt, indem mit nicht-linearen Minimierungsverfahren der Fehler zwischen erwarteter und tatsächlicher Bildintensität minimiert wird.

• Abgleich zwischen Variationen von Bildintensitäten und Variationen von Normalen
Die Idee, die die Grundlage für diesen Trackingansatz bildet, ist die, dass Variationen an den Oberflächennormalen gleichzeitige Schwankungen in den Bildintensitäten verursachen.

Deswegen werden zur Normalenverteilung und zu den Bildintensitäten Histogramme erstellt, die über das zugehörige Dispersionsmaß verglichen werden. Hier wird ebenfalls über nicht-lineare Minimierungsverfahren die Kamerapose bestimmt, indem die Differenz des Dispersionsmaßes über die extrinsischen Freiheitsgrade der Kamera minimiert wird.

Damit läuft der Algorithmus mit den folgenden Schritten:

- Generierung eines Normalenbildes mit einer zu erwartenden Kamerapose
- Berechnung des Histogramms für die Bildintensitäten des aktuellen Kamerabildes
- Variation der Kamerapose aus dem letzten Frame um ein Δp
- Berechnung der Normalenverteilung im gerenderten Bild für die Posenvariation
- Addition des Δp auf die letzte Kamerapose, für das das Dispersionsmaß zwischen Bildintensitäten und Normalenverteilung ein Minimum einnimmt
- Das Verfahren wird iterativ wiederholt, bis die Differenz des Dispersionsmaßes unterhalb eines Schwellwerts liegt.

Zur Evaluierung dieser Methode wurden zwei Modelle (Antriebsmodell, Radmodell) mit dem vorgestellten normalenbasierten Verfahren getrackt, das Trackingergebnis wurde dem kantenbasierten Trackingansatz gegenübergestellt (siehe Tab. 5.2).

Integration der Technologien über die ARVIDA-Referenzarchitektur Die entwickelten Trackingtechnologien werden über die ARVIDA-Referenzarchitektur in die Anwendung eingebunden. Das beinhaltet die folgenden Aufgaben:

Tab. 5.2 Vergleich normalenbasiertes versus kantenbasiertes Tracking

	Antriebsmodell			Radmodell		
Video-sequenz	Seq 1	Seq 2	Seq 3	Seq 1	Seq 2	Seq 3
Anzahl Frames	857	934	1046	811	1021	941
Normalenbasiertes Tracking						
Erfolgsrate	0,954	0,919	0,992	1,000	0,919	1,000
Verarbeitungszeit	46,61	40,88	48,85	44,28	45,54	46,42
Anzahl Sample Points	1201	944	929	1251	11474	1131
Kantenbasiertes Tracking						
Erfolgsrate	0,974	0,027 (69)	0,770 (900)	0,352 (594)	0,004 (58)	0,191 (307)
Verarbeitungszeit	23,29	44,02	22,05	44,00	61,13	40,15
Anzahl Sample Points	862	1089	963	1235	1088	1252

Vergleich normalenbasiertes versus kantenbasiertes Tracking.

- Übertragung der Kamerapose aus dem Trackingsystem auf den Szenegraphen.
Im Anwendungsszenario werden Trackingdaten bestimmt, die zur Szenegraphen-manipulation ausgewertet werden sollen. Das bedeutet, unabhängig davon, ob Daten geschrieben oder gelesen werden, müssen Verbindungen aus einer externen Ressource aus der Anwendung heraus instanziiert werden. Der Zugriff auf Daten innerhalb der Anwendung wird via HTTP-Request aus JavaScript umgesetzt: Abhängig von der Richtung des Informationsflusses initiiert das Script ein XMLHTTP-Request durch „PUT" oder „GET" auf der Remote-Ressource, um entweder zu lesen oder zu schreiben. Wenn wir also das Beispiel „Übertragung der Kamerapose aus dem Trackingsystem auf den Szenegraphen" betrachten, öffnen wir einen GET-Request auf der korrespondierenden Ressource im Tracking System. Wenn dieser Request beendet wird und in Status 4 („Request finished and Resonse is ready") wechselt, können wir den Response-Test über den Parser auslesen, um eine SFVec3f und ein Quaternion-Objekt zu erhalten, das auf den Transformationsknoten des Szenegraphen übertragen werden kann. Um die Pose zurück zu einer externen Softwarekomponente zu übertragen, wird die transform2RDF-Funktion genutzt, um die RDF-Posenbeschreibung aus dem Szenegraphknoten auszulesen. Diese Werte werden dann mit einem PUT-Befehl zur Anwendung übertragen.
Auf diese Weise können Informationen nur dann zur Verfügung gestellt werden, wenn die Anwendung in der JavaScript-Umgebung läuft. Wir können einen Web-Server implementieren, der auf externen Verbindungen hört und der Inhalte aus dem Java-Script-Kontext zur Verfügung stellt. Um die Implementation zu vereinfachen, setzen wir auf das express.js-Framework auf, das eine Middleware für Web Services zur Verfügung stellt. Um es den Remote-Anwendungen zu ermöglichen, auf die Daten des Szenegraphen zuzugreifen, müssen wir Methoden zur Verfügung stellen, die auf die Szenegraphknoten zugreifen. Dabei müssen wir nicht auf alle Knoten zugreifen, sondern wir können den Zugang auf die relevanten Knoten beschränken. Dazu haben wir in express.js einen Handler für GET- und PUT-Requests hinzugefügt, der beginnt mit „./scenegraph/namedNode/*" und lässt Raum für zukünftige Zugriffsmethoden, die eindeutig auf einen spezifischen Knoten referenzieren. Nach dem Request werden die Knoten im Szenegraphen gesucht. Wenn ein Knoten nicht gefunden werden kann, antwortet express.js mit einer 404-Nachricht. Wenn der Dienst auf einen Knoten zugreift, der nicht implementiert ist, wird eine 501 („not implemented") Antwort geschickt. Für den Daten-Transfer zwischen Knoten und Remote System können hier für den Transport von RDF-Dokumenten die Standardschnittstellen von express.js genutzt werden.
- Schnittstellen zu externen Diensten.
Eine wesentliche Anforderung bei der Integration des Szenarios war zudem, die Schnittstellen zu externen Diensten (z. B. zum Daimler VR-System „veo") zu schaffen. Über diese Schnittstellen können andere Softwarekomponenten basierend auf dem ARVI-DA-Vokabular aus der Szenegraphen-Softwarekomponente abgegriffen werden, um Transform- oder Kamerakonten auszulesen. Das ist ausreichend, wenn unsere Anwendung nur dazu genutzt wird, Daten auszulesen, aber für das Szenario „Baubarkeitsanalyse" ist es ebenso notwendig, dass die Anwendung den Datenfluss kontrollieren kann.

Das heißt, es werden Callbacks benötigt, die für die unterschiedlichen Zustände des Programms unterschiedliche Requests triggern können. Dazu wurden die folgenden Funktionen realisiert:

– „onInit" – wird getriggert, wenn der Szenegraph initialisiert ist. Das wird genutzt, um Parameter zu setzen, die während der gesamten Laufzeit des Programms nicht verändert werden.
– „enterFrame" – wird getriggert bevor der Szenegraph den aktuellen Frame rendert. Dieser Befehl wird synchron ausgeführt und er muss beendet werden, bevor der Renderingdienst ausgeführt wird.
– „onFrame" – dieser Befehl macht das gleiche wie „enterFrame", außer dass der Schritt asynchron ausgeführt wird.
– „postApply" – wird getriggert nachdem der Remote-Vision-Service einen Frame abgeschlossen hat

Im „Baubarkeitsanalyse"-Szenario wird der „onFrame"-Callback genutzt, um die Kameraparameter abzufragen und zu setzen, sodass die virtuelle Kamera mit der realen Kamera des Tracking-Systems abgeglichen werden kann.

Um den „PostApply" Callback zu nutzen, muss dem System eine URL zu dem Trackingsystem übermittelt werden. Diese Ressource liefert die Anzahl der getrachteten Frames seit dem Start des Trackings. Dazu wird der Web-Server-Aufbau um eine zusätzliche Abfrage erweitert, die die Framenummer des letzten Frames, der dem Rendering-Client bekannt ist, abfragt. Nur wenn die Framenummer des Trackingdienstes aktueller ist als die Framenummer des Renderingdienstes, wird der Renderingdienst getriggert.

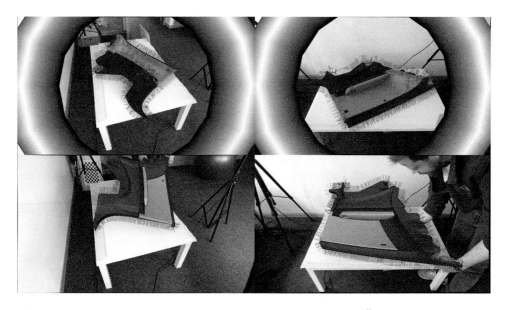

Abb. 5.16 Bauteiltracking im Kameraarray, oben: Kamerabilder, unten: Überlagerung des getrackten Bauteils

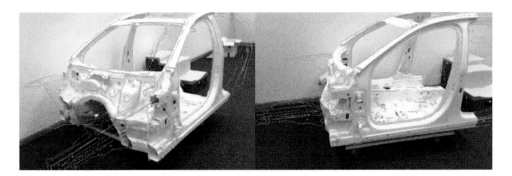

Abb. 5.17 Modellbasiertes Tracking eines Karosserierahmens

Use-Case Baubarkeitsanalyse Im Anwendungsszenario „3D-Baubarkeitsanalyse" wurde ein Technologiestack aufgebaut, der PDM-Daten (3D-Modelle, Bauabfolgen etc.) für Visualisierung- und Interaktionsaufgaben aufbereitet. Die Visualisierungsmodelle werden direkt aus den PDM-Daten abgeleitet. Diese Datenintegration wurde auf der Grundlage des ARVIDA-Transcoderdienstes realisiert und setzt dabei auf Standards auf (z. B. PLMXML/ OpenJT), die unternehmensübergreifend eingesetzt werden. In diesem Zusammenhang wurde eine ganzheitliche Datenaufbereitungskette von CAD-Daten aus dem PDM-System entwickelt. Die Datenablagestruktur berücksichtigt dabei Teilkomponenten zur Synchronisierung der unterschiedlichen Daten.

Die Bauteile, die aus dem PDM-System ausgelesen werden, müssen im Baubarkeitsszenario getrackt werden (siehe Abb. 5.16). Hier wird das Bauteil durch den Werker an zwei Greifpunkten gefasst. Zusätzlich zum Tracking mit Kinect-Array werden auch 3D-Bauteile mit Hilfe der Kameras getrackt, die im Augmented-Reality-Projektor „Werklicht" von Extend3D verbaut sind. Mit diesen Kameras werden etwa Karosserierahmen getrackt, auf die Prüfpunkte aufprojiziert werden (siehe Abb. 5.17).

5.2.4   3D-Aufprojektion mit Parallaxenkompensation

Aufprojektion als Ergänzung der Realität für die intuitive Montageabsicherung Mit der Verfügbarkeit erster Attrappen und Bauteile beginnt eine neue Phase in der Montage-Absicherung. Die virtuelle Simulation wird im Laufe des Prozesses durch reale Teile ersetzt (Abschn. 5.2.1). Dabei wird die reale Geometrie mittels Aufprojektion (Abschn. 4.4) um lediglich virtuell verfügbare Information ergänzt. Es entsteht also für einen Probanden bei der Montageabsicherung ein Gesamteindruck aus realem und virtuellem Umfeld.

In dieser Mixed-Reality-Umgebung aus Bauteilen, Attrappen und Projektionen können dann die in Abschn. 5.2.2 vorgestellten Methoden angewandt werden.

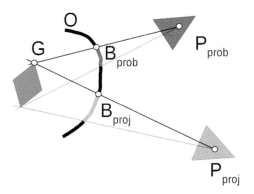

Abb. 5.18 Parallaxenfehler zwischen P_prob und P_proj

Ein intuitives und damit realitätsnahes Verhalten der Probanden, also eine räumlich richtige Durchführung der Montage in der Simulation ist hinsichtlich des Vertrauens in die Ergebnisse der neuen Methoden von großer Bedeutung.

Parallaxenfehler bei der Projektion auf abweichende Oberflächen Im Büroalltag dient der Projektor dazu, zweidimensionale Bildinhalte wie etwa Präsentationsfolien auf eine Ebene zu spielen. Alle Betrachter sehen dabei die in der Bildebene gelegenen Informationen korrekt dargestellt. Dies lässt sich auf (zum Projektor registrierte) Bildflächen erweitern [13]. Beispielsweise kann man so den dreidimensionalen Falschfarbenplot eines Soll-Ist-Vergleichs auf der Oberfläche des Prüfkörpers aufbringen und so gemeinsam inspizieren (vgl. Abschn. 6.2.2).

Bei der Projektion in der Montageabsicherung liegt die Geometrie der nur virtuell verfügbaren Bauteile aber eben nicht auf den Bildflächen der Attrappen. Betrachtet man nun wie in Abb. 5.18 einen zur Bildfläche disjunkten Geometriepunkt G aus verschiedenen Perspektiven, etwa aus der eines einzelnen Probanden P_Proband und der des Projektors P_projektor, so liegt nun der jeweilige Bildpunkt B_prob bzw. B_proj auf verschiedenen Teilen der realen Oberfläche O.

Die auftretende Diskrepanz zwischen Erwartung und Abbild, der Parallaxenfehler, stört den Raumeindruck des Probanden, das Interaktionsverhalten in der Mixed-Reality-Szene, und somit auch das Absicherungsergebnis.

Um diesem Fehlverhalten zuvorzukommen muss also der Parallaxenfehler kompensiert werden. Der Projektionsinhalt wird dafür dynamisch für die aktuelle Perspektive des aktiven Probanden angepasst [14]. Dies wird durch Tracking aller beteiligten Komponenten im Arbeitsraum sowie durch ein modifiziertes Rendering des Projektionsinhaltes erreicht [15].

Abbildung auf Ressourcen und Dienste Die räumlichen Beziehungen zwischen den Komponenten des Szenarios werden anhand des Graphen in Abb. 5.19 deutlich. Es fallen

Abb. 5.19 Spatial-Re-
lationship-Graph der
Mixed-Reality-Szene

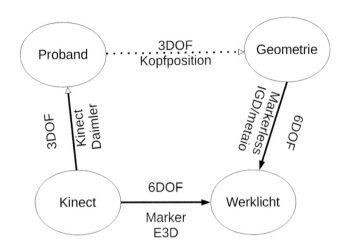

die realen wie die virtuellen Montagekomponenten im Fahrzeugkoordinatensystem der Geometrie zusammen.

Zwischen den Ellipsen der Bezugssysteme sind hier die gesuchten Transformationen eingetragen.

Lediglich die gestrichelte Kante zwischen Proband und (virtueller) Geometrie wird im nächsten Abschnitt vom Renderer errechnet. Die übrigen Kanten werden zur bzw. durch die Verknüpfung der teilweise gegeneinander austauschbaren Dienste explizit als http-Ressourcen abgebildet.

In diesem Szenario wird ein „Werklicht Video" von Extend3D eingesetzt. Dieses Stereo-Kamera-Projektor-System Abschn. 4.4.3 betreibt auch einen Sensorservice, der die Bilder der zwei eingebauten Kameras als Binärressourcen anbietet. Ebenso sind die zu den Komponenten gehörigen intrinsischen wie extrinsischen Kalibrierdaten entsprechend den spezifizierten ARVIDA-Vokabularen (Abschn. 3.8) abrufbar.

Von diesen Informationen machen die Trackingdienste vom IGD Gebrauch. In Verknüpfung mit einem jeweils eigenen Trackingmodell und den entsprechenden Algorithmen(Abschn. 7.2.3.2) wird eine 6DOF-Pose des Systems in Fahrzeugkoordinaten ermittelt. Die neue Pose liegt dann ebenfalls als RDF-Ressource bereit.

Der Extend3D Trackingdienst kombiniert die Kamerapose von einem verbundenen Trackingdienst mit der extrinsischen Kalibrierung des Projektors zur Projektorpose in Fahrzeugkoordinaten. Jetzt ist der Projektor zur Bildfläche und zum virtuellen Inhalt registriert.

Im vorangegangen Abschn. 5.2.2 wurde bereits die Erfassung des Probanden durch den Daimler (multi)Kinect-Dienst erläutert. Das getrackte Skelett steht auch hier als REST-Ressource per HTTP zur Verfügung. Der Kopf ist darin als 3DOF Position modelliert.

Es bleibt noch, dieses Ergebnis aus dem Mensch-Tracking mit dem Rest der Szene zu verbinden. Dazu trägt die im Sichtbereich der Werklicht-Kameras befindliche Master-Kinect einen klassischen Quadratmarker, sodass der Extend3D-Markertracker (Abschn. 7.2.3.1) eine 6DOF Pose errechnen kann.

Nun ist auch diese Kette vollständig. Es geht von der (virtuellen) Geometrie über das kantenbasierte Tracking zum kalibrierten Kamera-Projektor-System, von dort per Markertracking zur Kinect, und dann per Menschtracking zum Kopf des Probanden.

Browserbasiertes Rendering Als letzte Komponente fehlt noch die eigentliche Berechnung des Bildinhaltes für den Videoprojektor.

X3DOM

X3DOM [16] ist eine freie Software zur deklarativen Repräsentation von 3D-Inhalten im Webbrowser. Das Geometrieformat X3D [17] wird dabei in das Document Object Model (DOM) des Browsers integriert. Damit ist eine einfache Interaktion mit dem Szenegraph per DOM und/oder JavaScript gegeben. Intern nutzt X3DOM zum Rendering im Browser WebGL, eine Webstandard auf Basis von OpenGL for Embeded Systems, der in jedem modernen Browser implementiert ist.

Projective Texture Mapping

Aus den zwei Perspektiven von Proband und Projektor ergibt sich ein System mit jeweils einem korrespondierenden RenderPass [18,19].

Der erste Durchlauf erfolgt ausschließlich mit der virtuellen Geometrie. Es reicht ein Inline-Knoten, der die als X3D abgelegte Ressource importiert. X3DOM implementiert den in [20] vorgeschlagenen ViewFrustum Knoten, dessen Model-View-Matrix hier aus dem oben beschriebenen Aggregat der Trackingdaten gesetzt wird. Die Projection-Matrix ist synthetisch gewählt.

Um diesen ersten Umlauf deklarativ zu kapseln wird die ebenfalls in X3DOM implementierte RenderedTexture[1] verwendet. Der Inline-Knoten ist darin das Attribut der (virtuellen) Szene, das ViewFrustum der (virtuelle) ViewPoint der RenderedTexture.

Der zweite Durchlauf erfolgt nun in der eigentlichen Szene von X3DOM. Hier ist ebenfalls ein ViewFrustum gesetzt, wobei hier die Projection-Matrix aus der Kalibrierung der Hardware kommt. Die Model-View-Matrix nimmt die Pose des Projektors in Fahrzeugkoordinaten auf.

Endlich kommt die Geometrie der Bildfläche zum Einsatz. Ein glsl-Fragment-Shader[2] kopiert nun aus dem Framebuffer des ersten Durchlaufs den korrespondierenden Pixel. Der Farbwert wird dem Framebuffer an der aktuellen Position zugewiesen, und somit pixelweise die nutzerperspektivisch richtige Darstellung in die Projektorsicht übertragen (Abb. 5.20) [18].

Gesamtsystem, Visualisierung und Datenintegration Die Montageabsicherung wird typischerweise in Workshops durchgeführt, an denen Experten aus den verschiedensten

---

[1] http://doc.x3dom.org/author/Texturing/RenderedTexture.html.

[2] glsl: OpenGL-Shading-Language.

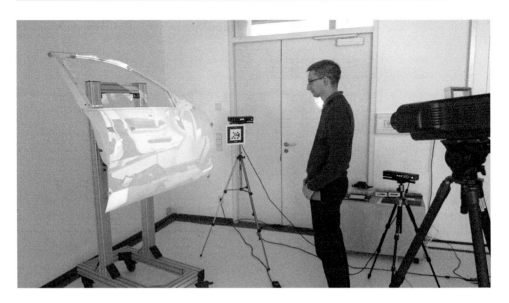

Abb. 5.20 bei der Sichtbarkeitskontrolle über die Schulter geschaut

Teilbereichen der Produktionsplanung teilnehmen. Um die Akzeptanz unter den teilneh-
menden Experten zu steigern, sollte jeder der Experten in der Lage sein, die virtuelle
Montage wie am realen Prototypen selbst durchzuführen (vergleiche Abschn. 5.2.1).

Da in frühen Planungsphasen lediglich digitale Modelle zur Verfügung stehen, muss die
Montageabsicherung in diesem Fall in einer rein virtuellen Umgebung umgesetzt werden.
In spätere Phasen kann dagegen auf reale Attrappen zurückgegriffen werden, sodass die
Absicherung in einer Mixed-Reality-Umgebung möglich ist. Abhängig vom Digitalisierungsgrad müssen unterschiedliche Visualisierungs- und Interaktionsmöglichkeiten eingesetzt werden. Mit Hilfe der ARVIDA-Referenzarchitektur wurde nun ein System entwickelt, das beide Anwendungsfälle bedienen kann.

Den zentralen Steuerungsdienst bildet dabei das bei der Daimler Protics GmbH entwickelte Visualisierungssystem veo. Es dient sowohl als eigenständiges Visualisierungssystem, als auch als Steuerungsdienst für andere Visualisierungssysteme und hält außerdem
Informationen zu allen abzusichernden Arbeitsschritten. In den folgenden Abschnitten
werden beide Anwendungsfälle näher beschrieben.

Montageabsicherung in virtueller Umgebung Zur Absicherung der Montageplanung in
einer rein virtuellen Umgebung bietet sich besonders der Einsatz von VR Head-Mounted-
Displays (HMDs) an. Mit deren Hilfe kann der Proband komplett in die virtuelle Realität
eintauchen und die Montageabsicherung durchführen (siehe Abb. 5.21). Über ein spezielles, mit Gaming Controllern bedienbares User Interface kann der Benutzer Arbeitsschritte

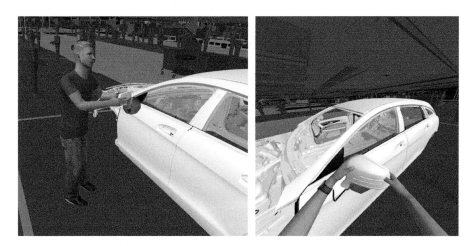

Abb. 5.21 VR-HMD-Visualisierung aus Sicht des Probanden (rechts) und Außenansicht für die restlichen Workshop-Teilnehmer auf Powerwall (links).

auswählen, Bauteile und Werkzeuge greifen sowie die Bauteile am Fahrzeug in der Verbauposition anbringen.

Für die restlichen Workshop-Teilnehmer wird die Absicherungsszene an einem weiteren Display von außen dargestellt, sodass diese die Montageabsicherung ebenfalls verfolgen und bewerten können (siehe Abb. 5.21). Dazu wird ein virtuelles Menschmodell visualisiert, auf das die Tracking-Werte des in Abschn. 5.2.2 beschriebenen Körpertracking-Systems angewandt werden. Damit auch der Proband seinen Körper in der virtuellen Welt sehen kann, wurden schließlich das Körpertracking-System und das Trackingsystem des HMD zueinander kalibriert.

Die VR-HMD-Visualisierung, das User Interface, die Visualisierung des virtuellen Menschmodells und die Visualisierung von außen wurden komplett im Visualisierungssystem veo umgesetzt.

Für die VR-HMD-Visualisierung wurde dazu eine Stereo Rendering-Pipeline implementiert und das Kopftracking des HMD auf die virtuelle Kamera angewandt. Eine Herausforderung der Visualisierung für VR-HMDs stellen dabei die erforderlichen, hohen Frameraten dar. Erst ab einer Framerate von 60 Hz beginnt die Visualisierung flüssig zu wirken, wohingegen geringe Frameraten bei Probanden sehr schnell Unwohlsein auslösen können.

Besonders herausfordernd ist diese Anforderung für die Visualisierung von CAD-Daten, die, im Gegensatz zu Szenen in Computerspielen, nicht aufwendig aufbereitet und ausgedünnt werden können. Um für VR-HMD-Visualisierungen hohe Frameraten auch mit größeren Datenmengen zu erreichen, existieren verschiedene Optimierungsmöglichkeiten. Die neueste NVIDIA Graphikkarten-Generation bietet beispielsweise spezielle Funktionen wie Single Pass-Rendering, Multi-Res-Shading und VR SLI, um die Renderperformance zu erhöhen [21]. In kleinerem Maße können auch Image

Warping [22–24] und Depth Image Based Rendering-Verfahren [25] die Renderperformance steigern.

Montageabsicherung in Mixed-Reality-Umgebungen In späteren Phasen der Produktionsplanung sind neben den digitalen Modellen häufig auch reale Attrappen des Produkts oder einzelner Bauteile verfügbar. Über Mixed-Reality-Techniken können diese Attrappen in die digitale Montageabsicherung miteinbezogen und digital angereichert werden. Beispielsweise lässt sich der aktuelle Verbauzustand des Fahrzeugs auf eine Fahrzeugattrappe oder die korrekte Bauteilgeometrie auf eine Bauteilattrappe projizieren. Auch weitere Informationen wie Arbeitsanweisungen und Warnhinweise lassen sich mit Mixed-Reality-Techniken im Sichtfeld des Benutzers einblenden.

In der Mixed-Reality-Montageabsicherung werden dazu sowohl Projektoren als auch MR HMDs als Displaysysteme verwendet. Jedem dieser Displaysysteme ist ein Visualisierungsdienst zugeordnet, der das gerenderte Bild für das Display liefert.

Die Visualisierungsdienste werden wiederum vom veo-Steuerungsdienst gesteuert. Bei der Auswahl des aktuellen Arbeitsschrittes gibt dieser die zu visualisierenden Umfänge vor. Dazu werden die in Abschn. 3.8 beschriebenen Schnittstellen der ARVIDA-Referenzarchitektur für Visualisierungsdienste verwendet. Ferner stellt der Steuerungsdienst eine Verbindung zwischen den Bauteil-Trackingdiensten (Abschn. 5.2.3) und den Visualisierungsdiensten her, sodass die Visualisierungssysteme die Posen der getrackten Bauteile an den Trackingdiensten abfragen und die Bauteile an der korrekten Position visualisieren können. Abbildung 5.22 skizziert die System-Architektur der Montageabsicherung in Mixed-Reality-Umgebungen.

Datenintegration Zur Vorbereitung der digitalen Montageabsicherung müssen Prozess und Geometriedaten aus unterschiedlichen Datenquellen beschafft und zusammengeführt werden. Zu diesem Zweck wurde in das Visualisierungssystem veo ein Autorensystem integriert.

Darin kann die Szene für die Montageabsicherung bestehend aus Fabrikhalle mit Produktionsstationen und Betriebsmitteln wie Regalen, Ladungsträgern und Werkzeugen aufgebaut, sowie Produktgeometrie und Prozessdaten miteinander verknüpft werden.

Ferner werden im Autorensystem die in der Mixed-Reality-Umgebung verwendeten Visualisierungsdienste und die darauf zu visualisierenden Geometrien definiert. Die Geometriedaten liegen dabei hauptsächlich als PLMXML/JT [26, 27] vor und müssen vor der Nutzung für die Visualisierungsdienste in die entsprechenden Zielformate konvertiert werden.

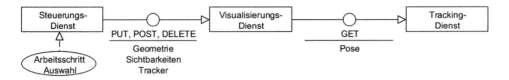

Abb. 5.22 System Architektur für Montageabsicherung in Mixed-Reality Umgebungen

Zusammenfassung Wie am Beispiel der Montageabsicherung in Mixed-Reality-Umgebungen beschrieben, wurde die ARVIDA-Referenzarchitektur genutzt, um ARVIDA-konforme Visualisierungssysteme zu steuern. Dadurch verringert sich die Kopplung zwischen der Anwendung und des verwendeten Visualisierungssystems, sodass sich die verwendeten Visualisierungssysteme durch beliebige ARVIDA-konforme Visualisierungssysteme austauschen lassen. Ebenso lässt sich das System auf diese Weise durch beliebige ARVIDA-konforme Visualisierungssysteme erweitern.

Die ARVIDA-Referenzarchitektur ließe sich ferner auch für die Datenbereitstellung und Datenkonvertierung nutzen. Statt Geometriedaten manuell in die entsprechenden Zielformate zu konvertieren, könnte eine Architektur mit einem Datenbereitstellungsdienst und entsprechenden Konvertierungsdiensten aufgebaut werden.

Allgemein lässt sich sagen, dass über die ARVIDA-Referenzarchitektur bestimmte VR-Funktionalitäten in eigenständige Dienste gekapselt werden können, wodurch sich eine sehr flexible Infrastruktur entwickelt, die zu unterschiedlichsten Anwendungen im VR Bereich kombiniert werden können.

Ausblick Wie bereits weiter oben beschrieben, können verschiedene Verfahren zur Verbesserung der Stereo-Renderperformance betrachtet werden.

Zur besseren Bewertbarkeit der virtuellen Montageabsicherung (z. B. von Erreichbarkeiten) könnte außerdem ein Kollisionserkennungssystem hilfreich sein. Für diesen Anwendungsfall wurden bereits verschiedene GPU-basierte Verfahren betrachtet, die auch bei großen Datenmengen in der Lage sind, Kollisionen in Echtzeit zu berechnen [28, 29]. Durch die Kapselung in einen Kollisionserkennungsdienst könnte die Funktionalität elegant in die ARVIDA-Architektur integriert werden.

Literatur

[1] Vicon Motion Systems Ltd (2010) Vicon users manual
[2] Institut für Mechatronik e. V. (2014) Dynamicus 8 – Referenz und Benutzerhandbuch. Chemnitz
[3] Härtel T, Hermsdorf H (2006) Biomechanical modelling and simulation of human body by means of DYNAMICUS. In: Journal of biomechanics, Volume 39, Supplement 1, abstracts of the 5th world congress of biomechanics. Elsevier, Amsterdam, S 549
[4] Nocedal J, Wright S J (1999) Numerical optimization. Springer series in operations research. Springer, Berlin
[5] Seth A, Vance JM, Oliver JH (2010) Virtual reality for assembly methods prototyping: a review. Virtual Reality, 15(1):5–20
[6] Microsoft. Kinect for windows. https://developer.microsoft.com/de-de/windows/kinect. Zugegriffen: 11. Juli 2016
[7] Shotton J, Girshick R, Fitzgibbon A, Sharp T, Cook M, Finocchio M, Moore R, Kohli P, Criminisi A, Kipman A, Blake A (2012) Efficient human pose estimation from single depth images. In: Advances in Computer Vision and Pattern Recognition, Springer, London, S 2821–2840
[8] Otto M, Agethen P, Geiselhart F, Rukzio E (2015) Towards ubiquitous tracking: Presenting a scalable, markerless tracking approach using multiple depth cameras. EuroVR 2015, Lecco
[9] Rietzler M (2014) A flexible toolkit for motion sensing in human-computer interaction

[10] Geiselhart F, Otto M, Rukzio E (2015) On the use of multi-depth-camera based motion track-ing systems in production planning environments. Proc. of 48th CIRP Conference on Manu-facturing Systems – CIRP CMS 2015

[11] Arbeitswissenschaft, Ergonomic Assessment Worksheet (EAWS). Arbeitswissenschaft – Technische Universität Darmstadt. http://www.iad.tu-darmstadt.de/forschung_15/methoden-undlabore/ergonomic_assessment_worksheet_eaws.de.jsp. Zugegriffen: 12. Juli 2016

[12] Wuest H (2008) Efficient line and patch feature characterization and management for real-time camera tracking. Dissertation Technische Universität Darmstadt

[13] Bimber O (2005) Spatial augmented reality. ISBN: 1–56881–230–2

[14] Raskar R, Welch G et al (1998) The office of the future. http://dl.acm.org/citation.cfm?id=280861. Zugegriffen: 12. Juli 2016

[15] Welch G, Raskar R (2001) Shader lamps: animating real objects with image-based illumina-tion. http://dl.acm.org/citation.cfm?id=732300. Zugegriffen: 12. Juli 2016

[16] Behr J, Eschler P, Jung Y, Zöllner M (2009) X3DOM. http://dl.acm.org/citation.cfm?doid=1559764.1559784. Zugegriffen: 12. Juli 2016

[17] ISO/IEC IS 19775–1:2013. http://www.web3d.org/content/x3d-v33-abstract-specification. Zugegriffen: 12. Juli 2016

[18] Welch G, Raskar R (1998) Efficient image generation for multiprojector and multisurface displays.http://web.media.mit.edu/~raskar/UNC/Multisurface/projTexRend.pdf. Zugegriffen: 12. Juli 2016

[19] Segal M, Korobkin C, van Widenfelt R, Foran J, Haeberli P (1992) Fast shadows and lighting effects using texture mapping. http://dl.acm.org/citation.cfm?id=134071. Zugegriffen: 12. Juli 2016

[20] Jung Y, Franke T, Dähne P, Behr J (2007) Enhancing X3D for advanced MR appliances. http://dl.acm.org/citation.cfm?id=1229394. Zugegriffen: 12. Juli 2016

[21] NVIDIA GameworksVR. https://developer.nvidia.com/vrworks. Zugegriffen: Aug. 2016

[22] Mark W R, McMillan L, Bishop G (1997) Post-rendering 3D warping. Proceedings of the 1997 symposium on Interactive 3D graphics (I3D '97). ACM. New York, S 7-ff. http://dx.doi.org/10.1145/253284.253292. Zugegriffen: Sept. 2015

[23] Smit F A, van Liere R, Fröhlich B (2008) An image-warping VR-architecture: design, implementation and applications. In: Proceedings of the 2008 ACM symposium on virtual reality software and technology (VRST '08). ACM, New York, S 115–122. http://dx.doi.org/10.1145/1450579.1450605. Zugegriffen: Sept. 2015

[24] Oculus VR. https://developer.oculus.com/blog/asynchronous-timewarp-examined/. Zugegrif-fen: Sept. 2015

[25] Meder J (2015) Depth Image Based Rendering zur Entkopplung langsamer Renderprozesse von der Darstellung. WinTeSys 2015, 12. Paderborner Workshop – Augmented & Virtual Reality in der Produktenstehung, Paderborn, 23–24. April 2015:93–105. Best Paper Award

[26] Siemens PLM XML. https://www.plm.automation.siemens.com/de_de/products/open/plmxml/. Zugegriffen: Sept. 2016

[27] Siemens JT Open. https://www.plm.automation.siemens.com/de_de/products/open/plmxml/. Zugegriffen: Sept. 2016

[28] Maule M, Comba JLD, Torchelsen R, Bastos R (2014) Memory-optimized order-independent transparency with dynamic fragment buffer. Comput Graph 38(February):1–9. ISSN 0097–8493. http://dx.doi.org/10.1016/j.cag.2013.07.006. Zugegriffen: Febr. 2014

[29] Vasilakis A A, Fudos I (2014) k^+-buffer: fragment synchronized k-buffer. In: Proceedings of the 18th meeting of the ACM SIGGRAPH symposium on interactive 3D graphics and games (I3D '14). ACM, New York, S 143–150. http://dx.doi.org/10.1145/2556700.2556702. Zuge-griffen: Febr. 2014

Soll/Ist-Vergleich

6

Oliver Adams, Ulrich Bockholt, Axel Hildebrand, Leiv Jonescheit, Roland Krzikalla, Manuel Olbrich, Frieder Pankratz, Sebastian Pfützner, Matthias Roth, Fabian Scheer, Björn Schwerdtfeger, Ingo Staack und Oliver Wasenmüller

O. Adams (✉) · A. Hildebrand · F. Scheer
Daimler Protics GmbH, Ulm
e-mail: oliver.adams@daimler.com; axel.hildebrand@daimler.com; fabian.scheer@daimler.com

U. Bockholt · M. Olbrich
Fraunhofer Gesellschaft/IGD, Darmstadt
e-mail: Ulrich.Bockholt@igd.fraunhofer.de; manuel.olbrich@igd.fraunhofer.de

L. Jonescheit · I. Staack
ThyssenKrupp Marine Systems GmbH, Kiel
e-mail: leiv.jonescheit@thyssenkrupp.com; ingo.staack@thyssenkrupp.com

R. Krzikalla
Sick AG, Hamburg
e-mail: roland.krzikalla@sick.de

F. Pankratz
TU München, München
e-mail: pankratz@in.tum.de

S. Pfützner
3DInteractive GmbH, Ilmenau
e-mail: spfuetzner@3dinteractive.de

M. Roth
Siemens AG, Hamburg
e-mail: matthias.roth@siemens.com

B. Schwerdtfeger
EXTEND3D GmbH, München
e-mail: bjoern.schwerdtfeger@extend3d.de

O. Wasenmüller
DFKI GmbH, Kaiserslautern
e-mail: oliver.wasenmueller@dfki.de

© Springer-Verlag GmbH Deutschland 2017
W. Schreiber et al. (Hrsg.), *Web-basierte Anwendungen Virtueller Techniken*,
DOI 10.1007/978-3-662-52956-0_6

Zusammenfassung

Das Ziel des Anwendungsszenarios ist eine präzise Digitalisierung und die Erforschung effizienter Verfahren zur Integration dieser Umgebungsdaten in Mixed Reality Anwendungen. Einsatzgebiete für die Erfassung großer Messvolumina liegen im Bereich der Fabrik-, Produktions- und Montageplanung, bei denen ein realistisches digitales Abbild der vorhandenen Arbeitsumgebung eine wichtige zusätzliche Informationsquelle darstellt. Für kleine Messvolumina liegen die Einsatzbereiche in der Produktabsicherung entlang des gesamten Produktlebenszyklus. Das Anwendungsszenario „Soll/Ist-Vergleich" zeigt das Potential der Referenzarchitektur, weil hier zahlreiche existierende Technologien und ARVIDA-Entwicklungsergebnisse unterschiedlicher Partner über die Referenzarchitektur integriert wurden. Das Teilprojekt betrachtet zum einen die Umfelderkennung und Umfelderfassung in kleinen und großen Messvolumina, zum anderen wurden projektionsbasierte AR-Lösungen realisiert, durch die Verfahren für den Soll/Ist-Abgleich realisiert werden konnten.

Abstract

The goal of these application scenarios is a precise digitalisation and the research of efficient methods for the integration of environment data in mixed reality applications. Application areas for the registration of large measurement volumes can be found in the domains of factory, production and assembly planning, where a realistic digital image of the existent working environment plays an additional important role. For small volumes there are many applications in the field of product validation along the product life cycle. The scenarios described in this „target-performance comparison" show very well the potential of the reference architecture because here the developed technologies are combined in many ways.

6.1 Analytisches Mixed-Reality zur Baubarkeitsbewertung im Automobilbereich

6.1.1 Motivation

Dreidimensionale digitale Abbilder und Planungsdaten von Produkten und Produktionsmitteln in Form von Digital Mock-Ups (DMU) werden standardmäßig in verschiedenen Phasen des Produkt- und Produktionsmittellebenszyklus eingesetzt. Die Technologie verbreitet sich derzeit in vielen Bereichen der deutschen Wirtschaft und wird im Bereich der Hochtechnologie, wie z. B. der Automobil-, Anlagenbau-, Luftfahrt- und Schiffsbauindustrie bereits seit vielen Jahren eingesetzt.

Augmented (AR) oder Mixed Reality (MR)-Anwendungen nutzen die dreidimensionalen Daten der DMUs und setzen sie in Bezug zur Realität. Dabei werden Videobilder oder

Fotos realer Szenen mit den 3D-Daten der DMUs überlagert. Der sich daraus ergebende Mehrwert im Produkt- und Anlagenlebenszyklus bildet sich primär aus der kombinierten Betrachtung des digitalen Planungsstandes mit den realen Aufbauzuständen von Produkten, Prototypen oder Produktionsanlagen. Die Informationen der Realität werden dabei bislang zumeist durch Videobilder oder Fotos in Mixed Reality-Anwendungen gebracht, sodass der Mensch die dargestellten Informationen in Bezug zu den digitalen Planungsdaten bewerten kann. Vor allem im industriellen Kontext lassen sich auf diese Weise hervorragende Assistenz- und Unterstützungssysteme schaffen, die dem Menschen seine Arbeit erleichtern, jedoch ist immer zusätzlich auch eine Begutachtung der betrachteten Sachlage durch den menschlichen Verstand notwendig. Der Grad an Automatisierungsmöglichkeiten für autonome Systeme, wie z. B. automatische Berechnungen, oder gar die Möglichkeit zur direkten Inbezugsetzung von digitaler und realer Welt, z. B. durch Messvorgänge zwischen beiden Welten, ist somit jedoch stark eingeschränkt. Digitalisiert man hingegen die reale Welt dreidimensional und bringt diese Information in eine Mixed Reality Umgebung, so lassen sich diese Einschränkung umgehen. Die Erweiterung von Augmented oder Mixed Reality-Technologien und Anwendungen durch die Komponente einer 3D-Erfassung realer Objekte bezeichnen man im Folgenden mit dem Begriff „Analytisches Mixed Reality".

Das Ziel des Szenarios „Analytisches Mixed Reality zur Baubarkeitsbewertung im Automobilbereich" ist eine einfach zu bedienende und präzise Digitalisierung, d. h. dreidimensionale Erfassung, der realen Welt in großen und in kleinen Messvolumina und die Erforschung effizienter Verfahren zur Integration dieser Umgebungsdaten in Mixed Reality-Baubarkeitsbewertungen, denn die integrierte und interaktive 3D Erfassung der Realität in kleinen und großen Messvolumina für Mixed Reality-Anwendungen bietet im Vergleich zu der recht einfachen Einbringung von zweidimensionalen Abbildern der Realität (Fotos, Videos) den enormen Vorteil, dass ein dreidimensionales Abbild des aktuell real vorherrschenden Aufbauzustands vorliegt, das sich durch Wiederholung der 3D Erfassung sogar über die Zeit, d. h. in vier Dimensionen, nachverfolgen lässt.

Diese neue Datengrundlage und deren Integration in den Produktlebenszyklus ermöglicht vollkommen neue Anwendungsfälle wie z. B. automatisiert berechenbare Vergleiche zwischen digitaler und realer Welt oder die Kollisionsüberprüfung zwischen beiden Welten.

Die Einsatzgebiete für die 3D Erfassung in großen Messvolumina liegen im Bereich der Fabrikplanung, Produktionsplanung und der Montageplanung und können auch auf andere Anwendungsbereiche der deutschen Wirtschaft übertragen werden, bei denen ein realistisches digitales 3D-Abbild der vorhandenen Arbeitsumgebung eine wichtige zusätzliche Informationsquelle darstellt. Für kleine Messvolumina liegen die Einsatzbereiche in der Produktabsicherung entlang des gesamten Produktlebenszyklus. Analytisches Mixed Reality erschließt somit für die betrachteten Messvolumina eine wichtige neue Informationsquelle für Mixed Reality-Anwendungen, sodass über die reine Erweiterung von zweidimensionalen Fotos oder Videos mit virtuellen Informationen hinaus auch eine Interaktion zwischen der digitalisierten realen Umgebung und den „virtuellen Erweiterungen" möglich wird.

6.1.2   Szenariobeschreibung und Herausforderungen

Für das Anwendungsszenario des analytischen Mixed Reality zur Baubarkeitsbewertung im Automobilbereich wurden zwei Nutzungsszenarien umgesetzt. Das eine bezieht sich auf die 3D-Erfassung von großen Messvolumina und das andere auf die 3D Erfassung von kleinen Messvolumina. Beide Szenarien verfügen sowohl über gemeinsame Anforderungen hinsichtlich der Verarbeitung und Darstellung der anfallenden 3D Erfassungsdaten als auch hinsichtlich der Berechnung eines Vergleichs zwischen den digitalen Soll-Daten und den in 3D erfassten Ist-Daten. Demgegenüber unterscheiden sich die beiden Szenarien bezüglich der eingesetzten Plattformen, der verwendeten Bild- und 3D-Erfassungssensoren und der auf dieser Basis aufsetzenden Algorithmen und Verfahren zur dreidimensionalen Erfassung der realen Objekte und Umgebungen.

Im Folgenden werden zunächst die beiden Szenarien und deren spezifische Herausforderungen beschrieben. Anschließend werden die gemeinsamen Anforderungen der beiden Szenarien bezüglich der Verarbeitung und Darstellung von großen Datenmengen und der automatischen Berechnung von Soll-/Ist-Vergleichen beschrieben.

6.1.2.1   Analytisches MR für kleine Messvolumina

Im Szenario des analytischen MR für kleine Messvolumina werden Objekte bis zur maximalen Größe einer Autokarosserie betrachtet. Als Plattform wird auf einem Augmented Reality-System aufgebaut, welches in [1] beschrieben wird. Das System besteht aus einem aus der Messtechnik stammenden Messarm und einer daran befestigten Bildverarbeitungskamera. In einem Kalibrierungsschritt werden die Kamera und die Spitze des Messarms zueinander kalibriert, sodass die genaue geometrische Beziehung zwischen dem Sensor der Bildverarbeitungskamera und der Messarmspitze bekannt ist [1]. Durch Einmessung des Systems an einem Untersuchungsobjekt ist auch die geometrische Beziehung von dem System zu diesem bekannt. Auf dieser Basis lassen sich die digitalen Planungsdaten des Untersuchungsobjekts lagerichtig auf einem mit der Kamera aufgenommenen Videobild darstellen. Durch Verwendung des präzise messenden Messarms stellt das System ein typisches hochgenaues Augmented Reality-System dar.

Zur 3D-Erfassung von Untersuchungsobjekten wurde das System im Szenario mit einer Stereokamera erweitert. Diese verwendet das Prinzip der 3D-Erfassung durch strukturiertes Licht. Dabei wird ein optisches Muster durch eine LED-Projektionseinheit auf das Untersuchungsobjekt projiziert und durch die Stereokamera erfasst. Durch Einsatz von Bildverarbeitungsalgorithmen lässt sich die Geometrie des Objekts bzw. die Entfernung der Punkte des optischen Musters zu den Kameras rekonstruieren (Abb. 6.1).

Auf diese Weise kann pro aufgenommenem Bild eine 3D-Punktwolke des Untersuchungsobjekts aufgenommen werden, d. h. das reale Objekt wird in 3D digitalisiert bzw. erfasst. Um eine 3D-Punktwolke des gesamten Objekts zu erhalten, muss die am Messarm befindliche Kamera sukzessive um das Untersuchungsobjekt geführt werden. Durch die Trackinginformationen des Messarms können die einzelnen Punktwolken hochgenau in ein globales Modell überführt werden. Dazu wird jedoch noch eine Kalibrierung zwischen

Abb. 6.1 Darstellung des analytischen Mixed Reality Systems. Die Stereokamera dient zur 3D Erfassung von Objekten und arbeitet mit dem Verfahren des strukturierten Lichts

der Stereokamera und der Messspitze des Messarm benötigt, damit die fixe geometrische Beziehung zwischen den Sensoren der Stereokamera und der Messspitze bekannt ist. Um die Punktwolken ferner der Realität entsprechend einzufärben, wird eine weitere Kalibrierung zwischen der Bildverarbeitungskamera und dem Stereokamerasystem benötigt. Die Einmessung des Untersuchungsobjekts in Relation zum Messarm kann wie in [1] beschrieben durchgeführt werden. Dazu werden vorher im digitalen Modell festgelegte Referenzpunkte am korrespondierenden realen Objekt eingemessen. Somit kann das digitale Modell in Bezug zum realen Untersuchungsobjekt korrekt im Koordinatensystem des Messarms verortet werden.

Eine besondere Herausforderung bei der 3D-Erfassung stellt der Umgang mit den anfallenden sehr großen Datenmengen dar. Ein Scan eines Objekts in der Größe eines Motorblocks kann schnell auf mehrere Millionen 3D-Punkte anwachsen. Zum Speichern und interaktiven Darstellen solcher Punktdaten werden oftmals Voxeldatenstrukturen auf der Grafikkarte verwendet. Aufgrund des häufig begrenzten Speichers von Grafikkarten wird das somit abbildbare Erfassungsvolumen begrenzt. Diese Begrenzung soll im Szenario umgangen werden können, damit auch Erfassungsvolumina bis hin zur Größe einer Autokarosserie betrachtet werden können.

Ist das Untersuchungsobjekt einmal erfasst, so muss es zumeist in die Datenstruktur des verwendeten Renderers, der ein System zur Berechnung der Darstellung von 3D Modellen ist, gebracht werden. Im Szenario sollen zusätzlich zu den 3D-Erfassungsdaten auch die Daten des digitalen CAD-Modells dargestellt werden, die je nach Größe des Objekts auch häufig mehrere Millionen von Dreiecksdaten aufweisen können. Eine weitere Herausforderung liegt daher darin, trotz der sehr großen Datenmengen der kombinierten Erfassungs- und CAD-Daten interaktive Bildwiederholraten für die Darstellung der Daten in der Anwendung erreichen zu können.

Das Erreichen interaktiver Bildwiederholraten stellt auch eine besondere Herausforderung für auf den Daten aufbauende Berechnungen dar. Aus diesem Grund werden in dem Szenario die Fähigkeiten und Rechenkapazitäten moderner Grafikkarten genutzt, um neben den Berechnungen für die Darstellung der großen 3D-Erfassungs- und CAD-Daten zusätzliche Berechnungen für Baubarkeitsuntersuchungen, d. h. für die eigentliche Anwendung, durchführen zu können. Denn mit der Interaktivität, d. h. dem Erreichen interaktiver Bildwiederholraten im Bereich von 5-30 Bildern pro Sekunde, steht und fällt die anvisierte Anwendung.

Die Arbeit mit dem System gestaltet sich nach einem definierten Ablauf. Zuerst wird das Untersuchungsobjekt wie oben beschrieben eingemessen. Anschließend wird das Objekt in 3D erfasst. Dazu muss der Anwender den Messarm mit den daran befindlichen Kameras um das Objekt herum bewegen. Während dieser Bewegung wird auf einem Monitor bereits der aktuelle Stand der gesamten rekonstruierten 3D-Punktwolke des Objekts dargestellt, sodass der Anwender immer einen Überblick hat und gegebenenfalls nicht erfasste Bereiche nochmals mit dem System anfahren und rekonstruieren kann. Ist der 3D-Erfassungsprozess abgeschlossen, so werden die Daten in die Datenstruktur des Renderers überführt und können in 3D betrachtet werden. Zusätzlich werden die CAD-Daten des Untersuchungsobjekts geladen, sodass die Rekonstruktion des realen Objekts mit dem geplanten CAD-Datenstand kombiniert betrachtet werden kann.

Zur Baubarkeitsbewertung wird auf Basis des kombinierten Datenstands ein Soll-/Ist-Vergleich durchgeführt. Dieser berechnet eventuell auftretende Abweichungen zwischen dem realen Aufbauzustand des Untersuchungsobjekts und dem CAD-Planungsstand. Das System betrachtet dabei die geometrischen Abweichungen zwischen den Datenständen. Die Abweichungen werden dem Anwender in Form einer parametrierbaren Falschfarbendarstellung ausgegeben. Zum Beispiel können geometrische Abweichungen größer als 2 cm in der Farbe Rot ausgegeben werden.

6.1.2.2   Analytisches MR für große Messvolumina

Im Szenario des analytischen MR für große Messvolumina werden Umgebungen bis zur Größe einer Fabrik bzw. Produktionsanlage betrachtet. Als Plattform wird auf dem mobilen Augmented Reality-System „AR-Planar" aufgesetzt, welches in [2] beschrieben wird. Das System besteht aus einem mobilen batteriebetriebenen Untersuchungswagen, der mit einem berührungssensitiven Bildschirm ausgestattet ist. Zur Lokalisierung des Systems wird ein rotierender im Infrarotbereich arbeitender zeilenbasierter Laserscanner NAV300 der Firma SICK eingesetzt. Die Umgebung wird durch eine Bildverarbeitungskamera aufgenommen, die auf einer mit einem Servomotor schwenkbaren Halterung gelagert ist. Somit kann der Blickwinkel der Kamera aus der Anwendung heraus manipuliert werden. Das System wurde für den Einsatz in großen Arealen, d. h. für Fabrik- und Produktionsanlagen entwickelt. Um eine korrekte Überlagerung der digital geplanten Fabrik mit dem Videobild der realen Anlage erreichen zu können, sind ähnlich dem System für kleine Messvolumina Kalibrierungs- bzw. Registrierungsschritte durchzuführen. Diese bestehen aus der Kalibrierung des Bildsensors mit dem rotierenden Laserscanner für jeden über dem Servomotor einnehmbaren Blickwinkel und aus der Registrierung des Laserscanners zum Koordinatensystem des digitalen Planungsmodells. Beide Schritte werden in [2] ausführlich beschrieben. Der Laserscanner lokalisiert sich in einer realen Anlage anhand von retroreflektierenden Landmarken in Form von Zylindern. Trifft der Laserstrahl einen solchen Reflektor, so wird durch die auf dem Zylinder angebrachte retroreflektierende Folie der Strahl mit hoher Intensität zum Laserscanner reflektiert. Um die Position eindeutig zu bestimmen, müssen mindestens drei Reflektoren im Sichtfeld des Laserscanners sein. Die erfassten Zylinderpositionen vergleicht das System mit einer definierten Karte der Reflektoren und kann so seine Position bestimmen (siehe Abschn. 6.1.3.1). Für die Registrierung des Laserscanners zum CAD-Modell werden die Positionen der Reflektoren in der realen Anlage vermessen und im CAD-Modell hinterlegt. Diese Informationen werden zur Erstellung einer Karte der Reflektorpositionen genutzt und an den Laserscanner übergeben. Durch den Aufbau wird das digitale CAD-Modell der Anlage in Deckung zur realen Anlage gebracht. Auf diese Weise lassen sich mit dem System die digitalen Planungsdaten auf dem Videobild der Kamera ortskorrekt überlagern und der Anwender kann überprüfen ob die reale Anlage Abweichungen zum CAD-Planungsstand aufweist.

Im Szenario des analytischen MR für große Messvolumina wird dieses System nun um eine 3D Erfassungskomponente erweitert. Dazu wurde ein zusätzlicher Aufbau am mobilen Untersuchungswagen AR-Planar angebracht. Dieser besteht aus zwei schwenkbaren Servomotoren, welche orthogonal zueinander in einer Halterung verbaut wurden sowie einem zusätzlichen zeilenbasierten Laserscanner LMS 500 der Firma SICK. Aufgrund der Lagerung mit den Servomotoren kann der zeilenbasierte Laserscanner so geschwenkt werden, dass die Scanlinie den gesamten vorderen Halbraum vor dem Untersuchungswagen dreidimensional erfassen kann. Zur Verortung der erfassten 3D-Punkte im globalen Modell muss die geometrische Beziehung der zwei Laserscanner zueinander bekannt sein. Diese muss in einem Kalibrierungsschritt berechnet werden. Damit können die einzelnen Scanlinien zu einem 3D Scan eines Standorts zusammengefasst werden. Durch die 3D Erfassung an zusätzlichen Standorten kann dadurch sukzessive eine komplette Anlage dreidimensional rekonstruiert werden. Fügt man die einzelnen Scans direkt in ein globales Modell ein, so fließen die Lokalisierungsfehler des Systems unmittelbar in die Daten ein. Daher mussten Verfahren zur Minimierung dieser Fehler bei der Entwicklung des Systems berücksichtigt werden.

Das System erfordert aufgrund der Verwendung der Reflektoren für die laserbasierte Lokalisierung eine gewisse Rüstzeit. Der größte Teil der Rüstzeit besteht dabei aus der Vermessung der Reflektorpositionen und deren Aufbau in der realen Anlage. Um die Rüstzeit zu reduzieren wurde im Szenario das System auf eine konturbasierte Lokalisierung umgestellt. Dazu wurde von SICK ein Lokalisierungssystem entwickelt (siehe Abschn. 6.1.3.1), welches statt der Reflektoren einen Konturscan[1] der Umgebung nutzt, um sich zu lokalisieren. Dazu ist eine im Vorfeld eingelernte Karte notwendig, die durch ein im Vorfeld von Untersuchungen durchzuführendes „Abfahren" der Einsatzumgebung

---

[1] Laserscanlinie auf einer gewissen Höhe.

erstellt wird. Um die CAD-Planungsdaten korrekt auf dem Videobild zu überlagern, muss die erlernte Karte mit dem Koordinatensystem des CAD-Modells registriert, d. h. in Deckung gebracht werden.

Bei der 3D Erfassung großer Messvolumina sind die anfallenden Datenmengen des digitalen CAD-Planungsmodells und der 3D-Erfassungsdaten deutlich größer als im Szenario für kleine Messvolumina. Daher werden Verfahren [5] eingesetzt, um die sehr großen geometrischen Datenmengen interaktiv visualisieren zu können, sodass Baubarkeitsuntersuchungen interaktiv und ohne größere Wartezeiten durchgeführt werden können. Der Fokus hinsichtlich der Baubarkeitsuntersuchung liegt in dem Szenario beim Vergleich der CAD-Soll-Daten mit den in 3D erfassten Verbauzuständen einer Anlage. Der Vergleich wird überwiegend visuell durchgeführt, kann aber auch wie bereits oben beschrieben automatisch berechnet und das Ergebnis dem Anwender als Falschfarbenvisualisierung dargestellt werden.

Die Arbeit mit dem System AR-Planar gestaltet sich nach einem definierten Ablauf. Zunächst müssen die notwendigen Kalibrierungsschritte des Systems durchgeführt werden, anschließend wird die Karte der Umgebung erstellt. Ist das System auf diese Weise eingerichtet, werden die Untersuchungspunkte angefahren und die 3D Erfassung gestartet. Dies wird sukzessive für den gesamten zu erfassenden Bereich durchgeführt, sodass eine globale zusammenhängende 3D-Punktwolke der Umgebung entsteht. Nach Überführung der 3D Punktwolke in die Datenstruktur des Renderers werden die Daten in Kombination mit den digitalen CAD-Daten dargestellt. Anschließend wird der Soll-/Ist-Vergleich automatisch berechnet und die Ergebnisse werden dem Anwender in Form einer Falschfarbendarstellung gezeigt, welche die Abweichungen farblich hervorhebt. Durch die 3D-Erfassung der Umgebung lässt sich diese Untersuchung auch im Büro jederzeit wieder durchführen.

6.1.2.3 Verarbeitung und Darstellung großer Datenmengen

Sowohl im analytischen MR für kleine als auch für große Messvolumina müssen sehr große Mengen an CAD-Daten und an 3D-Erfassungsdaten visualisiert werden. Um diese Daten in interaktiven Bildwiederholraten darstellen zu können, wurde im Szenario der Visibility Guided Renderer(VGR) der Firma 3D Interactive integriert. Der Renderer verwendet Out-of-Core- und Optimierungstechniken, um sehr große Datenmengen über einen Streamingansatz sehr schnell berechnen und darstellen zu können [5]. Damit der Anwender bereits während der 3D-Erfassung eine visuelle Rückmeldung über den Stand der 3D-Rekonstruktion erhalten kann, um evtl. fehlende Bereiche oder „Löcher" in der 3D-Erfassung zu identifizieren, muss der Renderer über eine asynchrone Verarbeitung und Darstellung der großen Datenmengen verfügen. Somit ist sichergestellt, dass ein Anwender, während die 3D Erfassung im Hintergrund läuft, bereits mit der eigentlichen Baubarkeitsuntersuchung beginnen kann.

Der VGR stellt sehr große Datenmengen effizient dar, sodass im System noch freie Rechenkapazitäten zur Verfügung stehen, welche unter Nutzung der Fähigkeiten moderner programmierbarer Grafikkarten genutzt werden, um zusätzliche aufwendige Berechnungen in Form eines Vergleichs zwischen CAD-Daten und den korrespondierenden 3D-Erfassungsdaten durchzuführen. Durch die Berechnung auf der Grafikkarte werden interaktive Bildwiederholraten und so ein interaktives Nutzungserlebnis der Anwendung ermöglicht.

6.1.3 Technologien

Zur Umsetzung der folgenden beiden Szenarien wurden Technologien, die teilweise in den Szenarien zum Einsatz kamen, durch die Partner des Anwendungsszenarios analytisches MR zur Baubarkeitsuntersuchung im Automobilbereich erforscht. Diese werden im Folgenden beschrieben.

6.1.3.1 Indoor-Mapping und Konturlokalisierung mit Laserscannern

Für die dreidimensionale Erfassung großer Messvolumina, wie zum Beispiel Lagerhallen oder Produktionsanlagen, eignen sich besonders Laserscanner-basierte Messsysteme. Diese bieten eine hohe Entfernungs- und Winkelauflösung bei gleichzeitig hinreichender Entfernungsgenauigkeit. Die Funktionsweisen solcher Laserscanner-gestützten 3D-Messsysteme von SICK sind in Abschn. 2.3.1.2. zusammengefasst. Neben dem eigentlichen 3D-Messsystem stellt die Ermittlung der Position und Ausrichtung des 3D-Messsystems im zu vermessenden Raum eine weitere Voraussetzung dar. Dieses Kapitel beschreibt sowohl das in ARVIDA aufgebaute mobile Indoor-Mapping-System mit SICK-Laserscannern und den damit erarbeiteten Ergebnissen, als auch die zugrunde liegende Laserscanner-basierte Konturlokalisierung.

Im Rahmen von ARVIDA wurde bei SICK ein mobiles Indoor-Mapping-System aufgebaut, dass sowohl die ortsfesten Aufnahmen von 3D-Daten mit einem rotierenden 2D-Laserscanner mit anschließender Überlagerung also auch die kontinuierliche Überlagerung von zwei festverbauten 2D-Laserscannern zur 3D-Umgebungserfassung in großen Messvolumina umsetzt. Abbildung 6.2 zeigt das realisierte Indoor-Mapping-System mit dem rotierenden 2D-Laserscanner vorne, den festverbauten Laserscannern oben links und rechts sowie verschiedenen Laserscannern zur Bestimmung der Position des Messwagens im Raum.

Die rekonstruierten 3D-Umgebungsdaten einer beispielhaften Produktionshalle sind in Abb. 6.3 dargestellt. Die Einfärbung der 3D-Daten kann dabei zum einen über die Remissionswerte der Laserscanner erfolgen, mit denen die Umgebungserfassung erfolgt ist (vgl. Abb. 6.3 links). Zum anderen können auch direkt Farbwerte einer zu den Laserscannern örtlich registrierten RGB-Kamera zur Einfärbung der 3D-Daten verwendet werden (vgl. Abb. 6.3 rechts).

Eine Voraussetzung letztlich aller Mapping-Systeme ist die Ortsbestimmung des Mapping-Systems im zu vermessenden Raum, um die erfassten Scandaten ortsrichtig überlagern zu können. Während Outdoor-Mapping-Systeme üblicherweise GPS-unterstützte Lokalisierungssysteme verwenden, müssen für geschlossene Räume andere Lokalisierungssysteme verwendet werden. Der SICK-Laserscanner LD-NAV stellt eine solche

Abb. 6.2 Mobiles Indoor-
Mapping-System zur 3D-Um-
gebungserfassung von großen
Messvolumina

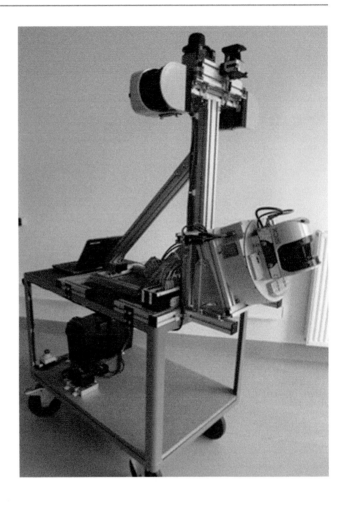

Abb. 6.3 3D-Rekonstruktion einer Produktionshalle mit dem in ARVIDA aufgebauten Indoor-
Mapping-System (links: Einfärbung mit Remissionswerten des 3D-Laserscanners; rechts: Einfärbung mit RGB-Kamera (zoom))

Abb. 6.4 . 2D-Karte zur Konturlokalisierung in einem beispielhaften Laborbereich

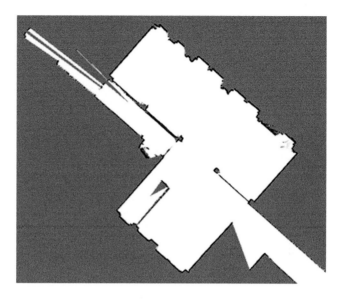

Möglichkeit der hochgenauen Indoor-Lokalisierung dar. Dazu werden im zu vermessenden Raum reflektierende Objekte (sogenannte Landmarken) angebracht, bezüglich des Raumkoordinatensystems vermessen und in den LD-NAV-Sensor übertragen. Der LD-NAV kann damit im Lokalisierungsbetrieb aus seinen Scandaten die eingemessenen Landmarken wiedererkennen und daraus seine 2D-Position im Raum berechnen.

Dieses Lokalisierungsverfahren setzt jedoch das Vorhandensein von den beschriebenen reflektierenden und eingemessenen Landmarken voraus. Im Rahmen von ARVIDA wurde ein Laserscanner-basiertes Lokalisierungssystem entwickelt, dass auf diese Art von Landmarken vollständig verzichtet. Die Basis für den neuen Ansatz bildet dabei die Kontur des Raums, in dem die Lokalisierung erfolgen soll. Die Kontur des Raums wird durch eine initiale Messfahrt des Navigations-Laserscanners aufgenommen und durch SLAM-Algorithmen (Self-Localization-And-Mapping) in eine digitale 2D-Karte überführt. Abbildung 6.4 zeigt beispielhaft eine solche 2D-Karte zur Konturlokalisierung in einem Laborbereich. Die schwarzen Bereiche stellen dabei die Kontur des Raumes dar, in dem die Lokalisierung stattfindet. Die Konturlokalisierung berechnet dann aus dem aktuellen Scan des Laserscanners, der sich nun an einer beliebigen Position innerhalb des Raums befinden kann, und der erstellten digitalen Konturkarte unter Zuhilfenahme von optimierten Matching-Algorithmen auf Basis von Partikelfiltern die Position und die Orientierung des Laserscanners im Raum.

6.1.3.2 Visualisierung und Verarbeitung großer Datenmengen

Zur Durchführung eines Soll/Ist-Vergleichs für Baubarkeitsbewertungen im Automobilbereich fallen typischerweise sehr große zu visualisierende Datenmengen an. Die mit Abstand umfangreichsten Daten bilden hier die Ergebnisse von Umgebungs-Scans (3D-Erfassungsdaten), 2D-Pläne und 3D-Konstruktionen. Ausgehend von dem 3D Interactive

-System „Visibility Guided Rendering" (VGR) (siehe Abschn. 2.4) war es erforderlich, die Flexibilität, Funktionalität und Performance der kombinierten Darstellung großer Punkt- und CAD-Datenmengen wesentlich zu verbessern. Zur Realisierung der entsprechenden Render- und Geometriedienste in Form von modularen Komponenten für die ARVIDA-Referenzarchitektur wurde die bestehende interne Architektur der VGR-Software weitgehend umstrukturiert. Dies geschah vor allem im Hinblick auf die noch weit mehr als bisher bereits mögliche parallele Ausführung einzelner Teilaufgaben bei der Datenvorverarbeitung und der Bilderzeugung. Hierbei werden Daten bzw. allgemein Zustände über Synchronisationspunkte ausgetauscht.

Bisher musste die Visualisierung während des Hinzufügens neuer Daten kurzzeitig unterbrochen und der Bewegungsfluss gestoppt werden. Diese Unterbrechung konnte je nach zugefügter Datenmenge Bruchteile einer Sekunde bis mehrere Minuten dauern. Allerdings war es erforderlich, geometrische Objekte, Punktewolken und Bilddaten während des Renderings einfügen zu können, ohne den Renderer dabei zu unterbrechen oder zu verlangsamen. Neu eingegebene Daten sollten sofort visualisiert werden, wobei diese Aktualisierung der Szene auch ausgehend von mehreren Quellen gleichzeitig möglich sein sollte. Die Realisierung dieser Anforderungen war eine Herausforderung, da es keine a priori-Beschränkung der Datenmengen geben darf, die während der Visualisierung zugefügt oder verändert werden und gleichzeitig die Echtzeitanforderung einer garantierten Bildwiederholrate erfüllt werden muss. Die entwickelte VGR-Extension ermöglicht eine asynchrone Szenenerweiterung mit allen unterstützten Datentypen (Geometrie, Punkte und Texturen) während des Renderings. Dies ist auch mehrfach parallel möglich, mit einem fast linearen Speedup und ohne die Render-Geschwindigkeit oder das Nachladen der Daten zu verlangsamen, solange genügend Ressourcen (Speicherplatz, Prozessorleistung und Bandbreite) vorhanden sind.

Input-Streaming der Erfassungsdaten Da es mit der asynchronen Szenenerweiterung möglich geworden ist, Erfassungsdaten direkt von der Quelle (z. B. Laserscanner oder TOF-Kamera) noch während des Scanvorgangs zu visualisieren, war es naheliegend, diese Daten auch anderen Diensten zur Verarbeitung bereitzustellen. Es wurde also ein Dienst speziell zur Übertragung von 3D-Erfassungsdaten entwickelt, der sowohl zeilenbasierte Scanner als auch Tiefenbild-erzeugende Systeme unterstützt. Eine Anforderung war es hier, die Originaldaten so gut wie möglich wiederzugeben, was Farb- und Remissionswerte pro Punkt sowie Scannerpositionen und -Orientierungen mit einschließt. Für den 3D-Erfassungsdatenaustausch zwischen den von den Projektpartnern entwickelten Diensten wurde das E57-Format [17] festgelegt, das viele Anforderungen schon erfüllt.

Auf der Seite der Datensenke (Client) wurde die Aktualisierung der Scans soweit angepasst, dass eine endlose, sequentielle Übergabe von Scandaten an die Visualisierungskomponente ermöglicht wird. Der Server führt hingegen nur eine einfache Filterung und Vorverarbeitung der Scandaten aus, welche in einem Cache im Dateisystem vorliegen oder direkt vom Scanner kommen. Es werden mehrere Clients parallel unterstützt, welche wiederum die Daten zur Visualisierung oder zur weiteren Verarbeitung von mehreren Servern gleichzeitig beziehen können. Bei großen E57-Dateien können die Laufzeiten der Gesamtübertragung und der Vorverarbeitung eventuell sehr lang werden, weshalb eine Übertragung in einzelnen kleinen E57-Paketen notwendig ist. Der Server lädt deshalb nur jeweils einen Teil der großen Quelldatei, kapselt diesen mitsamt zusätzlicher Informationen für den Client in eine kleine E57-Datei, um ein quasi-kontinuierliches Streaming zu ermöglichen. Die Paketgröße wird dabei entsprechend der Übertragungsbandbreite und der Anforderung des Empfängers gewählt (z. B. soll jede Sekunde ein Szenen-Update stattfinden). Der Fokus bei der Entwicklung von Server und Client lag auf der Konfigurierbarkeit und Performanz des Systems, um je nach gewünschter Granularität, verfügbarer Bandbreite und Latenz optimale Ergebnisse zu erzielen.

Vorverarbeitung der Erfassungsdaten Punktedaten aus mehreren Scans werden zu einer gemeinsamen Datenbank zusammengefasst, welche danach in Echtzeit (mitsamt CAD-Daten) visualisiert werden können. Laserdaten oder Daten aus Tiefenkameras können hierbei mit Remissionswert- oder Farbbilddaten versehen werden. Die hauptsächliche Weiterentwicklung lag im Bereich der Datenaufbereitung, um die Darstellungsqualität der Punktedaten zu verbessern. So werden nun direkt aus dem Datenbestand Normalen berechnet und Rauschen wird auf verschiedene Arten unterdrückt. Dies ermöglicht eine nachträgliche gleichmäßige Beleuchtung der Scandaten, was den räumlichen Eindruck wesentlich verbessern kann. Weitere Filterstufen kümmern sich um die Erkennung und Eliminierung von Ausreißer-Punkten (Fehlscans) und um die Berechnung der dargestellten Punktgrößen, die sich aus der jeweils lokalen Dichte und dem Abstand zu den nächsten Nachbarn ergibt. Werden Flächen mehrfach erfasst, wird entweder der Scan mit der lokal höchsten Auflösung und Qualität ausgewählt, oder die Daten werden miteinander verrechnet sowie gemittelt, um Aufdeckungen und Bereiche mit geringer Punktdichte auszubessern. Ein weiterer Filter kann z. B. bei Straßen-Scans die Vegetation von Gebäude- und Straßenflächen separieren, um diese weiter getrennt zu behandeln oder vom Import auszuschließen. Zur Unterstützung hierfür wurden verschiedene Statistikfunktionen und deren Visualisierung direkt auf den Punktewolken entwickelt. Diese ermöglichten die Nachvollziehbarkeit von Qualitätsverbesserungen und das Finden von Fehlern in den entsprechenden Algorithmen.

Die Struktur von Laserscandaten impliziert die Möglichkeit, die Vorverarbeitung zu parallelisieren und damit zu beschleunigen. Dies brachte eine deutliche Verbesserung für die vermehrt auf dem Markt verfügbaren Multi-Core-Systeme und Server. Weiterhin wurde die Unterstützung großer Punktewolken ermöglicht, welche die zur Verfügung stehende Speichermenge um ein Vielfaches übersteigen. Hierzu wurde ein System zur persistenten Speicherung von Punktewolken entwickelt, um nach der Aufnahme der Erfassungsdaten noch die nachträgliche Änderung von Filtereinstellungen und wiederholte Berechnungen zur Visualisierungsoptimierung durchführen zu können. Des Weiteren wurde ein Algorithmus zum Abschätzen der Dichte einer Punktewolke entwickelt, um die

Darstellungsqualität mittels Outlier-Filter zu erhöhen und in Bereichen variierender Punktedichten eine Regularisierung der Punkteverteilung herbeizuführen. Trotz Festlegung auf 64-bit-Systeme und großzügigem Arbeitsspeicher-Ausbau ist eine Out-of-Core-Verwaltung der Scans nötig, da einzelne Scans viele Gigabyte Speicher benötigen oder gar „quasi unendlich" groß sind (fortlaufender Straßenscan).

Geometrie-Rekonstruktion Mit der bereits in Abschn. 2.3.2 beschriebenen Rekonstruktionstechnik erschließen sich zum Teil ganz neue Anwendungsmöglichkeiten. So wird es z. B. möglich, CAD-Modelle auch direkt gegen die resultierenden triangulierten Daten auf Kollision zu testen. Auch ist es denkbar, dass für einige Szenarien eine Nachmodellierung von gescannten Objekten überflüssig wird, da die gewünschten Untersuchungen bereits an den Scandaten erfolgen können. In Kombination mit der Funktionalität der Segmentierung und Feature-Erkennung als Vorstufe der Objekterkennung wird eine Objektrückführung in die CAD-Systeme möglich, z. B. zur Unterstützung eines Soll/Ist-Abgleichs.

Für das erzeugte Mesh werden unter Beachtung der Filter und eines Gütemaßes pro Punkt Detailstufen erzeugt. Das ermöglicht eine Datenreduktion und ein verbessertes Streaming der 3D-Daten von externem Speicher (Festplatte oder Netzwerk) in den Hauptspeicher bzw. Videospeicher. Hierbei besteht die hauptsächliche Herausforderung darin, den bei einer solchen Detailreduktion entstehenden Fehler zu minimieren. Dieser leitet sich einerseits aus den geometrischen Eigenschaften der reduzierten Meshes ab (Positionen der Eckpunkte, Abstände und Lage der Dreiecke) und andererseits aus Ungenauigkeiten bei der Verrechnung von Attributen wie Normalen oder Texturkoordinaten. Das generell gewählte Vorgehen folgt dem Collapse-Paradigma. Bei diesem wird sukzessive eine geometrische Primitive (Kante, Dreieck) im Mesh gesucht, welche bei einem „Kollaps", d. h. Ersetzen dieser Primitive durch einen fehlerminimierenden Eckpunkt den geringsten Fehler zum Ursprungsmodell erzeugt (siehe Abb. 6.5).

Im Detail werden also für jedes Primitiv der erwartete Fehler bei einem Kollaps berechnet und danach eine aufsteigende Ordnung gebildet. Beachtet werden muss hierbei, dass

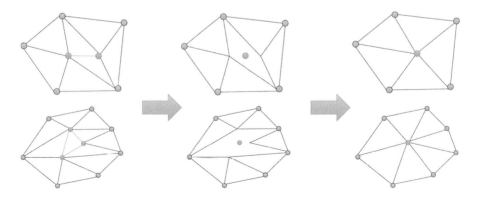

Abb. 6.5 Kollaps einer Kante (oben) und eines Dreiecks (unten)

die durch einen Kollaps veränderten Primitive in ihren Kosten und Positionen in jener Ordnung aktualisiert werden müssen. Zur Ermittlung der Kollaps-Kosten existieren verschiedene Verfahren, welche die lokale geometrische Umgebung des Primitivs verschieden gewichten – z. B. nach Ausrichtung der Dreiecke zueinander oder nach Länge bzw. Fläche der Primitive. Das gewählte Verfahren ist das *Quadric Error*-Fehlermaß, welches auf dem direkten quadratischen Abstand des durch einen Kollaps entstehenden Eckpunkts zur ursprünglichen Geometrie basiert, siehe [18]. Die Minimierung gestaltet sich mathematisch sehr elegant über die erste Ableitung der Fehlerfunktion, da hier ein lineares Gleichungssystem entsteht. Die Lösung dieses Gleichungssystems ergibt den repräsentierenden Eckpunkt und der entstehende Fehler ergibt sich dann durch Einsetzen der Koordinaten dieses Punktes in die eigentliche Fehlerfunktion.

Zur Verbesserung der Detailstufen wurden Algorithmen entwickelt, um Fehler in der weiteren Verarbeitung der Daten quantifizieren zu können sowie eine Abschätzung der Genauigkeit der eingesetzten Scanner anhand der Punktedaten durchzuführen. Mit diesen Informationen können geeignetere Parameter in der weiteren Verarbeitungskette gewählt werden, was der Qualität der Detailstufen zugute kommt. Um die Auflösung eventueller Farbdaten trotz detailreduziertem Mesh beizubehalten, wurden diese in einer Virtual Texture (siehe Abschn. 8.1.3.2) gespeichert. Die hierfür benötigten UV-Texturkoordinaten wurden mit dem Verfahren aus [19] berechnet. Da durch die Detailstufenreduzierung eine leichte Veränderung der Topologie entstehen kann, ist es notwendig, eine möglichst verzerrungsfreie Parametrisierung zu erhalten. Zu diesem Zweck basiert das verwendete Verfahren darauf, die Verzerrungen der Winkel im Mesh zu minimieren. Dies wird durch die Minimierung einer Least-Squares-Abschätzung eines Fehlermaßes erreicht. Die wichtigste Anforderung an die Topologie der Geometrie ist dabei, dass diese homomorph zu einer Scheibe ist, was durch einen Vorverarbeitungsschritt garantiert wird. Unter Hinzunahme dieser Optimierungen lassen sich Detailstufen erzeugen, die bei typischen Szenen und geringem Genauigkeitsverlust zwei bis zehnmal weniger Speicherplatz verbrauchen.

6.1.3.3   Echtzeit 3D-Erfassung mittels Tiefenkameras

Um einen interaktiven Soll/Ist-Vergleich in Form eines Augmented Reality (AR) Systems realisieren zu können, wird eine echtzeitfähige Erfassung von 3D Geometrie benötigt. RGB-D-Kameras nehmen dichte Tiefenbilder auf, die die Szenengeometrie repräsentieren, aber auch einen hohen Rauschlevel und eine begrenzte Auflösung mit sich bringen (vgl. Abschn. 2.3.1). Es wurde hier die Microsoft Kinect v2 verwendet, die eine höhere Genauigkeit als ihr Vorgänger aufweist [16]. Allerdings ist auch ihre Genauigkeit zu gering, um die Tiefenbilder direkt für einen Soll/Ist-Vergleich zu verwenden. Daher werden komplette reale Objekte aus einer Vielzahl von einzelnen Tiefenbildern rekonstruiert.

In der Literatur werden diverse Algorithmen, die mit Hilfe von RGB-D-Kameras Szenen dreidimensional (3D) erfassen, beschrieben. 3D-Rekonstruktion kann im Allgemeinen in zwei Hauptprobleme aufgeteilt werden: Kamera-Odometrie (Bestimmung der Kamerapose) und das Mapping (mehrere Tiefenbilder zu einem konsistenten Modell fusionieren). Viele Verfahren lösen dieses Problem unabhängig voneinander, indem zuerst die Kameraposition bestimmt wird und danach die Tiefenbilder mit der berechneten Pose fusioniert werden. Andere Verfahren, sogenannte SLAM Algorithmen, versuchen das Problem simultan zu lösen. Für das hier präsentierte Verfahren wird ein externes Tracking System zur Kameraposenschätzung sowie ein eigener neuer Algorithmus zum Mapping verwendet [15]. Im Folgenden wird das Verfahren detailliert erläutert.

Odometrie Um eine präzise 3D Rekonstruktion zu gewährleisten, muss die Kameraposition sehr präzise bestimmt werden. In der Literatur gibt es hierfür eine Vielzahl von Verfahren. Allerdings entstehen selbst bei anspruchsvollen Verfahren Fehler im Zentimeterbereich, was nicht mit den Anforderungen übereinstimmt. Daher wird hier ein externes Tracking System verwendet, das die Kamerapose in Echtzeit mit Submillimeter-Genauigkeit bestimmt. Solche Systeme sind im Kontext von industriellem AR üblich und weit verbreitet (vgl. Abschn. 2.2). Das verwendete System besteht aus zwölf aktiven Kameras und verfolgt reflektierende sphärische Marker, die an der RGB-D-Kamera wie in Abb. 6.6 zu sehen befestigt sind. Da alle externen Tracking-Systeme nicht in der Lage sind, die Pose des Kamerazentrums direkt zu bestimmen, ist ein zusätzlicher Kalibrierungsschritt nötig. Es existiert jedoch eine starre Transformation zwischen der Kollektion aus Markern und dem Kamerazentrum. Diese Transformation kann mittels sogenannten Hand-Eye-Kalibrierungsverfahren [13] bestimmt werden.

Mapping Nachdem die Kameraposen bestimmt werden können, müssen die aufgenommenen Tiefenbilder in ein global konsistentes Modell fusioniert werden. Die Herausforderung dabei ist, das Rauschen der Kamera zu handhaben, das mehrere Zentimeter betragen kann (vgl. Abschn. 2.3.1). In der Literatur werden verschiedene Verfahren vorgestellt, die sich vor allem durch unterschiedliche Laufzeiten differenzieren. Im Allgemeinen integrieren Echtzeitmethoden die Tiefenbilder in ein Voxel-Volumen mit einer impliziten Oberflächenrepräsentation. Bekannte Verfahren hierfür sind KinectFusion [11] oder das Verfahren von Steinbrücker et al. [12]. Allerdings verfügen diese Verfahren nicht über die gewünschte Präzision. Die zweite Kategorie von Algorithmen berechnet eine optimale Oberfläche aus den Tiefenbildern mit Hilfe von mathematischer Optimierung, wie z. B. das Verfahren von Cui et al. [10]. Diese Verfahren erzeugen qualitativ hochwertige Rekonstruktionen, sind

Abb. 6.6 Zur Kameraodometrie wird ein externes Tracking System (rechts) verwendet, das die Kamerapose mit Hilfe von reflektierenden Markern an der Kamera (links) bestimmt

aber bei weitem nicht echtzeitfähig. Im Folgenden wird ein neues zwei-stufiges Verfahren (bestehend aus partieller und globaler Rekonstruktion) vorgestellt, das die beiden Verfahren kombiniert und so eine hohe Qualität erreicht, aber gleichzeitig in Echtzeit ausgeführt werden kann.

Die partielle Rekonstruktion verfolgt die Idee der Schätzung einer optimalen Oberfläche. Die Hauptherausforderung ist die Laufzeit, da aktuelle Verfahren nicht in Echtzeit laufen. Daher wird eine kleine Teilmenge von aufeinanderfolgenden Tiefenbildern (z. B. n = 10) genommen und eine Oberfläche geschätzt. Zuerst werden die einzelnen Tiefenbilder zueinander angeordnet. Dies ist möglich, da die Kameraposen, aus denen diese aufgenommen wurden, bekannt sind. Danach wird ein Bildstapel bestehend aus den n angeordneten Einzelbildern berechnet. In diesem Stapel liegen zugehörige Pixel exakt übereinander. Daher kann pro Pixel des Stapels der Medianwert berechnet werden. Dieser stellt eine sehr gute Approximation der Oberfläche dar, die qualitativ vergleichbar mit den Ergebnissen von mathematischen Optimierungen ist. Der Hauptunterschied ist die extrem schnelle Laufzeit von ca. 20 ms pro Bildstapel bestehend aus 10 Einzelbildern.

Mit der partiellen Rekonstruktion kann der Großteil der Ungenauigkeit entfernt werden. Um verbleibende Fehler zu verringern, wird nachfolgend eine globale Rekonstruktion durchgeführt. Für diese wird eine implizite Oberflächenbeschreibung in einem Voxel-Volumen mit Hilfe einer sogenannten *truncated signed distance function* verwendet. Um den Speicherverbrauch möglichst gering zu halten, wird ein echtzeitfähiges dünnes Voxel-Volumen, wie es von Steinbrücker et al. [12] vorgeschlagen wurde, verwendet. Aus der Kombination aus partieller und globaler Rekonstruktion ist es gelungen, sowohl präzise Ergebnisse zu erreichen als auch die Berechnungen in Echtzeit durchführen zu können.

Evaluierung Zur Evaluierung des vorgestellten neuen Verfahrens wird der CoRBS Datensatz [14] verwendet. Dieser enthält neben den Kamerabildern der Kinect v2 auch Referenzdaten für die Kameraodometrie und die Szenen-Geometrie. Um das neue Mapping Verfahren zu evaluieren, werden im Folgenden für jeden Algorithmus die gleichen Inputbilder und die gleichen Kameraposen verwendet. Abbildung 6.7 zeigt einen Vergleich des neuen Verfahrens gehen den bekannten Algorithmus KinectFusion und das Verfahren von Steinbrücker et al. [12] für zwei unterschiedliche Datensätze. Es ist deutlich zu sehen, dass das neue Verfahren präziser ist und wesentlich weniger Rauschen enthält. Dies stellt daher die optimale Ausgangsbasis für einen AR Ist/Soll-Vergleich dar.

6.1.3.4   Tracking und Bestimmung von Unsicherheiten
Damit die Anwendung wie in den vorhergehenden Kapiteln beschrieben eingesetzt werden kann, muss die Pose (Position und Rotation) der Tiefenkamera relativ zum CAD-Modell bekannt sein.

Ein Spatial Relationship Graph der Trackingumgebung der Anwendung ist in Abb. 6.8 zu sehen. Der Faro Messarm ist das einzige Tracking-System in dieser Anwendung. Zusätzlich

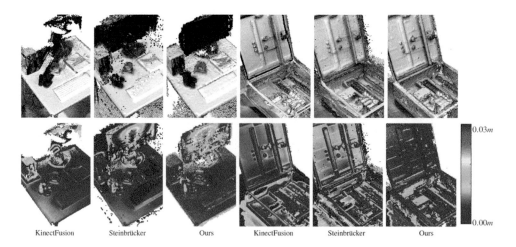

KinectFusion   Steinbrücker   Ours   KinectFusion   Steinbrücker   Ours

Abb. 6.7 Evaluation der neuen Mapping Verfahren auf dem CoRBS Datensatz [14] im Vergleich gegen KinectFusion [11] und dem Verfahren von Steinbrücker et al. [12]

sind die statischen Registrierungen zwischen der Faro Messspitze und der Tiefenkamera sowie zwischen der Faro Basis und dem CAD-Modell bzw. dem realen Werkstück zu berücksichtigen. Durch Konkatenation der Posen des Faro Messarm mit den statischen Registrierungen kann die Ergebnis Pose (CAD-Modell zu Tiefenkamera) errechnet werden.

Je nach Anwendungsfall der Applikation ergeben sich unterschiedliche Anforderungen an die Genauigkeit der Ergebnis-Pose. Soll die Oberfläche mit einer Genauigkeit von z. B. 2 mm überprüft werden können, so muss neben der Qualität der Tiefenkarte der Tiefenkamera auch die Genauigkeit der Ergebnis-Pose diese Anforderungen erfüllen. Der Faro Messarm ist ein hoch präzises Messinstrument mit einem Fehler in der Position im Submillimeterbereich. Allerdings sind noch zwei statische Registrierungen bei der Errechnung der Ergebnis-Pose beteiligt, die jeweils Ungenauigkeiten enthalten. Als Beispiel würde ein Fehler in der Rotation der Registrierung zwischen Faro-Basis und CAD-Modell von $0.1°$

Abb. 6.8 Spatial Relationship Graph der Anwendung

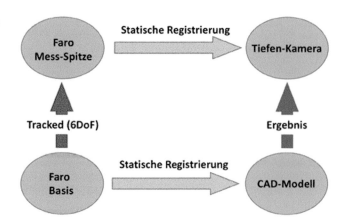

bei einer Positionierung der Faro-Messspitze in 1 m Entfernung zu einem Positionsfehler von 1.75 mm führen. Zusammen mit den Ungenauigkeiten der Tiefenkarte könnte die Anforderung auf 2 mm maximalen Fehler nicht mehr erfüllt werden.

Die Registrierung zwischen Faro Basis und CAD-Modell kann mittels der „Absolute Orientation" Methode von Horn [20]. durchgeführt werden. Für die Registrierungen zwischen Faro Messspitze und Tiefenkamera kann entweder die „Hand Eye Calibration" Methode von Tsai [13] oder wieder die „Absolute Orientation" Methode (mit Hilfe einer weiteren Registrierung eines Objekts zur Faro-Basis, die von der Tiefenkamera erkannt werden kann) eingesetzt werden. Werden für diese Verfahren mehr Daten aufgenommen als für die Lösung des Problems notwendig sind, so können diese zusätzlichen Daten dafür verwendet werden, eine Ungenauigkeit der Registrierung zu errechnen.

Da kein genaueres Messgerät als der Faro-Messarm zur Verfügung stand, konnten die Ungenauigkeiten des Geräts nicht bestimmt werden. Hier muss man sich auf die Herstellerangaben verlassen, um die aufgenommenen Posen mit einer Ungenauigkeit zu versehen. Nun kann mit den fehlerbehafteten Posen des Faro-Messarms und den fehlerbehafteten Registrierungen der Fehler durchpropagiert werden, um damit die Ungenauigkeit der Ergebnis Pose zu bestimmen. Einen sehr guten Überblick über die Bestimmung der Ungenauigkeiten sowie der Fehlerpropagation ist in der Master Thesis von Pustka [21] zu finden.

Diese Ungenauigkeitsangabe der Ergebnis-Pose kann nun in der Anwendung verwendet werden, um entweder den Benutzer darüber zu informieren, dass die aktuelle Pose evtl. nicht den Anforderungen entspricht oder diese Ungenauigkeiten können direkt mit in dem Vergleich zwischen realer und virtueller Oberfläche berücksichtigt werden.

Ein weiter Punkt, der beachtet werden sollte ist, dass die zwei beteiligten Sensoren (Faro-Messarm und Tiefenkamera) unabhängig voneinander betrieben werden. Das heißt, dass ihre Daten nicht synchron im Rechner ankommen und damit nicht gleichzeitig verarbeitet werden können, da keine Hardware-Synchronisierung zwischen den Geräten besteht. Mit Hilfe des Ubitrack-Services können aber zumindest die Daten auf der Softwareseite synchronisiert werden. Dies wurde bereits in Abschn. 3.8.1 erläutert. Die Auswirkungen sind in Abb. 6.9 zu sehen.

Abb. 6.9 Fehler durch Zeitversatz Kinect/Faro (**a**) korrigiert (**b**) unkorrigiert

6.1.4 Umsetzung

6.1.4.1 Analytisches MR für kleine Messvolumina

Zur Umsetzung des Anwendungsszenarios analytisches MR für kleine Messvolumina wurde das in [1] beschriebene System wie oben beschrieben durch die zusätzliche Komponente der Stereokamera erweitert. Um die durch die Stereokamera erfassten 3D Punkte in einem zu den CAD-Daten deckungsgleichen Koordinatensystem erfassen zu können, sind verschiedene Kalibrierungsschritte notwendig. Eine Übersicht aller im System benötigten Transformationsketten bietet Abb. 6.10. Das Tracking des Messarms wird durch die Transformation HandleToBase repräsentiert und zur Laufzeit des Systems dynamisch berechnet. Alle weiteren Transformationen sind statisch und können durch geeignete Kalibrierverfahren berechnet werden.

Die Ermittlung der Transformation RGBToHandle wird ausführlich in [1] beschrieben. Für die Ermittlung der Transformation DepthToRGB wurde ein Kalibrierverfahren anhand eines optischen Musters entwickelt und in die Gesamttransformationskette integriert. Die Transformation ObjectToBase wird wie in [1] beschrieben durch Einmessung definierter Referenzpunkte[2] durchgeführt. Nach Durchführung aller Kalibrierungsschritte und Ausführung der somit bestimmten Transformationskette lassen sich die im lokalen Koordinatensystem der RGBD-Stereokamera erfassten 2,5D-Daten in dem globalen Koordinatensystem der CAD-Daten darstellen. Somit können CAD- und 3D-Erfassungsdaten kombiniert dargestellt und Berechnungen zwischen beiden Datenbasen durchgeführt

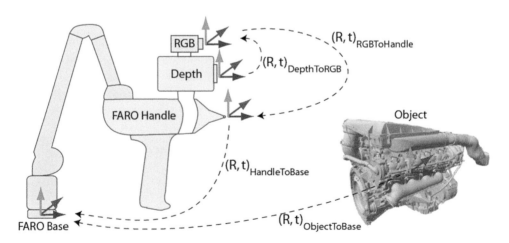

Abb. 6.10 Übersicht der Koordinatensysteme und Transformationen des Systems. Bis auf die Transformation HandleToBase sind alle Transformationen statisch und können durch geeignete Kalibrierverfahren bestimmt werden

---

[2] Im CAD-Modell definierte digitale Punkte werden am korrespondierenden realen Bauteil vermessen.

werden. Zur sukzessiven Rekonstruktion einer 3D Punktwolke des gesamten Untersu-chungsobjekts wird ein streaming-basierter Kinect Fusion Ansatz verwendet [6]. Dieser ermöglicht das Streamen der erfassten Daten von der GPU in den Hauptspeicher, sodass die Limitierung des Erfassungsvolumens durch den GPU-Speicher umgangen wird. In der Regel ist in einem Rechensystem deutlich mehr Hauptspeicher als GPU-Speicher verfüg-bar. Zudem ist der Hauptspeicher kostengünstiger als GPU-RAM zu erwerben. Im Szena-rio wurde ein Rechner mit 128 GB RAM verwendet. Mit dieser Ausstattung konnte sogar ein kompletter Raum in 3D erfasst werden, sodass die Anforderung der 3D Erfassung bis hin zur Größe einer Autokarosserie mit der Technologie erfüllt werden konnte.

6.1.4.2 Analytisches MR für große Messvolumina

Zur Umsetzung des Anwendungsszenarios analytisches MR für große Messvolumina wurde der AR-Planar wie oben beschrieben durch den auf zwei Servomotoren gelager-ten Laserscanner der Firma SICK erweitert. Die 3D Erfassung der Umgebung im vorde-ren Halbraum um den AR-Planar wird durch ein kontinuierliches Schwenken des Laser-scanners vollzogen. Der Laserscanner und die Schwenkeinheit der Servomotoren, die im Folgenden Pan-Tilt-Unit (PTU) genannt wird, wurden dazu synchronisiert, sodass eine eindeutige Zuordnung zwischen den einzelnen 3D-Erfassungspunkten des Laserscan-ners und den Schritten des Servomotors möglich ist. Die Synchronisierung wird anhand von Zeitstempeln der jeweiligen Messwerte und einer Interpolation bei der Zuordnung durchgeführt. Aufgrund der somit vorliegenden Winkelstellung des Laserscanners, ermit-telt durch die Winkelstellung der Servomotoren, und den Abstand der Scanpunkte zum Laserscanner, lassen sich die einzelnen Punkte einer Laserscanlinie dreidimensional in einem Koordinatensystem rekonstruieren. Um dieses Koordinatensystem in Bezug zum Navigationskoordinatensystem des rotierenden Laserscanners NAV350 (siehe oben) zu setzen, muss die Transformation zwischen den beiden Laserscannern durch ein Kalibrie-rungsverfahren bestimmt werden. Dazu wurden beide Laserscanner in einer Startposition mit dem oben beschriebenen hochgenauen Messarmsystem vermessen. Die Halterung des LMS500 wurde so konstruiert, dass die Drehachse, um die der LMS500 durch den Servo-motor geschwenkt wird, parallel zur Bodenplatte des NAV350 verläuft. Damit können auf-grund der Vermessung der Transformation der beiden Laserscanner in der Startposition, alle anderen Positionen unter Einbeziehung der Winkelschritte des Servomotors berechnet werden. Die Position der Laserzentren wurde dabei aus den Konstruktionszeichnungen des Herstellers entnommen. Durch Zusammenführung der Lokalisierungsinformationen des LMS350 mit den somit bestimmten Transformationen lassen sich die erfassten Punkte im Lokalisierungskoordinatensystem bestimmen.

Um dieses Koordinatensystem ferner zu dem Koordinatensystem eines CAD-Modells, der zu untersuchenden Fabrik- oder Produktionsanlage zu verorten, wird ein Punkt in der realen Anlage vermessen (dafür wird momentan ein Reflektor verwendet), dessen Position auch im CAD-Modell bekannt ist. Anhand dieser Korrespondenz können alle erfassten Punkte eines Scans in das Koordinatensystem des CAD-Modells gebracht und kombiniert in einem Koordinatensystem dargestellt werden.

Zur Reduktion der Rüstzeit des Systems im Vergleich zu [2] wurde die Lokalisierung des NAV350 von einer reflektorbasierten Lösung auf eine Lösung mittels Konturverfolgung umgestellt. Dazu wurde von SICK eine Lösung (siehe Abschn. 6.1.3.1) entwickelt und im System integriert. Die Karte der Kontur der Einsatzumgebung muss in einem Vorverarbeitungsschritt vom System gelernt bzw. detektiert werden. Dazu wird mit dem AR-Planar im Vorfeld einer Untersuchung die Umgebung abgefahren, wobei die Konturen der Umgebung in einer Karte gespeichert werden. Der oben beschriebene vermessene Referenzpunkt in Form eines Reflektors dient dabei als Ursprung des Kartenkoordinatensystems und erlaubt damit, das CAD-Modell in Bezug zu der Karte zu bringen.

Sowohl der NAV350 zur Navigation als auch der LMS500 zur 3D Erfassung unterliegen Fehlern bei der Abtastung der Messpunkte einer Umgebung. Weitere Fehlerquellen in der gesamten Transformationskette stellen Fehler in den Kalibriermethoden und Fehler in der Vermessung des Referenzpunkts dar. Im Vergleich ist zudem die konturbasierte Lokalisierung fehlerbehafteter als die reflektorbasierte Methode. Um diese Fehler während der 3D Erfassung zu minimieren, wird der Iterative-Closest-Point (ICP) Algorithmus verwendet. Dieser nutzt mathematische Optimierungsverfahren, um zwei 3D-Punktwolken aufeinander abzubilden bzw. abzugleichen. Bei der 3D-Erfassung mit dem AR-Planar wird jeweils der 3D-Scan eines Standortes durchgeführt. Überlappen sich die Scans von zwei oder mehreren Standorten, können deren 3D-Punktwolken durch den ICP-Algorithmus in Deckung gebracht werden. Die oben beschriebenen Fehler lassen sich somit teilweise reduzieren. Vor allem die Fehler der konturbasierten Lokalisierung werden durch diese Methode minimiert. Leider jedoch ist der Einsatz des ICP Algorithmus auf den großen 3D-Erfassungsdatenmengen sehr zeitintensiv, sodass keine interaktiven Bildwiederholraten erreicht werden konnten. Dennoch ist der Einsatz aufgrund der Fehlerminimierung unabdingbar, um eine präzisere 3D-Erfassungsgenauigkeit zu erreichen.

6.1.4.3 Darstellung und Berechnung von großen Datenmengen

Durch Verwendung des VGR Renderers [5] des Partners 3DInteractive in beiden Nutzungsszenarien werden die großen CAD- und 3D-Erfassungsdaten in interaktiven Bildwiederholraten kombiniert visualisiert. Die durch 3D Interactive entwickelte Komponente zur asynchronen Befüllung (siehe Abschn. 6.1.3.2) der Datenbasis des VGR-Renderers ermöglicht zudem die sukzessive Integration der 3D-Erfassungsdaten in die Datenvisualisierung während eines Scanvorgangs, sodass die vormals notwendige Wartezeit, die bis zur Visualisierung der 3D-Erfassungsdaten zur Verfügung stand, vermieden wird. Auf diese Weise werden Zeit und Kosten beim Einsatz des Systems reduziert.

Die Berechnung eines detaillierten Vergleichs zwischen CAD- und 3D-Erfassungsdaten ist ein sehr rechenintensives Unterfangen, das sich schwer in interaktiven Bildwiederholraten abbilden lässt. Um die geforderten Bildwiederholraten für die interaktive Anwendung in beiden Nutzungsszenarien garantieren zu können, wurde daher ein approximatives Verfahren entwickelt, das zudem auf der Grafikkarte ausgeführt werden kann. Das Ergebnis der Berechnung stellt die Annäherung einer genauen mathematischen Lösung dar und erreicht im Durchschnitt eine Genauigkeit der Berechnungen, die mehr als 90 %

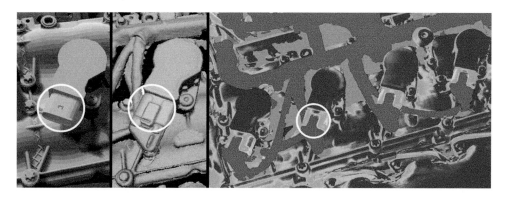

Abb. 6.11 Ergebnis (Rechts) des automatischen Vergleichs zwischen CAD-Daten (Links) und den 3D Erfassungsdaten (Mitte) für einen Ausschnitt eines Motorblocks

der Genauigkeit einer präzisen Vergleichsberechnung beträgt. Für ein visuelles Hinweissystem, das den Benutzer auf Abweichungen hinweist, reicht die Genauigkeit aus. Ist ein besseres Ergebnis gewünscht, so kann diese Berechnung im Nachgang einer interaktiven Untersuchung offline wiederholt werden.

Zur Umsetzung der Berechnungen wurde auf den in [3] und [4] beschriebenen Verfahren aufgebaut. Zur Berechnung des Vergleichs wird die Umgebung um einen 3D-Erfassungspunkt anhand eines Zufallsmusters abgetastet (siehe [4]) und es wird überprüft, ob sich an den Positionen der Abtastpunkte die Geometrie des CAD-Modells befindet. Der Abtastpunkt, welcher die CAD-Geometrie mit der geringsten Entfernung zum 3D-Erfassungspunkt abgetastet hat, dient als Maß für die Abweichung. Wurden keine CAD-Geometrien um den 3D-Erfassungspunkt getroffen, so stellt dies eine komplette Ungleichheit zwischen beiden Datenständen dar. Je nach Grad der Abweichung werden die Ergebnisse für den Benutzer interpretierbar in einer parametrierbaren Falschfarbendarstellung visualisiert. Häufig wird die Farbe Blau für geringe Abweichungen bis hin zu Rot für große Abweichungen gewählt. In Abbildung Abb. 6.11 sind die Ergebnisse einer automatischen Vergleichsberechnung zwischen CAD-Daten und 3D-Erfassungsdaten für einen Teil eines Motorblocks dargestellt. Im CAD Modell fehlen die Enden der Zündkappen, im realen Versuchsaufbau waren diese jedoch angebracht, wie im 3D Scan in der Mitte zu erkennen ist. Diese Abweichung wurde von dem Abgleichverfahren erkannt und dementsprechend in Rot als starke Abweichung eingefärbt (siehe Abb. 6.11, rechts).

6.1.5   Ergebnisse

Beide beschriebenen Nutzungsszenarien wurden im Projektverlauf erfolgreich umgesetzt. Zur Evaluation des analytischen MRs in kleinen Messvolumina wurde ein Rechner mit einer Intel Xeon CPU mit 8 Kernen, 128 GB RAM und einer NVIDIA Quadro K4000 mit

Abb. 6.12 Ergebnis der 3D Erfassung des Motorblocks als Grauwertdarstellung (oben links) und als eingefärbte 3D Punktwolke (oben rechts). Als Testobjekt wurde ein Motorblock (unten links) und dessen korrespondierende CAD-Daten (unten Mitte) verwendet. Das Ergebnis des berechneten Vergleichs zwischen CAD- und 3D Erfassungsdaten ist ebenso dargestellt (unten rechts)

3 GB GPU-RAM verwendet. Als Testobjekt wurde ein Motorblock verwendet, da es ein komplexes Objekt mit einer gewissen Größe darstellt. Die Ergebnisse der 3D-Erfassung und des automatisch berechneten Vergleichs zwischen CAD- und 3D-Erfassungsdaten sind in Abb. 6.12 dargestellt.

Das System entspricht den Anforderungen einer interaktiven Bedienbarkeit. Durch die direkte Integration des neuen Verfahrens in das bestehende Mixed Reality-System stehen die Daten bereits während des Erfassungsvorgangs zur Verfügung und der Abgleich kann so schnell berechnet werden. Dies ermöglicht ein effizientes Arbeiten mit dem System, ohne dass größere Warte- oder Datenaufbereitungszeiten notwendig wären. Der integrierte VGR-Renderer ermöglicht die Darstellung der großen CAD- und 3D-Erfassungsdaten in interaktiven Bildwiederholraten, sodass ein interaktives Arbeiten mit dem System ohne weiteres gelingt.

Zur Bewertung der 3D-Erfassungsgenauigkeit wurde zusätzlich eine Messkugel in 3D erfasst und mit dem korrespondierenden CAD-Modell der Kugel verglichen. Fehler in der Transformationskette lassen sich anhand dieses Aufbaus gut verifizieren, da das Kugelobjekt exakt der realen Messkugel entspricht und somit ein vollständig kontrollierter Aufbau vorliegt. Nach Auswertung mehrerer durchgeführter Messreihen lag die 3D-Erfassungs-präzision in folgenden Bereichen:

*   Mittelwert: 0,77 mm
*   Standardabweichung: 0,5 mm

Der Vergleich zwischen CAD- und 3D-Erfassungsdaten ist interaktiv berechenbar und liefert zuverlässige Ergebnisse, wie in Abb. 6.11 und 6.12 dargestellt ist. Das System bietet dem Benutzer hiermit ein Hinweissystem auf Bereiche, in denen Abweichungen vorliegen und kann dadurch Zeitaufwand und Kosten bei der Überprüfung von Aufbauten und Bauteilen reduzieren. Durch die 3D Erfassungsdaten wird der Ist-Zustand darüber hinaus effizient in 3D dokumentiert werden.

Das analytische MR für große Messvolumina wurde in einem Laborbereich der Daimler Protics GmbH getestet. Dazu wurde an mehreren Standorten ein 3D-Scan der Umgebung erstellt und in einer globalen Punktewolke durch Nutzung des ICP-Algorithmus zusammengeführt. Im Vergleich zum Szenario für kleine Messvolumina fallen deutlich größere Datenmengen an, die im Bereich mehrerer Gigabyte liegen. Die Geschlossenheit bzw. Punktdichte des Modells ergibt sich durch die Anzahl der an verschiedenen Standorten durchgeführten Scans. Bei der weiterentwickelten Version des AR-Planars handelt es sich um ein komplexes System, dessen Genauigkeit von vielen Fehlerquellen beeinflusst wird, wie in [2] und weiter oben beschrieben wird. Zur Bewertung der Genauigkeit wurden daher visuelle Analysen der Überlagerung von 3D-Erfassungsdaten mit dem Videobild der Videokamera durchgeführt. Im Durchschnitt wurde eine Genauigkeit im Bereich von 3–5 cm erreicht. Zur Absicherung von Gebäudegewerken in einer Anlage ist dies ein Wert, der den Einsatz des Systems ermöglicht. Die Visualisierung der Kombination von CAD- und 3D-Erfassungsdaten wird mit interaktiven Bildwiederholraten durchgeführt. Die Erstellung des 3D-Modells ist jedoch aufgrund der Rechenaufwände zur Bestimmung der Normalen in den einzelnen Punktwolken, welche für ein genaueres „Matching" der Einzelscans durch den ICP-Algorithmus benötigt werden, nicht interaktiv durchführbar. Dies soll in Zukunft durch weitere Arbeiten verbessert werden.

Des Weiteren wurde die konturbasierte Lokalisierung evaluiert, die im Vergleich zur reflektorbasierten Lokalisierung etwas schlechtere Ergebnisse erreicht hat, dafür jedoch die Rüstzeit des Systems verbessern konnte. Die konturbasierte Lokalisierung weist ferner ein höheres Rauschverhalten auf. Dennoch konnte die Einsatztauglichkeit mit der konturbasierten Lokalisierung im Vergleich zur reflektorbasierten Lösung bestätigt werden. Eine Verbesserung der Präzision ist in Zukunft jedoch wünschenswert und soll Bestandteil zukünftiger Arbeiten über das Projekt hinaus sein. Beim Einsatz der Technologie muss berücksichtigt werden, dass Bereiche mit wenigen Details in der Kontur oder symmetrischen Strukturen zu Problemen und fehlerhaften Lokalisierungsergebnissen führen können, was. im Laborbereich während der Evaluation ermittelt wurde. In Abb. 6.13 sind Ergebnisse aus der Evaluation dargestellt. Die Erfassungsdaten sind entsprechend den Remissionswerten des Laserscanners eingefärbt. Die Heterogenität der Punktdichte

Abb. 6.13 Ergebnis der 3D Erfassung eines Laborbereichs (unten). Die zur Lokalisierung verwendete Karte der Konturen des Labors ist unten rechts abgebildet. Oben links ist ein Bild aus der Evaluation dargestellt und die Überlagerung mit den 3D Erfassungsdaten findet sich oben rechts

ergibt sich daraus, dass manche Bereiche durch die Auswahl der Standorte der Einzelscans unterabgetastet sind oder durch Gegenstände in der Szene verdeckt wurden.

6.2   Mixed Reality Fabrication

In dem Anwendungsszenario „MR-Fabrication" wurden Systemlösungen erforscht und prototypisch umgesetzt, mit denen operatives Personal mit Hilfe von virtuellen Technologien in der Tätigkeitsausübung unterstützt werden. Das Szenario ist äußerst komplex, da unterschiedliche Hardwarekomponenten von mehreren Lieferanten gleichzeitig genutzt und, trotz hoher Anforderung an die Rechenleistung, die Akzeptanz der Endnutzer erreicht werden mussten. Ebenso von Bedeutung sind die Robustheit des gesamten Systems und der zeitliche Aufwand für die Inbetriebnahme der Technologien. Diese unterschiedlichen Technologiebausteine sollten mit Hilfe der ARVIDA-Referenzarchitektur zusammengeführt werden.

Das Szenario verknüpft 3D-Scanning-, Tracking-, Rendering sowie Projektionstechnologien, sodass Objekte und Modelle aus der realen Fertigung in die virtuelle Realität (z. B. CAD-System) überführt werden und hier bei höchster Genauigkeit effektiv weiterverarbeitet werden können. Weiterhin werden fertigungsrelevante Informationen auf streng konkave und/oder konvexe Formbauteile projiziert. Dabei müssen praxistaugliche Rüstzeiten garantiert werden.

Insgesamt wurden für das Szenario Verfahren, Methoden und Schnittstellen betrachtet, analysiert, realisiert und an die ARVIDA-Referenzarchitektur adaptiert, um die Nachhaltigkeit und die Interoperabilität der unterschiedlichen Lösungen zu sichern. Folgende Aspekte sollten konkret betrachtet werden:

- Tracking einer Umgebung innerhalb eines komplexen und veränderbaren Bereiches.
- Soll-/Ist-Abgleich zwischen CAD und realer Umgebung. Fehler oder fehlende Bauteile können erkannt und im Zielsystem visualisiert werden.
- Scanning einer Umgebung innerhalb eines komplexen und veränderbaren Bereiches. Umfeld/Objekte werden dabei erkannt und konform in ein CAD System (NX) überführt. Fehler durch Verdeckungen und Abschattungen werden durch mobile Laserscanner korrigiert bzw. das Datenmodell ergänzt.
- Durch Projektion in die Negativform eines GFK-Bauteils wird die genau zu erreichende Bauhöhe der GFK-Platte angezeigt und mittels Laserscannen permanent überwacht. Um Fertigungstoleranzen auszugleichen zu können, wird die Differenz der Soll/Ist-Geometrie der Fundamentierung auf die GFK-Platten projiziert. Zudem werden weitere fertigungsrelevante Informationen wie z. B. Bohrlochpositionen und Ausschnitte verzeichnungsfrei auf das Formbauteil projiziert.

6.2.1 Umfelderkennung und Tracking

Technologien für den Soll-Ist-Abgleich Die Fertigung von komplexen Spezialschiffen erfolgt in kleinen Losgrößen bzw. Unikaten und kann eine Fertigungszeit von mehreren Jahren bedingen. Um die Durchlaufzeit bei derart komplexen Produkten zu minimieren, wird ein paralleler Konstruktions- und Fertigungsprozess durchgeführt. Daher benötigt die Werft eine flexible Planung der Fertigungsabläufe und einen kontinuierlichen Abgleich der Konstruktionsdaten mit den realen Daten. Flexibilität und Datenabgleich müssen in die Systeme für das Produktdatenmanagement (PDM) einfließen, die eine moderne Produktentwicklung/-planung/-fertigung im Maschinen-, Anlagen-, Hoch- und Tiefbau unterstützen. Darüber hinaus ermöglicht ein Product-Lifecycle-Management (PLM) das Management eines Produkts über den gesamten Lebenszyklus. Ein wichtiger Aspekt von PDM/PLM Systemen ist ein digitales Produktmodell, das die technischen Dokumente (CAD-Daten, Schaltpläne, etc.) und die Ressourcenplanung in einem zentralen Dokumentenmanagementsystem (DMS) verwaltet. Damit ist es möglich, die Dokumente in Konstruktion, Planung und Fertigung konsistent zu halten sowie Änderungen

einzupflegen. Weiterhin können damit das gefertigte Produkt (Ist-Stand) mit der geplanten Konstruktion (Soll-Stand) abgeglichen und darüber hinaus nicht geplante Bauteile
hinzugefügt werden.

In ARVIDA werden für die flächige Erfassung von einzelnen Bauteilen optische Messsysteme eingesetzt. Dazu werden 3D-Scanningsysteme (z. B. Laser-Abstands-Messsysteme)
mit hochgenauen Lagemesssystemen (3D-Trackingtechnologien) gekoppelt, sodass einzelne
Laser-Scans aus verschiedenen Positionen und Richtungen erfasst und in einer rekonstruierten Umwelterfassung rekonstruiert werden können. Dementsprechend wurden im Rahmen
dieses Szenarios Technologien zum Tracking auf Grundlage von Laserscandaten entwickelt.

Kameraposentracking auf Grundlage der Scandaten Wesentliche Voraussetzung
für die Fusion und die Visualisierung von Scan- und CAD-Daten ist das Tracking des
3D-Scanners, mit dem die Umgebung erfasst wird. Im Rahmen von ARVIDA wurden hier
modellbasierte Trackingverfahren entwickelt, durch welche die Kamerapose in Relation
zu einer gegebenen CAD-Geometrie bestimmt werden kann. Das ist für den SOLL/IST
Abgleich nur bedingt einsetzbar, da Unterschiede zwischen IST-Umgebung und CAD-
Daten auftreten können und deshalb die CAD-Daten per se nicht als Referenz herangezogen werden können. Hier wurden deshalb die folgenden Vorgehensweisen etabliert:

- Interaktive Definition der Referenzgeometrien
  Durch eine Benutzerinteraktion wählt der Prüfingenieur im Strukturbaum der CAD-
  Daten die Bereiche aus, die als exakte Referenzgeometrie herangezogen werden
  können. In diesem Fall können die modellbasierten Trackingverfahren für das Tracking
  der Kamerapose eingesetzt werden.
- Verwendung von 3D-Scans der Umgebung als Referenz
  In diesem Fall werden 3D-Scan-Daten der Umgebung als Referenzdaten für das Tracking herangezogen. Somit können Trackingverfahren auf der Grundlage der 3D-Scans
  eingesetzt werden. Der Vorteil dieses Ansatzes ist der, dass auch homogenere Flächen-
  elemente (z. B. GFK-Bauteile), die wenig Struktur also wenige Kanten aber trotzdem
  eine charakteristische Oberflächenform aufweisen, getrackt werden können.

Die Idee bei der Verwendung von 3D-Scan-Daten zum Tracking der Scannerpose ist die,
dass die 2,5D-Rohdaten (Videobild mit Tiefeninformation aus einer bestimmten Scannerpose) permanent zu einem 3D-Modell fusioniert werden. Für die Fusion von 2,5D-Rohdaten
und dem rekonstruierten 3D-Modell wird der Iterative-Closest Point Algorithmus (ICT-Algorithmus) [7] eingesetzt. Damit wird ein Tracking mit dem folgenden Ablauf umgesetzt:

- Die 2,5D-Rohdaten werden mit dem mobilen 3D-Scanner erfasst (siehe Abb. 6.14,
  oben links)
- Eine Tiefenkarte des 3D-Modells wird gerendert, dazu werden die intrinsischen Kameraparameter des 3D-Scanners und die getrackte Scannerpose aus dem vorherigen Scan
  genutzt (siehe Abb. 6.14, oben rechts)

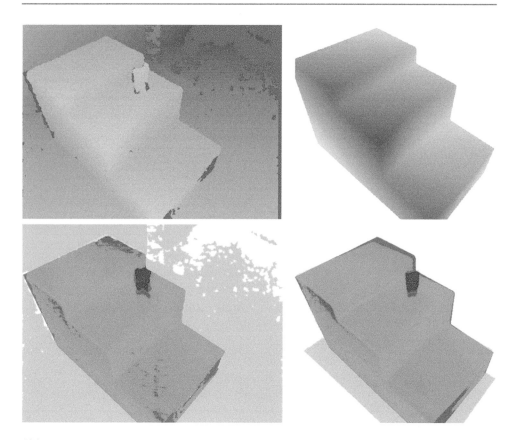

Abb. 6.14 Tracking der 3D-Scannerpose über den Iterated-Closest-Point Algorithmus

- Durch Überlagerung der 2,5D-Rohdaten und dem gerenderten 3D-Bild wird ein Differenzbild generiert (siehe Abb. 6.14, unten links)
- Der ICT-Algorithmus richtet die 2,5D-Rohdaten auf der Punktwolke aus, mit der Transformation der Rohdaten wird die Scannerpose transformiert und somit wird die neue Scannerpose getrackt.

Für die Realisierung des ICP-Algorithmus wurde der Kinect-Fusion-Algorithmus [7] in der folgenden Art modifiziert (siehe Abb. 6.15):

Das Trackingverfahren beginnt mit der Aufnahme der 2,5D-Rohdaten durch den handgeführten Laserscanner. Dabei werden die folgenden beiden Schritte durchgeführt:

- Schritt 1: Filtern der Rohdaten
  - eine Korrektur der Linsenverzerrung wird durchgeführt (hier wird ein Standardverfahren durch Berechnung eines Entzerrungspolynoms eingesetzt [8]).
  - Rauschen wird aus den 2,5D-Rohdaten herausgefiltert

Abb. 6.15 Blockdia-
gramm zum Scanbasierten
Trackingalgorithmus

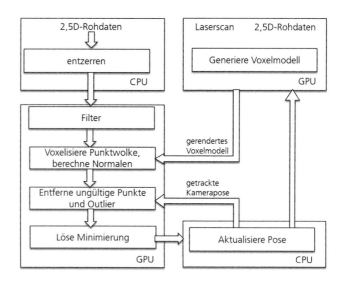

- Schritt 2: Konvertierung der 2,5D-Rohdaten in eine dreistufige Bildpyramide
  - die 2,5D-Rohdaten werden in drei verschiedenen Auflösungen skaliert (volle Auflösung, halbe Auflösung, viertel Auflösung)
  - für jede Auflösung werden die Rohdaten voxelisiert
  - auf den voxelisierten Daten werden Normalen berechnet
- Schritt 3: Aktualisierung Kamerapose
  - Die 6-DoF Transformation wird bestimmt, die die aktuellen aufgezeichneten 2,5D-Rohdaten aus Frame k in das bisher aus den Frames 1 bis k-1 rekonstruierte Voxelmodell bestimmt.
  - Dazu wird der ICP-Algorithmus mit den verschiedenen Auflösungsstufen ausgeführt (beginnend mit der gröbsten Auflösung).
  - Dabei werden (im Gegensatz zum Original Kinect-Fusion-Algorithmus) die folgenden Iterationen durchgeführt:
  - Gröbste Auflösung: 10 Iterationen
  - Mittlere Auflösung: 5 Iterationen
  - Feinste Auflösung: 4 Iterationen

Im Gegensatz zum originären Kinect-Fusion-Algorithmus wird eine Rückprojektion der in Frame k aufgezeichneten 2,5D-Rohdaten in das rekonstruierte Voxelmodell aus der Kamerapose durchgeführt, die in Frame k-1 getrackt wurde. Korrespondenzen werden auf Grundlage des Punktabstandes und auf Grundlage der berechneten Normalen durchgeführt. Dabei werden Korrespondenzen verworfen, wenn der Punktabstand größer als 50 mm und die Winkeldistanz der Normalen größer als 20° ist.

Realisierung des Soll-Ist Abgleichs Zu Realisierung des Soll-Ist-Abgleichs wurde ein Augmented-Reality-Analysewerkzeug entwickelt, dass die folgenden Funktionalitäten zur Verfügung stellt:

Abb. 6.16 AR- Visualisierung
der Differenzen von Scan- und
CAD-Daten

- Offline Vergleich von gescannter Punktwolke und CAD-Modell
- Zahlreiche Scanningverfahren stellen keine Möglichkeit zur Verfügung, über die die 2,5D-Rohdaten von externen Softwarekomponenten in Echtzeit eingelesen werden können. Deswegen können die Scan-Daten auch in einem Offlineprozess zum CAD-Modell registriert und in einer Augmented Reality Anwendung visualisiert werden (siehe Abb. 6.16)
- Auf Grundlage der ARVIDA Referenzarchitektur wurde ein SOLL-IST-Abgleich-Analysewerkzeug entwickelt. Hier können die Scan-Daten eingelesen werden (siehe Abb. 6.17, oben). Aus diesen Scan-Daten werden die Referenzmodelle für das modell-basierte Tracking abgeleitet. Für die Ableitung der Referenzmodelle ist es notwendig, die Scandaten zu filtern und aufzubereiten. So können erst Scandaten ab einer gewissen Länge und Dicke als Kantenreferenz herangezogen werden, um zu verhindern, dass Scanartefakte die Qualität des Referenzmodells zerstören. Die Kantengenerierung wird dazu parametrisiert und kann vom Benutzer über ein interaktives Menü skaliert werden (siehe Abb. 6.17, unten links). Die Trackingreferenzmodelle werden deshalb aus den Scandaten abgeleitet, um sicherzustellen, dass die getrackte Umgebung auch exakt mit der vorhandenen Geometrie übereinstimmt. In der Augmented-Reality-Über-lagerung der CAD-Daten können Elemente im Strukturbaum selektiert und transpa-rent geschaltet werden, ebenso können Schnittebenen und Kantenmodelle platziert werden. Dadurch wird eine exakte Analyse der Soll-Ist-Differenz unterstützt. Alter-nativ zum Tracking über die Scan-Daten kann über Marker getrackt werden (Tracking von Extend3D). Dabei können Markeradapter eingesetzt werden. Diese Markeradapter werden in der zu trackenden Umgebung angebracht.
- Die Anwendung wurde über eine JavaScript-Umgebung integriert, über die alle ARVI-DA-Dienste angesprochen werden können. Die Integration der ARVIDA-Dienste basiert auf der JavaScript-Engine NW.js. Für die Visualisierung der 3D-Daten wird der WebGL-basierte Renderer X3Dom [9] eingesetzt. Hier können CAD-Daten über den

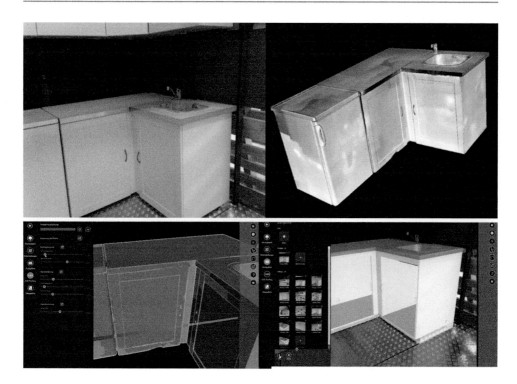

Abb. 6.17 AR-Werkzeuge für den Soll-Ist Vergleich

ARVIDA-Transcoderdienst in den Editor zum Soll-Ist-Abgleich eingelesen werden. Der Trancoderdienst unterstützt die Formate JT und PDMXML und erzeugt im User-Interface direkt einen Strukturbaum, in dem CAD-Elemente bzw. Untergruppen selektiert, ein- und ausgeblendet oder mit Transparenzen versehen werden können. Über Schnittebenen wird die Überlagerung von Scan- und CAD Daten analysiert (siehe Abb. 6.16 unten).

Zusammenfassung der Ergebnisse Der hier entwickelte interaktive Soll-/Ist-Vergleich mit Tracking auf Basis von Ist-Scandaten hat hohes Potenzial, zur Lösung der bestehenden Herausforderungen in der Fertigung von Unikaten beitragen zu können. Die vorgegebenen Anforderungen aus den Szenarien hinsichtlich Performance und Genauigkeit wurden mit dem Prototypen erreicht. Weitere Versuche unter Realbedingungen im Fertigungs- bzw. Modernisierungsprozess müssen die Praxistauglichkeit beweisen.

6.2.2 Verzeichnungsfreie Aufprojektion von Fertigungsinformationen in Formbauteile

In diesem Kapitel wird eine Lösung präsentiert, um Soll-/Ist-Abweichungen großer Bauteile zu erfassen und sie in Form von Farbinformationen in 3D auf das Bauteil aufzuprojizieren.

Dies ermöglicht es, Informationen für korrigierende Bearbeitungsschritte „Auftrag" oder „Abtrag" qualitativ und quantitativ anzuzeigen.

Die schiffbauliche Fertigung und Montage von Außenhaut-Bauteilen aus faserverstärkten-Kunststoffen (FVK), wie z. B. Glas- (GFK) und Kohlenstofffaserverstärkten-Kunststoffen (CFK), erfolgt bisher unter Verwendung von 2D-Zeichnungen aus Normalprojektionen und Detailansichten. Diese Konstruktionszeichnungen werden im CAD-Programm von dem konstruierten Soll-Modell erzeugt und beinhalten eine Fertigungstoleranzvorgabe nach DIN-Norm 2768-m. Die Maße eines solchen GFK-Außenhautbauteiles bewegen sich zwischen $3 \times 1,5$ m bis zu 9×5 m und wiegen dabei bis max. 3500 kg. Die entsprechenden Bauformen, u. a. auch aus GFK, in denen diese Bauteile angefertigt werden, sind von gleicher Größe und beinhalten zusätzlich eine Bearbeitungs- und Produktionszugabe.

Im Bereich der Außenhaut werden die GFK-Bauteile auf eine darunterliegende Stahlschiffbaustruktur montiert. Im Zusammenfügen sind die jeweiligen unterschiedlichen Fertigungstoleranzen eine entscheidende Größe. Die allgemeinen Schweißtoleranzen im Schiffbau sind sehr grob und betragen laut DIN13290 bis zu 4 mm auf 120 mm Länge. Im Bereich der FVK-Bauteilproduktion gelten deutlich geringere Toleranzen.

Aufgrund dieser Montagevoraussetzung entstehen recht hohe Abweichungen zwischen GFK-Bauteilen und der entsprechenden stahlschiffbaulichen Fundamentstruktur. Zur Behebung dieser Abweichungen müssen die nach Soll-Geometrie hergestellten GFK-Bauteile in der bisherigen Praxis in mehreren Iterationen an die vorhandene Ist- Stahlschiffbaustruktur angepasst werden. Dies führt auf Grund der Größe und des Gewichtes der betroffenen Bauteile zu einem vermehrten Transport und Arbeitsaufwand.

6.2.2.1 Herausforderung und Lösungsansatz

Der Problemlösungsansatz war, die Stahlschiffbaustruktur und die GFK-Bauform mit Hilfe industrieüblicher 3D-Dokumentations-Hardware (3D-Laserscanner) zu erfassen und zu digitalisieren. Die Kombinierbarkeit der eingesetzten Laserscanner muss dabei gewährleistet sein, da in einigen Bereichen mit einer höheren Abschattung oder höheren Genauigkeitsanforderungen gerechnet werden muss. Die tatsächlichen Ist-Modelle der Montageverhältnisse sollen abschließend digital vorliegen.

Anhand der erfassten Scandaten soll die tatsächlich entstandene Differenz zwischen der Soll-Lage der Schiffbaufundamente aus dem CAD mit der Ist-Lage der Fundamente aus dem Scan ermittelt werden. Mit Hilfe dieser Differenz aus dem Soll-/Ist-Vergleich und den Scandaten der GFK-Bauform soll ein Falschfarbenbild derart berechnet werden, das anzeigt, an welchen Stellen des GFK-Bauteils montagevorbereitende Anpassarbeiten durch Auflaminieren erfolgen müssen. Mit diesem Prozess soll erreicht werden, dass das GFK-Bauteil in einem Arbeitsschritt passgenau für die bootsabhängige Stahlschiffbaustruktur gefertigt werden kann.

Um eine regelmäßige Aktualisierung des Falschfarbenbildes zu erreichen, werden Scanvorgänge des Ist-Zustandes des GFK-Bauteils in der Bauform vorgenommen. Für den korrekten Einsatz des Falschfarbbildes muss dieses verzeichnungsfrei auf das GFK-Bauteil projiziert werden.

Ziel des Vorhabens ist es, den Fertigungsprozess derart zu unterstützen, dass die GFK-Bauteile in einem Arbeitsschritt direkt an die individuell vorhandenen Abweichungen der Stahlstruktur angepasst werden und dadurch eine Reduzierung der Kosten für Transport und Nacharbeit zu erreichen.

Die Größe des Applikationsszenarios (bis zu 60 qm Bauformen) macht den Einsatz dynamischer 3D-Videoprojektionen zu einer Herausforderung. Statische 3D-Projektionssetups (zum Beispiel auf ganze Opernhäuser zu Showzwecken während der Nacht) wurden vielerorts realisiert. In diesem Einsatzszenario hingegen muss die Projektion dynamisch erfolgen und zum einen genau sein, dabei innerhalb nachweisbarer Toleranzen liegen, und zum anderen muss sie unter Tageslichtbedingungen gut sichtbar sein. Ein herkömmlicher Videoprojektor mit Full HD-Auflösung (1920 Pixeln in der Horizontalen), ermöglicht bei idealem Projektionswinkel somit nicht einmal eine Auflösung von 1 mm bei einer Bildbreite von 2000 mm. Zudem wird die Genauigkeit der Projektion von der Trackinggenauigkeit stark beeinflusst. Für eine genaue Projektion müssen verlässliche Tracking-Referenzen (gleich ob markerbasiert oder markerlos) rund um das Projektionsfeld verfügbar sein. Es ist aber oft nicht möglich, in der Mitte der Bauform zu projizieren und dabei rundherum Tracking-Referenzen zu sehen, da diese nur am oft weit entfernten Rand permanent untergebracht werden können. Permanente Tracking-Targets im mittleren Bereich, der zugleich Arbeitsbereich ist, würden den Werker bei der Arbeit stören. Um eine sichtbarere Projektion im Werkstattumfeld (500–800LUX) auf zudem unkooperativen Materialien (Glasfasermatten absorbieren einen Großteil des Lichtes) zu erzielen, sind circa 3000 ANSI Lumen/qm notwendig. Insgesamt ist die Helligkeits-Anforderung höher priorisiert als die Auflösung, da die Projektion sichtbar sein muss. Eine Abdeckung des gesamten Projektionsbereiches ist aus gerade beschriebenen Faktoren nicht möglich – zudem sind die Bearbeitungsflächen oft nicht planar, wodurch sich insgesamt die Anforderung ergibt, mit mehreren Projektoren aus verschiedenen Perspektiven zu arbeiten.

6.2.2.2   Umsetzung und Evaluierung

Einscannen der Schiffbaustruktur Das Erfassen von Ist-Zuständen per 3D-Dokumentation erfolgt u. a. durch stationäre terrestrische Laserscanner (TLS) oder durch mobile handgeführte Systeme. Zusätzlich kann im Bedarfsfalle eine Kombination aus beiden durchgeführt werden, damit die benötigte Detailtiefe und -genauigkeit erreicht werden kann. Durch diese Unabhängigkeit der Datengenerierung können entsprechende Mehrwerte z. B. bei der Aufklärung von Hinterschneidungen und Abschattung in Zwangspositionen erlangt werden, sodass durch unterschiedliche Aufnahmen aus verschiedenen Positionen ein dem Bedarf entsprechendes, umfangreiches Bild erzeugt wird.

Soll-/Ist-Vergleich Die Generierung des benötigten Falschfarbenbildes erfolgt per Target (Soll)/Performance (Ist) Software-Analyse, d. h. es werden das vorhandene CAD Modell und die erfassten 3D-Scandaten durch unterschiedliche Ausrichtungsmethoden

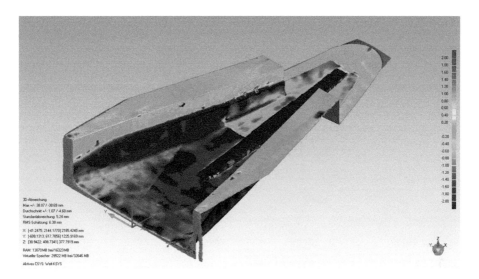

Abb. 6.18 Scanning Ergebnis und virtueller Soll-/Ist-Vergleich

entsprechend für die Abweichungsanalyse überlagert. Das daraus generierte Falschfarbenbild wird abschließend aufbereitet, sodass es als Polygonmodell exportiert und für die weitere Aufprojektion verwendet werden kann (Abb. 6.18).

Aufprojektion Falschfarbenbild Zur Umsetzung des Szenarios wurden vier kooperative dynamische Projektionseinheiten realisiert. Sie bestehen in diesem Szenario aus einem Full HD (1920 × 1080 Pixel) Projektor mit 8000 ANSI-Lumen Helligkeit. Für die Sensorik wurden zwei Stereokameras (10 MPix) verwendet, um verschiedene Sensorikalgorithmen der ARVIDA-Partner anbinden zu können, die dann die Position zur Bauform bestimmen. Projektor und Kameras sind auf einer speziell entwickelten Karbonwabenstruktur montiert, um thermische und mechanische Stabilitäten und damit eine längere Kalibrierfestigkeit und resultierende hohe Genauigkeit zu garantieren. Die Systeme werden jeweils über einen PC betrieben und sind untereinander vernetzt, sodass beim Wechsel der Projektionsinhalte nur ein System bedient werden muss und die anderen Systeme die gleichen Inhalte anzeigen können (Master-/Slave Konfiguration). Für die Anzeige der Soll/Ist Abweichung können verschieden Renderingservices über die ARVIDA-REST-Architektur benutzt werden (Abb. 6.19).

Kalibrierung für sehr große Projektionsflächen Kleine Projektionssysteme werden typischerweise in den Kalibrierlaboren von EXTEND3D kalibriert. Aufgrund der Größe des Projektionsfeldes und der Transportfähigkeit konnte dies jedoch nicht auf diese Weise realisiert werden. Das heißt, es musste eine großformatige Kalibrierumgebung (3 m x 4 m) geschaffen werden, die die hohen Genauigkeitsanforderungen erfüllt, beim Anwender vor Ort aufgebaut werden und zudem mit einem realistischen Budget umgesetzt werden

Abb. 6.19 Projektionseinheiten – Synchronisierte Projektion auf das Werkstück

kann. Aus diesem Grund wurde eine temporär stabile Präzisionskalibrierumgebung entwickelt. Dafür wurde eine Projektionswand mit Kalibriertargets ausgestattet und mittels
eines Photogrammetriesystems hochpräzise eingemessen. Noch am selben Tag werden
dann die Projektionssysteme kalibriert. So können äußere Einflüsse wie mechanische Veränderungen der Kalibrierwand zum Beispiel durch Temperatur-Deltas eliminiert werden
und es lässt sich eine qualifizierte Kalibrierung der Systeme durchführen. Diese ist je nach
mechanischer Belastung des Projektionssystems circa 6-12 Monate gültig.

Tracking im großen Bereich Um die genaue Projektion innerhalb der großen Bauformen zu realisieren, wurden verschiedene Technologien in Betracht gezogen. Dabei kommt
bei Projektionstechnologien nur eine InsideOut-Sensorik-Lösung in Frage, da diese eine
bessere Winkelgenauigkeit liefert (im Gegensatz zu Outside-In, welches eine bessere Posi-
tionsgenauigkeit liefert). Die Winkelgenauigkeit ist letztendlich relevanter für die Projektionsgenauigkeit. Als Basistechnologien wurden targetbasierte und targetlose Verfahren
in Betracht gezogen. Als targetlose Verfahren wurden sowohl optische Lösungen als auch
Scanning-Streifenlicht-Lösungen aus dem ARVIDA-Kontext in Betracht gezogen. Als tar-
getbasiertes Verfahren wurde das Kreismarker-Tracking betrachtet.

Für die Auswahl des Tracking ist es wichtig zu verstehen, dass eine Grundvoraussetzung für eine genaue Projektion ein genaues Tracking ist. Hierfür ist insbesondere

wichtig, dass sich um das Projektionsareal herum verlässliche Targets oder Features befinden, auf deren Basis eine Positionsberechnung durchgeführt werden kann. Befinden sich zum Beispiel nur auf einer Seite Targets/Features „verkippt" die Projektion auf der anderen Seite. Die Bauformen sind nur in den Randbereichen beständig, da in der Mitte die GFK-Matten positioniert werden und gerade diese ständig bearbeitet werden. Damit befinden sich auch nur in den Randbereichen verlässliche, permanente Features/Targets. Ein ursprünglicher Ansatz, die mittleren Bereiche markerlos zu erfassen (wie einleitend erwähnt mit photogrammetrischer oder scannendem Feature-Tracking) ist somit gar nicht möglich. Da sich im Randbereich Targets anbringen lassen und targetbasierte Tracking-verfahren immer robuster sind als targetlose, wurde für den Randbereich ein targetbasier-ter Ansatz gewählt.

Dafür wurden spezielle große Targets entwickelt, die zum einen aus größeren Distanzen noch von den Kamerasensoren identifiziert werden können und zum anderen abnehmbar sind, sodass sie mittels Messpunktadaptern über eine externe Messtechnik eingemessen werden können.

Mit diesem Schritt wurde eine robuste und genaue Tracking-Referenz für den Rand-bereich geschaffen. Für das Arbeiten in der Mitte der Form ist damit jedoch noch keine Lösung entwickelt. Aus dem ARVIDA-Baukasten wurde letztendlich die Technik des Markeranlernens („Einschneiden") angewendet, um temporäre Marker im mittleren Bereich hinzuzulernen. Dafür werden zusätzliche Marker auf Aluprofilen befestigt. Diese Aluprofile lassen sich bei Bedarf in den Arbeitsbereich „einklappen". Dann wird ein Pro-jektorkamerasystem benutzt, um aus „totaler" Perspektive über die permanenten bekann-ten Referenzen im Randbereich die temporär unbekannten Referenzen in der Mitte auf den Aluprofilen einzulernen. Die angelernten Targets werden dann in den Gesamtver-bund aufgenommen. Die totale Perspektive erlaubt ein Tracking, jedoch keine Projektion, da die Projektoren nicht für eine solch große Entfernung ausgelegt sind. Im Nahbereich ist mit diesem hybriden Trackingansatz dann jedoch eine genaue Projektion möglich (Abb. 6.20).

6.2.2.3 Fazit

Durch die hier implementierte und evaluierte iterative Aufprojektion von Fertigungsin-formationen in Formbauteile kann der Fertigungs- und vor allem der Montageprozess verbessert werden. Es wurde eine vollständige Prozesslösung inklusive der technischen Umsetzung entwickelt, um die Ist-Situation zu erfassen und aus ihr Fertigungsinforma-tionen abzuleiten und diese dann dynamisch, genau sowie großflächig aufzuprojizie-ren. Dabei sind wesentliche technische Komponenten austauschbar. Zukünftig lassen sich noch weitere Optimierungspotentiale heben, wenn die Erfassung, Berechnung und Projektion der Soll-/Ist-Differenzen vollständig in einer Lösung integriert sind und die Erfassung und Projektion somit unmittelbar und permanent während der Anfertigung durchführbar ist.

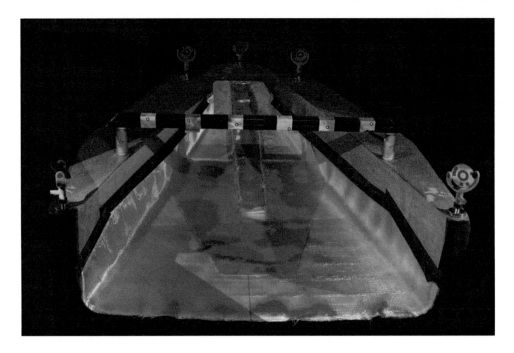

Abb. 6.20 Hybride Targetkonfiguration – Permanent kodierte Targets im Randbereich und unkodierte Targets auf Aluschiene die hinzugefügt werden und zur Laufzeit angelernt/„eingeschnitten" werden

6.2.3   Anbindung eines PLM-Systems (Teamcenter) an die ARVIDA-REST-Schnittstelle

Im Zuge des Einsatzes von neuartigen oder weiterentwickelten VT-Technologien ist die Anbindung eines Systems zum Produktlebenszyklusmanagement (PLM) von essentieller Bedeutung für die tatsächliche Nutzung der entwickelten VT-Systeme in der industriellen Praxis. Nur so können entwickelte Technologien in praxistauglicher Weise an den „Datentöpfen" der Unternehmen teilhaben.

Gemäß den ARVIDA-Zielen wurde das AR-System mit den Web Services[3] und dem File Management System des PLM-Systems Teamcenter über einen REST-Wrapper gekoppelt. Dadurch können die Produktmodelle als JT mit PMI-Daten aus der laufenden Teamcenter-Instanz ausgelesen und im AR-System visualisiert werden. Das File-Management-System als Instanz der Web-Services von Teamcenter wurde genutzt, um die Performanz auch bei örtlich verteilten Systemarchitekturen möglichst hoch zu halten. Es basiert auf der Nutzung zweier Caches auf Client- und Serverseite und einem vorgeschalteten

---

[3] Web Services bezeichnet Software, die die Interaktion zwischen zwei Systemen über ein Netzwerk ermöglicht.

Ticketsystem, um die Sicherheit der herauszugebenden Daten zu gewährleisten (Read Access), als auch bei zurückzuschreibenden Daten (Write Access). Ein Beispiel für die Nutzung der ARVIDA-Restschnittstelle ist die Übertragung der PMI-Informationen zur Unterstützung des Anwendungsszenarios „Zeichnungslose Fertigung" Abschn. 7.1.4.

Product and Manufacturing Information (PMI) Im Szenario „Zeichnungslose Fertigung" sind hier PMI bezeichnende Informationen, die über die reine Geometriedarstellung hinaus speziell für die Fertigung eines Produktes notwendig sind. Traditionell können dies Bemaßungen sein, aber es werden auch Form- und Lagetoleranzen oder beispielsweise Oberflächengüten dazugezählt. Diese Informationen werden direkt im 3D-Produktmodell angegeben. Einer der großen Vorteile bei der Verwendung von PMI ist die Einsparung der aufwendigen 2D-Zeichnungserstellung. In der Individualfertigung, besonders beim hohen Umfang an Einzelteilen im Schiffbau, sind die Kosten beträchtlich – und damit auch das Einsparpotential. Aber auch bei der maschinellen Verarbeitung, z. B. bei der Verwendung von Zerspanungsprozessen, bieten PMI Vorteile. Toleranzanalysen sind leichter durchführbar und unter Umständen müssen bei maschineller Produktion lediglich die Prüfmaße hinterlegt werden, was den Aufwand weiter reduziert. Ein weiterer Vorteil liegt in der schnellen Aktualisierbarkeit der Fertigungsinformationen. Durch die gängige parametrische Konstruktionsweise im CAD sind Änderungen im 3D-Modell auch mit einer automatischen Änderung der Bemaßungen verbunden. Die Fertigung kann des 3D-Modells und der PMI direkt nach der Freigabe habhaft werden – eine weitere separate Zeichnungsprüfung entfällt. Durch den direkten, digitalen Weg wird das Produktmodell in seinem Informationsgehalt so weit angereichert, dass es über den kompletten Lebenszyklus alle zur Fertigung und für nachfolgende Prozesse wichtigen Informationen bereithält. Die Prozesssicherheit wird erhöht, Durchlaufzeiten vermindert und Kosten werden gespart. In modernen CAD-Systemen wie Siemens NX können, um die Fertigungsinformationen gezielt nach Fertigungsschritten gerecht aufrufen zu können, mehrere Modellansichten mit zugehörigen PMI mitgespeichert werden (siehe Abb. 6.21).

In ingenieursorientierten Visualisierungsformaten sind dedizierte Metadatenfelder (Entitäten) für PMI reserviert. Am Beispiel des offenen, ISO-standardisierten Formats JT sind dies beispielsweise:

- Dimensionierungen und Toleranzen
- Oberflächenbehandlung
- Rahmen für Toleranzen und Bemaßungen
- Bezugsebenen und Schnittebenen
- Schweißmarkierungen (Punkt, Linie, Eckschweißung, Lichtbogenschweißung, Fügenaht u. a.)
- Benutzerdefinierte Symbole
- Kreismittelpunkte, Mittellinien
- Koordinatensysteme und –Annotationen
- Passungen

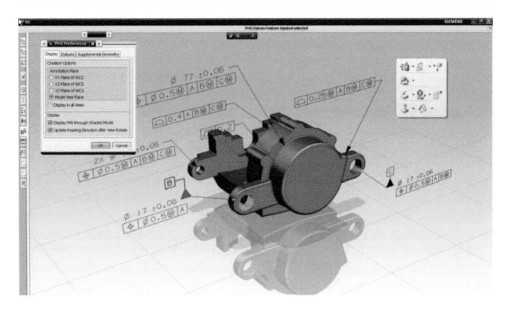

Abb. 6.21 Ansicht eines 3D-Modells mit Fertigungsinformationen

- Markierte Bereiche, beispielsweise für Klebeflächen
- Textuelle Notizen
- Koordinatensysteme
- Oberflächenbehandlungen
- Referenzachsen, -ebenen, -punkte und -kurven sowie Messpunkte

Im vorliegenden Anwendungsfall wurde besonders die Eignung von Schweißmarkierungen und Bemaßungen sowie Bohrungen evaluiert, da gerade diese beim Anfertigen der Rohrhalter eine wichtige Rolle spielen. Es besteht die Möglichkeit, die PMI nach Typ zu filtern, beispielsweise gezielt nach Bemaßung oder Schweißinformationen – was im vorliegenden Anwendungsfall besonders relevant ist.

Anbindung an die ARVIDA-Restschnittstelle Im Folgenden ist die logische Abfolge für das Auslesen einer Datei dargelegt. Da die Client-Seite je nach Qualität der Netzwerkverbindung prinzipbedingt einen gewissen „Flaschenhals" in der Datenübertragung erfährt, wird eine Steigerung der Performanz erreicht, indem lokal im sogenannten File-Client-Cache Daten zwischengespeichert werden. Eine weitere solche Ebene existiert auf Serverseite mit dem File-Server-Cache, der vor die tatsächliche Datenbank geschaltet ist. Darin begründet sich die Anzahl der Schritte, die notwendig ist, um die optimale Performanz zu erhalten (siehe Abb. 6.22).

Die Initiierung der Abfrage einer Datei aus einem Dataset erfolgt über die Anfrage einer Anwendung an Teamcenter mittels des Dateinamens, (1). Teamcenter überprüft die Zugriffsrechte des angemeldeten Users (2). Es wird ein Ticket generiert und an den Client

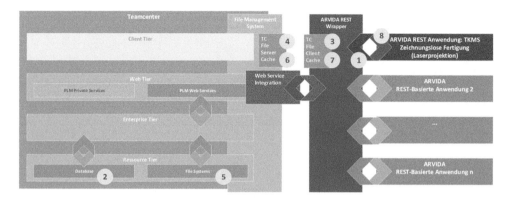

Abb. 6.22 Schema des Teamcenter File Management Systems in Verbindung mit dem ARVIDA REST Wrapper; sowie die Schritte der Authentifizierung eines Lesezugriffs auf eine Datei

übergeben. Der Client kann nun überprüfen, ob die Datei bereits im Client Cache vorliegt (3). Ist dies der Fall, so kann ohne weitere Datenübertragung die Datei aus dem File Client Cache aufgerufen werden. Ist dies nicht der Fall, wird überprüft, ob die Datei im Server Cache liegt (4; hier ist eine Übertragung über das WLAN notwendig). Wenn dies nicht der Fall ist, wird die Datei vom Volume Server (5) geladen und in den Server Cache übergeben (6), schließlich an den Client Cache gesendet (7) von wo aus über die REST-Schnittstelle eine Übergabe an die Zielapplikation (8) erfolgen kann.

6.3   Generisches Evaluationsszenario

6.3.1   Erstes Evaluierungszenario

In dem ersten Evaluierungsszenario des Teilprojektes 3.2. wurden Technologien wie Tracking, 3D Erfassung, Projektion und Visualisierung zusammengeführt und anhand eines realistischen Szenarios evaluiert. Ziel des Szenarios ist eine integrierte Systemlösung, die gemäß der Referenzarchitektur verschiedene Technologien kombiniert. Zudem wurde der Reifegrad dieser Technologien geprüft, um die Einsetzbarkeit im industriellen Umfeld voranzutreiben. Zudem wurde die erreichbare Genauigkeit im Rahmen der gemeinsamen Evaluierung gemessen und sollte im Rahmen des weiteren Projektverlaufes verbessert werden.

Das Szenario umfasst die Herstellung von Rohrhaltern und die Maßkontrolle eines Motorblockes mittels MR-gestützter Technologien und Methoden. Dabei wird der Werker im Herstellungsprozess mittels projizierter Fertigungs- bzw. Kontrollinformationen unterstützt und angeleitet. Abbildung 6.23 zeigt den Aufbau des Evaluationsszenarios.

Im Rahmen der Evaluierung wurden Aspekte gemäß der Referenzarchitektur überprüft und nachgewiesen. Dazu zählen Austauschbarkeit der Trackingverfahren, der Trackingkamerasysteme, der 3D-Erfassungs- und Visualisierungssysteme zur Darstellung der

Abb. 6.23 Aufbau des
Evaluationsszenarios

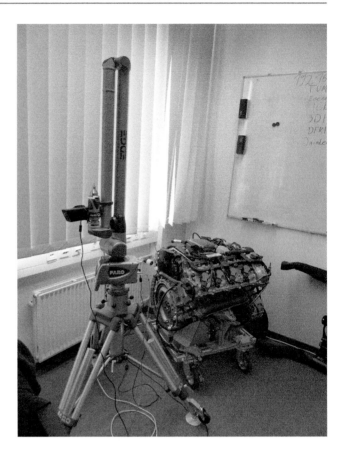

Abweichungen zwischen digitalem Soll-Modell und erfasstem 3D-Ist-Zustand. Der Nachweis der Genauigkeit von Tracking-, 3D-Erfassungs- und Projektionsverfahren sowie die Integrationsfähigkeiten der Technologien gemäß der Referenzarchitektur wurde erbracht.

Im ersten Setup des Evaluierungsszenarios wurden die Systeme, wie im tkMS- und Daimler Protics-Szenario vorgesehen, erprobt. Schrittweise wurden die Daten und Systeme wie Trackingkameras, Trackingverfahren, 3D Erfassungssysteme und Visualisierungssysteme erfolgreich ausgetauscht. Zu jedem Schritt der Evaluierung wurden Messprotokolle verfasst und am Ende bzgl. der Genauigkeit und der Erfüllung der Kommunikationsfähigkeit gemäß der ARVIDA-Referenzarchitektur analysiert und bewertet.

Aus den Lastenheften der involvierten Partner haben sich die folgenden Anforderungen ergeben:

Tracking Tracking einer Umgebung innerhalb eines komplexen und veränderbaren Bereiches. Ein Soll/Ist-Abgleich zwischen CAD und realer Umgebung wird dabei durchgeführt. Fehler oder fehlende Bauteile können erkannt werden. Anforderungen:

- Markerloses Tracking
- Genauigkeit des Trackings und der Projektion innerhalb der schiff- und ausrüstungs-baulichen Toleranzen nach DIN 2768 und für die Schweißungen DIN 13920.

3D Erfassung
Bauteile bis zur Größe einer Fahrzeugkarosse sollen dreidimensional erfasst werden können. Dazu bedarf es eines hochgenauen Tracking Systems, welches mit adäquaten Erfassungssensoren gekoppelt ist. Anforderungen:

- Hochpräzise 3D-Erfassung. Die 3D-Erfassung soll einzelne Bauteile im Millimeterbe-reich und Umgebungen im Bereich von unter 5 cm digitalisieren können.
- Möglichst lückenlose 3D-Erfassung
- Einfach zu bedienende, intuitive Erfassungsprozesse

Projektion
Fertigungsrelevante Informationen und Daten werden direkt auf die zu verarbeitenden Bauteile projiziert. Dieser Ansatz stellt sehr hohe Anforderungen an die Projektorkalib-rierung, da sich das Umfeld, auf das projiziert wird, permanent verändern kann und somit einen enge Integration von Projektorkalibrierungs- und Umfelderfassungstechnologien erforderlich wird.

Visualisierung
Geeignete Authoringwerkzeuge erzeugen die notwendigen Fertigungsinformationen und überführen diese Inhalte aus dem CAD in das Visualisierungswerkzeug.

Daten
- Die Modelle müssen mit PMI angereichert werden. Entsprechende so genannte Model Views müssen die PMI sinnvoll anordnen, sodass die relevanten PMI für die jeweilige Bau-teilsicht vom Projektionssystem extrahiert und ohne Störungen projiziert werden können.
- Die Modelle sollen im JT-Format zur Verfügung gestellt werden.

6.3.2   Zweites Evaluierungsszenario

Im zweiten Evaluierungsszenario wurden mit dem System für kleine Messvolumen gewonnene 3D Erfassungsdaten der beteiligten Partner zusammengeführt und sämtli-che erfasste Daten mittels des Renderers von 3Dinteractive in einer Szene visualisiert (Abb. 6.24).

Das Ziel der Umsetzung ist somit ein vernetztes System, welches 3D-Erfassungsdaten aus mehreren Quellen und von unterschiedlichen Systemen gemäß der ARVIDA-Referen-zarchitektur empfangen kann. Diese Daten werden dann in einem einheitlichen Koordina-tensystem zusammengeführt und visualisiert.

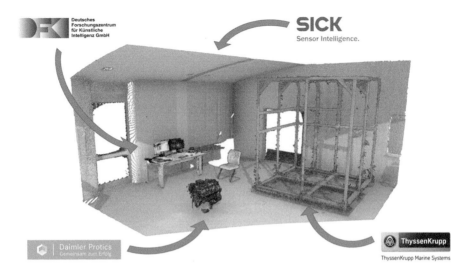

Abb. 6.24 3D-Erfassungsdaten im Evaluationsszenario

Literatur

[1] Scheer F, Specht R, Hildebrand A, Geißel O, Hein S (2008) VR/AR in der prototypischen Prozessoptimierung für die thermische Absicherung von Fahrzeugen. Proceedings of the 7th Paderborner Workshop Augmented & Virtual Reality in der Produktentstehung 2008

[2] Scheer F, Müller S (2012) Indoor tracking for large area industrial mixed reality. Proceedings of the Joint Virtual Reality Conference (JVRC) of the 18th Eurographics Symposium on Virtual Environments (EGVE), 9th EuroVR Conference, and the 22nd International Conference on Artificial Reality and Teleexistence (ICAT)

[3] Scheer F, Marschner M (2010) Approximating distance fields in image space. Proceedings of the Joint Virtual Reality Conference (JVRC) of the 7th Euro VR (Intuition) Conference, 16th Eurographics Symposium on Virtual Environments (EGVE) and the Virtual Efficiency Congress (VEC)

[4] Scheer F, Keutel M (2010) Screen space ambient occlusion for virtual and mixed reality factory planning. J WSCG 18:1–3

[5] Kasik D, Brüderlin B, Heyer M, Pfützner S (2007) Visibility-guided rendering to accelerate 3d graphics hardware performance. In: SIGGRAPH '07: ACM SIGGRAPH 2007 courses. ACM, New York, S 7

[6] Nießner M, Zollhöfer M, Izadi S, Stamminger M (2013) Real-time 3d reconstruction at scale using Voxel Hashing. ACM Transactions on Graphics (TOG) 32(6):169

[7] Newcombe RA, Izadi S, Hilliges O, Molyneaux D, Kim D, Davison AJ, Kohli P, Shotton J, Hodges S, Fitzgibbon A (2011) KinectFusion: real-time dense surface mapping and tracking. In: Proceedings of 10th IEEE international symposium on mixed and augmented reality, IEEE Computer Society, Washington, S 127–136

[8] Wientapper F, Wuest H, Rojtberg P, Fellner DW (2013) A camera-based calibration for automotive augmented reality head-up-displays, In: IEEE Computer Society Visualization and

Graphics Technical Committee (VGTC): 12th IEEE International Symposium on Mixed and Augmented Reality 2013: ISMAR 2013. IEEE Computer Society, Los Alamitos, IEEE Computer Society, Washington, S 189–197

[9]   Jung Y, Drevensek T, Behr J, Wagner S (2012) Declarative 3D approaches for distributed web-based scientific visualization services; Dec3D: Declarative 3D for the Web Architecture. http://ceurws.org/Vol-869/. Zugegriffen: 23. März 2017

[10]   Cui Y, Schuon S, Thrun S, Stricker S, Theobalt C (2013) Algorithms for 3D shape scanning with a depth camera. IEEE T Pattern Anal (PAMI)

[11]   Newcombe R, Izadi S, Hilliges O, Molyneaux D, Kim D, Davison AJ, Kohi P, Shotton J, Hodges S, Fitzgibbon A (2011) Kinectfusion: real-time dense surface mapping and tracking. In: IEEE International Symposium on Mixed and Augmented Reality (ISMAR), Basel, 10. Aufl., S 127–136

[12]   Steinbrücker F, Kerl C, Cremers D (2013) Large-scale multi-resolution surface reconstruction from RGB-D sequences. In: IEEE International Conference on Computer Vision (ICCV), Sydney, S 3264–3271

[13]   Tsai RY, Lenz RK (1989) A new technique for fully autonomous and efficient 3D robotics hand/eye calibration. In: IEEE T Robotic Autom ICRA, 5. Aufl., S 345–358

[14]   Wasenmüller O, Meyer M, Stricker D (2016) CoRBS: comprehensive RGB-D benchmark for slam using kinect v2. In: IEEE Winter Conference on Applications of Computer Vision (WACV), Lake Placid, S 1–7

[15]   Wasenmüller O, Meyer M, Stricker D (2016) Augmented reality 3D discrepancy check. In: IEEE International Symposium on Mixed and Augmented Reality (ISMAR). Merida, Mexico

[16]   Wasenmüller O, Stricker D (2016) Comparison of kinect v1 and v2 depth images in terms of accuracy and precision. In: Asian Conference on Computer Vision Workshop (ACCV Workshop), Taipeh, Taiwan

[17]   ASTM E57 Committee on 3D Imaging Systems. http://www.astm.org/COMMIT/COMMITTEE/E57.htm. Zugegriffen: März 2017

[18]   Garland M, Heckbert PS (1997) Surface simplification using quadric error metrics. In: Proceedings of the 24th annual conference on computer graphics and interactive techniques, SIGGRAPH '97, New York, S 209–216

[19]   Lévy B, Petitjean S, Ray N, Maillot J (2002) Least squares conformal maps for automatic texture atlas generation. In: Proceedings of the 29th Annual Conference on Computer Graphics and Interactive Techniques, SIGGRAPH'02, New York, S 362–371

[20]   Horn B (1987) Closed-form solution of absolute orientation using unit quaternions. JOSA A 4(4):629–642

[21]   Pustka D (2004) Handling error in ubiquitous tracking setups. TU München Master Thesis

Werkerassistenz

7

Ulrich Bockholt, Sarah Brauns, Oliver Fluck, Andreas Harth, Peter Keitler,
Dirk Koriath, Stefan Lengowski, Manuel Olbrich, Ingo Staack, Ulrich
Rautenberg und Volker Widor

Zusammenfassung

Es werden Szenarien beschrieben, die sich mit Aufgabenstellungen der Mitarbeiterführung und der Mitarbeiter-Assistenz in der Industrie befassen. Im Anwendungsszenario
„MR-Engineering" wurden Systemlösungen erforscht, mit denen Planer, Arbeitsvorbereiter und In-Betrieb-Nehmer mit Hilfe von virtuellen Techniken und individuellen Software-Lösungen in Zukunft unterstützt werden können. Im Szenario „3D-Bauplanung"
wird die automatische Verknüpfung von Generalplan und Daten zur Auftragsabwicklung
dargestellt. Ziel ist es, die Arbeit des Planers mit effizienteren und anschaulicheren Folgen
von Arbeitsschritten zu vereinfachen. In den weiteren Szenarien „3D-Bauanleitung",

U. Bockholt (✉) · M. Olbrich
Fraunhofer Gesellschaft/ IGD, Darmstadt
e-mail: Ulrich.Bockholt@igd.fraunhofer.de; manuel.olbrich@igd.fraunhofer.de

S. Brauns · D. Koriath · U. Rautenberg
Volkswagen AG, Wolfsburg
e-mail: sarah.brauns@volkswagen.de; dirk.koriath@volkswagen.de;
ulrich.rautenberg@volkswagen.de

O. Fluck · S. Lengowski · I. Staack · V. Widor
ThyssenKrupp Marine Systems GmbH, Kiel
e-mail: stefan.lengowski@thyssenkrupp.com; ingo.staack@thyssenkrupp.com;
volker.widor@thyssenkrupp.com

A. Harth
Karlsruher Institut für Technologie, Karlsruhe
e-mail: harth@kit.edu

P. Keitler
EXTEND3D GmbH, München
e-mail: peter.keitler@extend3d.de

© Springer-Verlag GmbH Deutschland 2017   309
W. Schreiber et al. (Hrsg.), *Web-basierte Anwendungen Virtueller Techniken*,
DOI 10.1007/978-3-662-52956-0_7

„Intelligentes Schema" und „Fertigen ohne Zeichnung" wird die Planung von Rohrleitungen und die Ableitung von Bauanleitungen unterstützt. Hier werden Daten zusammengeführt und über Augmented Reality visualisiert. Im Unterkapitel „Mobile Projektionsbasierte Assistenzsysteme" werden in vier Anwendungsszenarien Systeme entwickelt
und beschrieben, die den Mitarbeiter bei der Bewältigung verschiedener Arbeitsaufgaben
durch Augmented Reality mobil unterstützen. Diese AR Komponenten sind im Wesentlichen Projektionssysteme, die durch optisches Tracking mobilisiert werden. Der Schwerpunkt liegt hier in der Integration von Tracking-Systemen und Datendiensten durch die
ARVIDA-Referenzarchitektur. Der Forschungsschwerpunkt im Anwendungsszenario
„Instandhaltung und Training" war das schnelle und einfache Trainieren von komplexen
wiederkehrenden Arbeitsabläufen. Durch vielfältige und variantenreiche Produkte ist die
klassische Erstellung von Trainingsszenarien nicht mehr zu bewältigen. In drei aufeinander aufbauenden Phasen entstand in diesem Teilprojekt eine Trainingsapplikation, mit der
es einem Trainer möglich ist, eigenständig und schnell Trainingsmodule ohne Program-
mier- oder VR-Kenntnisse zu erstellen. Im Training werden dem Trainee die Informationen als sowohl statische wie auch kongruente Überlagerungen mittels Datenbrille direkt
im Sichtfeld angezeigt.

Abstract

This chapter is dealing with cases of user guidance caused by requirements of the
industry. Within the scenario „MR-Engineering" solutions were investigated with
which planners and process schedulers with the aid of virtual techniques and indi-
vidual software-solutions can be supported in the activity practice in future. In the
scenario „3D planning" the automatic linking of master plan and data for the order
management is represented. It is an aim to simplify the work of the planner with more
effectiveness and more efficient sequences of operation steps. In the further scenarios „3D Manual", „Intelligent Sample" and „Manufacturing without Drawing", the
planning of pipes and the generation of building instructions is supported. Here data
are combined and visualized by Augmented Reality. In the subsection „Mobile Projection-based Assistance Systems" four scenarios were developed which support the
employee in the overcoming of different tasks by Augmented Reality in a mobile
way. These AR components are primarily projection systems which are mobilized by
an optical tracking. The focus here is on the integration of tracking systems and data
services through the ARVIDA reference architecture. The research focus in the application scenario „Maintenance and Training" was the fast and easy training of complex
and repeating work steps. Through the increase of variant-rich products the classical
generation of training scenarios is not to be overcome anymore. In three phases a
training application was developed, with which it is possible to coach autonomously
and quickly an employee without programming or construction knowledge. During
the training the information is displayed both as static information and also as super-
position by data glasses.

Das Anwendungsgebiet „Werkerassistenz" umfasst im Projekt ARVIDA entwickelte Szenarien, die Aufgabenstellungen der Mitarbeiterführung und der Mitarbeiter-Assistenz in der Industrie beschreiben. Im Anwendungsszenario „MR-Engineering" wurden Systemlösungen erforscht, mit denen Planer, Arbeitsvorbereiter und In-Betrieb-Nehmer mit Hilfe von virtuellen Techniken und individuellen Software-Lösungen in Zukunft unterstützt werden können. Im Szenario „3D-Bauplanung" wird die automatische Verknüpfung von Generalplan und Daten zur Auftragsabwicklung dargestellt. Ziel ist es, die Arbeit des Planers mit effizienteren und anschaulicheren Folgen von Arbeitsschritten zu vereinfachen. In den weiteren Szenarien „3D-Bauanleitung", „Intelligentes Schema" und „Fertigen ohne Zeichnung" wird die Planung von Rohrleitungen und die Ableitung von Bauanleitungen unterstützt. Hier werden Daten zusammengeführt und über Augmented Reality visualisiert. Im Unterkapitel „Mobile Projektionsbasierte Assistenzsysteme" Abschn. 7.2 werden in vier Anwendungsszenarien Systeme entwickelt und beschrieben, die den Mitarbeiter bei der Bewältigung verschiedener Arbeitsaufgaben durch Augmented Reality mobil unterstützen. Diese AR-Komponenten sind im Wesentlichen Projektionssysteme, die durch optisches Tracking mobilisiert werden. Der Schwerpunkt liegt hier in der Integration von Tracking-Systemen und Datendiensten durch die ARVIDA-Referenzarchitektur. Der Forschungsschwerpunkt im Anwendungsszenario „Instandhaltung und Training" Abschn. 7.3 war das schnelle und einfache Trainieren von komplexen wiederkehrenden Arbeitsabläufen. Durch vielfältige und variantenreiche Produkte ist die klassische Erstellung von Trainingsszenarien nicht mehr zu bewältigen. In drei aufeinander aufbauenden Phasen entstand in diesem Teilprojekt eine Trainingsapplikation, mit der es einem Trainer möglich ist, eigenständig und schnell Trainingsmodule ohne Programmier- oder VR-Kenntnisse zu erstellen. Im Training werden dem Trainee die Informationen als sowohl statische wie auch kongruente Überlagerungen mittels Datenbrille direkt im Sichtfeld angezeigt.

7.1   Mixed Reality Engineering

Motivation und Herausforderung Im Anwendungsszenario „MR-Engineering" wurden Systemlösungen erforscht, mit denen Planer, Arbeitsvorbereiter und In-Betrieb-Nehmer mit Hilfe von virtuellen Techniken und individuellen Software-Lösungen in der Tätigkeitsausübung in Zukunft unterstützt werden können.

Der derzeitige Produktplanungsprozess führt dazu, dass die Fertigungsunterlagen oft nicht bedarfsgerecht zur Verfügung stehen und die Planungsphase somit erheblich erschwert wird. Ein wesentliches Element des Planungsprozesses ist die Stückliste mit ihrer definierten Struktur. In Verbindung mit der Werkstattzeichnung wird hieraus im ERP-System (Enterprise Ressource Planning) der Arbeitsauftrag generiert. Durch den parallel stattfindenden Konstruktionsprozess kommt es zu inkonsistenten Stücklistenstrukturen, da unterschiedliche Fachbereiche zeitgleich an demselben Arbeitspaket arbeiten. Die Konstruktionsabteilungen kennen den Bauablauf eines Schiffes auch nur bedingt, da dies für einen Konstrukteur nur eingeschränkt zu seinen Kompetenzen gehört. Erschwerend kommt für den Konstrukteur hinzu, dass der Bauablauf im Gesamtprozess sehr spät definiert wird. Damit ergeben sich Abstimmungsprobleme der Baureihenfolge/Baustrategie zwischen Planung und Konstruktion.

Im Rahmen des Projektes wurde dieser Problemstellung und diesen Herausforderungen mit den folgenden Lösungsansätzen begegnet:

- Der erste Lösungsansatz „3D-Bauplanung" unterstützt den Planer in der Festlegung der Baustrategie und dient gleichzeitig der Überwachung und Steuerung des Fertigungsprozesses.
- Der zweite Lösungsansatz unterstützt den Werker bei Herstellung und Montage von Baugruppen durch kommentierte „3D-Bauanleitungen". Fertigungsinformationen aus der 3D Bauanleitung müssen in entsprechender Qualität dargestellt werden, sodass der Werker mit hoher Geschwindigkeit und optimaler Arbeitsqualität seine Aufgaben durchführen kann. Insbesondere gilt es hier, basierend auf der ARVIDA-Referenzarchitektur, geeignet alle notwendigen Datenquellen effizient abzufragen, in eine aktuelle Bauanleitung zu überführen und adäquat zu visualisieren.
- Der dritte Lösungsansatz unterstützt Werker und Ingenieure in der Beurteilung und Feststellung des Baufortschritts. An Bord verbrachte Systeme und Anlagen werden qualitätsgeprüft. In einer schematischen Darstellung („Intelligentes Schema") der Anlage und der Systeme soll der jeweilige aktuelle Abarbeitungsstand dem Status des Baufortschritts entsprechend dargestellt werden.

7.1.1 3D-Bauplanung

7.1.1.1 Motivation
Gemäß der tkMS Produkt-Entstehungs-Prozess-Systematik (PEP) wird ein Auftrag in Phasen auf verschiedenen Ebenen (siehe Abb. 7.1) abgearbeitet. Je nach Phase wachsen die Anforderungen der integrierten Planung an ein Produktdaten- und Visualisierungsmodell. In der ersten Phase (Projektphase) erfolgt die Angebotserstellung. Dies geschieht auf Basis des Generalplans, welcher bisher in Papierform bzw. als Bilddatei von Planern verwendet wird. Dabei wird momentan keine automatisierte Verknüpfung der im Generalplan eingezeichneten Komponenten, derer Konstruktionsdaten und der Daten zur Auftragsabwicklung (SAP) unterstützt.

An dieser Stelle muss ein Planer die entsprechenden Informationen und den Status manuell in den Datenbanken finden. In fortgeschrittenen Phasen kann es zu Planungskonflikten kommen, welche möglichst frühzeitig identifiziert werden müssen. Auch hier muss der Planer die entsprechenden Einträge bisher zusammensuchen und manuell auswerten. Das stets wiederkehrende manuelle Suchen und Zuordnen und der damit verbundene Mehraufwand, konnte daher im Projekt durch ein intuitives Werkzeug automatisiert werden. Ziel ist es, die Arbeit des Planers mit effizienteren und anschaulicheren Folgen von Arbeitsschritten zu vereinfachen.

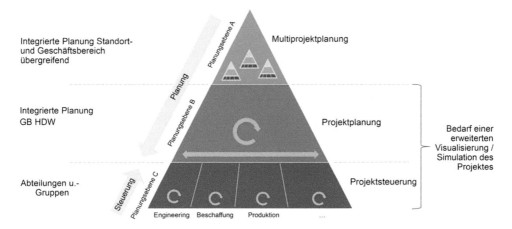

Abb. 7.1 Auftragsphasen und Ebenen

7.1.1.2 Herausforderung

Bei tkMS stellt die konsolidierte Aufbereitung und Darstellung von Daten aus einer Vielzahl heterogener Quellen eine Herausforderung dar. Die fehlende übergreifende Informationsintegration zeigt sich hier im Speziellen zwischen 3D-Konstruktionsdaten, stammend aus zeitgemäßen Werkzeugen und Konstruktions-Metadaten, die historisch bedingt in separaten (d. h. von den Konstruktionswerkzeugen gänzlich entkoppelten) Datenbanken gepflegt werden. Ein Planer muss in späteren Phasen eines Bauprojekts darüber hinaus stets Zugriff auf Liefer- und Terminierungsdaten haben. Tabelle 7.1 gibt einen Eindruck über die Komplexität eines Planungsobjekts.

Tab. 7.1 Komplexität eines Planungsobjekts

Anzahl Hauptkomponenten (Großgeräte)	ca. 300
Anzahl Armaturen	ca. 4000
Anzahl Kleinkomponenten (Kleingeräte)	ca. 3000
Lüftungskanäle	ca. 500 m
Rohre	ca. 25 km (ca. 4500 Einzelrohre)
Kabel	ca. 60 km (auf ca. 300 Kabelbahnen)
Anzahl Halter	ca. 25.000
Summe aller Einzelteile	ca. 350.000
Anzahl Stücklisten	ca. 40.000

Produktspezifische relationale Datenmodelle sind höchst proprietär, jedoch wird das Modell eines dienste-basierten Datenzugriffs hier u. a. wegen der sich damit anbietenden Austauschbarkeit aus den folgenden zwei Gründen präferiert:

- Einerseits greifen die Prozesse verschiedener tkMS Fachbereiche, die in der Wertschöpfungskette benachbart sind, an mehreren Stellen ineinander, sodass sich die Daten-Bedürfnisse der verschiedenen Fachbereiche an vielen Stellen überschneiden. Andererseits können die Anforderungen an Werkzeuge (oder frontends) selbst bei nicht-disjunkten Fachbereichen wesentlich variieren.
- Zusätzlich möchte man Drittanbietern mit Hilfe von wohldefinierten Datendienst-Schnittstellen den Weg ebnen, ihre Produkte in die tkMS Planungs- und Fertigungsprozesse einzugliedern.

Diese gelten als wichtige Maßnahmen, die zur Sicherung der Wettbewerbsfähigkeit in der Zukunft beitragen können.

Nach Analyse bestehender Arbeitsprozesse und der Identifizierung betroffener Datenquellen gilt es als weitere Herausforderung, vom aufgenommenen Ist-Stand zu abstrahieren, um neue Arbeitsabläufe und damit auch eine neue Software- und eine Datendienst-Architektur zu entwickeln. Dies muss geschehen, ohne den Anwender und seine gewohnten Arbeitsprozesse aus den Augen zu verlieren. Hier besteht der Anspruch, dass Mitarbeiter in ihrem Fachgebiet arbeiten können, ohne sich mit dem (ggf. wiederholten) Erlernen von spezifischem Software-Anwenderwissen aufzuhalten.

7.1.1.3   Umsetzung

Da während der Erprobung neuer Architekturen aus technischen und Datenschutz-Gründen nicht in die Produktions-Infrastruktur eingegriffen werden darf, wurde auf eine eigens für diese Zwecke entwickelte konsolidierte tkMS-Datenbanklandschaft in Form einer ORACLE-Datenbank zurückgegriffen. Daten werden in Form von REST-Diensten mit Hilfe der ORDS-Erweiterung (ORACLE Rest Data Services) sichtbar gemacht. Abbildung 7.2 zeigt das Zusammenspiel der eingesetzten Komponenten.

Grundlage für den zur Entwicklung und Erprobung gedachten Datenbestand ist ein Mock-Up, angelehnt an eine U-Boot-Kombüse. Das eigens für ARVIDA-Teilprojekte entwickelte Modell besteht aus 654 Einzelteilen, die sich über 145 Baugruppen zu 16 lagerichtigen Hauptkomponenten zusammensetzen.

Die Prozesse und Anforderungen zum Thema Bauplanung wurden in sich regelmäßig wiederholenden Runden mit dem entsprechenden tkMS-Fachbereich aufgenommen. Hier wurden zunächst Anwendungsfälle identifiziert und daraus das Design der Datendienste abgeleitet. Abbildung 7.3 zeigt eine Übersicht über die von Datendiensten abhängigen Anwendungsfälle des Bauplanungswerkzeuges.

Mit dem Anspruch, auch nicht-3D-Software-versierten Planungsexperten eine niedrige Einstiegshürde durch eine möglichst intuitive Benutzerschnittstelle zu bieten, wurde ein Konzept zur Navigation durch das 3D-Modell erdacht, das an traditionelle Arbeitsweisen angelehnt ist. Dabei stellt der 2D-Generalplan das zentrale Element dar. Die „Intuitivität"

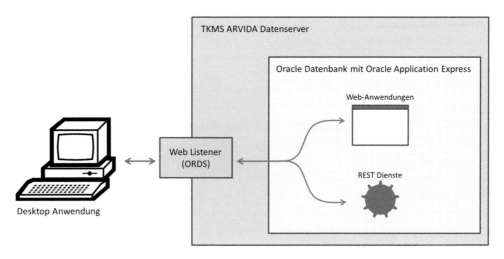

Abb. 7.2 Zusammenspiel der Komponenten Sever und Datenbank

des Werkzeugs wurde weiter unterstützt, indem der 2D-Generalplan direkt aus dem 3D-Modell abgeleitet wird. Dies wurde durch mehrere orthogonale Projektionen des Modells mit verschiedenen Ansichten und Schnittebenen realisiert. Diese Projektionen werden in mehreren Viewports als Kantenbild dargestellt. Dem Anwender wird damit ermöglicht, mit

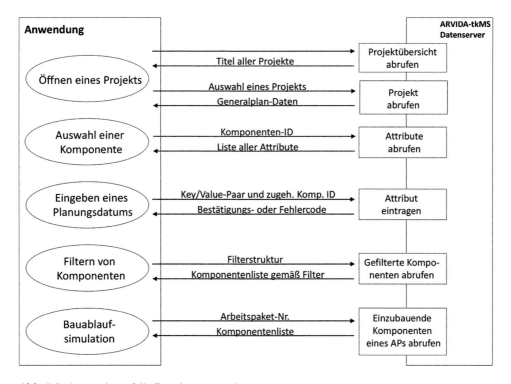

Abb. 7.3 Anwendungsfälle Bauplanungswerkzeug

einem Mausklick von der klassischen Generalplan-Ansicht zum 3D-Modell überzugehen. Durch Interpolation zwischen orthogonaler und perspektivischer Projektion sowie zwischen Kanten- und Flächendarstellung wurde das Umschalten nachvollziehbar und ohne Medienbruch realisiert.

7.1.1.4 Ergebnisse

Im Rahmen des Arbeitspaketes Abschn. 7.1 wurde untersucht, inwieweit der tkMS-Fachbereich Bauplanung durch den Einsatz von 3D-Visualisierung in Verbindung mit einer Datendienst-Architektur unterstützt werden könnte. Mit fortschreitendem Entwicklungsstadium hat der in diesem Prozess entstandene Softwareprototyp sowohl als Experimentalplattform als auch zur Konkretisierung fachbereichsspezifischer Bedürfnisse beigetragen. Gegen Ende der Projektlaufzeit haben Präsentationen der Zwischenergebnisse auch fachbereichsübergreifend zu konstruktivem Austausch geführt.

Abbildung 7.4 zeigt Bildschirmfotos des Prototyps mit dem geladenen Mock-Up-Modell. Die übersichtliche Anzahl von Schaltflächen am linken Rand des Anwendungsfensters spiegelt den Anspruch wieder, eine möglichst einfach zu erlernende Anwendung zu entwickeln. Die linke Seite der Abbildung zeigt die 2D-Ansicht als Kantenbild. Per Mausklick wurde eine Komponente ausgewählt, die zur Darstellung einer rotierenden 3D-Detailansicht in Kombination mit Planungsdaten führt. Die rechte Seite zeigt einen Zustand der Bauablaufsimulation. Die abgebildete Tabelle füllt sich dabei schrittweise mit Komponenteninformationen, die über einen entsprechenden Dienst (siehe Abb. 7.4) geladen werden. Hier zu betrachten ist eine monatliche Abfolge, d. h. alle Komponenten, deren Einbautermine in denselben Kalendermonat fallen, werden gleichzeitig geladen und im 3D-Modell hervorgehoben.

Zukünftige Arbeiten: Überführung in Produktionssysteme Da im Rahmen dieses Projektes lediglich mit einem Mock-Up-Datensatz gearbeitet werden konnte, reale

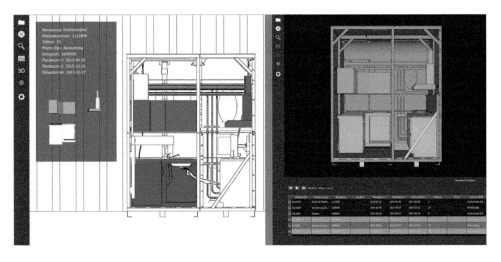

Abb. 7.4 Prototyp Anwendung mit geladenem Mock-Up

U-Boot-Konstruktionen um ein Vielfaches komplexer und damit verbundene ERP-/PLM-Daten signifikant umfangreicher sind, bleiben die erarbeiteten Ergebnisse eines hoch-performanten 3D-Planungswerkzeugs im Zusammenspiel mit einer REST-basierten Dienste-Anbindung einen Test unter den realen Produktionsbedingungen der Werft noch schuldig.

7.1.2 3D-Bauanleitung

7.1.2.1 Motivation

Im Arbeitspaket „3D-Bauanleitung" sollte ein Weg gefunden werden, den Beteiligten der Planung und Arbeitsvorbereitung die zu verplanende Situation so übersichtlich und verständlich darzustellen, dass der Planungsprozess intuitiv durchgeführt werden kann. Das Szenario realisiert einen vollständigen Workflow, der mit der ARVIDA-Referenzarchitektur umgesetzt wird. Hier werden VR/AR-Verfahren eingesetzt, um einen Werker bei Herstellung und Montage von Baugruppen zu unterstützen. Dabei ist es notwendig, alle erforderlichen Datenquellen effizient abzufragen und in eine aktuelle Bauanleitung in verschiedenen Ausprägungen zu überführen. In diesem Szenario werden heterogene Softwarekomponenten (z. B. Rendering, Transcoding, Tracking) mit Hilfe der ARVIDA-Referenzarchitektur integriert.

Die Integration von heterogenen Softwarekomponenten bedeutet normalerweise, dass der Nutzer umfangreiche Schnittstellen und Austauschformate spezifiziert, sodass zahlreiche spezielle Konverter implementiert werden müssen. Dazu müssen alle verwendeten APIs und der Kontext der Anwendung gut verstanden werden. Um die Integration zu vereinfachen, wurden in ARVIDA Methoden entwickelt, die den Datenaustausch auf der Grundlage von Diensten und Datenpaketen realisieren, die sich selbst beschreiben können („self descriptive services"). Dazu wurde eine Methodik formalisiert, über die unterschiedliche Daten repräsentiert und ausgetauscht werden, sodass die Schnittstellen zwischen Softwarekomponenten durch eine Management-Interface orchestriert werden, ohne dass Schnittstellen oder Konverter implementiert werden müssen. Hierfür wurden primitive Datentypen in einem abgestimmten Vokabular umgesetzt, die zu speziellen Datentypen (die z. B. die getrackte 3D-Kamerapose beschreiben) erweitert wurden.

Die Problemstellung ist damit nicht mehr, ob eine Komponente ein spezifisches Format importieren oder exportieren kann: Wenn eine Anwendung (z. B. ein Transcodierungsservice) ein Mesh liefern kann, und eine andere Komponente (z. B. der Renderer) dieses Mesh darstellen kann, kann die Anwendung ad hoc zusammengeführt werden.

7.1.2.2 Umsetzung

RDF und Turtle Die ARVIDA-Referenzarchitektur setzt für die Integration heterogener Softwarekomponenten RDF (Ressource Description Framework) ein, das sich als Standard für den Datenaustausch im Web etabliert hat. Daten werden hier in Triplets nach der Turtle-Syntax definiert. Im RDF-Modell wird jede Aussage in der Form von Subjekt-Prädikat-Objekt-Ausdrücken formuliert. Diese Vorgehensweise erlaubt es, sehr einfach

Tab. 7.2 Exemplari-
sche Beschreibung einer
Transformation in Subjekt-
Prädikat-Objekt Formulierung

Subjekt	Prädikat	Objekt
Transformation	is	a spatial relationship
Transformation	contains	a Rotation
Transformation	contains	a Translation
Translation	is	a Translation3D
Translation	uses	unit Meter

verschiedene Eigenschaften eines Objektes zu beschreiben. In der 3D-Bauanleitung wird
etwa die Transformation der getrackten Bauteile beschrieben und hier die Position und die
Orientierung des Bauteils in Weltkoordinaten übermittelt. Die Transformation beinhaltet eine Translation und eine Rotation, die wiederum durch verschiedene Eigenschaften
beschrieben werden. Die Translation nutzt z. B. die Einheit Meter, die Rotation kann
durch Quaternionen beschrieben werden. In Tab. 7.2 werden die Subjekt-Prädikat-Objekt-
Ausdrücke zur Definition von Transformationen aufgeführt, die im ARVIDA-Vokabular
definiert wurden. Jedes Subjekt, Prädikat und Objekt ist mit einer Referenz verknüpft, die
angibt, wo das Vokabular definiert wird. Dadurch können die Daten automatisiert validiert
werden. So kann etwa eine Rotation als Quaternion ausgedrückt werden oder als Achsen-
winkel, aber nicht als Farbe.

Die Syntax, die genutzt wird, um diese Ausdrücke zu serialisieren, wird TURTLE
genannt. Sie vereinheitlicht die Methode, wie die Ausdrücke dargestellt werden und
ermöglicht es, Statements, die sich auf das gleiche Subjekt beziehen, zu gruppieren. Das
folgende Beispiel zeigt, wie eine Transformation in Turtle definiert werden kann:

Transformation in Turtle

```
@prefix rdf: <http://www.w3…-syntax-ns#>.
@prefix m: <http://vocab…/maths/vocab#>.
@prefix spatial: <http…/spatial/vocab#>.
@prefix vom: <http://vocab…/vom/vocab#>.
@prefix rdfs: <http://www…/rdf-schema#>.
@prefix xsd: <http://www.w3…/XMLSchema#>.
    <>
    spatial:rotation [
    spatial:quantityValue [
        m:w -0.33627787008553145;
        m:x 0.39358736821475332;
        m:y 0.16306627779618277;
        m:z -0.83989021110989304;
        a m:Quaternion
        ];
```

```
a spatial:Rotation3D
];
spatial:translation [
      spatial:quantityValue [
      m:x -0.15802325960677718;
      m:y 0.18944847573991894;
      m:z -2.1019850449111277;
      a m:Vector3D
];
vom:unit vom:meter;
      a spatial:Translation3D
      ];
      a spatial:SpatialRelationship.
```

Im ersten Teil des Beispiels werden die Prefixes aufgeführt. Über diese Prefixes wird definiert, in welchem Vokabular die Objekte definiert sind. So wird etwa das Mathematikvokabular mit dem Prefix „m" bezeichnet, das im Vokabular <http://vocab.arvida.de/2014/03/maths/vocab> festgelegt ist.

Relevante Datentypen Das Szenario „3D-Bauanleitung" wurde mit einem Web-Service entwickelt, der es ermöglicht, Daten mittels des WebGL-basierten Szenegraphen x3dom (www.x3dom.org) einfach und schnell zu produzieren und zu verarbeiten. Dabei muss darauf geachtet werden, dass der Web-Service auch Debugging-Funktionalitäten unterstützt, nur dann kann er in einer produktiven Anwendung für die Integration verwendet werden. Für die 3D-Bauanleitung müssen dafür Daten aus dem Tracking-System eingelesen werden und die getrackte Pose muss auf die virtuelle Kamera bzw. auf getrackte Bauteile übertragen werden. Damit sind für die Realisierung des Szenarios die folgenden Datentypen relevant:

- Transformationen
- Die Transformationen, die auf getrackte Bauteile oder die getrackte Kamerapose übertragen werden, bestehen aus Translationen und Rotationen. Dabei werden sowohl im Tracking-System als auch im Renderer die Rotationen durch Quaternionen beschrieben.
- Kamera
  Um Augmented Reality zu unterstützen, muss die getrackte Kamera mit der virtuellen Kamera abgeglichen werden. Im ARVIDA-Vokabular wird die Kamera über das OpenCV-Modell beschrieben, es kann allerdings auch die 4x4 Transformationsmatrix aus dem Tracking-System direkt eingelesen werden, um einen Overhead in der Datenübertragung zu reduzieren.
- Hintergrund
  Im 3D-Bauanleitungsszenario wird Video-See-through-AR genutzt, das heißt, das Videobild der Kamera wird im Hintergrund dargestellt. Die ARVIDA-Referenzarchitektur

stellt via RDF alle intern genutzten Bildressourcen zur Verfügung. Informationen zur Bildauflösung und zum Farbraum werden über „text/turtle" abgegriffen, ebenso können die Bilder via „image/jpeg" direkt abgegriffen werden, um als Hintergrundbild im Browser dargestellt zu werden.

- Extrinsik (Kameratransformation ins Weltkoordinatensystem)
  Wenn mehrere Tracking Kameras eingesetzt werden oder wenn Kamera und Bauteile getrackt werden, müssen die Posen in ein gemeinsames Weltkoordinatensystem übertragen werden. (Während im Standardfall die Kamerapose einfach im Objektkoordinatensystem getrackt wird).
  Dadurch können dann auch unterschiedliche Tracking-Systeme zu einer Anwendung integriert werden. So wurden zum Beispiel die Tracking -Systeme von Extend3D und von IGD gleichzeitig eingesetzt bzw. gegeneinander ausgetauscht.

Einlesen und Verarbeiten der RDFs Zahlreiche Implementationen stehen für Javascript zur Verfügung, die RDF interpretieren können und die genutzt werden können, um die erforderlichen Daten zu verarbeiten. Allerdings ist man im Bereich VR/AR auf eine maximale Performanz der JavaScript-Engines angewiesen, während die meisten Implementationen keine Echtzeitdatenverarbeitung unterstützen. So können etwa statische Parameter wie die Kameraintrinsik eingelesen werden, allerdings können z. B. häufig keine Verfahren realisiert werden, die eine Kamerapose in Echtzeit auslesen, um das Echtzeitrendering anzustoßen.

Als Grundlage für die Integration der 3D-Bauanleitung wurde die JavaScript-Engine NW.js (früher unter dem Namen Node-Webkit bekannt) eingesetzt. Diese Engine kombiniert den WebKIT-Browser mit Node.js, einer Erweiterung der V8-JavaScript-Runtime-Umgebung. Diese Umgebung lässt sich sehr gut mit x3Dom kombinieren, da sie in einem einfachen WebBrowser läuft, die aber auch die Nutzung von Funktionalitäten zulässt, die nicht in einem normalen Web-Browser zur Verfügung stehen. Eine Kernfunktionalität in diesem Zusammenhang ist die Fähigkeit, Inhalte als Web-Server auszuliefern, das mit NW.js möglich ist, aber für einen Web Browser ein Sicherheitsrisiko bedeuten würde.

Für VR/AR-Anwendungen muss die Performanz im Datenaustausch optimal umgesetzt werden. Deshalb werden zur Übertragung der Transformationen nur die veränderten numerischen Werte eingelesen, sodass ein schnelles Cropping anstelle eines aufwendigen Parsers implementiert werden kann. Mit dieser Methodik werden die Daten zur Kamerapose abgelegt, um eine RDF zu generieren. Dazu wird ein vordefiniertes Template, das mit den notwendigen numerischen Daten befüllt wird, genutzt. Diese Template-basierte RDF-Generierung wird noch durch einen.toRDFString() für spezielle x3dom-Feldtypen unterstützt, sodass im Posen-Template nur die Elemente für die Rotation und die Translation überschrieben werden müssen. Damit ist diese Funktion „transform2RDF()" ausreichend, um eine valide Übertragung der Transformationen durchzuführen:

Transform2RDF Beispiel in Turtle

```
transform2RDF = function(transName)
      var xt = document.getElementByID(transName);
      var trans = xt._x3domNode._vf.translation;
      var rot = xt._x3domNode._vf.rotation;
      var result = poseTemplate.new();
      result.fill("TRANS", trans.toRDFString());
      result.fill("ROT", rot.toRDFString());
return result.toString();
};
```

7.1.2.3   Ergebnisse

Auf obiger Grundlage können die Transformationen im Szenario „3D-Bauanleitung"
effizient übertragen werden. Für jeden Frame wird die getrackte Kamerapose ausgewertet und zum Renderer übertragen. Ebenso wird der Hintergrund aktualisiert und mit dem
aktuell aufgezeichneten Kamerabild, das im x3dom-Canvas dargestellt wird, gerendert.
So kann die getrackte Umgebung in einer Augmented Reality-Visualisierung dargestellt
und mit getrackten Bauteilen abgeglichen werden (siehe Abb. 7.5). Für das Tracking wird
ein kantenbasiertes Tracking eingesetzt, bei dem die Referenzmodelle für das Tracking aus den CAD-Daten abgeleitet werden. Für die erstmalige Initialisierung des Trackings muss die Kamera in die Nähe einer Initialisierungspose geführt werden, die mit
Hilfe des CAD-Modells antrainiert wird. Mit der Nutzung des Systems werden neue

Abb. 7.5 AR geführter Zusam-
menbau einer ITEM Konfiguration durch Überlagerung der
nächsten Bauschritte

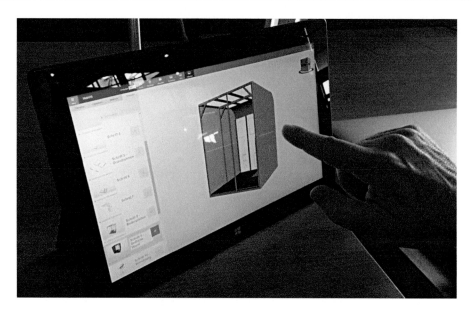

Abb. 7.6 3D-Bauanleitung im VR Modus

Initialisierungsposen angelernt, über die eine Re-Initialisierung durchgeführt werden kann. Die 3D-Bauanleitung kann auch im VR-Modus ausgeführt werden (siehe Abb. 7.6).

7.1.3 Intelligentes Schema

In einem modernen U-Boot sind viele Kilometer Rohrleitungen verbaut, die diversen Anforderungen genügen müssen. Während der Konstruktion werden nach Systemen unterteilte Rohrschemata angefertigt, die, dem Namen entsprechend, die Rohrsysteme schematisch beziehungsweise funktionell darstellen. Diese Rohrschemata werden in der Beschaffung, Fertigung, der Protokollierung des Einbaus, zur Dokumentation der diversen Prüfprozesse bis hin zu Abnahmeprotokollen durch den Kunden genutzt.

Die Schemata werden mit Hilfe eines CAD-Programms erstellt. Bestelllisten, Lagerlisten, Einbauzustände, Prüfzustände und Protokolle sind in verschiedenen Datenbanken, teilweise redundant, hinterlegt und werden grafisch von Hand in die Zeichnungen eingetragen. Dies geschieht entweder mit Stiften auf ausgedruckten Versionen der Schemata oder in den digitalen Versionen mit Hilfe des CAD-Programms – allerdings rein grafisch ohne direkten Bezug zu den Datenbanken. Dieses Vorgehen ist sehr arbeitsintensiv und stellt meist, zumal oft mehrfach gedruckte Versionen existieren, veraltete Zustände dar. Zudem steigt durch mehrfaches Übertragen der Daten von und zu verschiedenen Dokumenten das Risiko von Fehlern in den Dokumenten und erzeugt Inkonsistenzen.

Erstrebenswert war und ist somit eine mobile digitale Lösung, die die diversen Daten kumuliert und, möglichst aktuell, innerhalb der Schemazeichnung darstellt. Hierbei ist einerseits eine gute Übersicht, andererseits das Eintauchen in Details notwendig. Ein Update der Daten sollte ebenfalls aus der mobilen digitalen Lösung heraus möglich sein.

7.1.3.1 Anwendungsszenario

Als Szenario für das Rohrschema innerhalb des ARVIDA-Projekts diente das Mock-Up einer Kombüse, welches im Verlauf des Projektes bei tkMS erstellt wurde. Hier ist der Bezug auf einen in der Fertigung befindlichen Bau vorhanden und das „Intelligente Schema" – die digitale mobile Lösung – konnte in der direkten Planungs-, Baubegleitungs- und Abnahmephase durchgespielt werden.

Ein weiteres Rohrschema, das „Öldruckschema" aus einem in der Realität gefertigten Schiff stand innerhalb von ARVIDA, inklusive der dazugehörigen Datensätze für den Fertigungs- sowie Abnahmestand, ebenso zur Verfügung.

Das angestrebte Einsatzszenario auf der Werft wurde mit den entsprechenden Mitarbeitern von tkMS ausgiebig besprochen, sodass die Anforderungen an eine Softwarelösung gut erfasst werden konnten. Zudem wurde erörtert, welche Bedingungen für den produktiven Einsatz einer entsprechenden Software auf der Werft geschaffen werden müssen. Die Software muss sowohl auf normalen PC-Systemen als auch auf mobilen Geräten wie Notebooks oder Tablets laufen. Hierbei ist es wichtig, dass neben einem „Onlinemodus" die Möglichkeit besteht, „offline" zu arbeiten, also die Daten vor und nach den Arbeiten zu synchronisieren. Somit kann die Software auch bei im Bau befindlichen Schiffen genutzt werden, wo oft keinerlei Netzzugang vorhanden ist. Hier ist es besonders wichtig, ein Zusammenführen der lokal modifizierten Daten reibungslos und ohne Konflikte zu ermöglichen.

7.1.3.2 Umsetzung

Für die Erstellung der Schemazeichnungen wurde das Programm NX der Siemens PLM Software Inc. verwendet. Für den Export der CAD-Zeichnungen steht hier das freie „JT" Format zur Verfügung. Ferner wurde eine Anwendung entwickelt, die Schemazeichnungen über dieses Format einlesen und darstellen kann. Hierbei werden über Attribute die entsprechenden funktionalen Bauteile wie Geräte, Armaturen und Rohrleitungen erkannt und entsprechenden, eindeutigen Identifikationsnummern zugeordnet. Die Verbindungen der Bauteile werden in einem weiteren Schritt durch ein grafisches Verfahren ermittelt. Durch die eindeutige Identifizierung kann eine Verknüpfung zu den Datenbanken hergestellt werden, die den aktuellen Status und weitere Informationen der Bauteile enthalten, siehe Abb. 7.7.

Die Informationen aus den Datenbanken werden daraufhin grafisch und textuell in die Zeichnungen eingebunden und können nach vorgegebenen Regeln modifiziert werden.

Wird eine neue Revision der Schemazeichnung (Abb. 7.8) eingelesen, können die funktionalen Unterschiede ermittelt, dargestellt und aufgelistet werden. Rein visuelle Unterschiede, wie beispielsweise das Verschieben einer Armatur, werden somit nicht als Veränderung dargestellt.

Die Identifizierung der Bauteile anhand eindeutiger Nummern, wie sie zur Datenbankanbindung nötig sind, ermöglicht zudem eine bidirektionale Anbindung an andere

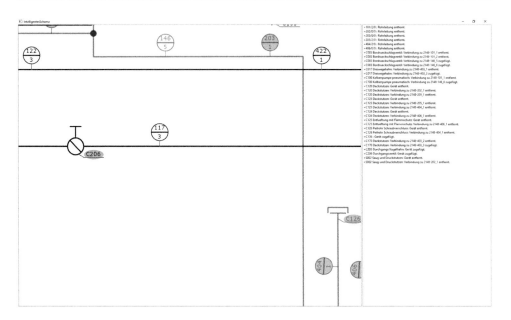

Abb. 7.7 Bildschirmfoto Revisionsvergleich

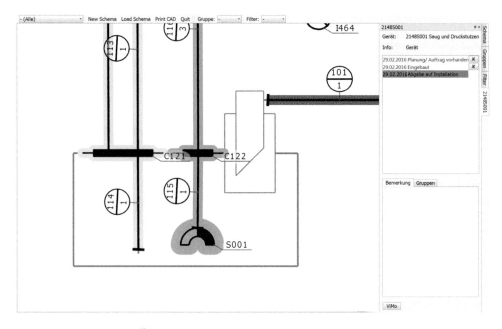

Abb. 7.8 Bildschirmfoto Öldruckschema

Anwendungen. Dieses wurde beispielhaft mit dem Programm „ViMo"[1] realisiert, sodass eine einfache Verbindung zu und von der 3D-Welt in die hier beschriebene schematisch funktionale Welt demonstriert werden kann.

7.1.3.3 Ergebnisse

Die Einführung einer dem Prototypen entsprechenden Softwarelösung bei tkMS würde einen großen Schritt insbesondere für das Qualitätsmanagement bedeuten. Die Akzeptanz der betroffenen Mitarbeiter gegenüber einer solchen Software ist zudem sehr hoch und es besteht der Wunsch nach einer produktiv einsetzbaren Lösung. Hauptfaktoren sind die vom Papier her übersichtliche Darstellung und die zusätzliche Aktualität der notwendigen Daten. Als Vorteil wird auch die nun mögliche Interaktion mit anderen Programmen gesehen.

Für einen produktiven Einsatz müssen in der Infrastruktur der Werft entsprechende Voraussetzungen geschaffen werden. Insbesondere der sichere Zugang zu den Daten bezüglich Zuverlässigkeit und in diesem Bereich erhöhten Datenschutzanforderungen benötigen noch weitere Evaluierungen in Zusammenarbeit mit den zuständigen Abteilungen der Werft.

7.1.4 Fertigen ohne Zeichnung

Die Kernaufgabe der Konstruktionsabteilung während der Produktentstehung eines Schiffe- oder Bootsbauenden Industrieunternehmens ist es, die Produktionsbereiche mit Fertigungsinformationen zu beliefern. Der U-Bootbau beinhaltet hierbei zusätzlich die Besonderheit, aufgrund der räumlichen Enge und höchsten bootsspezifischen Anforderungen an die Bauteile gepaart mit ungelösten Problematiken der schiffbaulichen Toleranzen, dass fast jedes Bauteil Prototypcharakter hat. Die Befähigung der Ausführbarkeit der jeweiligen Konstruktionsaufgabe durch den Mitarbeiter im Produktionsbereich wird hierbei meist noch über herkömmliche Mittel sichergestellt, die aus einer ausgeleiteten 2D-Zeichnung in Papierform mit dazugehöriger Stückliste und einem Arbeitsplan bestehen.

Das Produkt wird heute zwar zu 100 % in der 3D-CAD-Datenlandschaft abgebildet, doch geschieht der unwirtschaftliche Schritt zurück zu einer 2D-Bauunterlage, um anschließend im 3D-Maßstab 1:1 zu produzieren. Diese konventionelle Methode und der damit verbundene Medienbruch binden in den Konstruktionsbereichen erhebliche Ressourcen und weist signifikante Kosten auf, die im hohen prozentualen Anteil am gesamten Produkt abgebildet werden. Dazu existiert bei dieser Methodik eine erhebliche Fehlermöglichkeit durch den Werker bei dem Verständnis der Bauunterlage. Zudem kommt es zu einer signifikanten zeitlichen Verzögerung durch die Zeichnungserstellung nach der Fertigstellung des 3D-Modells. Allein um Equipment wie Rohrleitungen, Kabelbahnen, Armaturen und Geräte auf einem U-Boot räumlich zu verbauen, werden über 40.000 Bauunterlagen pro Auftrag im 2D-Format erzeugt. Von diesen Bauunterlagen werden mehr als 10.000

---

[1] „ViMo" ist eine von tkMS entwickelte Softwarelösung für die Visualisierung von 3D-Modellen, die auf großen Datenmengen, wie zum Beispiel bei U-Bootmodellen, beruht.

Werkstattzeichnungen angefertigt, um kleine Halterbaugruppen <500 mm³ vorzufertigen. Diese Unterlagen beinhalten im überwiegenden Teil einfach anzufertigende Teile, wie beispielsweise kleine, lageneutrale Halterbaugruppen. Sie bestehen oft aus Flachstahl mit Bohrungen, Knieblechen, Grundplatten oder Passblechen und sollen den Mitarbeitern das Verständnis vermitteln, wie diese Bauteile als qualitatives Endprodukt hergestellt werden sollen. Die Erstellung eines solchen Dokumentes bindet pro Bauunterlage im Durchschnitt acht Konstruktionsstunden. Ziel ist es, dieses gebundene Kapital signifikant zu reduzieren sowie die Gesamtdurchlaufzeiten erheblich zu verkürzen und einen Mehrwert aus der durchgängigen Nutzung des 3D-CAD-Modells zu bewirken.

Aus diesem Grund wurden im Rahmen des ARVIDA-Projekts Augmented-Reality-Assistenzsysteme zur zeichnungslosen Fertigung entwickelt, die die notwendigen Informationen und Arbeitsschritte direkt auf die Bauteile übertragen bzw. projizieren oder visualisieren und somit den Werker bei der Herstellung der Werkstücke effektiv unterstützen. Dabei wurden im Szenario „Zeichnungslose Fertigung" die folgenden Aspekte des Projektes betrachtet:

- Integration in die PDM-Landschaft
- Augmented Reality-Visualisierung der Fertigungsinformationen

7.1.4.1   Herausforderung

Seit Jahrzehnten ist einem Werker lediglich ein 2D-Zeichnungsdokument als Bauunterlage bekannt. Der Wechsel hin zu virtuellen Techniken bietet erhebliche Chancen, allerdings auch Risiken im Prozess bei der Akzeptanz der betroffenen Mitarbeiter in der Konstruktion, der Arbeitsvorbereitung und in der Fertigung.

Um bestehende Anforderungen erfüllen zu können, wurden in dem Szenario „Zeichnungslose Fertigung" neben dem Aspekt Augmented Reality-Visualisierung der Fertigungsinformationen, auch die Integration in die PDM-Landschaft betrachtet.

Bei der Erforschung von Augmented-Reality-Methoden wurde hier die vollständige Integration der Verfahren in den im Schiffbau etablierten Workflow betrachtet, d. h., dass die Fertigungsinformationen im CAD-System in Product and Manufacturing Information (PMIs) dargestellt werden. PMIs sowie die zugehörigen CAD-Daten können in einem neutralen Format, (es wurde im Projekt das JT-Format gewählt) direkt aus dem PDM-System in das AR-System überführt werden. Hierzu wird der ARVIDA Transcoding-Dienst zur Integration der ARVIDA-Referenzarchitektur in die TeamCenter-Umgebung (Siemens) eingesetzt.

Die Lösung muss ganzheitlich abgestimmt sein sowie den Mitarbeiter unterstützen, das Produkt gemäß den Anforderungen fehlerfrei zu produzieren. Selbst nicht Computer-affinen Werkern soll die Lösung diese Möglichkeit bieten. Erreicht wird dies durch eine relativ trivial erscheinende Anwendung. Zusätzlich wurde die Archivierung von nicht zeichnungsbasierten Bauunterlagen für eine Langzeitarchivierung für den Produktlebenszyklus eruiert sowie eine Anbindung an ein Zeiterfassungssystem bewertet.

Anforderungen an eine Lösung Am Anfang der Überlegungen für eine technologisch geänderte Zulieferung an den Kunden in der Arbeitsvorbereitung und der Fertigung stand

eine umfassende Analyse. Es wurden während dieser Betrachtung über 100 prozessbetei-
ligte Mitarbeiter befragt, um ein geschärftes Bild der Anforderungen zu erhalten. Zusammenfassend lässt sich konstatieren, dass die Denkweise der Mitarbeiter hin zu virtuellen
Techniken sehr ambitioniert ist und dem zwingend erforderlichen Umdenken durchweg
positiv begegnet wurde. Anforderungen wurden seitens der Fertigung lediglich an die
Bedienbarkeit, dem Starten und Anzeigen der Metadaten sowie der farblichen Gestaltung
und der Hardware gestellt. Es muss sichergestellt sein, dass dem Werker beim Öffnen der
Datei der jeweils aktuellen Status der Revision visualisiert wird.

Anforderungen an die Systemlösungen betrafen hauptsächlich die Anbindung und
Neugestaltung eines Prozessworkflows. Die Einheitlichkeit bei der Erzeugung der PMI
oder Projektions-Daten sowie eine geführte Anwendung durch Voreinstellungen waren
Forderungen. Das Pflegen von Pflichtattributen, der Prozessworkflow über Freigabesta-
tus und Archivierungsprozesse sind als grundlegend zu betrachten. Limitationen einzelner Mitarbeiter müssen durch ein sinnvolles und rollenbasiertes User-Interface subtrahiert
werden.

7.1.4.2 Umsetzung

Eine Lösungsidee, um 2D-Zeichnungen adäquat zu ersetzen, bezieht sich auf die durchgängige Nutzung des 3D-CAD-Modelles mit angereicherten Fertigungsinformationen. Für das
ARVIDA-Projekt wurde eine CAD-Architektur modelliert, die sinngemäß einer Kombüse
(Abb. 7.9) auf einem Schiff oder einer kleinen Wohnung gleicht. Bei der Erzeugung lag
der Fokus auf einer umfangreichen Konstruktion unterschiedlichster Bauteile und Bauteil-
größen, die sämtliche Use-Cases bei der Einzelteil- oder Baugruppenfertigung abbilden
sollten. Diese Bauteile wurden im Anschluss an die Konstruktionsphase von Mitarbeitern
manuell, ohne Anwendung jeglicher 2D-Zeichnungen, nachgebaut. Zum Erzeugen dieser
Fertigungsinformationen wurde das PMI-Feature der Siemens Software NX erprobt,
zur Visualisierung in der Fertigung wurde mit einem konfigurierten browserbasierten

Abb. 7.9 Mockup

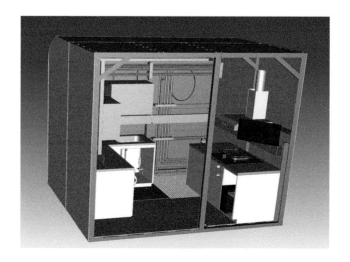

Abb. 7.10 3D Darstellung eines Bauteils mit PMI

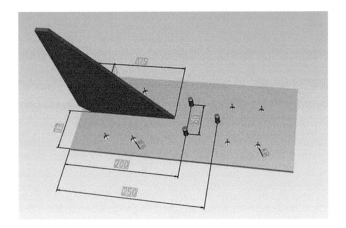

User-Interface und JT2Go gearbeitet. Fertigungsinformationen wie Maßangaben, Form- und Lagetoleranzen, Schweißsymboliken, Oberflächenangaben, Schwerpunkts-Angaben, Positionsbeschriftungen und Bemerkungstexte werden direkt an das 3D-Modell auf konfigurierten Layern angegliedert. Diese werden gemäß einer 2D-Zeichnung auf Ansichtsebene mit Maßangaben versehen (Abb. 7.10). Im Anschluss wurde eine virtuelle Stempelung des jeweiligen Users aufgebracht, um die Dokumentationspflicht zu erfüllen. Es wurde hierfür auch ein voreingestellter virtueller Zeichnungsrahmen erzeugt.

Zur Ausleitung als Visualisierungsobjekt wurde das Neutral-Format Jupiter Tesselation (JT) gewählt, um einer Langzeitarchivierung nicht 2D-zeichnungsbasierter Dokumente im Grundsatz zu entsprechen.

Der Werker benötigt zum Starten des jeweiligen Auftrages zur Aktivierung einen Barcodescanner, mit dem anhand einer aufgebrachten Referenznummer oder Materialnummer automatisiert die richtige und aktuelle Revision des 3D-Modelles am Bildschirm visualisiert wird. Die Infrastruktur kann mittels eines Monitors mit Touchfunktion und eines herkömmlichen Standard-PCs, der im industriellen Umfeld gegen Verschmutzung geschützt werden sollte, gewährleistet werden.

Als grundlegend wichtig für den realen Einsatz anzusehen ist die Anwendung eines Softwareproduktes, mit dem der Werker auch bidirektional die Möglichkeit besitzt, Qualitätsmängel oder Verständnisprobleme auf dem direkten Zulieferweg zurück an den Konstrukteur zu adressieren. Eine 3D-Model-only-Ausleitung kann somit nach erfolgter Qualitätsprüfung sowie der Archivierung des Neutralformates als vollständiger Ersatz einer herkömmlichen Werkstattzeichnung angesehen werden.

Augmented Reality/Visualisierung der Fertigungsinformationen Zur Unterstützung der Werker, die anhand eines virtuellen 3D-Modells Bauteile anfertigen sollen, kann AR eine weitere Unterstützung bieten. Der Werker sollte im Idealfall nicht durch eventuelle Messfehler oder Anzeichnungsfehler bei dem manuellen Übertrag von dem virtuellen

Abb. 7.11 Stereo-Kamerase-
tup für das markerlose Tracking der Bauteile

Bauteil auf das physische Bauteil zu einem Qualitätsverlust am Werkstück beitragen. Deshalb wurde in diesem Projekt der Einsatz von AR-Assistenzsystemen erforscht.

Die grundlegende Technologie für Augmented Reality ist das Tracking, das die Kamerapose bestimmt und das somit eine korrekte Überlagerung des realen und des virtuellen Bauteils ermöglicht. Für das Szenario „Zeichnungslose Fertigung" wurden markerlose Trackingtechnologien entwickelt. Dabei werden die Referenzdaten für das markerlose Tracking aus dem Modelldaten des CAD-Modells abgeleitet [6]. Über einen Vergleich von registrierten Konturen im Kamerabild und gerenderten Konturen im Referenzbild kann damit die exakte Position des Bauteils bestimmt werden. Das markerlose Tracking kann durch die Verwendung eines Stereo-Kameraaufbaus stabilisiert werden (siehe Abb. 7.11).

Über dieses Bauteil werden nur in der AR-Visualisierung die PMIs dargestellt. Die Überlagerung der PMI-Daten ist allerdings schwierig, weil die feinen Kantenstrukturen im Kamerabild oft kaum sichtbar sind (im Gegensatz zu den flächigen CAD-Modellen, die standardmäßig in AR-Anwendungen dargestellt werden). Trotzdem soll diese exakte, dem Werker vertraute Darstellung beibehalten werden. Um hier Abhilfe zu schaffen, wurden 3D-Augmented Reality-Projektionstechnologien eingesetzt (Extend3D-Werklicht vgl. Abschn. 7.2.4), durch die die Fertigungsinformationen direkt auf das getrackte Bauteil projiziert werden (Abb. 7.12).

Einen weiteren großen Vorteil bietet dieser Workflow, indem nach Fertigstellung des Bauteiles die Systematik zur Eigenkontrolle durch den Werker genutzt werden kann, um eine Qualitätssicherung durchzuführen.

Limitation hierbei stellt die Abschattung durch den ungeübten Mitarbeiter dar. Weiterhin bedarf es einer umfänglichen Umstellung des Prozesses und der Schnittstellen. Die Investitionen sind hierbei nicht unerheblich. Beifolgend erfordert diese Lösung vom Konstrukteur, dem Arbeitsplaner und dem Werker zusätzliche Expertisen ab, die eine out-of-the-box-Umstellung unrealistisch machen.

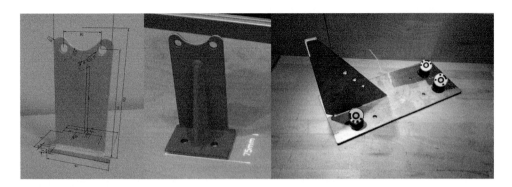

Abb. 7.12 links: Überlagerung der PMIs im Rendering, rechts: Visualisierung der PMIs mittels AR-Projektion

Integration in die PDM-Landschaft CAD-Modelle und PMIs werden auf Basis von WebGL im Web-Browser visualisiert. Dadurch ist es nicht erforderlich, eine spezielle Viewer-Software zu installieren und die 3D-Informationen können auf jeder Plattform (z. B. Standard PC, Smartphone, Tablet) dargestellt werden. Seit 2009 wird WebGL von der Khronos Group als lizenzfreier Standard entwickelt. WebGL basiert auf der OpenGL ES Spezifikation, kann aber über JAVAScript im Web-Browser direkt angesprochen werden. WebGL wird mittlerweile von fast allen Browsern unterstützt (Firefox, Safari, Chrome, Opera, Internet Explorer). Die Daten werden direkt im Canvas auf der Web-Seite ausgegeben (siehe Abb. 7.13).

Auf dieser Grundlage wurde im ARVIDA-Projekt ein Szenengraph-Vokabular entwickelt, das es ermöglicht, unterschiedliche Renderer anzusprechen, Renderingkomponenten dynamisch auszutauschen und Szenegraphknoten über externe Komponenten (z. B. Trackingkomponenten) zu triggern. Im Szenario wurde der WebGL-basierte Szenegraph X3Dom eingesetzt, der eine deklarative Beschreibung von 3D-Inhalten unterstützt. Die deklarativen 3D-Szenen werden dabei im offenen und lizenzfreien X3D-Standard definiert, in die HTML-Seiten integriert und aus dem DOM über die WebGL/Javascript visualisiert. Somit ist es möglich, dass 3D-Inhalte im Web-Browser dargestellt werden, ohne dass systemspezifische Plugins verwendet werden müssen. Die entwickelten Web-Technologien können unabhängig von Betriebssystem und Plattform genutzt werden.

Zur Übertragung der Renderingdaten in den Web-Browser werden die ARVIDA-Transcodingservices genutzt. Dabei werden die Datenrepräsentationen des PDM-Systems über Datenaufbereitungsdienste in einem geeigneten Zwischenspeicher vorgehalten. Dieser Zwischenspeicher kann dabei auf bekannte HTML-Caching-Mechanismen zurückgreifen. Dazu werden nicht die eigentlichen Daten für den Szenegraphen übertragen, sondern es wird nur eine URI für diese Ressource verschickt. Diese URI kann der Datenaufbereitungsdienst dann nutzen, um geeignete Transcoder-Prozesse zu starten und zu verwalten.

Abb. 7.13 JT- und PMI-
Modelle werden auf Basis
von WebGL direkt im Web-
Browser visualisiert

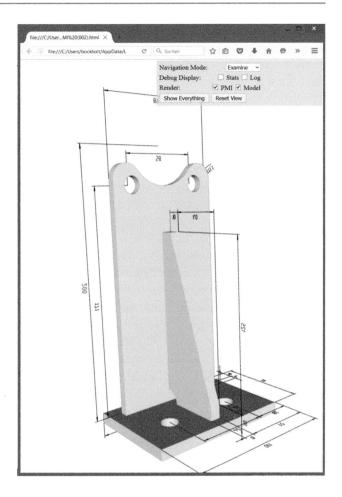

Dabei arbeitet der Transcoder-Prozess asynchron, sodass dem Nutzer des Dienstes sofort eine URI bereitgestellt wird, die auf das Ergebnis des Transcoder-Prozesses verweist (auch wenn der Prozess noch nicht abgeschlossen und diese Ressource noch nicht verfügbar ist). Mit einfachen HTTP-Statusabfragen (e.g. mit ready (200), not-yet (202), error (404)) kann der Prozess überwacht und gesteuert werden. Hier spielt insbesondere eine effiziente Datenübertragung eine Rolle, die auch die Übertragung sehr großer Geometrien in hoher Performanz ermöglichen und die eine progressive Datenübertragung unterstützt.

Effiziente und ausgereifte Datenübertragungsmechanismen stehen im Kontext Web-Technologien für Bildformate zur Verfügung. Die Algorithmen für die Codierung/Decodierung werden dabei auf der GPU ausgeführt. Um diese Protokolle zu nutzen, werden deshalb die Vertexdaten (Position, Normale, Attribute) in Bildformate codiert und übertragen. Zum Decodieren werden die Daten als Texturen auf die GPU geladen und im Renderingprozess extrahiert. Um eine progressive Datenübertragung zu ermöglichen, werden die Daten so codiert, dass zunächst von allen Vertexdaten nur Teilinformationen codiert und übertragen werden. So werden in der ersten Auflösungsstufe nur die ersten beiden Bits der Vertexpositionen und das erste Bit der Vertexnormalen kodiert. Die Datenübertragung erfolgt nun in mehreren Iterationsstufen, bis die vollständigen 16-Bit übertragen wurden. Durch diese Codierungsverfahren wird eine progressive Datenübertragung realisiert, ohne dass LODs in der Geometriestruktur berücksichtigt sein müssen.

Schlussbetrachtung VR und AR bieten für die Prozessbeteiligten entscheidende Vorteile bei der Erzeugung der Produkte.

Die Einschränkung ist hierbei mit der Komplexität des Zusammen- oder Einbauszenarios verknüpft. Der Aufwand, die Daten aufzubereiten, mit Projektionsdaten zu versehen, die Infrastruktur zu errichten und den Prozess umzugestalten, muss dem Nutzen gegenübergestellt werden. Die Reduktion der Schnittstellen sowie das schnellere Verständnis des Werkers bei der Umsetzung, gekoppelt mit einer Herabsetzung der Fehlermöglichkeiten, bieten einen erheblichen Mehrwert.

Damit wird der Einsatz von visualisierten PMIs an JT-Modellen für Bildschirmarbeitsplätze in der Fertigung als Lösung gesehen, die am geeignetsten für eine direkte Umsetzbarkeit angesehen werden. Der Einsatz von Projektionsmethoden bietet gerade in der Qualitätssicherung wie auch zum Soll-/Ist-Abgleich signifikante Prozessverbesserungen, erfordert jedoch einen deutlich bewanderteren Werker bei der Umsetzung. Der Einsatz von virtuellen Produkten bietet zusammenfassend einen optimalen und ökonomischen Ersatz zur herkömmlichen 2D-Zeichnung und wird die konventionellen Methoden revolutionieren.

7.2   Mobile Projektionsbasierte Assistenzsysteme

7.2.1   Motivation

In diesem Teilprojekt wurden Projektionstechniken erforscht, die geeignet sind, den Nutzer bei verschiedenen Tätigkeiten zu unterstützen. Einsatzbereiche für diese Systeme finden sich im Design, in der Entwicklung, in der Qualitätssicherung und im allgemeinen Werkerführungsfall. Es sollen sowohl linienhafte Laserprojektoren als auch bildgebende Datenprojektoren betrachtet werden. Grundlegend ist hierbei die orts- und kontextbezogene Projektion auf Bauteile und Geometrien, sodass die virtuellen Inhalte an den korrekten Positionen des realen Bauteils überlagert werden. Zu diesem Zweck waren weiterführende Forschungsfragestellungen in den Bereichen Tracking und Kalibrierung zu lösen. Ein Schwerpunkt lag dabei auf der Entwicklung von Techniken für mobile Systeme.

Allgemeine Vorteile liegen in dem Wegfall von Rüstzeiten, in der Verringerung des Aufwandes zur Einmessung und in der Verbesserung der Nutzerfreundlichkeit durch z. B. Möglichkeiten zur Autokalibrierung der Systeme. Eine weiter entwickelte Variante der Projektoren soll mit messenden Funktionen ausgestattet sein. So besteht z. B. die Möglichkeit, im Teilszenario „Bolzenpositionen anzeigen und setzen" die Geometrie der

Grundfläche zu erfassen und die Sollposition der Bolzen anzupassen. Ein Anwendungsfall mobiler projektions-basierter Assistenzsysteme ist das Anzeigen und Auffinden von Bolzenpositionen in der Vorserie im Automobilbau. Anfallende Aufgaben sind das Markieren und Setzen von Bolzen sowie die Lage- und Vollständigkeitskontrolle. Ziele in diesem Szenario sind, eine Prozessverbesserung im Bereich Versuchs- und Werkzeugbau zu erreichen und somit Ersparnisse an Kosten und Zeitaufwänden zu erzielen.

Im Anwendungsfall der bildgebenden Datenprojektoren zur Informationsprojektion auf Freiformflächen sollen im Wesentlichen Qualitätsverbesserungen bei der Abnahme und Einarbeitung von Werkzeugen erzielt werden. Einhergehend ist hier auch eine Zeitersparnis für Vorbereitung und Durchführung der Arbeiten zu sehen.

Ein wesentlicher Bestandteil der Entwicklung solcher Systeme liegt in der Umsetzung von geeigneten Kalibrierfunktionen. Dieses schließt eine Bestimmung der Intrinsik und der Extrinsik der Projektoren sowie die Kalibrierung von Projektor- und Trackingkoordinatensystem zueinander ein. Außerdem sind entsprechende Einmessverfahren zu entwickeln.

Als wesentliches Tracking-System sind aufgrund der höheren Genauigkeit in erster Linie Methoden zu nennen, die Kreismarker in Echtzeit tracken. Zur Unterstützung und Fortführung des Tracking in unbekannten Bereichen war Extensible- und Markerless-Tracking als Dienst zu integrieren. Als weitere Dienste im Trackingbereich waren Verfahren mit Tiefensensorik und auf aktiven Infrarottargets basierenden Inside-Out-Verfahren zu entwickeln.

7.2.2 Anwendungsszenarien

Im Folgenden werden die Anwendungsszenarien in diesem Teilprojekt beschrieben. Zur Besonderheit ist hier zu erwähnen, dass insgesamt vier Szenarien existieren, zuzüglich eines generischen Anwendungsszenarios zur Evaluation der Referenzarchitektur.

7.2.2.1 Flexible Anzeige von Bolzenpositionen

Im Vorserienzentrum eines Automobilherstellers werden manuell Bolzen an Prototypenkarossen aufgeschweißt. Der Prozess umfasst das Positionieren, Fügen und Prüfen der Bolzen.

Wo vorher ein Prozess mit dem Rüsten auf einer Koordinatenmessmaschine und dem Anreißen der Bolzenpositionen stand, soll nun ein mobiler getrackter Laserprojektor die Bolzenpositionen anzeigen und markieren. Als Trackingkomponente wird ein Stereokamerasystem verwendet, das fest mit dem Projektor verbunden ist.

Auf diese Weise soll ein Prozess etabliert werden, der aus folgenden Schritten besteht:

- Übernahme/Editieren der Bolzenlisten
- Registrierung/Tracken der Karosse
- Wahlweise Optimierung der Einmessung über Messung bestimmter Oberflächenfeatures
- Wahlweise Verdichtung des Stützpunktfeldes (Einlernen neuer Marker)

- Wahlweise Messung der Bolzengrundflächen/Positionsoptimierung Anzeigen/Anreißen der Bolzenposition
- Wahlweise Umpositionieren des Projektors
- Wahlweise Soll/Ist-Vergleich der Bolzen

Dieses Szenario diente als frühe Auskopplung der Technologie in die Verwertung. Anwendungsentwicklung und Adaption wurden außerhalb von ARVIDA weiter geführt.

7.2.2.2   Einarbeitung von Tiefziehwerkzeugen

Im Werkzeugbau werden Tiefziehwerkzeuge bis zu einer Bauteilgröße von Seitenteil oder Dach hergestellt. Die unbearbeiteten Werkzeuge werden als Gussteil angeliefert und besitzen im Inneren eine Strebenkonstruktion zur Gewichtseinsparung und zur Stabilisierung. In einem finalen Bearbeitungsschritt werden vom Werkzeugmacher manuell Entlüftungsbohrungen in das fast fertige Werkzeug gebracht. Diese Bohrungen dienen zur Entlüftung beim Zusammenfahren von Stempel und Matrize sowie beim Auseinanderfahren.

Die Herausforderung für den Werkzeugmacher besteht nun darin, keine dieser Streben zu treffen, da beim Bohren in eine dieser Streben meist Bohrer und Werkzeug beschädigt werden. Die Streben sind von der Oberseite des Werkzeugs jedoch nicht erkennbar.

In dem Anwendungsfall wird nun ein Laserprojektor benutzt, um auf der Oberfläche des Werkzeuges die Streben anzuzeigen und den Werkzeugmacher bei seiner Arbeit zu unterstützen (siehe Abb. 7.14).

Abb. 7.14 Szenario Einarbeitung Tiefziehwerkzeug

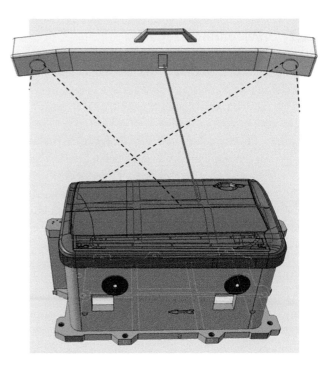

7.2.2.3 Qualitätsprüfung von Schweißverbindungen

Im Karosserierohbau werden unter anderem strukturbestimmende Bauteile gefügt. Diese Fügeprozesse unterliegen strengen Qualitätsrichtlinien, da hieraus auch haftungsrechtliche Konsequenzen entstehen können. So ist der Hersteller verpflichtet, die Materialqualität und den einwandfreien Prozess nachzuweisen.

In der Qualitätskontrolle des Karosseriebaus besteht die Aufgabe darin, Schweißpunkte an Zusammenbauteilen (ZSB) zu kontrollieren. Hierbei werden die Punkte gemäß den Konstruktionsdaten gekennzeichnet und danach dem Prüfplan folgend aufgebrochen und beurteilt. Das Ergebnis der zerstörerischen Kontrolle wird dokumentiert.

Im Anwendungsfall soll der Prozess des Auffindens, Markierens und der Dokumentation unterstützt werden. Das Beispielbauteil ist ein Längsträger. Der Längsträger soll mit einfachen Mitteln (ohne Rüstzeit und Registrierung) getrackt werden, und die aktuelle Punktposition soll über einen Laserprojektor angezeigt werden (siehe Abb. 7.15). Die Steuerung der Anwendung, Festlegung des Prüfplans und Dokumentation sollen über ein Tablet erfolgen.

Nach dem Laden von Geometrie und Punkteliste soll interaktiv in 3D oder durch eine vorgefertigte Punkteliste der Prüfplan erstellt werden. Danach werden die Punkte nacheinander auf dem Bauteil angezeigt und vom Anwender beschriftet. Nach dem Beschriften werden die Punkte dem Prüfplan folgend und vom System geführt aufgebrochen und direkt in der Anwendung dokumentiert.

7.2.2.4 Projektion auf Design- und Cubing-Modelle

Zur Qualitätssicherung von Vorserienprojekten, Anläufen und Änderungen werden im Automobilbau werkzeugfallend Bauteile gemessen und in ihrer Verbauumgebung untersucht. Ein wichtiger Bestandteil ist die Präsentation der Ergebnisse am Fahrzeug und die anschließende Ableitung von Maßnahmen. Wichtige Informationen sind hier die

Abb. 7.15 Szenario Qualitätsprüfung von Schweißverbindungen

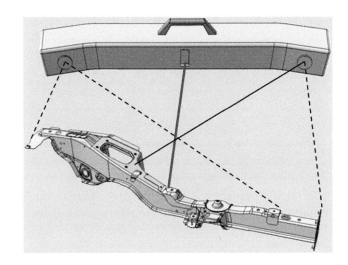

flächenhafte Darstellung der Abweichung (Falschfarbendarstellung) und die Anzeige diskreter Schwerpunktstellen (Spalt/Bündigkeit, etc.) mit Textinformationen.

In diesem Anwendungsfall sollte ein Demonstrator entwickelt werden, mit dem diese Präsentation flexibel und zur Laufzeit auf einem Modell durchgeführt werden kann. Der Projektor, der mit einer Kamera ausgestattet ist, soll hierbei frei um das Modell bewegt werden, und die Inhalte (flächenhafter Falschfarbendarstellung der Abweichungen, Textlabels, etc.) sollen lagerichtig dargestellt und fallweise ein- und ausgeblendet werden können.

7.2.3 Herausforderungen

Innerhalb der Szenarien bestehen technische Herausforderungen, die ähnliche Problemstellungen adressieren, jedoch unterschiedliche Schwerpunkte setzen. Im Folgenden werden diese beschrieben und in ihrer Bedeutung und Ausprägung den jeweiligen Szenarien zugeordnet.

7.2.3.1 Markertracking

Unter Markertracking wird in diesem Kontext die Bestimmung von Position und Orientierung des Projektor-Kamera Systems unter Verwendung codierter und uncodierter Kreismarken verstanden. Es ist hierbei unerheblich, ob das Werkstück und/oder das Projektionssystem bewegt werden. Gefragt ist nur der relative Bezug der beiden Koordinatensysteme zueinander. Der Begriff „Tracking" bringt zum Ausdruck, dass die Aktualisierung von Position und Orientierung fortwährend erfolgt. Für Projektor-Kamera-Systeme ist dies nicht zwangsläufig gefordert, da das System bzw. das Werkstück im Prinzip nur dann umpositioniert wird, wenn der Sichtbereich des Systems auf einen neuen Arbeitsbereich ausgerichtet werden soll. Man spricht deshalb auch von statischer Referenzierung, wenn der Bezug bei Bedarf – quasi auf Knopfdruck – aktualisiert werden soll, in Abgrenzung zur fortwährenden dynamischen Referenzierung (Tracking).

Der Vorteil von Kreismarken liegt darin, dass diese auch in der Messtechnik, spezifischer in der Nahbereichsphotogrammetrie, verwendet werden. Dies ermöglicht unter anderem eine nahtlose Verzahnung der projektiven AR-Anwendung mit messtechnischen Prozessen, mit denen hochpräzise AR-Anwendungen realisiert werden können. Ferner können auch alternative Trackingverfahren, wie das in Abschn. 7.2.3.2 beschriebene markerlose Tracking, gegen verlässliche ground-truth Daten validiert werden.

Abbildung 7.16 zeigt verschiedene Typen von Kreismarken. Die codierte Kreismarke kann anhand ihres Barcodes, welcher sich kreisförmig um den inneren Ring herum befindet, eindeutig zugeordnet werden, wohingegen eine einzelne uncodierte Kreismarke noch nicht im Bild eindeutig identifizierbar ist. Uncodierte Kreismarken werden in photogrammetrischen Prozessen häufig direkt auf das Bauteil aufgeklebt und anschließend photogrammetrisch als Punktewolke rekonstruiert. Diese Punktewolke wird anschließend anhand unterschiedlicher Metriken auf das Bauteil gematcht. Die Punkte liegen nun im

Abb. 7.16 Codierte und uncodierte Kreismarken sowie Markeradapter

Koordinatensystem des Bauteils vor und können unmittelbar z. B. für einen klassischen Soll-Ist-Abgleich herangezogen werden, der jedoch nicht Gegenstand dieser Abhandlung ist und hier nur des Gesamtverständnisses wegen erwähnt wird. Ein wesentliches Ziel von ARVIDA innerhalb des Teilprojektes war es, die 3D-Punktewolke auch für ein hochgenaues sowie performantes Tracking heranzuziehen.

Die große Herausforderung liegt in der Komplexität der Zuordnung detektierter Kreismarken zu vorab bekannten 3D-Koordinaten, welche mit der Fakultät der Anzahl der konfigurierten Kreismarken ansteigt. Vor Projektstart war eine Referenzierung nur auf ganz wenigen Targets möglich. Im Rahmen von ARVIDA konnte die Leistungsfähigkeit der Algorithmen erheblich gesteigert werden. War vor Start des Projektes ein Tracking nur auf weniger als 7–9 konfigurierten Marken überhaupt durchführbar, so funktioniert das Verfahren dank intelligenter Stereokamera-Algorithmik und randomisierten Suchstrategien basierend auf Distanzen zwischen Konstellationen von jeweils drei Marken (Triplets) mittlerweile auch noch mit deutlich über eintausend Marken. Somit kann das Verfahren auch für große Bauteile, z. B. ganze Karossen, eingesetzt werden.

Auch codierte Targets können in Form von Aufklebern auf dem Bauteil angebracht und messtechnisch eingemessen werden. Jedoch eignen sich codierte Targets eher, um spezifische Merkmale am Bauteil (z. B. Bohrungen, Ecken, Kanten, Flächen) durch Platzierung von Adaptern „anzutasten" und unmittelbar durch das Projektor-Kamera-System zu erfassen. Für klassische messtechnische Verfahren existieren eine Vielzahl unterschiedliche Adapter, etwa für Löcher/Bohrungen, Ecken, Kanten und Flächen.

Der Vorteil codierter Marker, die über Adapter platziert werden, liegt darin, dass nur einige wenige Marker/Adapter notwendig sind und Bauteile ganz spezifisch über definierte Merkmale mit hoher Präzision „aufgenommen" werden können. Neben der Analogie zur Messtechnik existiert hier auch ein direkter Bezug zur Fertigungstechnik: Um vergleichbare und reproduzierbare Ergebnisse entlang von Lieferketten und Integrationsschritten zu erhalten, werden in den Konstruktionszeichnungen explizit solche Merkmale festgelegt, die für Maschinen und Roboter ebenso gültig sind wie für die Qualitätssicherung (RPS²-System).

Während uncodierte Marken typischerweise 3D-Punkte, also Koordinatentripel (x,y,z) repräsentieren, können über Adapter identifizierte Merkmale auch gezielt einzelne Koordinaten repräsentieren. Ein Flächentarget etwa „sperrt" nur die Koordinate in Richtung der Flächennormale; es spielt keine Rolle, wo genau das Target auf der Fläche platziert wird, lediglich der Bezug zur Ebene ist festgelegt. Analog kann ein Kantentarget (oder Punkt-Target in einem Langloch) entlang der Kante (des Langlochs) verschoben werden und sperrt nur die beiden dazu orthogonalen Richtungen. Punktadapter (Loch oder Ecke) hingegen sperren in allen drei Raumrichtungen.

Die Herausforderung im Rahmen von ARVIDA bestand darin, die vielen Merkmalskombinationen algorithmisch auswertbar und in der Nutzerschnittstelle konfigurierbar zu machen. Um Position und Orientierung eindeutig festzulegen, müssen insgesamt sechs Bezüge vorliegen. Diese müssen alle drei Raumrichtungen betreffen. Die 3-2-1 Regel beschreibt die Zuordnung der Bezüge zu den Raumrichtungen, beispielsweise etwa drei Bezüge für x, zwei für y und einer für z. Der Bezug, der dreifach determiniert wird, wird primärer Bezug genannt, der nächste sekundärer Bezug und der letzte schließlich tertiärer Bezug. Konkret sind folgende Minimal-Kombinationen möglich:

- Drei Punkte via die Loch-/Eckadapter, wobei die primäre Raumrichtung über alle drei Punkte, die sekundäre Raumrichtung nur über zwei Punkte und die tertiäre Raumrichtung über einen Punkt determiniert wird (Mitte oben in Abb. 7.17)
- Ebene/Ebene/Ebene über sechs Flächenadapter, wobei die primäre Ebene über drei Flächenadapter, die sekundäre Ebene über zwei Flächenadapter und die tertiäre Ebene über einen Flächenadapter determiniert wird (rechts oben in Abb. 7.17)
- Ebene/Linie/Punkt über drei Flächen-, zwei Kanten-, einen Punktadapter
- Ebene/Linie/Punkt über zwei Kanten-, einen Punktadapter, falls Kante und Punkt in einer Ebene liegen, so definieren die drei Marker auch die Ebene (links unten in Abb. 7.17)
- Ebene/Punkt/Linie über einen Flächen-, einen Punkt-, einen Kantenadapter, falls Punkt/Langloch in einer Ebene liegen (rechts unten in Abb. 7.17)
- Ebene/Linie/Linie über drei Flächen- sowie drei Kantenadapter
- Ebene/Linie/Linie über drei Kantenadapter, falls Linien in einer Ebene liegen (Mitte unten in Abb. 7.17)

Für die Minimal-Konfiguration kann eine Pose stets eindeutig berechnet werden, die Restklaffungen sind Null. Werden jedoch mehr Bezüge festgelegt, so spricht man von einer Überbestimmung. Das mathematische Modell kann die Beobachtungen nicht mehr eindeutig mit den Merkmalen in Übereinstimmung bringen. Ermittelt wird dann die Pose,

---

² Referenzpunktsystem.

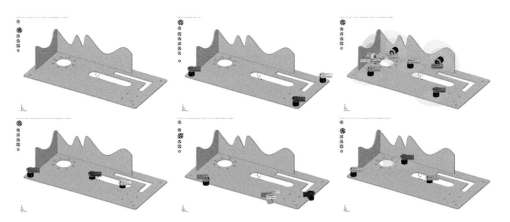

Abb. 7.17 Auswahl sinnvoller Marker-Konfigurationen nach 3-2-1-Prinzip

für welche sich die kleinste Fehlerquadratsumme der Restklaffungen aller selektierten Merkmale ergibt.

Bisher mussten die im CAD zugewiesenen IDs den tatsächlich auf dem Bauteil gesteckten Marker-IDs entsprechen. Um das Vorgehen weiter zu vereinfachen, wurde im Rahmen von ARVIDA zusätzlich auch ein Permutationsalgorithmus entwickelt, welcher für konfigurierte Adapterpositionen die Marker-IDs selbständig ermittelt. Dieser Algorithmus funktioniert performant, falls maximal sechs Targets verwendet werden und harmoniert daher gut mit den oben beschriebenen Konfigurationen gemäß der 3-2-1 Regel.

7.2.3.2 Markerloses Tracking

Um Rüstzeiten in den oben beschriebenen Anwendungsszenarien weiter zu reduzieren, soll das Projektor-Kamera-System das Werkstück bzw. Bauteil tracken können, ohne dass dort Markierungen angebracht werden müssen. Die Objekte müssen also markerlos getrackt werden. Das Tracking muss in mobilen Konfigurationen ferner in Echtzeit funktionieren, weil sowohl der Projektor als auch das getrackte Bauteil bewegt werden.

Das Szenario bringt spezifische Anforderungen im Bereich Computer-Vision-basiertes Tracking mit sich, weil z. B. eine hohe Robustheit gegenüber variierenden Farben, Lichtbedingungen oder schwieriger Oberflächenbeschaffenheit erforderlich ist. Standardverfahren im Bereich markerloses Tracking (Rekonstruktion von 3D-Featuremaps, Tracking über SLAM – Simultaneous Localisation and Tracking [12]) können hier nicht eingesetzt werden, weil Reflexionspunkte sehr markante Featurepunkte bilden, die in die 3D-Rekonstruktion der Featuremap einfließen und weil deshalb SLAM-Verfahren hochgradig von der Beleuchtung abhängen (siehe Abb. 7.18). Zur Realisierung des Szenarios wurden deshalb modellbasierte Trackingverfahren weiterentwickelt. Dabei werden für das Tracking Konturmodelle aus den CAD-Daten angelernt.

Zur Realisierung des Trackings müssen zwei unterschiedliche Aufgaben gelöst werden. Zum einen muss das Tracking initialisiert werden, d. h. das Koordinatensystem von Modell

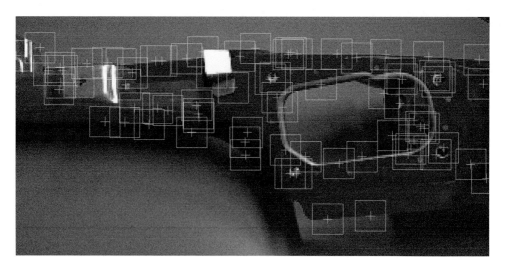

Abb. 7.18 Rekonstruierte Punktfeatures auf einem Längsträger

und Kamera muss zueinander registriert werden. Zum anderen muss die Transformation der Kamera zwischen zwei aufeinanderfolgenden Bildern bestimmt werden. Der Trackingalgorithmus ist dabei nur lokal konvergent, d. h. es können nur Kameratransformationen verfolgt werden, die eine hohe Ähnlichkeit zwischen zwei aufeinanderfolgenden Bildern aufweisen. Das ist vor allen Dingen bei translatorischen Kamerabewegungen gegeben. Bei einer hohen Framerate der Kamera können aber auch rotatorische Bewegungen in der Regel stabil verfolgt werden.

- Initialisierung: Für die Initialisierung des Trackings werden Startkameraposen mit Hilfe des 3D-Modells angelernt. Dabei werden Silhouetten gerendert und in Relation zur Initialisierungspose abgespeichert. Die Kanten, die im Kamerabild erkannt werden, werden dabei mit den gerenderten Silhouetten abgeglichen. Deswegen sinkt die Performanz des Initialisierungsalgorithmus mit der Anzahl der Startkameraposen, die für das Tracking verwendet werden können. Die Genauigkeit der Initialisierung stimmt in der Regel nur sehr grob mit der Realität überein. Allerdings ist es hier nur wichtig, dass die Initialisierungspose im Konvergenzbereich des Bild-zu-Bild-Trackings liegt, damit sich die grobe Kamerapose mit dem nächsten Trackingschritt automatisch korrigiert.
- Bild-zu-Bild Tracking: Für das modellbasierte Tracking wird ein 3D-Silhouettenmodell (siehe Abb. 7.19 links) in einem Off-Screen Rendering Prozess aus der Kamerapose von Bild t gerendert und in das Kamerabild t + 1 zurückprojiziert. Orthogonal zu den gerenderten Linien werden korrespondierende Kanten im Kamerabild gesucht. Die Suchkanten werden dabei senkrecht zu den Kanten der off-screen gerenderten Modelle ausgerichtet (siehe Abb. 7.19 rechts). Das 3D-Modell wird so transformiert, dass sich die rückprojizierten Silhouetten den Kanten im Kamerabild überlagern. Durch die Pose der Renderingkamera wird die aktuelle Kamerapose geschätzt.

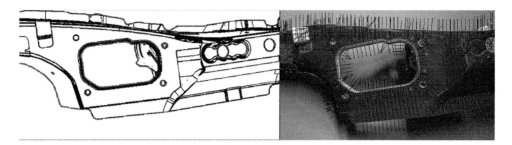

Abb. 7.19 links: Ein Silhouettenmodell wird für das Off-Screen Rendering aus den CAD Daten abgeleitet, rechts: Längs orthogonaler Suchkanten werden korrespondierende Kanten im Kamerabild gefunden

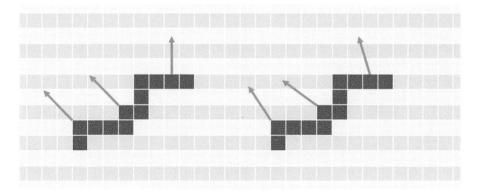

Abb. 7.20 Interpolationsverfahren zur Bestimmung der Suchkanten links: ohne Glättung, rechts: mit Glättung

Dieser Bild-zu-Bild-Tracking-Algorithmus ist also relevant für die Genauigkeit des Trackings. Einen wesentlichen Einfluss in diesem Zusammenhang hat das Interpolationsverfahren, das genutzt wird, um die orthogonalen Suchkanten zu bestimmen. Hier wurden die folgenden Ansätze umgesetzt:

- Pixelverfahren: Dieses Verfahren richtet den Gradienten direkt auf der zu Pixeln diskretisierten Kurve aus, ohne vorher ein Glättung durchzuführen (siehe Abb. 7.20 links)
- Subpixelverfahren: In diesem Verfahren wird die Pixelkurve über einen Gauss-Filter geglättet, bevor der Gradient berechnet wird, auf den die Suchkante ausgerichtet wird. Dabei werden Gaussfilter in verschieden Größen eingesetzt (von 5×5 bis 17×17 Pixel).

7.2.3.3 Referenzierungs- und Initialisierungsverfahren

Eine wesentliche Anforderung an Projektionssysteme, die lagerichtig auf Objekte projizieren sollen, ist die korrekte Positionierung des Projektors zum Bauteil. Durch die Kenntnis der relativen Lage des Bauteils zum Projektor lässt sich das perspektivisch korrekte

Bild des Projektionselementes aus Sicht des Projektors berechnen. Grundsätzlich ist zwischen Marker- und Modell-basierten Referenzierungs- und Initialisierungsverfahren zu unterscheiden.

Das im vorangegangenen Abschnitt beschriebene markerlose Tracking ist den Modell-basierten Ansätzen zuzuordnen. Markerloses Tracking ist in dieser Form in allen der hier betrachteten Anwendungsfälle gleichermaßen einsetzbar. Die Marker-basierten Referenzierungs- und Initialisierungskonzepte unterscheiden sich jedoch zwischen den Anwendungsfällen. Daher werden sie im Folgenden kurz für jeden Anwendungsfall getrennt beschrieben:

Flexible Anzeige von Bolzenpositionen Dieser Anwendungsfall wurde im Laufe des ARVIDA-Projektes früh in die Verwertung übertragen und außerhalb von ARVIDA weiter entwickelt. Auch hier stand ein benutzerfreundliches und intuitives Referenzierungskonzept im Vordergrund. Die Lösung sind zentrisch gearbeitete Passadapter (vgl. Abb. 7.17), die an der zu bearbeitenden Karosse in bekannte Bohrungen gesteckt werden. Hierbei ist zu beachten, dass mindestens drei Adapter im Sichtfeld des Sensors sein müssen, die jeweils nicht auf einer Linie liegen. Für jeden Bohrungsdurchmesser muss hier ein entsprechender Adapter gefertigt werden.

Einarbeitung von Tiefziehwerkzeugen Das Referenzierungskonzept in diesem Anwendungsfall lehnt sich wiederum stark an die Arbeitsweise im Werkzeugbau an. An Werkzeugen findet man häufig nur wenige Passbohrungen, dafür aber vermehrt netzparallele Flächen, die mit geringer Toleranz direkt auf das Werkstück aufgebracht werden. So ergibt sich hier ein gemischtes Konzept aus Bohrungsadaptern in den Passbohrungen und Flächenadaptern, die über Magnete auch an senkrechten Flächen befestigt werden können. Hierzu müssen entsprechende Adapter konstruiert und gefertigt werden. Weiterhin müssen entsprechende Messprozesse und die dazu gehörigen Algorithmen implementiert werden. Eine weitere Option soll sich so gestalten, dass ausgehend von einer bekannten Konstellation von Referenzelementen neue unkodierte Marken in den Verband eingelernt werden können, auf denen dann getrackt werden kann. Dies soll dazu dienen, dass trotz einer ungünstigen Referenzpunktverteilung an beliebigen Positionen des Werkzeuges gearbeitet werden kann.

Qualitätsprüfung von Schweißverbindungen Auf diesem Anwendungsfall liegt der Schwerpunkt des Teilprojektes. Daher sind hier auch die umfangreichsten Konzepte erarbeitet worden. Hier wurden ebenfalls sich ergänzende Methoden zu markerbasierten als auch zu markerlosen Trackingmethoden entwickelt, die über die Referenzarchitektur an das Gesamtsystem angeschlossen werden können.

Als grundlegende Trackingmethode dient das Markertracking über einsteckbare, magnetische Adapter. Im Allgemeinen werden diese in bekannte Bohrungen gesteckt, wobei mindestens drei Adapter für das Tracking-System sichtbar sein müssen. Im Zuge der Verbesserung der Nutzbarkeit der Anwendung soll es möglich sein, die Adapter beliebig in vorhandene Bohrungen auf dem Bauteil zu stecken. Aufgrund der Konstellation der Adapter soll das System die betreffenden Bohrungen erkennen und die dazugehörigen Sollkoordinaten zur Referenzierung verwenden.

Im Weiteren sollte über die Referenzarchitektur das markerlose Tracking des Partners IGD eingebunden werden. Eine nähere Beschreibung des markerlosen Trackings findet sich im Abschn. 7.2.3.2. Die beiden Trackingmethoden sollen gleichberechtigt und optional zur Verfügung stehen. Eine wesentliche Herausforderung in diesem Fall ist die Trackinggeschwindigkeit, um die Anwendung auch im markerlosen Betrieb echtzeitfähig zu gestalten. Es soll z. B. ermöglicht werden, das Bauteil manuell umdrehen zu können, während das Tracking weiterläuft. Ein möglicher Ansatz ist hier die Reduzierung der Kameraauflösung und eine damit verbundene Erhöhung der Framerate.

Projektion auf Design- und Cubing-Modelle Dieser Anwendungsfall wurde für den Messeauftritt auf der CeBIT 2015 modifiziert. In erster Linie werden hier flächenhaft Strukturelemente auf eine Fahrzeugoberfläche projiziert. Gemäß dem Lastenheft des generischen Anwendungsszenarios werden hier zwei Bereiche je für das markerbasierte Tracking und das markerlose Tracking definiert. Beide Trackingverfahren werden als Dienste definiert und innerhalb der Referenzarchitektur an das Visualisierungssystem geleitet. Ergebnisse hierzu sind im Abschn. 7.2.4.2 zu finden.

7.2.4 Technologien in den Anwendungsszenarien

7.2.4.1 Getrackte Projektoren

Im Rahmen von ARVIDA kommt eine kamerabasierte Sensorik zum Einsatz, um die in Abschn. 7.2.3.1 und 7.2.3.2 beschriebenen markerbasierten und markerlosen Trackingverfahren einsetzen zu können. Sind die zu erfassenden Merkmale eindeutig im Raum verortet (Punktmarker, Punktfeature, Kantenfeature), genügt ein Mono-Kamera-System. Für Flächen- und Kantenadapter ist jedoch ein Stereo-Kamera-System notwendig, um den gleitend gelagerten Adapter eindeutig im dreidimensionalen Raum verorten, sprich triangulieren, zu können.

Während das markerbasierte Tracking typischerweise auf hochauflösenden Kamerabildern mit wenigen Bildern pro Sekunde läuft, um einerseits die höchstmögliche Genauigkeit zu ermöglichen und andererseits kleine Marken auch aus größerer Entfernung erkennen zu können, wurde das markerlose Tracking auf hohe Performanz optimiert und läuft nun mit bis zu 30 Bildern pro Sekunde, um flüssige Bewegungen des Projektors bzw. des Bauteils zu ermöglichen. Hierzu wurden die Anbindung der Hardware sowie auch die REST-Schnittstellen entsprechend flexibel gestaltet.

Die beiden Tracking-Technologien wurden zudem über die REST-Schnittstellen insoweit integriert, dass das Markertracking als eine Variante zur Initialisierung des markerlosen Trackings eingesetzt werden kann. Somit kann beispielsweise der oben beschriebene Längsträger (siehe Abb. 7.15) durch Positionierung von Markern auf der Vorderseite initial getrackt, und anschließend unter Verwendung des markerlosen Trackings flüssig auf seine Rückseite gedreht werden.

Alternativ kann auch eine einmal ermittelte Pose für künftige Zwecke als statisch angenommen und zur Projektion einer Kontur herangezogen werden, anhand derer das Bauteil initial ausgerichtet werden kann. Dieses Verfahren eignet sich insbesondere dann, wenn nicht alle sechs Freiheitsgrade der Pose zu initialisieren sind, sondern nur eine Teilmenge davon. Zum Beispiel eignet es sich in einer Umgebung, in der das Projektionssystem fix über der Werkbank montiert ist und das Bauteil jeweils auf der Werkbank positioniert in einer vorab definierten Ausrichtung platziert werden soll. In diesem Fall sind nur drei Freiheitsgrade durch den Nutzer grob auszurichten, zwei Translationen in der Ebene, sowie eine Rotation um den Normalenvektor zur Ebene. Wenn beispielsweise der Umriss auf die Werkbank projiziert wird, ist es unproblematisch und nicht zeitaufwendig, diese Ausrichtung händisch durchzuführen. Somit kann komplett markerlos gearbeitet werden.

7.2.4.2 Scannende Laser- und Datenprojektoren

Scanning stellt zunächst die Basistechnologie zur Erfassung von 3D-Punkten auf der Bauteiloberfläche via Streifenlichtprojektion dar. Es gibt eine Vielzahl an Möglichkeiten, 3D-Punkte auf Bauteiloberflächen zu vermessen. Klassischerweise werden dazu in der Messtechnik taktile Verfahren (insb. Koordinatenmessmaschine, mobiler Messarm, Lasertracker) oder berührungslose Verfahren (Photogrammetrie, Streifenlichtscanner, Laserscanner, etc.) verwendet. Hinzu kommen modernere Verfahren wie Time-of-Flight-Kameras oder auch Consumer-Produkte wie die Kinect. Die Existenz all dieser Verfahren zeigt, dass es keine Standard-Antworten auf zentrale Herausforderungen wie Geschwindigkeit, Genauigkeit, Robustheit, Integrierbarkeit im Prozess, Dichte der Punktewolke etc. gibt.

Ziel scannender AR-Projektoren kann und soll es demnach auch nicht sein, die o.g. Systeme und Verfahren zu ersetzen. Vielmehr kommt ein scannender AR-Projektor dann in Betracht, wenn er für die Aufgabe ggf. besser geeignet ist als ein herkömmliches Verfahren. Dies ist insbesondere der Fall, wenn der Scan-Vorgang mit der AR-Projektion unmittelbar kombiniert wird und daraus ein besser integrierter Arbeitsprozess resultiert. Im Rahmen von ARVIDA wurden unterschiedliche Nutzungsmöglichkeiten erforscht:

- Initialisierung über PPF-Features (Point-Pair-Features): Eine dünn besetzte Punktewolke auf dem Werkstück wird erfasst. Ein aus den 3D-Geometriedaten vorab trainiertes Modell ermöglicht den effizienten Abgleich mit der erfassten Punktewolke. Das Verfahren funktioniert global und nicht iterativ. Es wird keinerlei Annahme an Position und Lage des Werkstücks gemacht, außer dass es sich innerhalb des zur Erfassung der Punktewolke konfigurierten Bereichs befinden muss. Es funktioniert nur für Werkstücke, die nicht symmetrisch sind und nicht im Wesentlichen aus repetitiven Strukturen bestehen.
- Adaptive Referenzierung: Liegt ein initialer Startwert für die Pose des Werkstücks vor, so genügt eine dünn besetzte Punktewolke, um diese mittels ICP (iterative closest point)-Algorithmus auf das Werkstück einzuschwimmen. Hierbei werden alle Punkte

gleich gewichtet und die Fehlerquadratsumme der Abstände zwischen Punktewolke und Geometrie minimiert. Eine interessante Umsetzung dieser Strategie nutzt geschickt in der Textur der Videoprojektion vorhandene, sozusagen natürliche Merkmale, um fortwährend Punkte auf der Bauteiloberfläche zu rekonstruieren und diese dynamisch Bild für Bild auf die Bauteilgeometrie einzuschwimmen [2]. Bei diesem als „Sticky-Projections" bezeichneten Verfahren können Projektor und/oder Bauteil bewegt werden, sogar die projizierte Textur kann animiert sein. Voraussetzung ist jedoch, dass die projizierte Textur genügend bildverarbeitungstechnisch identifizierbare Merkmale enthält. Alternativ können auch dedizierte Merkmale gescannt und iterativ auf das Bauteil eingeschwommen werden. Das Verfahren stellt dann gewissermaßen eine markerlose Variante der in Abschn. 7.2.3.1 beschriebenen 3-2-1 Regel dar. Der initiale Startwert für die Pose muss hinreichend gut sein, damit die Merkmale via Scan zuverlässig erfasst werden können. Das Verfahren wurde für Punkt-Features evaluiert. Mischformen aus Einschwimmen und 3-2-1 Regel sind ebenfalls möglich. Durch die Dauer des Scan-Vorgangs von einigen Sekunden kann das Verfahren nicht als Tracking-Verfahren bezeichnet werden. Es erlaubt jedoch eine hochgenaue Referenzierung und eignet sich insbesondere auch für Bauteile, auf denen über Adapter keine Merkmale erfasst werden können.

- Soll-Ist-Abgleich/Vollständigkeitsprüfung: Nach der via Projektion angeleiteten Montage können Anbauteile unmittelbar über Scan erfasst und somit auf Korrektheit und Vollständigkeit geprüft werden. Die Prüfung auf Korrektheit setzt jedoch voraus, dass die Anbauteile hinreichend verschieden sind und dass die charakteristischen Merkmale des Anbauteils aus der Perspektive des Projektor-Kamera-Systems sichtbar sind.

- Adaptive Projektion: Hierunter versteht man die Kompensation von Fertigungstoleranzen durch eine Adaption der Projektion. Nur wenn das Bauteil an einer Montageposition präzise mit der Konstruktion übereinstimmt, trifft der Lichtstrahl reproduzierbar und aus unterschiedlichen Richtungen tatsächlich immer genau an der gleichen Stelle auf, vorausgesetzt die Referenzierung ist gut. Liegt aber die Projektionsfläche an der Montageposition zu hoch oder zu tief, z. B. durch Schweißverzug oder andere Fertigungstoleranzen, so wird der Lichtstrahl aus unterschiedlichen Richtungen jeweils anders auftreffen. Mittels adaptiver Projektion wird nun der Punkt erfasst und beispielsweise entlang des Normalenvektors der Bauteiloberfläche verschoben, sodass er innerhalb der Oberfläche unabhängig von der Perspektive direkt und lagerichtig auf der Oberfläche liegen wird [1].

Die unterschiedlichen Eigenschaften von Laser- und Datenprojektion, die für die Wiedergabe von 3D-Inhalten gelten (siehe Abschn. 2.1.3), bestimmen auch die Scan-Eigenschaften. Prinzipiell gilt, dass mit einem Datenprojektor schneller gescannt werden kann als mit einem Laserprojektor. Eine vollflächige Punktewolke kann binnen weniger Sekunden erfasst werden, vorausgesetzt der Kontrast auf dem Werkstück ist hoch genug, was in Bereichen bis ca. zwei Quadratmeter und kooperativen Werkstücken regelmäßig gut funktioniert. Mit dem Laserprojektor stellt Kontrast kein Problem dar. Scanning funktioniert damit auch noch auf großen Projektionsflächen bis zu 25 Quadratmeter, jedoch ist die Erfassung prinzipbedingt langsamer, da einzelne Merkmale sequentiell erfasst werden müssen. Hinzu kommt, dass aus hardwaretechnischen Gründen mit den aktuellen Laserprojektoren keine Synchronisation zwischen Kamera und Projektor hergestellt werden kann, sodass aktuell die Erfassung eines Merkmals bzw. einer Menge von Punkten entlang eines projizierten Kreuzes etwa eine Sekunde in Anspruch nimmt. Diese Einschränkung wird mit der nächsten Generation von Laserprojektoren behoben werden. Dennoch werden die Scan-Strategien mit dem Laserprojektor weiterhin auf der gezielten Erfassung dünn besetzter Punktewolken basieren. Auch für die mittels Scanning erzielbaren Genauigkeiten gelten die für die Wiedergabe von 3D-Inhalten geltenden Werte analog.

7.2.4.3   Komponenten in der Referenzarchitektur

In diesem Teilprojekt werden zwei Komponenten dienstbasiert über die ARVIDA-Referenzarchitektur eingebunden.

Der Daten-Dienst verbindet hier die Datenquellen mit dem Werklichtserver (siehe Abb. 7.21). Er bietet alle Schnittstellen und Zugriffsmethoden, um über die ARVIDA-Referenzarchitektur auf die Datenquellen zuzugreifen. In diesem Fall werden die Daten (Geometrien, Schweißpunkte und Projektionsdateien) auf einem Server im Werklicht gehalten. Der Inhalt kann REST-konform abgefragt und übertragen werden. Das entsprechende Vokabular wurde definiert.

Als zweite Komponente werden, wie oben besprochen, zwei verschiedene Tracking-Systeme dienstbasiert integriert. Es handelt sich um das markerbasierte Tracking-System des Partners Extend3D und das modellbasierte Tracking-System des Partners IGD. Eine technische Beschreibung der Systeme findet sich in den vorangegangenen Abschnitten.

Abb. 7.21 Schema Datendienst

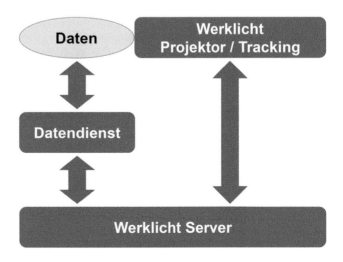

7.2.5   Evaluierung und Ergebnisse

Im folgenden Abschnitt werden die Ergebnisse der Projektarbeit und die Vorgehensweise zur Evaluation der Anwendungsszenarien beschrieben.

Flexible Anzeige von Bolzenpositionen Dieses Szenario ist außerhalb von ARVIDA weiterentwickelt und in die Verwertung überführt worden. Übertragen wurden hier die Referenzierungskonzepte und Trackingalgorithmen. Die Funktionalität der Anwendung wurde durch ein Lastenheft festgelegt, Projekt-extern beauftragt und umgesetzt.

Einarbeitung von Tiefziehwerkzeugen Die Umsetzung dieses Szenarios wurde auf die zweite Projekthälfte gelegt. Im Rahmen dessen wurden hier die Konzepte zur Referenzierung und Projektionsoptimierung erarbeitet und erste Tests durchgeführt. Zum Zeitpunkt der Textlegung des Buches befindet sich die Umsetzung noch in der Implementierung, sodass hier nur die Ergebnisse der ersten Tests präsentiert werden können.

Als eines der Ergebnisse des Tests ist die Notwendigkeit zur Optimierung der zur projizierenden Geometrie zu sehen. Ein ungünstiger Verlauf und eine zu hohe Anzahl an darzustellenden Kurven bewirken eine Erhöhung der Spiegeldrehzahl über einen zulässigen Punkt, sodass bedingt durch die Massenträgheit eine Verzerrung der projizierten Geometrie erfolgt.

Qualitätsprüfung von Schweißverbindungen Dieses Anwendungsszenario wurde als zentrales Szenario des Teilprojektes aufgebaut. Die Evaluierung erfolgte auf funktionaler Basis und bezog sich auf die folgenden Punkte.

Datenimport:
Hier wurde die Möglichkeit implementiert, eine Datei mit Verbindungselementen, die im Zuge des Konstruktionsprozesses entsteht, auf textlicher Basis einzulesen und aufzubereiten. Die Datei enthält in Menschen-lesbarer Weise alle relevanten Informationen zu den Schweißverbindungen. Dies sind neben der ID-Nummer und der 3D-Koordinate u. a. der Normalenvektor der Fläche und ähnliche Informationen. Ein weiterer Import stellt das CAD-Modell des Zusammenbauteils dar.

Arbeitsvorbereitung:
Zur Vorbereitung der Arbeit wurde eine Funktionalität implementiert, um die Verbindungsliste neu zu ordnen und zu editieren. Es werden auch Metadaten wie ID-Nummern und Übersichtsbilder erzeugt. Neben der Bearbeitung der Schweißpunkte werden auch die Adapterpositionen erzeugt, die für das Markertracking zur Verfügung stehen sollen. Sind die arbeitsvorbereitenden Schritte abgeschlossen, werden die Daten auf den Server geladen und stehen ab dann über den Daten-Dienst der ARVIDA-Referenzarchitektur bereit.

Markertracking:

Durch die Funktionalität der Permutierbarkeit der Markeradapter ist es möglich, sechs Marker in Positionen aus einer Gesamtheit von 29 Positionen beliebig zu stecken. Das Tracking funktioniert, sobald drei Marker in einer ausreichenden Qualität für den Sensor sichtbar sind. Die Permutierbarkeit der Marker vereinfacht den Arbeitsprozess ungemein, da sich der Mitarbeiter nun keine Gedanken mehr über die Positionen und ID-Nummern der Markeradapter machen muss.

Markerloses Tracking:

Die Genauigkeit der Trackingverfahren wurde in verschiedenen Stufen evaluiert:

• Synthetische Evaluierung
  Hier werden simulierte Kamerabilder gerendert. In den Kamerabildern werden mit den Verfahren getrackte Kameraposen ermittelt und mit der Pose der Rendering-Kamera abgeglichen. Der Vorteil dieses Ansatzes ist der, dass die Kamerapose für das Rendering exakt bekannt ist und somit keine Ungenauigkeiten durch das Messsystem, das für die Erhebung der Ground-Trouth-Daten eingesetzt wird, auftreten. Ein weiterer Vorteil ist, dass sich die verwendeten Verfahren analytisch evaluieren lassen und somit die prinzipiell erreichbare Genauigkeit evaluiert werden kann.
• Experimentelle Evaluierung
  In dieser Evaluierung werden reale Kameras und ein Referenzmesssystem für die Evaluierung der Trackinggenauigkeit eingesetzt. Als Referenzmesssystem wird hier ein Messarm der Firma FARO eingesetzt. Die Daten werden mit einer speziellen Kamera aufgezeichnet und am realen Objekt erhoben.

Für die **synthetische Evaluierung** wurden die folgenden Annahmen getroffen:

• Testobjekt:, Federbeinlager, Größe ca. 16 cm × 19 cm × 6,5 cm
• Auflösung der virtuellen Kamera: 512 × 640 Pixel
• Normalisierte Fokallänge der virtuellen Kamera: $f_x = 2{,}95$ $f_y = 3{,}67$
• Entfernung Kamera vom Testobjekt 1 m

Die Genauigkeit des Trackingverfahrens wurde im Rahmen dieses Szenarios evaluiert. Dazu wurden die folgenden Parameter variiert:

• Länge der Kontur: Anzahl der die Kontur interpolierenden Stützpunkte
• Interpolationsverfahren Kontur: Gerade (die Kontur wird über einen Polygonzug beschrieben) versus Kurve (die Kontur wird über ein Kreisteilungspolynom angenähert)
• Interpolationsverfahren Gradient: Glättung der Gradientenverteilung über einen Gaussfilter versus Gradientenberechnung ohne Glättung (siehe Abschn. 7.2.3.2)
• Größe des Gaussfilters, der für die Glättung verwendet wird

Tab. 7.3 Evaluierung der Trackinggenauigkeit mit verschiedenen Interpolationsverfahren

Länge der Kontur	Interpolations-verfahren Kontur	Interpolationsver-fahren Gradient	Mittlerer Fehler der Kameraposition im 3D Raum (in m)	Mittlerer Jitter der Kamera-position im 3D Raum (in m)
Kurze Kontur (15 Punkte)	Kreisteilungs-polynom	Pixelverfahren	2.30E-002	1.59E-015
Lange Kontur (50 Punkte)	Kreisteilungs-polynom	Pixelverfahren	2.50E-002	1.59E-015
Kurze Kontur (15 Punkte)	Kreisteilungs-polynom	Subpixelverfahren	1.58E-002	2.14E-003
Lange Kontur (50 Punkte)	Kreisteilungs-polynom	Subpixelverfahren	1.55E-002	1.85E-003
Kurze Kontur (15 Punkte)	Polygonzug	Pixelverfahren	2.11E-002	1.61E-015
Lange Kontur (50 Punkte)	Polygonzug	Pixelverfahren	2.28E-002	1.44E-015
Kurze Kontur (15 Punkte)	Polygonzug	Subpixelverfahren	1.43E-002	4.66E-003
Lange Kontur (50 Punkte)	Polygonzug	Subpixelverfahren	1.58E-002	3.91E-003

Zur Evaluierung werden die folgenden Parameter bestimmt:

- Mittlerer Fehler im 3D Raum (in m)
- Sprünge der Kamerapose (Jitter) im 3D-Raum (in m)

Die Ergebnisse der Evaluierung sind in der folgenden Tab. 7.3 dargestellt:
Aus dieser Evaluierung können die folgenden Erkenntnisse gewonnen werden:

- Der mittlere Positionierungsfehler im modellbasierten Tracking kann durch das Sub-pixelverfahren um ca. 32 % verbessert werden (sowohl bei Interpolation durch Poly-gonzug als auch durch Kreisteilungspolynom).
- Das Jittering wird durch das Subpixelverfahren verstärkt. Ohne Glättung der Kurven findet kein Jittering statt (durch die grobe Diskretisierung kann eine eindeutige Relation von Kame-rakante zu Modellkante gefunden werden, durch die Glättung entstehen Ungenauigkeiten).
- Das Interpolationsverfahren für die Kontur (Polygonzug vs. Kreisteilungspolynom) hat nur wenig Einfluss auf die Trackinggenauigkeit (Verbesserung unter 10 %). Es hat allerdings großen Einfluss auf das Jittern (Verbesserung von ca. 50–55 %).
- Das Subpixelverfahren erhöht das Jittering massiv.

Tab. 7.4 Bezeichnung

Größe des Gaussfilters	Mittlerer Fehler der Kameraposition im 3D Raum (in m)	Mittlerer Jitter der Kameraposition im 3D Raum (in m)
1 × 1	1.55E-002	2.08E-003
1 × 5	1.57E-002	1.28E-003
1 × 7	1.54E-002	1.25E-003
1 × 9	1.24E-002	1.24E-003
1 × 11	1.08E-002	1.10E-003
1 × 13	1.25E-002	2.02E-003
1 × 15	2.20E-001	3.33E-002
1 × 17	1.29E-001	1.89E-002

Der Einfluss der Größe des Gaussfilters, der für die Glättung verwendet wird, ist in der folgenden Tab. 7.4 dargestellt:

Man kann beobachten, dass die Genauigkeit des Trackingverfahrens bis zu einer Filtergröße bis zu 1 × 11 Pixeln zunimmt und dass eine Verbesserung der Trackingposition um ca. 30 % erzielt werden kann. Allerdings nimmt die Genauigkeit bei größeren Gaussfiltern wieder ab. (Der Grund ist, dass durch große Gaussfilter Kontursegmente zu stark geglättet werden und dass dadurch die lokale Konvergenz des Kantendetektors gestört wird). Durch die Verwendung eines 1 × 11 Gaussfilters kann aber auch das Jittering erheblich reduziert werden (um ca. 50 %) und somit in einen Bereich gebracht werden, der häufig toleriert werden kann.

Für das Szenario „Tracking des Längsträgers" ist nach der analytischen Evaluierung die folgende Konfiguration des Trackings optimal:

- Verwendung von Kreisteilungspolynomen zur Kurveninterpolation
- Verwendung des Subpixelverfahrens zur Gradienteninterpolation mit einem 1 × 11 Gaussfilter

Für die experimentelle Evaluierung wird anstelle des gerenderten Kamerabildes eine reale Kamera verwendet. Für die Bestimmung der Kameraposition wird ein Messarm der Firma FARO eingesetzt. Dazu wird die Kamera am Kopf des Messarms befestigt (siehe Abb. 7.22) und zum Messarm registriert (sogenannte Hand-Eye-Kalibration).

Die experimentelle Evaluierung wurde mit den folgenden Parametern durchgeführt:

- FARO Messarm: Wiederholungsgenauigkeit laut Herstellerangaben unter 0,104 mm
- Kamera: UI-3240ML, CMOS, 60 fps, 1280 × 1024, 1/1.8"

Abb. 7.22 Für die experimentelle Evaluierung wird die Trackingkamera wird zum Messarm registriert.

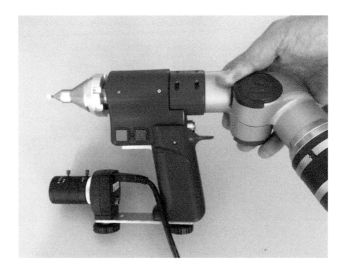

Durch die Kamera-zur-Messarm-Kalibrierung tritt ein Fehler von weniger als 1,5 mm auf [5].

Die Evaluierung wurde mit den gleichen Parametern und den gleichen Modellen wie die synthetische Evaluierung durchgeführt. Hier wurden allerdings die folgenden Ergebnisse erzielt (siehe Tab. 7.5):

Aus dieser Evaluierung können die folgenden Erkenntnisse gewonnen werden:

- Die Verbesserung des mittleren Positionierungsfehlers durch das Subpixelverfahren im modellbasierten Tracking konnte auch in der experimentellen Evaluierung nachgewiesen werden. Die Verbesserung beträgt aber nur ca. 21 % und ist somit nicht so deutlich wie in der analytischen Betrachtung.
- Die Verstärkung des Jitterings durch das Subpixelverfahren ist ebenso in der experimentellen Evaluierung deutlich sichtbar (durchschnittlich 14 % mehr Jittering).
- Großen Einfluss auf die Evaluierung hat eine optimale Realisierung des Hand-Eye-Kalibrierungsverfahrens.

Der Einfluss der Größe des Gaussfilters, der für die Glättung verwendet wird, ist in der folgenden Tab. 7.6 dargestellt:

Auch die experimentelle Evaluierung beweist, dass die Genauigkeit des Trackingverfahrens bis zu einer Filtergröße bis zu 1 × 11 Pixeln für die Genauigkeit des Trackings optimal ist.

Projektion auf Design- und Cubing-Modelle/Generisches Anwendungsszenario Das Szenario Projektion auf Design- und Cubing-Modelle wurde als generisches

Tab. 7.5 Evaluierung der Trackinggenauigkeit mit verschiedenen Interpolationsverfahren

Länge der Kontur	Interpolations-verfahren Kontur	Interpolationsver-fahren	Mittlerer Fehler der Kamera-position im 3D Raum (in m)	Mittlerer Jitter der Kameraposition im 3D Raum (in m)
Kurze Kontur (15 Punkte)	Kreisteilungs-polynom	Pixelverfahren	3,82E-02	5,22E-03
Lange Kontur (50 Punkte)	Kreisteilungs-polynom	Pixelverfahren	3,46E-02	6,54E-03
Kurze Kontur (15 Punkte)	Kreisteilungs-polynom	Subpixelverfahren	2,97E-02	6,00E-03
Lange Kontur (50 Punkte)	Kreisteilungs-polynom	Subpixelverfahren	2,79E-02	7,34E-03
Kurze Kontur (15 Punkte)	Polygonzug	Pixelverfahren	2,88E-02	7,64E-03
Lange Kontur (50 Punkte)	Polygonzug	Pixelverfahren	3,14E-02	7,28E-03
Kurze Kontur (15 Punkte)	Polygonzug	Subpixelverfahren	2,35E-02	8,02E-03
Lange Kontur (50 Punkte)	Polygonzug	Subpixelverfahren	2,43E-02	8,89E-03

Tab. 7.6 Einfluss des Gausfilters

Größe des Gaussfilters	Mittlerer Fehler der Kameraposition im 3D Raum (in m)	Mittlerer Jitter der Kameraposition im 3D Raum (in m)
1 x 1	3,16E-02	3,17E-03
1 x 5	3,82E-02	3,67E-03
1 x 7	3,78E-02	3,61E-03
1 x 9	2,61E-02	3,29E-03
1 x 11	2,11E-02	3,67E-03
1 x 13	2,26E-02	4,93E-03
1 x 15	4,51E-02	4,97E-03
1 x 17	4,88E-02	4,73E-03

Anwendungsszenario umgesetzt und auf der CeBIT 2015 (siehe Abb. 7.23) präsentiert. Der Auftritt diente gleichzeitig der öffentlichen Vorstellung des Verbundprojektes ARVIDA. Innerhalb des Szenarios wurden Informationen und verdeckte Strukturen lagerichtig auf einen Volkswagen XL1 projiziert. Zum Einsatz kam ein getrackter Datenprojektor. Das generische Anwendungsszenario sollte die Integration und Austauschbarkeit zweier

Abb. 7.23 CeBIT Szenario

Tracking-Systeme über die Referenzarchitektur verdeutlichen. Auf dem XL1 wurde ein Bereich für das Markertracking und ein Bereich für das markerlose Tracking definiert. Zur Laufzeit des Systems war es so möglich, wechselweise die Daten der jeweiligen Tracking-dienste über die Referenzarchitektur an den Renderdienst zu schicken. Die Flexibilität und Leistungsfähigkeit der ARVIDA-Referenzarchitektur konnte damit schon in einem frühen Projektstadium gezeigt werden.

7.3 Instandhaltung und Training

7.3.1 Motivation

Mit dem flächendeckenden Einzug von digitalen Medien und durch massentaugliche tragbare Datenverarbeitungsgeräte, sogenannte Wearables, wird in großen Unternehmen wie der Volkswagen AG versucht, komplexe interne Prozesse durch Unterstützung von Informationstechnologien zu vereinfachen. Ein Beispiel dafür ist die Unterstützung der Mitarbeiter, die direkt in den Produktionsprozess eingebunden sind. Die Vermittlung von Arbeitsinhalten wird aufgrund vielfältiger Produkte und deren Variantenreichtum immer schwieriger. Virtuelle Techniken spielen besonders im industriellen Umfeld eine immer größere Rolle. Im vorliegenden Kapitel wird ein System zum Einsatz von Datenbrillen für das Training von Montageumfängen vorgestellt.

7.3.1.1 Training im Volkswagen Konzern

Der Trainingsprozess besitzt in Industrieunternehmen, die in hoher Stückzahl produzieren, eine große Bedeutung. Damit alle Handgriffe sitzen, erlernt jeder Produktionsmitarbeiter bei Volkswagen seine Fertigkeiten im Bereich Montage und Kommissionierung im Grundlagentraining und erweitert sein Prozesswissen im Profiraumtraining, das dazu dient, alle Abläufe direkt im montagenahen Umfeld zu trainieren. Durch diese dynamische Trainingsform erhalten die Mitarbeiter Schulungen im Bereich Ergonomie, Gesundheit und Sicherheit sowie im Umgang mit Bauteilen mit besonderen Anforderungen. Diese beziehen beispielsweise Erkenntnisse aus Vorgängermodellen oder Qualitätsmängel ein, die besonderer Aufmerksamkeit bedürfen und sich auch auf Folgeprozesse auswirken.

Im gesamten Volkswagen Konzern gibt es ungefähr 40 sogenannte „Trainings-Lean-Zentren". Das Ziel dieser Trainingseinrichtungen ist es, die arbeitsplatznahe Qualifizierung und Weiterentwicklung der Mitarbeiter aus allen Gewerken (z. B. Montage, Karosseriebau, Lack) zu sichern und bei der Optimierung der Arbeits- und Prozessorganisation zu unterstützen.

Das Trainingsprinzip besteht aus einzelnen Bausteinen, die aneinandergefügt den Trainingsprozess ergeben. Durch ein schrittweises Aufbrechen der Arbeitsprozesse in einzelne Bausteine werden Schlüsselpunkte ermittelt. Diese werden in Form von Basis-Fertigkeiten trainiert und anschließend in Schrittkombinationen zu Element-Fertigkeiten weiterentwickelt. Eine Kombination von Element-Fertigkeiten stellt schlussendlich den kompletten Prozess nach Standardarbeitsblatt dar, sodass der Mitarbeiter stückweise die Prozess-Fertigkeiten erlernen kann. Das Training selbst wird als sogenanntes Grundlagen- oder Profiraum-Training durchgeführt. Im Grundlagentraining erlernt der Mitarbeiter die Grundfertigkeiten im Trainings-Center, die aus Basis-, Element- und Prozessfertigkeiten bestehen. Im Profiraum-Training, das in direkter Produktionsnähe erfolgt, wird mit Teams an realen Fahrzeugteilen trainiert und der Schwerpunkt auf das Präventiv-Training sowie die zielorientierte Problemlösung gelegt, um akut bestehende Produktionsprobleme effizient und nachhaltig zu verbessern. Dieses Training müssen alle direkten Produktionsmitarbeiter absolvieren.

Das Ziel des Trainingsprozesses ist es, perfekt trainierte, hochmotivierte Mitarbeiter auszubilden, die durch standardisiertes Arbeiten nachhaltig hohe Qualität und Produktivität erzielen und somit langfristig den Erfolg des Unternehmens sichern helfen.

Dem Trainer kommen innerhalb des Trainingsprozesses bedeutende Aufgaben zu. Seine Funktion ist es, die Wissenslücken der Teilnehmer zu erkennen und zu schließen. Zudem soll er durch aktives Fragen zur Wissenserweiterung beitragen und so seiner Rolle als Multiplikator gerecht werden. Gleichzeitig ist der Trainer für den Aufbau und die Entwicklung der einzelnen Trainingsmodule verantwortlich und leitet die Durchführung der Trainingseinheiten. Diese Art der Trainingsdurchführung im Trainingszentrum bietet vielfältige Vorteile, die durch die Gestaltung des Trainingsprozesses optimal ausgenutzt werden.

Aufgrund dessen ist das Trainingszentrum die zentrale Plattform zur arbeitsplatznahen Qualifizierung und Weiterbildung der Mitarbeiter im Volkswagen Konzern, das im Rahmen von Grundlagen- und Profiraumtraining alle Mitarbeiter der Gewerke umfassend schult. In den einzelnen Schulungsbausteinen wird produktionsrelevantes Wissen vermittelt, das an den Bedürfnissen der jeweiligen Gewerke orientiert ist. Das Trainingszentrum fördert die fachliche Kompetenz und stärkt gleichzeitig den verantwortungsvollen, ressourcenschonenden Umgang mit Produkten und Produktionsmitteln [7].

Grundlagentraining Im Grundlagentraining bzw. Grundfertigkeiten-Training werden in den einzelnen Trainingszentren gewerkspezifische Grundlagen der Arbeitsprozesse vermittelt. Diese Grundlagen werden jedem neuen Mitarbeiter vermittelt, um die taktgebundenen Arbeitsabläufe schnell, präzise und ergonomisch ausführen zu können. Das Training gliedert sich in theoretische und praktische Phasen zum Erlernen der Standardabläufe und Arbeitstechniken, wobei sich das Grundlagentraining in Basis-, Element- und Prozess-Fertigkeiten gliedert.

Für das Gewerk Montage sind im Grundlagentraining wichtige Handgriffe zu erlernen, die so genannten Basis-Fertigkeiten. Begonnen wird mit einfachen und essentiellen Abläufen, u. a. mit dem richtigen Griff in die Schraubenkiste. Ziel ist es, ohne Zeitverlust durch Nachzählen oder Hinschauen immer die korrekte Anzahl an Schrauben herauszunehmen. Weiterhin wird das Aufnehmen, Führen und Verschrauben von Bauteilen trainiert, wobei alle Abläufe immer beidhändig erlernt werden. Das angeeignete Basiswissen wird anschließend in einem kompletten Arbeitsablauf (Element-Fertigkeit) mit einem dann erhöhten Schwierigkeitsgrad trainiert. Bei den Prozess-Fertigkeiten werden alle zuvor erlernten Techniken an bewegten Teilen trainiert, um so bestmöglich auf das taktgebundene Arbeiten im Fluss des Fertigungsprozesses einzugehen.

In allen Trainingsabschnitten, sowohl in der Theorie als auch in der Praxis, wird besonders auf die Einhaltung der Schlüsselpunkte Sicherheit und Qualität geachtet [7].

Profiraumtraining Das Profiraumtraining ist eine Ergänzung zum Grundlagentraining. In dieser Trainingseinheit wird nicht mehr generell auf Fertigkeiten eingegangen, sondern es wird ein bestimmter Prozess betrachtet. Treten im Prozess Probleme auf, die nicht eindeutig zu lokalisieren sind, werden diese sogenannten Profiraumtrainings durchgeführt, siehe Abb. 7.24. Im Profiraumtraining besteht die Möglichkeit, jeden beliebigen Ablauf trainieren zu können [7].

7.3.1.2   Training mit Unterstützung virtueller Techniken

Das Training mit Unterstützung virtueller Techniken mittels Datenbrillen ermöglicht eine Trainingsdurchführung „on the job", bei der der Trainingsteilnehmer beide Hände für die Aufgabe zur Verfügung hat und ist somit eine Erweiterung des Profiraumtrainings. Benötigte Informationen können durch den Einsatz von Datenbrillen direkt im Blickfeld angezeigt werden, ohne dass der Mitarbeiter den Blick von seiner Aufgabe abwenden oder

Abb. 7.24 Skizzenhafte Darstellung des aktuellen Trainingsprozesses ohne Einsatz eines Head Mounted Displays

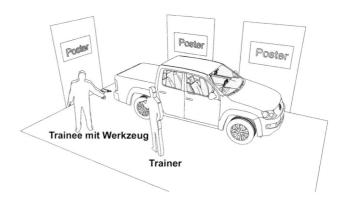

seinen Arbeitsplatz verlassen muss. Dabei kann das Training auch problemlos mit mehreren Trainern und Trainingsteilnehmern durchgeführt werden.

Die Vorteile der Digitalisierung sind auch für einzelne Prozesse erkannt worden, wodurch die Integration neuer Medien in diesen bestehenden Prozessen vorangetrieben wird. Ziel ist es, den Prozess effizienter als bisher zu gestalten [2]. Insbesondere der Trainingsprozess stellt hierbei für produktionsorientierte Unternehmen eine große Schwierigkeit dar. Da die Mitarbeiter unterschiedliche Kenntnisstände aufweisen, ist es eine Herausforderung, ihnen die Prozessschritte wie bisher üblich durch ein standardisiertes, unflexibles Trainingskonzept zu vermitteln und gleichzeitig auf individuelle Anforderungen bestimmter Mitarbeitergruppen einzugehen. Die Trainings sollen daher einen hohen Bezug zur Realität in der Produktion besitzen sowie den Teilnehmer ansprechen, damit die Transferleistung und die tägliche Arbeit im Produktionsprozess als auch die Motivation der Trainierenden erleichtert werden. Insbesondere die Realitätsnähe stellt hierbei eine Herausforderung dar, weil der Trainingsteilnehmer im aktuellen Trainingsprozess ständig zwischen seiner eigentlichen Arbeitsaufgabe und der Darstellung der Trainingsinhalte wechseln muss. Diese Erschwernis soll durch den Einsatz virtueller Techniken im Mitarbeitertraining deutlich verringert werden.

7.3.1.3   Vorteile virtueller Techniken bei der Trainingsdurchführung

Der Einsatz virtueller Techniken bei der Durchführung des Mitarbeitertrainings bietet im Vergleich zu bisherigen Trainingskonzepten mit alternativen Medien wie Postern oder Leitfäden wesentliche Vorteile, die sich durch die interaktive, individuelle Trainingsform ergeben. Von diesen Vorteilen profitiert sowohl der Trainer als auch der Trainingsteilnehmer. Für die Trainierenden ergibt sich der größte Vorteil darin, dass sie während des Trainings die Hände frei und trotzdem die Informationen im Sichtfeld haben, sodass sie sich auf ihre Primäraufgabe konzentrieren und für die Durchführung notwendige Informationen jederzeit betrachten können. Die Informationen werden ihnen dabei entweder in Objektnähe (Stufe 1, statische Bilder und Texte) oder lagerichtig mit dem Objekt überlagert angezeigt (Stufe 2, augmentiert). Somit verringert sich je nach Auswahl der Stufe auch die Transferleistung des Trainierenden und es kommt bereits im Trainingsprozess zu einer Reduzierung der Prozessfehler durch eindeutigere Darstellungsvarianten. In Stufe 3 wird diese Form der visuellen Unterstützung mittels eines Projektors in Kombination mit der Datenbrille optimiert, sodass dem Trainee hier weitere Informationsmöglichkeiten zur Verfügung stehen. Der Vorteil verstärkt sich, da die Transferleistung erneut abnimmt und die Informationen sinnvoll aufgeteilt werden können, sodass in der Datenbrille nur noch das Nötigste anzeigt wird (z. B. Pfeilgeometrie zum Hinweis auf eine versteckte Schraube).

Insgesamt bleibt dieser Vorteil solange bestehen, wie das Konzept „weniger ist mehr" bedient wird. Bei der Trainingsdurchführung muss also darauf geachtet werden, dass die Informationen auf eine reduzierte Art angezeigt werden, um dem Trainee nur die wenigen Hinweise anzuzeigen, die für die Durchführung des aktuellen Prozessschrittes im Training benötigt werden und somit eine Informationsflut zu vermeiden, die sich nachteilig auf den Prozess auswirken würde.

Zudem besitzt der Trainingsteilnehmer die Möglichkeit, die in der Datenbrille angezeigten Informationen nach Belieben auszublenden, um ein freies Sichtfeld auf die Umgebung zu bekommen. Dies kann wichtig sein, wenn die angezeigten Inhalte einen Teil seiner Aufgabe verdecken, was z. B. in Stufe 1 der Fall sein könnte. Durch diesen Umgang mit Informationen wird sichergestellt, dass die Anzeige mit Hilfe virtueller Techniken einen Mehrwert für den Trainingsteilnehmer bietet und seine Arbeit vereinfacht, anstatt zur zusätzlichen Belastung zu werden.

Durch diese Trainingsform, in der neue Medien eingesetzt werden und der Trainingsprozess für den Trainierenden erleichtert wird, erhöht sich auch die Motivation der Mitarbeiter. Dies wird durch intuitive Bedienung und individuelles Training der Prozesse erleichtert, sodass die Lernkurve steiler als bei bisher üblichen Trainingsformen verläuft. Der Trainingsteilnehmer erzielt schneller Erfolge, die ihn wiederum motivieren, wodurch der Trainingsprozess sowohl für Trainer als auch Trainingsteilnehmer zufriedenstellender ist. Gleichzeitig wird dadurch auch ein erheblicher Anteil an Vorbereitungs- und Trainingszeit eingespart, die wiederum die Prozesseffizienz verbessert und die Produktivität erhöht. Dies wird weiterhin gefördert, indem der Trainer die Inhalte für den Trainingsteilnehmer dynamisch anpassen und so das Training auf ihn zugeschnitten gestalten kann, um die bestmöglichen Ergebnisse zu erzielen.

7.3.2 Anwendungsszenarien

Innerhalb des ARVIDA-Projektes sind mehrere Anwendungsszenarien entstanden. Teilweise sind diese sehr realitätsnah angelegt, um die Anwendbarkeit im realen Prozess unter realen Bedingungen zu untersuchen (Stufe 1). Weitere Szenarien sind aufgebaut worden, um neue Technologien im Trainingskontext zu untersuchen. Diese Studien sind jedoch noch weit von einer produktiven Nutzung entfernt und können somit auch als Laborversuch eingeordnet werden (Stufen 2 und 3).

7.3.2.1   Einsatz von Augmented Reality im Training

Durch die kontinuierliche Verbesserung von Hardware und Software im Bereich Virtu-eller Techniken und insbesondere im technologischen Umfeld von Augmented Reality wird der umfassende, seriennahe Einsatz dieser Technologien im Training immer greif-barer. Die Hersteller von Datenbrillen entwickeln ihre Geräte speziell für industrielle Anwendungsfälle weiter. Insbesondere hinsichtlich der Eigenschaften wie Auflösung und Bildwiederholrate haben sich die aktuell verfügbaren Lösungen im Vergleich zu frü-heren Versionen sehr positiv entwickelt. Gleichzeitig ermöglichen die sinkenden Preise für Hardware und Software einen immer lukrativeren Einsatz. Jedoch gibt es bei dem Versuch, den Trainingsprozess mit Hilfe virtueller Techniken zu unterstützen, weiterhin noch technische Probleme, unter anderem bei der Visualisierung virtueller Inhalte sowie bei der Erstellung dieser in der verfügbaren Software. Um auf einer Datenbrille lage-richtige, augmentierte Inhalte mittels einer Optical-See-Through-Kalibrierung anzuzeigen (vgl. Abschn. 7.3.3.3), ist es zunächst nötig, die virtuellen Inhalte für die exakte Position des Betrachters zu berechnen. Weiterhin ist auch die Augenposition bzw. der Augenab-stand des Betrachters relativ zur Datenbrille von Bedeutung, da die Visualisierung daran angepasst werden muss, um ein optisch verzerrtes Bild zu vermeiden [3].

Für die AR-Visualisierung in Datenbrillen werden aktuell oft verschiedene Systeme unterschiedlicher Hersteller benötigt, die zueinander ebenfalls exakt kalibriert werden müssen. Hierbei entsteht jedoch das Problem, dass diese Systeme zueinander meist nicht kompatibel sind, weshalb sie nur mit großem Aufwand in bestehende industrielle Inf-rastrukturen eingebunden werden können. Daher wurden im Rahmen dieses Projektes mehrere mögliche Dienste entwickelt, mittels derer eine Optical-See-Through-Kalibrie-rung durchgeführt werden kann.

7.3.2.2   Teilnehmer-spezifische Aufbereitung von Trainings

Die Software zur Erstellung von Trainingsinhalten ist nach dem Prinzip „keep it simple" entwickelt worden. Das heißt, der Trainer benötigt zur Erstellung von Inhalten keine spezielle Ausbildung oder spezifisches Wissen. So ist es ihm möglich, Trainingsinhalte dynamisch anzupassen, ohne auf andere Ressourcen zurückgreifen zu müssen. Bei der Erstellung kann der Trainer Trainingsinhalte für unterschiedliche Kenntnisstände generie-ren, die in Schwierigkeitsstufen (Level) von leicht über mittel bis schwer gegliedert sind. Diese Schwierigkeitsstufen können später während der Durchführung eines laufenden Trainings umgeschaltet werden. So ist es dem Trainer möglich, direkt auf die unterschied-lichsten Bedürfnisse der Trainingsteilnehmer einzugehen. Um den Aufwand während der Erstellung von Trainingsblöcken mit unterschiedlichen Schwierigkeitsgraden auf ein Minimum zu reduzieren, sind diverse „Schnell-Funktionen" realisiert worden. So können z. B. einzelne Inhalte eines Arbeitsschrittes sowohl in den folgenden Schritt als auch in eine andere Schwierigkeitsstufe kopiert werden. Außerdem können Schritte mit einem dafür implementierten Button gelöscht werden. Andererseits ist es dem Trainer möglich, zwischen zwei vorhandenen Arbeitsschritten einen weiteren Schritt hinzuzufügen, ohne die schon vorhandenen Schritte verschieben oder kopieren zu müssen. Im Arbeitsschritt

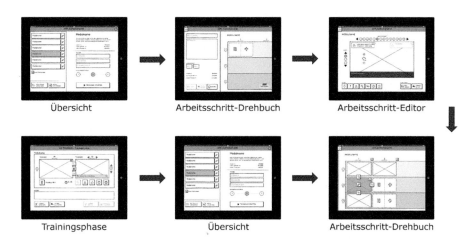

Abb. 7.25 Wireframe-Modell des App-Konzeptes für den Trainer

selbst können Bilder von der Kamera oder einer Bildergalerie als Hintergrund geladen werden. Diese Bilder können anschließend mit einfachen Symbolen/Annotationen (Kreis, Pfeil etc.) und vordefinierten Textfeldern schnell über die entsprechenden Icons ergänzt werden.

In der Stufe 2 (augmentiert) sind aus den 2D-Elementen 3D-Inhalte geworden, jedoch sind die Art der Elemente und deren Interaktion durch den Trainer gleich geblieben. Es ist lediglich eine weitere Dimension hinzugefügt worden.

Im Training selbst hat der Trainer mehrere Möglichkeiten, das Training zu beeinflussen. Zum einen kann der Trainer mit einem Klick auf einen Button die Schwierigkeit anpassen, so kann auf den individuellen Lernfortschritt ohne Umwege eingegangen werden. Zum anderen sieht der Trainer zu jedem Zeitpunkt, in welchem Arbeitsschritt sich der Trainingsteilnehmer befindet. Somit ist es dem Trainer möglich, direkt „einzugreifen" oder sich mit Hilfe der Anwendung in dem jeweiligen Arbeitsschritt Anmerkungen zu speichern, wie u. a. Symbole für kritische Zeiten von Arbeitsschritten, positive Bemerkungen und freie Textfelder. Nach dem Beenden des Trainings können Trainer und Teilnehmer die Inhalte noch einmal durchsprechen. Hierbei bekommt der Trainer die zuvor erstellten Anmerkungen zu dem aktuellen Arbeitsschritt eingeblendet, sodass diese Kommentare in das Reviewgespräch mit einfließen können.

In der Abb. 7.25 ist das smarte App-Konzept dargestellt. Der Trainer kann mit dieser einen Applikation ein Training erstellen, ein Training starten und auch die Auswertung mit derselben Anwendung durchführen.

7.3.2.3 Stufenkonzept

Innerhalb eines Trainingsszenarios werden zwei verschiedene Rollen unterschieden: einerseits gibt es die Rolle des Trainers, der Lerninhalte formuliert, diese zu Lektionen kombiniert und Lektionen mit Lernmaterialien hinterlegt, um diese Inhalte anschließend in Trainingssitzungen weiterzugeben. Andererseits existiert die Rolle der Mitarbeiter,

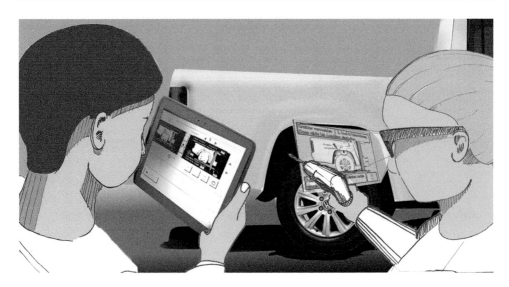

Abb. 7.26 Trainingskonzept Stufe 1, Trainer mit Tablet und Trainingsteilnehmer mit Datenbrille, Nutzung von statischen Texten und Bildern

die als Trainingsteilnehmer an Schulungen aus verschiedenen Lektionen teilnehmen und darin ihr vorhandenes Wissen ausbauen und weitere Fertigkeiten erlernen, die für ihren Arbeitsablauf von Bedeutung sind.

Dem Trainer werden während der Sitzung die Inhalte der Lektionen auf einem Tablet angezeigt, mit dem er das Training koordinieren und ergänzen kann, um die trainierenden Mitarbeiter bedarfsgerecht einzubinden und ihnen ggf. zusätzliche Informationen anzuzeigen. Der Trainingsteilnehmer trägt gleichzeitig eine über eine Drahtlosverbindung in das System integrierte Datenbrille, auf der die gleichen Inhalte visualisiert werden können, die der Trainer auf dem Tablet angezeigt bekommt (vgl. Abb. 7.26). Im Trainingsszenario begleitet der Trainer die aktuelle Sitzung, in der die Trainingsteilnehmer Arbeitsschritte ausführen. Gegebenenfalls können die bestehenden Inhalte um weitere Informationen ergänzt und vertieft werden. Das Weiterschalten von Arbeitsschritten kann sowohl durch den Trainer auf dem Tablet als auch durch den Teilnehmer auf der Datenbrille erfolgen.

Die Trainingsform wird im Projekt ARVIDA in einem mehrstufigen Konzept entwickelt: die erste Stufe ermöglicht eine statische Visualisierung auf der Datenbrille in Form von Texten und Bildern. Die zweite Ausbaustufe ist bereits in der Lage, augmentierte 3D-Geometrien auf dem Objekt anzuzeigen. Die dritte Stufe zeigt zusätzlich dreidimensionale Objekte lagerichtig über einen Projektor auf dem Bauteil/Trainingsobjekt an. Durch die aufwendige Erstellung von Trainingsinhalten mit zunehmender Ausbaustufe und der dazu notwendigen Bearbeitung von Bildern, Videos sowie 3D-Modellen wurde diese Form der schrittweisen Erweiterung des Szenarios bewusst gewählt [5].

In der vorhergehenden Abb. 7.26 wird ersichtlich, wie sich die erste Ausbaustufe des Trainingsszenarios gestaltet, die mit Bildern und kurzen Textinhalten angereichert ist. Die Transferleistung des Mitarbeiters besteht hierbei zwischen der statischen Einblendung in der Datenbrille und der Realität. Der Trainer kann das Training beliebig visualisieren und mit ausgewählten Fotos und weiteren Dateiformaten unterstützen, sodass ein individuelles Training erstellt wird. Die Trainingslektion besitzt dabei drei verschiedene Schwierigkeits- und Detailgrade, die sich in leicht, mittel und schwer aufteilen. Dadurch wird ein individualisiertes Training für Prozessinformationen ermöglicht, die den Trainingsteilnehmern ein auf sie zugeschnittenes Training trotz unterschiedlicher Kenntnis- und Erfahrungsstände ermöglicht. Somit können sie die Prozessschritte in einem für sie optimal aufbereiteten Trainingsszenario mit angemessener Transferleistung erlernen.

Durch das in dieser Art und Weise aufbereitete und gestaltete Training besteht eine hohe Flexibilität und Individualität im Trainingsprozess bei Volkswagen, die sich für den Teilnehmer optimal gestaltet. Durch die Möglichkeit zur Fehlerdurchsprache können gezielt und gemeinsam weitere Trainingslektionen festgelegt werden, die den Mitarbeiter bei seiner Aufgabe unterstützen. Diese Daten werden lediglich temporär gespeichert und nach der Rücksprache gelöscht.

Die zweite Trainingsstufe erweitert das Szenario um augmentierte Inhalte, sodass Hilfsgeometrien wie beispielsweise Pfeile an das betrachtete Objekt im 3D-Raum angebracht werden können, um etwa einen Verschraubungsort anzuzeigen. Dies verringert die Transferleistung des Trainingsteilnehmers.

Der Trainer kann mit Hilfe der App gleichzeitig mehrere Teilnehmer betreuen, die wiederum ihr eigenes Training über ihre Datenbrillen in der Geschwindigkeit der Abfolge der Arbeitsschritte selbst bestimmen können. Ebenfalls können mehrere Trainer in einer Sitzung mit mehreren Teilnehmern trainieren und sich mittels der eingesetzten mobilen Endgeräte zueinander identifizieren und koppeln.

Die zweite Ausbaustufe bietet den Mitarbeitern ebenso die Auswahl zwischen drei Schwierigkeitsstufen, die sich in der Datenbank der Applikation befinden (Abb. 7.27). So

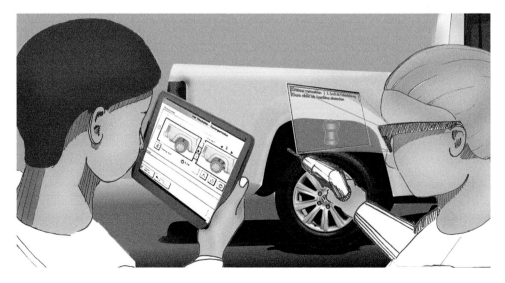

Abb. 7.27 Trainingskonzept Stufe 2, Trainer mit Tablet und Trainingsteilnehmer mit Datenbrille, Nutzung von Augmented Reality Technologie

Abb. 7.28 Trainingskonzept Stufe 3, Trainer mit Tablet und Trainingsteilnehmer mit Datenbrille, Nutzung einer zusätzlichen Projektion von Inhalten

können bei Bedarf innerhalb einer Lektion mehr oder weniger Informationen angezeigt werden, um das Training individuell und auf den Wissensstand angepasst zu gestalten.

Die dritte Ausbaustufe (Abb. 7.28) erweitert die bestehenden Ausgabemöglichkeiten durch Projektion zusätzlicher Informationen, sodass sowohl Inhalte auf der Datenbrille angezeigt werden können als auch weitläufigere Projektionen von Bauteilen wie beispielsweise Kabelverläufe dem Teilnehmer helfen, seinen Arbeitsschritt positionsgenau und lagerichtig auszuführen. In zukünftigen Erweiterungen soll der Grad der Unterstützung dieser zusätzlichen Trainingshilfe evaluiert werden. Die Kommunikation der Systeme erfolgt hierbei ebenfalls mittels der im ARVIDA-Projekt entwickelten Referenzarchitektur, sodass die Inhalte auf der Datenbrille mit denen auf dem Projektor synchronisiert sind und die Transferleistung des Trainingsteilnehmers erneut reduziert wird.

7.3.3 Herausforderungen

Mit der Entwicklung der Stufen 1, 2 und 3 sowie der ausgiebigen Evaluierung der Stufe 1 in einem Profiraumtraining sind viele Herausforderungen einhergegangen. Bei dem Einsatz von Datenbrillen in Stufe 1 (statische Texte und Bilder) sind Themen wie Tracking, Latenz und FOV (Field of View, Größe des Sichtfeldes für dynamische Inhalte) vernachlässigbar.

Die Diskrepanz zwischen dem Arbeitsbereich (ca. 60 cm bis 80 cm vor dem Auge) und der Fokusebene der Datenbrille (bei der verwendeten EPSON Moverio Brille ca. 7 m vor dem Auge) ist dagegen bei allen Stufen eine noch zu lösende Herausforderung. Hierbei müssen die Probanden immer zwischen der Realität und der Darstellung in der Datenbrille umfokussieren, analog zum Autofahren, bei dem der Fahrer seine Augen zwischen den Ebenen der Instrumententafel und der Straße scharf stellen muss.

Stufe 1 Bei der Betrachtung der Stufe 1 sind die größten Herausforderungen bei der Ergonomie aufgetreten. Der Sitz der Datenbrille (die EPSON Moverio BT-100 wurde bei der Evaluierung genutzt) war bestenfalls ausreichend. Der Tragekomfort ist hier in keiner Weise mit einer Brille zur Korrektur einer Sehschwäche zu vergleichen. Einstellmöglichkeiten der Bügellänge und der Sitz auf dem Nasenflügel sind nur rudimentär adaptierbar. Die eingesetzte Datenbrille ist für den Dauerbetrieb zu schwer, da schnell Abdrücke an den Kontaktstellen entstehen. Durch das hohe Gewicht rutscht diese zu sehr auf der Nase. Weiterhin ist das hohe Gewicht nicht ausgeglichen genug verteilt, sodass die Brille beim nach unten Sehen leicht vom Kopf rutschen kann.

Das Kabel zwischen Datenbrille und dem eigentlichen Controller wurde ebenfalls als leicht störend empfunden, sodass während der Evaluierungsphase, die pro Teilnehmer ca. zwei Stunden andauerte, das Kabel mit Klebeband an der Kleidung des Probanden fixiert wurde.

Die Interaktion zum Weiterschalten in den nächsten oder vorherigen Prozessschritt ist noch nicht intuitiv genug umgesetzt. An dieser Stelle könnten andere Technologien, die in diesem Teilprojekt jedoch nicht betrachtet wurden, weiterhelfen: Neben einer Spracherkennung und -steuerung könnte auch eine Erkennung von Gesten die Interaktion verbessern. Das Schalten über die Tasten am Kontroller lenkt hier zu sehr von der Arbeitsschrittdurchführung ab. Zudem ist der Griff zum Oberarm, an dem der Controller befestigt ist, ein Prozessschritt, der im realen Prozess nicht getätigt werden muss und somit zusätzliche Arbeitszeit bedeutet.

Stufe 2 und 3 Die einleitend genannten Probleme und Herausforderungen sind bei einer Augmentierung im 3D-Raum die entscheidenden. Durch den Einsatz neuerer Hardware (z. B. Epson Moverio BT-200) ist die Ergonomie schon deutlich besser ausgefallen, jedoch weiterhin nicht mit dem Tragekomfort einer herkömmlichen Brille vergleichbar.

Bei der Überlagerung von virtuellen Daten in der Realität sind auf der Hardware-Seite die Latenz und das kleine FOV von Nachteil. Durch den großen zeitlichen Versatz von der Trackingerfassung hin zur Ausgabe auf dem Display in der Datenbrille befinden sich die virtuellen 3D-Daten nie direkt auf der gewünschten Position. Durch den eingeschränkten Bereich der Darstellung können teilweise nur sehr wenige Inhalte in einem Arbeitsschritt dargestellt werden. Softwareseitig ist das Tracking und die automatische Aufbereitung der Daten hierfür noch nicht in dem Maße gelöst, dass ein Trainer ohne zusätzliche Kenntnisse diese für Trainingslektionen selbst durchführen kann.

Aus diesen Gründen sind bei dem heutigen Einsatz von AR-Trainingsszenarien die ergonomischen Schwierigkeiten zunächst vernachlässigbar, da das noch nicht ausreichende Tracking und die hohe Latenz den Einsatz jenseits der Grundlagenforschung nicht akzeptabel gestalten.

Trotz dieser vielen Herausforderungen und Probleme kann ein positives Fazit gezogen werden: Eine Mitarbeiterschulung mittels Datenbrille ist in der Ausbaustufe 1 bereits heute möglich und wird bei Volkswagen erfolgreich eingesetzt. Außerdem ist die Devise „Weniger ist mehr" im Training vollkommen anwendbar, da eine Augmented Reality-Visualisierung für das Training nicht zwingend erforderlich ist, um einen dennoch großen Mehrwert zum ursprünglichen Prozess zu generieren.

7.3.3.1 Mehr-User-Training

Das Training mittels Datenbrillen soll Inhalte möglichst effizient und nachhaltig vermitteln. Mit dem aktuellen Konzept des Profiraumtrainings und dem Konzept des 1:1 Trainings (ein Trainer trainiert einen Teilnehmer) wird relativ viel Zeit benötigt, um einen größeren Arbeitsbereich oder eine Arbeitsgruppe zu schulen. Durch die Nutzung einer Datenbrille erscheinen Informationen direkt im Sichtfeld des Trainingsteilnehmers, sodass dieser für die Informationsaufnahme nicht mehr zu einem „Trainingsposter" laufen muss.

Im Rahmen dieses Projektes war das AR-Training auch für ein 1:n (ein Trainer, n Teilnehmer) oder auch m:n Training (m Trainer, n Teilnehmer) vorgesehen. Grundlage hierfür sind die im Rahmen des ARVIDA-Projektes entwickelten Workflow-Komponenten. Diese Komponenten, die durch einen Server abgebildet werden, können sowohl aufbereitete Trainingseinheiten speichern und verteilen, wie auch die m:n Verbindungen herstellen und verwalten. Dies wird ausführlich im Kapitel Abschn. 7.3.4.3 beschrieben.

Die Inhalte können wie schon beschrieben mit der Trainingsapplikation durch den Trainer selbst erstellt werden, siehe Abschn. 7.3.2.2. Mit der Integration der Workflow-Komponente kann der Trainer sehen, welche Trainings schon auf dem Server existieren und diese im Training nutzen oder auch vorher bearbeiten. Weiterhin können auch neue Trainings erstellt und dort gespeichert werden.

Zu Beginn eines Trainings initiiert der Trainer dieses. Daraufhin sieht er, welche Teilnehmer aktuell aktiv sind und kann aus der Gesamtanzahl eine Teilmenge für sein Training selektieren und im Anschluss den aktiven Teil des Trainings starten. Im Training selbst kann der Trainer den einzelnen Teilnehmern über die Schulter schauen (der Trainer kann sehen, in welchem Arbeitsschritt sich der Teilnehmer befindet). Hat einer der Teilnehmer vor den anderen die Aufgabe beendet, so gelangt dieser in einen Wartemodus. Ist das Training von allen beendet worden, kann das Training wie schon beschrieben gemeinsam ausgewertet werden. Wenn gewünscht, kann an dieser Stelle auch ein direkter Vergleich stattfinden. Das Umsetzungskonzept ist in der Abb. 7.29 visualisiert.

7.3.3.2 Markerloses Tracking im Training

Im Anwendungsszenario „Instandhaltung und Training" werden Augmented Reality-Technologien zum Training von Werkern und Servicetechnikern eingesetzt. Im Szenario tragen die Werker eine Optical-See-Through-Datenbrille, die mit einer Kamera ausgestattet ist. Für das Tracking in den Stufen 2 und 3 werden modellbasierte Verfahren eingesetzt, d. h. die Referenzdaten für das Tracking werden direkt aus den CAD-Modellen der

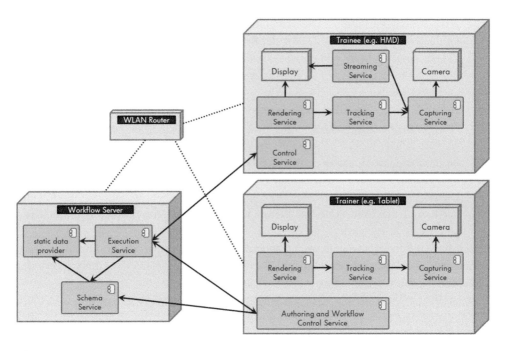

Abb. 7.29 Mehr-User-Trainingskonzept

Bauteile abgeleitet. Ein Schwerpunkt in diesem Szenario liegt auf der Initialisierung des modellbasierten Trackings: Da jeder Nutzer ein andere Körpergröße hat, ist die Pose für die Initialisierung des Trackings mit Datenbrille für jeden Benutzer unterschiedlich. Bei Anwendungen mit Tablets kann der Nutzer eine vordefinierte, spezifische Initialisierungspose einnehmen, die für alle Benutzer gleich gewählt werden kann.

Um hier eine Lösung zu schaffen, werden die Initialisierungspunkte am Modell aus unterschiedlichen Richtungen antrainiert. Dabei wird in den folgenden Schritten vorgegangen:

- Schritt 1: Ein CAD-Modell, das für das modellbasierte Tracking angelernt wird, wird in den Editor geladen.
- Schritt 2: Eine Initialisierungspose wird gewählt. Diese Initialisierungspose sollte ungefähr einer möglichen Kopfposition und Blickrichtung eines Trainingsteilnehmers entsprechen, der mit der Datenbrille auf die Fahrzeugteile schaut.
- Schritt 3: Im Editor kann nun ein Initialisierungsbereich über eine Hemisphäre definiert werden. In diesem Initialisierungsbereich wird die virtuelle Kamera zum Antrainieren möglicher Initialisierungspunkte bewegt. Der Mittelpunkt dieser Hemisphäre ist der Nullpunkt des Modells (bzw. der Mittelpunkt der Bounding-Box zum Modell). Auf die gerenderten Bilder werden Kantendeskriptoren angewandt, die zum Abgleich zwischen gerendertem Bild und Kamerabild ausgewertet werden.
- Schritt 4: Der Bereich für das Antrainieren der Initialisierungsposen kann über die folgenden Parameter konfiguriert werden:

– „Angle Between Points": Dieser Parameter beschreibt den Abstand zwischen zwei Rendering-Posen; also die Dichte der Initialisierungsposen.
– „Theta Angel": Dieser Parameter beschreibt den Raumwinkel um die gewählte Startpose herum, für den die Initialisierungsposen in der oben angegebenen Dichte angelernt werden.
– „Scale Levels": Über diesen Parameter kann die Hemisphäre in unterschiedlichen Radien um den Nullpunkt des Objektes angelegt werden, sodass das Objekt in einer Kameraaufnahme, die näher oder weiter entfernt ist, erkannt werden kann. Über diesen Parameter kann also eine Skalierungsinvarianz der Objekterkennung erzielt werden.
– „Scale Distance": Über diesen Parameter wird angegeben, in welcher Schrittweite der Radius zur Erzeugung der Initialisierungshemisphären um den Nullpunkt des Objektes skaliert wird.
• Schritt 5: Die Referenzdaten werden in eine xml-Datei geschrieben, die zum Rendering und zur Objektidentifizierung in die Vision-Lib (das Computer Vision-Framework des Fraunhofer IGD) eingelesen werden kann.

Alternativ zu dieser Vorgehensweise kann das Anlernen der Initialisierung auch über die Nutzung der Anwendung erfolgen. Hier wird dann die Kamera um das zu trackende Modell herum bewegt. Auch hier ist es wichtig, dass nicht für jede Pose, die getrackt wird, die Initialisierung antrainiert wird, sondern dass nur dann eine neue Initialisierung gelernt wird, wenn sich die Kamera hinreichend weit von der vorherigen Kamerapose entfernt hat (Abb. 7.30).

Durch diese Ansätze kann ein stabiles Initialisieren aus unterschiedlichen Blickrichtungen und für unterschiedliche Körpergrößen umgesetzt werden. Die Trackingtechnologien werden als ARVIDA-Dienste zur Verfügung gestellt und können über das Tracking-Vokabular angesprochen werden.

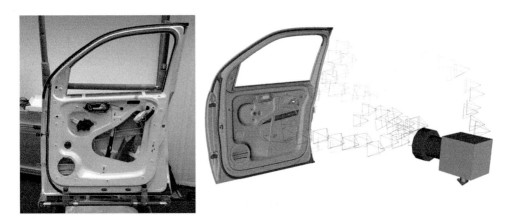

Abb. 7.30 links: Tracking einer Autotür über modellbasierte Trackingverfahren, rechts: antrainierte Kameraposen

7.3.3.3 Kalibrierung von Optical-See-Through Datenbrillen zur Realisierung von AR-Trainingsszenarien

Die Kalibrierung von OST-Datenbrillen (Durchsicht-Datenbrillen) kann in zwei unterschiedliche Aufgabenbereiche strukturiert werden:

Gerätespezifische Kalibrierung Die gerätespezifische Kalibrierung berücksichtigt die Verzerrungseigenschaften der Optik der Datenbrille und versucht, diese im Rendering zu kompensieren. Um eine gerätespezifische Kalibrierung durchzuführen, müssen die gerenderten virtuellen Daten und die Umgebung in ein gemeinsames Koordinatensystem überführt werden. Das umgesetzte Konzept setzt auf Verfahren auf, die zur Kalibrierung von Head-Up-Displays entwickelt wurden [8]. Die Kalibrierungsmethode wurde auf OST-Datenbrillen erweitert (siehe Abb. 7.31).

Zur Kalibrierung werden die folgenden Schritte durchgeführt:

- Die Datenbrille wird vor einem strukturreichen, gut trackbaren Poster aufgebaut.
- Auf der Datenbrille wird ein regelmäßiges Punktmuster gerendert, das virtuell in einem Abstand von ca. 1,5 m vor der Datenbrille platziert ist.
- Eine Kamera wird verwendet, um durch die Datenbrille das Poster und ebenso das gerenderte Punktmuster zu filmen.
- Über Computer Vision-basierte Trackingverfahren wird die Kamerapose getrackt.
- Das Punktmuster wird im 3D-Raum rekonstruiert.

Das Ergebnis dieses Verfahrens ist eine 3D-Rekonstruktion der Punkte im 3D-Raum. Wenn die Optik kalibriert ist, ist eine Punktematrix rekonstruiert, die mit einer gleichmäßigen Verteilung der Punkte auf einer Ebene liegt. Da die Kalibrierung aber noch nicht

Abb. 7.31 Die Autotür wird in der OST-Datenbrille durch 3D-Modelle der innen liegenden Bauteile überlagert

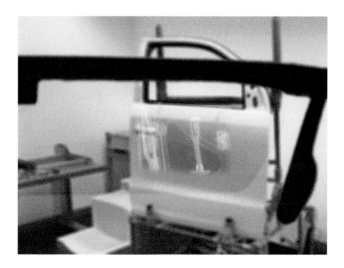

durchgeführt wurde, liegen die Punkte nicht auf einer Ebene und sind noch nicht gleichmäßig im Gitter ausgerichtet.

Im nächsten Schritt wird der Fehler zwischen rekonstruiertem Gitterpunkt und dem Gitterpunkt in der Soll-Lage bestimmt. Da dieser Fehler abhängig von der Kamerapose ist, aus der die 3D-Rekonstruktion durchgeführt wurde, wird über alle Kameraposen iteriert, die von der Kamera eingenommen wurden, sodass ein gemittelter Verzerrungsfehler bestimmt werden kann. Dieser Fehler wird über ein Korrekturpolynom korrigiert. Die Koeffizienten des Korrekturpolynoms werden so bestimmt, dass der mittlere blickwinkelabhängige Fehler minimiert wird.

Benutzerspezifische Kalibrierung Im Gegensatz zur gerätespezifischen Kalibrierung, die für jedes Gerät nur ein einziges Mal durchgeführt werden muss, muss die nutzerspezifische Kalibrierung für jeden individuellen Anwender einzeln durchgeführt werden, denn in dieser Kalibrierung werden die individuellen anatomischen Parameter (Augenabstand, Pose des Datenbrille in Relation zu den Augen) berücksichtigt. Deswegen wurde dieser Teil der Kalibrierung als Web-Service entwickelt. Dieser Web-Service (Dienst) ermittelt die Transformation von Weltkoordinaten zu virtuellen Koordinaten in den folgenden Schritten:

- Durch die Kamera der Datenbrille wird ein Marker getrackt, der auf dem Tisch vor dem Benutzer platziert wird
- Der Marker wird durch einen virtuellen Würfel, der auf die Tischebene gelegt ist, überlagert.
- Über das Web-Interface verschiebt der Nutzer nun den Würfel exakt auf den Marker. Dieser Schritt wird für beide Augen separat durchgeführt. Dazu wird das Rendering auf dem Display für das jeweils andere Auge ausgeschaltet.

Durch die Realisierung der Kalibrierung über einen Web-Service kann die Anwendung leicht auf zwei Systeme verteilt werden:

- Auf dem OST System, das von einer Touch-Konsole mit einem Android Betriebssystem gesteuert wird, findet das Tracking und das AR-Rendering statt.
- Das User-Interface zur Kalibrierung wird über ein Web-Interface gesteuert, das auf einem beliebigen System eingesetzt werden kann.
- Das Web-Interface triggert die Rendering- und Trackingdienste, die über die ARVIDA-Referenzarchitektur angesprochen werden.

7.3.3.4   Herausforderungen an Datenbrillen und Ausblick

Der flächendeckende Einsatz von Datenbrillen im alltäglichen Arbeitsablauf benötigt eine hohe Akzeptanz bei den Mitarbeitern. Damit diese Akzeptanz verbessert werden kann, muss das Zusammenspiel zwischen Hardware und Software optimiert werden. Für die dauerhafte Nutzung muss bei nachfolgenden Produkten die Ergonomie bezüglich des Tragekomforts optimiert werden. Auch die personenbezogenen Parameter wie Augenabstand, Sehstärke sowie Augendominanz müssen intuitiv angepasst werden können. Dabei müssen die Geräte für den industriellen Einsatz ausgelegt werden, was z. B. das Eindringen von Staub und Wasser oder auch die Stoßfestigkeit anbelangt. Aktuell sind die vorhandenen Modelle nur auf Consumer im privaten Bereich ausgelegt. Wenn mit der Datenbrille wie in den Stufen 2 und 3 3D-Objekte augmentiert werden sollen, dann müssen weitere Verbesserungen in den Bereichen Tracking sowie Trackingmethoden, Latenz und FOV gemacht werden, um eine durchgängige Akzeptanz bei den späteren Nutzern erreichen zu können.

Positiv ist zu erwähnen, dass viele Hersteller Teilbereiche und deren Herausforderungen lösen. Sind diese Herausforderungen auf der Seite der Datenbrille gelöst, müssen zusätzlich noch Anpassungen an die Systemlandschaft der Industrieunternehmen gemeistert werden. Die Architektur erfüllt aktuell nur wenige IT-Anforderungen großer Firmen beispielsweise hinsichtlich IT-Sicherheit, und auch die Prozesse in den Anwendungsbereichen müssen diesen neuen Anforderungen gerecht werden.

7.3.4 Versuchsaufbau

Für die Evaluation der ersten Ausbaustufe des Trainingsszenarios wurde in Zusammenarbeit mit dem Trainingszentrum von Volkswagen Nutzfahrzeuge in Hannover eine Evaluation durchgeführt, die die Tauglichkeit des Trainingskonzeptes überprüfen und die Beanspruchung der Trainingsteilnehmer evaluieren sollte. Dabei sollte ein kundenspezifischer Kabelstrang an einem Leiterrahmen verbaut werden, was einen Teil des originalen Produktionsprozesses abbildet. Dieser Versuch wurde in der ersten Hälfte des ARVIDA-Projektes über eine Laufzeit von zwei Monaten durchgeführt und mit 76 Mitarbeitern im Zweischichtbetrieb mit einer jeweiligen Trainingsdauer von zwei Stunden erprobt. Als Datenbrille wurde die Epson Moverio BT-100 verwendet, die zum damaligen Zeitpunkt einen geeigneten, aktuellen Stand der Technik besaß. Die dabei erhobenen Parameter umfassen u. a. sozio-demografische Daten, Angaben zu Technikaffinität, Befinden und Beanspruchung sowie Reaktionszeiten, sodass jedes Training ungefähr 200 Datenpunkte in der Auswertung ergab. Zusammenfassend konnte festgestellt werden, dass sich jüngere Probanden kompetenter im Umgang mit neuen Medien fühlen als ältere. Weiterhin unterschieden sich die Arbeitsabläufe mit und ohne Datenbrille nicht hinsichtlich von Durchführungszeit als auch Wachheit und Müdigkeit. Daraus ergibt sich, dass die Datenbrille im Trainingsprozess allgemein als hilfreiches Werkzeug empfunden wird. Weiterhin zeigt sich, dass die Erstellung eines Trainings mit Hilfe des Autorenwerkzeuges erfolgreich ist, da der Trainer nach einer geringen Einarbeitungszeit bereits selbständig Trainings für seine Datenbank erstellen konnte und dieser Prozess zeitlich deutlich kürzer ist, als die Visualisierung auf Postern oder ähnlichen statischen Medien. Insgesamt konnte also bereits mit der Evaluierung der ersten Stufe nachgewiesen werden, dass dieses System einen Mehrwert im Vergleich zu vorherigen Trainingsvorbereitungen und -durchführungen bietet.

7.3.4.1 Datenbrillen im Trainingseinsatz

Aktuell ergeben sich für den Einsatz von Datenbrillen im Training noch einige Herausforderungen, die sowohl von Seiten der Software- als auch Hardware-Hersteller behoben werden müssen. Vor allem die ergonomische Beschaffenheit der Datenbrille bereitet wie oben bereits dargestellt Probleme. So ist der Akku bzw. die Bedieneinheit mit einem Kabel an die Datenbrille gekoppelt und muss an der Arbeitskleidung befestigt werden, um bei der Durchführung der Arbeitsaufgabe nicht hinderlich zu sein. Dabei ist besonders darauf zu achten, dass das Kabel nicht stört, weshalb es angeklebt werden muss, was keine praktikable Methode der Integration von Wearables in die Arbeitskleidung darstellt. Ebenso ist es mit aktuellen Datenbrillen nötig, den Arbeitsablauf aufgrund eines leeren Akkus zu pausieren, da dieser nicht ohne Unterbrechung gewechselt werden kann und keine „Hot Swap"-Methode möglich ist. Des Weiteren zeigen sich Schwierigkeiten bei der Bedienung des Touchpads der Datenbrille mit Handschuhen. Besonders die Bedienbarkeit der verwendeten Datenbrille ist dabei im Prozess als unergonomisch zu betrachten und erfordert zusätzliche Handgriffe abseits des Prozesses, die eingeplant werden müssen. Gleichzeitig ist es bei der Unterstützung des Prozesses mit Datenbrillen für den Mitarbeiter schwierig, zwischen der Ebene seiner Arbeitsaufgabe und der Darstellung auf der Datenbrille zu fokussieren. Das ständige erneute Scharfstellen der Augen auf die unterschiedlichen Bildebenen strengt an und ermüdet den Mitarbeiter auf Dauer. Dies konnte bereits im Trainingsprozess festgestellt werden und muss zukünftig unbedingt durch veränderbare Fokusebenen in einer Datenbrille behoben werden.

Aufgrund dieser Herausforderungen, die den Umgang mit Datenbrillen im Prozess heute noch erschweren, ist eine Weiterentwicklung der Geräte nötig, bevor sie durchgängig und grundlegend im Prozess als Standard-Hilfsmittel genutzt werden können.

7.3.4.2 Begründung Stufenkonzept

Das Trainingskonzept basiert auf drei verschiedenen Ausbaustufen, innerhalb derer jeweils drei unterschiedliche Schwierigkeitsgrade gewählt werden können. Diese bieten dem Trainingsteilnehmer die Möglichkeit, den Grad der Interaktion sowie die zu erbringende Transferleistung selbst zu bestimmen und somit ein individuelles Training nach Wissensstand und Prozesserfahrung zu erhalten. Der Trainingsteilnehmer kann je nach individueller Präferenz sowohl augmentierte als auch statische Inhalte auswählen, die ihn beim Trainingsprozess unterstützen. Die Erweiterung um zusätzliche Medien in den Ausbaustufen ermöglicht dabei ein langsames Herantasten an die Architekturlandschaft der ARVIDA-Referenzarchitektur sowie die inhaltliche Ergänzung der Systeme, die nach und nach erfolgen kann. Dabei stellt die Stufe 1 das Trainingsszenario mit aktuell sowie mittelfristig verfügbarer Hardware dar (beispielsweise Google Glass, Epson Moverio BT-200), wohingegen die beiden weiteren Stufen einen Ausbaustand darstellen, der mit zukünftig leistungsstärkerer Hardware (z. B. Microsoft HoloLens, Magic Leap) standardisiert und über eine Pilotierung in den Trainingsprozess eingebunden werden kann. Zugleich erfolgt mittels dieser schrittweisen Erweiterung eine Erforschung von Werkzeugen zur Erstellung und Durchführung von Datenbrillen-gestützten Trainings. Somit ist das entwickelte Konzept schon auf Weiterentwicklungen der Hardware von Systemen gemischter Realität vorbereitet und kann dank der ARVIDA-Referenzarchitektur ohne großen Aufwand auf diesen implementiert und in den Serieneinsatz gebracht werden.

7.3.4.3 Erweiterung auf ein Mehr-User-Trainingssystem unter Nutzung der Referenzarchitektur

Da eine Trainingssitzung mit mehreren Trainern sowie mehreren Trainingsteilnehmern durchgeführt werden kann, ist es notwendig, eine Architektur zugrunde zu legen, die einen flexiblen Datenaustausch zwischen verschiedenen Applikationen ermöglicht. Weiterhin wird in der dritten Ausbaustufe des Trainingsszenarios ein zusätzliches Medium in Form eines Projektors in das System integriert, was zusätzlichen Aufwand und Schnittstellen bedeutet. Durch die Erweiterung des Mehr-User-Trainingssystems hat der Endnutzer drei verschiedene Anwendungen zur Verfügung, die alle auf der Referenzarchitektur basieren: Zum einen wurde ein Autorenwerkzeug entwickelt, das dazu dient, die Lerninhalte festzulegen. Zum anderen entstand eine Trainer-Anwendung, die auch ein Train-the-Trainer-Modul enthält, mit dem der Trainer seine Sitzungen und Lektionen eigenständig erstellen und durchführen kann. Zudem existiert für die Mitarbeiter auch eine Trainingsteilnehmer-Anwendung, die eine individuelle Darstellung der Lektionsinhalte mit verschiedenen Schwierigkeitsstufen ermöglicht. Alle diese Anwendungen liegen in einer Applikationsform vor, die sowohl auf einem Tablet für den Trainer als auch auf einer Datenbrille für den Trainingsteilnehmer ausgeführt werden kann. Untereinander kommunizieren diese Apps über den im Rahmen von ARVIDA entwickelten „Workflow-Server", der die Aufgabe der Verwaltung von Trainingssitzungen sowie Lerninhalten erfüllt und gleichzeitig die Bereitstellung der Anwendungen garantiert. Die Kommunikation der Anwendungen und dem Server erfolgt mittels HTTP [9]. Dieses Protokoll basiert auf REST (Representational State Transfer), der für verteilte Applikationen verwendet wird und einen losen Austausch der einzelnen Bestandteile der Anwendung ermöglicht. Dies geschieht durch die Empfehlung der zustandslosen Kommunikationsform einer eingegrenzten Menge von Operationen. Diese Operationen bestehen aus GET, PUT, POST sowie DELETE. In HTTP sind diese Operationen für Web-Ressourcen festgelegt, die innerhalb eines Systems beliebige Komponenten repräsentieren können. In der ARVIDA-Referenzarchitektur werden diese Daten in Form von Web-Ressourcen auf dem jeweiligen Server vorgehalten. Dabei sind die Daten in diesem Anwendungsszenario sowohl Lerninhalte als auch Beschreibungen relevanter Entitäten, die für eine Lektion benötigt werden (z. B. Trainingssitzung, Lektion, Trainer, Trainingsteilnehmer). Die Beschreibungen sind in RDF [10] modelliert, wohingegen Lerninhalte wie Bilder, Videos und 3D-Geometrien in binärer Form vorliegen. Diejenigen Ressourcen, die mit RDF beschrieben sind, können als Linked-Data-Ressourcen bezeichnet werden [11], die zum Aktualisieren permanent den Zustand relevanter Ressourcen anrufen (Polling).

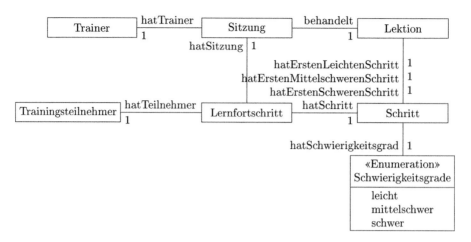

Abb. 7.32 UML-Klassendiagramm für die zwischen den Anwendungen ausgetauschten Daten

Gleichzeitig verwendet die ARVIDA-Referenzarchitektur zur Reduzierung der zu übertragenden Daten HTTP-Header wie Etag und If-Not-Match.

Die Modellierung der Daten für das entwickelte Trainingsszenario erfolgt dabei durch RDFs. Die Lektion, die Trainer sowie Teilnehmer in einer Sitzung trainieren, lehrt Arbeitsabläufe, die in mehrere Schritte in Form einzelner Abläufe unterteilt sind. Der jeweilige Ablauf kann dabei in drei verschiedenen Schwierigkeitsstufen beschrieben werden, wobei der Detailgrad der Informationen mit zunehmender Schwierigkeit abnimmt. Um innerhalb der Sitzung den Informationsumfang anpassen zu können, sind die verschiedenen Schwierigkeitsstufen untereinander vernetzt. Dabei wird der Lernfortschritt der jeweiligen Teilnehmer in einer Web-Ressource repräsentiert, die direkt einer Sitzung zugeordnet ist.

Zwischen den Anwendungen und dem Server werden RDF-Daten gemäß diesem Klassendiagramm ausgetauscht (Abb. 7.32). Tabelle 7.7 beschreibt das URI Schema der Schnittstelle des Workflow-Servers. Unterschieden wird dabei zwischen Collection-Ressourcen, die den Vorgaben der Linked Data Platform folgen („Containers"), und regulären Ressourcen, die Instanzen bzw. Elemente von Containern darstellen. Zur Darstellung der URI Muster werden Platzhalter genutzt, die mittels geschweifter Klammern („{}") vom Rest der URI abgegrenzt werden. Mittels Container-Ressourcen können einzelne Ressourcen angelegt werden; ein Container beinhaltet dann alle darin angelegten Ressourcen.

Im Folgenden ist die Kommunikation der Anwendungen beispielhaft an einer Lektion skizziert, die über den Workflow-Server stattfindet.

- Der Autor legt eine Lektion fest und definiert die binären Lerninhalte auf dem Workflow-Server. Er beginnt mit einem Schritt und fügt diesen einer bestimmten Lektion zu.
- Der Trainer hinterlegt auf dem Workflow-Server eine Ressource für eine Sitzung und fügt dieser Verknüpfungen hinzu, die den individuellen Lernfortschritt des Trainingsteilnehmers bestimmen.

Tab. 7.7 Beschreibung der Schnittstelle des Workflow-Servers

URI Muster	Beschreibung
/trainer/	Container, welcher die einzelnen Trainer beinhaltet
/trainer/{trainer-id}	Einzelner Trainer
/trainee/	Container, welcher die einzelnen Trainingsteilnehmer beinhaltet
/trainee/{trainee-id}	Einzelner Trainingsteilnehmer
/content/	Container, welche einzelne Dateien (Bilder, Geometrien) beinhaltet
/content/{content-id}	Einzelne Datei
/step/	Container, welcher die einzelnen Schritte beinhaltet
/step/{step-id}	Einzelner Schritt
/session/	Container, welcher die einzelnen Sitzungen beinhaltet
/session/{session-id}	Einzelne Sitzung
/session/{session-id}/progress/	Container, welcher die einzelnen Lernfortschritte beinhaltet
/session/{session-id}/progress/	Einzelner Lernfortschritt
/lesson/	Container, welcher die einzelnen Lektionen beinhaltet
/lesson/{lesson-id}	Einzelne Lektion

- Die Trainingsteilnehmer wählen ihre Anwendungen nach der ihnen zugeordneten Lernfortschritts-Ressource. Der Workflow-Server liefert auf Anforderung der Anwendung die Lerninhalte des aktuellen Schritts.
- Der Trainer schaltet auf seinem Tablet den Lernfortschritt für den Trainingsteilnehmer weiter. Diese Änderung wird durch die Trainingsteilnehmer-App auf der Datenbrille registriert.

7.3.5 Evaluation und Ergebnisse

Um eine wissenschaftliche Bewertung der im Projekt entwickelten Trainingsform zu erhalten und gleichzeitig Feedback der Anwender zu erhalten, wurden sowohl die Stufe 1 als auch die Stufe 3 im Trainingszentrum evaluiert. Dabei zeigten sich sowohl Vorteile für den Einsatz der Referenzarchitektur als auch durch das verwendete markerlose Tracking. Diese Evaluierungen sowie die Ergebnisse werden im folgenden Kapitel vorgestellt.

7.3.5.1 Evaluierung Stufe 1

Das Konzept der Applikation, die im Rahmen der Stufe 1 des Trainingsszenarios entwickelt wurde, stammt aus dem Umfeld der Serious Games und soll die Motivation des Mitarbeiters während des Trainingsprozesses erhöhen [4]. Nach der Durchführung des

Trainings besitzt der Trainer die Möglichkeit, gemeinsam mit dem Trainingsteilnehmer die vorausgegangene Lektion oder Abfolge mehrerer Trainingsteilnehmer zu reflektieren. So kann abgeschätzt werden, wie oft ein Arbeitsschritt vom Trainee wiederholt wurde, und es kann über die Schwierigkeit dabei gesprochen werden, um den Prozess auf Seiten des Trainingsteilnehmers durch zusätzliche Übungen zu unterstützen. Gleichzeitig wird auch dem Trainer die Möglichkeit gegeben, Feedback zu seinem Training zu erhalten und die dort dargestellten Inhalte gegebenenfalls zu erweitern und anzupassen. Zudem können beide trainierenden Parteien die Prozessfehler begutachten und Stärken sowie Schwächen des Mitarbeiters herausarbeiten, um seine Fertigkeiten konsequent zu verbessern und ihm die Durchführung der Arbeitsaufgabe zu erleichtern. So besteht durchgängig die Möglichkeit für den Trainer als auch für den Trainingsteilnehmer, den eigenen Prozess zu verbessern und Rückmeldung zum aktuellen Wissensstand zu erhalten.

7.3.5.2 Evaluierung Stufe 3

Nach der Evaluierung der ersten Ausbaustufe des Trainings soll die dritte Stufe des Szenarios ebenfalls bewertet und erprobt werden. Hierzu besteht ein Aufbau eines Trainingsszenarios der Türmontage an einem Volkswagen Amarok. Die Beifahrertür soll mit allen dazugehörigen Teilen montiert werden. Dieser Prozess wird mit der Applikation, dem Tablet des Trainers, der Datenbrille des Trainingsteilnehmers sowie einer Aufprojektion auf das Bauteil unterstützt. Dabei ist für jeden einzelnen Arbeitsschritt der Lektion definiert, welche Informationen auf welchen Medien angezeigt werden. So zeigt die Datenbrille vergleichsweise kleine, gezielte Informationsumfänge an wie beispielsweise die Position einer Schraube, die gesetzt werden muss. Demgegenüber visualisiert der Projektor eher großflächige Informationen wie etwa die verdeckte Kabellage des Fensterheber-Kabels auf der Türinnenhaut, um dem Mitarbeiter anzuzeigen, wo dieses verlaufen muss. Da sich der Trainingsteilnehmer im Prozess direkt am Bauteil befindet und die Datenbrille nur ein vergleichsweise kleines Sichtfeld abdeckt, können ausgedehnte Bauteile darin nicht augmentiert werden. Daher erleichtert eine Aufprojektion den Prozess durch die Anzeige von größer dimensionierten Bauteilen oder Kabelsträngen, damit der Trainingsteilnehmer eine Übersicht über deren Einbaulage bekommt und gerade auch verdeckte Stellen sichtbar gemacht werden. Somit behält der Trainingsteilnehmer sowohl den Überblick über die Gesamtlage des Bauteils über die Länge der Karosse und kann gleichzeitig die Detailinformationen auf der Datenbrille in diesem Kontext einordnen.

Für die verschiedenen Kombinationen der Anzeigegeräte wurde eine Evaluierungsmatrix erstellt, um die Visualisierungsmöglichkeiten aufzuzeigen und die Sinnhaftigkeit der unterschiedlichen Darstellungsvarianten zu bewerten (Abb. 7.33). Diese Matrix ist in statische wie augmentierte Anzeigen auf der Datenbrille sowie in eine statische als auch augmentierte Projektion unterteilt. Soll beispielsweise die Prozesszeit eines Teilarbeitsschrittes oder ein Bildausschnitt angezeigt werden, der dem Teilnehmer die Ausgangsposition zeigt, empfiehlt sich eine statische Darstellungsvariante, je nach Detailgrad entweder auf der Datenbrille oder mit dem Projektor. Ist dahingegen gewünscht, Bewegungspfade oder Bauteilstrukturen zu visualisieren, ist die augmentierte Darstellung die

	HMD statisch	HMD mit AR	Projektion statisch	PbAR
Bildausschnitt Arbeitspunkt (Foto)	x			
Objektbeschreibung / Tätigkeitsbeschreibung	x			
Bild ohne realen Kontext (VR-Szene)	x			
Arbeitspunkt anzeigen (AR)		x		x
Traineeführung zum AP	x	x		x
Bewegungspfad MA anzeigen		x		x
Standort + Blickrichtung		x		x
Struktur (Bauteil) anzeigen		x		x
Ausbaupfad anzeigen		x		x
Arbeitsbereiche / Sicherheitsbereiche markieren		x		x
Werkzeug anzeigen	x	x		
Werkstück anzeigen	x			
Ergonomische Arbeitsweise anzeigen (Methode)	x	x		
Ergonomische Arbeitsweise anzeigen (Bild)	x			
Prozesszeiten Teilarbeitsschritt anzeigen	x		x	
Initialisierungshilfe anzeigen				x

Abb. 7.33 Evaluierungsmatrix

geeignetere Variante. Mit Hilfe dieser Matrix können sämtliche Handlungsanweisungen in einem der Arbeitsaufgabe und dem Trainingsteilnehmer dienenden Format charakterisiert und angezeigt werden, um einen optimalen Trainingsablauf und eine angemessene Transferleistung zu gewährleisten.

7.3.5.3 Vorteile für den Einsatz der Referenzarchitektur

Der Einsatz einer Referenzarchitektur zum Austausch von einzelnen Komponenten ist im Trainingsprozess von Vorteil. Mittels der REST-Schnittstellen sind die Datenquellen und Komponenten flexibel ansprechbar und können über URIs eindeutig identifiziert sowie über ein einheitliches Protokoll angesprochen werden, was die Kommunikationsstruktur erheblich vereinfacht. Mit der einheitlichen ARVIDA-konformen Schnittstelle lassen sich so einfach neue Datenquellen und Komponenten einbinden bzw. bestehende Datenquellen und Komponenten austauschen. Auch ist es möglich, einzelne Trainingszentren zu vernetzen, da die HTTP Kommunikation, die aktuell noch im lokalen Netzwerk abläuft, sehr einfach über ein globales Firmennetzwerk (bzw. das Internet) abwickeln lässt.

Ist ein Trainingskonzept einmal innerhalb der Schnittstellen standardisiert, können zudem große Synergien genutzt werden. Diese entstehen z. B. bei der Mehrfachnutzung der erstellten Trainings. Die Trainingsinhalte müssen nicht mehr manuell an unterschiedliche Standorte und Trainingszentren verteilt werden, da sie von einem „Trainings-Server" in Form einer Datenbank bereitgestellt werden können. Somit werden diese auch besser untereinander vernetzt, und der Inhalt und die Durchführung von Trainings kann weiter standardisiert werden.

Durch offene und dokumentierte Schnittstellen kann später eine teilautomatische Erstellung von Trainings ermöglicht werden, indem das vorhandene System mit dem „Trainings-Server" gekoppelt wird. Mittels der ARVIDA-Referenzarchitektur ist weiterhin auch ein schneller und kostengünstiger Austausch von Hardware-Komponenten möglich. So können zukünftige Technologien rasch in den produktiven Einsatz gelangen.

Wird diese Idee weiter getrieben und entwickelt, könnten auch Schulungen gleichzeitig an verschiedenen Orten mit unterschiedlicher Hardware durchgeführt werden, wenn eine physische Anwesenheit des Trainers nicht zwingend erforderlich ist, da die Architektur auf Web-Standards basiert.

Aus Sicht der Forschung ist der reibungslose Austausch von Technologien besonders interessant, da z. B. innerhalb einer Evaluierung gleichzeitig zwei Trackingkomponenten in einem direkten Vergleich getestet werden können. Dies muss dann nicht mehr sequenziell geschehen, was einen Vergleich der Ergebnisse verbessern kann.

7.3.5.4   Vorteile markerloses Tracking

Im Anwendungsszenario Training und Instandhaltung wird ausschließlich CAD-basiertes markerloses Tracking eingesetzt. Grund ist der Anspruch der Einfachheit für sowohl den Trainer als auch den Trainingsteilnehmer. In der Automobilindustrie sind alle Bauteile, die im Fertigungsprozess benötigt werden, auch als 3D-Geometrie (CAD-Daten) vorhanden. Damit der Trainer keinen zusätzlichen Aufwand bei der Trainingserstellung hat, muss die Trackinggrundlage auf Basis dieser existierenden Daten erstellt werden. Alle anderen Methoden, wie z. B. Marker-Tracking oder auch Feature-Tracking benötigen noch weitere Vorbereitungsschritte, um virtuelle 3D-Geometrien an der korrekten Position auf dem realen Bauteil anzeigen zu können. In diesen Fällen müsste der Trainer noch das Koordinatensystem z. B. des Markers in die Geometrie legen. Diese zusätzlichen Vorbereitungsschritte müsste der Trainer vorher erlernen, was nicht zu seinen Aufgaben gehört. Außerdem könnte ein benötigter Marker zum Zweck des Trackings den Trainingsteilnehmer negativ in der Ausübung seines Trainings beeinflussen. Es sind zwar noch gewisse Herausforderungen im Bereich des CAD-basierten Trackings zu lösen, jedoch kann ein solcher Demonstrator für ein späteres Training „on the Job" vorbereiten, in dem der Mitarbeiter mittels Datenbrille im Produktionsprozess unterstützt werden könnte, was bei einem variantenreichen Arbeitsplatz durchaus vorstellbar und gewinnbringend ist.

Literatur

[1] Hemal N, Tombari F, Resch C, Keitler P, Navab N (2015) A step closer to reality: Closed loop dynamic registration correction in SAR. In: Proceedings of the IEEE International Symposium on Mixed and Augmented Reality (ISMAR), S 112–115

[2] Resch C, Keitler P, Klinker G (2016) Sticky projections-a model-based approach to interactive shader lamps tracking. IEEE T Vis Comput Gr 22(3):1291–1301

[3] Hirsch-Kreinsen H (2014) Wandel von Produktionsarbeit – „Industrie 4.0". Soziologische Arbeitspapiere, 38, Fakultat 11, TU Dortmund

[4] Huckauf A, Urbina MH, Grubert J, Bockelmann I, Doil F, Schega L, Tümler J, Mecke R (2010) Perceptual issues in optical-see-through displays. In: Proc. 7th symp. on applied perception in graphics and visualization. S 41–48

[5]   Pivec M, Dziabenko O, Schinnerl I (2003) Aspects of game-based learning. In: Proc. IKNOW. S 216–225

[6]   Kahn S, Haumann D, Willert V (2014) Hand-eye calibration with a depth camera: 2D or 3D" in VISAPP 2014 – Volume III: proceedings of the International conference on computer vision theory and applications. SciTePress, London, S 481–489

[7]   Petersen N, Pagani A, Stricker D (2013) Real-time modeling and tracking manual workflows from first-person vision. In: Proc. Int. Symp. on mixed and augmented reality, S 117–124

[8]   Volkswagen AG Abteilung K-PPA-L (2010) Gesamtkonzept zum Aufbau von Lean-. Trainings-Centern und Profiräumen: Lean Center Konzern, 01. Okt. 2010

[9]   Wientapper F, Wuest H, Rojtberg P, Fellner DW (2013) A camera-based calibration for automotive augmented Reality head-up-displays. In IEEE Computer Society Visualization and Graphics Technical Committee (VGTC): 12th IEEE International Symposium on Mixed and Augmented Reality :ISMAR 2013. Los Alamitos, Calif:IEEE Computer Society, S 189–197

[10] Fielding R, Reschke J (2014) Hypertext transfer protocol. In: Internet Engineering Task Force (IETF). San Jose/Muenster

[11] Cyganiak R, Wood D, Lanthaler M (2014) RDF 1.1 concepts and abstract syntax. W3C recommendation. HYPERLINK "http://www.w3.org/TR/rdf11-concepts/" \h http://www.w3.org/TR/rdf11-concepts/. Zugegriffen: 23. Apr. 2016

[12] Berners-Lee T (2016) Linked data. http://www.w3.org/DesignIssues/LinkedData.html. Zugegriffen: 23. Mai 2015

Produktabsicherung/-Produkterlebnis

8

André Antakli, Pablo Alvarado, Steven Benkhardt, Ulrich Canzler,
Holger Dammertz, Axel Hildebrand, Eduard Jundt, Roland Krzikalla,
Sebastian Lampe, Julian Meder, Andreas Meyer, Sebastian Pfützner,
Christoph Resch, Elena Root, Fabian Scheer, Jörg Schwerdt,
Andreas Stute und Andreas Weinmann

A. Antakli (✉)
DFKI GmbH, Saarbrücken
e-mail: andre.antakli@dfki.de

P. Alvarado · U. Canzler
CanControls GmbH, Aachen
e-mail: alvarado@cancontrols.com; canzler@cancontrols.com

S. Benkhardt · E. Jundt · S. Lampe · E. Root
Volkswagen AG, Wolfsburg
e-mail: steven.benkhardt@volkswagen.de; eduard.jundt@volkswagen.de;
sebastian.lampe@volkswagen.de; elena.root@volkswagen.de

H. Dammertz · A. Weinmann
3DEXCITE GmbH, München
e-mail: Holger.Dammertz@3ds.com; andreas.weinmann@3ds.com

A. Hildebrand · A. Meyer · F. Scheer
Daimler Protics GmbH, Ulm
e-mail: axel.hildebrand@daimler.com; andreas.meyer@daimler.com; fabian.scheer@daimler.com

R. Krzikalla
Sick AG, Hamburg
e-mail: roland.krzikalla@sick.de

J. Meder · S. Pfützner
3DInteractive GmbH, Ilmenau
e-mail: jmeder@3dinteractive.de; spfuetzner@3dinteractive.de

C. Resch · A. Stute
EXTEND3D GmbH, München
e-mail: christoph.resch@extend3d.de; andreas.stute@extend3d.de

© Springer-Verlag GmbH Deutschland 2017   379
W. Schreiber et al. (Hrsg.), *Web-basierte Anwendungen Virtueller Techniken*,
DOI 10.1007/978-3-662-52956-0_8

Zusammenfassung

Das Ziel des Anwendungsszenarios ist die Erforschung von Verfahren zur Absicherung und zum möglichst realistischen Erleben zukünftiger Produkte in verschiedenen Phasen des Produktlebenszyklus. Im Fokus stehen das komplexe Produkt des Automobils, das im Szenario teilweise oder vollständig durch digitale Modelle abgebildet wird und die Interaktion des Menschen mit diesem Produkt. Fahrzeuge verfügen über komplexe Benutzerschnittstellen wie z. B. im Fahrzeugcockpit, die sowohl seitens sicherheitsrelevanter als auch ästhetischer Gesichtspunkte aufwendig abgesichert werden müssen. Vor allem die menschliche Benutzung eines Fahrzeugs in realen Einsatzumgebungen und in verschiedenen Fahrsituationen spielt in den unterschiedlichen Phasen der Produktentwicklung eine große und entscheidende Rolle. In diesem Kontext wurden im Szenario virtuelle Technologien und darauf aufbauende Verfahren erforscht, um virtuelle Produktmodelle oder Modelle von Produktvarianten in Interaktion mit einem Benutzer abzusichern und erlebbar zu machen. Dazu wurden projektionsbasierte Lösungen zur Absicherung verschiedener Produktvarianten in einem Fahrzeugcockpit und Verfahren zum Erleben eines Fahrzeugs in weitestgehend automatisch erzeugten komplexen und realitätsnahen 3D-Fahrerlebnisumgebungen realisiert. Durch Nutzung der ARVIDA-Referenzarchitektur konnten die entwickelten Lösungen im Anwendungsszenario integriert und das Potenzial der Referenzarchitektur aufgezeigt werden.

Abstract

The goal of the application scenario is the digital verification and a preferably realistic experience of future products in the different stages of the product lifecycle. Thereby, the complex product of a car and the interaction of a human with this product have been taken into consideration. In the scenario the product is partially or completely represented by virtual models. Cars have complex user interfaces like e.g. cockpits, which need to be assured concerning security related as well as aesthetic aspects. Especially the human use of a car in real operational environments and in different driving situations plays an important role in the varying stages of the product development. In this context, virtual technologies have been taken to assure and experience virtual product models or variants of it in interaction with a user. Therefore, projection based solutions to ensure different product variants in a car cockpit and methods to experience a car in a nearly automatically created complex and realistic 3D driving environment were realised. By using the ARVIDA reference architecture the developed solutions have been integrated in the application scenario, illustrating the potential of the reference architecture very well.

J. Schwerdt
Caigos GmbH, Kirkel
e-mail: jschwerdt@caigos.de

8.1   Das digitale Fahrzeugerlebnis

8.1.1   Motivation

Das Ziel des Anwendungsszenarios „Das digitale Fahrzeugerlebnis" ist ein möglichst realistisches Erleben eines Fahrzeugs in einer real anmutenden und auf Basis von Realdatenquellen nachempfundenen virtuellen 3D-Umgebung. Unter Einbeziehung verschiedener existierender Datenquellen, wie z. B. Landes- und kommunaler GIS-Daten, Geodatendiensten, 3D-Scans von realen Umgebungen, digitalen Geländemodellen, zweidimensionalen Kartendaten und KI-Systemen (Künstliche Intelligenz), sollen möglichst realistische und attraktive virtuelle 3D-Umgebungen weitestgehend prozedural erzeugt und parametriert werden können, in denen ein Fahrzeug interaktiv erlebt werden kann. Reale Fahrstrecken dienen dabei als Vorbild und werden dementsprechend in der virtuellen Welt in 3D nachgebildet.

An der Realität orientierte virtuelle 3D Umgebungsmodelle, z. B. von Städten, Landschaften oder ländlichen Räumen, die in verschiedensten Simulationen, wie z. B. Flug oder Fahrsimulatoren, Städte- und Verkehrsplanungen, Rettungssimulationen der Polizei und Feuerwehr, oder zur Immobilienvermarktung, für Navigationssysteme oder Tourismusanwendungen etc. genutzt werden, verwenden derzeit zumeist stark vereinfachte Modelle der Umgebung. Die Erstellung dieser dreidimensionalen Simulationsumgebungen erfordert häufig ein hohes Maß manueller Modellierungs- und Datenaufbereitungsaufwände, sodass je nach Komplexität der gewünschten Umgebung enorme Kosten anfallen können. Die erreichbare Komplexität der 3D-Welt ist somit stark vom verfügbaren Budget abhängig, sodass während der Umsetzung oftmals zwischen großen Umgebungen mit vereinfachten Objektmodellen oder detaillierten Objektmodellen und kleineren 3D-Umgebungen abgewogen werden muss. Des Weiteren stellen häufig auch die verfügbare Hardware bzw. die anvisierte Plattform und die abzubildenden Datenmengen der 3D-Umgebung limitierende Faktoren dar.

In dem Anwendungsszenario „Das digitale Fahrzeugerlebnis" sollten diese Einschränkungen bzgl. der Komplexität umgangen und der Zeit- und Kosteneinsatz beim Erstellungsprozess durch teil- und vollautomatisierte Arbeitsprozesse deutlich reduziert werden. Dazu sollten prozedurale Algorithmen zum Einsatz kommen, welche auf Basis von vorhandenen nicht dreidimensionalen Datenquellen, wie z. B. zweidimensionalen Kartendaten, dreidimensionale Geometrien mit einem plausiblen Realitätseindruck erzeugen können.

8.1.2   Herausforderungen und Szenariobeschreibung

Um bei der Erzeugung einer virtuellen 3D-Fahrerlebnisumgebung der Komplexität der realen Welt gerecht zu werden, werden Informationen aus vielen Datenquellen benötigt, die wiederum komplexe Informationen über die reale Welt enthalten. Dazu gehören beispielsweise:

- Landes- und kommunale Daten
- Zweidimensionale Kartendaten
- Durch Satelliten aufgenommene zweidimensionale Höhenbilder
- 3D Scans realer Umgebungen
- 3D Modelle realer Gebäude.

Aufgrund der Heterogenität und Komplexität der benötigten Daten stellt die Verarbeitung der Daten und die Erstellung der daraus zu erzeugenden 3D Modelle eine besondere Herausforderung dar. Denn zur Verarbeitung der in verschiedenen Formaten vorliegenden Daten werden verschiedene Programme benötigt, um die erwünschten Ergebnisse zu erzeugen. Ferner liegen die Daten oftmals in einer Form vor, die für eine Zusammenführung der verschiedenen Informationsquellen einer Aufbereitung bedürfen. Daher wurde für das digitale Fahrzeugerlebnis ein weitestgehend automatisierter bzw. teilautomatisierter Prozess zur Zusammenführung, Aufbereitung, Verarbeitung und Speicherung der verarbeiteten georeferenzierten Informationen der verschiedenen Datenquellen erforscht und entwickelt.

Eine weitere Herausforderung besteht in der Darstellung der enorm großen Datenmengen der zu erzeugenden 3D-Geometrien der Fahrerlebnisumgebung. Da die Fahrerlebnisumgebung große Bereiche der realen Welt wie z. B. eine Großstadt abdecken soll, muss mit mehreren hundert Millionen Polygonen und mehreren Gigabytes an Daten gerechnet werden. Um diese Datenmengen mit echtzeitfähigen Bildwiederholraten, wie sie für eine Fahrsimulation benötigt werden, erleben zu können, sind besondere Verfahren in der Berechnung der Darstellung notwendig, die im Anwendungsszenario erforscht und entwickelt wurden. In diesem Kontext stellen bewegte Objekte bzw. simulierte 3D Objekte, deren Bewegung in jedem Bild neu berechnet werden müssen, nochmals eine besondere Herausforderung dar.

Traditionelle Geoinformationssysteme verwalten Informationen über die reale Welt, die zumeist durch Vermessungstechniken gewonnen werden. Dabei stellen die verwalteten Informationen oftmals kein komplettes Abbild der Realität dar, sondern unterteilen sich in vereinzelte Gewerke. Um diese Lücke annähernd zu schließen, können moderne 3D-Erfassungssysteme wie z. B. die laser-basierte 3D-Kartografierung genutzt werden. Dabei werden reale Umgebungen durch Abtastung mit Lasern und Kameras dreidimensional digitalisiert. In den so gewonnenen Daten ist die durch die Sensoren erfassbare Umgebung komplett enthalten, sodass detaillierte Informationen über eine reale Umgebung, wie z. B. Straßenschilder, Laternenmasten, Ampelanlagen etc., die zur Erstellung einer Fahrsimulationsumgebung unverzichtbar sind, gewonnen werden können. Eine weitere Herausforderung besteht daher darin, große reale Umgebungen, wie z. B. eine deutsche Großstadt, in 3D zu erfassen und die darin enthaltenen Informationen über einzelne Infrastrukturelemente, wie z. B. Stromkästen, Straßenschilder, Container etc. zur Detaillierung der Fahrerlebnisumgebung extrahieren zu können.

Zum interaktiven Erleben eines Fahrzeugs in der Fahrerlebnisumgebung bedarf es einer Fahrsimulationskomponente. Dazu muss die Bewegung des Fahrzeugs in jedem Bild neu berechnet werden. Angesichts der sehr großen Datenmengen der virtuellen 3D Umgebung stellt die Fahrsimulation eine besondere Herausforderung dar, da auch die Kollision des Fahrzeugs mit Objekten der Umgebung betrachtet werden muss.

Eine virtuelle Simulation wirkt umso realistischer, je mehr Einzelheiten und Feinheiten berücksichtigt werden. In einer virtuellen Fahrerlebnisumgebung sorgt beispielsweise das Hinzufügen von zusätzlichen Verkehrsteilnehmern, wie z. B. Autos, LKWs oder Fußgängern für ein deutlich plausibleres Erleben der digitalen Welt. Ferner lassen sich auch gewisse Erlebnissituationen, wie z. B. das Bremsen des Vordermannes oder das Überqueren der Straße durch einen Fußgänger abbilden. Um das Verhalten dieser zusätzlichen Verkehrsteilnehmer realistisch darzustellen bedarf es eines intelligenten Verhaltens dieser Teilnehmer. Moderne Agentensysteme sind in der Lage, realistische Verhaltensweisen zu berechnen und sollten daher als zusätzliche Herausforderung in der Realisierung des Szenarios betrachtet werden.

Das Anwendungsszenario „Das digitale Fahrzeugerlebnis" setzt sich aus verschiedenen Komponenten zur Erstellung der 3D Fahrerlebnisumgebung und zum interaktiven Erleben eines Fahrzeugs in dieser Umgebung zusammen und wird im Folgenden beschrieben.

8.1.2.1 Erstellung der 3D-Fahrerlebnisumgebung

Die im Anwendungsszenario erarbeiteten Verfahren und Prozesse zur weitestgehend automatischen Erzeugung einer der realen Welt nachempfundenen virtuellen 3D Umgebung lassen sich prinzipiell auf jeden Bereich der Erde anwenden, insofern die erforderlichen Daten zur Verfügung stehen. Um die oben beschriebenen Herausforderungen und Problemstellungen anzugehen und um über ein Anwendungsbeispiel mit ausreichender Komplexität zu verfügen, wurde zur Umsetzung des Szenarios als Beispiel die Region mit der Großstadt Ulm und der direkt benachbarten Stadt Neu-Ulm gewählt.

Zur Zusammenführung, Integration und Kombination der Daten aus den verschiedenen Realdatenquellen wurde im Szenario ein Autorensystem entwickelt. In diesem werden die jeweiligen Datensätze georeferenziert verarbeitet und gespeichert. Ferner wurde das Caigos GIS-System zur Verwaltung der georeferenzierten Datensätze über REST-Schnittstellen angebunden. Darin können z. B. 3D-Scans von Umgebungen georeferenziert abgespeichert und abgefragt werden. Die erzeugten 3D-Geometrien der Fahrerlebnisumgebung werden im Format des eingesetzten VGR-Renderers (siehe Abschn. 8.1.3.2) für große Datenmengen abgelegt und als Ergebnis des Bearbeitungsprozesses im Autorensystem für die weitere Verwendung zur Verfügung gestellt.

Neben dem Autorensystem kommen im Szenario weitere Softwarekomponenten zum Einsatz. Die Software City Engine [4] stellt dabei die Hauptkomponente zur prozeduralen Geometrieerzeugung dar. Zur Erforschung des Arbeitsprozesses zur Verarbeitung von Geo-Informationen, wie z. B. dem Verschneiden von Flächen, dem Zusammenführen verschiedener Datensätze oder von Kacheln von Höhendaten etc. wurde das Geo-Informationssystem QGIS[6] verwendet. Zusätzlich wurden weitere Softwarekomponenten der einzelnen am Szenario beteiligten Partner verwendet, die näher im Kapitel Abschn. 8.1.3 beschrieben werden.

Mit den oben beschriebenen Komponenten wird die 3D Fahrerlebnisumgebung in mehreren im Kapitel Abschn. 8.1.4 beschriebenen Arbeitsschritten erstellt. Diese werden dabei entweder automatisiert, teilautomatisiert oder manuell durchgeführt, wobei im Szenario ein hoher Automatisierungsgrad für viele Teile der Erstellung der Fahrerlebnisumgebung erreicht werden konnte. Die erzeugte 3D-Fahrerlebnisumgebung wird im VGR-Darstellungsformat des Projektpartners 3DInteractive abgelegt, sodass die Szene trotz der enormen Datenmengen in interaktiven Bildwiederholraten berechnet und dargestellt werden kann. Die für das interaktive Erlebnis der 3D Umgebung durch einen Benutzer benötigten Komponenten des Szenarios werden im folgenden Abschnitt beschrieben.

8.1.2.2 Interaktives Fahrerlebnis

Neben der Erforschung der weitestgehend automatisierten Erstellung einer auf Realdaten basierenden 3D Fahrerlebnisumgebung sollten im Szenario auch Mechanismen zum Erleben dieser virtuellen Welten betrachtet werden. Dazu wurde zum Befahren der im Szenario erstellten 3D-Umgebung der Region Ulm eine Fahrsimulationskomponente auf Basis von NVIDIA PhysX[12] entwickelt. Um dem Benutzer ein Fahrgefühl zu vermitteln, wurde eine Bewegungs-Simulations-Plattform in Form der Sitzkiste Atomic A3[5] verwendet. Diese setzt die in der Fahrsimulation berechneten Bewegungen eines virtuellen Fahrzeugs annäherungsweise durch Bewegungen der Sitzkiste in die Realität um. Zur Interaktion mit dem System wurde ferner das Logitech G27 eingesetzt, das aus einem Lenkrad-, Pedal- und Schalthebelsystem aus dem Spielebereich besteht. Anhand dieses im Vergleich zu industriellen Sitzkisten kostengünstigen Aufbaus kann die 3D-Fahrerlebnisumgebung durch einen Benutzer interaktiv erlebt werden. Eingaben in Form von Gasgeben, Bremsen, Kuppeln oder Schalten werden von der eingesetzten Virtual Reality-Software verarbeitet und an die Fahrsimulationskomponente übergeben. Die dort berechneten Kräfte und Bewegungen werden wiederum an die Sitzkiste geleitet, welche entsprechende Bewegungen der Plattform auslöst. Auf diese Weise kann ein Benutzer die virtuelle 3D-Umgebung befahren und durch die bewegte Sitzkiste eine für derartige Untersuchungen ausreichende Rückmeldung über sein Fahrverhalten in der Realität erhalten.

8.1.3 Technologien

Zur Umsetzung und Lösung der beschriebenen Problemstellungen im Szenario „Das digitale Fahrzeugerlebnis" wurden verschiedene Technologien durch die Partner des Anwendungsszenarios erforscht und entwickelt, die im Folgenden beschrieben werden.

8.1.3.1 Mobile Outdoor-Umgebungserfassung mit Laserscannern

Im Rahmen von ARVIDA wurde ein mobiles Umgebungserfassungssystem für den Outdoor-Bereich aufgebaut und optimiert. Das Gesamtsystem besteht im Wesentlichen aus drei 2D-Laserscannern zur Umgebungserfassung (vgl. Abschn. 2.3.1.2) und einem GPS-gestützten inertialen Navigationssystem (INS) zur Bewegungsschätzung. Das Gesamtsystem ist zusammen mit der Stromversorgung, einem Aufnahme-PC sowie der notwendigen

Abb. 8.1 Mobiles Outdoor-Umgebungserfassungssystem mit SICK-Laserscannern

Netzwerktechnik in einem für PKW tauglichen IP67-geschützen Dachaufbau umgesetzt worden (siehe Abb. 8.1). Somit lassen sich im Außenbereich alle für PKW zugänglichen Bereiche dreidimensional erfassen. Die verwendeten Laserscanner vom Typ SICK LMS 511 bieten bei einer maximalen Messreichweite von 80 m eine Entfernungsgenauigkeit von wenigen Zentimetern bei einer gleichzeitigen Winkelauflösung von 1/6° [1]. Als inertiales Navigationssystem wurde das Messsystem RT3010 der Firma OxTS eingesetzt [2]. Dieses System liefert unter anderem Positionsdaten im globalen WGS84-Format bei einer Positionierungsgenauigkeit von ca. 50 cm, im Idealfall sogar von bis zu 10 cm. Zusätzlich wurde eine Farbkamera installiert, um die aufgenommenen Laserscannerdaten farblich kennzeichnen zu können.

Zur ortsrichtigen Überlagerung der Laserscanner-, Positions- und Kameradaten müssen sämtliche Messkomponenten auf ein gemeinsames Koordinatensystem verortet werden. Dazu wurden die Anbaupositionen der Laserscanner und der Kamera bezogen auf das verbaute INS mit einem Laserradar der Firma Nikon [3] auf dem Messfahrzeug mit einer Genauigkeit von unter 1 mm bestimmt. Mit diesen Anbaupositionen lassen sich anschließend Transformationen bestimmen, die alle Messdaten auf die Positionsdaten des INS beziehen. Zur Validierung des Messsystems wurden am Hamburger Standort „Merkurring" der SICK AG die Positionen von ortsfesten Landmarken (Laternenpfosten, Straßenschilder, Fahnenmasten etc.) mit einer globalen Genauigkeit von ca. 2 cm vermessen. Diese wurden anschließend mit den Positionen der rekonstruierten 3D-Daten der gleichen Umgebung verglichen. Dabei konnten die Genauigkeitsangaben des INS von ca. 50 cm bestätigt werden. Da die Höhenbestimmung des INS ebenfalls auf GPS basiert, ist dort die Variation deutlich größer. Hier können sich durchaus Höhenunterschiede von einigen Metern ergeben. Im Rahmen von ARVIDA blieb die globale Höhe der Messdaten daher unberücksichtigt.

GPS-gestützte Navigationssysteme bieten für Outdoor-Mapping-Anwendungen speziell in urbanen Umgebungen zum Teil sehr unbefriedigende Ergebnisse. Abbildung 8.2 zeigt eine GPS-Trajektorie um das Hamburger Chilehaus. Die GPS-Position ist aufgrund der abschattenden Häuser um das Chilehaus herum zum Teil so schlecht, dass die GPS-Position bis zu einem Kilometer neben der wahren Position liegt.

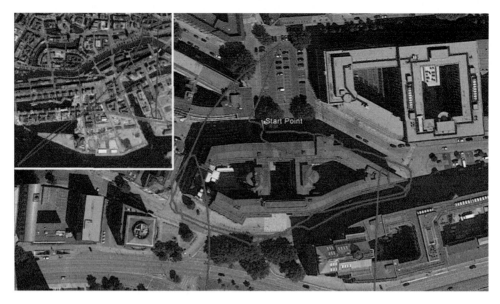

Abb. 8.2 GPS-Trajektorie um das Hamburger Chilehaus
(Kartenquelle: Google Earth)

Im Rahmen von ARVIDA wurden für diese Situationen die Algorithmen zur Laser-scanner-basierten Konturlokalisation für den Indoor-Bereich (vgl. Abschn. 6.1.1) auf das Outdoor-Szenario angepasst und angewendet. Abbildung 8.3 zeigt die rekonstruierte 3D-Punktewolke des Hamburger Chilehauses unter Nutzung der Laserscanner-basierten Konturlokalisierung für den Outdoorbereich.

Mit dem hier aufgebauten System wurde für das Projekt ARVIDA das Ulmer Stadt-gebiet sowie Teile des Ulmer Umlandes dreidimensional aufgezeichnet und rekonstruiert. Alle Daten liegen im standardisierten Aufzeichnungsformat e57 vor (vgl. Abschn. 4.3) und kommen für das hier beschriebene Anwendungsszenario des „Digitalen Fahrzeug-erlebnisses" zum Einsatz (Abb. 8.4).

Abb. 8.3 Detail- und Gesamtdarstellung des Hamburger Chilehauses, aufgenommen mit dem in ARVIDA aufgebauten Laserscanner-basierten 3D-Umfelderfassungssystems

Abb. 8.4 Links: 3D-vermessenes Gebiet im Ulmer Standgebiet und Umgebung (Kartenquelle: Google Earth); Rechts: Rekonstruierte und eingefärbte beispielhafte Häuserfront aus den aufgenommenen Daten

8.1.3.2   Visualisierung und Verarbeitung großer Datenmengen

Der Einsatz in einem Fahrsimulator stellt hohe Ansprüche an das verwendete Visualisierungssystem. Es müssen große Mengen an Erfassungsdaten aus einem umfassenden Messbereich lagerichtig zusammen mit den Geometrien ganzer Städte und deren Umgebungen angezeigt werden. Angereichert wird die Szene mit verschiedenen Texturen der Häuser und Umgebung sowie eventuell Luftbild- oder Satellitenaufnahmen. Alle Daten liegen meist georeferenziert vor und um Genauigkeitsverluste zu vermeiden, sollten diese auch vom Visualisierungssystem verarbeitet werden können. Der VGR-Renderer (siehe Abschn. 2.4) wurde deshalb um die Unterstützung hochgenauer Referenzpunkte erweitert, um zu ermöglichen, für einzelne Visualisierungsdatenbanken einen 3D-Verschiebungsvektor in doppelter Floating-Point-Genauigkeit im kartesischen Koordinatensystem anzugeben. Der Koordinatenursprung kann hierbei beliebig festgelegt werden, wobei jeder Punkt auf der Erdoberfläche millimetergenau abgebildet werden kann. Da Grafikkarten üblicherweise aber nur einfache Floating-Point-Genauigkeit unterstützen, werden die Geometriedaten weiterhin mit einfacher Genauigkeit gespeichert. Die doppelt genauen Referenzpunkte werden beim Rendern mitsamt der zugehörigen Daten entsprechend dynamisch relativ um die virtuelle Kamera angeordnet. Damit erreicht man die bestmögliche Darstellung bei naheliegenden Objekten, ohne Kompromisse bei der Geschwindigkeit einzugehen.

Virtual Textures Entwickelt wurde die Technik zur Verarbeitung und Darstellung riesiger Texturmengen in der Computerspieleindustrie von id-Software. Die erste Implementierung namens *MegaTexture* kam hierbei 2007 im Spiel *Enemy Territory – Quake Wars* zum Einsatz [13]. Abseits von Spielen kann diese Technik für die Visualisierung sehr großer Mengen an Bilddaten im Zusammenhang mit Scandaten oder auch Texturen für geometrische Objekte verwendet werden. Hierbei werden diese Texturen in einer speziellen Datenbank erfasst und können zusammen mit Geometriedaten in Echtzeit visualisiert werden, wobei nur jeweils benötigte Teile der Textur in den Haupt- oder Videospeicher gestreamt werden. Für die ganze Szene wird nur eine einzige große Textur verwendet, welche knapp 275 Gigapixel groß werden kann. Die Umrechnung von globalen in Cache-lokale Texturkoordinaten geschieht erst im Fragment-Shader und damit sehr spät in der Render-Pipeline. Dies führt dazu, dass jedem Punkt auf der Geometrie nur ein Pixel in der Textur zugeordnet werden kann, es also keine Texturwiederholung geben kann, da es an den Rändern der Objekte sonst zu Fehldarstellungen kommt.

Diese Technik wurde fast identisch in VGR nachimplementiert, für die Anforderungen aus ARVIDA aber stark erweitert. Das Ziel war es hier, dass sich einzelne Texturen klassisch wie in OpenGL verwenden lassen, aber trotzdem in der Virtual Texture abgespeichert werden, um von den Vorteilen wie Streaming und niedrigem Verbrauch von Grafikspeicher zu profitieren. Hierzu wurden sogenannte Sub-Images eingeführt, die VGR ganz automatisch verwaltet. Diese haben lokale Texturkoordinaten und unterstützen Wrap-Modi wie *Clamp, Repeat* oder *Mirror*, müssen im Gegensatz zu OpenGL aber statisch festgelegt werden. Diese Modi sorgen für eine korrekte Darstellung an den Textur- und Objekträndern. Hierzu musste auch der anisotrope Texturfilter von OpenGL im Fragment-Shader reimplementiert werden. Sub-Images können inkrementell und asynchron zum Renderer (siehe Abschn. 6.1.3.2) erweitert, geändert und gelöscht werden. Dies verhindert einen einzigen langwierigen Vorverarbeitungsprozess, was die Szenenerstellung und Bearbeitung wesentlich vereinfacht. Außerdem werden verschiedene Kompressionsformate angeboten und (teil-)transparente Texturen unterstützt.

Zahlreiche Optimierungen haben den Umgang mit Virtual Textures außerdem stark beschleunigt. Die Algorithmen zur Berechnung und Erzeugung wurden für Multi-Threading erweitert und auch die MipMap-Generierung wurde parallelisiert. Um Platz im Videospeicher zu sparen, gab es zusätzliche Optimierungen, die das Speichern redundanter oder einfach zu rekonstruierender Informationen vermeiden (Sparse Virtual Textures). Die Algorithmen zur Verwaltung des Textur-Caches im Videospeicher wurden angepasst, um einen größeren Cache mittels mehrerer Texturlagen verwenden zu können, was vor allem der Ausgabe auf hochaufgelösten Displays (4 K bzw. Ultra-HD) zugutekommt.

Stabile Bildwiederholrate Der VGR-Renderer ermöglicht interaktive Bildraten für quasi beliebig große Modelldaten auch auf leistungsschwachen Systemen. Allerdings führen Schwankungen in der Szenenkomplexität und die variierende durch das Betriebssystem verwaltete Auslastung der Hardware zu instabilen und kurzzeitig niedrigen Bildwiederholraten. Bei vielen Anwendungsfällen sind aber durchgehend hohe Frameraten gefordert. Bei einem Fahrsimulator sind dies z. B. mindestens 60 Hz, um den Fahrer-Fahrzeug-Regelkreis aufgrund stockender oder zu langsamer Darstellungs-Rate nicht zu destabilisieren. Beim Einsatz in einer CAVE oder einem VR-HMD sind sogar teilweise noch höhere Frequenzen gefordert, da dies sonst in Verbindung mit Head-Tracking zu Übelkeit beim Benutzer führen kann. Hinzu kommt, dass in solchen Fällen auch die zu berechnende Bildauflösung viel höher ist und sich für Stereoskopie die Pixelanzahl noch einmal verdoppelt. Dies führt

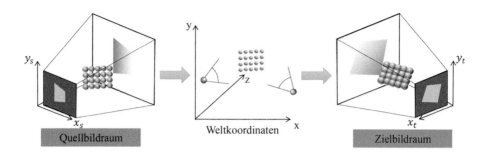

Abb. 8.5 Depth Image-Based Rendering

zu einer um Faktoren höheren Last des Visualisierungssystems, was in niedrigen Frameraten resultiert. Wie bereits in Abschn. 2.4 beschrieben, ermöglicht die Technik *Depth Image-Based Rendering* eine hohe und gleichmäßige Framerate durch Entkopplung der Bilderzeugung von der Darstellung. Abbildung 8.5 zeigt das allgemeine Vorgehen: Die Pixel
aus Farb- und Tiefenbild lassen sich als 3D-Punktewolke interpretieren und können bei
gegebener bilderzeugender Kamera zurück in Weltkoordinaten und anschließend in beliebige Ansichten projiziert werden. Artefakte dieses Vorgehens sind ersichtliche Bildlöcher
bzw. Aufdeckungen der Szenenteile, welche die Quellkamera nicht erfasst.

Für eine echtzeitfähige Ausführungsgeschwindigkeit wurde in VGR ein DIBR-Projekt-
ionsverfahren unter Verwendung bestehender Lösungsansätze GPU-basiert implementiert. Evaluiert wurden ein einfaches Punkt-Rendering, eine Dreiecksprojektion und eine
rein bildbasierte Methode. Bei großen Bildauflösungen waren die Ergebnisse allerdings
ungenügend – die verfügbare Bandbreite reichte nicht aus oder die Berechnungen waren
noch zu aufwendig für hohe Frequenzen. Zur Optimierung des Verfahrens wurde folgende
Beobachtung genutzt: Bildbereiche, welche keine hohe Tiefenvarianz aufweisen, können
durch zusammenhängende Flächen approximiert werden. Es wird demnach für ein gege-
benes Tiefenbild eine optimale Quellbild-Tesselierung berechnet, indem ein initial grobes
Mesh anhand von Informationen aus einer Kantendetektion im Tiefenbild verfeinert wird.
Im besten Fall erhält man eine große Reduktion an darzustellenden Dreiecken.

Es existieren verschiedene Herangehensweisen zur Schließung der durch die Reprojek-
tion entstehenden Lücken. Implementiert wurde letztlich ein Verfahren, welches mehrere
vorhandene Ansichtsbilder kombiniert, wobei die Robustheit des Verfahrens wie folgt
erhöht wurde: Einerseits werden die Kameraparameter beim Quell-Renderer so manipuliert, dass das jeweils nächste Ansichtsbildbild mit einer geschätzten zukünftigen Nutzer-
kamera erzeugt wird (siehe Abb. 8.6). Andererseits werden bereits gerenderte Bilder in
einem Puffer gespeichert, was eine Auswahl einer sinnvollen Untermenge auch bei über-
raschend geändertem Nutzerverhalten ermöglicht.

Die Kombination aus on-the-fly-Tesselierung und Verrechnung mehrerer prädiktiver
Ansichtsbilder ermöglicht eine deutlich effizientere GPU-basierte DIBR-Implementierung
als bisher veröffentlichte Arbeiten (siehe Abschn. 2.4). Trotz leistungsarmer Grafikhardware

Abb. 8.6 Vorausschauendes
Rendern

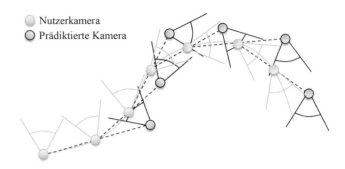

werden interaktive und gleichmäßige Bildraten von 60 Hz oder höher in Szenen mit massiven CAD-, Textur- und Erfassungsdaten erreicht und damit das Anwendungsspektrum des VGR-Renderers erweitert. Ein Einsatzgebiet dieser Technik ist z. B. das 3D-Output-Streaming auf mobilen Endgeräten. Ein Server rendert hierbei mehrere Farb- und Tiefenbilder aus verschiedenen Ansichten, während ein Endgerät diese Daten empfängt und mittels DIBR zu einem Ausgabebild verrechnet. Damit lassen sich auch bei schmalbandiger Verbindung interaktive Frameraten auf mobiler Hardware erreichen.

Dynamische Szenen Die Visualisierung dynamischer Szenen hat große Bedeutung bei Simulationen der Produktabsicherung bzw. -Präsentation oder der Planung und Darstellung von zeitlichen Abläufen, z. B. in einer Fabrik. Für das VGR-System wurde daher ein Echtzeitdienst entwickelt, um statische oder interaktiv von außen gesteuerte Animationen zu erzeugen und abzuspielen. Damit ist es möglich, tausende Animationsobjekte gleichzeitig darzustellen. Solche Objekte können Lichter, Materialien, Kameras, Clipping-Planes oder Geometrieobjekte sein. Je nach Objekttyp können verschiedene Eigenschaften – wie Position, Orientierung, Farbe oder Sichtbarkeit – animiert werden. Zur Gewährleistung einer hohen Render-Geschwindigkeit und der Möglichkeit, Animationsdaten zu streamen, werden in einem Vorverarbeitungsschritt Animationskurven und Transformationshierarchien intern über *Keyframes, Sequenzen* und *Clips* in einem hierarchischen Aufbau abgebildet. Dies kann auch während des Renderings und auch parallel zur Geometrieeingabe ausgeführt werden. Die Daten werden entweder direkt über die Dienst-Schnittstelle übergeben oder über eine Datei im COLLADA-Format [14] importiert. Zur Visualisierung steht damit eine Steuerung der globalen Animationszustände bereit. Es können unter anderem Zeit-Faktoren angegeben, Animationsschleifen definiert und interaktive Bewegungen angebunden werden.

Bei der Simulation einer ganzen Stadt mit Fahrzeugen und Fußgängern können potentiell viele tausend Animationsobjekte erzeugt und gleichzeitig bewegt werden. Die VGR-Extension „*Visibility Guided Animation*" implementiert deshalb eine Optimierung der Darstellung sehr großer gleichzeitig animierter Szenenteile. Ziel ist hierbei das Einlesen der Animationsdaten und deren effiziente Verarbeitung, wobei nicht- oder wenig sichtbare Objekte auch keine bzw. kaum Rechenzeit benötigen. Dies wird mittels prädiktiver

Erzeugung von Transformationsgruppen und der engen Verknüpfung mit den Culling-Methoden des VGR-Renderers erreicht. Verdeckte Objekte müssen hierbei gar nicht animiert werden und Objekte im Hintergrund nur teilweise – etwa durch eine herabgesetzte Darstellungsfrequenz oder dem Übergehen der untersten Stufen einer Transformationshierarchie.

8.1.3.3   Nutzung von Daten von Geometrie-Informationssystemen

Ein Fahrerlebnis mit einem Fahrzeug zu simulieren ist eine anspruchsvolle Aufgabe. In einem Modell eines Fahrzeuges zu sitzen und die gesamte Fahrumgebung – Straßenbild und die Interaktion zwischen dem Fahrer und seiner Umwelt – zu simulieren, war ein Ziel der Entwicklungen im Projekt.

Um die benötigte Szene möglichst realistisch darzustellen, werden viele unterschiedliche Daten aus verschiedenen Bereichen benötigt. Einige dafür interessante Bereiche sind amtlich vermessene Daten wie ALKIS, ATKIS oder DLM50 (vgl. Abschn. 4.3). Auch Positionen von Objekten wie Ampeln, Schildern und Bäumen sind hierfür von Interesse. Geografische Daten haben ihren Nutzen beispielsweise in der Navigation unter Beweis gestellt. Historisch gesehen geht der Bedarf auf die amtliche Nutzung der Daten zurück: die präzise Beschreibung von Eigentum und der realen Begebenheiten.

Aufgabe eines Geographischen Informationssystem (GIS) ist es, diese räumlichen Daten zu verwalten, sie zu bearbeiten und anwendungsgerecht zu präsentieren. Für das in diesem Abschnitt beschriebene Teilprojekt müssen Daten auch importiert und bereitgestellt werden.

Voraussetzungen In Abschn. 4.3 *Vermessung und Geodaten* sind bereits die Prinzipien des Geodatenmanagements im Hinblick auf die Geobasisdaten dargestellt worden. Hier folgen Ergänzungen in Bezug auf weitere Datenbestände und eine Beschreibung der wichtigsten umgesetzten Programme bzw. Dienste, ebenso die wesentlichen verwendeten Informationsquellen sowie die damit verbundenen Formate und Standards.

Geodatenmanagement Im Folgenden werden einige Dienste, die als RESTful-Services umgesetzt wurden und auf dem integrierten Geodatenbestand arbeiten, ebenso dargestellt, wie auch Programme, die diese Dienste verwenden.

Importe OpenStreetMap: *Von OpenStreetMap können sowohl die Rasterkarten, als auch die Vektordaten importiert, verwendet und dargestellt werden. Die Vektor-Daten können zu dem CAIGOS-Datenbestand in die Datenbank importiert werden. Eine Bearbeitung der Daten im* GIS *und eine spätere Abfrage über die* REST-*Schnittstelle (CaigosRequest) ist somit gewährleistet.*

CaigosRequest: Der Datenhaltungsserver beantwortet über REST Bereichsanfragen auf einen Geometrie-Datenbestand. Diese Anfragen können auf bestimmte fachliche Ergebnismengen eingeschränkt werden (z. B. alle Verkehrsschilder eines bestimmten geometrischen Bereichs). Die Ergebnisse werden als GeoJSON Objekte geliefert. Die gelieferten Daten können räumlich auf den im CaigosGIS-Fenster gezoomten Bereich eingeschränkt

Abb. 8.7 CaigosGIS zur
Darstellung von Vektor- und
Rasterdaten

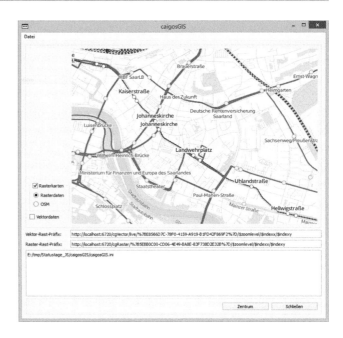

werden. Der Austausch des gezoomten Bereichs findet über die ARVIDA-RDF-Bibliothek statt. Die mögliche fachliche Einschränkung ist generisch und beliebig erweiterbar.

CaigosGIS:CaigosGIS (Abb. 8.7) dient zum zweidimensionalen Darstellen von geometrischen Vektor- und Rasterdaten. Diese können gleichzeitig übereinander gerendert gezeigt werden. Das gleichzeitige Darstellen verschiedener Datenquellen ist möglich. Als Datenquellen können beispielsweise der CAIGOS-Vektor-Server, der CAIGOS-Raster-Server, OpenStreetMap oder Google Maps eingestellt werden.

Es findet eine wechselseitige Synchronisation der gezeigten Position mit dem Autorensystem, das die 3D-Darstellung der Straßenbereiche beinhaltet, über die ARVIDA-RDF-Bibliothek statt.

E57Importer: Die von Sick erzeugten E57 Dateien (vgl. Abschn. 8.1.3.1) beinhalten Fahrspuren, die GPS-Koordinaten des Scan-Autos. Bei jedem Punkt dieser Fahrspur können eine Menge von Scanpunkten und auch Bilder der Umgebung abgelegt werden. Diese durchaus großen Dateien können georeferenziert abgelegt werden, sodass eine geometrische Bereichsanfrage über einen REST Befehl möglich ist. Dazu wird die Fahrspur ausgelesen, in das Ziel-Referenzsystem transformiert und als Geometrieobjekt übernommen. Mit einer Rest-Anfrage (CaigosRequest) ist es möglich, die Dateien eines definierbaren geometrischen Bereichs als GeoJSON Objekte zu erhalten.

CaigosStreets: Das Ziel von CaigosStreets (Abb. 8.8) ist es, Straßen sowohl im Open-Drive Format, als auch als triangulierte Oberfläche (STL-Dateien) zu erzeugen. Ausgangsdaten sind die Straßenmittelachsen und zugehörige Fachdaten.

Die Straßenflächen können mittels HeightMap-Daten mit Höhenwerten versehen werden.

Abb. 8.8 CaigosStreets zur Erzeugung von Straßen im OpenDrive Format

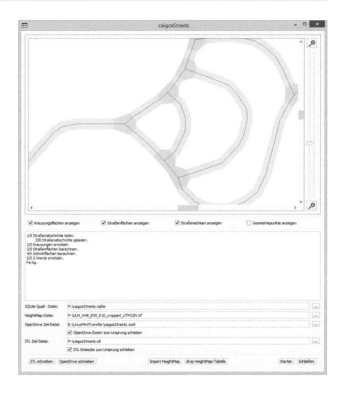

8.1.3.4 Nutzung von Agentensystemen für eine intelligente VR

Wie in Abschn. 2.5.1 beschrieben, eignet sich die Agentenmetapher für die Umsetzung verteilter Softwaresysteme, um autonome Akteure in einer simulierten Welt umzusetzen. Im Kontext der Verkehrssimulation können solche Akteure unter anderem virtuelle Fußgänger, Ampeln, aber auch Fahrzeuge darstellen. Ein agentengesteuerter Akteur besitzt in der Simulationsumgebung eine virtuelle dreidimensionale Repräsentation, einen Avatar. Damit ein Akteur autonom in der virtuellen Welt agieren kann, besitzt dieser Sensoren und Aktuatoren, die direkt mit der dreidimensionalen Simulationsumgebung interagieren. Mithilfe von Sensoren nimmt der Agent seine Umwelt wahr und führt durch Aktuatoren Aktionen in dieser Domäne aus.

Im Falle eines simulierten Fußgängers können Sensoren zur Simulation einer visuellen Wahrnehmung umgesetzt werden. Abhängig von der Position und Rotation der virtuellen Repräsentanz des Akteurs werden so dreidimensionale Objekte in dessen Nähe erkannt. Aktuatoren wiederum können zur Positions- sowie Richtungsänderung und der Bewegungsanimation des Avatars eingesetzt werden, zudem dienen sie der Interaktion mit anderen Akteuren oder zur Manipulation der virtuellen Welt im Allgemeinen. Anhand der Sensorinformationen und der zur Verfügung stehenden Aktionen bzw. Aktuatoren kann ein Agentensystem kontextabhängiges Verhalten an den Tag legen und somit das Verhalten eines Fußgängers simulieren.

Damit ein Agentensystem ein spezifisches Verhalten zeigt, muss dieses zunächst modelliert und anschließend ausgeführt werden. In Abschn. 2.5.1 wurden verschiedene Agentenarchitekturen, wie das BDI-Paradigma, die Finite State Machines aber auch der Behavior Tree (BT) vorgestellt. Im Zuge des Projektes ARVIDA wurden Letztere zur Simulation von Charakteren in virtuellen Welten umgesetzt. Ein wichtiger Aspekt eines BT ist dessen Modularität und graphische Programmiersprache, mit dem das Agenten-verhalten beschrieben wird. Hierdurch ermöglicht es laut [4] eine flexible und intuitive Erstellung von Agentenverhalten, wodurch es für Personengruppen geeignet ist, die wenig bis keine Programmierkenntnisse besitzen. Dies ist dann relevant, wenn Simulationsum-gebungen anhand sich wechselnder Bedürfnisse schnell und kostengünstig angepasst und erweitert werden müssen. Beispielsweise ist das bei der in diesem Kapitel beschriebenen Verkehrssimulation der Fall, wenn verschiedene Gefahrensituationen mit simulierten Fuß-gängern betrachtet werden sollen. Nachfolgend wird auf die in diesem Projekt umgesetzte Agentenplattform eingegangen.

Architektur Das im Zuge von ARVIDA entwickelte Agentensystem besteht aus drei Komponenten, die aus mehreren REST/RDF-Webservices bestehen. So gehören zur ersten Komponente die Sensoren und Aktuatoren eines Agenten, die in der Simulationsumgebung bzw. Domäne in Form von Webservices realisiert sind. In der zweiten Komponente, einem Triple-Store, wird das lokale und globale Wissen über die Agentenumwelt verwaltet. Zu diesem Wissen gehören zudem die als BT beschriebenen Verhaltensmuster, wie ein Agent mit seiner Domäne interagiert werden soll. Die dritte, ausführende Komponente initiali-siert einen Agenten anhand der Informationen aus dem Triple-Store und führt diesen aus (Abb. 8.9).

Triple-Store: Das zuvor beschriebene Wissen über die Domäne – dazu gehören unter anderem Agentenwissen und Verhaltensbeschreibungen – werden in einem eigenständigen Webservice, einem Triple-Store abgelegt. Dieser Triple-Store wurde mithilfe von RDF4J[1] umgesetzt, es können jedoch weitere Triple-Stores wie Fuseki[2] verwendet werden. Der Triple-Store ist über mehrere SPARQL-Endpoints erreichbar und kann sowohl über die Domäne selbst als auch über externe Webservices wie Autorensysteme zum Editieren z. B. des Agentenverhaltens verwendet werden.

Executionservice: Für die Verwaltung und Ausführung verschiedener Agenten besitzt die aufgezeigte Agentenarchitektur einen weiteren Webservice, den Executionservice. Über diesen können neue Agenten initialisiert und ausgeführt werden. Zur Initialisie-rung eines Agenten können verschiedene Agenten-Templates, die im Triple-Store ent-halten sind, verwendet werden. Diese Templates verweisen auf bestimmte Verhaltens-muster und auf globales Wissen, welches von mehreren Agenten gleichzeitig verwendet und manipuliert werden kann. Wird ein Agent initialisiert, müssen dem Executionservice zudem weitere domänenspezifische Informationen, wie beispielsweise die Position des

---

[1] http://rdf4j.org.

[2] https://jena.apache.org/documentation/serving_data/.

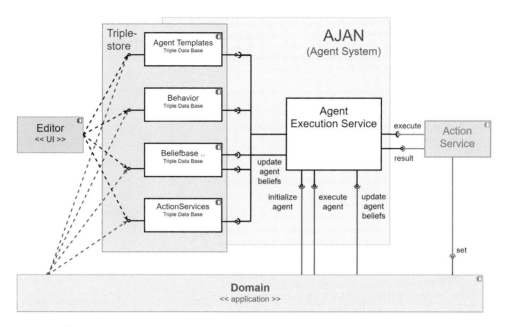

Abb. 8.9 Übersicht der Agentenarchitektur

initialisierten Agenten, übergeben werden. Wird der initialisierte Agent ausgeführt, wird seine im Triple-Store hinterlegte Verhaltensbeschreibung in einen BT übersetzt. Hierdurch werden für jeden Agenten kontextabhängige Aktionen in der Domäne ausgeführt und Sensorinformationen über eine REST/RDF-Schnittstelle empfangen. Mit diesem neuen Agentenwissen wird das lokale Wissen des Agenten im Triple-Store aktualisiert. Dasselbe gilt, wenn Aktionen über die sogenannten Action-Services in der Domäne ausgeführt werden und daraus Domänenänderungen resultieren.

Action-Service: Action-Services repräsentieren die Aktuatoren des Agenten in der Domäne, über die Agentenaktionen ausgeführt werden. Diese Services werden kontextabhängig von dem Executionservice ausgeführt und dienen beispielsweise der Positionsänderung oder zur Animation des Agenten-Avatars. Action-Services besitzen ebenfalls eine REST/RDF-Schnittstelle, über die die benötigten Informationen zur Ausführung einer Aktion empfangen werden. So kann solch eine Information eine neu zu erreichende Position des simulierten Fußgängers darstellen. Das Resultat einer Aktion – also ob die Aktion erfolgreich erfüllt wurde und falls ja, wie sich die Domäne durch die Aktion geändert hat – wird in Form eines RDF Response zurückgegeben.

Autorenwerkzeug Zur grafischen Erstellung verschiedener Agentenverhaltensweisen wurde der beahvior3js[3] Behavior Tree-Editor verwendet und an die Bedürfnisse des beschriebenen Agentensystems angepasst. Mithilfe dieses Web-Editors können BTs mittels

---

[3] https://github.com/renatopp/behavior3js/wiki.

grafischer Elemente durch Drag-and-Drop erstellt werden. Zu diesen Elementen gehören unter anderem Composite Nodes wie Prioritäts-, Parallel- oder Sequenzen-Knoten, aber auch Leaf Nodes wie Aktions- und Bedingungs-Knoten. Durch Composite Nodes wird innerhalb des BT entschieden, in welcher Reihenfolge Kindknoten ausgeführt werden. Kindknoten können weitere Composite Nodes und Leaf Nodes sein. Für eine ausführliche Auflistung möglicher BT-Elemente und deren Bedeutung wird auf [5] verwiesen. Leaf Nodes wiederum greifen auf das Agentenwissen zu, um den Agentenweltzustand zu ermitteln oder um Aktionen ausführen zu können. Aktions-Knoten verweisen durch URIs auf Action-Services der Agentendomäne. Die benötigten Informationen zur Ausführung solcher Services werden im Editor mithilfe von SPARQL Describe Queries beschrieben, die auf das Agentenwissen im Triple-Store zugreifen. Dasselbe gilt für Bedingungs-Knoten, die via SPARQL Ask Queries den Kontext des Agenten überprüfen. Wurde ein BT erstellt, kann dieser anschließend im zuvor erwähnten Triple-Store abgelegt werden.

8.1.4 Umsetzung

Bei der Bearbeitung des Szenarios wurden verschiedene Datenquellen zur Erreichung der Ziele analysiert und bewertet. Über die höchste Genauigkeit und Vollständigkeit verfügen zweifelsohne die amtlichen GIS-Daten, welche z. B. in den Formaten ALKIS oder ATKIS abgelegt sind. Leider sind diese Daten oftmals nicht kostenfrei verfügbar und teuer in der Beschaffung für größere Regionen. Da dies den finanziellen Rahmen des Szenarios überschritten hätte, wurde bei der Umsetzung weitestgehend auf frei verfügbare Datenquellen zurückgegriffen. Nichtsdestoweniger wurde in Zusammenarbeit mit dem Partner Caigos dennoch die Datenversorgungskette auf Basis der amtlichen GIS-Daten betrachtet. Dazu wurde das Caigos-GIS-System über die ARVIDA-Referenzarchitektur mit REST-Schnittstellen an das Autorensystem angebunden. Auf dieser Basis wurde ferner ein Mechanismus entwickelt, sodass zu einer im Autorensystem geladenen georeferenzierten 3D Szene, wie z. B. der Stadt Ulm, parallel eine synchrone 2D Kartendarstellung, welche auf die Daten des Caigos-Systems zugreift, dargestellt wird. Bewegt man sich in der erstellten 3D Szene, so wird diese Bewegung direkt an die Berechnung der 2D-Kartenansicht über REST weitergegeben, sodass die aktuelle Position in der Kartenansicht synchron zu der Position in der 3D-Welt gehalten werden kann. Somit lassen sich die beiden unabhängigen Komponenten interoperabel zueinander gestalten. Ferner hat man in Analogie zu einem Navigationssystem nun aufgrund der Kartenansicht immer die Möglichkeit, die eigene Position in der 3D Welt besser einzuschätzen.

Die Erstellung der 3D-Erlebnisumgebung setzt sich aus mehreren Arbeitsschritten zusammen. Es empfiehlt sich zunächst mit der Erstellung des Terrains zu beginnen, da auf dem Terrain später alle weiteren Objekte platziert werden. Für die Erstellung des Terrains wurden die frei verfügbaren SRTM3 Höhendaten der Shuttle Radar Topography Mission (SRTM) [8] des Space Shuttles Endeavour verwendet. Zwar verfügen die SRTM1-Daten über eine höhere Auflösung, jedoch wurde im Vergleich zu SRTM3 ein deutlich höheres

Rauschverhalten der Daten für die Region Ulm festgestellt, was zu starken Unregelmäßigkeiten bei der dreidimensionalen Generierung des Terrains führt. Da die Region Ulm/ Neu-Ulm in den SRTM-Daten auf mehreren Kacheln liegt, wurden die Daten in QGIS zusammengeführt und eine Höhenkarte für die Region extrahiert. Diese Höhenkarte wird zur Erstellung des 3D-Terrains in der City Engine verwendet.

Eine häufig im Szenario genutzte Datenquelle stellt das Open Street Map-Projekt (OSM) [7] dar. Die Kartendaten sind frei verfügbar und werden von freiwilligen Teilnehmern erstellt, die einzelne Positionen in der Karte mit GPS-Systemen vermessen oder aus Satellitenbildern extrahieren. Im Szenario wurden beispielsweise die Gebäudegrundrisse aus OSM verwendet, um die 3D-Gebäude in der City Engine zu erstellen. Dazu wurden die Grundrissdaten für die Region Ulm zuerst aus OSM exportiert und anschließend in die City Engine importiert. Neben den Gebäudegrundrissen wurden im Szenario verschiedene weitere Informationen aus Open Street Map verwendet, die im Folgenden aufgelistet sind:

- Landnutzungsinformationen: Gibt die Nutzungsinformation von Flächen an, wie z. B. Ackerland, Wald, Garten, Friedhof, Schrebergarten, Parkplatz, industrielle oder geschäftliche Nutzung etc.
- Gewässer, wie z. B. Flüsse und Seen
- Schienennetze, wie z. B. Eisen- und Straßenbahngleise
- Fuß- und Radwege
- Vegetationsinformationen, wie z. B. Einzelbäume, Baumlinien, Wälder
- Freizeiteinrichtungen, wie z. B. verschiedene Sport- und Spielplätze
- Einrichtungen, wie z. B. Briefkästen, Ladestationen, Telefonzellen, Parkbänke, Kiosk, Mülleimer, öffentliche Toiletten, Bahn- und Bushaltestellen etc.
- Begrenzungselemente, wie z. B. Mauern, Zäune, Hecken, Hochwasserwände etc.

Open Street Map beinhaltet auch Informationen über Straßen, jedoch wurde mit der prozeduralen Erzeugung der 3D Geometrien in der City Engine auf Basis dieser Straßeninformationen keine guten Erfahrungen gemacht. Denn leider verfügt Open Street Map über keinen einheitlichen bzw. konsistenten Stand der Daten, da diese von vielen verschiedenen Menschen eigenständig eingetragen werden. So fehlen bei den Straßen oftmals Informationen über die Anzahl an Spuren oder die Fahrbahnbreite. Auch führte das Straßennetz zu fehlerhaft erzeugten 3D-Geometrien in der City Engine. Da eine fehlerfrei und realitätsnah abgebildete 3D-Straße jedoch einen essentiellen Bestandteil für die Fahrsimulation und das Fahrzeugerlebnis darstellt, musste eine zuverlässigere Datenquelle gefunden werden. Auf Basis von Analysen und Bewertungen zusätzlicher Datenquellen für die Straßeninformationen wurde im weiteren Verlauf mit HERE [9] eine zuverlässigere Datenquelle im Szenario verwendet. Die dort abgelegten Informationen über die Straßen sind im Vergleich zu OSM deutlich detaillierter. Auch das Straßennetz ist von einer höheren Qualität. Teilweise liegen sogar weitere Informationen über die Verkehrsinfrastruktur vor, wie z. B. über Straßenschilder an Fernverkehrsstraßen. Durch die Verwendung der HERE-Daten kam es jedoch auch zu Inkonsistenzen mit den OSM Datensätzen. Beispielsweise wurde festgestellt, dass vereinzelt Gebäudegrundrisse mit den HERE-Straßen überlappen. Durch Verschneidung beider Datensätze in QGIS konnten diese Probleme jedoch gelöst werden.

Die oben beschriebenen Datensätze sind zweidimensionale Kartendaten und bestehen weitestgehend aus Linienzügen oder einzelnen Punkten. Um aus diesen 2D Daten 3D Geometrien zu erzeugen, kommen im Szenario prozedurale Algorithmen zum Einsatz, die beschreiben, wie die 3D Geometrien in Form von Dreiecksobjekten aus den 2D Daten erstellt werden. In der City Engine werden dafür sogenannte „Regeln" programmiert. Diese können einzelnen Objekten wie z. B. einem Gebäudegrundriss oder einem Straßennetz zugewiesen werden, sodass je nach Objekttyp unterschiedliche Regeln programmiert werden. In den Regeln werden unter anderem Texturen realer Objekte, wie z. B. Häuserfassaden, Straßenoberflächen, Baumtexturen etc., genutzt. Ein 3D Objekt kann jedoch auch komplett dreidimensional erzeugt werden, aus anderen 3D Objekten zusammengesetzt werden oder auch Mischformen mit Texturelementen eingehen. Für die Erzeugung der 3D-Objekte über die Regeln wird ein gewisser Grundstock an prozeduralen Regeln benötigt, um verschiedene Objekttypen abbilden zu können. Beispielsweise wird je nach Stil eines abzubildenden Gebäudes, wie z. B. Ein- oder Mehrfamilienwohnhäuser, Hochhäuser, Jugendstil- oder Barockbauten, Geschäftsgebäude oder industriell genutzte Gebäude eine entsprechende Regel oder ein Teil einer Regel benötigt, der diesen Gebäudestil als dreidimensionales Objekt erzeugen kann. Oder es werden mehrere Regeln benötigt, um verschiedene Baumtypen, wie z. B. Buche, Birke, Ahorn oder Eiche zu erzeugen. Im Szenario wurden verschiedene Regeln zur Gebäudeerstellung entwickelt. Diese richten sich nach dem Typ der Flächen auf dem das Gebäude steht, der sogenannten Flächennutzungsinformation, wie z. B. Wohngebiet, geschäftliche oder industrielle Nutzung. In OSM finden sich potentiell viele relevante Informationen zur prozeduralen Erstellung der 3D Gebäude, welche dort als Attributwerte hinterlegt sind. Dazu zählen beispielsweise die Anzahl der Geschosse, der Dachtyp, das Dachmaterial, die Fassadenfarbe, das Baujahr und so weiter. Leider verfügt Open Street Map über keinen einheitlichen bzw. konsistenten Stand, sodass diese Informationen in der Regel eher spärlich vorliegen. Nichtsdestoweniger können die Attributfelder im Datensatz genutzt werden, wenn sie befüllt sind.

Um die Regel zur Gebäudeerzeugung realistischer zu gestalten, können auch externe Informationen in die 3D-Geometrieerzeugung über die Regeln einfließen. Beispielsweise wurden im Szenario offene Daten vom Datenportal der Stadt Ulm [10] in Form statistischer Daten über die Einwohner einzelner Stadtviertel genutzt. Verknüpft man die dort zur Verfügung gestellte Karte der Stadtviertel mit der Information über die Bevölkerungszahl anhand des Gemeindeschlüssels, so können in QGIS die jeweiligen Stadtviertel mit einer der Bevölkerungszahl korrespondierenden Farbe belegt werden. Diese Farben der georeferenzierten Karte können dann in der City Engine genutzt werden, um die durchschnittliche Größe der Häuser eines Stadtviertels annäherungsweise zu bestimmen. Falls in OSM keine detaillierten Informationen über ein Gebäude vorliegen, so lässt sich auf diese Weise zumindest ein Bezug zu einer Realdatenquelle wie der durchschnittlichen Einwohnerzahl pro Viertel und der sich daraus ableitenden vorherrschenden Gebäudeform herstellen.

Das Terrain für die Beispielszene Ulm wurde entsprechend der in OSM hinterlegten Flächennutzungsinformationen in 3D erzeugt. Dazu werden beispielsweise Flächen mit Ackerland mit einer Ackertextur oder Grasflächen mit einer entsprechenden Grastextur belegt. Zur Nutzung der Flächennutzungsinformationen in der City Engine wurde wiederum in QGIS eine dementsprechende Karte anhand der OSM Informationen erstellt. Die Karte wird analog der jeweiligen Flächennutzung mit einem Farbwert belegt, der später in den Regeln der City Engine zur Geometrieerzeugung und Texturierung ausgelesen wird.

Wie bereits oben beschrieben, muss in einer Regel nicht die komplette Erzeugung der Flächen eines 3D Objekt programmiert werden. Stattdessen können vorhandene 3D-Objekte oder Texturen für Teile eines 3D-Objekts wieder verwendet werden, wie z. B. Fenstersimse von Gebäuden oder Texturen von Gebäudefassaden. Es können auch ganze 3D-Objekte lediglich durch die Regeln automatisiert in der Szene platziert werden. Wenn man über ein gewisses Repertoire an 3D Objekten, Texturen und Regeln verfügt, erleichtert dies die Arbeit sehr. Aus diesem Grund wurde im Szenario teilweise auf frei im Internet verfügbare 3D Modelle zurückgegriffen, wie sie z. B. im 3D Warehouse[11] zu finden sind. Dazu wurden sowohl komplexe 3D Modelle von markanten Punkten, wie z. B. dem Ulmer Münster, der Pauluskirche, dem Neu-Ulmer Wasserturm usw., als auch einfache 3D Modelle von Mülleimern, Telefonzellen, Stromkästen etc. verwendet. Gerade die 3D-Modelle der markanten Gebäude, wie z. B. dem Ulmer Münster, erhöhen den Wiedererkennungswert eines Stadtmodells deutlich. Die einfachen 3D-Objekte hingegen sorgen durch vermehrte Platzierung für ein komplexeres Umgebungsbild eines Stadtmodells.

Bei der automatischen 3D Geometrieerzeugung unter Nutzung der Realdaten kann es unter Umständen vorkommen, dass automatisch platzierte Objekte übereinander liegen, wie z. B. ein Baum, der vom Algorithmus an der Stelle einer Parkbank platziert wurde. Um dieses Problem zu vermeiden, wurde in QGIS eine Belegungskarte mit allen im Szenario genutzten Objekten erstellt. Die Objekte wurden dabei in verschiedene Objektklassen kategorisiert und wiederum farblich kodiert. Diese Belegungskarte wird in der City Engine in den verschiedenen Regeln herangezogen, sodass eine Platzierung ineinander ragender oder fehlerhaft aufeinander platzierter Objekte vermieden wird.

Zur Abbildung realitätsnaher Straßenverkehrsinformationen in Form von Straßenschildern konnte im Szenario zum Teil der HERE-Datensatz genutzt werden. Darin waren jedoch für die Stadt Ulm nur vereinzelt Informationen über die Straßenschilder vorhanden. Daher musste eine zusätzliche Datenquelle für detaillierte Informationen über vorhandene Straßenschilder gefunden werden. In diesem Kontext waren die Messfahrten des Partners SICK interessant. SICK hat im Szenario ein Teil der in 3D nachgebildeten Region Ulm/Neu-Ulm während einer Messfahrt als 3D-Punktwolke digitalisiert (siehe Abschn. 8.1.3.1). Dabei kamen sowohl Laserscanner als auch Bildverarbeitungskameras zum Einsatz. Da die Entwicklung von Verfahren für eine automatische Segmentierung und Klassifizierung von Objekten in diesen Daten den Rahmen des Szenarios gesprengt hätte, wurden Teilbereiche der Daten manuell analysiert und ausgewertet. Dabei wurden primär Straßenschildinformationen, jedoch auch andere Elemente, wie z. B. Stromkästen, Zigarettenautomaten, Telefonzellen, Briefkästen etc. in den Daten identifiziert und in einer zusätzlichen georeferenzierten Karte in QGIS abgelegt. Diese Karte wurde dann in der City Engine zur Platzierung der korrespondierenden 3D Objekte verwendet. Der Ansatz zeigt jedoch, dass solche Informationen leicht über Messfahrten der betreffenden realen Regionen gewonnen werden können, in dem z. B. eine automatische Verkehrszeichen-erkennung Straßenschilder identifiziert und in einer georeferenzierten Karte abspeichert.

Für die Abbildung von Ampelanlagen im Szenario wurde eine Regel programmiert, welche auf Basis der Analyse der HERE-Daten und des HERE-Straßennetzes automatisiert Ampelanlagen in 3D erstellt und platziert. Für die prozedurale Erzeugung von 3D-Vegetationsobjekten in der Szene wurde auf die in OSM hinterlegten Informationen, wie z. B. über einzelne Bäume, dem Begrenzungselement Hecken, oder der Flächen-nutzungsinformation Waldfläche, Rasenfläche oder Parkanlage zurückgegriffen. Für die prozedurale 3D-Erstellung von Objekten mit größeren Flächen wie von Wäldern, Schrebergartenanlagen, Parkanlagen oder Friedhöfen wurden eigene Regeln program-miert, die ebenfalls 3D-Vegetationsobjekte in Form von Bäumen, Hecken, Büschen usw. enthalten.

Um das Stadtbild wie bereits oben beschrieben mit mehr Detailreichtum zu versehen, wurden auch Informationen über Einrichtungen verschiedenster Art aus OSM genutzt, wie z. B. Kioske, Litfasssäulen, Bus- und Straßenbahnhaltestellen, Tankstellen, Brief-kästen, Telefonzellen, Toilettenhäuschen, Stromkästen, Streusalzbehälter, Container, Zigarettenautomaten oder Werbetafeln. Bei den meisten dieser Objekte wurde auf eine Erstellung der 3D-Geometrie durch eine Regel verzichtet. Stattdessen wurden frei verfüg-bare 3D-Modelle aus dem 3D-Warehouse verwendet, die durch die Regeln entsprechend der Informationen in OSM an den entsprechenden Stellen platziert wurden. Gerade diese durch die zusätzlichen 3D Objekte eingebrachten Details erzeugen ein deutliches Gefühl der Realitätsnähe bei den Benutzern des Fahrerlebnisses.

In Abbildung Abb. 8.10 ist die prozedural erzeugte 3D-Szene der Region Ulm/Neu-Ulm in ihrem gesamten Umfang dargestellt. Wie in der Abbildung deutlich zu erkennen ist, werden in der Szene große Mengen an Texturdaten verwendet. Somit fallen nicht nur sehr große geometrische sondern auch texturelle Datenmengen für die Berechnung der

Abb. 8.10 Prozedural erzeugte 3D Szene der Region Ulm/Neu-Ulm. Das Ausmaß der gesamten Szene wird links dargestellt. In der Mitte wird ein Blick auf das Ulmer Münster und rechts eine Ansicht aus einer Straße in Ulm dargestellt

Darstellung an. Um dennoch interaktive Bildwiederholraten erreichen zu können, wird der von 3D Interactive im Szenario entwickelte Ansatz des Megatexturings verwendet. Somit werden über die Streaming-Lösung nicht nur die Geometrie- sondern auch die Texturdaten Out-of-Core behandelt (siehe Abschn. 8.1.3.2).

Nachdem die 3D-Geometrie der Szene prozedural in 3D in der City Engine erzeugt wurde, werden die Daten über das Austauschformat FBX exportiert und durch ein im Szenario entwickeltes Konvertierungsprogramm in das Zielformat des VGR-Renderers gebracht. Das Konvertierungsprogramm ist dabei auch im Autorensystem integriert. Die so erstellte VGR-Szene wird anschließend im Virtual Reality-System Veo der Daimler Protics geladen und visualisiert. Im VR-System Veo wurde im Szenario auch die Komponente für die Fahrsimulation entwickelt. Da der Fokus nicht auf der Entwicklung einer realistischen Fahrsimulation sondern auf dem Erleben eines Fahrzeugs in der prozedural generierten 3D Umgebung lag, wurde eine Fahrsimulation auf Basis der vermehrt im Spielebereich eingesetzten und frei verfügbaren Echtzeit-Physik-Bibliothek NVIDIA PhysX[12] entwickelt. Die 3D-Szene der Region Ulm umfasst ca. 300 Millionen Polygone. Diese Datenmenge ist zu komplex, um eine Physiksimulation mit Kollisionsbehandlung in interaktiven Bildwiederholraten in PhysX berechnen zu können. Daher musste eine für die Fahrsimulation nutzbare, in der Komplexität reduzierte Form der Szene als Kollisionsmodell verwendet werden. Hier zeigte sich ein besonderer Vorteil der prozeduralen 3D-Geometrieerzeugung, denn der Detailgrad der Szene kann recht einfach durch Entwicklung einer neuen nicht sehr komplexen Regel reduziert werden, wobei hier auf die gleichen Ausgangsdaten zurückgegriffen wurde. Beispielsweise wurden auf Basis der Grundrissinformationen der Gebäude lediglich die Wände der Gebäude als dreidimensionale Flächen erzeugt. Auf alle weiteren Details eines Gebäudes, wie z. B. dem Dach, den Fenstern oder Türen, konnte verzichtet werden. Lediglich das Terrain und die Straßenmodelle konnten nicht reduziert werden, da dies einen Präzisionsverlust der Fahrsimulation nach sich gezogen hätte. Mit diesem vereinfachten Modell ist es möglich, die für die Fahrsimulation erforderlichen Kollisionen zwischen den einzelnen Rändern eines Fahrzeugs mit dem Oberflächenmodell und zwischen dem Fahrzeug und den Umgebungsobjekten in interaktiven Bildwiederholraten zu berechnen.

Zur Eingabe von Benutzeraktionen wurde das Logitech G27, bestehend aus einem kraftrückgekoppelten Lenkrad, einem Pedalsystem und einem Schalthebel, verwendet. Mit diesem lässt sich ein normales Fahrverhalten digital abbilden. Der Benutzer kann somit ein virtuelles Fahrzeug analog zu den aus der Realität gewohnten Fahrzeugsteuerungsmechanismen bedienen. Das G27 wurde in Veo integriert und die durch Benutzeraktionen, wie z. B. Gasgeben, Lenken, Bremsen, Kuppeln oder Schalten, ausgelösten Signale werden an die Fahrsimulationskomponente weitergeleitet und dort entsprechend verarbeitet. In der Fahrsimulationskomponente wird anhand dieser Eingaben die Bewegung des virtuellen Fahrzeugs für einen Zeitschritt simuliert. Um dem Benutzer ein noch besseres Gefühl des „Eingetaucht sein" in der virtuellen Welt zu vermitteln, wurde ferner eine Bewegungs-Simulations-Plattform mit dem Atomic A3 an Veo über eine UDP-Schnittstelle angebunden. In Abb. 8.12 ist die Bewegungsplattform dargestellt.

Die Ergebnisse der Berechnungen der Fahrsimulation für einen Zeitschritt werden über die UDP-Schnittstelle an die Bewegungsplattform übergeben. Diese rechnet die Daten in Bewegungen der Plattform um, sodass dem Benutzer ein annähernd reales Fahrgefühl vermittelt werden kann.

8.1.5   Ergebnisse

Im Anwendungsszenario „Das digitale Fahrzeugerlebnis" konnte eine generische Lösung entwickelt werden, um beliebige Regionen der realen Welt, sofern die oben beschriebenen erforderlichen Datenquellen vorliegen, als digitale 3D Welt weitestgehend automatisiert zu erzeugen. Ein Hauptergebnis stellt die erforschte Prozesskette dar, die Eingabedaten aus mehreren Datenquellen in verschiedenen Softwarewerkzeugen nutzt, um die Ziele des Anwendungsszenarios zu erreichen. Dem Anspruch einer weitestgehend automatisierten Erstellung der 3D-Fahrerlebnisumgebung konnte im Szenario größtenteils gerecht werden, wenn auch noch einige manuelle Arbeitsschritte notwendig sind, die in Zukunft durch weitere Verfahren automatisiert werden können. Dazu zählt z. B. die Erfassung der Straßenschilder und Ampelanlagen durch Messfahrten.

Mit der im Szenario erstellen Beispielszene der Großregion Ulm/Neu-Ulm konnte in der Evaluation des Szenarios ein virtuelles Fahrzeug in Form der Mercedes-Benz A-Klasse rein virtuell erlebt werden. In Abb. 8.10 und 8.11 sind Ergebnisse der prozeduralen 3D-Geometrieerzeugung für die Region Ulm/Neu-Ulm dargestellt. In Summe besteht die Szene aus ca. 7,5 Millionen Objekten, die sich aus ca. 300 Millionen Polygonen zusammensetzen und belegt ca. 21 Gigabyte Datenvolumen auf der Festplatte. Es wurden ca. 31.000 Materialien und ca. 7300 Texturen, die in einer Megatexture organisiert sind, für die Erstellung der Szene verwendet. Als Testsystem stand eine HP Z820 Workstation mit 8 Kernen mit jeweils 2.6 GHz, 128 GB RAM und einer GeForce GTX 980Ti mit 4 GB GPU-RAM zur Verfügung. In der Evaluation des Szenarios wurden trotz der enorm großen Datenmengen der Szene im Durchschnitt interaktive Bildwiederholraten

Abb. 8.11 Ergebnisbilder des prozedural erzeugten 3D Umgebungsmodells der Region Ulm/ Neu-Ulm

Abb. 8.12 Beispielhafte Darstellung eines Benutzers beim virtuellen Befahren der Fahrerlebnisumgebung (links) und Bildschirmausgabe während der Fahrsimulation (rechts)

im Bereich von 20 bis 30 Bildern pro Sekunde erreicht. Durch Verwendung einer SSD und durch Optimierung des Szenenaufbaus im Szenario sollen diese Werte in Zukunft noch weiter verbessert werden. Ferner wird noch eine deutliche Verbesserung durch die Integration des von 3DInteractive entwickelten DIBR Verfahrens (siehe Abschn. 8.1.3.2) erwartet.

Durch die Anbindung der Bewegungsplattform konnten die virtuellen Fahrzeugbewegungen durch den Benutzer annäherungsweise real erlebt werden. Die Eingabe über das Lenkrad, die Fußpedale und die Gangschaltung in Kombination mit den Ausgaben der Bewegungsplattform ließen die Benutzer in die virtuelle Welt eintauchen und ein Gefühl des „ Mitten drin sein" entstehen. Abbildung 8.12 zeigt Aufnahmen aus der Evaluation des Anwendungsszenarios in Form eines Benutzers während des Befahrens der virtuellen Szene und in Form eines Bildschirmausschnitts aus der Fahrsimulation.

In der Evaluation wurde die Szene durch verschiedene Personen befahren. Fast alle Personen wohnen in der Region Ulm und konnten laut eigenen Aussagen eine plausible Übereinstimmung zwischen der prozedural erstellten Szene und der Großregion Ulm/ Neu-Ulm feststellen.

Die Ergebnisse des Anwendungsszenarios lassen sich auf vielfältige Weise und in verschiedenen Bereichen der deutschen Wirtschaft nutzen. Eine generische Lösung zur weitestgehend automatischen Erstellung von an der Realität orientierten virtuellen 3D Umgebungsmodellen, z. B. von Städten, Landschaften oder ländlichen Räumen, können in verschiedensten Anwendungsszenarien, wie z. B. in Flug- oder Fahrsimulatoren, bei der Städte- und Verkehrsplanung, bei Rettungssimulationen der Polizei und Feuerwehr, bei der Simulation von Katastrophenereignissen wie z. B. von Hochwässern, bei der Immobilienvermarktung, in Navigationssystemen oder für Tourismusanwendungen zum Einsatz kommen. Allein im Automobilbereich finden sich viele potenzielle Anwendungsgebiete für die Technologie, wie z. B. bei der Ergonomiebewertung eines Fahrzeugs in frühen Entwicklungsphasen, der Nutzung in Fahrsimulatoren oder für Präsentationen und das virtuelle Erleben von Fahrzeugfunktionen.

8.2 Interaktive Projektionssitzkiste

8.2.1 Motivation

Die stetig steigende Anzahl der Ausstattungs- und Modellvarianten innerhalb der Produktfamilie der Volkswagen AG und die daraus resultierende Komplexität in der Konfigurierbarkeit der einzelnen Fahrzeuge nach den speziellen Wünschen der Kunden stellen große Anforderungen an den heutigen Entwicklungsprozess der Fahrzeuge.

Bezogen auf den Designprozess müssen in kurzen Entwicklungsphasen viele verschiedene Modelle in unterschiedlichen Ausprägungen entworfen (designed) werden. Für jede Variante eines Fahrzeuges werden in den frühen Phasen des Designprozesses, zu der bereits beschriebenen Komplexität, unterschiedliche Design-Konzepte erarbeitet. Diese müssen diskutiert und entschieden werden. An dem Designprozess arbeiten mehrere unterschiedliche Teams zusammen, die sich thematisch abstimmen müssen, um ein stimmiges Gesamtkonzept zu erarbeiten. Die hier beschriebenen Anforderungen bieten ein ideales Einsatzgebiet für virtuelle Techniken.

Mit dem innerhalb des ARVIDA-Projektes erarbeiteten Entwicklungswerkzeug „Interaktive Projektionssitzkiste" kann das Potenzial aufgezeigt werden, das durch die Verwendung virtueller Daten entsteht. Die für ein derartiges Werkzeug benötigten virtuellen Daten liegen zu einem sehr großen Teil bereits im aktuellen Designprozess vor. Dennoch werden reale prototypische Modelle aufbereitet (siehe Abb. 8.13), die jeweils einen Konzeptentwurf repräsentierten.

Die „Interaktive Projektionssitzkiste" kann zukünftig anhand eines abstrakten Grundmodells (siehe Abb. 8.14) für einen Fahrzeugtyp (z. B. Volkswagen Passat) mehrere Ausstattungsvarianten (Trendline, Comfortline, Highline) und für jede Variante mehrere Konzeptentwürfe visualisieren und damit als zentrales Arbeitswerkzeug für die verschiedenen Design-Teams fungieren.

Hieraus ergibt sich zum einen ein hohes Potenzial zur Einsparung von Entwicklungskosten, da nur ein Hardware-Modell pro Fahrzeugtyp benötigt wird, zum anderen kann Entwicklungszeit eingespart werden, da die Vielfalt der Entwürfe allein über dieses Werkzeug

Abb. 8.13 Aktueller Designprozess: Aufbau eines realen Prototypen

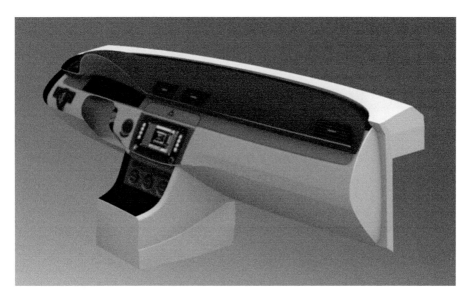

Abb. 8.14 Grundkörper der Interaktiven Projektionssitzkiste mit Darstellung einer Designvariante

abgebildet werden kann. Änderungen im Konzept bedürfen keiner langen Umbaumaßnahmen an den realen Prototypen.

Ein weiterer, immer mehr an Bedeutung gewinnender Punkt ist die Interaktion des Kunden mit dem Fahrzeug. Hier bietet die „Interaktive Projektionssitzkiste" die Möglichkeit, zu einer sehr frühen Phase bereits Themen wie die Erreichbarkeit oder auch die Bedienbarkeit (siehe Abb. 8.15) von neuen Funktionalitäten zukünftiger Fahrzeuge abzuprüfen, ohne hierfür speziell technische oder elektronische Funktionalitäten real in einem Prototyp zu implementieren.

Beispiele hierfür sind die Positionierung neuer Multimediasysteme, die virtuell einfach neu platziert werden können, oder auch Themen wie ambiente Beleuchtung, für die eine animierte Visualisierung in der „Interaktiven Projektionssitzkiste" sehr schnell ein Konzept veranschaulicht. Diese Beispiele zeigen, dass Änderungen, wenn sie am realen Prototypen durchgeführt werden müssen, sehr zeitaufwendig und kostenintensiv sind. Zudem müssen sie pro Änderungsvariante eingearbeitet werden.

8.2.2 Basis Szenario

Zur Evaluierung des Anwendungsszenarios „Interaktive Projektionssitzkiste" wurde seitens Volkswagen ein Basis Szenario aufgebaut, an dem im Laufe der Projektzeit Interaktionskonzepte erarbeitet wurden. Zudem wurden die Komponenten der jeweiligen Technologiepartner, die an diesem Anwendungsszenario beteiligt waren, iterativ evaluiert. Zu diesen Technologiepartnern zählen im Folgenden *Autodesk* als Hauptintegrator

Abb. 8.15 Interaktion mit einem Radionavigationssystem

sowie zuständig für die Visualisierungskomponente, *Advanced Realtime Tracking* für die Trackingkomponente zur Ermittlung der Kopf- und Handpositionen, *CanControls* für die Gestenerkennungskomponente, *Extend3D* für die Kalibrier- sowie Registrierkomponente, *3DExcite* für die Verarbeitung von Materialien, sowie *Volkswagen* selbst für die Blendingkomponente. Auf die einzelnen technologischen Komponenten wird im Laufe des folgenden Abschnittes eingegangen.

8.2.2.1   Erläuterung der Komponenten

Der Hardware-Aufbau des Basis-Szenarios (siehe Abb. 8.16) wird im Folgenden ausführlich beschrieben.

An einer Traverse, die zur Installation der einzelnen Komponenten dient, befinden sich 6 ART-Trackingkameras. Vier dieser Kameras dienen zur Bestimmung der Kopfposition, ergänzt durch zwei weitere Kameras, die den Interaktionsbereich abdecken und die Hand- bzw. Fingerposition bestimmen. Die Bestimmung der Kopfposition ist für das Anwendungsszenario grundlegend, da die Visualisierung der Designkonzepte auf der „Interaktiven Projektionssitzkiste" abhängig von der Perspektive des Betrachters ist und sich ständig, in Echtzeit, der aktuellen Kopfbewegung anpassen muss. Die Bestimmung von Hand- bzw. Fingerposition ist für die Interaktion mit virtuellen Bauteilen relevant, beispielsweise wenn der Betrachter mit dem virtuellen Navigationsgerät interagieren möchte, um neue Interaktionskonzepte zu evaluieren, oder Bauteile wie z. B. den Ausströmer innerhalb einer Variante neu positionieren möchte. Für den Bereich der Interaktion wurde

Abb. 8.16 Basis-Szenario Interaktiven Projektionssitzkiste

im Basis-Szenario weiterhin ein 3D-Tiefensensor installiert. Der Tiefensensor deckt denselben Interaktionsbereich ab und ermittelt oberflächennahe sowie oberflächenferne Gesten. Die Überlappung der Interaktionsbereiche dient zum einen zur Evaluierung und Vergleichbarkeit der unterschiedlichen Ansätze zur Ermittlung der Gesten, sowie zum anderen im Sinne der ARVIDA-Referenzarchitektur zur Austauschbarkeit von Komponenten, in diesem Falle einen Wechsel der Komponenten zwischen ART und CanControls.

Zur Visualisierung der virtuellen Inhalte auf der abstrakten Oberfläche des Grundkörpers sind weiterhin zwei 3D-Stereo-Projektoren an der Traverse angebracht worden, von denen ein Projektor weitwinklig auf das gesamte Dashboard projiziert und der zweite Projektor ausschließlich auf den Bereich des Radionavigationssystems (RNS) beschränkt ist. Die hier gewählte Anordnung der Projektoren hat zur Auswirkung, dass der Projektionsbereich des Projektors der für das RNS zuständig ist, sich vollständig im Projektionsbereich des anderen Projektors befindet. Durch die unterschiedlich großen projizierten Flächen entstehen Helligkeitsunterschiede der Projektoren, wodurch eine Inhomogenität bei der Visualisierung entsteht. Dieser Effekt wird durch ein extra berechnetes Blending, welches im Nachgang auf die Visualisierung angewendet wird, eliminiert, sodass ein homogenes Bild entsteht. Die Berechnung des Blending wird in Abschn. 8.2.4 näher erläutert.

Um die Visualisierung auch in Stereo erleben zu können, trägt der Betrachter eine Shutterbrille, die mit einem speziellen Trackingtarget bestückt ist, welches zur Bestimmung der Kopfposition erforderlich ist. Damit die Shutterbrille synchron zu den 3D-Stereo-Projektoren betrieben werden kann, ist ein zusätzlicher Emitter erforderlich. Um eine korrekte Darstellung der virtuellen Inhalte auf der abstrakten Oberfläche abzubilden, müssen die 3D-Stereo-Projektoren kalibriert und zu der Oberfläche registriert werden. Hierfür ist eine Industriekamera an der Traverse befestigt. Der genaue Ablauf der In-situ-Kalibrierung wird ausführlich in Abschn. 8.2.3 beschrieben.

Als weitere technische Komponente im Basis-Szenario ist der PC-Cluster zu nennen. Dieser besteht aus einem Master-Rechner und zwei Client-Rechnern. Hierbei ist jedem Projektor ein Client-Rechner zugeordnet, und der Master-Rechner übernimmt die Kommunikation dazwischen.

Abschließend zur Beschreibung des Basis-Szenarios ist die Projektionsoberfläche selbst zu nennen. Diese besteht aus einer Abstraktion eines Volkswagen Passat Modells mit Lenkrad und Blinkerhebel sowie einem Fahrersitz.

8.2.2.2   System unter Verwendung der Referenzarchitektur

Die Komplexität, die das Anwendungsszenario aufweist, ist Abschn. 8.2.2.1 bereits zu entnehmen. Innerhalb des Projektes ARVIDA lag der Fokus darauf, diese einzelnen Komponenten wie Tracking, Visualisierung, Gestenerkennung, Kalibrierung und Registrierung sowie das Blending diensteorientiert zusammenzuführen. Hierbei sollte auch die Austauschbarkeit von Modulen realisiert werden, was eine Standardisierung der zu übertragenden Daten voraussetzt. In Zusammenarbeit mit den Software-Architekten und den am Anwendungsszenario beteiligten Technologen wurde ein Konzept umgesetzt, welches dem Komponentendiagramm in Abb. 8.17 zu entnehmen ist. Hierbei wurde das Anwendungsszenario „Interaktive Projektionssitzkiste" noch mit einem weiteren Anwendungsszenario „virtuelles Fahrzeugerlebnis" zusammengeschaltet, um die Modularität und Austauschbarkeit der Dienste über die ARVIDA Referenzarchitektur zu demonstrieren. In diesem Kapitel wird lediglich auf die Kommunikation im Anwendungsszenario eingegangen. Die Kommunikation zwischen den beiden Anwendungsszenarien wird in Abschn. 8.3 erläutert.

Die für das Anwendungsszenario relevanten Dienste sind ein Gestendienst, ein Trackingdienst, ein Blenddienst sowie ein Kalibrier- und Registrierdienst. Hierbei besteht zwischen dem Gestendienst und dem Trackingdienst die geforderte Austauschbarkeit zur Übermittlung von Gesteninformationen. Im Folgenden wird kurz auf die Dienste und die durch sie übertragenden Daten eingegangen.

Den Hauptintegrator und somit das zentrale Bindeglied in diesem Szenario stellt wie bereits erwähnt Autodesk dar. Für die Visualisierungskomponente müssen hier alle Informationen zusammenfließen, um die Visualisierung entsprechend zu berechnen, perspektivisch in Echtzeit zu verändern, die unterschiedlichen Lichtintensitäten der Projektoren zu homogenisieren und das Ergebnis aus Betrachtersicht von dem jeweils beteiligten Projektor darzustellen.

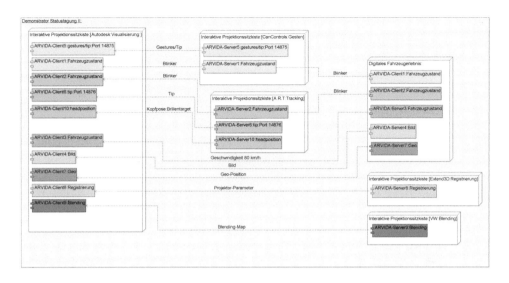

Abb. 8.17 Komponentendiagramm der Interaktiven Projektionssitzkiste

Um dies zu realisieren, schickt der Kalibrier- und Registrierdienst des Technologie-lieferanten Extend3D die intrinsischen und extrinsischen Projektorparameter sowie die Verzeichnungsparameter an die Visualisierungskomponente von Autodesk, in diesem Falle Autodesk VRED. Innerhalb von Autodesk VRED können über diese Informationen virtuelle Kameras als Repräsentation der realen Projektoren angelegt werden, die in ihren Eigenschaften und der Positionierung im virtuellen Raum den Projektoren im Basis-Szenario entsprechen. Über den Blenddienst werden danach sogenannte Blending-Maps an Autodesk VRED gesendet.

Die Blending-Maps werden als erweiterte Informationen an die im Vorfeld erzeugten virtuellen Kameras übertragen und erzeugen auf diese Weise eine Homogenisierung hinsichtlich der unterschiedlichen Lichtintensitäten sowie der zwischen den Projektoren abweichenden Farbausgabe. Eine Erweiterung des Blenddienstes stellen Projektormasken dar. Diese können bereits in den Blending-Maps enthalten sein oder separat geschickt werden. Die Wirkungsweise dieser Projektormasken, sowie die Ansätze zur Berechnung des Blendings werden in Abschn. 8.2.4 näher erläutert. Nach dem Übertragen der Kalibrierdaten und der Blending-Maps liegen alle Daten vor, um ein unbewegtes statisches Szenario auf der „Interaktiven Projektionssitzkiste" korrekt darzustellen.

Nachfolgend wird auf die Übertragung der Kopfposition des Betrachters eingegangen. Der Trackingdienst des Technologielieferanten ART sendet über die ARVIDA-Referenzarchitektur die Position des Brillentargets an die Visualisierungskomponente. Innerhalb von Autodesk VRED wird diese Position kontinuierlich an einen Observer übergeben. Der Observer ist als virtueller Betrachter zu verstehen. Somit bewegen sich Observer und realer Betrachter identisch und der virtuelle Inhalt kann aus der entsprechenden Perspektive über ein Zwei-Pass-Rendering mit projektiver Texturierung an die Projektoren übertragen und darüber auf die Projektionsoberfläche ausgespielt werden.

Um nun aus der „Projektionssitzkiste" schließlich die „Interaktive Projektionssitzkiste" zu realisieren, müssen noch Interaktionen übertragen werden. Diese werden einerseits über den Gestendienst des Technologielieferanten CanControls über die Referenzarchitektur an die Visualisierungskomponente versendet, andererseits kann auch über den Trackingdienst von ART eine limitierte Anzahl an Gesten übertragen werden. Zusätzlich zu den übertragenen Gesten übermittelt der Gestendienst noch Interaktionsbereiche, die im Vorfeld in einer Softwarelösung von CanControls definiert werden können. Diese Interaktionsbereiche wurden innerhalb der Evaluierungsphase benötigt, um Interaktionskonzepte sowie Genauigkeiten hinsichtlich der Gestenerkennung zu testen.

8.2.3   In-situ Kalibrierung von Projektorsystemen

In der projektiven Spatial Augmented Reality (P-SAR) kommen Projektorsysteme zum Einsatz, um reale Objekte mit virtuellen Informationen anzureichern. Mehr als in allen anderen AR-Paradigmen, wie z. B. der monitor- oder datenbrillenbasierten AR, ist für die P-SAR eine perfekte Überlagerung der projizierten virtuellen Daten mit der physikalischen Oberfläche unverzichtbar für eine überzeugende Augmentierung. Neben der Güte der virtuellen Daten, d. h. der Genauigkeit, mit der sie ihr physikalisches Pendant repräsentieren, trägt vor allem eine präzise, räumliche Kalibrierung des Projektorsystems zur Qualität der Überlagerung bei.

Die räumliche Kalibrierung umfasst die intrinsische und extrinsische Kalibrierung. Erstere beschreibt für jeden Projektor im Verbund die Eigenschaften des verbauten Displays (LCD, DLP, etc.) und des nachgelagerten Objektivs, wie z. B. Brennweite, Hauptpunkt und Verzeichnungskoeffizienten. Die extrinsische Kalibrierung beschreibt mittels euklidischen Transformationen, bestehend aus Rotation und Translation, den räumlichen Bezug der einzelnen Projektoren und des physikalischen Objektes untereinander. Wurden diese Daten im Rahmen einer Kalibrierung für ein Setup bestimmt, können lagerichtige Renderings generiert werden, solange sich die intrinsischen Parameter und der räumliche Bezug der Komponenten nicht ändern. Im Falle von äußeren Einwirkungen wie mechanischen Stößen muss das System aufwendig rekalibriert werden.

In der Regel kommt ein zweistufiges Kalibrierverfahren zum Einsatz. Zuerst werden die intrinsischen Parameter jedes einzelnen Projektors bestimmt, indem unter Zuhilfenahme einer oder mehrerer Kameras Punktprojektionen auf einer ebenen Kalibriertafel beobachtet und daraus die Kalibrierparameter abgeleitet werden können. Dafür sind mehrere Aufnahmen aus unterschiedlichen Projektionswinkeln nötig, sodass die Tafel oder der Projektor während der Kalibrierung mehrmals umpositioniert werden muss [15]. Im zweiten Schritt werden durch am Objekt angebrachte, vermessene Referenzmarken die extrinsischen Parameter bestimmt, entweder manuell, indem projizierte Fadenkreuze durch den Nutzer auf die Marken ausgerichtet werden, oder vollautomatisch, indem die Kameras die Position der Marken selbständig bestimmen. Letzteres setzt allerdings voraus, dass im ersten Schritt neben den intrinsischen Parametern auch die Lage der Kameras zum Projektor vermessen wurde und diese in weiteren Schritten konstant bleibt.

Eine Kalibrierung mittels Kalibrierfeld erweist sich oft als umständlich, da das Kalibrierfeld, das entsprechend dem physikalischen Objekt dimensioniert sein sollte, keinen Platz im finalen Setup findet und deshalb die Projektoren für eine Kalibrierung aus- und wieder eingebaut werden müssen. Weiterhin können die Endanwender der P-SAR Applikation wie Designer oder Künstler die Kalibrierung oft nicht alleine durchführen, und ein erfahrener Anwender wird benötigt. Zuletzt müssen für die extrinsische Kalibrierung Referenzmarken am Objekt angebracht werden, die später den visuellen Eindruck der Augmentierung stören.

Im Rahmen dieses Teilprojektes wurde ein Verfahren erforscht, das allein das physikalische Objekt als Kalibrierobjekt verwendet und so eine dedizierte Kalibriertafel und Referenzmarken überflüssig macht [16]. Die Kalibrierung kann deshalb vor Ort, also in-situ, durchgeführt werden. Voraussetzung ist, dass virtuelle Daten des Objektes in Form eines polygonalen 3D-Modells vorliegen. Das Verfahren basiert auf dem Auto-Kalibrierverfahren von Yamazaki et al. [17], das intrinsische und extrinsische Kalibrierparameter eines Projektor-Kamera-Systems automatisch bestimmen kann, allerdings nicht maßstabsgetreu und mit einer erhöhten Sensitivität gegenüber Eingabedaten. Durch geschickte Kombination mit einem iterativen Korrekturverfahren können diese Nachteile im vorgeschlagenen Verfahren beseitigt werden.

8.2.3.1 Ablauf der Kalibrierung

Das Verfahren gliedert sich in drei Schritte, um einen Projektor mittels kalibrierter Kamera zu kalibrieren und zum Objekt zu registrieren. Zuerst startet der Benutzer eine Projektion von Streifenlichtmustern auf das Objekt, die mit der Kamera aufgenommen werden. Das Verfahren berechnet daraus eine 2D-2D Korrespondenzkarte, die jedem Pixel im Kamerabild eine subpixelgenaue Position im Projektorbild zuordnet. Danach wird eine Initialkalibrierung mit dem Verfahren nach [17] berechnet. Hierzu muss der Benutzer nur die ungefähre Hauptpunktposition des Projektors angeben, die meistens im Datenblatt des Projektors abgelesen werden kann. Basierend auf der Initialkalibrierung berechnet das Verfahren darauf eine erste Rekonstruktion, d. h. eine 3D-Punktewolke des physikalischen Modells. Das anschließende iterative Korrekturverfahren versucht nun, die Kalibrierparameter so anzupassen, dass die Rekonstruktion das virtuelle 3D-Modell perfekt überlagert. Dabei wechseln sich die Berechnung einer Ähnlichkeitstransformation durch eine Variante des Iterative-Closest-Point (ICP) Algorithmus und eine nichtlineare Optimierung der Kalibrierparameter anhand der vom ICP gefundenen 3D-Punktkorrespondenzen ab. Das Verfahren terminiert, sobald die Abweichung der Rekonstruktion vom virtuellen 3D-Modell unter einen gewissen Schwellwert fällt. Das Ergebnis ist eine präzise intrinsische Kalibrierung, d. h. Brennweite, Hauptpunkt und ein radialer Verzeichnungskoeffizient des Projektors sowie eine extrinsische Kalibrierung, die die räumliche Lage des Projektors im Bezug zum Objekt in Form eines Quaternions und eines Translationsvektors angibt.

Zur Initialisierung des ICP Algorithmus muss der Benutzer zu Beginn des iterativen Verfahrens einmalig eine Initialtransformation, die die Rekonstruktion und das 3D-Modell grob zur Deckung bringt, angeben. Beide Benutzereingaben, die Hauptpunktposition und die Initialtransformation, können aus einer vorherigen Kalibrierung geladen werden, wenn erwartet wird, dass sich das Setup, also Projektor, Kamera, Objekt und ihre räumliche Lage untereinander, nur unwesentlich verändert hat. In diesem Fall agiert das Verfahren vollautomatisch.

8.2.3.2 Verwendung der Ergebnisse im Gesamtszenario

Zur Kalibrierung eines wie im Gesamtszenario spezifizierten Verbundes von zwei Projektoren kann das Verfahren nacheinander und unabhängig für jeden Projektor durchgeführt werden. Die berechneten intrinsischen und extrinsischen Parameter werden im Rahmen der Referenzarchitektur durch einen Kalibrierdienst dem Visualisierungsdienst zur Verfügung gestellt. Der besondere Aufbau der Projektoren im Gesamtszenario erfordert eine geringfügige Modifikation des Verfahrens, da ein (kritischer) Projektor des Verbundes nur eine fast planare Fläche beleuchtet. In diesem Fall sind die Bestimmung der Ähnlichkeitstransformation und die nichtlineare Optimierung nicht möglich. Das modifizierte Verfahren setzt voraus, dass der Projektionsbereich des kritischen Projektors innerhalb des Projektionsbereiches des nicht-kritischen Projektors liegt, wie es im Gesamtszenario der Fall ist. Damit ist es möglich, zuerst den nicht-kritischen Projektor wie beschrieben zu kalibrieren. Daraufhin kann die Kalibrierung des kritischen Projektors durch Vergleich der 2D-2D Korrespondenzkarten im Überlappungsbereich ohne weiteren Aufwand basierend auf 2D-3D Korrespondenzen ermittelt werden. Eine ausführliche Evaluierung der Überlappungsgenauigkeit der Projektion zeigte, dass das Verfahren eine ebenbürtige Genauigkeit wie traditionelle Verfahren mit dedizierter Kalibriertafel aufweist.

8.2.4 Anwendung von Blending zur Homogenisierung von Projektionsbereichen

Wie in Abschn. 8.2.2.1 bereits erwähnt, wurden für das Szenario „Interaktive Projektionssitzkiste" Funktionalitäten benötigt, um die Helligkeitsunterschiede der am Setup beteiligten Projektoren aufgrund der unterschiedlich großen ausgeleuchteten Flächen zu homogenisieren. Weiterhin entstehen durch die gewählte Verortung der Projektoren im Basis-Szenario (Abschn. 8.2.2) sich überlagernde Projektionsbereiche, da sich der Projektor P1, der für die Visualisierung der Radionavigationsinhalte verantwortlich ist, vollständig im Projektionsbereich des Projektors P2 befindet, der den Kontext und damit in Dimension auf das gesamte Dashboard projiziert. Durch die große Fläche, die durch Projektor P2 bespielt wird, verringert sich die Lichtintensität, die schließlich auf der Oberfläche des Projektionskörpers einfällt. Dem gegenüber steht die vergleichbar sehr hohe Lichtintensität von Projektor P1, da dieser stark auf einen viel kleineren Projektionsbereich gerichtet ist. Der Vorteil dieser gewählten Einstellungen im Setup ist der Erhalt einer hohen Auflösung für den Interaktionsbereich rund um das Radio.

Neben den unterschiedlichen Lichtintensitäten der Projektoren wirken sich auch Unterschiede in der Farbausgabe der Projektoren aus. Aus diesem Grund sind auch die Werte der Farbeinstellungen der Projektoren P1 und P2 in die Berechnung der Blending-Ergebnisse mit eingeflossen. Als weiterer Einflussfaktor, der sich auf die Visualisierung unterschiedlicher Projektoren auswirken kann, ist noch die Alterung der Leuchtmittel zu nennen. Dieser Faktor wurde in dem hier vorliegenden Anwendungsszenario vernachlässigt, da die beiden Projektoren P1 und P2 stets unter den gleichen Einstellungen und mit der identischen Laufzeit betrieben wurden.

Als Ergebnis der Homogenisierung entsteht auf dem Projektionskörper hinsichtlich der Lichtintensität und der Farbausgabe der Projektoren P1 und P2 ein einheitliches homogenes Gesamtbild, mit dem zusätzlichen Vorteil der höheren Auflösung im Interaktionsbereich. Als Limitierung des Blending ist festzuhalten, dass immer die Lichtintensität des dunkelsten Projektors im Setup sich im Ergebnis der Homogenisierung für alle beteiligten Projektoren wiederfindet, da dieser nicht in der Lage ist, noch mehr Licht auszustrahlen. Hier kann ein Setup mit mehr als zwei Projektoren die Gesamtqualität nachweislich erhöhen. Aufgrund der Ausrichtung des Projektes auf eine Software-Architektur wurde allerdings in dem hier beschriebenen Anwendungsszenario darauf verzichtet.

Zusätzlich zu den im Vorfeld beschriebenen Parametern, die in die Homogenisierung der Projektionsbereiche einfließen, wurden die Blending-Maps um sogenannte Projektormasken erweitert. Projektormasken sind definierte Bereiche innerhalb des Projektionsbereiches eines Projektors, in denen durch „Schwärzen" der entsprechenden Pixel diese Teilbereiche ausgeblendet (maskiert) werden. Dies hat zur Folge, dass an den markierten Stellen des Projektorbildes keine Information auf die Projektionsoberfläche trifft. Beispielhaft zu nennen ist hier der Bereich des Lenkrades. In Abhängigkeit der Position von Projektor und Projektionskörper kann es vorkommen, dass sich das Lenkrad im Strahlengang befindet. Wenn dies der Fall ist, dann werden virtuelle Informationen, die grundsätzlich auf dem Projektionskörper abgebildet werden sollen (Tachometer, Schalter), bereits auf dem Lenkrad abgebildet. Durch Maskieren der entsprechenden Pixel werden die auf dem Lenkrad nicht korrekt projizierten virtuellen Informationen aus der Gesamtprojektion entfernt.

Während der Projektlaufzeit von ARVIDA wurden zwei unterschiedliche Ansätze zur Berechnung des Blending implementiert und evaluiert, welche nachfolgend näher beschrieben werden.

8.2.4.1 Kamerabasierter Ansatz

In einer frühen Phase des ARVIDA-Projektes wurde sich dem Thema Blending-Berechnung mit einem kamerabasierten Ansatz genähert. Hier wurde im Basis-Szenario eine zusätzliche Industriekamera installiert, welche den gesamten Projektionskörper aufnehmen konnte. Der Berechnungsvorgang startete für diesen Ansatz mit einer Streifenlichtprojektion, die nacheinander über die beteiligten Projektoren ausgespielt und durch die Kamera aufgenommen wurde. Die Verortung der Kamera sowie der Projektoren im Setup war fest definiert und änderte sich nicht. Über diese feste Konfiguration zwischen der Kamera und den Projektoren konnten in den aufgenommenen Bildern die Muster der

Streifenlichtprojektion den Pixeln der Projektionsbereiche der Projektoren P1 und P2 zugeordnet werden.

Als Ergebnis lag für jeden Pixel im Kamerabild ein entsprechender Pixelwert für die Streifenlichtprojektion von Projektor P1 sowie Projektor P2 vor. Diese Werte wurden miteinander verrechnet und in sogenannten Blending-Maps pro Projektor gespeichert. In der Blending-Map enthalten ist für jeden Pixel des Projektors ein Skalierungswert zwischen 0 und 1. Bestrahlt beispielhaft Projektor P1 ausschließlich einen Bereich des Projektionskörpers allein, so erhält die Blending-Map für diesen Bereich den Wert 1. Bestrahlt der Projektor P1 in Bereichen den Projektionskörper überhaupt nicht, so wird dementsprechend der Wert 0 gespeichert. Für Bereiche, in denen die Projektoren P1 und P2 beide die gleichen Stellen des Projektionskörpers bestrahlen werden Werte kleiner als 1 in beiden Blending-Maps gespeichert, die jedoch in Summe immer 1 ergeben müssen.

Der Vorteil dieser Vorgehensweise ist, dass die Berechnung der Blending-Maps ohne zusätzliches Wissen bzgl. des Projektionskörpers, der benötigten Kamera und der verwendeten Projektoren erfolgt. Dadurch fließen in die Berechnung beim kamerabasierten Ansatz keinerlei Fehler ein, die sich aus der Divergenz zwischen a-priori Wissen und der Realität ergeben. Hierzu zählen insbesondere Abweichungen zwischen 3D-Modell und realem Projektionskörper sowie Abweichungen zwischen angenommenen und realen intrinsischen/extrinsischen Parametern der verwendeten Projektoren. Die Grenzen des kamerabasierten Ansatzes zeigten sich bei der Verwendung eines komplexen Projektionskörpers. So ist es erforderlich, eine Position für die eingesetzte Kamera zu finden, von der aus alle durch die Projektoren beleuchteten Bereiche auf dem Projektionskörper inspiziert werden können.

Da das Kamerabild die Grundlage zur Berechnung der Blending-Maps darstellt, ergibt sich bei komplexen Projektionskörpern eine hochgradig inhomogene örtliche Auflösung und Helligkeitsverteilung der auf den Projektionskörper projizierten Messmuster im Kamerabild. Die örtliche Auflösung (hier Genauigkeit der Blending-Map Berechnung) ergibt sich hauptsächlich aus der Länge und dem Auftreffwinkel des Lichtstrahls eines bestimmten Projektorpixels auf den Projektionskörper sowie der Perspektive, aus der die Reflexion dieses Lichtstrahls durch die Kamera aufgenommen wird.

Im Falle der im Anwendungsszenario verwendeten Projektionsgeometrie, einer Abstraktion eines Volkswagen Passat Cockpits, war keine optimale Kameraposition bestimmbar, aus der alle durch die Projektoren beleuchteten Bereiche hinreichend im Kamerabild inspizierbar waren. Problematisch erwies sich hier insbesondere die Projektion auf dem Handschuhfach in Verbindung mit der Projektion auf die Hutze (Abb. 8.18).

8.2.4.2   Geometriebasierter Ansatz

Beim geometriebasierten Ansatz erfolgt die Berechnung des Blending ganzheitlich im „virtuellen Raum". Das gesamte Projektionsszenario wird virtuell nachmodelliert. Aufgrund der bekannten Positionen der Projektoren können virtuelle Kameras als Repräsentationen (vergleiche Abschn. 8.2.2.2) angelegt werden, die identisch zu den realen Projektoren hinsichtlich ihrer Lage im Raum sowie ihrer spezifischen Eigenschaften sind. Durch

Abb. 8.18 Streifenlichtprojektion zur Kalibrierung

Zuführen der Geometrie des Projektionsköpers in das virtuelle Setup kann nun aufgrund der bekannten Eigenschaften der Projektoren für jedes Pixel eine Prüfung erfolgen, ob dieser auf den Projektionskörper trifft. Wird diese Prüfung für alle am Setup beteiligten Projektoren durchgeführt, kann bestimmt werden, welches Projektorpixel wo auf den Projektionskörper strahlt. Die Berechnung der in den Blending-Maps enthaltenen Skalierungswerte erfolgt dann analog wie bereits in Abschn. 8.2.4.1 beschrieben.

Die Vorteile dieses Ansatzes liegen in einer viel kürzeren Berechnungszeit sowie einer Blending-Map-Berechnung, die direkt im Bildraum der Projektoren erfolgt. Diese Vorgehensweise ermöglicht weiterhin die Berechnung der Blending-Map für jedes Projektorpixel mit größtmöglicher örtlicher Auflösung. Als Nachteil des geometriebasierten Ansatzes ist zu erwähnen, dass sich Abweichungen des a-priori-Wissens bzgl. der Form des Projektionskörpers und der optischen Eigenschaften und Lage der Projektoren in Bezug zu dem realen Setup in der Berechnung der Blending-Map wiederfinden und nicht kompensiert werden können. Evaluierungen haben allerdings ergeben, dass die Ergebnisse des geometriebasierten Ansatzes hinsichtlich der Homogenität der Blending-Maps im Vergleich zum kamerabasierten Ansatz stabilere Werte liefern. Ein weiterer Vorteil, der besonders im industriellen Umfeld wichtig ist, ist der Entfall der Kamera. Die Anbringung von Kameras in sensiblen Bereichen stellt immer große Anforderungen an das zu installierende System und zieht oft Einschränkungen im Einsatz nach sich (Abb. 8.19). Dieser aus IT-Sicht kritische Punkt zur Nutzung einer derartigen Funktionalität konnte durch den rein virtuellen Berechnungsansatz vollständig gelöst werden.

Abb. 8.19 Virtuelle Repräsentation „Interaktive Projektionssitzkiste"

8.2.5 Interaktionsmöglichkeiten in der Interaktiven Projektionssitzkiste

Für eine natürliche Interaktion mit einer virtuellen Umgebung ist ein markerloses Tracking der Benutzerhände unerlässlich. Die Verfolgung der Hände und Finger eines Benutzers hilft dabei, das Immersionsgefühl des Benutzers in der virtuellen Welt zu vervollständigen, also eine realistische Interaktion und Navigation in einer virtuellen Umgebung zu realisieren. Für die „Interaktive Projektionssitzkiste" bieten sich hier zahlreiche Möglichkeiten, die in diesem Abschnitt beschrieben werden.

8.2.5.1 Beschreibung der implementierten Gesten

Generell kann in realen Umgebungen zwischen oberflächennahen und oberflächenfernen Interaktionen unterschieden werden. Diese Unterteilung bietet sich an, da aktuelle 3D-Sensoren diesbezüglich zum einen unterschiedliche Messgenauigkeiten liefern und zum anderen generell eine unterschiedliche Art der Interaktion vom Nutzer erwartet wird.

Oberflächenferne Interaktion Bei der oberflächenfernen Interaktion bewegt der Benutzer seine Hände im freien Raum. Die exakte Ermittlung von Finger- und Handpositionen ist dabei nicht so relevant. Entscheidend sind die präzise Erkennung der Handposen (statische Gesten) sowie die Erfassung der Trajektorie über die Zeit (dynamische Gesten).

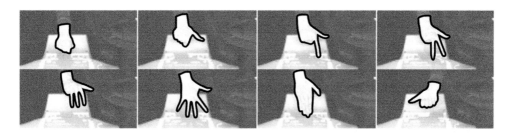

Abb. 8.20 Beispiele statischer Handposen. Von links nach rechts: Faust, Eins (oder Daumen links), Zwei, Drei, Vier, Fünf (oder gespreizte Finger), geschlossene Finger und Daumen rechts

Typische Vertreter statischer Gesten sind Zählen mittels Präsentation von 1-5 Fingern und einfache Kommandos wie Start (Zeigefinger), Stopp (gespreizte Hand) und Pause (flache Hand). Eine exemplarische Übersicht intuitiver Vokabeln findet sich in Abb. 8.20.

Dynamische Gesten werden im Raum ausgeführt. Im Kontext der „Interaktiven Projektionssitzkiste" ermöglichen zum Beispiel Wischgesten die Selektion von Komponenten des virtuellen Szenarios, wie z. B. welches Radiomodell in der Mittelkonsole dargestellt werden soll. Auch analoge Metaphern wie die Einstellung einer kontinuierlichen Variablen (beispielsweise Lautstärke) lassen sich so realisieren.

Oberflächennahe Interaktion Bei der oberflächennahen Interaktion ist die Genauigkeit der Positionsschätzung für die einzelnen Finger die wichtigste Eigenschaft, da das kamerabasierte System dem Benutzer den Eindruck vermitteln muss, er interagiere mit einer berührungssensitiven Oberfläche.

Diese Interaktionsmodalität ermöglicht es, Elemente auszuwählen oder zu modifizieren. Abbildung 8.21 zeigt das Beispiel einer Geste zur Selektion des virtuellen mittleren Luftausströmers auf dem Cockpit in der „Interaktiven Projektionssitzkiste".

Abb. 8.21 Eine oberflächennahe Berührungsgeste. Die Fingerspitze des Zeigefingers berührt ein virtuelles Objekt, um es zu selektieren

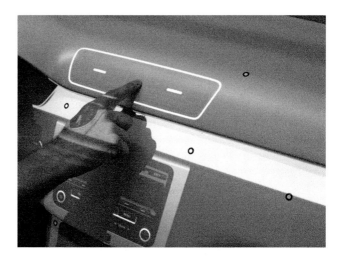

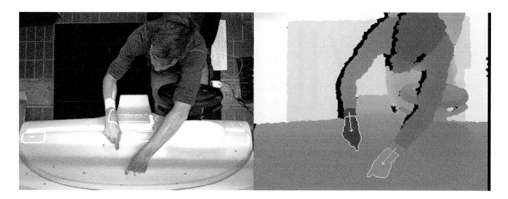

Abb. 8.22 Ausführung einer multi-touch Geste auf dem Armaturenbrett der „Interaktiven Projektionssitzkiste" unter Ausführung einer Rotation und Skalierung

Tab. 8.1 Gesten in der „Interaktiven Projektionssitzkiste"

Geste	Ausführung	Typ	Interaktionsbereich	Wirkung
Wischen	dynamisch	oberflächenfern	vor Mittelkonsole	Selektion des Radios
Zählen	statisch	oberflächenfern	vor Mittelkonsole	Selektion einer Option
Zeigen	dynamisch	single-touch	auf Mittelkonsole	Drücken eines virtuellen Knopfs
Zeigen	dynamisch	single-touch	auf Armaturenbrett	Luftausströmer Greifen
Schieben	dynamisch	single-touch	auf Armaturenbrett	Luftausströmer schieben
Skalieren	dynamisch	multi-touch	auf Armaturenbrett	Luftausströmer skalieren
Rotieren	dynamisch	multi-touch	auf Armaturenbrett	Luftausströmer rotieren

Oberflächennahe Gesten können als *multi-touch* oder *single-touch* ausgeführt werden, abhängig davon, ob es gleichzeitig einen oder mehrere Berührungspunkte mit der Oberfläche gibt. In der „Interaktiven Projektionssitzkiste" ermöglichen single-touch-Gesten, virtuelle Objekte zu selektieren und zu verschieben, oder virtuelle Knöpfe zu drücken. Multi-touch-Gesten werden zur Eingabe von Skalierungs- und Rotationswerten eingesetzt, wobei meist die Beziehung zwischen zwei Punkten interpretiert wird. Zweihändige Gesten oder einhändige Gesten mit Nutzung zweier Finger bieten sich für diese Modalität an. Abbildung 8.22 zeigt die Ausführung einer zweihändigen multi-touch-Geste.

Tabelle 8.1 fasst die in der „Interaktiven Projektionssitzkiste" eingesetzten Gesten zusammen.

8.2.5.2   Gestenerkennung im Anwendungsszenario

Bei aktuellen Kameratechnologien zur Tiefenerfassung nimmt das Messrauschen mit dem Abstandsquadrat zur Kamera zu. Deswegen kann die Position der Finger bei Berührung von Oberflächen aus alleiniger Nutzung der Tiefendaten nur eingeschränkt bestimmt werden. Es ist daher notwendig, weitere Informationsquellen neben den Tiefendaten einzusetzen, wie z. B. Farb- oder Infrarotdaten. Darüber hinaus können auch mehrere Kameras Anwendung finden.

Im konkreten Fall der „Interaktiven Projektionssitzkiste" können Farbinformationen nicht verwendet werden, da die Projektionen auf den Händen starke Kanten, Schatten oder Überbeleuchtung verursachen (siehe Abb. 8.21), welche die Auswertung der Bilder in Echtzeit verhindern. Der Einsatz von Kameraarrays bringt jedoch ebenfalls Nachteile mit sich: zum einen entsteht eine höhere Auslastung der zur Verfügung stehenden Bandbreite zur Übertragung der Daten von den Kameras zur Recheneinheit, zum anderen erhöht sich die Anforderung an Rechenkapazitäten deutlich, um die Verarbeitung der parallelen Bildquellen und die Fusion der Informationen durchführen zu können. Ein weiteres Problem besteht darin, dass sich aufgrund der Verwendung aktiver Beleuchtung bei der Vermessung der Tiefe Kameras untereinander stark beeinflussen. Aus diesen Gründen wurde für die „Interaktive Projektionssitzkiste" die Auswertung der Infrarotbilder verfolgt, um die Tiefeninformationen zu ergänzen.

Abbildung 8.23 zeigt das Blockdiagramm des für die „Interaktive Projektionssitzkiste" entwickelten Systems. Aus einer Tiefenkamera werden sowohl Tiefen- als auch Infrarotinformationen erfasst und vorverarbeitet. Die Position und Orientierung der Kamera wird in einer Kalibrierungsphase bestimmt, die dann in der Verarbeitung verwendet wird, um die Ergebnisse in einem Weltkoordinatensystem auszugeben.

Im nächsten Schritt werden die Hände im Bild detektiert und segmentiert und anschließend in den Bildsequenzen verfolgt (siehe Abb. 8.22 rechts). Diese Schritte basieren auf *Random Decision Forests* und weiteren Techniken des maschinellen Lernens, mit denen

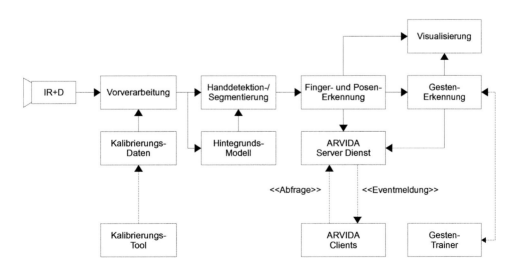

Abb. 8.23 Blockdiagram des Fingertrackers für die „Interaktive Projektionssitzkiste"

ein Model des Hintergrundes initialisiert und kontinuierlich adaptiert wird. Der Abstand jeder detektierten Hand zum Hintergrund bestimmt, ob sie als oberflächennah oder -fern weiterverarbeitet werden soll.

Die Handpose wird für detektierte Händen mittels neuronaler Netze geschätzt und als statische Geste nur dann gemeldet, wenn sich die Hand in einem vordefinierten Interaktionsbereich befindet.

Ist die Hand nah oder berührt sie eine Oberfläche, werden Algorithmen zur Schätzung der Fingerpositionen aktiviert, welche die Infrarotdaten nutzen, um das Rauschverhalten der Tiefe zu kompensieren. Aus dieser Fusion zwischen Tiefen- und IR-Daten entsteht die geschätzte Position der Fingerspitzen von Daumen und Zeigefinger.

Dynamische Gesten werden dann aus dem zeitlichen Verlauf der Hände erkannt und weitergemeldet, sofern sich die Hand in einem vorgesehenen Interaktionsbereich befindet. Die ARVIDA-Architektur wird eingesetzt, um alle Ergebnisse des Fingertrackings und der Gestenerkennung externen Modulen zur Verfügung zu stellen.

8.2.6   Materialien und Lichtquellen

8.2.6.1   Material-Akquisitionsprozess bei Volkswagen

Virtuelle Materialien werden in vielen Bereichen im Verlauf des Fahrzeugentwicklungsprozesses benötigt, angefangen bei Designentscheidungen mit virtuellen Prototypen bis hin zur Erstellung von Online-Fahrzeugkonfiguratoren, Printmedien sowie diversen Marketing-Kampagnen. Volkswagen versorgt alle Bereiche und Gewerke zentral über eine Material-Datenbank mit standardisierten virtuellen Materialien. Der Volkswagen Materialprozess besteht aus mehreren Prozessschritten wie „Messung", „Vorbereitung", „Konvertierung", „Freigabe" und „Bereitstellung". Alle Prozessvorgänge beinhalten Arbeitsschritte mit unterschiedlichen Softwaresystemen und Messgeräten (Abb. 8.24 oben).

Mit dem aktuellen Prozess können über virtuelle Materialien die ästhetische Gestaltung und das funktionale Design vermittelt werden. Richtet man die Aufmerksamkeit auf die Farbsicherheit, reicht die bisherige Vorgehensweise des Material-Akquisitionsprozesses nicht aus. Da in frühen Phasen wesentliche Designentscheidungen im Interieur und Exterieur anhand von digitalen Darstellungen getroffen werden, ist eine korrekte Darstellung unerlässlich. Im Rahmen des ARVIDA-Projektes soll die Farbsicherheit erhöht und die Qualität der Materialien und des Lichtes verbessert werden. Um valide Ergebnisse zu erhalten, sollen die bisherigen Messgeräte und Verarbeitungs-Tools mit Hilfe von modernen Messtechnologien wie dem Aufnahmegerät TAC 7 und dem Dateiformat AXF harmonisiert und vereinfacht werden (Abb. 8.24 unten).

8.2.6.2   Akkurate Bildgenerierung virtueller Materialien

Das Ziel der Material-Akquisition ist, eine virtuelle Repräsentation der Materialien zu haben, die es erlaubt, Bilder zu generieren, die Rückschlüsse auf die Realität zulassen.

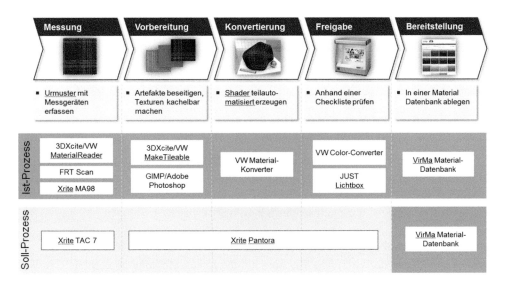

Abb. 8.24 Darstellung des aktuellen Volkswagen Materialprozesses (oben) und des Ist- (mitte) sowie Soll-Prozesses (unten)

Hierfür müssen die gemessenen Daten von einem Rendering-System so interpretiert werden, dass eine möglichst hohe Genauigkeit beim Lichttransport erreicht wird. Dabei sind drei Aspekte zu berücksichtigen.

Als Ausgangspunkt benötigt man eine möglichst präzise Repräsentation des realen Validierungsaufbaus als virtuelle Szene (siehe Abb. 8.25). Diese besteht aus der extra dafür konstruierten Box, dem Probenhalter und der Kamera, die die Messung durchführt. Neben der eigentlichen Materialprobe muss auch die Oberfläche der Lichtbox als virtuelles Material vorliegen. Die Daten wurden über die Software DELTAGEN aufbereitet. Die finale

Abb. 8.25 Setup und Geometrie der virtuellen Lichtbox mit Probenhalter und Repräsentation der virtuellen Lichtquelle

Bildgenerierung wurde dann in einem externen Plug-In realisiert, das für die akkurate Simulation und Erzeugung von Bildern optimiert ist und für die Anforderungen des Renderings, der Materialien und der Evaluation erweitert wurde.

Der zweite Aspekt ist die akkurate Repräsentation der Lichtquellen. Wichtig ist hier sowohl die spektrale Verteilung als auch das Emissionsverhalten. Der Renderer wurde dahingehend erweitert, dass er neben der Spezifikation spektraler Emissionen auch die in der Industrie üblichen Standards für Lichtverteilungsfunktionen im IES Format als auch RayFiles direkt unterstützt.

Im letzten Schritt muss der Lichttransport des Renderers sowohl die Materialien als auch die Lichtverteilung möglichst genau berechnen. Intern wird im Renderer mit einer einstellbaren spektralen Auflösung gerechnet. Als Ausgabe wird die virtuelle Messung in XYZ berechnet und als hochauflösendes.hdr-Bild abgespeichert.

8.2.6.3   Validierung virtueller Materialien

Um die Ergebnisse der virtuellen Messung mit der realen Messung zu vergleichen, wird zuerst die virtuelle Kamera mit dem realen Messinstrument abgestimmt. Damit produzieren sowohl der virtuelle Bildgenerierungsprozess als auch der reale Messprozess zwei Bilder, die von der Position, der Ausleuchtung und den Reflexionen sehr ähnlich sind. Die Genauigkeit der Simulation wird nun anhand einer Farb-Fehler-Metrik über einen Bereich auf der Materialprobe in beiden Bildern bestimmt (Abb. 8.26).

Die gewählte Fehlermetrik ist CIE76. Hier werden zwei Farben im L*a*b* per Wurzel der quadratischen Differenz verglichen. Ein Wert von 2.3 gilt als visuell gerade noch wahrnehmbarer Unterschied, kleinere Werte als nicht mehr wahrnehmbar.

Zu berücksichtigen bei einem Vergleich von virtueller und realer Messung sind die Quellen möglicher Fehler. In unserem Fall sind die Hauptfehlerquellen die Genauigkeit der Beschreibung der Beleuchtung (Spektrum, Energie und Abstrahlverhalten), das Material/Reflexionsverhalten der Box an sich und natürlich die Messung der eigentlichen Materialprobe.

Abb. 8.26 Vergleich von virtuellen Materialien in der realen und virtuellen Lichtbox. Links ist ein Alcantara-Material mit 1a virtuell und 1b real abgebildet. Der Vergleich ergab DeltaE 2,31. Rechts ist ein Metallic-Lack mit 2a virtuell und 2b real mit einem DeltaE 1,26. von links 1a);1b);2a);2b)

8.2.7 Visuelle Wahrnehmung – Einfluss des modellierten Augenabstands

8.2.7.1 Einführung

Projektionsbasierte AR-Systeme kombinieren computergenerierte Inhalte mit realen Objekten, um die visuelle Wahrnehmung eines Betrachters mit zusätzlichen Informationen anzureichern. Sie erlauben es dem Betrachter, die Informationen in gewohnter Umgebung direkt auf dem realen Objekt wahrzunehmen, und können so zu einer Steigerung seines Verständnisses für die dargestellten Informationen oder zu einer Verbesserung der Interaktionen mit ihnen beitragen. Dies kann jedoch nur dann erzielt werden, wenn die für einen Betrachter generierte visuelle Darstellung der Inhalte eine entsprechende Qualität aufweist. Je nach Art der Anwendung und des verwendeten projektionsbasierten AR-Systems sind an der Generierung der Darstellung verschiedene Komponenten beteiligt, die Einfluss auf die Qualität der projizierten Inhalte haben. Besonders in stereoskopischen projektionsbasierten AR-Anwendungen hat, neben der Genauigkeit der Kalibrierung und Registrierung eines Projektors, der Messgenauigkeit des verwendeten Trackingsystems und der Systemlatenz, die Modellierung der individuellen Augenpositionen des Betrachters einen großen Einfluss auf die wahrgenommene Qualität der Überlagerung.

Der Konvergenzpunkt eines stereoskopisch dargestellten virtuellen Objekts hängt insbesondere von der für das Rendering des Bildpaares verwendeten geometrischen Interokulardistanz GIOD ab. Weicht diese von der realen Interokulardistanz (IOD) des Betrachters ab, wirkt sich dies in einer als Skalierung der räumlichen Tiefe wahrgenommenen Verzerrung der virtuellen Szene aus. In Abb. 8.27 ist diese Verzerrung durch ein dunkelgraues Liniennetz dargestellt, während das hellgraue Netz die verzerrungsfreie Szene zeigt. Die modellierten Positionen des linken L_m und des rechten Auges R_m sind durch gefüllte Kreise und die realen Augenpositionen durch gestrichelte Kreiskonturen markiert. Die horizontale Linie zwischen den skizzierten Augenpositionen und der als Liniennetz dargestellten Szene, stellt die Projektionsfläche dar. Die Abweichungen eines aufgrund des modellierten Augenabstandes visualisierten Szenenpunktes P_m und des tatsächlich wahrgenommenen Punktes P_p sind deutlich zu erkennen. Zu erkennen ist ferner, wie sich zu groß oder zu klein modellierte Augenabstände (GIOD) auswirken. Die Abweichungen der modellierten Augenpositionen entstehen bei einer auf ungenaue Messungen der realen individuellen IOD des Betrachters bzw. einer ungenauen Kalibrierung des Brillentargets.

Ist die für das Rendering der Bildpaare verwendete GIOD kleiner als die IOD des Betrachters, entsteht für ihn eine Verkürzung des räumlichen Tiefeneindrucks (siehe Abb. 8.27 links). Das Gegenteil entsteht, wenn die GIOD größer als die IOD des Betrachters ist (siehe Abb. 8.27 rechts).

8.2.7.2 Probandenversuch

Um den Effekt dieser Fehler auf die visuelle Wahrnehmung messbar zu machen, ist es nötig, diese systematisch in die Kalibrierung einzuführen. Dazu wurde in einem

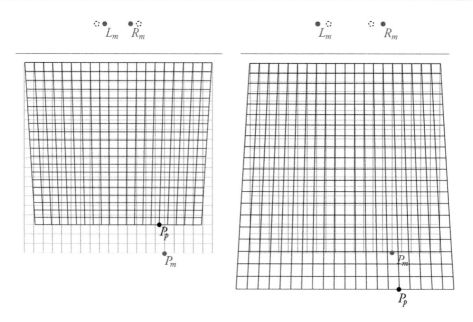

Abb. 8.27 Verzerrung durch fehlerhaft modellierten Augenabstand

psychophysikalischen Experiment die Auswirkung unterschiedlich modellierter Interokulardistanzen (GIODs) auf die von einem Betrachter wahrgenommene, stereoskopisch dargestellte virtuelle Szene untersucht.

Virtuelle Darstellungen, die mit verschiedenen Skalierungen der individuellen IOD des Probanden generiert werden, mussten mit einem realen Referenzobjekt verglichen werden. Diese virtuellen Darstellungen wurden auf einer Projektionsfläche dargestellt, deren äußeres Maß und Form mit der des Referenzobjekts übereinstimmen (siehe Abb. 8.28). Den virtuellen Darstellungen liegt eine Szene zu Grunde, die ebenfalls das Referenzobjekt in Größe, Form sowie die darin enthaltenen Objekte exakt abbildet. Es wurden systematisch Fehler verschiedener Größenordnungen in die zum Rendern der stereoskopischen Darstellungen verwendete GIOD eingeführt. Das heißt, dass die modellierten Augenpositionen entlang der positiven bzw. negativen Richtung ihres Differenzvektors verschoben wurden, wodurch sich ihr Abstand zueinander vergrößert bzw. verkleinert. Während der Vergleichsaufgabe musste der Proband für jedes gezeigte Rendering jeweils entscheiden, ob es dem räumlichen Eindruck des realen Referenzobjekts entspricht (Ja-Antwort) oder nicht entspricht (Nein-Antwort). Die verschiedenen Skalierungen des modellierten Augenabstands wurden während des Experiments mithilfe eines verschachtelten Staircase-Verfahrens, eines adaptiven Verfahrens der Psychophysik zur Bestimmung von Unterschiedsschwellen, generiert. Dabei wird ausgehend von einem Anfangswert (engl. start offset), also einer vorab definierten Skalierung des Augenabstandes, je nach Antwort des Probanden, die nächst größere oder nächst kleinere Skalierung gewählt.

Abb. 8.28 Versuchsaufbau

Antwortet der Proband z. B. mit Nein, der räumliche Eindruck des Renderings passt nicht zu dem des Vergleichsobjekts, wird der Unterschied zwischen GIOD und IOD verkleinert. Die Schrittweite (engl. step size) wird dabei, ebenso wie der Anfangswert, vor Beginn der Messreihe festgelegt.

Vor dem eigentlichen Versuch wurde die individuelle IOD des Probanden aus den Positionen seiner Augendrehpunkte ermittelt, die mithilfe eines photogrammetrischen Messverfahrens bestimmt wurden. Anschließend wurde mit jedem Probanden ein kurzer Stereosehtest durchgeführt, um festzustellen, ob evtl. eine Einschränkung des Stereosehvermögens des Probanden vorliegt, die die Ergebnisse des Versuchs negativ beeinflussen bzw. verfälschen könnte. Hierfür wurde jedoch keine der klassischen Methoden, wie z. B. Random Dot Stereogramme oder der Stereofliegen Test, sondern das PbAR System selbst verwendet. Dabei wurden dem Probanden vier Renderings in zufälliger Reihenfolge präsentiert, die zur Laufzeit mit den folgenden GIODs generiert werden:

GIOD = IOD, stereoskopisch mit realem Augenabstand

GIOD = 65 mm, stereoskopisch mit durchschnittlichem Standard-Augenabstand

GIOD = 0 mm, monoskopisch

GIOD = -IOD, vertauschte Augenpositionen

Der Proband hatte die Aufgabe, alle Renderings nacheinander mit dem realen Modell zu vergleichen und zu entscheiden, welches der Renderings dem räumlichen Eindruck des realen Referenzobjekts entspricht bzw. am nächsten kommt. Entscheidet sich der Proband für eines der Renderings, wird dieses aus der Liste aller Renderings entfernt und der Proband fährt mit den verbleibenden fort. Dieser Vorgang wiederholt sich, bis alle vier Renderings geprüft wurden. Eine Einschränkung des Stereosehens eines Probanden wird dann vermutet, wenn nicht zwischen dem monoskopischen und stereoskopischen

Rendering unterschieden werden kann. Ein weiteres Indiz ist, dass das Rendering, welches mit der negativen IOD, also mit vertauschten Augenpositionen, generiert wurde, als nicht störend bewertet wird. Unabhängig von dem Ergebnis dieses kurzen Stereosehtests kann der Proband an dem eigentlichen Versuch teilnehmen. Die Ergebnisse werden lediglich zur Auswertung herangezogen, um eventuelle Ausreißer zu erkennen und zu eliminieren.

Insgesamt dauerte der Versuch, inklusive der Messung des Augenabstands und des Stereosehtests, pro Proband maximal 2 Stunden. Das psychophysikalische Experiment selbst wurde auf eine maximale Dauer von 30 Minuten pro Messreihe oder eine Gesamtzahl von 150 Durchläufen beschränkt. Ein Durchlauf stellt dabei jeweils einen Vergleich eines gezeigten Renderings mit dem Referenzobjekt dar. Messreihen, die innerhalb dieses Rahmens nicht konvergierten, wurden nicht mit in die Auswertung einbezogen. Je nach Antwortgeschwindigkeit und Ausdauer des Probanden konnten in dieser Zeit so ca. zwei bis vier Messreihen aufgenommen werden. Der Versuch wurde jeweils mit einem Anfangswert von 8 mm über bzw. unter der individuellen IOD des Probanden und einer Schrittweite von 2 mm für das Staircase-Verfahren gestartet. Eine erfolgreich durchgeführte Messreihe führte zu einer Halbierung des Anfangswertes und der Schrittweite. Nicht erfolgreiche Messreihen entsprechend zu einer Verdoppelung. Dadurch und durch die Beschränkung der maximalen Versuchsdauer, konnten nicht alle Probanden alle vier Messreihen durchführen.

Der Stereotest zeigte lediglich bei einem der insgesamt acht Probanden geringe Auffälligkeiten, sodass zunächst alle Ergebnisse in die Auswertung mit einflossen. Dazu wurde für jede Messreihe der sogenannte eben merkliche Unterschied (auch Unterschiedsschwelle, engl. Just Noticeable Difference, JND) berechnet. Dieser beschreibt in diesem Experiment die Abweichung der GIOD von der individuellen IOD des Betrachters, die eine gerade noch wahrnehmbare Verzerrung der virtuellen Szene verursacht. Bei der Verwendung eines Staircase-Verfahrens errechnet sich die JND durch Mittelung aller Reizstärken, in diesem Fall der Differenz aus der GIOD und IOD, an den Umkehrpunkten der Messreihe. Die Abweichung, bei der der Proband in der Hälfte der Fälle mit „Ja", das Rendering stimmt im direkten Vergleich mit der realen Szene überein, und mit „Nein" antwortet, wird als Punkt der subjektiven Gleichheit (engl. Point of Subjective Equality, PSE) bezeichnet. Dieser entspricht der GIOD, bei der der Betrachter, im direkten Vergleich zwischen Referenzobjekt und Rendering bzw. Projektion, keinen Unterschied mehr feststellen kann. Eine Schätzung des PSE wird hier durch den Mittelwert der oberen und unteren Unterschiedsschwelle gebildet.

Abbildung 8.29 zeigt die Ergebnisse aller Probanden für die Messreihe 2 mit einem Anfangswert von 8 mm und einer Schrittweite von 2 mm. Auf der y-Achse ist die Differenz von GIOD und IOD in mm aufgetragen, während die x-Achse die Nummer des jeweiligen Probanden abbildet. Die hellblaue und dunkelblaue Line zeigt die untere bzw. obere Unterschiedsschwelle, wobei die graue Linie den aus den Schwellen berechneten Punkt der subjektiven Gleichheit markiert. Aufgrund der deutlich zu erkennenden Abweichungen in den Ergebnissen der Probanden 1 und 6, wurde für alle Messreihen über alle Probanden ein Ausreißertest durchgeführt, dessen Ergebnis beispielhaft für zwei Messreihen der unteren Unterschiedsschwelle (-JND) in Abb. 8.30 dargestellt ist.

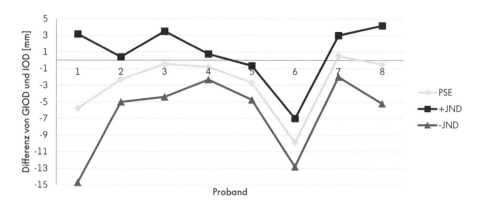

Abb. 8.29 Ergebnisse der Messreihe 2 für die Probanden 1-8

Die Box repräsentiert den Bereich, in dem die mittleren 50 % der Ergebnisse über alle Probanden liegen, und wird durch das obere und untere Quartil begrenzt. Der Median ist als durchgehende Linie in der Box eingezeichnet. Die Ausreißer sind in Form von schwarzen Punkten dargestellt und liegen mehr als das 1,5-Fache des Interquartilabstands (IQR) außerhalb der Box. Abbildung 8.30 links zeigt das Ergebnis für die Messreihe 2 (Anfangswert: 8 mm, Schrittweite: 2 mm) und Abb. 8.30 rechts das Ergebnis für die Messreihe 1 (Anfangswert: 16 mm, Schrittweite: 1 mm). Die mithilfe des Ausreißertests ermittelten Messreihen, wurden von der weiteren Auswertung ausgeschlossen. Die Ergebnisse eines der genannten Probanden zeigten sowohl in den beiden in Abb. 8.30 gezeigten Messreigen und bereits im Stereosehtest Auffälligkeiten, was zum Ausschluss aller Messreihen des Probanden führte.

In Abb. 8.31 sind zusammenfassend die Mittelwerte über alle Probanden pro Messreihe aufgeführt. In Messreihe 1 gehen die Ergebnisse von insgesamt drei Probanden ein. Messreihe 2 besteht aus den Ergebnissen von sieben Probanden. Messreihe 3 (Anfangswert: 2 mm, Schrittweite: 1 mm) bildet das Mittel aus Ergebnissen von sechs Probanden. In

Abb. 8.30 Ausreißertests für Messreihe 2 (links) und Messreihe 1 (rechts) der unteren Unterschiedsschwelle (-JND)

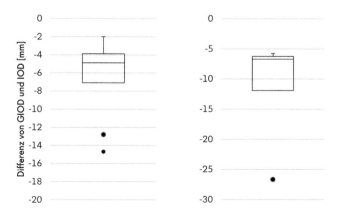

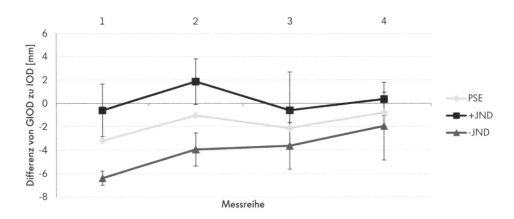

Abb. 8.31 Mittelung über alle Probanden für die jeweilige Messreihe

Messreihe 4 gehen lediglich die Ergebnisse von zwei Probanden ein. Es ist zu sehen, dass der Abstand zwischen der unteren und oberen Unterschiedsschwelle von Messreihe 1-4 stetig kleiner, die Standardabweichung jedoch größer wird. Dies zeigt, dass die Probanden zwar in der Lage sind, auch kleine Unterschiede zwischen GIOD und IOD festzustellen, ihre Unsicherheit dabei aber steigt. Außerdem ist zu erkennen, dass die Probanden über alle Messreihen keinen Unterscheid mehr zwischen dem räumlichen Eindruck des Renderings und des Referenzobjekts feststellen können, wenn die GIOD ca. 1–3 mm kleiner als ihre IOD ist.

8.2.8   Evaluierung der Referenzarchitektur

Die Evaluierung der ARVIDA-Referenzarchitektur erfolgte im Anwendungsszenario „Interaktive Projektionssitzkiste" in zwei Stufen. Zeitlich gesehen orientierten sich diese Stufen an den beiden Statustagungen innerhalb der Projektlaufzeit. Für beide Veranstaltungen wurden gemeinsam mit den am Anwendungsszenario beteiligten Architekten und Technologen Demonstratoren entwickelt, die den jeweiligen Entwicklungsstand der Referenzarchitektur hinsichtlich des Szenarios widerspiegelten.

Hierbei lag auf dem „Demontrator I" noch ein höherer technologischer Fokus, da sich zu dem Zeitpunkt des Projektes die Referenzarchitektur in der Entstehungsphase befand. Das Szenario, welches durch den Demonstrator abgebildet wurde, umfasste das Cockpit eines Volkswagen Passat-Modells (siehe Abb. 8.32), bei dem das Radionavigationssystem (RNS) entfernt und gegen eine Projektionseinheit getauscht wurde. Über zusätzliche Trackingkameras und einen Tiefensensor konnten die Kopfposition des Betrachters sowie ausgeführte Gesten der Hände (siehe Abb. 8.33) im Bereich des RNS bestimmt werden.

Die Zielsetzung für den ersten Demonstrator war, einen Großteil der Kommunikation zwischen den beteiligten Komponenten über die ARVIDA-Referenzarchitektur

Abb. 8.32 Demonstrator auf der Statustagung I

laufen zu lassen, und weiterhin die Modularität und damit den Vorteil des entwickelten Architekturansatzes unter Beweis zu stellen. Das Komponentendiagramm in Abb. 8.34 zeigt alle technologisch beteiligten Komponenten des Demonstrators. Hierzu zählen

Abb. 8.33 Interaktion am Demonstrator auf der Status-tagung I

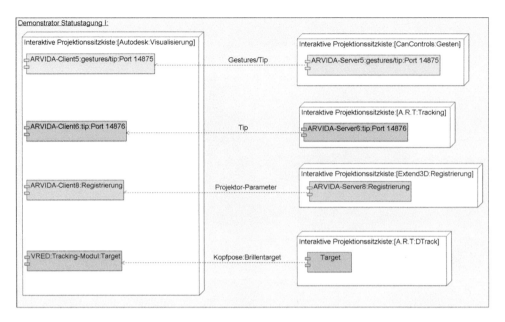

Abb. 8.34 8.5 Komponentendiagramm Demonstrator Statustagung I

die Gestenerkennungskomponente (CanControls), die Trackingkomponente (ART), die Kalibrier- und Registrierkomponente (Extend3D) sowie die Visualisierungskomponente (Autodesk). Die einzige Kommunikation, die innerhalb des Demonstrators nicht über die ARVIDA-Referenzarchitektur gelöst wurde, war das Senden der Kopfposition (Position Brillentarget) seitens ART. Hier wurde aus Zeitgründen auf ein bereits bestehendes Tracking-Modul innerhalb der Visualisierungskomponente Autodesk VRED zurückgegriffen.

Für die Übertragung der intrinsichen und extrinsischen Parameter des Projektors, der letzlich die Inhalte des Radionavigationssystems (RNS) bezogen auf die aktuelle Position des Betrachters darstellte, sowie für die Übertragung der Swipe-Gesten und/oder Pointing-Gesten zur Interaktion mit dem virtuellen RNS waren zu diesem Zeitpunkt bereits Dienste implementiert, die ARVIDA-konform über die Referenzarchitektur kommunizierten. Die Zielsetzung der Modularisierung wurde innerhalb des „Demontrator I" über die Trackingkomponente (ART) und die Gestenerkennungskomponente (CanControls) realisiert. Hier bestand die Möglichkeit, zur Laufzeit innerhalb der Visualisierungskomponente (Autodesk) zwischen beiden Technologien zu wechseln. Der Wechsel der Komponenten bewirkte eine unterschiedliche Interaktion mit dem virtuellen RNS.

Über die Gestenerkennungskomponente wurde unter Verwendung eines Tiefensensors die Pointing-Geste direkt über die Hand des Betrachters bestimmt; unter Verwendung der Trackingkomponente wurde die Pointing-Geste anhand von Tracking-Kameras in Verbindung mit einem Trackinghandschuh ermittelt. Unabhängig davon, über welche Technologie die Geste ermittelt und folglich über die ARVIDA-Referenzarchitektur an die Visualisierungskomponente übertragen wurde, wurden identische Interaktionen auf dem virtuellen RNS ausgeführt. Hiermit hatte man zwei verschiedene Technologien über die Referenzarchitektur angebunden und konnte die Komponenten beliebig zusammenschalten. Durch diese Flexibilität des Systems war eine einfache Möglichkeit gegeben, die beiden Technologien miteinander zu vergleichen. Es konnten Aussagen über die Genauigkeit der Gestenerkennung durch die hier verwendete Technologie der Tiefensensorik im direkten Vergleich zum ART-Tracking getroffen werden. Bereits zu diesem Zeitpunkt des Projektes wurde der Mehrwert erkannt, der durch eine standardisierte Referenzarchitektur geschaffen wird.

Hinsichtlich der Übertragungszeiten, die durch die Verwendung der Referenzarchitekur enstanden, konnte festgestellt werden, dass für das vorliegende Szenario keinerlei zeitkritische Effekte auftraten und sich die Architektur auch im Sinne dieser Zielsetzung für dieses VT-System eignet. Im hier beschriebenen Szenario wäre ein zeitkritischer Effekt enstanden, wenn während der Interaktion mit dem virtuellen RNS (beispielhaft das Umschalten zwischen der Radio- und der Navigationsfunktion) eine Verzögerung zwischen dem „Drücken" des virtuellen Knopfes und dem visuellen Umschalten des Bildschirms entstanden wäre. Tatsächlich fühlte sich die Reaktionszeit des Systems vergleichbar der Bedienung eines reales RNS an. Das System befand sich über zwei Tage auf der Statustagung I im Betrieb und lief stabil. Das Feedback der Besucher sowie Projektpartner war überwiegend positiv, besonders hinsichtlich der Interaktion und der Performance des Systems. Auch die Möglichkeit, einzelne Komponenten eines Gesamtsystems über die ARVIDA-Referenzarchitektur sehr einfach zu wechseln, fand Zustimmung im Publikum.

Zur Statustagung II wurde einerseits das gesamte Basis-Szenario auf die ARVIDA-Referenzarchitekur umgestellt und erweitert sowie andererseits eine Interoperabilität zu einem unabhängigen und der „Interaktiven Projektionssitzkiste" thematisch fremden ARVIDA-Anwendungsszenario, dem „virtuellen Fahrzeugerlebnis", hergestellt. Diese Kopplung der beiden Anwendungsszenarien wurde gezielt gewählt, um die Vorteile einer standardisierten Software-Architektur zu demonstrieren und hiermit die Flexibilität und Erweiterbarkeit von beliebigen VT-Systemen unter Beweis zu stellen. Auf die Kopplung dieser beiden Szenarien wird an anderer Stelle (siehe Abschn. 8.3) genauer eingegangen.

In Abschn. 8.2.2.2 wurde bereits ein Überblick gegeben, welche Dienste innerhalb der „Interaktiven Projektionssitzkiste" entwickelt wurden und welche Daten über die ARVIDA-Referenzarchitektur im Anwendungsszenario fließen. Im Folgenden wird auf die Evaluierung dieser Dienste eingegangen. Vorab ist festzuhalten, dass für jede Komponente die in der Projektlaufzeit entstanden ist, viele Iterationen im Basis-Szenario durchgeführt und viele Entwicklungsstände dort getestet wurden. Bedenkt man das zugrundeliegende Konzept, über eine einheitliche Referenzarchitektur und definierte Dienste zu kommunizieren, wird schnell klar, dass hierfür viele Abstimmungen zwischen der sendenden Seite und der empfangenen Seite zu treffen waren. Informationen, die nicht gesendet wurden, konnten auf der Gegenseite nicht interpretiert werden. Diesbezüglich gab es während des gesamten Projektes mehrere Projektteams, bestehend aus Software-Architekten, Technologen und Anwendern, um gemeinsam eine gültige Spezifikation, das ARVIDA-Vokabular, zu erarbeiten. Dieses Vokabular bietet den Integratoren eine einheitliche Beschreibung der Informationen, die im entsprechenden Kontext verarbeitet werden müssen. Beispielhaft sei hier die Definition von Spatial Relationships zu nennen. Das ARVIDA-Spatial Relationship-Vokabular beschreibt für jeden Entwickler, der zukünftig die ARVIDA-Referenzarchitektur einsetzt genau, wie Transformationen im 3D-Raum für Objekte abzubilden sind. Ist dies einmal vollständig spezifiziert, können sendende und empfangende Seite die Daten korrekt interpretieren und konforme Informationen verarbeiten. Auch der Informationsgehalt selbst, der letztlich in einem Vokabular abgebildet werden musste, ist über mehrere Iterationsstufen entstanden. Erst während der Anbindung der Komponenten an die „Interaktive Projektionssitzkiste" wurde deutlich, welche unterschiedlichen Informationen eines bestimmten Vokabulars an unterschiedlichen Stellen von unterschiedlichen Komponenten oder gar zu unterschiedlichen Zeiten im Verlauf benötigt wurden. Beispielhaft ist hier die Definition eines Vokabulars für Gesten zu nennen. Nachdem anhand der Anforderungen an eine „Interaktive Projektionssitzkiste" seitens des Volkswagen Designs deutlich wurde, welche Gesten grundsätzlich benötigt werden, um den funktionalen Umfang eines derartigen Arbeitswerkzeuges abzubilden (siehe Abschn. 8.2.5), musste eine Abstimmung hinsichtlich der spezifischen Eigenschaften einer Geste erfolgen. Beschrieben an der Geste, die benötigt wird, um ein virtuelles Bauteil zu verschieben (Translationsgeste), lässt sich der Informationsgehalt wie folgt darstellen: So gibt es eine Position, an der die Geste beginnt (die Berührung des Fingers mit der Oberfläche), eine örtliche Veränderung während der Translation selbst (der Finger bleibt auf der Oberfläche und bewegt sich aus seiner ursprünglichen Position) und schließlich die Position am Ende dieser Geste (der Finger entfernt sich von der Oberfläche). Für jeden Status müssen alle relevanten Parameter im Vokabular zur Verfügung stehen.

Nachdem sich gemeinsam auf ein allgemeingültiges Vokabular geeinigt wurde, konnten von den Technologen entsprechende Dienste entwickelt werden. Analog zu der hier beschriebenen Vorgehensweise am Beispiel des Gestenerkennungsdienstes wurden im Anwendungsszenario weiterhin ein Trackingdienst, ein Blendingdienst, ein Registrierungs- und Kalibrierungsdienst sowie entsprechende Dienste für die spätere Kopplung der beiden unabhängigen Anwendungsszenarien zuerst spezifiziert, gemeinsam über Iterationen entwickelt und evaluiert sowie schließlich in das Basis-Szenario integriert. Zu den Diensten zur Kopplung der beiden unabhängigen Anwendungsszenarien gehören Dienste zur Übermittlung von Fahrzeugzuständen (Geschwindigkeit, Zustand des Blinkers), ein Dienst zur Übertragung von Geopositionen (Position des Fahrzeuges) und ein Dienst zur Übertragung von Bildern (z. B. Inhalt des Navigationssystems). In Summe wurden zur Statustagung II insgesamt zehn verschiedene Dienste in das Anwendungsszenario über die ARVIDA-Referenzarchitektur eingebunden.

8.2.9 Ausblick

Innerhalb der hier zugrunde liegenden Projektlaufzeit lag der Fokus auf der Entwicklung einer Referenzarchitektur, die es zukünftig ermöglicht, VT-Systeme modular zu koppeln. Hierfür wurden gemeinsam mit Software-Architekten und Technologen Standards definiert, um einzelne Komponenten einfach zu einem Gesamtsystem zusammenzuführen und gegeneinander austauschbar zu gestalten.

Die Funktionsweise dieser innerhalb von ARVIDA entwickelten Referenzarchitektur wurde im Anwendungsszenario „Interaktive Projektionssitzkiste" an zwei Demonstratoren (Abschn. 8.2.8) gezeigt. Hierbei konnte festgestellt werden, dass die über ARVIDA angestrebte Interoperabilität zwischen einzelnen Komponenten, wie auch zwischen komplexen VT-Systemen, bereits gegeben ist. VT-Systeme setzen allerdings heutzutage noch hohe Kenntnisse hinsichtlich der eingesetzten Komponenten und Technologien voraus und benötigen Expertenwissen zum Einsatz dieser Systeme. Am Beispiel der „Interaktiven Projektionssitzkiste" wird Wissen über die Einmessung von Trackingsystemen zum Projektionskörper, sowie Wissen zur Kalibrierung und Registrierung von Projektoren benötigt, um das System entsprechend einzurichten. Für den Designer, der die „Interaktive Projektionssitzkiste" als Arbeitswerkzeug im Designprozess einsetzen möchte, um Konzeptentwürfe zu bewerten, ergibt sich aufgrund einer derartigen Komplexität dieser Systeme vorerst ein großer Mehraufwand zur Konfiguration des Setups, bevor er mit der eigentlichen Evaluierung seiner Konzepte starten kann. Zudem leitet sich das zur Inbetriebnahme benötigte Expertenwissen nicht aus der täglichen Arbeit eines Designers ab.

Aus diesen Gründen werden für einen benutzerfreundlichen Einsatz von VT-Systemen zukünftig Techniken benötigt, die automatisch eine Orchestrierung von allen am Gesamtsystem beteiligten Komponenten durchführen. Weiterhin liegt großes Potential darin, die VT-Systeme intelligenter zu gestalten. Wenn Komponenten hinreichend spezifiziert sind, dann kann beispielsweise die Komponente für sich selbst wissen, welche Eingangsdaten sie benötigt und welchen Output sie liefert. Auf diese Weise kann identifiziert werden, welche verfügbaren Komponenten aus der aktuell vorliegenden Systemgesamtheit sich für eine Kopplung in Abhängigkeit von angestrebten Funktionalitäten anbieten. Im Falle der „Interaktiven Projektionssitzkiste" schaltet der Designer in einem derart intelligenten VT-System im Idealfall lediglich das Gesamtsystem an. Darauf folgend melden sich die einzelnen Komponenten automatisch an einer existierenden Orchestrierungsebene an und werden intelligent und in Abhängigkeit der zu bewältigenden Aufgabenstellung miteinander gekoppelt.

Ein weiteres Thema, welches sich während der Evaluierungsphase im Anwendungsszenario abgezeichnet hat, ist die Latenz in VT-Systemen mit Echtzeitanspruch. Hierbei kann sich die Latenz einerseits auf der Kommunikationsebene innerhalb der Referenzarchitektur bewegen, andererseits wirkt sich Latenz sehr stark auf der Visualisierungsseite aus. Innerhalb von ARVIDA wurden seitens der Architekten bereits Methoden untersucht, um den Informationsgehalt der über die Referenzarchitektur verschickt wird, zu optimieren und darüber resultierend auch die Übertragungsgeschwindigkeit zu erhöhen. Zu nennen sind hier Techniken wie FASTRDF, die es ermöglichen, nur die sich ändernden

Informationsbereiche von RDF Beschreibungen zu versenden. Der sich dadurch ergebende geringere Informationsgehalt hat zur Folge, dass weniger Datenvolumen serialisiert und deserialisiert werden muss. Innerhalb von ARVIDA wurden mehrere Evaluierungen diesbezüglich durchgeführt, aus denen hervorging, dass Serialisieren und Deserialisieren einen erheblichen Teil der Latenz ausmachen. Durch die Verringerung des Datenvolumens, das über die Referenzarchitektur kommuniziert werden muss, verringert sich die Bearbeitungszeit, was sich positiv auf die verbleibende Latenz auswirkt. Hinsichtlich der Optimierung der Latenz auf der Visualisierungsseite wurden innerhalb von ARVIDA Techniken aus dem Spielebereich evaluiert, da heutige 3D-Spiele einen hohen Detaillierungsgrad bei einer schnellen Darstellungsgeschwindigkeit aufweisen. Zudem wurde die Renderkette innerhalb der Visualisierungskomponente der „Interaktiven Projektionssitzkiste" betrachtet und mögliche Optimierungsbereiche identifiziert. Weiterhin bieten auch Anzeigesysteme wie Head Mounted Displays (z. B. Microsoft HoloLens) bereits interessante Ansätze, um in bestimmten Szenarien anstelle von Projektoren eingesetzt zu werden. Hierbei ergeben sich dann neue Fragestellungen bezüglich der Interaktion mit z. B. virtuellen Bauteilen oder virtuellen Interaktionsflächen (Menüs). Auch das Thema der Kollaboration wird durch die Dezentralisierung in der Industrie zunehmend interessanter. Damit sind nur einige Punkte genannt, die eine Steigerung der Akzeptanz von VT-Systemen erzielen.

In der Vergangenheit wurden in Forschungsprojekten wie z. B. AVILUS bereits viele Bereiche für den Einsatz von VT-Systemen ermittelt. Innerhalb von ARVIDA wurden nun Standards definiert, die eine einheitliche Kommunikation ermöglichen. Zukünftig sollte der Fokus auf der Anwendbarkeit dieser Techniken liegen und Wege gefunden werden, die es ermöglichen, VT-Systeme auch ohne spezielles Expertenwissen zu bedienen. Der Anwender sollte sich ausschließlich um seine fachliche Thematik kümmern, die VT-Systeme als ein Werkzeug dafür verstehen sowie einsetzen und sich nicht um die Konfiguration dieser Systeme Gedanken machen müssen.

8.3   Generisches Anwendungsszenario Produktabsicherung/-erlebnis

8.3.1   Motivation und Zielsetzung

Das *generische* Anwendungsszenario „Produktabsicherung und -erlebnis" zielt darauf ab, zukünftige Produkte teilweise oder vollständig virtuell darzustellen und für den Benutzer möglichst realistisch erlebbar zu machen. Dies ist vor allem für menschzentrierte Produkte und komplexe Umgebungen ein essentieller Entwicklungsschritt, der bereits in frühen Phasen der Produktentwicklung zur Anwendung kommt. Fahrzeugcockpits sind typische Beispiele für Produktkomponenten, die eine komplexe Benutzerschnittstelle aufweisen und daher aufwendig überprüft und abgesichert werden müssen. Neben ästhetischen Aspekten sind vor allem auch sicherheitsrelevante Gesichtspunkte bei der Absicherung solcher Komponenten zu berücksichtigen.

Zur Erzielung der erforderlichen Aussagekraft muss eine virtuelle Szene in einer hohen und realistischen Qualität vorliegen und ein adäquates Abbild der Einsatzumgebung eines Produkts darstellen. Durch eine Vielzahl angekoppelter Simulationen und die Integration und Verarbeitung verschiedener Datenquellen wird die Erstellung dieser realitätsnah anmutenden virtuellen Umgebungen und dem Erleben eines Produkts darin ermöglicht. Geoinformationen, 3D-Umgebungserfassungsdaten, Infrastrukturelemente von Städten, Landschaftselemente, Fahrsimulationen, Umgebungssimulationen, Verkehr, Wetter, Bordsysteme und viele andere Bausteine ergeben das Gesamtbild einer Erlebnisumgebung und liefern die Basis zur Beurteilung von Produkten des Automobilbaus. Hierbei handelt es sich größtenteils um unabhängige Systeme oder Datenquellen, die bereits vorhanden sind. Die ARVIDA-Referenzarchitektur soll die Einbindung dieser Funktionen und Daten in die virtuelle Welt ermöglichen und die Kopplung dieser bislang unabhängigen Systeme und Datenquellen vereinfachen.

In diesem Kontext basiert das *generische* Anwendungsszenario „Produktabsicherung/-erlebnis" auf den beiden oben beschriebenen und voneinander unabhängigen Anwendungsszenarien „Das digitale Fahrzeugerlebnis" und die „Interaktive Projektionssitzkiste". Im generischen Szenario soll bewiesen werden, dass die beiden voneinander unabhängigen Systeme unter Verwendung der ARVIDA-Referenzarchitektur miteinander vernetzt und interoperabel gestaltet werden können.

8.3.2 Szenariobeschreibung

Beim Anwendungsszenario der „Interaktiven Projektionssitzkiste" werden einfache reale Modelle, die gekrümmte Oberflächen beschreiben, durch realitätsgetreue virtuelle Details angereichert. Hierbei werden die virtuellen Daten durch die Verwendung eines oder mehrerer Projektoren auf dem realen Modell dargestellt. In dem Szenario werden virtuelle Daten in einer für den Designer gewohnten Umgebung, nämlich der Sitzkiste, realitätsgetreu und interaktiv erlebbar gemacht.

In dem Anwendungsszenario „Das digitale Fahrzeugerlebnis" wird ein Fahrzeug in einer realistisch anmutenden und der Realität auf Basis von Realdaten nachempfundenen virtuellen 3D-Umgebung erlebt. Unter Einbeziehung verschiedener existierender Datenquellen (z. B. GIS-Daten, Geodatendienste, Kartendaten, 3D-Scans von Outdoor-Szenen etc.) werden möglichst realistische und attraktive virtuelle 3D-Umgebungen weitestgehend prozedural, d. h. automatisch, erzeugt und parametriert, in denen ein Fahrzeug interaktiv erlebt werden kann.

Während beim digitalen Fahrzeugerlebnis das Fahrzeug in einer virtuellen Simulationsumgebung bewegt wird, werden bei der interaktiven Projektionssitzkiste die virtuellen Daten im Inneren des Fahrzeuges visualisiert. Beide Szenarien verarbeiten und verwalten Informationen über Fahrzeugeigenschaften, wie z. B. die aktuelle Geschwindigkeit, die georeferenzierte Position des Fahrzeugs oder ob z. B. ein Blinker betätigt wurde. Zur Vernetzung der beiden Szenarien und Herstellung einer Interoperabilität bietet sich daher der Austausch dieser Fahrzeuginformationen an. Die Informationen werden dazu in einem einheitlichen Vokabular beschrieben, welches von beiden Systemen interpretiert werden kann. Die Übertragung der Daten muss hierbei in interaktiven Raten über das Netzwerk durchgeführt werden können, da eine hohe Aktualisierungsrate der einzelnen Fahrzeug-informationen von beiden Systemen benötigt wird. Die Informationen beschreiben not-wendigerweise diverse Zustandsmodifikationen, die bei der Benutzung eines Fahrzeugs verändert werden können. Für den Datenaustausch zwischen den Anwendungsszenarien wurden die folgenden Anwendungsfälle definiert:

Übertragung der aktuellen Geschwindigkeit In diesem Anwendungsfall wird die aktu-elle Geschwindigkeit des virtuellen Fahrzeugs in der Fahrsimulation des digitalen Fahr-zeugerlebnisses an die interaktive Projektionssitzkiste gesendet. Dort wird die Geschwin-digkeitsinformation durch Projektion auf die Sitzkiste im Cockpit visualisiert.

Übertragung der georeferenzierten Fahrzeugposition In beiden Anwendungsszenarien wird die aktuelle georeferenzierte Position eines Fahrzeugs verwaltet. Im digitalen Fahrzeug-erlebnis wird diese Information in der Fahrsimulationskomponente berechnet, sodass das Fahrzeug ortskorrekt visualisiert werden kann. In der interaktiven Projektionssitzkiste wird die Information zur Einblendung der Fahrzeugposition im Navigationssystem verwendet. In diesem Anwendungsfall soll daher die Information aus der Fahrsimulation des digitalen Fahrzeugerlebnisses an die Projektionssitzkiste übertragen werden, um die Fahrzeugposition im Navigationssystem anzuzeigen. Beispielsweise würde eine Fahrt durch eine prozedural erzeugte virtuelle Stadt Ulm dann auch im Navigationssystem korrekt dargestellt werden.

Übertragung der Statusinformation von Blinkern Im digitalen Fahrzeugerlebnis werden die jeweilig aktivierten Blinker im virtuellen Fahrzeugcockpit visualisiert. In der interaktiven Projektionssitzkiste werden die realen Blinkerhebel über ein Tracking des Projektpartners ART in ihrer Position und Orientierung verfolgt. Betätigt ein Anwender nun den Blinkerhebel in der Projektionssitzkiste, so wird diese Information an das digi-tale Fahrzeugerlebnis gesendet, um dort im virtuellen Fahrzeugcockpit visualisiert zu werden.

Anhand dieser drei Anwendungsfälle sollte im generischen Anwendungsszenario „Pro-duktabsicherung/-erlebnis" die einfache Austauschbarkeit von Informationen zwischen vormals voneinander unabhängigen Systemen gezeigt werden. Die angestrebte Interope-rabilität kann dabei unter Nutzung der ARVIDA-Referenzarchitektur entweder durch Ver-netzung der zwei Systeme oder auch theoretisch lokal auf einem Rechner durchgeführt werden. In dem Szenario wurde entschieden, aus Gründen der Hardwareanforderungen an die Einzelrechner eine Vernetzung der Systeme durchzuführen.

8.3.3 Umsetzung

Zur Umsetzung des *generischen* Anwendungsszenarios diente als Integrationsplattform sowohl das System der interaktiven Projektionssitzkiste als auch des digitalen Fahrzeuger-lebnisses. Beide Systeme hatten im Rahmen der Umsetzung des generischen Szenarios das

Rest-SDK der ARVIDA-Referenzarchitektur inkl. der zum Datenaustausch notwendigen Vokabulare integriert. Das zur Beschreibung der Daten verwendete Vokabular umfasste dabei einen Wert für die aktuelle Geschwindigkeit, zwei Werte für die Geo-Koordinate in Form eines Werts für die geographische Breite (Latitude) und eines Werts für die geographische Länge (Longitude) und zwei Werte für den rechten oder linken Blinker. Das Vokabular ist zukünftig einfach um weitere Werte erweiterbar und kann somit als Beschreibung zum Austausch von Fahrzeuginformationen weiterentwickelt und genutzt werden.

Für die Übertragung der Fahrzeuginformationen diente das digitale Fahrzeugerlebnis bzgl. der Geschwindigkeit und der Geo-Position als Server im generischen Anwendungsszenario und die Projektionssitzkiste als Client. Bezüglich der Information über den Blinkerzustand diente die Projektionssitzkiste als Server und das digitale Fahrzeugerlebnis als Client.

8.3.4 Ergebnisse

Generell liefert die ARVIDA Referenzarchitektur im generischen Anwendungsszenario die Technologie, um zwei unabhängige Systeme durch eine echtzeitfähige Kopplung über die Referenzarchitektur miteinander interoperieren zu lassen.

Zur Evaluation des Szenarios wurden beide Systeme in einem Netzwerk miteinander verbunden. Anschließend wurden die Funktionen, welche die Übertragung der Fahrzeuginformationen zwischen den beiden Szenarien auslösen, getestet. Beim Fahren in der Bewegungs-Plattform des digitalen Fahrzeugerlebnisses wird kontinuierlich die aktuelle Geschwindigkeit des virtuellen Fahrzeugs in der Fahrsimulation berechnet. Diese Information konnte in den Tests erfolgreich in der Projektionssitzkiste empfangen und durch die Projektion visualisiert werden, d. h. bedient der Anwender in der Bewegungs-Plattform das Gaspedal, so wird die erhöhte Geschwindigkeit in der Projektionssitzkiste korrekt auf dem Tachometer dargestellt. Zur Übertragung der Geo-Position wird das Stadtmodell von Ulm, das auch bei der Evaluation des digitalen Fahrzeugerlebnisses verwendet wurde, genutzt. Die Fahrsimulationskomponente berechnet dazu für jedes Bild eine aktualisierte georeferenzierte Position des Fahrzeugs in Ulm. Diese Informationen werden kontinuierlich berechnet und wurden erfolgreich an die Projektionssitzkiste übertragen. In der Projektionssitzkiste werden die Daten anschließend ausgewertet und genutzt, um die Fahrzeugposition im Navigationssystem zu aktualisieren. Somit lässt sich eine Fahrt in der 3D-Fahrerlebnisumgebung des digitalen Fahrzeugerlebnisses in der Visualisierung des Navigationssystems in der Projektionssitzkiste nachverfolgen.

Zur Feststellung, ob der Blinker in der Projektionssitzkiste betätigt wurde, wird der Blinker mit einer Trackingtechnologie von ART erfasst. Betätigt der Anwender den Blinker, wird über das Tracking die Stellung des Blinkerhebels ausgewertet und löst ein Ereignis für den rechten oder den linken Blinker aus. Diese Information wurde in der Evaluation jeweils erfolgreich an das digitale Fahrzeugerlebnis übertragen und löste dort eine Animation zur Visualisierung der Darstellung des rechten oder linken Blinkers im Cockpit des virtuellen Fahrzeugs aus.

Die Visualisierungskomponente, d. h. der Renderer, benötigt in beiden Szenarien bei den kontinuierlich gesendeten Werten der Geschwindigkeit und der Geo-Position eine Aktualisierung der Werte für jedes zu berechnende Bild. Dementsprechend kann eine langsame Übertragung der Informationen zu einer langsamen Visualisierung führen, die der Benutzer als störend empfindet. In der Evaluation wurden interaktive Bildwiederholraten im Bereich von 5 bis 30 Bildern pro Sekunde erreicht, wie auch die Ergebnisse der Evaluation der Referenzarchitektur (Abschn. 8.1.5) belegen. Damit konnte gezeigt werden, dass interaktive Anwendungsszenarien, die eine Interoperabilität zweier unabhängiger Systeme umsetzen müssen, sich durch den Einsatz der ARVIDA-Referenzarchitektur realisieren lassen.

Literatur

[1]   SICK AG, LMS 5xx Benutzerhandbuch. https://www.sick.com/media/dox/4/14/514/Operating_instructions_Laser_Measurement_Sensors_of_the_LMS5xx_Product_Family_en_IM0037514.PDF. Zugegriffen: 01. Sept. 2016

[2]   OxTS, Inertiales Navigationssystem RT3000. http://www.oxts.com/products/rt3000-family. Zugegriffen: 01. Sept. 2016

[3]   Nikon, Laser Radar MV331/351, Produktbeschreibung. http://www.nikonmetrology.com/en_EU/Produkte/Grossvolumige-Messaufgaben/Laser-Radar/MV331-MV351-Laser-Radar. Zugegriffen: 01. Sept. 2016

[4]   ESRI City Engine. http://www.esri.com/software/cityengine. Zugegriffen: 19. Sept. 2016

[5]   Atomic Motion Systems. http://www.atomicmotionsystems.com. Zugegriffen: 19. Sept. 2016

[6]   QGIS Projekt. http://wwwqgis.org, Zugegriffen: 19. Sept. 2016

[7]   OpenStreetMap, die freie Wiki-Weltkarte. https://www.openstreetmap.de/. Zugegriffen: 20. Sept. 2016

[8]   NASA Shuttle Radar Topography Mission. http://www2.jpl.nasa.gov/srtm/. Zugegriffen: 19. Sept. 2016

[9]   HERE. https://wego.here.com/. Zugegriffen: 21. Sept. 2016

[10] Datenportal der Stadt Ulm. http://daten.ulm.de/datenkatalog/statistik. Zugegriffen: 21. Sept. 2016

[11] 3D Warehouse. https://3dwarehouse.sketchup.com/.Zugegriffen: 21. Sept. 2016

[12] NVIDIA PhysX – Echtzeit-Physik-Engine für PC-Gaming. http://www.nvidia.de/object/nvidia-physx-de.html/. Zugegriffen: 22.Sept. 2016

[13] MegaTexture in Quake Wars. – https://www.beyond3d.com/content/articles/95. Zugegriffen: März 2017

[14] 3D Asset Exchange Schema.– https://www.khronos.org/collada. Zugegriffen: März 2017

[15] Audet S, Okutomi M (2009) A user-friendly method to geometrically calibrate projector-camera systems, IEEE Computer Society Conference on Computer Vision and Pattern Recognition Workshops, Miami, S 47–54

[16] Resch C, Naik H, Keitler P, Benkhardt S, Klinker G (2015) On-site semi-automatic calibration and registration of a projector-camera system using arbitrary objects with known geometry. IEEE TVis Comput Gr 21(11):1211–1220

[17] Yamazaki Y, Mochimaru M, Kanade T (2011) Simultaneous self-calibration of a projector and a camera using structured light. CVPR 2011 WORKSHOPS, Colorado Springs, CO, S 60–67

ARVIDA in der öffentlichen Wahrnehmung

9

Hilko Hoffmann und Peter Zimmermann

Zusammenfassung

ARVIDA wurde neben den für öffentlich geförderte Projekte üblichen Statustagungen weiterhin national und international auf Messen undTagungen vorgestellt. Die Referenzarchitektur wurde darüber hinaus durch die Veröffentlichung der Vokabulare im Netz bekannt gemacht, sodass es Interessenten möglich ist, daraus eigene Erweiterungen zu generieren.

Abstract

ARVIDA was not only presented in project status events which are mandatory for government funded projects, furthermore there were presentations on exhibitions and national and international conferences. In addition the reference architecture with its vocabulary has been made public on the websites in order to give interested parties the opportunity to generate their own extensions.

Während der Laufzeit des ARVIDA-Projektes wurde neben den beiden Statustagungen auch ein Auftritt auf der CeBIT-Messe 2015 durchgeführt. Daneben gab es bei vielen nationalen und internationalen Fachtagungen ebenfalls Gelegenheit, die Ideen von

H. Hoffmann (✉)
DFKI GmbH, Saarbrücken
e-mail: hilko.hoffmann@dfki.de

P. Zimmermann
Virtual Technologies Consulting, Gifhorn
e-mail: virtualtechnologies@t-online.de

© Springer-Verlag GmbH Deutschland 2017
W. Schreiber et al. (Hrsg.), *Web-basierte Anwendungen Virtueller Techniken*,
DOI 10.1007/978-3-662-52956-0_9

ARVIDA der Öffentlichkeit vorzustellen. Im Web existiert seit 2014 ein Internet-Auftritt in deutscher Sprache, der in 2015 durch eine englische Fassung ergänzt wurde.

Zum Ende des Projektes wurde durch Pressemitteilungen der Partner auch noch einmal explizit auf die ARVIDA-Referenzarchitektur aufmerksam gemacht. Weiterhin wurde das ARVIDA-Vokabular veröffentlicht, das interessierte Nutzer in die Lage versetzen soll, eigene Dienste zu entwickeln.

Statustagungen

1. Statustagung in Isenbüttel bei Wolfsburg Die 1. Statustagung des Projektes fand im April 2015 in Isenbüttel bei Wolfsburg mit ca. 80 Teilnehmern statt. Den Schwerpunkt dieser Tagung bildete neben den Fachvorträgen der Teilprojekte und 3 Keynote-Vorträgen eine Ausstellung, bei der die Teilprojekt-Partner ihre 1. Prototypen vorstellten (Abb. 9.1 und 9.2). Ergebnisse dieser Tagung in Form von Vortragstiteln sowie Postern wurden anschließend auf den Web-Seiten öffentlich gemacht und sind unter www.arvida.de zugänglich.

Abb. 9.1 Lagerichtige Aufprojektion Tür

Abb. 9.2 Lagerichtige Aufprojektion Bauteil Soll/
Ist-Vergleich

2. Statustagung in Kiel Die 2. Statustagung des Projektes fand im Oktober 2016 Kiel
mit ca. 100 Teilnehmern statt. Den Schwerpunkt dieser Tagung bildete neben den Fachvorträgen der Teilprojekte eine Ausstellung, bei der die Teilprojekt-Partner ihre finalen
Prototypen vorstellten (Abb. 9.3 und 9.4). Ergebnisse dieser Tagung in Form von Vorträgen wurden anschließend auf den Web-Seiten öffentlich gemacht und sind ebenfalls unter
www.arvida.de zu finden.

Abb. 9.3 Soll/Ist-Vergleich an einem großen Bauteil

Abb. 9.4 Interaktive Sitzkiste
mit bedienbarem virtuellen
Navigations-Display

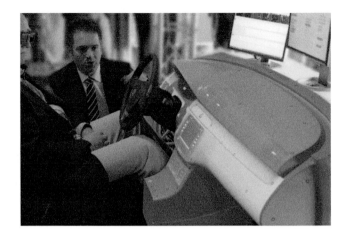

CeBIT 2015 Einen großen Auftritt hatte das Projekt auf dem Stand des BMBF auf der CeBIT 2015. Neben der Vorstellung der ARVIDA-Architektur wurden zwei beispielhafte Anwendungen der Referenzarchitektur auf der CeBIT präsentiert: Motion Capturing an einer LKW-Fahrerkabine und die Projektion von 3D-Inhalten auf eine Fahrzeugoberfläche (Abb. 9.5 und 9.6).

Fachtagungen mit Beteiligung des ARVIDA-Projektes Die ARVIDA-Partner beteiligten sich mit mehr als 25 Beiträgen an den in Tab. 9.1 aufgeführten Fachtagungen. Eine vollständige Liste der Veröffentlichungen ist auf den Web-Seiten unter www.arvida.de zu

Abb. 9.5 Besucher am ARVIDA-Stand des BMBF

Abb. 9.6 ARVIDA-Stand des BMBF: Aufprojektion einer Türmechanik

finden. Zahllose Bachelor- und Masterarbeiten sowie Dissertationen wurden an den Hochschulen im Rahmen von ARVIDA durchgeführt.

Web-Auftritt Der Web-Auftritt von ARVIDA soll in der Community in erster Linie die Aktivitäten des Projektes abbilden. Außerdem erhalten Interessierte hier Gelegenheit, mit dem Projekt in Kontakt zu treten. Durch die englische Version wird es einfacher, internationale Interessenten mit Informationen zu versorgen.

Veröffentlichung der ARVIDA-Referenzarchitektur Die ARVIDA-Referenzarchitektur basiert, wie beschrieben, auf standardisierten und weltweit etablierten Web-Technologien. Neben der Standardisierung durch das W3C ist ein sehr wesentlicher Faktor bei deren Verbreitung die einfache und kostenfreie Zugänglichkeit.
    Im Bereich von Industrie 4.0 findet ebenfalls ein Standardisierungsprozess statt, der in Form des Referenzarchitekturmodells Industrie 4.0[1] versucht, die am Thema Industrie 4.0 beteiligten Systemwelten interoperabler und offener zu gestalten. Mit den Vertretern von RAMI 4.0 wurde im Rahmen von Konsortialtreffen ein Dialog begonnen, der die konzeptionell und technologisch sehr ähnlichen Ansätze zusammenbringen soll.

---

[1] RAMI 4.0, https://www.plattform-i40.de/I40/Redaktion/DE/Downloads/Publikation/zvei-faktenblatt-rami.pdf?__blob=publicationFile&v=3.

Tab. 9.1 Fachtagungen mit Beiträgen der Projektpartner

17. IFF Wissenschaftstage, Magdeburg	2014
International Semantic Web Conference, Riva del Garda, Italien	2014
IEEE Int'l Symposium on Mixed and Augmented Reality (ISMAR), München	2014
European Semantic Web Conference, Montpellier, Frankreich	2014
European Data Forum (EDF), Luxemburg	2015
48th CIRP Conference on Manufacturing Systems	2015
WWW Conference, Florence, Italy	2015
EUROVR	2015
VDI Fachkonferenz, Mobile Endgeräte in der Produktion, München	2015
ISMAR, Fukuoka, Japan	2015
IEEE Transactions on Visualization and Computer Graphics	2015
Ramsis User Conference, Kaiserslautern	2015
Fachkongress Digitale Fabrik&Produktion, Hamburg	2015
10th Int'l Conference on Computer Vision Theory an Applications, Berlin, Germany	2015
IEEE Winter Conference on Applications of Computer Vision, Lake Placid, USA	2016
IEEE Int'l Symposium on Mixed and Augmented Reality (ISMAR), Merida, Mexico	2016

Im Sinne einer weiteren Verbreitung sowie auch der angestrebten Verbindung mit RAMI 4.0 werden die essentiellen Teile der Referenzarchitektur öffentlich zugänglich gemacht. Nach derzeitigem Stand sind die entwickelten Vokabulare über die Homepage www.arvida.de zugänglich. Eine wesentliche Eigenschaft des gewählten Ansatzes ist die leichte Erweiterbarkeit. Neue Nutzer können somit bestehende Vokabulare erweitern und/ oder in neuen, eigenen Vokabularen referenzieren. Bei hinreichend breiter Nutzbarkeit können diese Vokabulare ebenfalls Teil der Referenzarchitektur werden und im Sinne der stetig neuen Anforderungen an VT erweitert werden.

Verwertung und Nachhaltigkeit

10

Hilko Hoffmann, Werner Schreiber, Peter Zimmermann und Konrad Zürl

Zusammenfassung

Die Verwertung der Projektergebnisse ist bei öffentlich geförderten Projekten ein wichtiges Element. In diesem Kapitel wird die wissenschaftliche und wirtschaftliche Verwertung der Projektergebnisse thematisiert.

Abstract

The exploitation of the project results is –particularly in public funded projects – a main issue. This chapter describes the scientific and economic perspectives of the associated project partners relating to the achieved project results.

In Forschungsprojekten ist die Verwertung und Weiterentwicklung der Ergebnisse und Technologien ein wichtiger Faktor. Die Nutzung und Weiterentwicklung der Forschungsergebnisse

H. Hoffmann (✉)
DFKI GmbH, Saarbrücken
e-mail: hilko.hoffmann@dfki.de

W. Schreiber
Volkswagen AG, Wolfsburg
e-mail: werner.schreiber@volkswagen.de

P. Zimmermann
Virtual Technologies Consulting, Gifhorn
e-mail: virtualtechnologies@t-online.de

K. Zürl
Advanced Realtime Tracking GmbH, Weilheim i.OB
e-mail: k.zuerl@ar-tracking.de

© Springer-Verlag GmbH Deutschland 2017
W. Schreiber et al. (Hrsg.), *Web-basierte Anwendungen Virtueller Techniken*,
DOI 10.1007/978-3-662-52956-0_10

ist bei den Partnern eines solchen Projektes je nach Instituts- oder Firmenausrichtung sowie abhängig von der Gesellschaftsform sehr unterschiedlich.

Bei **Universitäten und Forschungseinrichtungen** stehen Forschung und Lehre im Vordergrund, da sie aus ihrem Verständnis heraus die Verbreiterung der Wissensbasis für die Allgemeinheit im Fokus haben. Die Projekterkenntnisse fließen daher in weitere Forschung und Lehre dieser Projektpartner ein. Zudem werden Forschungsergebnisse im Sinne eines Forschungstransfers häufig auch in anschließenden, bilateralen Projekten mit Industriepartnern eingesetzt und weiterentwickelt.

Kleine und mittelständische Unternehmen (KMU) sind häufig die Partner, die spezifische, im Zusammenarbeit mit den Forschungspartnern entwickelte Technologien in konkrete Anwendungen umsetzen. Ein wesentliches Interesse ist, die erforschten Technologien in Produkte zu integrieren und diese dann zu vermarkten. Die erzielten Projektergebnisse erschließen oder stabilisieren in vielen Fällen eine Marktposition des betreffenden KMU. In der Vergangenheit sind aus Forschungsprojekten heraus immer wieder junge Unternehmen (Spin-Offs) entstanden, deren Geschäftsidee auf Projektergebnissen aufbaute. In beiden Fällen kann von einer nachhaltigen Verwertung ausgegangen werden.

Die **Industriepartner** sind im Allgemeinen die Anwender sowie diejenigen, die einen Bedarf an der nachhaltigen Nutzung der im Forschungsprojekt entwickelten Technologien haben. Diese Partner haben daher ein erhebliches Interesse daran, wesentliche Projektergebnisse zu stabilisieren und in Form von Anwendungssystemen in die eigenen Prozesse einzubinden. Diese Aufgabe übernehmen oft die KMU. Sie entwickeln die neuen Technologien zu industriell nutzbaren Produkten und helfen damit, Industrieprozesse effizienter und sicherer zu machen. Im Sinne einer Nachhaltigkeit sind die Industriepartner auch an einem verlässlichen langfristigen Service und an der stetigen Weiterentwicklung vielversprechender Projektergebnisse interessiert. Die Fortführung der Zusammenarbeit zwischen den Projektpartnern nach Abschluss des Forschungsprojektes gewährleistet eine auf Kontinuität ausgelegt Zusammenarbeit.

Der intensive Austausch zwischen den drei Gruppen während eines Forschungsprojektes ermöglicht es den Projektpartnern, Arbeiten durchzuführen, die für die Projektpartner aus den jeweils anderen Gruppen von nachhaltiger Bedeutung sind. Aus diesem Grund ist es sinnvoll und notwendig, eine ausgewogene Mischung von Partnern aus Forschung, KMU und Industrie anzustreben.

Wesentliche Ergebnisse des ARVIDA-Projektes sind die ARVIDA-Referenzarchitektur, Entwicklungswerkzeuge, einige Basisdienste sowie der Nachweis der Leistungsfähigkeit der darin eingesetzten Konzepte durch die zahlreich durchgeführten Industrie-Szenarien. Die Erstellung einer umfassenden Referenzarchitektur in einem technisch diversifizierten Gebiet wie den virtuellen Technologien ist eine große Aufgabe. Alle Partner haben daher an einer nachhaltig nutzbaren Architektur in thematischen Arbeitsgruppen zusammengearbeitet und umfassende Anforderungen an Schnittstellen und Funktionen definiert. Das Format dieser Zusammenarbeit und die verwendeten Werkzeuge, wie z. B. ein MediaWiki und der Vokabularserver, können in nachfolgenden Projekten als sehr erfolgreiche Vorlage dienen.

Ebenso wurde die nach dem Projektende angestrebte Stabilisierung der Referenzarchitektur mit der Veröffentlichung der entwickelten RDF-Vokabulare begonnen. Die Vokabulare stehen nun jedem interessierten Anwendungsentwickler zur Verfügung und können in eigenen Anwendungen genutzt und weiterentwickelt werden. Gemäß dem Open-Source-Gedanken können und sollten sinnvolle Erweiterungen wiederum in die allgemein verfügbaren ARVIDA-Vokabulare eingepflegt werden.

Die Ergebnisse der Arbeiten an der Referenzarchitektur belegen, dass eine Interoperabilität von bislang unabhängigen Systemen, wie z. B. der Austausch von verwendeten Trackingkomponenten, das einfache Zusammenführen von 3D-Erfassungsdaten, die mit unterschiedlichen Geräten und Softwarekomponenten gewonnen wurden, oder der Austausch von Fahrzeuginformationen sich durch die Referenzarchitektur erfolgreich abbilden lassen. Je nach Anwendungsfall kann die Referenzarchitektur daher in Zukunft zur Umsetzung einer Interoperabilität zwischen verschiedenen Systemen oder zur Vernetzung solcher Systeme genutzt werden. Daher werden die wesentlichen Konzepte der Referenzarchitektur und hier vor allem die semantische Beschreibung von Schnittstellen und Ressourceneigenschaften zunehmend auch in anderen Bereichen interessant.

Der VDI/VDE hat ein Referenzmodell Industrie 4.0 vorgelegt (RAMI 4.0). Die sich konzeptionell sehr ähnlichen Architekturentwürfe können potenziell und vergleichsweise einfach zusammengebracht werden. Die in der ARVIDA-Referenzarchitektur untersuchten und eingesetzten Technologien und Konzepte können in diesem Kontext aufgrund der zu integrierenden, sehr heterogenen Systemlandschaften auch innerhalb von Industrie 4.0 eine wichtige Vorreiterrolle einnehmen, weil sie anhand von konkreten Implementierungen den notwendigen Aufwand sowie die Möglichkeiten und Einschränkungen von Web-Technologien aufzeigen. Eine Etablierung der ARVIDA-Konzepte für virtuelle Techniken im Kontext von Industrie 4.0 ist sehr wünschenswert und wird von den Partnern angegangen werden.

Das Konzept der losen Koppelung völlig verschiedener Teilsysteme über Web-Technologien und semantisch beschriebene Schnittstellen wird z. B. auch im Bereich des Smart-Homes aufgrund der gebotenen Flexibilität und inhärenten Standardisierung wichtig. Die ARVIDA-Konzepte wurden daher zum Teil in ein Positionspapier zu autonomen Systemen übernommen bzw. als ein erfolgreiches Umsetzungsbeispiel für Web-Technologien vorgestellt. Zusätzlich sind die Grundkonzepte der Referenzarchitektur z. B. in die Smart-Living-Initiative eingebracht worden und auf erhebliches Interesse gestoßen.

Auch die *wirtschaftlichen Erfolgsaussichten* der Referenzarchitektur werden von den Projektteilnehmern als sehr gut eingeschätzt. Die Projektpartner haben mit der Umsetzung produktiver VT-Anwendungen mit relevanten Elementen der Referenzarchitektur begonnen und planen diese weiter auszubauen. Mithilfe der Referenzarchitektur konnten vergleichsweise effizient heterogene Systemlandschaften zusammengebracht werden, die bis dahin inkompatibel waren. Damit können neue Fachanwendungen für Endnutzer in weiteren Bereichen umgesetzt werden. Die im Forschungsprojekt gewonnenen Erkenntnisse und Lösungen sind dort unmittelbar nutzbar. Die Anbindung unterschiedlicher Technologien und Systemwelten mithilfe der Referenzarchitektur kann zu Synergien zwischen bisher getrennt entwickelten Produkten führen und somit zu deren weiterer Verbreitung beitragen.

Die Kombination aus einheitlichen Schnittstellen, Datenmodellen und passenden Entwicklungswerkzeugen ermöglicht eine effiziente Anwendungsentwicklung und macht die geforderte Durchgängigkeit von Daten und Funktionen ein ganzes Stück realistischer. Durch die damit möglichen Prozessketten entstehen mittel- bis langfristig Kostenvorteile für die Unternehmen, die durchaus erheblich sein können.

Aufgrund der breit angelegten Anwendungsszenarien ist im Rahmen von ARVIDA eine Vielzahl von Diensten entstanden, die ARVIDA-konform sind und das Funktionieren der Idee und die Leistungsfähigkeit der Referenzarchitektur in vielen Teilbereichen der virtuellen Techniken zeigen. Schon im Forschungsprojekt zeigte sich der Vorteil der Referenzarchitektur. Der Ausstieg eines Projektpartners, der primär an der Tracking-Technologie forschte und die Ergebnisse in die einzelnen Anwendungsszenarien einbringen sollte, konnte auch durch die Flexibilität und die einheitlichen Datenmodelle in der Referenzarchitektur effizient durch einen anderen Partner kompensiert werden.

Für die KMU im Konsortium ergeben sich bei konsequenter Nutzung der Referenzarchitektur z. T. erheblich Kostenvorteile und neue Marktchancen. Kostenvorteile entstehen dadurch, dass die bisher u. U. sehr aufwendige Entwicklung und Pflege unterschiedlicher Schnittstellen zu etablierten Systemwelten und CAD-Suiten weitgehend entfallen kann. Neue Produkte, wie z. B. neue Trackingsysteme, können vergleichsweise einfach auch in existierende Anwendungen integriert und genutzt und ganze Systembestandteile können durch andere ersetzt werden. Beispielsweise ist der Aufbau von heterogenen Tracking-Setups nun relativ einfach möglich.

Eine *wissenschaftliche Anschlussfähigkeit* ist unter anderem in Forderungen nach Performanz, Latenzverhalten und Echtzeit-Fähigkeit gegeben. Die für die Weiterbearbeitung erforderlichen Aktivitäten gingen dabei klar über den ARVIDA-Projektumfang hinaus. Eine weitere wissenschaftliche Anschlussfähigkeit ist ferner in einer weitergehenden Modularisierung von Anwendungen, aber auch der Unterteilung von komplexeren Diensten in Sub-Dienste oder gar Sub-Sub-Dienste gegeben.

Wissenschaftlich stellt die Verknüpfung der ARVIDA-Referenzarchitektur mit Konzepten und Ansätzen, die derzeit im Kontext Industrie 4.0 diskutiert werden, eine interessante Fragestellung dar. Daneben bereiten die in ARVIDA begonnenen Arbeiten zu Authoring und zur Bereitstellung von Daten für VT-Anwendungen eine wichtige Grundlage für Arbeiten auf dem Gebiet des automatischen Authorings und der automatischen Datenbereitstellung für VT-Anwendungen. Diese müssten in nachgelagerten Projekten bearbeitet werden und sind beides: wissenschaftlich herausfordernd und wirtschaftlich höchst interessant.

Anhang

11

Peter Zimmermann

11.1 Projektorganisation

Struktur des Projekt-Managements Das Projektmanagement besteht aus der Verbund-projekt-Koordination für die operativen Aufgaben des Gesamtprojektes und die Vertre-tung nach Außen und gegenüber dem Fördergeber sowie aus dem Lenkungskreis für die Beschlussfassungen innerhalb der Projektlaufzeit. Der Lenkungskreis tagt alle 6 Monate, um den Fortschritt im Projekt zu begutachten und eventuell notwendige Korrekturen vor-zunehmen. Das Management der Teilprojekte wird von Teilprojektleitern übernommen (siehe Abb. 11.1), die innerhalb der Teilprojekte die spezifischen Aufgaben koordinieren und steuern. Für die Berichtspflicht gegenüber dem Zuwendungsgeber sind die Partner für ihre jeweils eigenen Projekt-Beiträge verantwortlich, die Konsortialleitung zusammen mit den Teilprojektleitern für die übergeordneten Berichte.

11.2 Projektpartner

Die Liste der Projektpartner umfasst alle Partner, die bis zum Ende des Projektes aktiv waren. Im Laufe des Projektes haben aus unterschiedlichen Gründen insgesamt 3 Projekt-partner das Projekt verlassen. 1 Partner hat seinen Status geändert und wurde zum „asso-ziierten Partner". Ein weiterer Partner war seit Beginn des Projektes „assoziierter Partner". Die Beteiligung der „assoziierten Partner" am Projekt erfolgte in ähnlicher Weise wie die der ordentlichen Partner, allerdings waren sie nicht berichtspflichtig gegenüber dem Auf-traggeber und erhielten auch keine Fördermittel (Tab. 11.1).

P. Zimmermann (✉)
Virtual Technologies Consulting, Gifhorn
e-mail: virtualtechnologies@t-online.de

© Springer-Verlag GmbH Deutschland 2017
W. Schreiber et al. (Hrsg.), *Web-basierte Anwendungen Virtueller Techniken*,
DOI 10.1007/978-3-662-52956-0_11

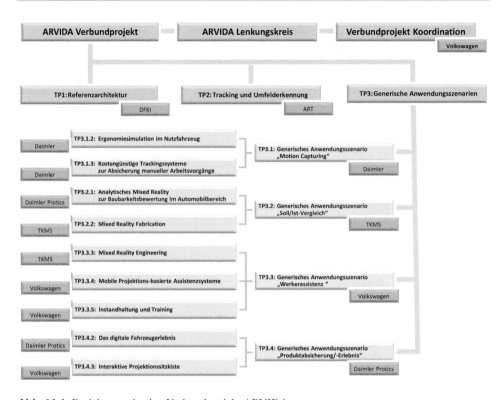

Abb. 11.1 Projektorganisation Verbundprojekt ARVIDA

11.3 Projektplan/Meilensteine

Der Projektplan war für die Einreichung und die Zustimmung des Projektes für den Fördergeber essentiell. Im Projektplan wurden initial alle Arbeitspakete aufgeführt und spezifiziert, der vollständige Projektplan umfasst mehr als 1000 Positionen. Der Projektplan
wurde im Laufe des Projektes auch modifiziert und an die Entwicklung des Projektes
angepasst. In dem vereinfachten Projektplan (siehe Abb. 11.2) sind die wesentlichen Meilensteine aufgeführt. Hier ist auffallend, dass die Architektur-Treffen in gleichmässigen
Abständen in einer Frequenz von ca. 3 Monaten stattfanden. Bei den Architektur-Treffen
tagten ebenfalls die zahlreichen Arbeitsgruppen. So wurde sichergestellt, dass die Archi-
tekturarbeiten eng verzahnt zwischen den Architekten und den Anwendern vorangehen
konnten. Regelmäßige Telefonkonferenzen unterstützen diese enge Zusammenarbeit.
Ebenso fanden zahlreiche Evaluationstreffen statt, in denen die jeweiligen Zwischen-
stände überprüft werden konnten (Tab. 11.2).

Tab. 11.1 Projektpartner

	Name Institut/Hoch-schule/Firma	Postleitzahl	und Sitz	Themengebiete/Branche/Geschäftszweck in Kurzform mit Bezug zu ARVIDA
1	3D Interactive GmbH	98693	Ilmenau	Rendering-Software für große Datenmengen
2	Advanced Realtime Tracking GmbH	82362	Weilheim i.OB	Tracking Hard- und Software
3	AutoDesk GmbH[a]	81379	München	CAD- und Rendering-Software
4	Caigos GmbH	66459	Kirkel	GIS und Branchenlösungen im Ver- und Entsorgungungsbereich
5	CanControls GmbH	52074	Aachen	Tracking Software
6	Daimler AG	70327	Stuttgart	Automobilbau
7	Daimler Protics GmbH	70546	Ulm	Lösungen im Product Lifecycle Management und Virtual Engineering für die Daimler AG
8	Deutsches Forschungszentrum für Künstliche Intelligenz GmbH – DFKI	67608	Kaiserslautern	Referenz-Architektur/Forschung/Forschung und Technologietransfer
9	EADS Deutschland GmbH[a]	85521	Ottobrunn	Flugzeugbau
10	EXTEND3D GmbH	81671	München	Dynamische 3D-Laser-/Video-Projektionssysteme
11	Fraunhofer-Institut für Arbeitswissenschaft und Organisation IAO	70569	Stuttgart	Anwendungen und Systeme der Virtual Reality, Visualisierungs- und Interaktionsumgebungen, anwendungsorientierte Forschung
12	Fraunhofer -Institut für Graphische Datenverarbeitung IGD	64283	Darmstadt	Augmented-Reality-Tracking, Web-basierte Visualisierung, Virtual-Reality-Systeme, anwendungsorientierte Forschung
13	Human Solutions GmbH	67657	Kaiserslautern	Ergonomie-Simulation Software und Anwendungen
14	Institut für Mechatronik e.V. an der Technischen Universität Chemnitz	09126	Chemnitz	Ergonomie

Tab. 11.1 (Fortsetzung)

	Name Institut/Hoch-schule/Firma	Postleitzahl	und Sitz	Themengebiete/Branche/Geschäftszweck in Kurzform mit Bezug zu ARVIDA
15	Karlsruhe Institut für Technologie, Institut für Angewandte Informatik und Formale Beschreibungsverfahren	76128	Karlsruhe	Referenz-Architektur
16	3DEXCITE GmbH	81671	München	Rendering-Software
17	Sick AG	79183	Waldkirch	Hersteller von Sensoren für die Fabrik-, Logistik- und Prozessautomation
18	Siemens Industry Software GmbH & Co. KG	50823	Köln	Data Management-Systeme
19	Technische Universität München	80333	München	Tracking Software/Forschung
20	ThyssenKrupp Marine Systems GmbH	24143	Kiel	Schiffbau
21	Volkswagen AG	38436	Wolfsburg	Automobilbau

[a]Assoziierter Partner.

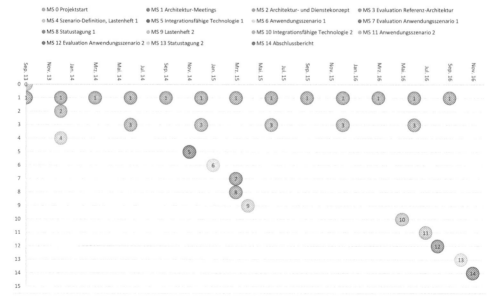

Abb. 11.2 Vereinfachter Projektplan Verbundprojekt ARVIDA

11.4 Autorenliste

Tab. 11.2 Autorenliste alphabetisch[a]

Alvarado Moya	Pablo	Dr.	CanControls GmbH
Antakli	André		DFKI GmbH
Bär	Thomas	Dr.	Daimler AG
Behr	Johannes	Dr.	Fraunhofer Gesellschaft/IGD
Benkhardt	Steven		Volkswagen AG
Blach	Roland		Fraunhofer Gesellschaft/IAO
Bochtler	Thomas		Daimler Protics GmbH
Bockholt	Ulrich	Dr.	Fraunhofer Gesellschaft/IGD
Brauns	Sarah		Volkswagen AG
Brüderlin	Beat	Prof. Dr.	3DInteractive GmbH
Canzler	Ulrich	Dr.	CanControls GmbH
Dammertz	Holger	Dr.	3DEXCITE GmbH
Doll	Lennart		ThyssenKrupp Marine Systems GmbH
Enderlein	Volker		Institut für Mechatronik e.V.
Fluck	Oliver	Dr.	ThyssenKrupp Marine Systems GmbH
Harth	Andreas	Dr.	Karlsruher Institut für Technologie
Herbort	Steffen	Dr.	Advanced Realtime Tracking GmbH
Heuser	Nicolas		EXTEND3D GmbH
Hildebrand	Axel	Dr.	Daimler Protics GmbH
Hoffmann	Hilko	Dr.	DFKI GmbH
Huber	Manuel		TU München
Jonescheit	Leiv		ThyssenKrupp Marine Systems GmbH
Jundt	Eduard		Volkswagen AG
Keitler	Peter	Dr.	EXTEND3D GmbH
Klinker	Gudrun	Prof. PhD.	TU München
Koriath	Dirk		Volkswagen AG
Krzikalla	Roland	Dr.	Sick AG
Lampe	Sebastian		Volkswagen AG
Lengowski	Stefan		ThyssenKrupp Marine Systems GmbH
Löffler	Alexander		DFKI GmbH
Meder	Julian		3DInteractive GmbH
Meyer	Andreas		Daimler Protics GmbH
Olbrich	Manuel		Fraunhofer Gesellschaft/IGD

Tab. 11.2 (Fortsetzung)

Otto	Michael		Daimler AG
Pankratz	Frieder		TU München
Pfützner	Sebastian		3DInteractive GmbH
Prager	Andre		Advanced Realtime Tracking GmbH
Prieur	Michael	Dr.	Daimler AG
Rautenberg	Ulrich		Volkswagen AG
Resch	Christoph		EXTEND3D GmbH
Root	Elena		Volkswagen AG
Roth	Matthias		Siemens AG
Rubinstein	Dmitri		DFKI GmbH
Sauerbier	Richard		Daimler AG
Scheer	Fabian		Daimler Protics GmbH
Schreiber	Werner	Prof. Dr.	Volkswagen AG
Schröder	Frank		Advanced Realtime Tracking GmbH
Schubotz	René		DFKI GmbH
Schwerdt	Jörg	Dr.	Caigos GmbH
Schwerdtfeger	Björn	Dr.	EXTEND3D GmbH
Staack	Ingo		ThyssenKrupp Marine Systems GmbH
Stechow	Roland		Daimler AG
Tümler	Johannes	Dr.	Volkswagen AG
Vogelgesang	Christian		DFKI GmbH
Voss	Gerrit		Fraunhofer Gesellschaft/IGD
Wasenmüller	Oliver		DFKI GmbH
Wehe	Andreas		EXTEND3D GmbH
Weinmann	Andreas		3DEXCITE GmbH
Westner	Philipp		Fraunhofer Gesellschaft/IAO
Widor	Volker		ThyssenKrupp Marine Systems GmbH
Willneff	Jochen	Dr.	Advanced Realtime Tracking GmbH
Wirsching	Hans-Joachim	Dr.	Human Solutions GmbH
Zimmermann	Peter		Virtual Technologies Consulting
Zinnikus	Ingo		DFKI GmbH
Zürl	Konrad	Dr.	Advanced Realtime Tracking GmbH

[a]Zugehörigkeit zum Zeitpunkt der Manuskriptabgabe.

Abkürzungsverzeichnis

AR	Augmented Reality
ARA	Angewandte Referenzarchitektur für Virtuelle Dienste und Anwendungen
ARVIDA	Angewandte Referenzarchitektur für Virtuelle Dienste und Anwendungen
BMBF	Bundesministerium für Bildung und Forschung
BRDF	Bidirectional Reflectance Distribution Function
BT	Behaviour Tree
BVH	Biovision Hierarchy
CAD	Computer Aided Design
CAE	Computer Aided Engineering
CAVE	Automatic Virtual Environment
CFK	Kohlenstoff Faserverstärkte Kunststoffe
DaaS	Displayas a Service
DLP	Digital Light Processing
DMD	Digital Micromirror Device
DMU	Digital Mock-Up
DVI	Digital Visual Interface
ETCD	Eine Software zur Verwaltung von verteilten Anwendungen
FAST	Features from Accelerated Segment Test
FOV	Field of View
FSM	Finite State Machine
FVK	Faser Verstärkte Kunststoffe
GFK	Glasfaser Verstärkte Kunststoffe
GIOD	Geometrische Interokulardistanz
GIS	Geographisches Informations-System
GIT	GiTHub ist ein Dienst zum Managen und Veröffentlichen von Software-Projekten
GPU	Graphic Processing Unit
HDMI	High Definition Multimedia Interface
HF	Hough Forest
HMD	Head Mounted Display

© Springer-Verlag GmbH Deutschland 2017
W. Schreiber et al. (Hrsg.), *Web-basierte Anwendungen Virtueller Techniken*,
DOI 10.1007/978-3-662-52956-0

HMM   Hidden Markov Model
HTTP   Hypertext Transfer Protocol
IAO   Institut für Arbeitswissenschaften und Organisation der Fraunhofer-Gesellschaft
ICP   Iterative Closest Point
IDL   Interface Definition Language
IGD   Institut für Graphische Datenverarbeitung der Fraunhofer-Gesellschaft
IOD   Interokulardistanz
IPD   Interpupilardistanz
JT   Jupiter Tesselation
LCD   Liquid Crystal Display
LcoS   Liquid Crystal on Silicon
LED   Light Emitting Diode
LOS   Line of Sight
Mixede   Micro-Electro-Mechanical Systems
MR   Mixed Reality
OLED   Organic Light Emitting Diode
OSM   Open Street Map
OST   Optical See Through (HMD)
OWL   Web Ontology Language
PD   Pupillardistanz
PLM   Produkt-Lebenszyklusmanagement-System
PMI   Product and Manufacturing Information
PPF   Point-Pair-Features
PTAM   Parallel Tracking and Mapping
RDF   Resource Description Framework
RDF   Random Decision Forest
REST   Representational State Transfer
RGB   Rot-Grün-Blau Farbraum
SLAM   Simultaneous Localisation and Tracking
SRG   Spacial Relationship Graph
SWAP   Semantic Web Application Platform
TLS   Terrestrischer Laser Scanner
ToF   Time of Flight (Kamera)
URI   Uniform Resource Identifier
VGA   Video Graphics Array
VGR   Visibility Guided Rendering
VOM   Vocabulary of Metrology
VR   Virtual Reality
VT   Virtuelle Techniken
WWW   World Wide Web

Stichwortverzeichnis

© Springer-Verlag GmbH Deutschland 2017
W. Schreiber et al. (Hrsg.), *Web-basierte Anwendungen Virtueller Techniken*,
DOI 10.1007/978-3-662-52956-0